U0896287

中 国 国 家 标 准 汇 编

378

GB 21714～21738

（2008 年制定）

中国标准出版社 编

中 国 标 准 出 版 社

北 京

图书在版编目（CIP）数据

中国国家标准汇编：2008年制定．378：GB 21714～21738/中国标准出版社编．—北京：中国标准出版社，2009

ISBN 978-7-5066-5301-5

Ⅰ．中…　Ⅱ．中…　Ⅲ．国家标准-汇编-中国-2008
Ⅳ．T-652.1

中国版本图书馆CIP数据核字（2009）第079171号

中国标准出版社出版发行
北京复兴门外三里河北街16号
邮政编码：100045

网址 www.spc.net.cn
电话：68523946　68517548
中国标准出版社秦皇岛印刷厂印刷
各地新华书店经销

*

开本 880×1230　1/16　印张 39.5　字数 1 173 千字
2009年6月第一版　2009年6月第一次印刷

*

定价 200.00 元

出 版 说 明

1.《中国国家标准汇编》是一部大型综合性国家标准全集。自1983年起，按国家标准顺序号以精装本、平装本两种装帧形式陆续分册汇编出版。它在一定程度上反映了我国建国以来标准化事业发展的基本情况和主要成就，是各级标准化管理机构，工矿企事业单位，农林牧副渔系统，科研、设计、教学等部门必不可少的工具书。

2.《中国国家标准汇编》收入我国每年正式发布的全部国家标准，分为"制定"卷和"修订"卷两种编辑版本。

"制定"卷收入上一年度我国发布的、新制定的国家标准，顺延前年度标准编号分成若干分册，封面和书脊上注明"20××年制定"字样及分册号，分册号一直连续。各分册中的标准是按照标准编号顺序连续排列的，如有标准顺序号缺号的，除特殊情况注明外，暂为空号。

"修订"卷收入上一年度我国发布的、被修订的国家标准，视篇幅分设若干分册，但与"制定"卷分册号无关联，仅在封面和书脊上注明"20××年修订-1,-2,-3,……"字样。"修订"卷各分册中的标准，仍按标准编号顺序排列(但不连续)；如有遗漏的，均在当年最后一分册中补齐。需提请读者注意的是，个别非顺延前年度标准编号的新制定的国家标准没有收入在"制定"卷中，而是收入在"修订"卷中。

读者配套购买《中国国家标准汇编》"制定"卷和"修订"卷则可收齐上一年度我国制定和修订的全部国家标准。

3. 由于读者需求的变化，自1996年起，《中国国家标准汇编》仅出版精装本。

4. 2008年我国制修订国家标准共5946项。本分册为"2008年制定"卷第378分册，收入国家标准GB 21714～21738的最新版本。

中国标准出版社

2009年5月

目　　录

ICS 13.260
K 09

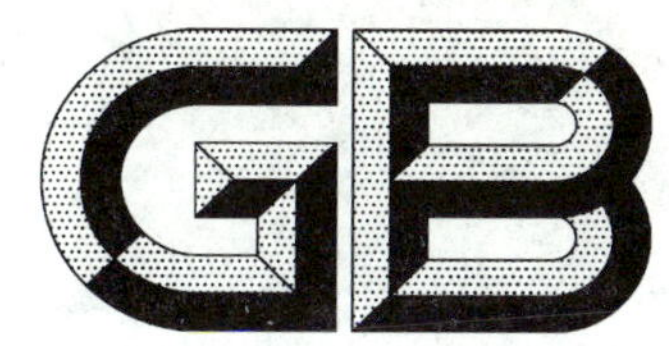

中华人民共和国国家标准

GB/T 21714.1—2008/IEC 62305-1:2006

雷电防护　第1部分:总则

Protection against lightning—Part 1:General principles

(IEC 62305-1:2006,IDT)

2008-04-24 发布　　2008-11-01 实施

中华人民共和国国家质量监督检验检疫总局
中国国家标准化管理委员会　发布

前　言

GB/T 21714《雷电防护》由以下4部分组成：

——第1部分：总则；

——第2部分：风险管理；

——第3部分：建筑物的物理损坏和生命危险；

——第4部分：建筑物内电气和电子系统。

GB/T 21714《雷电防护》对应于IEC 62305-1:2006《雷电防护》(英文第一版)。IEC 62305是以更简单、更合理的方式对IEC 61024、IEC 61312和IEC 61663进行的调整和更新。IEC 62305-1:2006第一版的正文根据下列标准汇编并取代下列标准：

——IEC 61024-1-1:1993　第1版；

——IEC 61024-1-2:1998　第1版。

本部分为GB/T 21714的第1部分，等同采用IEC 62305-1:2006《雷电防护　第1部分：总则》(英文第一版)。

为便于使用，本部分对IEC 62305-1做了下列少量编辑性修改：

——删除了IEC 62305-1的前言；

——将已转化为相应国标的国际标准号改为国内标准号；

——修改了少部分明显的标注错误；

——按照国标编制要求和汉语习惯，对一些编排格式作了修改。如“注”后的连字符“—”改为冒号“:”，表编号、图标号与标题之间的连字符“—”改为空格。

本部分的附录A～附录E均为资料性附录。

本部分由全国雷电防护标准化技术委员会提出并归口。

本部分负责起草单位：四川中光高科产业发展集团。

本部分主要起草人：王德言、刘寿先、杨国华、余乃枞、张红文、李自成。

本部分为首次发布。

引　言

迄今尚无设备和方法能够改变自然界的天气现象，以阻止雷电的发生。雷电击中建筑物或建筑物附近（或击中连接至建筑物的服务设施）对人、建筑物本身、其内部物体、设备以及服务设施都是危险的，因此必须考虑采取防雷措施。

是否需要采取防雷措施、安装防雷措施的经济效益和适当防雷措施的选用应由风险管理来确定。风险管理在GB/T 21714.2中介绍。

雷电防护的设计、安装和维护的标准分为两部分：

减少建筑物内物理损害和人身伤害的防雷措施在GB/T 21714.3中介绍。

减少建筑物内电气和电子系统失效的防雷措施在GB/T 21714.4中介绍。

雷电防护　第1部分:总则

1　范围

本部分提供了下列对象雷电防护所应遵循的一般原则:

——建筑物(包括其设施,内部物体以及人员);

——连接到建筑物的服务设施。

以下情况不属于本部分的范围:

——铁路系统;

——车辆、船舶、飞行器、离岸设施;

——地下高压管道;

——与建筑物不相连的管道、电力线和通信线。

注:通常这些系统由特定权威部门制定的专门规范管辖。

2　规范性引用文件

下列文件中的条款通过GB/T 21714的本部分的引用而成为本部分的条款。凡是注日期的引用文件,其随后所有的修改单(不包括勘误的内容)或修订版均不适用于本部分,然而,鼓励根据本部分达成协议的各方研究是否可使用这些文件的最新版本。凡是不注日期的引用文件,其最新版本适用于本部分。

GB/T 21714.2—2008　雷电防护　第2部分:风险管理(IEC 62305-2:2006,IDT)

GB/T 21714.3—2008　雷电防护　第3部分:建筑物的物理损坏和生命危险(IEC 62305-3:2006,IDT)

GB/T 21714.4—2008　雷电防护　第4部分:建筑物内电气和电子系统(IEC 62305-4:2006,IDT)

3　术语和定义

下列术语和定义适用于GB/T 21714的本部分。

3.1

对地雷闪　lightning flash to earth

云地间的大气放电,由一个或多个雷击组成。

3.2

下行雷　downward flash

始于云到地一个向下先导的雷闪。

注:下行雷由一个首次短时间雷击构成,其后可能跟随几个后续短时间雷击。一个或多个短时间雷击之后,还可能跟随一个长时间雷击。

3.3

上行雷　upward flash

始于地面建筑物到云端一个向上先导的雷闪。

注:上行雷由一个首次长时间雷击构成,其上会叠加或不叠加多个短时间雷击。一个或多个短时间雷击之后,还可能跟随一个长时间雷击。

3.4

雷击　lightning stroke

对地雷闪中的单次放电。

3.5

短时间雷击 short stroke

雷闪的组成部分,它对应于一个冲击电流。

注:该电流的半值时间 T_2 通常小于 2 ms(见图 A.1)。

3.6

长时间雷击 long stroke

雷闪的组成部分,它对应于一个连续电流。

注:该连续电流的持续时间 T_{long}(从波头 10%电流峰值处到波尾 10%电流峰值处的时间间隔)通常大于 2 ms 小于 1 s(见图 A.2)。

3.7

多重雷击 multiple strokes

平均由 3~4 个雷击组成的雷闪,两个雷击的时间间隔通常约为 50 ms。

注:已记录到时间间隔范围在 10 ms~250 ms 并包含几十个雷击的雷闪。

3.8

雷击点 point of strike

雷电击中大地或高耸物体(如建筑物、LPS、服务设施、树等)的点。

注:一个雷闪可以有不只一个雷击点。

3.9

雷电流 lightning current

i

流经雷击点的电流。

3.10

峰值 peak value

I

雷电流的最大值。

3.11

短时间雷击电流波头的平均陡度 average steepness of the front of short stroke current

数值上等于在时间间隔 $t_2 \sim t_1$ 内雷电流的平均变化率。

注:它表示为该时间间隔的末端和始端的电流差 $i(t_2)-i(t_1)$ 除以 t_2-t_1(见图 A.1)。

3.12

短时间雷击电流的波头时间 front time of short stroke current

T_1

它是一个虚拟参数,定义为雷电流波头达到 10%峰值到 90%峰值时间间隔的 1.25 倍(见图 A.1)。

3.13

短时间雷击电流的视在原点 virtual origin of short stroke current

O_1

连接雷电流波头 10%和 90%峰值两参考点的直线与时间轴的交点(见图 A.1)。它位于雷电流达到 10%峰值时刻之前 $0.1T_1$ 处。

3.14

短时间雷击电流的半值时间 time to half value of short stroke current

T_2

它是一个虚拟参数,定义为视在原点 O_1 到雷电流下降至峰值一半时的时间间隔(见图 A.1)。

3.15

雷闪持续时间　flash duration

T

雷电流流过雷击点的时间。

3.16

长时间雷击电流的持续时间　duration of long stroke current

T_{long}

长时间雷击电流的持续时间是连续电流在上升沿升到峰值的10%时至下降沿连续电流降到峰值10%时的时间间隔(见图A.2)。

3.17

雷闪电荷　flash charge

Q_{flash}

整个雷闪持续期间雷电流对时间的积分。

3.18

短时间雷击电荷　short stroke charge

Q_{short}

一次短时间雷击中雷电流对时间的积分。

3.19

长时间雷击电荷　long stroke charge

Q_{long}

一次长时间雷击中雷电流对时间的积分。

3.20

单位能量　specific energy

W/R

雷电流的平方在整个雷闪持续期内对时间的积分。

注：它表示雷电流在单位电阻上耗散的能量。

3.21

短时间雷击电流的单位能量　specific energy of short stroke current

雷电流的平方在短时间雷击持续期内的时间积分。

注：长时间雷击电流的单位能量可以忽略。

3.22

被保护对象　object to be protected

为防御雷电影响而采取保护措施的建筑物或服务设施。

3.23

被保护的建筑物　structure to be protected

按照本标准，为防御雷电影响而需要保护的建筑物。

注：被保护的建筑物可以是较大建筑物的一部分。

3.24

被保护的服务设施　service to be protected

按照本标准，为防御雷电影响而需要保护的连接到建筑物上的服务设施。

3.25

击中对象的雷闪　lightning flash to an object

击中被保护对象的雷闪。

3.26

击中对象附近的雷闪　lightning flash near an object

击中被保护对象附近且可能对被保护对象产生危险过电压的雷闪。

3.27

电气系统　electrical system

将低压供电器件组合在一起的系统。

3.28

电子系统　electronic system

含有敏感的电子部件,如通信设备、计算机、控制和仪表系统、无线电系统、电力电子装置的系统。

3.29

内部系统　internal system

建筑物内的电气和电子系统。

3.30

物理损害　physical damage

由于雷电的机械、热、化学或爆炸等效应对建筑物(或其内物体)所造成的损害。

3.31

人和动物的伤害　injuries of living beings

雷电引起的接触电压和跨步电压对人和动物的伤害，包括死亡。

3.32

电气和电子系统的失效　failure of electrical and electronic system

由于雷电电磁脉冲(LEMP)导致电气和电子系统的永久性损害。

3.33

雷电电磁脉冲　lightning electromagnetic impulse

LEMP

雷电流的电磁效应。

注:它除了包括辐射脉冲的电磁场效应,也包括传导性浪涌。

3.34

浪涌　surge

LEMP 引起的以过电压或过电流形式出现的瞬态波。

注:LEMP 产生的浪涌可能是由于(部分的)雷电流、设施内环路的感应或 SPD 下游的残留威胁引起的。

3.35

防雷区　lightning protection zone

LPZ

电磁环境已定义的区域。

注:防雷区(LPZ)的区域边界不一定是物理边界(如墙壁、地板和天花板等)。

3.36

风险　risk

R

雷电造成的年均可能损失(人员和货物)与被保护对象的总价值(人员和货物)之比。

3.37

风险容限　tolerable risk

R_T

被保护对象所能容许的最大风险值。

3.38

雷电防护水平　lightning protection level

LPL

与一组雷电流参数值有关的序数，该组参数值与在自然界发生雷电时最大和最小设计值不被超出的概率有关。

注：雷电防护水平用于根据雷电流的一组相关参数值设计防雷措施。

3.39

防雷措施　protection measures

为减小被保护对象雷电损害风险而采取的措施。

3.40

雷电防护系统　lightning protection system

LPS

用来减小雷击建筑物造成物理损害的整个系统。

注：LPS 由外部和内部防雷装置两部分构成。

3.41

外部防雷装置　external lightning protection system

LPS 的一个组成部分，由接闪器、引下线和接地装置构成。

3.42

内部防雷装置　internal lightning protection system

LPS 的一个组成部分，由等电位连接和/或与外部 LPS 的电气绝缘组成。

3.43

接闪器　air-termination system

外部 LPS 组成部分，用金属部件，如避雷针、避雷网或避雷线构成，用于接闪。

3.44

引下线　down-conductor system

外部 LPS 组成部分，用来把雷电流从接闪器引至接地装置。

3.45

接地装置　earth-termination system

外部 LPS 的组成部分，用于把雷电流引导并散入大地。

3.46

外部导电部件　external conductive parts

进出被保护建筑物的金属延伸部件，如管道、电缆金属部件、金属线槽等，它们可以流过部分雷电流。

3.47

雷电等电位连接　lightning equipotential bonding

为减少雷电流引起的电位差，直接用导体或通过浪涌保护器把分离的金属部件连接到 LPS 上的一种防雷措施。

3.48

屏蔽线　shielding wire

为减少雷击服务设施造成物理损害而采用的金属线。

3.49

LEMP 防护系统　LEMP protection measures system

LPMS

用于内部系统防御 LEMP 的措施构成的整个系统。

3.50

磁屏蔽 magnetic shield

用于减少电气和电子系统的失效，包围被保护对象或其一部分的格栅或连续型的闭合金属屏蔽体。

3.51

浪涌保护器 surge protective device

SPD

用于限制瞬态过电压和对浪涌电流进行分流的器件。它至少含有一个非线性元件。

3.52

能量配合的SPD防护 coordinated SPD protection

为了减少电气和电子系统失效而适当选择、能量配合并装配起来的一组SPD。

3.53

额定冲击耐受电压 rated impulse withstand voltage

U_w

由厂家给设备或其部件指定的冲击耐受电压，用以表征其绝缘对过电压的规定耐受能力。

注：本部分只考虑带电导体和地之间的耐受电压（见IEC 60664-1:2002）[1]1)。

3.54

冲击接地阻抗 impulse earthing impedance

接地体电压峰值与接地体电流峰值之比，通常两者峰值不会同时发生。

4 雷电流参数

GB/T 21714系列标准所采用的雷电流参数见本部分附录A（资料性附录）。

用于分析的雷电流时间函数见附录B（资料性附录）。

用于测试的雷电流模拟见附录C（资料性附录）。

用于实验室模拟雷电对LPS部件影响的基本参数见附录D（资料性附录）。

有关雷电在不同安装点引起浪涌的资料见附录E（资料性附录）。

5 雷电损害

5.1 对建筑物的损害

对建筑物产生影响的雷电可能导致建筑物本身、内部物体以及人和动物受到损害，包括内部系统的失效。这些损害和失效也可能蔓延至四邻，甚至影响局部环境。其蔓延的规模取决于建筑物及雷电的特征。

5.1.1 雷电对建筑物的影响

与雷电作用有关的建筑物主要特征有：

——结构（如木、砖、混凝土、钢筋混凝土、钢框架结构）；

——用途（民宅、办公室、农舍、戏院、宾馆、学校、医院、博物馆、教堂、监狱、商店、银行、制造厂、工厂、运动场）；

——使用者和内部物体（人和动物、易燃或不易燃材料、易爆或不易爆材料、低或高耐压的电气和电子系统）；

——连接到建筑物的服务设施（电力线、通信线、管道）；

——已有的防护措施（如减少物理损害和人身伤害的防护措施、减少内部系统失效的防护措施）；

——危险蔓延的规模（撤离困难、可能引起恐慌、危及四邻和环境的建筑物）。

表1列出雷电对各类建筑物的影响。

1) 方括号内的参考文献请查阅参考书目。

表 1　雷电对普通建筑物的影响

建筑物类型 (按功用及内部物体分类)	雷电的影响
住宅	电气装置击穿、火灾或材料损坏； 损害通常限于暴露于雷击点或暴露于雷电流通道的对象； 装设的电气、电子设备和系统失效(如电视机、计算机、调制解调器、电话等)
农舍	火灾、危险的跨步电压以及材料损坏是首要的风险； 次要的风险是由于电源断电，通风系统、饲料供应系统电子控制失效等，使牲畜生命受到伤害
剧院、宾馆、学校、商店、运动场	电气装置损坏(如电灯照明)很可能导致恐慌； 火警失效使消防延误
银行、保险公司、商业公司等	同上，还有通信不畅、计算机失效和数据丢失所产生的问题
医院、疗养院、监狱	同上，还有特护人员问题，行动不便人员的救援困难等
工厂	额外的影响取决于工厂的内部物体，影响范围从轻微的损害到不可接受损害和停产
博物馆、古迹、教堂	不可替代的文化遗产的损失
电信、电厂	公共服务设施不可接受的损失
烟花厂、军火厂	火灾和爆炸危及工厂和四邻
化工厂、冶炼厂、核工厂、生化实验室和工厂	工厂发生火灾和故障给当地和全球环境带来不利的后果

5.1.2　建筑物的损害源和损害类型

雷电流是损害源。按雷击点相对于所考察的建筑物的位置，应考虑以下情况：

——S1：雷击建筑物；

——S2：雷击建筑物附近；

——S3：雷击连接到建筑物的服务设施；

——S4：雷击连接到建筑物的服务设施附近。

雷击建筑物可能导致：

——由于炽热的雷电等离子电弧本身或电流使导体阻性发热(导体过热)或电荷导致电弧烧蚀(金属熔化)引起的直接机械损坏、火灾和/或爆炸；

——由于电阻耦合、电感耦合或部分雷电流通过产生的过电压引起的火花触发火灾和/或爆炸；

——电阻耦合、电感耦合引起的接触电压和跨步电压对人员造成伤害；

——LEMP 导致内部系统失效或出现故障。

雷击建筑物附近可能导致：

——LEMP 使内部系统失效或出现故障。

雷击连接到建筑物的服务设施可能导致：

——通过连接到建筑物的服务设施传输的过电压和雷电流产生的火花触发火灾和/或爆炸；

——通过连接到建筑物的服务设施传输的雷电流在建筑物内产生接触电压伤及人员；

——出现在入户服务线路上并传输到建筑物的过电压使内部系统失效或出现故障。

雷击连接到建筑物的服务设施附近可能导致：

——在连接到建筑物的服务设施上感应并传输到建筑物内的过电压使内部系统失效或出现故障。

注 1：GB/T 21714 系列标准不涉及内部系统出现故障的问题。参见 GB/T 17626.5—1999[2]。

注 2:这里认为只有雷电流(全部或部分)产生的火花可能触发火灾。

注 3:如果入户金属管道与建筑物的等电位连接排连接,则雷电直击管道或其附近都不会使建筑物受到损害。

因此,雷电可能产生三种基本损害类型:

——D1:接触电压和跨步电压使人和动物受到伤害;

——D2:包括有火花的雷电流效应引起的物理损害(火灾、爆炸、机械损坏、化学品泄漏等);

——D3:LEMP 导致内部系统失效。

5.2 对服务设施的损害

对服务设施产生影响的雷电可能损害与之相连的电气和电子设备,也对用于提供服务的设施(线路或管道)本身造成损害。

注:所考虑的服务设施指下列对象之间的物理连接:

——电信交换局与用户楼宇、或两电信交换局、或两用户楼宇之间的通信线(TLC);

——电信交换局或用户楼宇与配线节点之间,或两配线节点之间的通信线(TLC);

——高压变电站(HV)与用户楼宇之间的电力线;

——主分配站与用户楼宇之间的管道。

损害波及范围与服务设施的性质、电气和电子系统的类型和延伸的范围大小以及雷电性质有关。

5.2.1 雷电对服务设施的影响

与雷电影响有关的服务设施主要特性有:

——架设形式(线路:架空、埋地、屏蔽、非屏蔽、光纤;管道:地面上、埋地、金属、塑料);

——用途(通信线路、电力线路、管道);

——受服务的建筑物(结构、内部物体、大小、位置);

——已有的防雷措施(如屏蔽线、SPD、线路冗余、贮液系统、发电机组、不间断电源系统)。

表 2 列出雷电对各类服务设施的影响。

表 2 雷电对常用服务设施的影响

服务设施类型	雷电的影响
电信线路	线路的机械损伤,屏蔽层和导体的熔化; 电缆和设备绝缘的击穿导致直接失效使对公众服务立即受到损失; 光缆受到非实质性损害,但不会立即导致对公众服务的损失
电力线路	使低压(LV)架空线路绝缘子损坏,电缆绝缘层击穿,线路设备和变压器的绝缘击穿,因此造成服务功能丧失
水管	电气和电子控制设备受损有可能造成服务功能丧失
煤气管 燃料管	非金属法兰盘衬垫的穿孔有可能造成火灾和/或爆炸; 电气和电子控制设备受损有可能造成对公众服务的损失

5.2.2 服务设施的损害源和损害类型

雷电流是损害源。按雷击点相对于所考察的服务设施的位置,应考虑以下情况:

——S1:雷击接受服务的建筑物;

——S3:雷击连接到建筑物的服务设施;

——S4:雷击连接到建筑物的服务设施附近。

雷击接受服务的建筑物可能导致:

——流入服务设施的部分雷电流(由于阻性发热而)使金属线或电缆屏蔽层熔化;

——由于阻性耦合使线路和相连设备的绝缘击穿;

——管道法兰盘中非金属衬垫及绝缘连接处衬垫的穿孔。

注 1:雷击接受服务的建筑物不会使无金属光纤受到影响。

雷击连接到建筑物的服务设施可能导致：

——雷电流产生的电动应力或热效应(使金属线、屏蔽层或管道断裂和/或熔化)和由于雷电等离子电弧本身的热(使塑料保护层穿孔)使金属线或管道直接受到机械损害；

——线路(绝缘击穿)和与之相连设备的直接电气损害；

——架空的薄金属管道和法兰盘的非金属衬垫的穿孔，其结果可能引起火灾和爆炸，这取决于所传送液体的性质。

雷击连接到建筑物的服务设施附近可能导致：

——由于电感耦合(感应过电压)使线路及与其相连的设备绝缘击穿。

注2：无金属导体的光纤电缆不受雷击大地的影响。

因此，对服务设施，雷电可能导致二种基本损害类型：

——D2：由于雷电流的热效应造成物理损害(火灾、爆炸、机械损坏、化学品泄漏)；

——D3：由于过电压使电气和电子系统失效。

5.3 损失类型

每一种损害类型，单独或与其他损害类型联合可能使被保护对象产生不同的间接损失。可能出现的损失类型取决于被保护对象本身的特性。

本标准考虑以下损失类型：

——L1：人身生命损失；

——L2：对公众服务的损失；

——L3：文化遗产损失；

——L4：经济损失(建筑物及其内部物体、服务设施和业务损失)。

可以认为损失类型L1、L2和L3是社会价值损失，而损失类型L4是纯经济损失。

可能出现在建筑物内的损失如下：

——L1：人身生命损失；

——L2：对公众服务的损失；

——L3：文化遗产损失；

——L4：经济损失(建筑物及其内部物体)。

可能出现在服务设施上的损失如下：

——L2：对公众服务的损失；

——L4：经济损失(服务设施和业务损失)。

注：本标准不考虑服务设施上的人身生命损失。

表3、表4分别列出建筑物和服务设施的损害源、损害类型和损失类型的对应关系。

表3 不同雷击点导致建筑物的损害和损失

雷击点	图例	损害源	损害类型	损失类型
建筑物		S1	D1 D2 D3	L1，L4[b] L1,L2,L3,L4 L1[a],L2,L4
建筑物附近		S2	D3	L1[a],L2,L4

表 3（续）

雷击点	图例	损害源	损害类型	损失类型
连接到建筑物的服务设施		S3	D1 D2 D3	L1，L4[b]，L1，L2，L3，L4 L1[a]，L2，L4
连接到建筑物的服务设施附近		S4	D3	L1[a]，L2，L4

a 仅对有爆炸危险的建筑物和那些因内部系统失效立即危及人身生命的医院或其他建筑物而言。

b 仅对可能有动物损失的地方而言。

表 4 不同雷击点导致服务设施的损害和损失

雷击点	损害源	损害类型	损失类型
服务设施	S3	D2，D3	L2，L4
服务设施附近	S4	D3	
接受服务的建筑物	S1	D2，D3	

图 1 列出由损害类型产生的损失类型和相应风险。

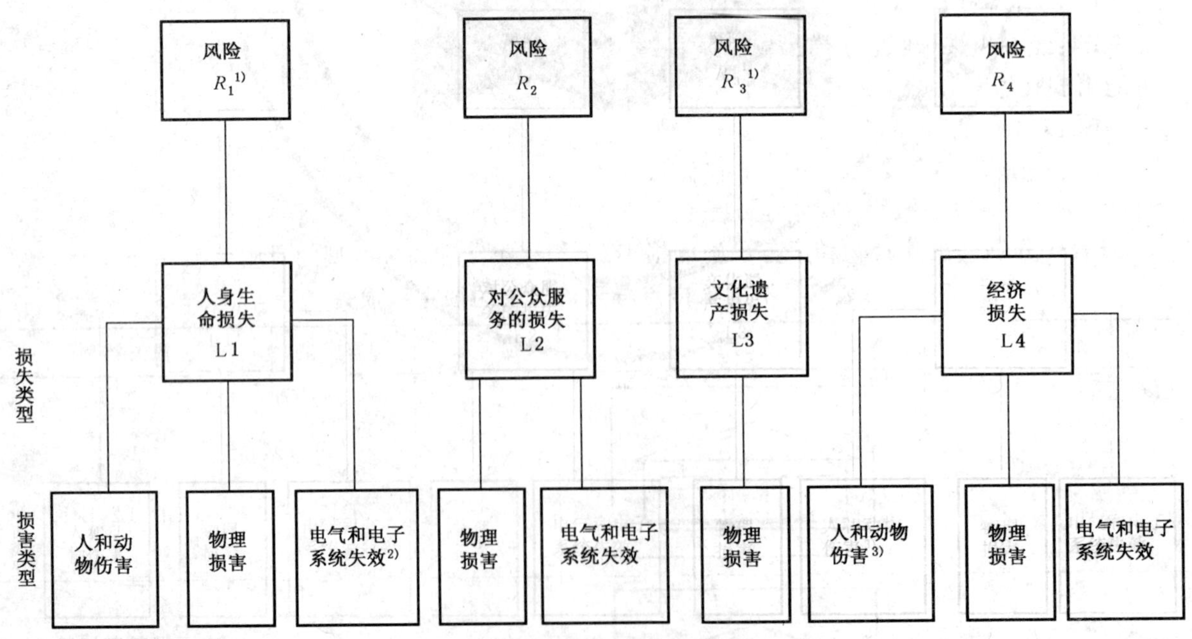

1) 仅对建筑物而言。

2) 仅对那些因内部系统失效立即危及人身生命的医院或其他建筑物而言。

3) 仅对可能有动物损害的地方。

图 1 不同损害类型产生的损失类型和风险

6 雷电防护的必要性和经济合理性

6.1 雷电防护的必要性

为了减少社会价值损失 L1、L2 和 L3，应对被保护对象雷电防护的必要性进行估算。

为了计算雷电防护是否必要，应按照 GB/T 21714.2—2008 介绍的步骤进行风险评估。对应于 5.3 介绍的损失类型，应考虑以下风险：

——R_1：人身生命损失的风险；

——R_2：对公众服务损失的风险；

——R_3：文化遗产损失的风险。

如果风险 R(R_1 至 R_3)大于风险容限 R_T，即

$$R > R_T$$

则雷电防护措施是必要的。这种情况下，应采取雷电防护措施，使风险 R(R_1 至 R_3)减少至不大于风险容限 R_T，即

$$R \leqslant R_T$$

如果被保护对象上可能出现一种以上损失类型，则对每一种损失类型(L1、L2 和 L3)都应满足条件 $R \leqslant R_T$。

凡是雷电可能导致社会价值损失的地方，风险容限 R_T 值宜由有关部门考虑。

注 1：有管辖权当局可以不经风险评估就规定特殊应用场合必须采取雷电防护措施。在这些情况下，所需的雷电防护水平将由当局规定。在某些情况下，风险评估可能作为判断是否放弃雷电防护要求而进行的一项技术措施。

注 2：有关风险评估的细节和防雷措施的选择步骤在 GB/T 21714.2—2008 中介绍。

6.2 雷电防护的经济合理性

除了被保护对象雷电防护的必要性外，估算为了减少经济损失 L4 而提供防护措施的经济效益是有意义的。

这种情况下，宜对经济损失的风险 R_4 进行评估。评估时可分别计算采取防护措施前后的经济损失。

如果采取防护措施后仍有的损失价值 C_{RL}与防护措施费用 C_{PM}之和低于未采取防护措施时的总损失价值 C_L，即：

$$C_{RL} + C_{PM} < C_L$$

则采取防护措施经济上是合理的。

注：雷电防护经济合理性的估算细节在 GB/T 21714.2—2008 中介绍。

7 防护措施

为了减少风险，可以根据损害类型采取防护措施。

7.1 减少接触和跨步电压造成人和动物伤害的防护措施

可能的防护措施有：

——外露导电部件的适当绝缘；

——利用网格接地系统作等电位连接；

——限制人身活动范围和设置警示牌。

注 1：等电位连接不能有效地防护接触电压造成的伤害。

注 2：增加建筑物内外地表电阻率 ρ 可以使人身伤害减少(见 GB/T 21714.3—2008 中第 8 章)。

7.2 减少物理损害的防护措施

可能的防护措施有：

a) 对建筑物

——雷电防护系统(LPS)。

注 1：安装 LPS 时，等电位连接是减少火灾、爆炸和人身伤害的很重要的措施。细节见 GB/T 21714.3—2008。

注 2：限制火灾发生和蔓延的措施，如设防火隔间、灭火器、消防栓、火警设施和灭火装置可以减少物理损害。

注 3：受保护的逃逸通路为人员提供保护。

b) 对服务设施

——屏蔽线。

注 4：采用金属管道是对埋地电缆很有效的防护。

7.3 减少电气和电子系统失效的防护措施

可能的防护措施有：

a) 对建筑物

——LEMP 的防护措施系统(LPMS)由下列措施构成，它们可以单独使用，也可以组合起来使用：

- 接地和等电位连接；
- 磁屏蔽；
- 合理布线；
- “能量配合的 SPD 防护”。

b) 对服务设施

——沿线路不同位置及线路终端安装 SPD；

——电缆的磁屏蔽。

注 1：适当厚度的连续金属屏蔽体对埋地电缆是很有效的防护措施。

注 2：线路冗余、设备备份、自备发电机组、不间断电源系统、贮液系统和自动失效检测系统是减少服务设施业务损失的有效防护措施。

注 3：增加设备和电缆的绝缘耐压是减少过电压造成设备和电缆失效的有效防护措施。

7.4 防护措施的选择

最恰当的防护措施应由设计者和业主根据每种损害的类型和数量以及不同防护措施的技术条件和经济合理性来选择。

GB/T 21714.2—2008 介绍风险评估和最恰当的防护措施选择准则。

如果防护措施符合相关标准的要求并能承受安装地点预期的应力，则该防护措施是有效的。

8 建筑物和服务设施雷电防护的基本准则

建筑物和服务设施的理想防雷措施应该是把被保护对象置于接地良好的、有足够厚度的、良好电气贯通的屏蔽体内，并在连接到建筑物的服务设施进入屏蔽体的入口处作适当的等电位连接。

这种防护措施能避免雷电流的穿透及其电磁场侵入被保护对象并避免雷电流引起危险的热效应和电动力效应，同时也避免对内部系统构成危险的火花及过电压。

事实上，要提供这种最佳的防护措施通常既不可能而且经济上也不合理。

如果屏蔽体电气贯通不好和/或厚度不够，则雷电流就会穿透屏蔽体，从而导致：

——物理损害或人身伤害；

——内部系统失效；

——服务设施和与之相连系统的失效。

为了减少这些损害及其有关的损失，所采取的防护措施应按需防护的一组确定的雷电流参数值（雷电防护水平）进行设计。

8.1 雷电防护水平(LPL)

本标准介绍四种雷电防护水平（Ⅰ至Ⅳ）。对每种LPL规定了一组雷电流参数的最大值和最小值。

注1：超出LPL Ⅰ所规定雷电流参数最大值和最小值的雷电防护，本部分不予考虑。

注2：超出LPL Ⅰ所规定雷电流参数最大值和最小值范围的雷电发生概率小于2%。

不超出LPL Ⅰ雷电流参数最大值的雷电发生概率为99%。按假定的极性比例(见A.2)，该最大值取自正极性雷闪的概率低于10%，而取自负极性雷闪的概率始终低于1%(见A.3)。

LPL Ⅱ最大雷电流参数为LPL Ⅰ的75%，而LPL Ⅲ和LPL Ⅳ为LPL Ⅰ的50%(Q、$\mathrm{d}i/\mathrm{d}t$和I是线性的关系，W/R和I是平方的关系)。时间参数不变。

表5给出不同雷电防护水平的雷电流参数最大值，这些最大值用来设计雷电防护部件(如导体截面积、金属板厚度、SPD的通流量、防止危险火花的最小分隔距离等)和确定模拟雷电流对这些部件影响的测试参数(见附录D)。

不同LPL对应的雷电流最小幅值用来推导滚球半径(见A.4)，以便确定直接雷击不能达到的雷电防护区$\mathrm{LPZ0_B}$(见7.2和图2、图3)。表6列出雷电流最小参数值及其对应的滚球半径。滚球半径用于接闪器的布置和确定防雷区$\mathrm{LPZ0_B}$(见7.2)。

表5 各LPL对应的雷电流参数最大值

首次短时间雷击			LPL			
电流参数	符号	单位	Ⅰ	Ⅱ	Ⅲ	Ⅳ
峰值电流	I	kA	200	150	100	
短时间雷击电荷	Q_{short}	C	100	75	50	
单位能量	W/R	MJ/Ω	10	5.6	2.5	
时间参数	T_1/T_2	μs /μs	10/350			
后续短时间雷击			LPL			
电流参数	符号	单位	Ⅰ	Ⅱ	Ⅲ	Ⅳ
峰值电流	I	kA	50	37.5	25	
平均陡度	$\mathrm{d}i/\mathrm{d}t$	kA/μs	200	150	100	
时间参数	T_1/T_2	μs /μs	0.25/100			
长时间雷击			LPL			
电流参数	符号	单位	Ⅰ	Ⅱ	Ⅲ	Ⅳ
长时间雷击电荷	Q_{long}	C	200	150	100	
时间参数	T_{long}	s	0.5			
雷闪			LPL			
电流参数	符号	单位	Ⅰ	Ⅱ	Ⅲ	Ⅳ
雷闪电荷	Q_{flash}	C	300	225	150	

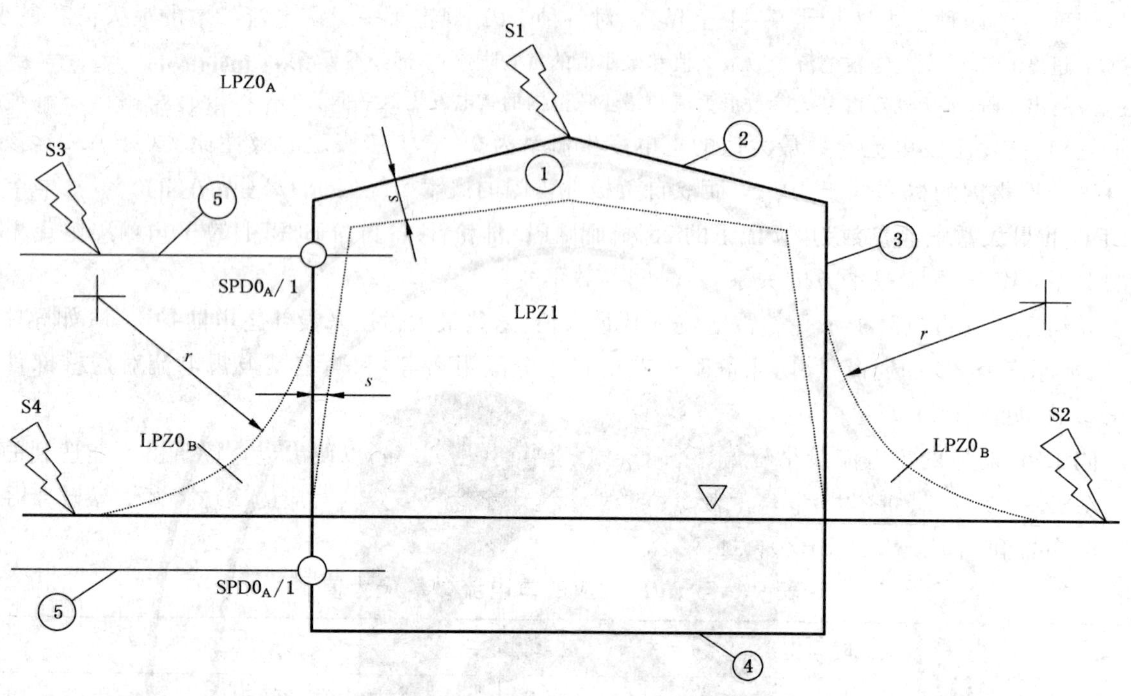

1——建筑物；
2——接闪器；
3——引下线；
4——接地体；
5——入户服务设施；
S1——雷击建筑物；
S2——雷击建筑物附近；
S3——雷击连接到建筑物的服务设施；
S4——雷击连接到建筑物的服务设施附近；
r——滚球半径；
s——防危险火花的分隔距离；
▽——地面；
○——用 SPD 进行的雷电等电位连接；
$LPZ0_A$——直接雷击区，包含全部雷电流；
$LPZ0_B$——非直接雷击区，包含部分雷电流或感应电流；
LPZ1——非直接雷击区，包含已受限制的雷电流或感应电流；
LPZ1 中被保护空间必须考虑分隔距离 s。

图 2　LPS 确定的 LPZ(GB/T 21714.3—2008)

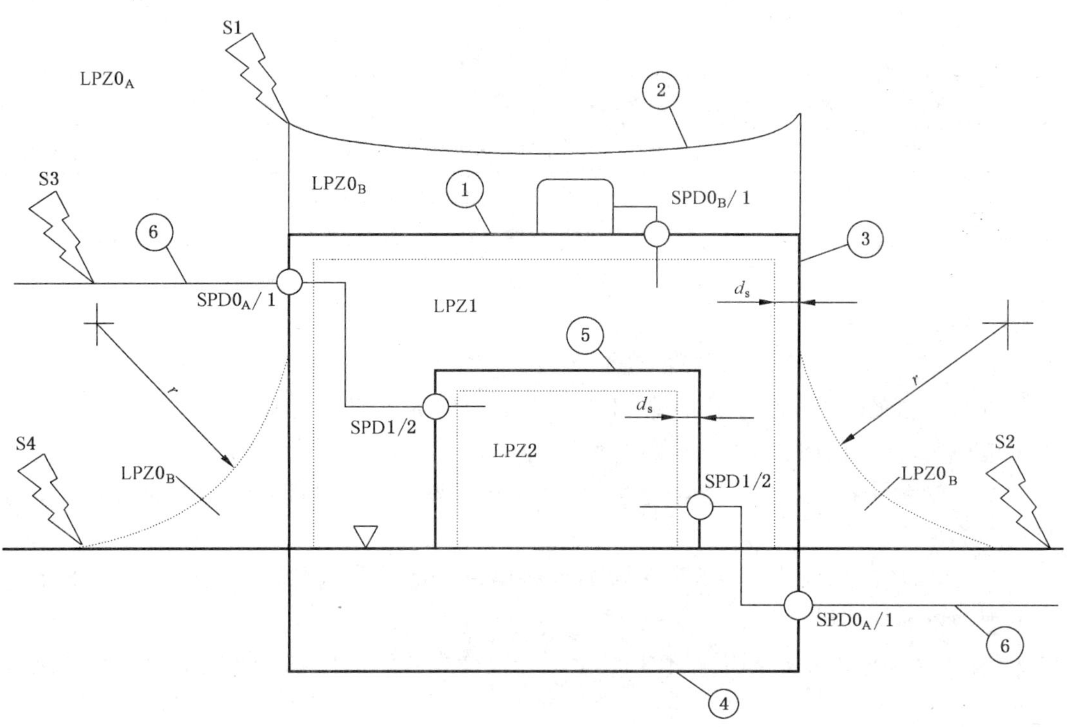

1——建筑物(LPZ1 的屏蔽体);
2——接闪器;
3——引下线;
4——接地体;
5——房间(LPZ2 的屏蔽体);
6——连接到建筑物的服务设施;
▽——地面;
○——用 SPD 进行的雷电等电位连接;
S1——雷击建筑物;
S2——雷击建筑物附近;
S3——雷击连接到建筑物的服务设施;
S4——雷击连接到建筑物的服务设施附近;
r——滚球半径;
d_s——防过高磁场的安全距离;
$LPZ0_A$——直接雷击区,包含全部雷电流,全部磁场;
$LPZ0_B$——非直接雷击区,包含部分雷电流或感应电流以及全部磁场;
LPZ1——非直接雷击区,包含已受限制的雷电流或感应电流以及衰减了的磁场;
LPZ2——非直接雷击区,包含感应电流和进一步衰减的磁场;
LPZ1、LPZ2 内的保护空间须考虑安全距离 d_s。

图 3 LEMP 防护措施确定的 LPZ(GB/T 21714.4—2008)

表 6 各 LPL 雷电参数的最小值及其对应的滚球半径

参数	符号	单位	LPL			
			Ⅰ	Ⅱ	Ⅲ	Ⅳ
最小峰值电流	I	kA	3	5	10	16
滚球半径	r	m	20	30	45	60

从图 A.5 给出的统计分布,可以确定加权概率,即雷电流参数分别小于每一防护水平所规定的最大参数值和大于每一防护水平所规定的最小参数值的概率(见表 7)。

表 7　雷电流参数上下限值对应的概率

雷电流参数在下列范围内的概率	LPL			
	Ⅰ	Ⅱ	Ⅲ	Ⅳ
小于表 5 所示的最大值	0.99	0.98	0.97	0.97
大于表 6 所示的最小值	0.99	0.97	0.91	0.84

假如雷电流处在设计所取 LPL 规定的参数范围内，则 GB/T 21714.3—2008、GB/T 21714.4—2008 中所指定的防雷措施是有效的。所以，可假定防雷措施的效率等于雷电流参数在这个范围内的概率。

8.2　防雷区(LPZ)

防雷措施(如 LPS、屏蔽线、磁屏蔽和 SPD 等)决定了防雷区(LPZ)。

与防雷措施上游的 LPZ 比较，其下游 LPZ 的特征是 LEMP 明显减小。

关于雷电威胁，定义以下的 LPZ(见图 2 和图 3)：

$LPZ0_A$　受直接雷击和全部雷电电磁场威胁的区域。该区域的内部系统可能受到全部或部分雷电浪涌电流的影响。

$LPZ0_B$　直接雷击的防护区域，但该区域的威胁仍是全部雷电电磁场。该区域的内部系统可能受到部分雷电浪涌电流的影响。

LPZ1　由于分流和边界处 SPD 的作用使浪涌电流受到限制的区域。该区域的空间屏蔽可以衰减雷电电磁场。

LPZ2～n　由于分流和边界处附加 SPD 的作用使浪涌电流受到进一步限制的区域。该区域的附加空间屏蔽可以进一步衰减雷电电磁场。

注 1：一般，防雷区域的序数愈大，电磁环境参数愈低。

作为防雷的一般规律，被保护的对象应置于电磁特性与该对象耐受能力相兼容的 LPZ 内，使损害(物理损害、过电压使电气和电子系统失效)减小。

注 2：大多数电气、电子系统和设备耐压水平的资料由制造商提供。

8.3　建筑物的防护

8.3.1　减少物理损害和人身伤害的防护措施

需要保护的建筑物应处在 $LPZ0_B$ 或序数更高的防雷区内。利用雷电防护系统(LPS)可实现这种要求。

LPS 由外部和内部 LPS 两部分构成(见图 2)。

外部 LPS 的功能是：

——拦截直击建筑物的雷电(利用接闪器)；

——安全引导雷电流入地(利用引下线)；

——使雷电流入地消散(利用接地装置)。

内部 LPS 的功能是在建筑物内利用等电位连接或使 LPS 部件与建筑物内导电部件隔开一段距离 S(从而达到电气绝缘)来避免危险的火花。

基于对应的 LPL，施工规程规定有四类 LPS(Ⅰ、Ⅱ、Ⅲ、Ⅳ)。每类 LPS 的施工规程包含与保护水平有关(如滚球半径、网格宽度等)的和与保护水平无关(如截面积、材料等)的两种施工规程。

如果建筑物外部地面电阻率和建筑物内楼板电阻率不够大时，减少接触和跨步电压对人身伤害的措施有：

——在建筑物外部，把外露导电部件绝缘、利用网状接地系统作等电位连接、设置警示牌和限制人身活动范围；

——在建筑物内部，在服务设施入户处做等电位连接。

LPS应符合GB/T 21714.3—2008的要求。

8.3.2 减少内部系统失效的防护措施

为减小内部系统失效风险,对LEMP采取的防护措施应限制:

——雷电直击建筑物,因阻性或感性耦合引起的过电压;

——雷击建筑物附近,因感性耦合引起的过电压;

——雷击连至建筑物的线路或其附近,从入户线路传入的过电压;

——与内部系统直接耦合的磁场。

注:如果系统的装置符合相关的EMC产品标准(见GB/T 21714.2—2008和GB/T 21714.4—2008)规定的射频(RF)辐射和抗扰性试验要求,则由于雷电电磁场直接辐射进设备而导致装置失效的情况可以忽略。

被保护的系统应置于LPZ1或序数更高的防雷区内。利用衰减感应磁场的磁屏蔽和/或减少感应回路的合理布线来达到此目的。对于横穿边界的金属部件和系统,在LPZ边界处应作等电位连接。这种等电位连接可利用导体或必要时利用SPD来实现。

LPZ的防护措施应符合GB/T 21714.4—2008的要求。

亦可利用"能量配合的SPD防护"限制导致内部系统失效的过电压使之低于被保护系统的额定冲击耐压来实现对过电压的有效防护。

应根据GB/T 21714.4—2008的要求选择与安装SPD。

8.4 服务设施的防护

被保护的服务设施应置于:

——$LPZ0_B$或序数更高的防雷区内,以便减小物理损害。采用埋地布线代替架空布线,或根据线路特性,在有效的地方使用适当布设的屏蔽线,或在管道情况下,适当增加金属管道的厚度并保证金属管道的电气贯通即可达到此目的。

——LPZ1或序数更高的防雷区内,以便防御导致服务设施失效的过电压。利用电缆的适当磁屏蔽降低雷电感应的过电压水平和利用合适的SPD分流过电流及限制过电压可以达到此目的。

附 录 A
（资料性附录）
雷电流参数

A.1 对地雷闪

对地雷闪有两种基本类型：

——始于云对地的一个向下先导的下行雷。

——始于地面建筑物对云的一个向上先导的上行雷。

在平地和较为低矮建筑物上出现的大多是下行雷，而在暴露的和/或高耸的建筑上出现的主要是上行雷。随着建筑物有效高度的增加，建筑物上遭受直接雷击的概率增加（见 GB/T 21714.2—2008 中附录 A）且物理状态发生变化。

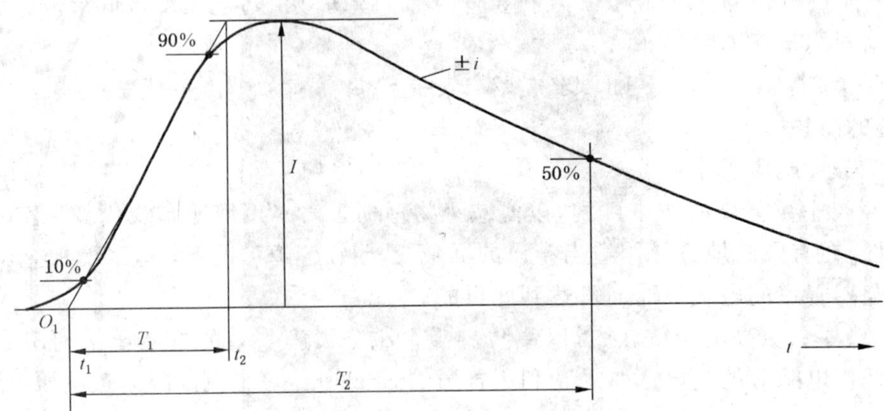

O_1——视在原点；

I——电流峰值；

T_1——波头时间；

T_2——半值时间。

图 A.1 短时间雷击参数的定义（典型值 T_2<2 ms）

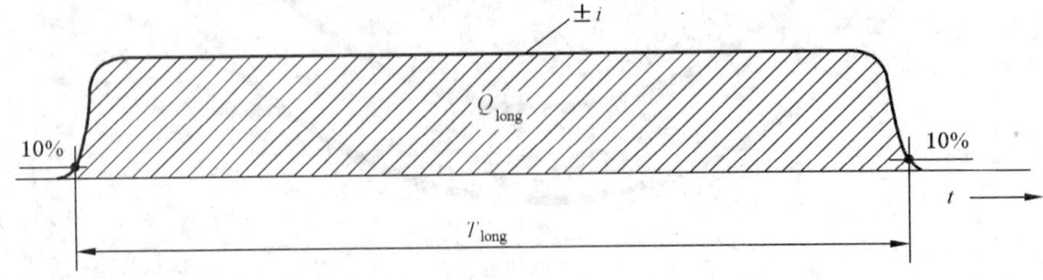

T_{long}——持续时间；

Q_{long}——长时间雷击电荷。

图 A.2 长时间雷击参数的定义（典型值 2 ms<T_{long}<1 s）

雷电流由一个或多个不同的雷击组成：

——持续时间小于 2 ms 的短时间雷击（图 A.1）；

——持续时间大于 2 ms 的长时间雷击（图 A.2）。

雷击的进一步区分是按其极性(正极性或负极性)和闪电发生时其所处的先后位置(首击、后续雷击、叠加)。图 A.3 和图 A.4 所示分别是下行雷和上行雷的可能组成成分。

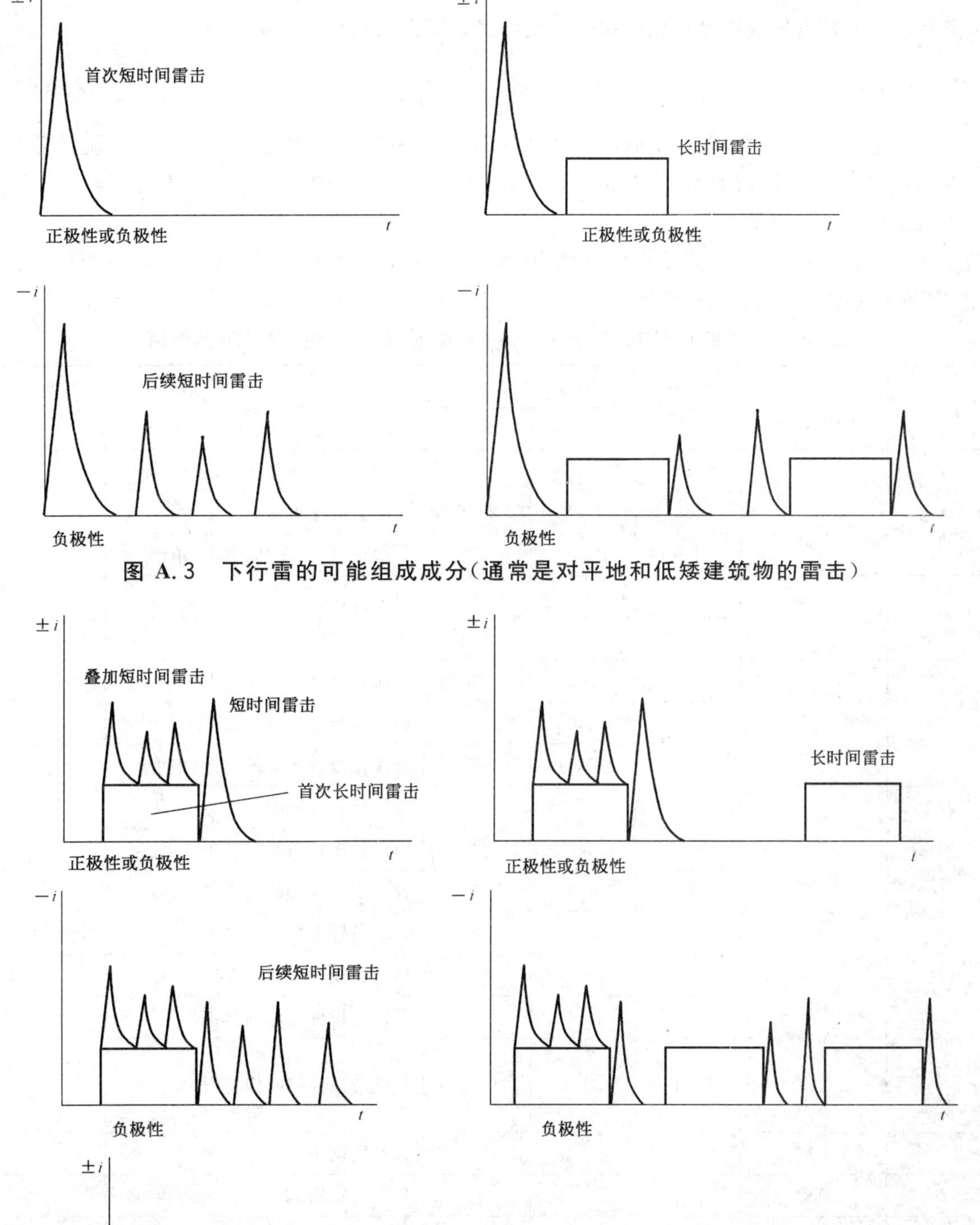

图 A.3 下行雷的可能组成成分(通常是对平地和低矮建筑物的雷击)

图 A.4 上行雷的可能组成成分(通常为暴露和/或高层建筑上面的雷击)

上行雷的附加成分是首次长时间雷击上可能叠加高达几十个短时间雷击。不过上行雷中短时间雷击的所有参数都比下行雷中短时间雷击的参数小。具有较大电荷量的长时间上行雷尚未获得证实。所以，可以认为下行雷的雷电流参数最大值涵盖了上行雷的雷电流参数最大值。关于下行雷和上行雷的雷电流参数以及它们与海拔高度的依赖关系的更精确计算方法正在考虑中。

A.2 雷电流参数

本标准雷电流参数依据国际大电网会议(CIGRE)报告获得，数据列在表 A.1 中。其统计分布可以假定为对数正态分布。相应的均值 μ 和标准差 σ_{log} 列在表 A.2 中，图 A.5 表示其分布函数。据此可确定每一参数任何值的出现概率。

假设雷电极性比例中，10%为正极性，90%为负极性。极性比与地域有关。如果没有当地的资料可资利用，宜采用这里给出的雷电极性比。

表 A.1 摘自 CIGRE(Electra No 41 或 No 69)[3,4]的雷电流参数值

参数	LPL Ⅰ的确定值	数值			雷击类型	图 A.5 中的曲线
		95%	50%	5%		
I/kA	50	4(98%)	20(80%)	90	首次负极性短时间雷击	1A+1B
		4.9	11.8	28.6	后续负极性短时间雷击	2
	200	4.6	35	250	首次正极性短时间雷击(单个)	3
Q_{flash}/C		1.3	7.5	40	负极性雷闪	4
	300	20	80	350	正极性雷闪	5
Q_{short}/C		1.1	4.5	20	首次负极性短时间雷击	6
		0.22	0.95	4	后续负极性短时间雷击	7
	100	2	16	150	首次正极性短时间雷击(单个)	8
W/R/(kJ/Ω)		6	55	550	首次负极性短时间雷击	9
		0.55	6	52	后续负极性短时间雷击	10
	10 000	25	650	15 000	首次正极性短时间雷击	11
di/dt_{max}/(kA/μs)		9.1	24.3	65	首次负极性短时间雷击	12
		9.9	39.9	161.5	后续负极性短时间雷击	13
	20	0.2	2.4	32	首次正极性短时间雷击	14
$di/dt_{30/90\%}$/(kA/μs)	200	4.1	20.1	98.5	后续负极性短时间雷击	15
Q_{long}/C	200				长时间雷击	
T_{long}/s	0.5				长时间雷击	
波头持续时间/μs		1.8	5.5	18	首次负极性短时间雷击	
		0.22	1.1	4.5	后续负极性短时间雷击	
		3.5	22	200	首次正极性短时间雷击(单个)	
雷击持续时间/μs		30	75	200	首次负极性短时间雷击	
		6.5	32	140	后续负极性短时间雷击	

表 A.1（续）

参数	LPL Ⅰ 的确定值	数值			雷击类型	图 A.5 中的曲线
		95%	50%	5%		
雷击持续时间/μs		25	230	2 000	首次正极性短时间雷击(单个)	
时间间隔/ms		7	33	150	多重负极性雷击	
总雷闪持续时间/ms		0.15	13	1 100	负极性雷闪(全部)	
		31	180	900	负极性雷闪(无单个)	
		14	85	500	正极性雷闪	
注：I=4kA 和 I=20 kA 的概率分别等于 98% 和 80%。						

表 A.2　雷电流参数的对数正态分布——摘自 CIGRE(Electra No 41 或 No 69)[3,4]
从概率 95%到 5%的数值计算得出的雷电流参数的均值 μ 以及标准差 $\sigma_{\log}$

参数	均值 μ	标准差 $\sigma_{\log}$	雷击类型	图 A.5 中的曲线
I/kA	(61.1)	0.576	首次负极性短时间雷击(80%)	1A
	33.3	0.263	首次负极性短时间雷击(80%)	1B
	11.8	0.233	后续负极性短时间雷击	2
	33.9	0.527	首次正极性短时间雷击(单个)	3
Q_{flash}/C	7.21	0.452	负极性雷闪	4
	83.7	0.378	正极性雷闪	5
Q_{short}/C	4.69	0.383	首次负极性短时间雷击	6
	0.938	0.383	后续负极性短时间雷击	7
	17.3	0.570	首次正极性短时间雷击(单个)	8
W/R/(kJ/Ω)	57.4	0.596	首次负极性短时间雷击	9
	5.35	0.600	后续负极性短时间雷击	10
	612	0.844	首次正极性短时间雷击	11
di/dt_{max}/(kA/μs)	24.3	0.260	首次负极性短时间雷击	12
	40.0	0.369	后续负极性短时间雷击	13
	2.53	0.670	首次正极性短时间雷击	14
$di/dt_{30/90\%}$/(kA/μs)	20.1	0.420	后续负极性短时间雷击	15
Q_{long}/C	200		长时间雷击	
T_{long}/s	0.5		长时间雷击	
波头持续时间/μs	5.69	0.304	首次负极性短时间雷击	
	0.995	0.398	后续负极性短时间雷击	
	26.5	0.534	首次正极性短时间雷击(单个)	

表 A.2(续)

参数	均值 μ	标准差 $\sigma_{\log}$	雷击类型	图 A.5 中的曲线
雷击持续时间/μs	77.5	0.250	首次负极性短时间雷击	
	30.2	0.405	后续负极性短时间雷击	
	224	0.578	首次正极性短时间雷击(单个)	
时间间隔/ms	32.4	0.405	多个负极性雷击	
总雷闪持续时间/ms	12.8	1.175	负极性雷闪(全部)	
	167	0.445	负极性雷闪(无单个)	
	83.7	0.472	正雷闪	

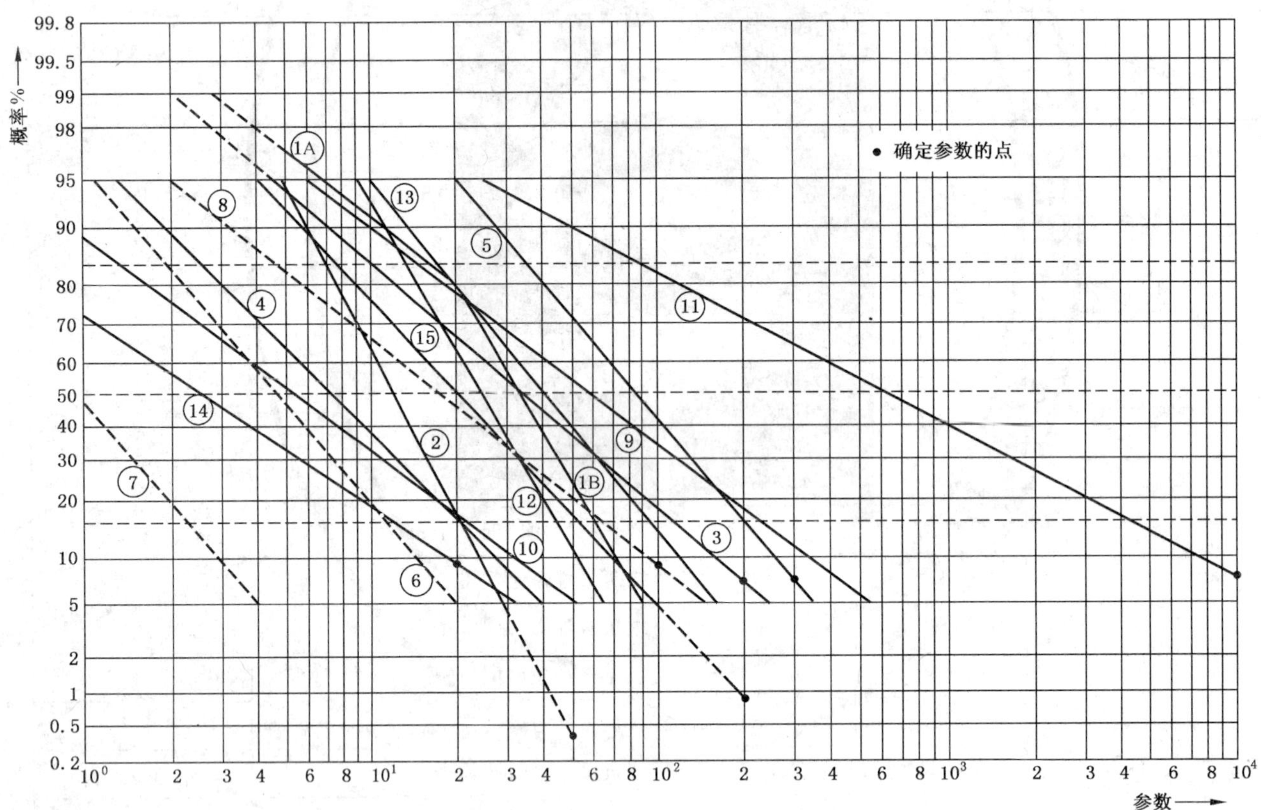

注:曲线的编号见表 A.1 和表 A.2。

图 A.5 雷电流参数的累积频率分布(曲线通过概率 95%到 5%的值)

本部分给出的所有与 LPL 相关的数值与下行雷和上行雷都有关。

注:雷电参数值通常是在高耸物体上测得的。不考虑高耸物体影响的雷电流参数峰值的统计分布也可利用雷电定位系统获得。

A.3 确定 LPL Ⅰ的雷电流最大参数值

雷电的机械效应与雷电流的峰值(I)和单位能量(W/R)有关。当阻性耦合时其热效应与雷电流的单位能量(W/R)有关，而当装置发生电弧时其热效应与电荷量有关。感应耦合引起的过电压和危险火花与雷电流波头的平均陡度($\mathrm{d}i/\mathrm{d}t$)有关。

每一个参数(I、Q、W/R、$\mathrm{d}i/\mathrm{d}t$) 往往会决定一种失效机理。在确立试验步骤时应考虑这种情况。

A.3.1 首次短时间雷击和长时间雷击

与机械效应和热效应有关的 I、Q、W/R 值由正雷闪决定(因为正雷闪累积概率 10%的参数值远大于负雷闪累积概率 1%的参数值)。由图 A.5(曲线 3、5、8、11 和 14)，可取概率低于 10%的下列值：

$$I = 200\ \mathrm{kA}$$

$$Q_{flash} = 30\mathrm{C}$$

$$Q_{short} = 100\mathrm{C}$$

$$W/R = 10\ \mathrm{MJ}/\Omega$$

$$\mathrm{d}i/\mathrm{d}t = 20\ \mathrm{kA}/\mu\mathrm{s}$$

据图 A.1,对于首次短时间雷击,上述数值给出波头时间的一级近似值为：

$$T_1 = I/(\mathrm{d}i/\mathrm{d}t) = 10\ \mu\mathrm{s} \quad (T_1\ \text{意义不大})$$

对指数衰减的雷击,计算电荷和能量的近似值可用以下公式($T_1 \ll T_2$)：

$$Q_{short} = (1/0.7) \cdot I \cdot T_2$$

$$W/R = (1/2) \cdot (1/0.7) \cdot I^2 \cdot T_2$$

利用这些公式与上面给出的数值,得出半值时间的一级近似值为：

$$T_2 = 350\ \mu\mathrm{s}$$

对于长时间雷击,其电荷可从下式近似计算：

$$Q_{long} = Q_{flash} - Q_{short} = 200\mathrm{C}$$

按图 A.2,其持续时间可由雷闪持续时间估计为：

$$T_{long} = 0.5\ \mathrm{s}$$

A.3.2 后续短时间雷击

由于电感耦合而产生危险火花的最大平均陡度 $\mathrm{d}i/\mathrm{d}t$ 由负雷闪的后续短时间雷击决定(因为其累积概率 1%的值远大于首次负雷击累积概率 1%的值或正雷闪累积概率 10%的值)。从图 A.5(曲线 2 和 15)可取概率低于 1%的下列值：

$$I = 50\ \mathrm{kA}$$

$$\mathrm{d}i/\mathrm{d}t = 200\ \mathrm{kA}/\mu\mathrm{s}$$

对于后续短时间雷击,按图 A.1,这些值给出了波头时间的一级近似值：

$$T_1 = I/(\mathrm{d}i/\mathrm{d}t) = 0.25\ \mu\mathrm{s}$$

其半值时间可从后续短时负雷击持续时间估算：

$$T_2 = 100\ \mu\mathrm{s} \quad (T_2\ \text{意义不大})$$

A.4 确定雷电流最小参数值

LPS 的截收效率取决于雷电流最小参数和相关的滚球半径。对直接雷击防御区域的几何边界可用滚球法确定。

根据电气—几何模型,滚球半径(最后击距)与首次短时间雷击的峰值有关。据 IEEE 的一个工作

小组报告[5],其关系式为:

$$r = 10 \times I^{0.65} \qquad \text{(A.1)}$$

式中:

r——滚球半径,m;

I——为峰值电流,kA。

对于已知的滚球半径 r,可以假定,峰值大于对应的最小峰值电流 I 的所有雷闪都会被自然或安装的接闪器所截收。因此,据图 A.5(曲线 1A 和 3),负极性和正极性首次雷击峰值的概率可假定为截收概率。考虑到雷闪极性比为 10%正极性和 90%负极性,可以计算总的截收概率(见表 7)。

附 录 B
（资料性附录）
用于分析的雷电流时间函数

首次短时间雷击(10/350 μs)和后续短时间雷击(0.25/100 μs)的电流波形可定义为：

$$i=\frac{I}{k}\cdot\frac{(t/\tau_1)^{10}}{1+(t/\tau_1)^{10}}\exp(-t/\tau_2) \qquad \cdots\cdots(\text{B.1})$$

式中：

I——峰值电流；

k——峰值电流的校正系数；

t——时间；

τ_1——波头时间常数；

τ_2——波尾时间常数。

不同的 LPL,其首次短时间雷击和后续短时间雷击的电流波形,可采用表 B.1 所列参数。图 B.1 至图 B.4 表示其分析曲线。

表 B.1 式 B.1 的参数

参数	首次短时间雷击			后续短时间雷击		
	LPL			LPL		
	Ⅰ	Ⅱ	Ⅲ-Ⅳ	Ⅰ	Ⅱ	Ⅲ-Ⅳ
I/kA	200	150	100	50	37.5	25
k	0.93	0.93	0.930	0.993	0.993	0.993
τ_1/μs	19	19	19	0.454	0.454	0.454
τ_2/μs	485	485	485	143	143	143

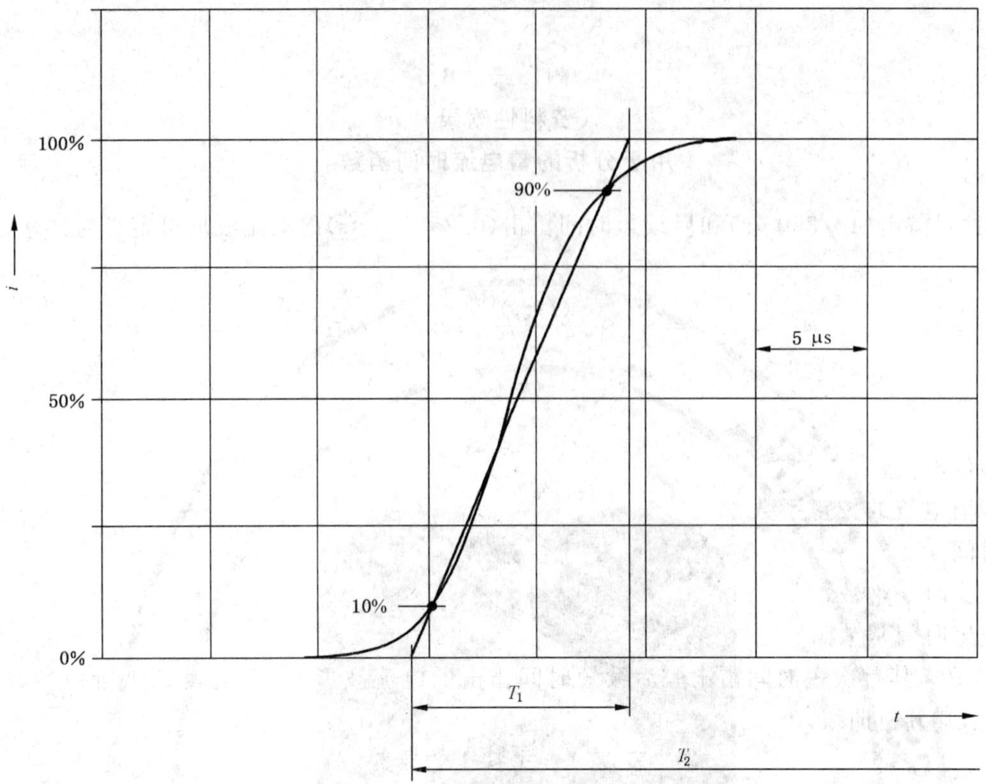

图 B.1　首次短时间雷击电流的上升沿波形

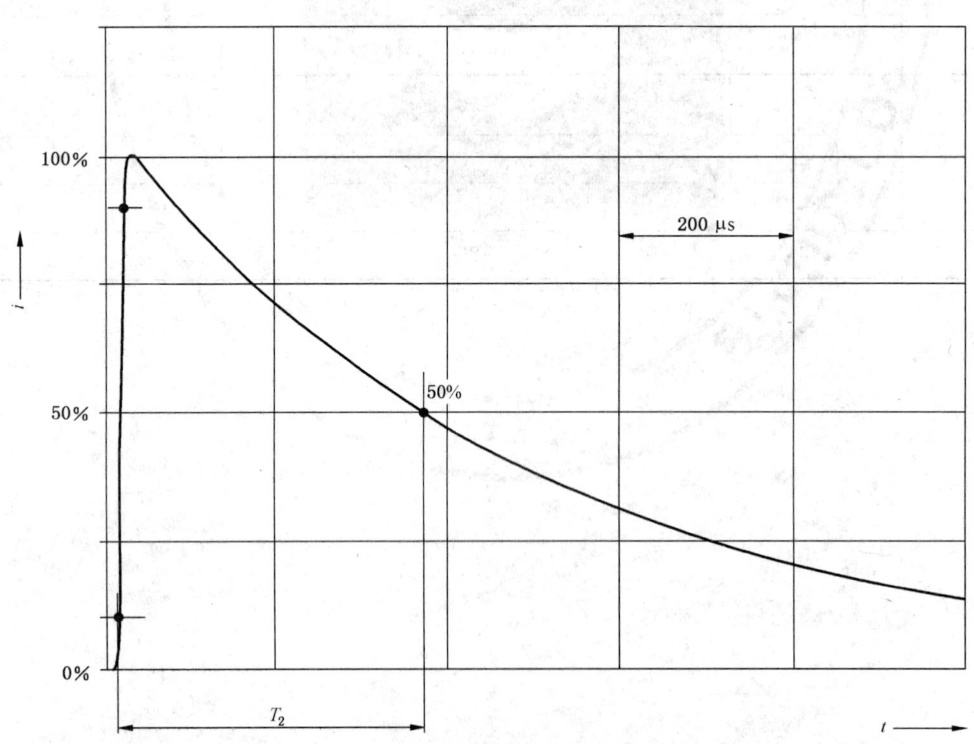

图 B.2　首次短时间雷击电流的下降沿波形

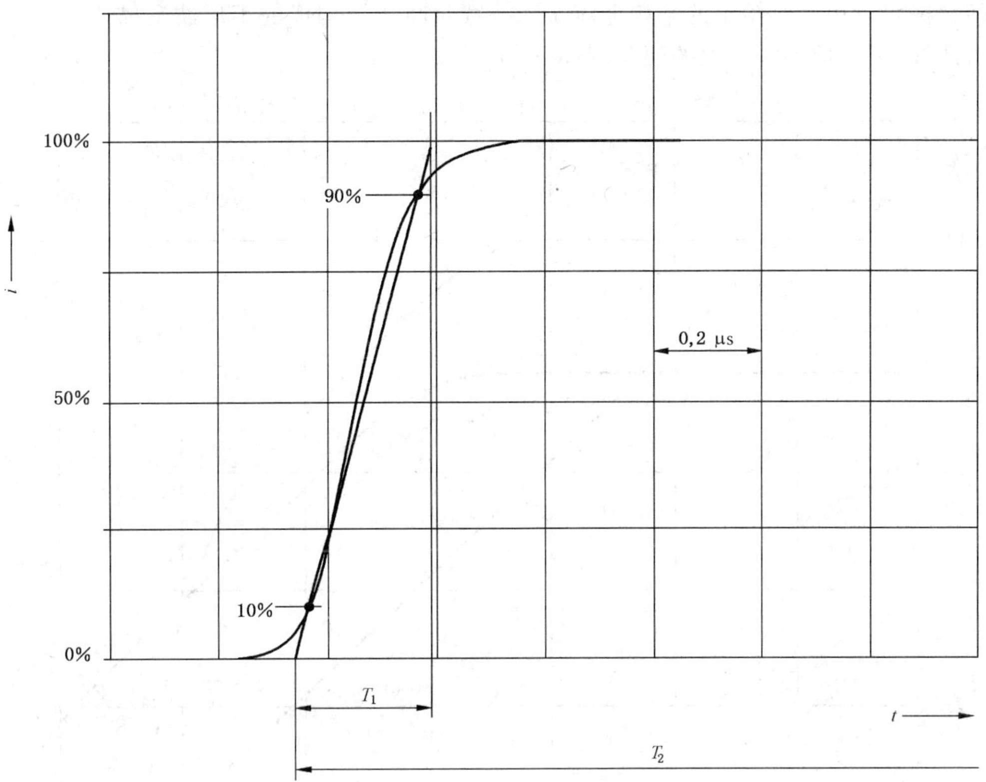

图 B.3 后续短时间雷击电流的上升沿波形

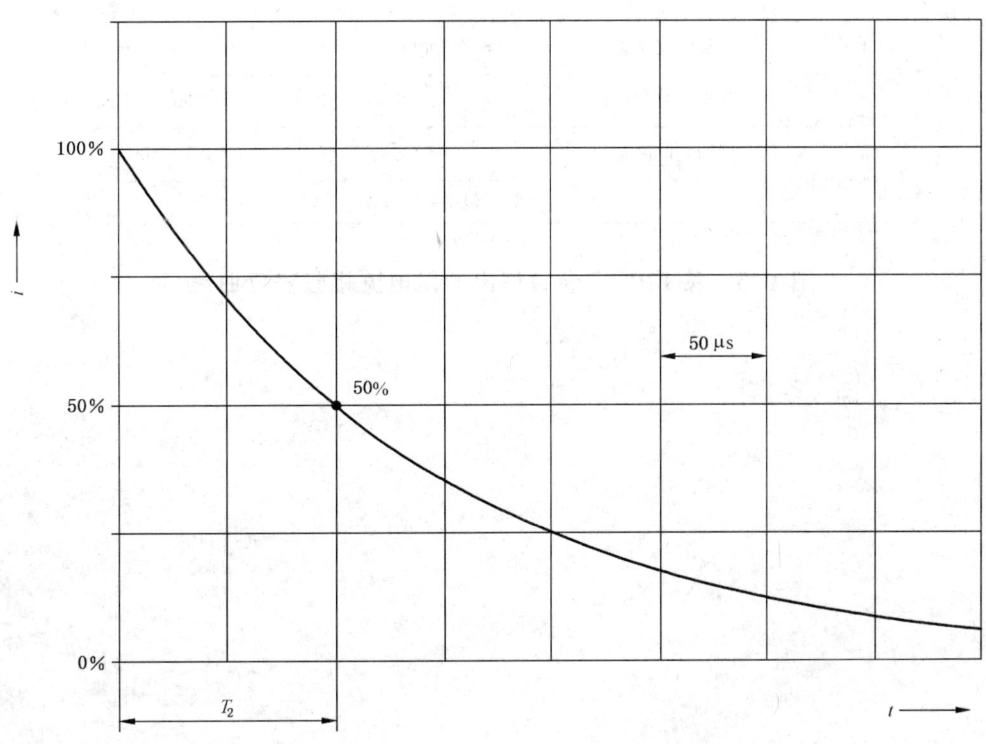

图 B.4 后续短时间雷击电流的下降沿波形

长时间雷击可以用表 5 给出的平均电流 I 和持续时间 T_{long} 构成的矩形波来描述。

从分析曲线，可以推出雷电流的幅频特性(图 B.5)。

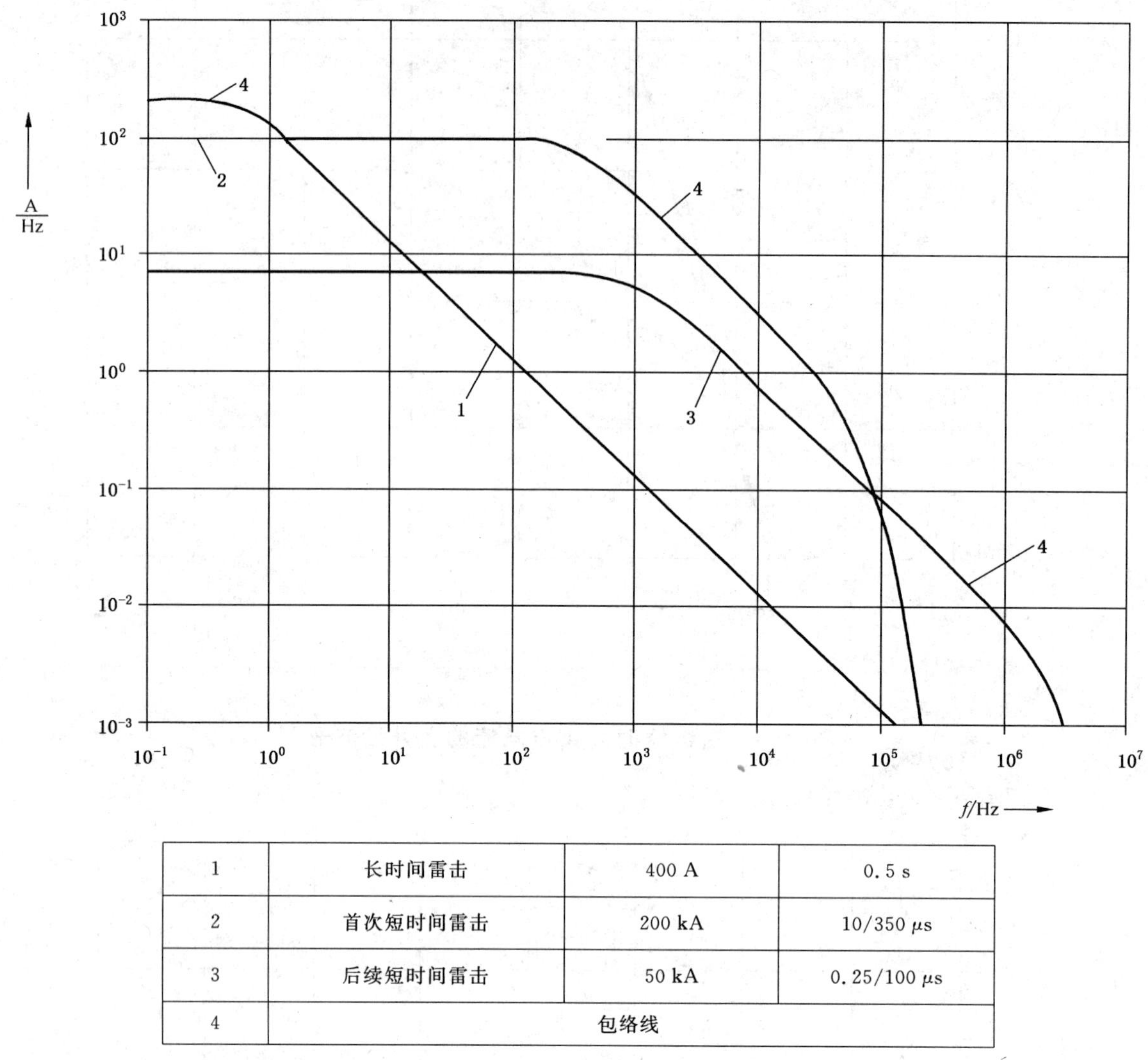

1	长时间雷击	400 A	0.5 s
2	首次短时间雷击	200 kA	10/350 μs
3	后续短时间雷击	50 kA	0.25/100 μs
4	包络线		

图 B.5　按 LPL Ⅰ参数作出的雷电流幅频密度曲线

附 录 C
（资料性附录）
用于测试的雷电流模拟

C.1 概述

如果对象被雷击，雷电流将在该对象内进行分配。当测试防护措施的单个部件时，这种情况必须通过对每一部件测试参数的适当选择加以考虑。为此，必须进行系统分析。

C.2 首次短时间雷击的单位能量和长时间雷击的电荷模拟

表C.1和C.2中规定了测试参数，图C.1是测试发生器的一个原理图，该发生器可用于模拟首次短时间雷击的单位能量以及长时间雷击的电荷。

这些测试可以用来评估对象的机械完整性，免除发热和熔化的有害影响。

表C.1给出模拟首次短时间雷击的相关测试参数（峰值电流 I、单位能量 W/R 和电荷 Q_s）。这些参数应在同一冲击下获得。利用 T_2 在 350 μs 范围内的近似指数衰减电流可以实现这个要求。

表C.2给出模拟长时间雷击的相关测试参数（电荷 Q_l 和持续时间 T）。

根据测试项目和预期的损害机理，首次短时间雷击或长时间雷击可单个测试或组合测试，组合测试时，长时间雷击紧跟在首次短时间雷击之后。电弧熔化的测试宜采用正负两种极性的冲击电流进行。

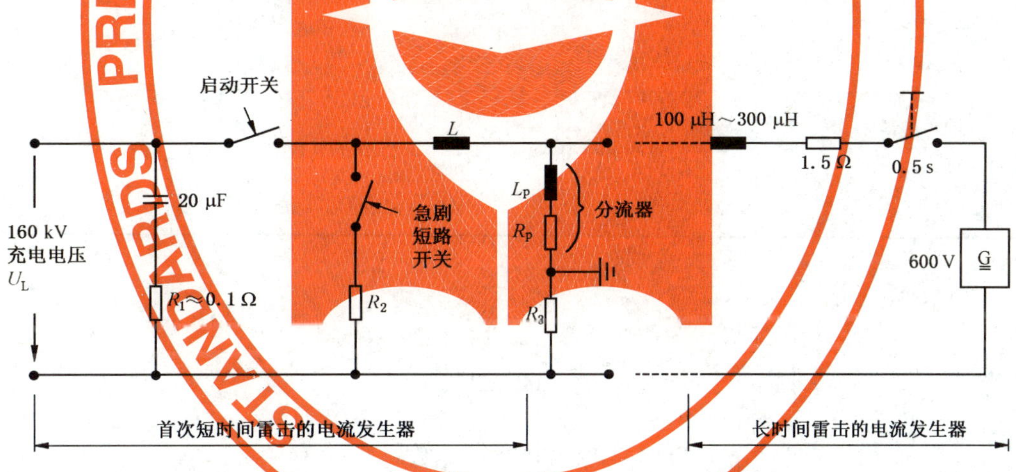

注：图中元件数值用于LPL Ⅰ。

图C.1 模拟首次短时间雷击单位能量和长时间雷击电荷的试验发生器原理图

表C.1 首次短时间雷击的测试参数

测试参数	LPL			容差 %
	Ⅰ	Ⅱ	Ⅲ-Ⅳ	
峰值电流 I/kA	200	150	100	±10
电荷 Q_s/C	100	75	50	±20
单位能量 W/R/(MJ/Ω)	10	5.6	2.5	±35

表 C.2　长时间雷击测试参数

测试参数	LPL			容差 %
	Ⅰ	Ⅱ	Ⅲ-Ⅳ	
电荷 Q_{long}/C	200	150	100	±20
持续时间 T/s	0.5	0.5	0.5	±10

C.3　短时间雷击波头陡度的模拟

电流的陡度决定了安装在载有雷电流的导体附近回路中磁感应电压的大小。

短时间雷击电流的陡度定义为雷电流上升期间(Δt)雷电流(Δi)的上升率(即 $\Delta i/\Delta t$，见图 C.2)。表 C.3 给出了模拟此电流陡度的相关测试参数。图 C.3、图 C.4 表示试验发生器的原理图(它可用于模拟直接雷击雷电流波头的陡度)。单个首次短时间雷击和单个后续短时间雷击都可采用这种模拟。

注：此模拟涉及短时间雷击电流的波头陡度。波尾对这类模拟没有影响。

C.3 的模拟可单独进行或与 C.2 的模拟联合进行。

模拟雷电对 LPS 部件影响的有关测试参数细节见附录 D。

表 C.3　短时间雷击的测试参数

测试参数	LPL			容差 %
	Ⅰ	Ⅱ	Ⅲ-Ⅳ	
首次短时间雷击 Δi/kA Δt/μs	 200 10	 150 10	 100 10	 ±10 ±20
后续短时间雷击 Δi/kA Δt/μs	 50 0.25	 37.5 0.25	 25 0.25	 ±10 ±20

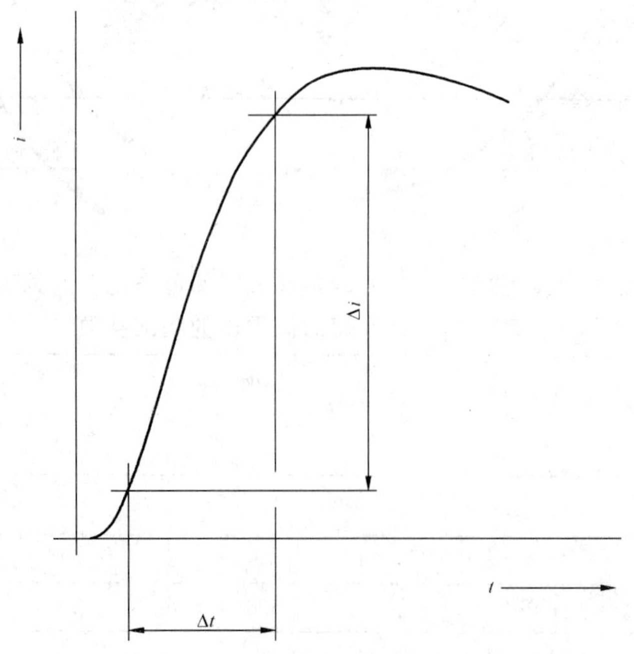

图 C.2　据表 C.3 确定雷电流陡度

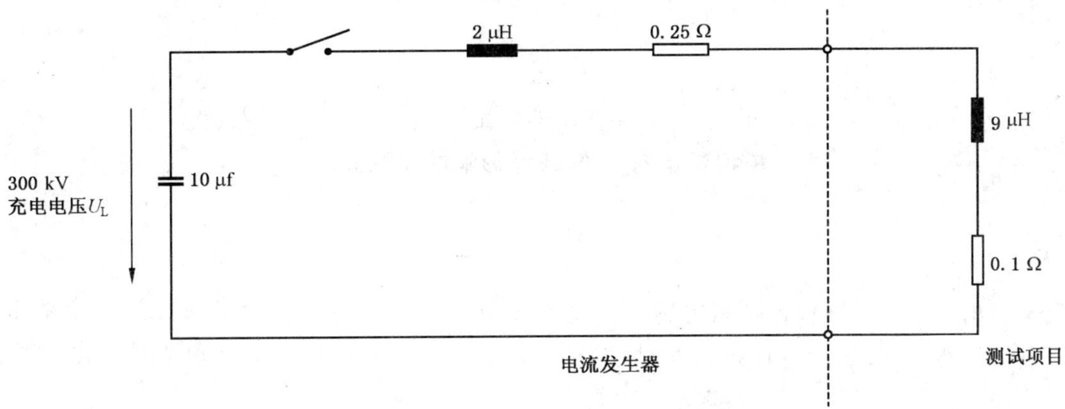

注：元件数值对应于 LPL Ⅰ。

图 C.3 用于大测试项目模拟首次短时间雷击波头陡度的试验发生器原理图

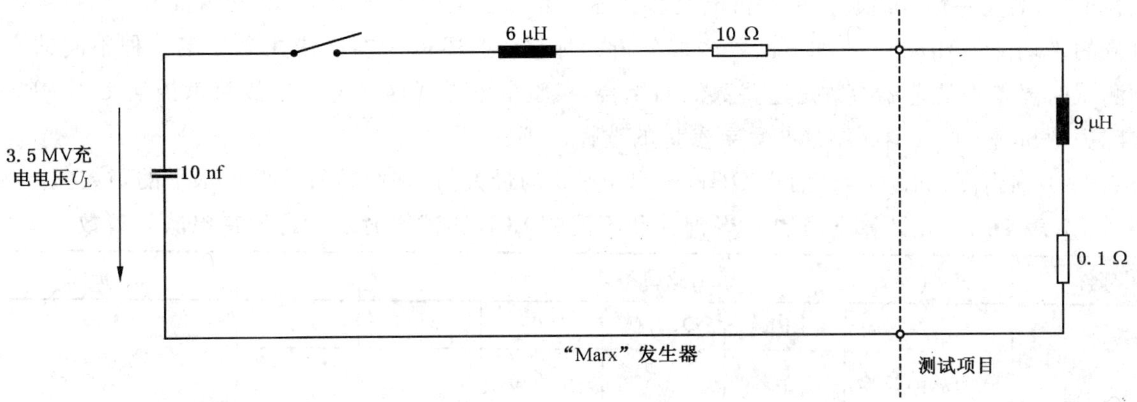

注：所有数值对应于 LPL Ⅰ。

图 C.4 用于大测试项目模拟后续短时间雷击波头陡度的试验发生器原理图

附　录　D
（资料性附录）
模拟雷电对 LPS 部件影响的测试参数

D.1　概述

本附录给出用于实验室中模拟雷电影响的基本参数。附录 D 内容涉及到可能遭受全部雷电流或大部分雷电流侵袭的 LPS 所有部件。本附录应与说明每一具体部件的要求和测试方法的标准共同使用。

注：本附录不讨论有关系统方面(如浪涌保护器的能量配合)的参数。

D.2　与雷击点相关的电流参数

在 LPS 的完整性方面起作用的雷电流参数通常有峰值电流 I、电荷 Q、单位能量 W/R、持续时间 T 和电流的平均陡度 di/dt。正如下面要详细分析的那样，上述每一参数往往会决定一种不同的失效机理。测试时要考虑的电流参数是这些数值的组合，实验室中选择这些电流参数值来描述受测 LPS 部件的实际失效机理。D.5 中介绍这些重要参量的选择准则。

表 D.1 列出测试时应考虑的 I、Q、W/R 和 di/dt 的最大值，它们是所需保护水平的函数。

表 D.1　在计算不同的 LPS 部件和不同的 LPL 测试值时须考虑的雷电威胁参数

部件	主要问题	雷电威胁参数					备注
接闪器	接闪点的腐蚀(如薄金属片)	LPL	Q_{long}/C	T			
		Ⅰ Ⅱ Ⅲ-Ⅳ	200 150 100	<1 s(单次冲击中施加 Q_{long})			
接闪器和引下线	阻性发热	LPL	W/R/(kJ/Ω)	T			按照 GB/T 21714.3 要求确定尺寸，则不必进行测试
		Ⅰ Ⅱ Ⅲ-Ⅳ	10 000 5 600 2 500	在绝热组态内施加 W/R			
	机械效应	LPL	I/kA	W/R/(kJ/Ω)			
		Ⅰ Ⅱ Ⅲ-Ⅳ	200 150 100	10 000 5 600 2 500			
连接部件	综合效应(热、机械和电弧)	LPL	I/kA	W/R/(kJ/Ω)	T		
		Ⅰ Ⅱ Ⅲ-Ⅳ	200 150 100	10 000 5 600 2 500	<2 ms(单次冲击中施加 I 和 W/R)		

表 D.1（续）

部件	主要问题	雷电威胁参数					备注
接地体	雷电流流经处的腐蚀	LPL	Q_{long}/C	T			
		Ⅰ Ⅱ Ⅲ-Ⅳ	200 150 100	<1 s（单次冲击中施加Q_{long}）			一般从机械、化学角度考虑（腐蚀等）确定尺寸
含有火花间隙的SPD	综合效应（热、机械和电弧）	LPL	I/kA	Q_{short}/C	W/R/(kJ/Ω)	di/dt/(kA/μs)	
		Ⅰ Ⅱ Ⅲ-Ⅳ	200 150 100	100 75 50	10 000 5 600 2 500	200 150 100	在单次冲击中施加I、Q_{short}和W/R（持续时间$T<2$ ms）；在另一个单独的冲击中施加$\Delta i/\Delta t$
含有金属氧化物压敏电阻模块的SPD	能量影响（过载）	LPL	Q_{short}/C				两个方面都需要检查
		Ⅰ Ⅱ Ⅲ-Ⅳ	100 75 50				
	电介质影响（闪络/爆裂）	LPL	I/kA	T			可考虑分开测试
		Ⅰ Ⅱ Ⅲ-Ⅳ	200 150 100	<2 ms（单次冲击中施加I）			

D.3 分流

表D.3列出的参数与雷击点雷电流有关。事实上，雷电流不只通过一条路径入地，外部LPS中一般有几条引下线和自然导体。此外，还有进入被保护建筑物的不同服务设施（供水、供气管道、电源和通信线路等）。因此，为了确定流过LPS具体部件的实际电流参数，应考虑雷电流的分流。最好计算出通过LPS具体位置某一部件的电流峰值和波形。在电流参数不能单独算出的场合，可以借助下列步骤估算。

为了计算外部LPS内的分流，可采用结构系数k_c（见GB/T 21714.3—2008中附录C）。该系数给出最不利情况下雷电流在外部LPS引下线中分流的估算方法。

被保护建筑物有入户的外部导电部件、电力线和通信线时，为了估算其分流值，可采用附录E介绍的k_e和k'_e的近似值。

上述方法可用于计算流经某一具体入地路径的电流峰值。电流的其他参数可按以下公式计算：

$$I_p = kI \quad \text{(D.1)}$$

$$Q_p = kQ \quad \text{(D.2)}$$

$$(W/R)_p = k^2(W/R) \quad \text{(D.3)}$$

$$(\mathrm{d}i/\mathrm{d}t)_p = k(\mathrm{d}i/\mathrm{d}t) \quad \text{(D.4)}$$

式中：

X_p——与某特定入地路径“p”有关的参数值（峰值电流I_p、电荷Q_p、单位能量$(W/R)_p$、电流陡度$(\mathrm{d}i/\mathrm{d}t)_p$）；

X——与总雷电流有关的参数值（峰值电流I、电荷Q、单位能量(W/R)、电流陡度$(\mathrm{d}i/\mathrm{d}t)$）；

k——分流系数；

k_c——外部 LPS 的分流系数(见 GB/T 21714.3—2008 中附录 C)；

k_e、k'_e——有外部导电部件、电力线和通信线路进入被保护建筑物时的分流系数(见附录 E)。

D.4 可能导致损害的雷电流效应

D.4.1 热效应

涉及雷电流的热效应与电流流过导体电阻或流入 LPS 而产生的阻性发热有关，也与雷电流流经处电弧底部和发生电弧的全部 LPS 隔离部件(如火花间隙)中产生的热量有关。

D.4.1.1 阻性发热

任何明显流过雷电流的 LPS 部件上都发生阻性发热。导体的截面积必须足够大，以免导体过热导致危险的火灾并殃及四邻。除了 D.4.1 讨论的热效应外，还必须考虑暴露于大气环境和/或腐蚀环境中部件的机械承受力和耐久性。当存在人员伤害和火灾或爆炸损害的风险时，有时需要对雷电流引起的导体受热进行计算。

下面给出雷电流通过时导体温升的计算方法。

一种分析方法如下：

电流在导体中以热形式耗散的瞬时功率为：

$$P(t)=i^2R \qquad \text{(D.5)}$$

所以，一个完整的雷电流脉冲产生的热能是雷电流通过所讨论的 LPS 部件通路的电阻乘以脉冲的单位能量，单位为焦耳(J)或瓦特秒(W·s)。

$$W=R\int i^2\,\mathrm{d}t \qquad \text{(D.6)}$$

在一次雷电放电中，雷闪单位能量处于高水平的持续时间极短，以至于建筑物中产生的任何热量不会有明显的耗散，因此这种现象可认为是绝热过程。

LPS 导体的温度可计算如下：

$$\theta-\theta_0=\frac{1}{\alpha}\left[\exp\frac{\frac{W}{R}\cdot\alpha\cdot\rho_0}{q^2\cdot\gamma\cdot C_w}-1\right] \qquad \text{(D.7)}$$

式中：

$\theta-\theta_0$——导体的温升，K；

α——电阻的温度系数，1/K；

W/R——电流冲击的单位能量，J/Ω；

ρ_0——环境温度下导体的电阻率，Ω·m；

q——导体的截面积，m^2；

γ——材料密度，$\mathrm{kg/m^3}$；

C_w——热容量，J/(kg·K)；

θ_s——熔点，℃。

按 LPS 所用的不同材料，表 D.2 列出式(D.7)中物理参数的特征值。作为该式应用的一个例子，表 D.3 给出由不同材料构成的导体的温升，它们是 W/R 和导体截面积的函数。

典型雷击的特征是持续时间短(半值时间为几百微秒)和电流峰值高。在这些情况下，也应该考虑趋肤效应。但是，在大多数与 LPS 部件有关的实际情况中，材料特性(LPS 导体的动态磁导率)和几何结构(LPS 导体的截面积)使趋肤效应对导体温升的贡献减少到可以忽略不计。

与发热机制关系最大的雷闪组成部分是首次回击。

表 D.2 LPS 部件常用材料的物理特性

物理量	材料			
	铝	低碳钢	铜	不锈钢[a]
ρ_0/Ωm	29×10^{-9}	120×10^{-9}	17.8×10^{-9}	0.7×10^{-6}
α/(1/K)	4.0×10^{-3}	6.5×10^{-3}	3.92×10^{-3}	0.8×10^{-3}
γ/(kg/ m^3)	2 700	7 700	8 920	8×10^{3}
θ_s/℃	658	1 530	1 080	1 500
C_s/(J/kg)	397×10^{3}	272×10^{3}	209×10^{3}	—
C_w/[J/(kg·K)]	908	469	385	500

* 奥氏体不锈钢无磁性。

表 D.3 截面积不同的导体温升与 *W*/*R* 的关系

截面积/mm^2	材料											
	铝			低碳钢			铜			不锈钢[a]		
	W/R/(MJ/Ω)			W/R/(MJ/Ω)			W/R/(MJ/Ω)			W/R/(MJ/Ω)		
	2.5	5.6	10	2.5	5.6	10	2.5	5.6	10	2.5	5.6	10
4	—	—	—	—	—	—	—	—	—	—	—	—
10	564	—	—	—	—	—	169	542	—	—	—	—
16	146	454	—	1 120	—	—	56	143	309	—	—	—
25	52	132	283	211	913	—	22	51	98	940	—	—
50	12	28	52	37	96	211	5	12	22	190	460	940
100	3	7	12	9	20	37	1	3	5	45	100	190

* 奥氏体不锈钢无磁性。

D.4.1.2 雷电流流经处的热损害

雷电流流经处热损害可以在所有发生电弧的 LPS 部件上(即接闪器、火花间隙等)观察到。

雷电流流经处可能发生材料的熔化和腐蚀。事实上,弧底本身以及高电流密度导致的集中阻性发热在电弧底部产生大量的热量输入。产生的热能大多处于很靠近金属表面。紧邻的弧底部分产生的热超过金属传导所能吸收的量,过量的热被辐射或散失在金属的熔化、汽化过程中。此过程的严重程度与电流幅度和持续时间有关。

D.4.1.2.1 概述

已提出几种雷电通道中雷电流流经处金属表面热效应计算的理论模型。为了简便,本附录仅介绍阳极或阴极压降模型。这种模型应用于薄的金属表面特别有效。因为该模型假定雷电注入雷击点的所有能量用于导体材料的熔化和汽化,而忽略了金属内的热扩散,因而在所有情况下,给出了保守的结果。其他的模型介绍雷电流流经处的损害对电流冲击持续时间的依赖关系。

D.4.1.2.2 阳极或阴极压降模型

假设电弧底部的能量输入 *W* 为阳/阴极压降 $u_{a,c}$乘以雷电流的电荷 *Q*:

$$W = \int u_{a.c} i \mathrm{d}t = u_{a.c} \int i \mathrm{d}t = u_{a.c} \cdot Q \qquad \text{(D.8)}$$

由于在这里所考虑的电流范围内 $u_{a,c}$ 基本上为常数，因而电弧底部的能量转换主要与雷电电荷(Q)有关。

阳极或阴极压降 $u_{a,c}$ 有几十伏。

一种简化方法假定弧底产生的所有能量只用于金属的熔化。下式(D.9)利用了这种假设，但导致熔化体积的估计过大。

$$V = \frac{u_{a.c} Q}{\gamma} \cdot \frac{1}{C_w(\theta_s - \theta_u) + C_s} \qquad \text{(D.9)}$$

式中：

V——金属的熔化体积，m^3；

$u_{a,c}$——阳极或阴极压降(假设为常数)，V；

Q——雷电流电荷，C；

γ——材料密度，kg/m^3；

C_w——热容量，J/(kgK)；

θ_s——熔点，℃；

θ_u——环境温度，℃；

C_s——熔化潜热，J/kg。

对于不同的 LPS 材料，式中物理参数的特征值列于表 D.2。

要考虑的电荷主要是回击电荷和连续雷电流电荷之和；实验表明，与连续雷电流相比较回击电荷的影响是次要的。

D.4.2 机械效应

雷电流产生的机械效应取决于雷电流的幅值和持续时间以及受作用的机械构件的弹性。机械效应还和彼此接触的 LPS 部件(如果有)间的摩擦力有关。

D.4.2.1 磁的相互作用

磁力发生于两载流导体之间，或产生于只有一载流导体且该导体弯成一个角或一个环时。

当电流流过电路时，电路不同位置上受到的电动力的大小与雷电流的幅值和电路的几何形状都有关系。但是，这些力的机械作用，不仅与电流幅值有关，也与电流的综合波形、持续时间以及设施的几何形状有关。

D.4.2.1.1 电动力

如图 D.1 所示，电流“i”流过长度为 i 距离为 d 的平行导线段(长而狭小的环路)所产生的电动力可以用下式近似计算：

$$F(t) = \frac{\mu_0}{2\pi} i^2(t) \frac{l}{d} = 2 \cdot 10^{-7} i^2(t) \cdot \frac{l}{d} \qquad \text{(D.10)}$$

式中：

$F(t)$——电动力，N；

i——电流，A；

μ_0——自由空间(真空)的导磁率，$4\pi \cdot 10^{-7}$ H/m；

l——导体长度，m；

d——平行直导线段间的距离，m。

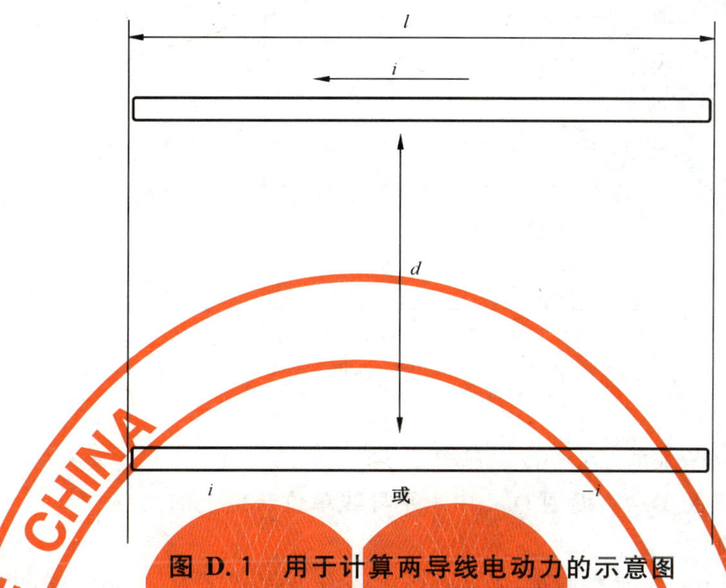

图 D.1 用于计算两导线电动力的示意图

如图 D.2 所示是 LPS 的一个典型例子，其导体对称布设，构成 90°拐角，紧固夹具位于拐角的附近。这种构形的应力图见图 D.3。水平导体上的轴向力有把导体拉出紧固夹具的趋势。假设峰值电流为 100 kA，垂直导体长 0.5 m，沿水平导体的力的数值如图 D.4 所示。

图 D.2 LPS 的导体典型布置图

图 D.3 图 D.2 结构的应力图

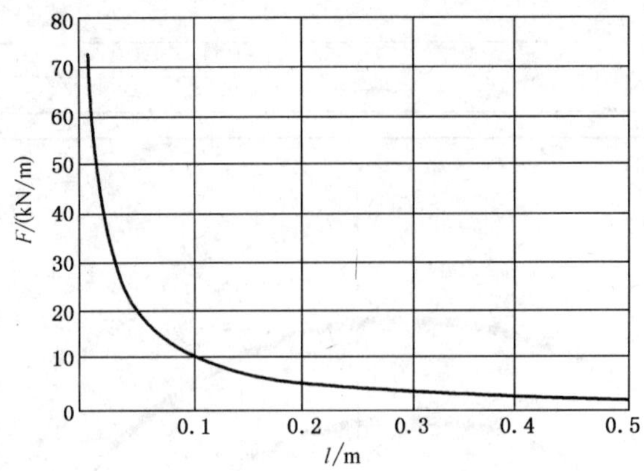

注：峰值电流 100 kA，垂直导体长度为 0.5 m。

图 D.4 沿图 D.2 中水平导线单位长度上的力

D.4.2.1.2 电动力的影响

就作用力的幅度而言，电动力的瞬时值 $F(t)$ 正比于瞬时电流的平方 $I^2(t)$。而就 LPS 机械结构内产生的应力(用 LPS 结构的弹性形变 $\delta(t)$ 和弹性常数 k 的乘积表示)而言，宜考虑两种影响：与 LPS 结构的弹性有关的机械振动固有频率和 LPS 塑性有关的永久性形变。而且在许多情况下，结构内摩擦力的影响也相当重要。

雷电流产生的电动力引起的 LPS 弹性结构的振动幅度可用二阶微分方程计算。这里的关键因素是电流脉冲持续时间和 LPS 结构机械振动固有周期之比。在 LPS 的应用中，通常遇到的情况是结构的固有振动周期比力的作用时间(即雷电流持续时间)长得多。这种情况下，最大机械应力在电流脉冲停止之后发生，其峰值一直低于作用应力。大多数情况下，最大机械应力可以忽略。

当拉伸应力超过材料的弹性限度时，发生塑性形变。如果构成 LPS 结构的是软材料，如铝和焠火铜，电动力可能使有拐角和环形的导体变形。因此，LPS 部件的设计宜使之能承受这些力且具有必要的弹性特性。

加在 LPS 结构上的总机械应力取决于作用力的时间积分，因而也取决于电流脉冲的单位能量，还与电流脉冲波形和持续时间(与结构的固有振荡周期比较)有关。因此，测试时所有这些有影响的参数都必须考虑到。

D.4.2.2 声冲击波的损害

当雷电流在电弧中流动时，产生冲击波。冲击波的猛烈程度取决于电流峰值及其上升率。

声冲击波一般对 LPS 金属部件的损害是无关紧要的，但它可能使周围的物品遭受损害。

D.4.2.3 综合效应

实际上，热效应和机械效应是同时发生的。如果部件材料(避雷针，紧固夹具等)受到加热足以使之软化，就会发生比其他情况下大得多的损害；极端的情况，该导体可能出现爆炸性的熔断，从而对周围结构造成相当大的损害。如果金属的截面积足以安全地经受全部作用，则只须检查机械完整性。

D.4.3 发生火花

一般只有在可燃性环境中，火花的发生才显得重要。大多数实际情况下，火花的发生对于 LPS 部件来说并不重要。

可能发生两种不同类型的火花，即"热火花"和"电压火花"。当很大的电流流过两导电材料的接合处时，发生热火花。如果界面的压力过低，大多数热火花发生在接合处内靠近边沿处：主要原因是高电流密度和界面的压力不足。热火花的强度和单位能量有关，所以雷电流的最危险状态是首次回击。在电流取盘旋状路径处，如在接合处内部，当回路中感应电压超过金属部件间的击穿电压时，会发生电压火花。感应电压大小正比于自感乘以雷电流的陡度。因此，对于电压火花最危险的雷电组成部分是后续负雷击。

D.5 LPS 部件、相关问题和测试参数

雷电防护系统由几种不同的部件构成，每一部件在系统内有特殊的作用。当建立实验测试来检查这些部件的性能时，这些部件的性质和所承受的单位应力须加以特别考虑。

D.5.1 接闪器

接闪器所受的影响是由机械和热两种效应共同引起的(见下面 D.5.2 讨论，但应注意的是当接闪器被雷击时，大部分雷电流将流过它)。在某些情况下，特别是有自然 LPS 部件，如薄的金属屋顶(这些地方可能发生穿孔或其背面温升过高)和吊挂的导体时，接闪器也受电弧烧蚀效应的影响。

对电弧烧蚀效应，宜考虑两个主要的测试参数：即长持续时间电流的电荷及其持续时间。

电荷决定了电弧底部的能量输入。特别是长时间雷击对其影响最为严重，而短时雷击的影响可以忽略不计。

电流的持续时间在热量向材料转移过程中起重要作用。测试时所施加电流的持续时间应与长时间雷击的持续时间(0.5 s～1 s)可比拟。

D.5.2 引下线

雷电对引下线的影响主要可以分为两类：

——由于阻性发热产生的热效应；

——毗邻导体对雷电流进行分流或雷电流改变方向(导体弯曲或以某角度互相连接时)处磁场相互作用引起的机械效应。

大多数情况下，这两种效应的作用是彼此独立的，在实验室中可用单独的测试来检测每一效应。在雷电流产生的热没有明显地改变导体机械特性的所有情况下，都可以采用这种方法。

D.5.2.1 阻性发热

有几位作者发表了关于雷电流沿不同截面积和不同材料导体流动时，导体发热的计算和测量方法。D.4.1.1 以图表和公式总结其主要结果。因此，一般在实验室中，从温升角度检查导体性能的测试是没必要的。

在要求实验室测试的所有情况下，应作以下考虑。

在这种情况下要考虑的主要测试参数是单位能量和脉冲电流的持续时间。

单位能量决定了雷电流流动产生焦耳热引起的温升。要考虑的是与首次雷击有关的数值。考虑正雷击的情况会得出保守的结果。

冲击电流的持续时间对所讨论导体与其周围的热交换过程有决定性的影响。在大多数情况下，冲击电流的持续时间很短以至于可把这种发热过程当作绝热过程。

D.5.2.2 机械效应

正如 D.4.2.1 所讨论的，机械力相互作用是在流过雷电流的导体之间发生的。机械力与流过两导体中电流的乘积(或者，如果讨论的是单个弯曲导体，与电流的平方)成正比，与导体间的距离成反比。

通常能看得见的机械效应是在导体形成环路或弯曲时发生的。当这种形状的导体通过雷电流时，将会受到机械力的作用，该力试图扩张环路和把拐角拉直，致使导体向外弯曲。该机械力的大小与电流幅度的平方成正比。然而，宜把正比于电流幅度平方的电动力和取决于 LPS 机械结构弹性的应力明确区分开。对于固有频率相对低的 LPS 结构，其中产生的应力远小于电动力。这种情况下，只要导体的截面积满足现行标准的要求，没有必要作测试来检查弯成直角的导体的性能。

在要求作实验室测试的所有情况下(特别是对于软材料)，应作以下考虑。需要考虑首次回击的三个参数：冲击电流的持续时间、单位能量和在刚性系统情况下的电流幅度。

把冲击电流的持续时间与 LPS 结构固有振动周期比较，就可确定系统机械响应(用位移表示)的类型。

——如果冲击的持续时间比 LPS 结构的固有振动周期短得多(通常 LPS 承受雷电冲击应力就是这种情况),则系统的质量和弹性使它不产生明显的位移,相应的机械应力基本上与电流冲击的单位能量有关。冲击电流峰值的影响有限。

——如果冲击的持续时间与 LPS 结构的固有振荡周期可比拟或更高,则系统的位移对所施应力的波形更为敏感。这种情况下,测试时需要模拟电流冲击的峰值及其单位能量。

电流冲击的单位能量决定了使 LPS 结构产生弹性和塑性形变的应力。需考虑的数值是与首次雷击有关的值。

在具有高的固有振荡频率的刚性系统情况下,冲击电流的最大值决定 LPS 结构的最大位移。要考虑的数值是首次雷击的相关值。

D.5.3 连接部件

LPS 中相邻导体间的连接件可能是发生强应力时机械和热的薄弱点。

当连接件使导体成直角时,应力的主要影响与机械力有关,该机械力试图使导体组件拉直并克服连接件和拉开连接件的导体之间的摩擦阻力。不同部件的各连接点处还可能产生电弧。而且,电流集中于小接触面上而产生的热效应有显著的影响。

实验测试表明,当发生复杂的协同作用时,很难把各种效应彼此分开。接触面局部熔化影响机械强度。连接部件间的相对位移促使电弧发生并随后产生高热。

在没有合适的模型情况下,实验室测试宜这样做,使得测试尽可能与最危险状态下雷电流的适当参数接近:即应通过单个电气测试,施加适当参数的雷电流。

这种情况下应考虑三个参数:冲击电流的峰值、单位能量和持续时间。

冲击电流的最大值决定了最大的力,或者,在电动拉力超过摩擦力之后,决定 LPS 结构的最大位移。须考虑的数值是与首次雷击相关的值。考虑正雷击会得出保守的数据。

冲击电流的单位能量决定了电流集中在小面积上的接触面的发热。须考虑的数值是与首次雷击相关的值。考虑正雷击可得出保守的数据。

在摩擦力被超过后,冲击电流的持续时间决定了结构的最大位移,并对热量向材料内的转移起重要作用。

D.5.4 接地体

接地极的真正问题与化学腐蚀和非电动力产生的机械损害有关。在实际情况中,处于电弧底部的接地极的腐蚀是不重要的。应该考虑的是,与接闪器不同,一般的 LPS 有几个接地极。因此,雷电流会在几个接地极之间分流,这样在弧底造成的影响显得较为次要了。

这种情况下,要考虑两个主要测试参数:长持续时间冲击电流的电荷及其持续时间。

电荷决定了注入电弧底部的能量。特别是,由于长持续时间雷击对此部件的影响是最严重的,因而首次雷击的影响可以忽略。

冲击电流的持续时间在热量向材料内转移现象中起重要作用。测试期间,所加电流冲击的持续时间应与长时间雷击的持续时间(0.5 s～1 s)可比拟。

D.6 浪涌保护器(SPD)

SPD 上雷电引起的应力作用与所考虑的 SPD 类型有关,特别是与间隙的存在与否有关。

D.6.1 有火花间隙的 SPD

雷电对火花间隙的影响可分为两大类:

——材料的受热、熔化和蒸发使间隙的电极腐蚀;

——放电冲击波产生的机械应力。

把这两种影响分开研究是极其困难的。因为两者都与雷电流的主要参数有复杂的关系。

对于火花间隙,实验室测试时,应尽可能模拟最危险情况下雷电流的适当参数,即通过单次电应力把雷电流的适当参数全部加上。

这种情况下要考虑五个参数:冲击电流的峰值、电荷、持续时间、单位能量和上升率。

电流峰值决定了冲击波的严重程度。需考虑是与首次雷击有关的那些数值。考虑正雷击会得出保守的结果。

电荷决定了输入电弧的能量。该能量将使电弧通过处电极的部分材料发热、熔化,还可能使之蒸发。须考虑的是与整个雷闪有关的那些数值。然而,在很多情况下,长持续时间雷击电流的电荷可以忽略,这取决于供电系统的制式(TN、TT 或 IT)。

冲击电流的持续时间决定了向电极的热转移现象和随后熔区前沿的扩散情况。

电流冲击的单位能量决定了电弧的自磁压缩和电极表面和电弧之间界面上产生的电极等离子流的物理过程(此过程会喷射出大量的熔化材料)。须考虑的是那些与首次雷击有关的数值。考虑正雷击会得出保守的结果。

注:对用于供电系统的火花间隙,工频续流的幅度可能构成重要的电应力因素,需加以考虑。

D.6.2 含有金属氧化物压敏电阻的 SPD

雷电对金属氧化物压敏电阻产生的电应力可以分为两大类:过载和闪络。每类电应力由不同现象产生的失效模式来表征,并由不同的参数决定。金属氧化物 SPD 的失效与其最薄弱的特性有关,因此,不太可能发生各种有害电应力之间的协同作用。所以,在每一失效模式条件下分开进行测试来检查其性能是容许的。

过载是由于器件所吸收的能量超过其容量引起的。这里讨论的超出能量只与雷电应力本身有关。然而,对于安装在供电系统的 SPD,在雷电流停止流动之后从供电系统立即注入器件的续流也能在 SPD 的致命损害过程中起重要作用。最后,对具有负温度系数伏安特性的压敏电阻施加电压引起热不稳定性也可能对 SPD 造成致命的损害。对金属氧化物压敏电阻的过载模拟,应考虑的一个主要参数是电荷。

把金属氧化物压敏电阻组件的残压当作常数,则电荷就决定了输入金属氧化物压敏电阻组件的能量。须考虑的是那些与雷闪有关的数值。

闪络和爆裂是由于电流冲击的幅度超过压敏电阻容量而引起的。这种失效模式可以表现为沿绝缘环的外闪络现象,有时还会穿透压敏电阻组件致使爆裂或形成一个垂直于绝缘环的洞。这种失效主要与压敏电阻组件上的绝缘环电介质击穿有关。

对这种雷电现象的模拟,要考虑两个主要参数:冲击电流的最大值及其持续时间。

冲击电流的最大值,通过其相应的残压水平,决定了压敏电阻绝缘环的最大介电强度是否被超过。需考虑的是与首次雷击有关的那些数值。考虑正雷击会得出保守的结果。

冲击电流的持续时间决定了压敏电阻绝缘环受电介质应力作用的时间。

D.7 LPS 部件测试所采用参数的总结

表 D.1 总结了每一 LPS 部件在实现其功能时最严重的情况,并给出实验室测试中需模拟的雷电流参数。

表 D.1 给出的数值是关于雷击点的雷电流重要参数。

如 D.3 所讨论的,测试值的计算须考虑到分流,分流可通过分流系数计算。

所以,测试时要用的参数值可以根据表 D.1 给出的数据,并利用与分流有关的缩减系数(如 D.3 的公式所示)进行计算。

附 录 E
(资料性附录)
不同安装点的雷电浪涌

概述

为了决定导体、SPD和装置的大小,宜确定这些部件在特定的安装点雷电浪涌带来的威胁值。浪涌可能由(部分)雷电流和安装环路的感应引起。这些浪涌引起的威胁值必须小于所用部件的耐受能力(必要时通过适当的测试来确定)。

E.1 雷击建筑物引起的浪涌(损害源S1)

E.1.1 流过外部导电部件和连至建筑物线路的浪涌

当流入大地时,雷电流直接或通过与之相连接的SPD在接地装置、外部导电部件和线路间分流。如果

$$I_f = k_e I \quad \text{(E.1)}$$

是与每一个外部导体部件或线路有关的部分雷电流,则 k_e 取决于:

——并联通道的数目;

——埋地部分的冲击接地阻抗,或与埋地部分连接处的架空部分的接地电阻;

——接地装置的冲击接地阻抗。

• 对于埋地安装,

$$k_e = \frac{Z}{Z_1 + Z\left(n_1 + n_2 \frac{Z_1}{Z_2}\right)} \quad \text{(E.2)}$$

• 对于架空安装,

$$k_e = \frac{Z}{Z_2 + Z\left(n_2 + n_1 \frac{Z_2}{Z_1}\right)} \quad \text{(E.3)}$$

式中:

Z——接地装置的冲击接地阻抗;

Z_1——埋地外部部件或线路(表E.1)的冲击接地阻抗;

Z_2——连接架空线到地的接地装置的接地电阻。如果接地点的接地电阻未知,可以采用表E.1中的 Z_1 的值(此处的电阻率与接地点有关);

注:上述公式中,对每一接地点假定数值都相同。否则,必须采用更复杂的公式。

n_1——埋地外部部件或线路的总数目;

n_2——架空外部部件或线路的总数目;

I——与所讨论的LPS类别有关的雷电流。

作为一级近似,假设一半的雷电流流入接地装置,且 $Z_2 = Z_1$,则对于外导电部件或线路,k_e 可以通过下式估算:

$$k_e = 0.5/(n_1 + n_2) \quad \text{(E.4)}$$

如果入户线路(例如电力线或通信线)不是屏蔽线或不采用金属管道布线,则 n 条导线中的每一条流过相同的部分雷电流,

$$k'_e = k_e / n' \qquad \text{(E.5)}$$

式中,n'是导线的总数目。

对在入户处等电位连接的屏蔽线路,对于屏蔽线路中 n'条导线的每一条,其电流的 k'_e值由下式给出:

$$k'_e = k_e \cdot R_s / (n' \cdot R_s + R_c) \qquad \text{(E.6)}$$

式中:

R_s——单位长度屏蔽线的电阻;

R_c——每一内部导体单位长度的电阻。

注:由于芯线和屏蔽层间的互感,该公式可能会低估屏蔽层的分流作用。

表 E.1 不同土壤电阻率下冲击接地阻抗 Z 和 Z_1 的值

$\rho/\Omega m$	Z_1/Ω	与 LPS 类型有关的冲击接地阻抗 Z/Ω		
		Ⅰ	Ⅱ	Ⅲ-Ⅳ
≤100	8	4	4	4
200	11	6	6	6
500	16	10	10	10
1 000	22	10	15	20
2 000	28	10	15	40
3 000	35	10	15	60
注:此表中的数值指埋地导线在波形 10/350 μs 冲击下的冲击接地阻抗。				

E.1.2 影响电力线中雷电流分流的因素

做详细计算时,有几个因素可能会影响这些浪涌的幅度和波形:

- 因比值 L/R 的关系,电缆的长度可能会影响电流的分流和波形特征;
- 中性线和相线的阻抗差异可能会影响导线间的分流;

注:例如,如果中性线(N)多处接地,则与 L1,L2 和 L3 相比其阻抗较低,可能会使 50%的电流流过 N 线,而余下的 50%电流由其他三条相线平分(每条各分 17%)。如果 N,L1,L2,L3 有同样的阻抗,则每一条导线将流过约 25%的电流。

- 不同的变压器阻抗可能会影响分流(如果变压器用与其阻抗并联的 SPD 保护,这种分流影响可以忽略)。
- 变压器与负载侧装置冲击接地电阻之间的关系可能会影响分流(变压器的阻抗越低,流进低压系统的浪涌电流越大)。
- 并联用户使低压系统的等效阻抗降低,可能会增加流入该系统的部分雷电流。

E.2 与连接到建筑物的服务设施有关的浪涌

E.2.1 雷击服务设施引起的浪涌(损害源 S3)

对于击中连接到建筑物的服务设施的雷电,必须考虑雷电流在两个方向上的分配以及绝缘击穿。

I_{imp}值的选择可以基于表 E.2 给出的值,此处的优选值与雷电防护水平(LPL)有关。

表 E.2 雷击过电流浪涌的预期值

LPL	低压系统			通信线路		
	雷击服务设施	雷击服务设施附近	雷击建筑物或其附近	雷击服务设施	雷击服务设施附近	雷击建筑物或其附近
	损害源 S3（直接雷击）波形：10/350 μs kA	损害源 S4（间接雷击）波形：8/20 μs kA	损害源 S1 或 S2（感应电流只针对 S1）波形：8/20 μs kA	损害源 S3（直接雷击）波形：10/350 μs kA	损害源 S4（间接雷击）实测波形：5/300 μs（估算波形：8/20 μs） kA	损害源 S2（感应电流）波形：8/20 μs kA
Ⅲ-Ⅳ	5	2.5	0.1	1	0.01(0.05)	0.05
Ⅰ-Ⅱ	10	5	0.2	2	0.02(0.1)	0.1

对于屏蔽线，表 E.2 给出的过电流数值可能减小一半。

注：假定屏蔽层的电阻近似等于所有服务设施导体并联的电阻。

E.2.2 雷击服务设施附近引起的浪涌（损害源 S4）

雷击服务设施附近比雷击服务设施本身（损害源 S3）所产生的浪涌能量小得多。

表 E.2 列出与特定雷电防护水平（LPL）相关的过电流预期数值。

对于屏蔽线，表 E.2 给出的过电流数值可以减小一半。

E.3 感应效应引起的浪涌（损害源 S1 或 S2）

磁场感应效应引起的浪涌，不管是来自于建筑物附近的雷击（损害源 S2），或是来自流过外部 LPS 或 LPZ1 空间屏蔽层内的雷电流（损害源 S1），都具有 8/20 μs 的典型波形。可以认为这些浪涌会出现在 LPZ1 内的装置的接线端子上或靠近端子处，以及在 LPZ1/2 的边界处。

E.3.1 未屏蔽的 LPZ1 内的浪涌

在未屏蔽的区域 LPZ1 内（例如，只根据 GB/T 21714.3 要求用宽度大于 5 m 网格的外部 LPS 防护），由于未被衰减磁场的感应，预期的浪涌比较高。

表 E.2 列出与特定雷电保护水平（LPL）相关的预期过电流数值。

E.3.2 已屏蔽的 LPZ 内的浪涌

在具有有效空间屏蔽（按照 GB/T 21714.4—2008 的附录 A，要求网格宽度在 5 m 以下）的 LPZ 内，磁场感应效应引起的浪涌明显降低。这些情况下，浪涌比 E.3.1 给出的要低得多。

由于空间屏蔽的衰减作用，防雷区 LPZ1 内的感应效应较低。

由于 LPZ1 和 LPZ2 两级空间屏蔽的共同作用，防雷区 LPZ2 内的浪涌进一步降低。

E.4 涉及 SPD 的一般知识

SPD 的使用取决于它们的耐受能力，IEC 61643-1[6] 中对电源 SPD、IEC 61643-21 对通信系统 SPD 的耐受能力进行分类。

根据其安装位置，SPD 安装在：

a) 线路进入建筑物处（在 LPZ1 边界，例如在主配电盘 MB 处）；

——用 I_{imp} 测试的 SPD（典型的波形为 10/350 μs，例如按照Ⅰ类测试的 SPD）；

——用 I_n 测试 SPD（典型的波形为 8/20 μs，例如按照Ⅱ类测试的 SPD）。

b) 靠近被保护的装置（在 LPZ2 或更高的防雷区边界处，例如在第二级配电盘 SB，或者在电器插座 SA 处）：

——用 I_n 测试的 SPD（典型的波形为 8/20 μs，例如按照Ⅱ类测试的 SPD）；

——用组合波测试的 SPD（典型的电流波形为 8/20 μs，如按Ⅲ类测试的 SPD）。

参 考 文 献

[1] IEC 60664-1:2002 Insulation coordinaltion for equipment within low-voltage systems—Part1:Principles, requirements and tests.

[2] GB/T 17626.5—1999 电磁兼容试验和测量技术 浪涌抗扰性试验(idt IEC 61000-4-5:1995).

[3] Berger K., Anderson R. B., Kroninger H., Parameters of lightning flashes. CIGRE Electra No 41(1975):23-37.

[4] Anderson R. B., Eriksson A. J., Lightning parameters for engineering application. CIGRE Electra No 69 (1980):65-102.

[5] IEEE working group report, Estimating lightning performance of transmission lines Ⅱ,1992.

[6] IEC 61643-1:2005 Low-voltage surge protective devices-Part 1:Surge protective devices connected to low-voltage power distribution systems-Requitements and tests.

[7] IEC 61643-12:2002 Low-vltage surge protective devices-Part 12:Surge protective devices connected to low voltage power distribution systems-Selection and application principles.

ICS 13.260
K 09

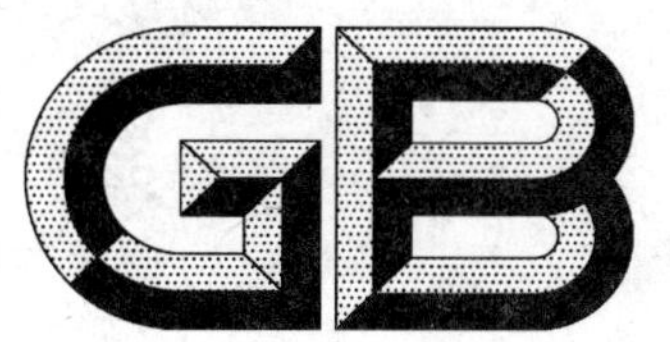

中华人民共和国国家标准

GB/T 21714.2—2008/IEC 62305-2:2006

雷电防护　第2部分:风险管理

Protection against lightning—Part 2: Risk management

(IEC 62305-2:2006,IDT)

2008-04-24 发布　　　　2008-11-01 实施

中华人民共和国国家质量监督检验检疫总局
中国国家标准化管理委员会　发布

前　言

GB/T 21714《雷电防护》由以下4部分组成：

——第1部分：总则；

——第2部分：风险管理；

——第3部分：建筑物的物理损坏和生命危险；

——第4部分：建筑物内电气和电子系统。

本部分为GB/T 21714的第2部分，等同采用IEC 62305-2:2006《雷电防护　第2部分：风险管理》（英文版），除一些编辑性的修改外，对原文明显的错漏之处进行了更正和必要的补充。主要有：

——将一些适用于国际标准的表述改为适用于我国标准的表述。如将“本国际标准……”改为“本标准……”，“IEC 62305的本部分……”改为“本部分……”。

——按照汉语习惯对一些编排格式作了修改。如“注后的连字符‘—’改为冒号‘：’”；英文名称的连字符‘—’改为空格；表编号、图编号与标题之间的连字符‘—’改为空格。

——“规范性引用文件”的引导语按GB/T 1.1—2000的规定编写。

——以“参考相关标准……”文字内容代替对“IEC 62305-5”的引用，改动对本部分无影响。按各国家委员会认可的新出版计划(81/171/RQ(2001-06-29))，IEC的标准体系原计划将IEC 62305按5个部分编制，并于2006年1月出版了上述4部国际标准。2006年6月，由于各方面的原因，IEC/TC 81(雷电防护技术委员会)在法国召开的年会上宣布取消IEC 62305-5部分的制定计划，相关工作延后。

——对3.2中部分符号和缩略语首次出现的位置做了更正和补充。为避免混淆，删除“B(建筑物)”和“S(建筑物)”两个符号。

——对正文表8和表10进行改编和精简，删除了表中“注：”的内容。

——对正文公式(29)和公式(30)的表达形式进行了适当修改，公式文字说明和表达式调整为二级列项。原文的文字内容与公式表达明显不符。

——更正了附录A表A.1中的部分计算结果，给出计算公式的正确出处。为便于国内读者阅读和理解，适当删除了附录A公式(A.4)、(A.5)和(A.6)中的部分下标。

——将附录B的表B.7“注：”中的K_S改为P_{LI}。原文错误。

——将原文附录C的表C.1合为一个表。

——对附录G的文字内容进行部分编辑调整，并将公式(G.2)和公式(G.1)归一化，避免重复。

——更正和补充了附录H中表H.1、表H.2、表H.3和表H.6的“出处”栏的有关公式、图、表的出处。核算和更正了附录H表H.31～表H.35、表H.40和表H.42中的数据。

——删除附录I的表I.4～表I.9中部分符号的下标，便于国内读者阅读和理解，并对表I.4、表I.6～表I.9的数据进行了核算和更正。增加部分文字，对表I.6中“注(6)”做出更详细的说明。

——删除附录J的文字内容，保留编目。评估软件正式发布后，另行补充。

——“术语和定义”按GB/T 1.1—2000的规定编制。

本部分由全国雷电防护标准化技术委员会(SAC/TC 258)提出并归口。

本部分负责起草单位：广东省防雷中心。

本部分参加起草单位:清华大学电机工程与电子技术系、中国气象局监测网络司、中国电信集团湖南电信公司、铁道科学院通信信号所、深圳恒毅兴防雷技术有限公司等。

本部分主要起草人:黄智慧、杨少杰、张伟安、陈绿文、陈小丽、何金良、陈水明、邱传睿、潘正林、关象石、丁海芳。

本部分为首次发布。

引　言

雷电对地闪击可能对建筑物及服务设施造成危害。

雷击建筑物可以导致：

——建筑物及其存放物损毁；

——相关电气和电子系统故障；

——建筑物内部或其附近的人畜伤害。

建筑物物理损毁和设备故障的后果可能殃及建筑物四周的物体或环境。

雷击服务设施可以导致：

——服务设施本身损坏；

——相关电气和电子设备故障。

为了减少雷击造成的损失，可能需要采取防雷措施。应当通过风险评估来确定是否需要采取防雷措施以及防护到什么程度。

在本标准中，雷击建筑物或设施造成的风险取决于：

——对建筑物或服务设施造成影响的年平均雷击次数；

——一次有影响的雷击导致损害的概率；

——一次损害造成的损失的平均相对量(即损失率)。

对建筑物有影响的雷电有以下几种：

——击中建筑物的雷电；

——击中建筑物附近的雷电；

——击中入户设施（如供电线路、通信线路或其他服务设施）的雷电；

——击中入户设施附近的雷电。

对服务设施有影响的雷电有以下几种：

——击中服务设施的雷电；

——击中服务设施附近的雷电；

——直接击中与服务设施相连建筑物的雷电。

建筑物或与建筑物相连的服务设施遭雷击会造成物理损坏和人身伤害。不但建筑物或服务设施遭雷击会引起电气和电子系统故障，而且建筑物或服务设施附近的雷击也会因雷电流与这些系统间的阻性耦合及感应耦合产生的过电压造成电气和电子系统故障。此外，用户电气装置以及供电线路因雷电过电压发生故障时也会导致在电气装置中出现操作过电压。

注 1：GB/T 21714 不涉及电气及电子系统因干扰而误动作的问题，干扰问题应参考 GB/T 17626.5[1][1)]。

注 2：操作过电压的风险评估资料在附录 F 中给出。

影响建筑物以及服务设施的年平均雷击次数既取决于所处地区的地闪密度，又取决于它们的尺寸、性质和所处环境。

雷电损害概率既取决于所采取的保护措施的类型和效能，还取决于建筑物、服务设施以及雷电流的特性。

每一损害造成的损失的平均相对量即损失率取决于损害的程度以及雷电导致的后果。

防护效果取决于每种防护措施的特性，通过防护可以减小损害概率或损失率。

为消除一切可以避免的风险，可径直决定采取各种防雷措施而不用考虑风险评估的结果。

---

1)　括弧中的数字为参考文献中的文献序号。

雷电防护 第2部分:风险管理

1 范围

本部分适用于建筑物和服务设施的雷击风险评估。

本部分给出计算风险的流程。一旦选定了风险容许上限值,就能通过该流程选择合适的防护措施,以把风险减小到容许限值之下。

2 规范性引用文件

下列文件中的条款通过GB/T 21714的本部分的引用而成为本部分的条款。凡是注日期的引用文件,其随后所有的修改单(不包括勘误的内容)或修订版均不适用于本部分,然而,鼓励根据本部分达成协议的各方研究是否可使用这些文件的最新版本。凡是不注日期的引用文件,其最新版本适用于本部分。

GB 3836.14—2000 爆炸性气体环境用电气设备 第14部分:危险场所分类(idt IEC 60079-10:1995)

GB 12476.3—2007 可燃性粉尘环境用电气设备 第3部分:存在或可能存在可燃性粉尘的场所(IEC 61241-10:2004,IDT)

GB/T 21714.1—2008 雷电防护 第1部分:总则(IEC 62305-1:2006,IDT)

GB/T 21714.3—2008 雷电防护 第3部分:建筑物的物理损坏和生命危险(IEC 62305-3:2006,IDT)

GB/T 21714.4—2008 雷电防护 第4部分:建筑物内电气和电子系统(IEC 62305-4:2006,IDT)

ITU-T K.46建议:2000 双线金属通信线路的雷电感应浪涌防护

ITU-T K.47建议:2000 金属通信线路的直击雷防护

3 术语、定义和符号

除本标准其他部分给出的以外,以下给出的术语、定义和符号适用于GB/T 21714的本部分。

3.1 术语和定义

3.1.1

需保护的对象 object to be protected

需作雷电效应防护的建筑物或服务设施。

3.1.2

需保护的建筑物 structure to be protected

需按本标准作雷电效应防护的建筑物。

注:需保护建筑物可以是较大建筑物的一部分。

3.1.3

具有爆炸危险的建筑物 structure with risk of explosion

内有固体爆炸物或内含按GB 3836.14和GB 12476.3确定为危险区域的建筑物。

注:本部分仅考虑具有0区危险环境或内有固态爆炸物质的建筑物。

3.1.4

对环境构成危险的建筑物 structure dangerous to the environment

遭雷击会引起生物污染、化学物质泄漏、放射性污染的建筑物(如化工厂、石化厂、核电站等)。

3.1.5

市区环境　urban environment

建筑物密度高的地区或具有高层建筑的人口密集的社区。

注：城镇中心是市区环境的一个例子。

3.1.6

郊区环境　suburban environment

建筑物密度中等的地区。

注：城镇外围是郊区环境的一个例子。

3.1.7

农村环境　rural environment

建筑物密度低的地区。

注：乡村是农村环境的一个例子。

3.1.8

额定冲击耐受电压　rated impulse withstand voltage level

U_w

制造商为设备或设备某一部分指定的冲击耐受电压值，表征其绝缘对过电压的特定耐受能力。

注：本标准仅考虑带电导线与地之间的冲击耐受电压。

3.1.9

电气系统　electrical system

由低压供电各部分构成的系统。

3.1.10

电子系统　electronic system

由通信设备、计算机、控制和仪表系统、无线电系统以及电力电子装置等敏感电子部分构成的系统。

3.1.11

内部系统　internal system

建筑物内的电气和电子系统。

3.1.12

需保护的服务设施　service to be protected

需按本标准作雷电效应防护的入户服务设施。

3.1.13

通信线路　telecommunication lines

设备之间进行通信的传输媒介（例如电话线和数据线），这些设备可能位于不同的建筑物内。

3.1.14

供电线路　power lines

为建筑物内的电气和电子设备供电的传输线路，例如低压电源线和高压电源线。

3.1.15

管道　pipes

用于将流体输入或输出建筑物的管道系统，例如煤气管、水管、输油管。

3.1.16

危险事件　dangerous events

需保护对象或其附近遭雷击的事件。

3.1.17

对需保护对象的雷击　lightning flash to an object to be protected

击中需保护对象的雷电。

3.1.18

需保护对象附近的雷击　lightning flash near an object to be protected

击中需保护对象附近足以在保护对象中产生危险过电压的雷电。

3.1.19

雷击建筑物危险事件次数　number of dangerous events due to flashes to a structure

N_D

雷击建筑物危险事件的预计年平均次数。

3.1.20

雷击服务设施危险事件次数　number of dangerous events due to flashes to a service

N_L

雷击服务设施危险事件的预计年平均次数。

3.1.21

雷击建筑物附近危险事件次数　number of dangerous events due to flashes near a structure

N_M

雷击建筑物附近危险事件的预计年平均次数。

3.1.22

雷击服务设施附近危险事件次数　number of dangerous events due to flashes near a service

N_I

雷击服务设施附近危险事件的预计年平均次数。

3.1.23

雷电电磁脉冲　lightning electromagnetic impulse

LEMP

雷电流的电磁效应。

注：包括传导浪涌以及辐射脉冲电磁场效应。

3.1.24

浪涌　surge

由 LEMP 引起的以过电压或过电流形式出现的瞬态波。

注：浪涌可以是雷电流浪涌或雷电流在设施环路中的感应电压，还可以是 SPD 上的剩余浪涌。

3.1.25

节点　node

线路上可假定无浪涌传播过去的点。

注：节点的例子有：HV/LV 变压器各支路的分支点，通信线路上的多路复用器或沿线安装符合相关标准要求的 SPD 等处。

3.1.26

物理损害　physical damage

雷电的机械、热力、化学和爆炸效应对建筑物（或其内存物）或服务设施造成的损害。

3.1.27

人畜伤害　injurity to living beings

雷电引起的接触和跨步电压所导致的人员或牲畜伤害（包括死亡）。

3.1.28

电气和电子系统故障　failure of electrical and electronic systems

LEMP 对电气和电子系统造成的永久性破坏。

3.1.29

故障电流　failure current

I_a

能对线路起弧放电并导致故障的最小雷电流。

3.1.30

损害概率　probability of damage

P_X

一次危险事件导致需保护对象受损的概率。

3.1.31

损失率　Loss

L_X

一次危险事件引起的指定类型损害所产生的平均损失量(人和物)与需保护对象(人和物)的价值的比值。

3.1.32

风险　risk

R

因雷击造成的年平均可能损失量(人和物)与需保护对象(人和物)的总价值之比值。

3.1.33

风险分量　risk component

R_X

按损害成因和损害类型细分的部分风险。

3.1.34

容许的风险　tolerable risk

R_T

需保护对象能够容许的最大风险值。

3.1.35

建筑物的分区　zone of a structure

Z_S

风险分量评估时建筑物中具有相同一组参数的区域。

3.1.36

服务设施的区段　section of a service

S_S

风险分量评估时服务设施中具有相同一组参数的区段。

3.1.37

防雷区　lightning protection zone

LPZ

规定了雷电电磁环境的区域。

注：LPZ 的边界并不一定是墙、地板或天花板等有形边界。

3.1.38

防雷级别　lightning protection level

LPL

防雷设计时赋予的防护等级号，每一等级对应一组最大和最小雷电流设计值。按每一等级对应的一组电流值进行防雷设计就涵盖了一定概率的自然界出现的雷电的防护。

注：按防雷级别即相关的一组雷电流参数来设计保护措施。

3.1.39

保护措施　protection measures

为减小风险而对需保护对象采取的措施。

3.1.40

防雷系统　lightning protection system

LPS

减小雷击建筑物引起的物理损害的整套系统，由外部防雷系统和内部防雷系统组成。

3.1.41

LEMP 防护系统　LEMP protection measures system

LPMS

内部系统 LEMP 防护的各种措施组成的整个系统。

3.1.42

屏蔽线　shielding wire

用于减少雷击服务设施引起的物理损害的金属线。

3.1.43

磁屏蔽　magnetic shield

将需保护对象或需保护对象一部分包封起来的闭合金属格栅网或闭合金属屏蔽层，以减少电气和电子系统故障。

3.1.44

防雷电缆　lightning protective cable

具有高绝缘强度的一种特制电缆。其金属铠装层直接或通过导电塑料外皮与土壤连续接触。

3.1.45

防雷电缆管道　lightning protective cable duct

与土壤接触的导电良好的电缆管道(例如，钢筋混凝土电缆沟或金属管道)。

3.1.46

浪涌保护器　surge protective device

SPD

至少内含一个非线性元件，用于限制瞬态过电压以及分流浪涌电流的部件。

3.1.47

匹配的 SPD 保护　coordinated SPD protection

为减少电气和电子系统故障而正确选择和安装的一组匹配的 SPD。

3.2　符号

a　折旧率…………………………………………………………………… 附录 G

A_d　孤立建筑物的雷击截收面积 ……………………………………………… A.2.1

A'_d　屋面突起部分的截收面积 ……………………………………………… A.2.1.1

A_i　服务设施附近的雷击截收面积 ………………………………………… A.5;表 A.3

A_l　服务设施的雷击截收面积 ……………………………………………… A.4;表 A.3

A_m　建筑物附近的雷击截收面积 ……………………………………………… A.3

c　货币表示的建筑物可能损失的平均价值 ……………………………… C.4;C.5

C_A　牲畜的价值…………………………………………………………… 附录 G

C_B　建筑物的价值………………………………………………………… 附录 G

C_C　存储物的价值………………………………………………………… 附录 G

C_d　位置因子 ……………………………………………………………… A.2.2;表 A.2

C_e	环境因子	A.5;表 A.5
C_L	采取保护措施前的年损失值	5.6;附录 G
C_{RL}	采取防护措施后的年损失值	5.6;附录 G
C_P	保护措施的成本	附录 G
C_{PM}	采取保护措施后的平均花费	5.6;附录 G
C_S	建筑物内部系统的价值	附录 G
c_t	用货币表示的建筑物的总价值	C.4;C.5;E.3
C_t	服务设施上有 HV/LV 变压器时的修正因子	A.4;表 A.4
D_i	界定服务设施附近雷击的横向距离	A.4
D1	人畜伤害	4.1.2
D2	物理损害	4.1.2
D3	电气和电子系统故障	4.1.2
h_z	有特殊危险时增加损失率的因子	C.2;表 C.5
H	建筑物高度	A.2
H_a	服务设施"a"端的建筑物的高度	A.4;图 A.5
H_b	服务设施"b"端的建筑物的高度	A.4;图 A.5
H_c	导线架设的高度	A.4
i	利率	附录 G
I_a	故障电流	D.1.1;D.1.2
K_d	与线路屏蔽层状况有关的因子	D.1.1;表 D.1
K_{MS}	由采用的防护措施决定的因子	B.4
K_p	线路保护措施决定的因子	D.1.1;表 D.2
K_{S1}	LPZ0/1 防雷区界面上,建筑物、LPS 等屏蔽效能决定的因子	B.4
K_{S2}	内部防雷区界面上屏蔽体屏蔽效能决定的因子	B.4
K_{S3}	与内部布线有关的因子	B.4
K_{S4}	与内部系统的冲击耐压有关的因子	B.4
L	建筑物的长度	A.2
L_a	服务设施"a"端的建筑物的长度	图 A.5
L_A	雷击建筑物时,人畜伤害的损失率	6.2;表 8
L_B	雷击建筑物时,建筑物中物理损害的损失率	6.2;表 8
L'_B	雷击与服务设施相连建筑物时,服务设施中物理损害的损失率	7.4;表 10
L_c	服务设施线路段的长度	A.4
L_C	雷击建筑物时,建筑物中内部系统故障的损失率	6.2;表 8
L'_C	雷击与服务设施相连建筑物时,服务设施中服务设备故障的损失率	7.4;表 10
L_f	物理损害引起的建筑物的损失率	C.1
L'_f	物理损害引起的服务设施的损失率	E.1
L_M	雷击建筑物附近时内部系统故障的损失率	6.3;表 8
L_o	内部系统故障引起的建筑物的损失率	C.1
L'_o	内部系统故障引起的服务设施的损失率	E.1
L_t	接触和跨步电压伤害引起的损失率	C.1
L_U	雷击入户设施造成建筑物内人畜伤害的损失率	6.4;表 8
L_V	雷击入户设施,建筑物内物理损害的损失率	6.4;表 8
L'_V	雷击服务设施,服务设施物理损害的损失率	7.2;表 10

L_W　雷击入户设施,内部系统故障的损失率 …… 6.4;表 8

L'_W　雷击服务设施,服务设备故障的损失率 …… 7.2;表 10

L_X　建筑物中各种损失率的通识符 …… 6.1

L'_X　服务设施中各种损失率的通识符 …… 7.1

L_Z　雷击与建筑物相连服务设施附近时内部系统故障的损失率 …… 6.5;表 8

L'_Z　雷击服务设施附近时服务设备故障的损失率 …… 7.3;表 10

L1　建筑物内的人身伤亡损失 …… 4.1.3

L2　建筑物内公众服务中止的损失 …… 4.1.3

L′2　服务设施中公众服务中止的损失 …… 4.1.3

L3　建筑物中文化遗产的损失 …… 4.1.3

L4　建筑物内经济价值的损失 …… 4.1.3

L′4　服务设施内经济价值的损失 …… 4.1.3

m　维护费率 …… 附录 G

n　连接到建筑物的服务设施的数量 …… D.1.1

N_X　年均危险事件次数的通识符 …… 6.1

N_D　雷击建筑物危险事件的次数 …… A.2.3

N_{Da}　雷击线路“a”端建筑物危险事件的次数 …… A.2.4;表 8

N_g　雷击大地密度 …… A.1

N_I　雷击服务设施附近危险事件的次数 …… A.5

N_L　雷击服务设施危险事件的次数 …… A.4

N_M　雷击建筑物附近危险事件的次数 …… A.3

n_p　可能遭危害的人员的数目(受害者或失去服务的用户数) …… C.2;C.3;E.2

n_s　每年操作过电压次数的估算值或测量值 …… 附录 F

N_s　每年幅值超过 2.5 kV 的操作过电压的次数 …… 附录 F

n_t　建筑物内预期的总人数(或接受服务的用户数) …… C.2;C.3;E.2

P　损害概率 …… 3.1.30

P_A　雷击建筑物造成人畜伤害的概率 …… 6.2;表 8

P_B　雷击建筑物造成建筑物物理损害的概率 …… 6.2;表 8

P'_B　雷击与服务设施相连建筑物造成服务设施物理损害的概率 …… 7.4;表 10

P_C　雷击建筑物造成内部系统故障的概率 …… 6.2;表 8

P'_C　雷击与服务设施相连建筑物造成服务设备故障的概率 …… 7.4;表 10

P_{LD}　未采取 SPD 保护情况下,雷击服务设施造成内部系统故障的概率 …… B.5;B.6;B.7

P_{LI}　未采取 SPD 保护情况下,雷击服务设施附近造成内部系统故障的概率 …… B.8

P_M　雷击建筑物附近造成内部系统故障的概率 …… 6.3;表 8

P_{MS}　未采取 SPD 保护情况下,雷击建筑物附近造成内部系统故障的概率 …… B.4

P_{SPD}　有 SPD 保护时内部系统或服务设施发生故障的概率 …… B.3;B.4

P_U　雷击入户设施造成人畜伤害的概率 …… 6.4;表 8

P_V　雷击入户设施造成建筑物物理损害的概率 …… 6.4;表 8

P'_V　雷击服务设施造成服务设施物理损害的概率 …… 7.2;表 10

P_W　雷击入户设施造成内部系统故障的概率 …… 6.4;表 8

P'_W　雷击服务设施造成服务设备故障的概率 …… 7.2;表 10

P_X　建筑物各种损害概率的通识符 …… 6.1

P'_X　服务设施各种损害概率的通识符 …… 7.1

P_Z	雷击入户服务设施附近造成内部系统故障的概率	6.5;表8
P'_Z	雷击服务设施附近造成服务设备故障的概率	7.3;表10
r_a	土壤类型影响人身伤亡损失的缩减因子	C.2;表C.2
r_p	与防火措施有关的缩减因子	C.2;表C.3
r_u	地板类型影响人身伤亡损失的缩减因子	C.2;表C.2
R	风险	3.1.32
R_A	雷击建筑物造成人畜伤害的风险分量	4.2.2
R_B	雷击建筑物造成建筑物物理损害的风险分量	4.2.2
R'_B	雷击服务设施相连建筑物造成服务设施物理损害的风险分量	4.2.8
R_C	雷击建筑物造成内部系统故障的风险分量	4.2.2
R'_C	雷击与服务设施相连建筑物造成服务设备故障的风险分量	4.2.8
R_D	损害成因S1引起的建筑物的风险	4.3.1
r_f	取决于火灾危险程度的缩减因子	C.2;表C.4
R_F	各种损害成因造成的建筑物物理损害的风险	4.3.2
R'_F	各种损害成因造成的服务设施物理损害的风险	4.4.2
R_I	除损害成因S1外,其余损害成因造成的建筑物的风险	4.3.1
R_M	雷击建筑物附近引起的内部系统故障风险分量	4.2.3
R_O	各种损害成因造成的建筑物内部系统故障的风险	4.3.2
R'_O	各种损害成因造成的服务设备故障的风险	4.4.2
R_s	单位长度电缆屏蔽层的电阻	B.5;B.8;D.1
R_S	各种损害成因造成的人畜伤害的风险	4.3.2
R_T	容许的风险	3.1.34
R_U	雷击入户服务设施造成人畜伤害的风险分量	4.2.4
R_V	雷击入户服务设施造成建筑物物理损害的风险分量	4.2.4
R'_V	雷击服务设施造成服务设施物理损害的风险分量	4.2.6
R_W	雷击入户服务设施造成内部系统故障的风险分量	4.2.4
R'_W	雷击服务设施造成服务设备故障的风险分量	4.2.6
R_X	建筑物各种风险分量的通识符	3.1.33;6.1
R'_X	服务设施各种风险分量的通识符	7.1
R_Z	雷击入户服务设施附近造成内部系统故障的风险分量	4.2.5
R'_Z	雷击服务设施附近造成服务设备故障的风险分量	4.2.7
R_1	建筑物中人身伤亡损失的风险	4.2.1;4.3
R_2	建筑物中公众服务损失的风险	4.2.1;4.3
R'_2	服务设施中公众服务损失的风险	4.2.1;4.4
R_3	建筑物中文化遗产损失的风险	4.2.1;4.3
R_4	建筑物中经济价值损失的风险	4.2.1; 4.3
R'_4	服务设施中经济价值损失的风险	4.2.1; 4.4
S	每年节约费用	附录G
S_S	服务设施的线路段	3.1.36
S1	雷击建筑物	4.1.1
S2	雷击建筑物附近	4.1.1
S3	雷击服务设施	4.1.1
S4	雷击服务设施附近	4.1.1

t 每年服务中止的小时数 …… C.3;E.2

t_p 受危害人员每年呆在危险场所的小时数 …… C.2

T_d 年雷暴日 …… A.1

T_x 过渡点通识符 …… 附录I

U_w 被保护系统的额定冲击耐压 …… B.4

w 网格宽度 …… B.4

W 建筑物的宽度 …… A.2

W_a 服务设施“a”端建筑物的宽度 …… 图A.5

Z_S 建筑物的分区 …… 3.1.35

4 几个基本概念

4.1 损害和损失

4.1.1 损害成因

雷电流是造成损害的主要原因。按雷击点的位置(见表1)分为以下几种成因：

——S1：雷击建筑物；

——S2：雷击建筑物附近；

——S3：雷击服务设施；

——S4：雷击服务设施附近。

4.1.2 损害类型

雷击可能造成损害，取决于需保护对象的特性。其中最重要的特性有：建筑物的结构类型、内部物品、用途、服务设施类型以及所采取的保护措施。

在实际的风险评估中，将雷击引起的基本损害类型划分为以下三种(见表1和表2)：

——D1：人畜伤害；

——D2：物理损害；

——D3：电气和电子系统故障。

雷电对建筑物的损害可能局限于建筑物的某一部分，也可能扩展到整个建筑物，还可能殃及四周的建筑物或环境(例如化学物质泄漏或放射性辐射)。

影响服务设施的雷电不但会造成设施上的相关电气和电子系统损坏，而且也会对提供服务的线路或管道本身造成损坏，损坏还可能扩展到与设施相连的内部系统。

4.1.3 损失类型

每类损害，不论单独出现或与其他损害共同作用，会在被保护对象中产生不同的损失。可能出现的损失类型取决于需保护对象本身的特性及其内存物。应考虑以下几种类型的损失(见表1)：

——L1：人身伤亡损失；

——L2：公众服务损失；

——L3：文化遗产损失；

——L4：经济损失(建筑物及其内存物、服务设施以及业务活动中断的损失)。

建筑物中的损失类型有：

——L1：人身伤亡损失；

——L2：公众服务损失；

——L3：文化遗产损失；

——L4：经济损失(建筑物及其内存物的损失)。

服务设施中的损失类型有：

——L′2：公众服务损失；

——L′4：经济损失(服务设施以及业务中断的损失)。

注：考虑服务设施的损失时，本标准不考虑人身伤亡损失。

表 1　雷击点、损害成因、各种可能的损害类型及损失对照一览表

雷击点	损害成因	建筑物		服务设施	
		损害类型	损失类型	损害类型	损失类型
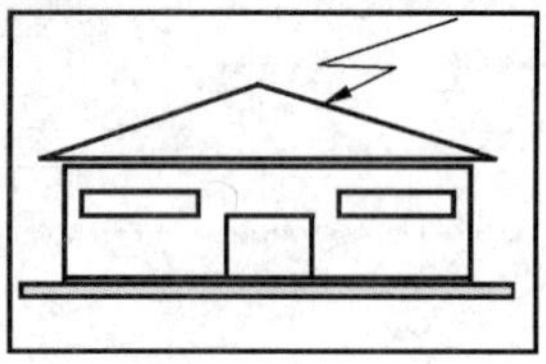	S1	D1 D2 D3	L1，L4[2)] L1，L2，L3，L4 L1[1)]，L2，L4	D2 D3	L′2，L′4 L′2，L′4
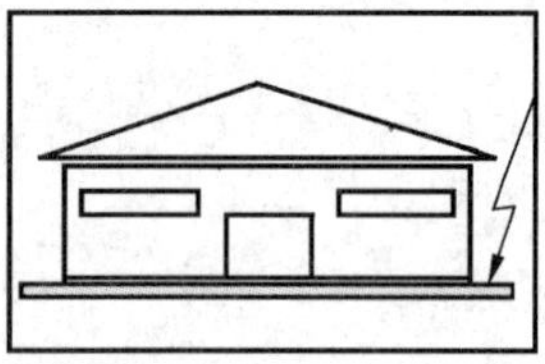	S2	D3	L1[1)]，L2，L4	—	—
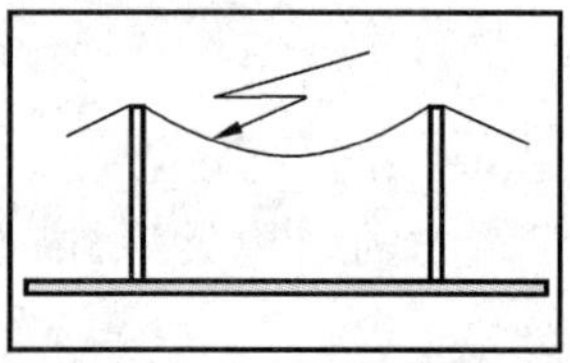	S3	D1 D2 D3	L1，L4[2)] L1，L2，L3，L4 L1[1)]，L2，L4	D2 D3	L′2，L′4 L′2，L′4
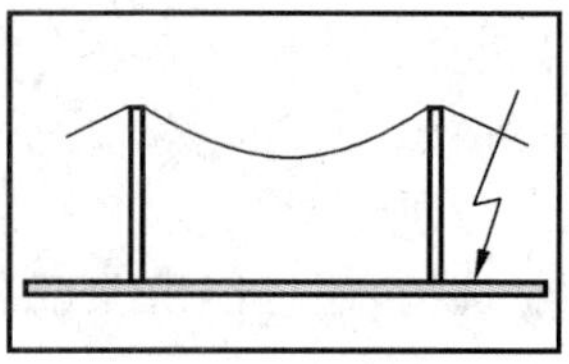	S4	D3	L1[1)]，L2，L4	D3	L′2，L′4

1) 指具有爆炸危险的建筑物或因内部系统故障马上会危及人命的医院或其他建筑物。

2) 指可能出现牲畜损失的建筑物。

表 2　建筑物中各类损失对应的各类损害风险

损失类型	人畜伤害风险	物理损害风险	内部系统故障风险
人身伤亡损失 L1	R_S	R_F	R_O[2)]
公众服务损失 L2	—	R_F	R_O
文化遗产损失 L3	—	R_F	—
经济损失 L4	R_S[1)]	R_F	R_O

1) 可能出现牲畜损失的建筑物。

2) 具有爆炸危险的建筑物或因内部系统故障会危及人命的医院或其他建筑物。

4.2　风险和风险分量

4.2.1　风险

风险是指因雷电造成的年平均可能损失(人和物)与需保护对象(人和物)的总价值之比。对建筑物或服务设施中可能出现的各类损失，应计算其所对应的风险。

建筑物中需估算的风险有：

——R_1：人身伤亡损失风险；

——R_2：公众服务损失风险；

——R_3：文化遗产损失风险；

——R_4：经济损失风险。

服务设施中需估算的风险有：

——R'_2：公众服务损失风险；

——R'_4：经济损失风险。

计算各种损失风险时，可按损害成因或损害类型确定构成风险的各个风险分量，然后计算出各个风险分量并求和即可得出各类损失风险。

4.2.2 直接雷击建筑物(损害成因 S1)引起的建筑物风险分量

R_A：在建筑物外距离建筑物 3 m 范围内，因接触和跨步电压造成人畜伤害的风险分量。可能产生 L1 类的损失。对饲养牲畜的建筑物还可能出现 L4 类的损失。

注 1：本标准不考虑雷击建筑物时，建筑物内部因接触和跨步电压造成人畜伤害的风险分量。

注 2：在某些特殊场合，例如停车场的顶层或运动场，可能存在人遭直接雷击的危险。

R_B：建筑物内因危险火花放电触发火灾或爆炸引起物理损害的风险分量，此类损害还可能危害环境。可产生所有类型的损失(L1、L2、L3、L4)。

R_C：因 LEMP 造成内部系统故障的风险分量。总会产生 L2 和 L4 类的损失，在具有爆炸危险的建筑物以及内部系统的故障马上会危及人命的医院或其他建筑物中还可能出现 L1 类型的损失。

4.2.3 雷击建筑物附近(损害成因 S2)引起的建筑物风险分量

R_M：因 LEMP 引起内部系统故障的风险分量。总会产生 L2 和 L4 类的损失，在具有爆炸危险的建筑物以及内部系统的故障马上会危及人命的医院或其他建筑物中还可能出现 L1 类的损失。

4.2.4 雷击相连服务设施(损害成因 S3)引起的建筑物风险分量

R_U：雷电流沿入户线路侵入建筑物内因接触电压造成人畜伤害的风险分量。可能会出现 L1 类的损失，当有牲畜时，还可能出现 L4 类的损失。

R_V：因雷电流沿入户设施侵入建筑物，在入口处入户设施与其他金属部件产生危险火花放电而引发火灾或爆炸造成物理损害的风险分量。可能产生所有类型的损失(L1、L2、L3、L4)。

R_W：因入户线路上产生的并传入建筑物内的过电压引起内部系统故障的风险分量。总会产生 L2 和 L4 类的损失，在具有爆炸危险的建筑物以及因内部系统的故障马上会危及人命的医院或其他建筑物中还可能出现 L1 类的损失。

注：在风险评估中只考虑入户线路。因管道已经连接到等电位连接排，所以不把雷击管道作为损害成因。如果没有作等电位连接，应考虑这种威胁。

4.2.5 雷击相连服务设施附近(损害成因 S4)引起的建筑物风险分量

R_Z：因入户线路上感应出的并传入建筑物内的过电压引起内部系统故障的风险分量。总会产生 L2 和 L4 类的损失，在具有爆炸危险的建筑物以及因内部系统的故障马上会危及人命的医院或其他建筑物中还可能出现 L1 类型的损失。

注：在风险评估时，只考虑入户线路。因管道已经连接到等电位连接排，所以不把雷击管道附近作为损害成因。如果没有作等电位连接，应考虑这种威胁。

4.2.6 雷击服务设施(损害成因 S3)引起的服务设施风险分量

R'_V：雷电流的机械效应、热效应造成的服务设施物理损害的风险分量。可能出现 L′2 和 L′4 类的损失。

R'_W：经阻性耦合产生的过电压造成相连设备故障的风险分量。可能出现 L′2 和 L′4 类的损失。

4.2.7 雷击服务设施附近(损害成因 S4)引起的服务设施风险分量

R'_Z：线路上的感应过电压造成线路或相连设备故障的风险分量。可能出现 L′2 和 L′4 类的损失。

4.2.8 雷击相连建筑物(损害成因 S1)引起的服务设施风险分量

R'_B:因流经线路的雷电流的机械效应、热效应造成线路物理损害的风险分量。可能出现 L′2 和 L′4 类的损失。

R'_C:因阻性耦合产生的过电压造成相连设备故障的风险分量。可能出现 L′2 和 L′4 类的损失。

4.3 建筑物各种风险的组成

对建筑物的每一类损失需考虑的风险分量如下:

R_1——人身伤亡损失的风险;

$$R_1 = R_A + R_B + R_C + R_M + R_U + R_V + R_W + R_Z \tag{1}$$

注 1:仅对于具有爆炸危险的建筑物或有救命电子设备因内部系统的故障马上会危及人命的医院或其他建筑物。

R_2——公众服务损失的风险;

$$R_2 = R_B + R_C + R_M + R_V + R_W + R_Z \tag{2}$$

R_3——文化遗产损失的风险;

$$R_3 = R_B + R_V \tag{3}$$

R_4——经济损失的风险。

$$R_4 = R_A + R_B + R_C + R_M + R_U + R_V + R_W + R_Z \tag{4}$$

注 2:仅对于可能出现牲畜损失的建筑物。

每类损失风险对应的风险分量在表 3 中给出。

表 3 建筑物各类损失风险需考虑的各种风险分量

各类损失风险	风险分量							
	雷击建筑物(损害成因 S1)			雷击建筑物附近(损害成因 S2)	雷击入户线路(损害成因 S3)			雷击入户线路附近(损害成因 S4)
R_1	R_A	R_B	R_C 1)	R_M 1)	R_U	R_V	R_W 1)	R_Z 1)
R_2	—	R_B	R_C	R_M	—	R_V	R_W	R_Z
R_3	—	R_B	—	—	—	R_V	—	—
R_4	R_A 2)	R_B	R_C	R_M	R_U 2)	R_V	R_W	R_Z

1) 仅指具有爆炸危险的建筑物以及因内部系统的故障马上会危及人命的医院或其他建筑物。
2) 仅指可能出现牲畜损失的建筑物。

4.3.1 按损害成因组合各风险分量

上述各类损失风险可按损害成因组合如下:

$$R = R_D + R_I \tag{5}$$

式中:

R_D——损害成因 S1 产生的风险;

R_I——损害成因 S2、S3 和 S4 产生的风险。

对人身伤亡损失风险 R_1,由表 3 可得出:

$$R_D = R_A + R_B + R_C \tag{6}$$

$$R_I = R_M + R_U + R_V + R_W + R_Z \tag{7}$$

这些风险分量的组合见表 9。

其余的损失风险 R_2、R_3、R_4 依损害成因组合风险分量的表达式也可由表 3 得出。

4.3.2 按损害类型组合各风险分量

上述各类损失风险还可按损害类型组合如下:

$$R = R_S + R_F + R_O \tag{8}$$

式中：

R_S——人畜伤害的风险；

R_F——物理损害的风险；

R_O——内部系统故障的风险。

对于人身伤亡损失风险 R_1，由表 3 可得出：

$$R_S = R_A + R_U \quad \cdots\cdots (9)$$

$$R_F = R_B + R_V \quad \cdots\cdots (10)$$

$$R_O = R_M + R_C + R_W + R_Z \quad \cdots\cdots (11)$$

这些风险分量的组合见表 9。

其余的损失风险 R_2、R_3、R_4 依损害类型组合风险分量的表达式也可由表 3 得出。

4.4 服务设施各种风险的组成

对服务设施中的各种损失需考虑的风险分量如下：

R'_2——公众服务损失的风险；

$$R'_2 = R'_V + R'_W + R'_Z + R'_B + R'_C \quad \cdots\cdots (12)$$

R'_4——经济损失的风险。

$$R'_4 = R'_V + R'_W + R'_Z + R'_B + R'_C \quad \cdots\cdots (13)$$

表 4 给出服务设施中各类损失需考虑的风险分量。

表 4 服务设施的各类损失需考虑的风险分量

各种损失风险	风险分量				
	S3 雷击服务设施		S4 雷击服务设施附近	S1 雷击建筑物	
R'_2	R'_V	R'_W	R'_Z	R'_B	R'_C
R'_4	R'_V	R'_W	R'_Z	R'_B	R'_C

4.4.1 按损害成因组合各风险分量

对于 R'_2、R'_4，可按损害成因组合各风险分量如下：

$$R' = R'_D + R'_I \quad \cdots\cdots (14)$$

式中：

R'_D——损害成因 S3 产生的风险；

$$R'_D = R'_V + R'_W \quad \cdots\cdots (15)$$

R'_I——损害成因 S1 和 S4 产生的风险。

$$R'_I = R'_B + R'_C + R'_Z \quad \cdots\cdots (16)$$

上述风险分量的组合见表 11。

4.4.2 按损害类型组合各风险分量

对于 R'_2、R'_4，可按损害类型组合各风险分量如下：

$$R' = R'_F + R'_O \quad \cdots\cdots (17)$$

式中：

R'_F——物理损害(D2)产生的风险；

$$R'_F = R'_V + R'_B \quad \cdots\cdots (18)$$

R'_O——内部系统故障(D3)产生的风险。

$$R'_O = R'_W + R'_Z + R'_C \quad \cdots\cdots (19)$$

上述风险分量的组合见表 11。

4.5 影响风险分量的各种因素

4.5.1 影响建筑物风险分量的因素

建筑物及可能采取的保护措施的特性会影响建筑物各风险分量，见表5。

表5 影响建筑物风险分量的因素

建筑物、内部系统以及保护措施的特性	R_A	R_B	R_C	R_M	R_U	R_V	R_W	R_Z
截收面积	x	x	x	x	x	x	x	x
地表土壤电阻率	x	—	—	—	—	—	—	—
建筑物内地板电阻率	—	—	—	—	x	—	—	—
围栏等限制措施，绝缘措施，警示牌，大地电位均衡措施	x	—	—	—	x	—	—	—
LPS	x[1)]	x	x[2)]	x[2)]	x[3)]	x[3)]	—	—
匹配的SPD保护	—	—	x	x	—	—	x	x
空间屏蔽	—	—	x	x	—	—	—	—
外部线路屏蔽措施	—	—	—	—	x	x	x	x
内部线路屏蔽措施	—	—	x	x	—	—	—	—
合理布线	—	—	x	x	—	—	—	—
等电位连接网络	—	—	x	—	—	—	—	—
防火措施	—	x	—	—	—	x	—	—
火灾危险性	—	x	—	—	—	x	—	—
特殊危险	—	x	—	—	—	x	—	—
冲击耐压	—	—	x	x	x	x	x	x

1）如果LPS的引下线间隔小于10 m或采取围栏等限制措施时，接触和跨步电压造成人畜伤害的风险可以忽略不计。

2）只有格栅形外部LPS才有影响。

3）等电位连接引起的。

4.5.2 影响服务设施风险分量的因素

服务设施、与服务设施相连的建筑物以及防护措施的特性均可影响服务设施各风险分量，见表6。

表6 影响服务设施风险分量的各种因素

服务设施以及防护措施特性	R'_V	R'_W	R'_Z	R'_B	R'_C
建筑物以及服务设施截收面积	x	x	x	x	x
电缆屏蔽	x	x	x	x	x
防雷电缆	x	x	x	x	x
防雷电缆槽	x	x	x	x	x
增加屏蔽线	x	x	x	x	x
冲击耐压	x	x	x	x	x
SPD	x	x	x	x	x

5 风险管理

5.1 基本步骤

应按照 GB/T 21714.1—2008 的要求，决定是否对建筑物或服务设施采取防雷措施并选择合适的防护措施。

基本步骤如下：

——确定需评估对象及其特性；

——确定评估对象中可能的各类损失以及相应的风险 $R_1 \sim R_4$（服务设施为 R'_2、R'_4）；

——计算风险 $R_1 \sim R_4$（服务设施为 R'_2、R'_4）；

——将建筑物风险 R_1、R_2 和 R_3（对于服务设施为 R'_2）与风险容许值 R_T 作比较来确定是否需要防雷；

——通过比较采用或不采用防护措施时造成的损失代价以及防护措施年均花费，评估采用防护措施的成本效益。为此需对建筑物的风险分量 R_4 或服务设施的风险分量 R'_4 进行评估。

5.2 风险评估时需考虑的建筑物方面的问题

包括：

——建筑物本身；

——建筑物内的装置；

——建筑物的内存物；

——建筑物内或建筑物外 3 m 范围内的人员数量；

——建筑物受损对环境的影响。

考虑对建筑物的防护时不包括与建筑物相连的户外服务设施的防护。

注：所考虑的建筑物可能会划分为几个区（见第 6 章）。

5.3 风险评估时需考虑的服务设施方面的问题

需考虑的服务设施是指以下两者之间的物理连接：

——电信交换站与用户大楼之间、两个电信交换站之间或两个用户大楼之间的通信线路(TLC)；

——电信交换站或用户大楼与分配节点之间，或两个分配节点之间的通信线路；

——高压变电站与用户大楼之间的电力线路；

——配给站与用户大楼之间的管道。

还需考虑线路设备以及线路终端设备，例如：

——多路复用器、功率放大器、光纤网络单元、仪表、线路终端设备等；

——断路器、过电流保护器、仪表等；

——控制系统、安全系统、仪表等。

考虑对服务设施的防护时不包括对用户设备以及与服务设施两端相连的建筑物的防护。

5.4 风险容许值 R_T

由相关职能部门确定风险容许值。表 7 给出涉及人身伤亡损失、公众服务损失以及文化遗产损失的典型 R_T 值：

表 7 风险容许值 R_T 的典型值

损失类型	R_T/年
人身伤亡损失	10^{-5}
公众服务损失	10^{-3}
文化遗产损失	10^{-3}

5.5 评估是否需防雷的具体步骤

按照 GB/T 21714.1—2008，评估一个对象是否需要防雷时，应考虑以下风险：

——建筑物的风险 R_1、R_2 和 R_3；

——服务设施的风险 R'_2。

对于上述每一种风险，应当采取以下步骤：

——识别构成该风险的各分量 R_X；

——计算各风险分量 R_X；

——计算出 R_1～R_3（或 R'_2）；

——确定风险容许值 R_T；

——与风险容许值 R_T 比较。

如对所有的风险均有 $R \leqslant R_T$，不需要防雷。

如果某风险 $R > R_T$，应采取保护措施减小该风险，使 $R \leqslant R_T$。

图 1 给出是否需要防雷的评估程序。

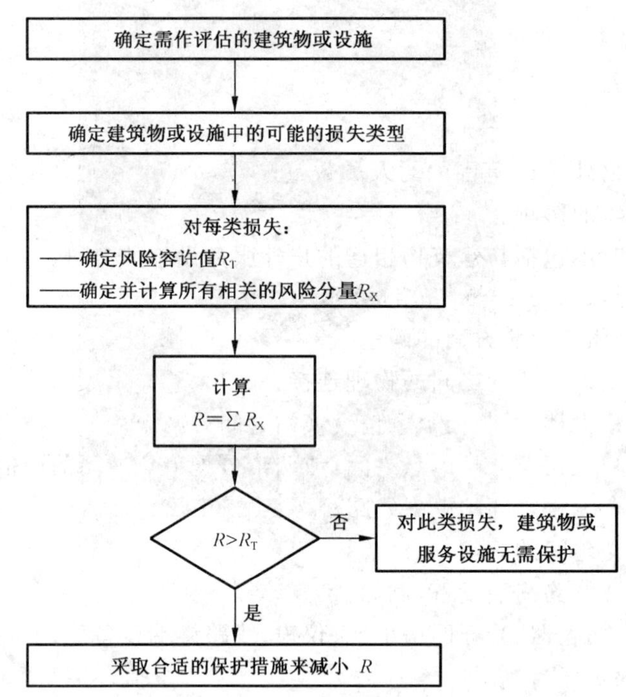

图 1 确定是否需要防雷的流程

5.6 评估采取保护措施的成本效益的步骤

除了对建筑物或服务设施作是否需防雷的评估外，对为了减少经济损失 L4 或 L′4 而采取防雷措施的成本效益作出评估也是有用的。

计算出建筑物风险 R_4 或服务设施风险 R'_4 的各个风险分量后可以估算出采取保护措施前后的经济损失（见附录 G）。

评估采取保护措施的成本效益的步骤如下：

——识别建筑物风险 R_4 或服务设施风险 R'_4 的各个风险分量 R_X 或 R'_X；

——计算未采取防护措施时各风险分量 R_X 或 R'_X；

——计算每年总损失 C_L；

——选择保护措施；

——计算采取保护措施后的各风险分量 R_X 或 R'_X；

——计算采取防护措施后仍造成的每年损失 C_{RL}；

——计算保护措施的每年费用 C_{PM}；

——费用比较。

如果 $C_L < C_{RL} + C_{PM}$，则防雷是不经济的。

如果 $C_L \geqslant C_{RL} + C_{PM}$，则采取防雷措施在建筑物或设施的使用寿命期内可节约开支。

图 2 为评估采取保护措施的成本效益的流程。

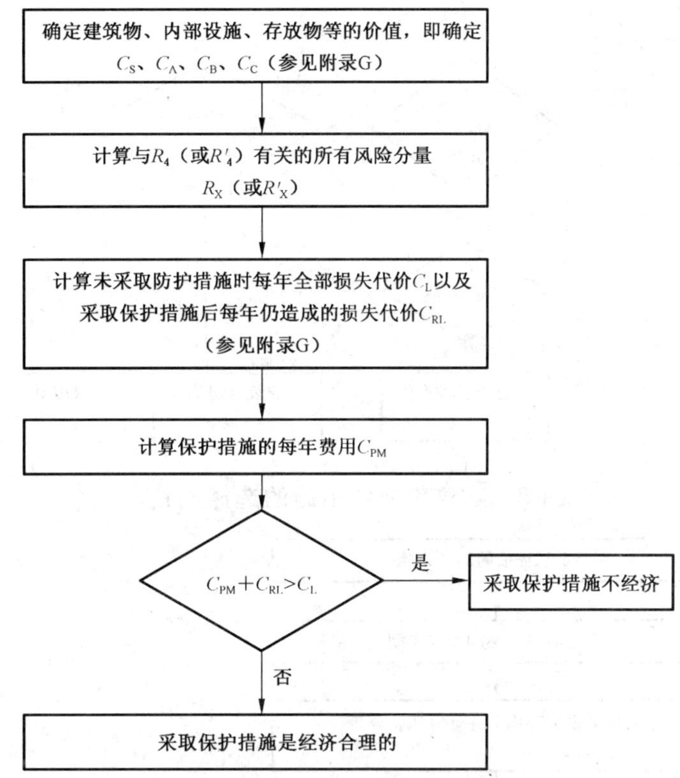

图 2　评估采取保护措施的成本效益的流程

5.7　防护措施

应按损害类型选择防护措施以减少风险。

只有符合下列相关标准要求的防护措施，才认为是有效的：

——GB/T 21714.3—2008 有关建筑物中人命损害及物理损害的保护措施；

——GB/T 21714.4—2008 有关内部系统故障的防护措施；

——服务设施防雷标准。

5.8　防护措施的选择

应由设计人员根据每一风险分量在总风险中所占比例并考虑各种不同保护措施的技术可行性及造价，选择最合适的防护措施。

应找出最关键的若干参数以决定减小风险的最有效的防护措施。

对于每一类损失，有许多有效的防护措施，可单独采用或组合采用，从而使 $R \leqslant R_T$。应选取技术和造价上均可行的防护方案。图 3 和图 4 分别为建筑物和服务设施选择防护措施的简化流程图。任何情况下，安装人员或设计人员应找出最关键的风险分量，设法减小它们，当然也应考虑成本。

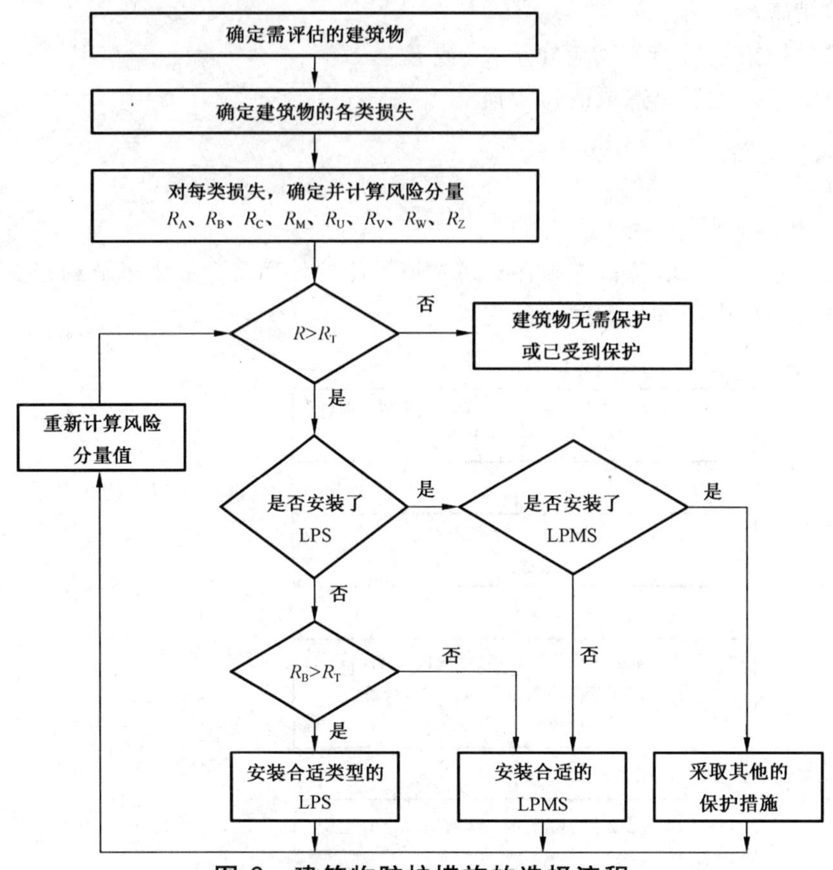

图 3　建筑物防护措施的选择流程

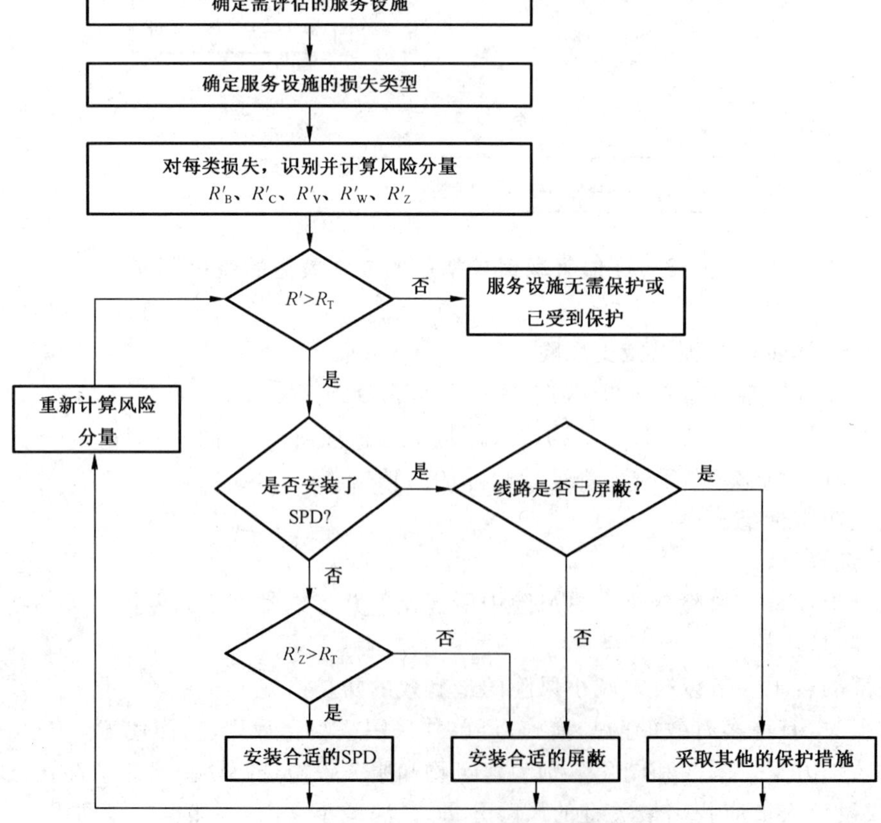

图 4　服务设施防护措施的选择流程

6 建筑物风险分量的评估

6.1 基本表达式

第 4 章中所述的各个风险分量 R_A、R_B、R_C、R_M、R_U、R_V、R_W和 R_Z，可以用以下通用表达式来表示：

$$R_X = N_X \times P_X \times L_X \qquad (20)$$

式中：

N_X——每年危险事件次数(见附录 A)；

P_X——建筑物的损害概率(见附录 B)；

L_X——每一损害产生的损失率(见附录 C)。

注 1：危险事件次数 N_X 受到大地雷击密度(N_g)以及受保护对象的物理特性、其周围物体以及土壤性质的影响。

注 2：损害概率 P_X 受到需保护对象的特性以及所采取的保护措施的影响。

注 3：损失率 L_X 受到对象的用途、现场人数、公众服务类型、受损商品的价值以及减小损失措施的影响。

6.2 直接雷击建筑物(损害成因 S1)风险分量的估算

雷击建筑物产生的各个风险分量：

——人畜伤害(D1)风险分量；

$$R_A = N_D \times P_A \times L_A \qquad (21)$$

——物理损害(D2)风险分量；

$$R_B = N_D \times P_B \times L_B \qquad (22)$$

——内部系统故障(D3)风险分量。

$$R_C = N_D \times P_C \times L_C \qquad (23)$$

表 8 中给出了估算这些风险分量时所用的参数。

6.3 雷击建筑物附近(损害成因 S2)风险分量的估算

雷击建筑物附近产生的风险分量：

——内部系统故障(D3)风险分量。

$$R_M = N_M \times P_M \times L_M \qquad (24)$$

表 8 中给出了估算该风险分量时所用的参数。

6.4 雷击入户线路(损害成因 S3)风险分量的估算

雷击入户线路产生的各风险分量：

——人畜伤害(D1)的风险分量；

$$R_U = (N_L + N_{Da}) \times P_U \times L_U \qquad (25)$$

——物理损害(D2)的风险分量；

$$R_V = (N_L + N_{Da}) \times P_V \times L_V \qquad (26)$$

——内部系统故障(D3)的风险分量。

$$R_W = (N_L + N_{Da}) \times P_W \times L_W \qquad (27)$$

表 8 中给出了估算这些风险分量时所用的参数。

如果线路不止一个区段(见 7.6)，R_U、R_V 和 R_W 的值取各区段线路的 R_U、R_V 和 R_W 值之和。只需考虑建筑物和第一个分配节点之间的各个区段。

如果建筑物有一条以上线路且线路走向不同，应对各条线路分别进行计算。

6.5 雷击入户线路附近(损害成因 S4)风险分量的估算

雷击入户线路附近产生的风险分量：

——内部系统故障(D3)的风险分量。

$$R_Z = (N_I - N_L) \times P_Z \times L_Z \qquad (28)$$

表 8 中给出了估算该风险分量所用的参数。

如果线路不止一个区段(见 7.6),R_Z 的值取各区段线路 R_Z 值之和。只需考虑建筑物与第一个分配节点之间的各个区段。

注:关于 TLC 线路的详细资料在 ITU-T K.46 建议中给出。

如果建筑物有一条以上线路且线路走向不同,应对各条线路分别进行计算。

估算中,若$(N_I-N_L)<0$,则取$(N_I-N_L)=0$

表 8 估算建筑物各风险分量所用的参数

符 号	名 称	出 处
N_D	雷击建筑物年均危险事件次数	A.2
N_M	雷击建筑物附近年均危险事件次数	A.3
N_L	雷击入户线路年均危险事件次数	A.4
N_I	雷击入户线路附近年均危险事件次数	A.5
N_{Da}	雷击线路"a"端建筑物年均危险事件次数(见图 5)	A.2
P_A	雷击建筑物造成人畜伤害的概率	B.1
P_B	雷击建筑物造成物理损害的概率	B.2
P_C	雷击建筑物造成内部系统故障的概率	B.3
P_M	雷击建筑物附近引起内部系统故障的概率	B.4
P_U	雷击入户线路引起人畜伤害的概率	B.5
P_V	雷击入户线路引起物理损害的概率	B.6
P_W	雷击入户线路引起内部系统故障的概率	B.7
P_Z	雷击入户线路附近引起内部系统故障的概率	B.8
$L_A=r_a\times L_t$ $L_U=r_u\times L_t$	人畜伤害的损失率	C.2
$L_B=L_V=r_p\times r_f\times h_z\times L_f$	物理损害的损失率	C.2,C.3,C.4,C.5
$L_C=L_M=L_W=L_Z=L_o$	内部系统故障的损失率	C.2,C.3,C.5
注:附录 C 给出了损失率(L_t、L_f 和 L_o)的数值;表 C.2～表 C.5 给出了损失缩减因子(r_p、r_a、r_u 和 r_f)以及损失增长因子(h_z)的值。		

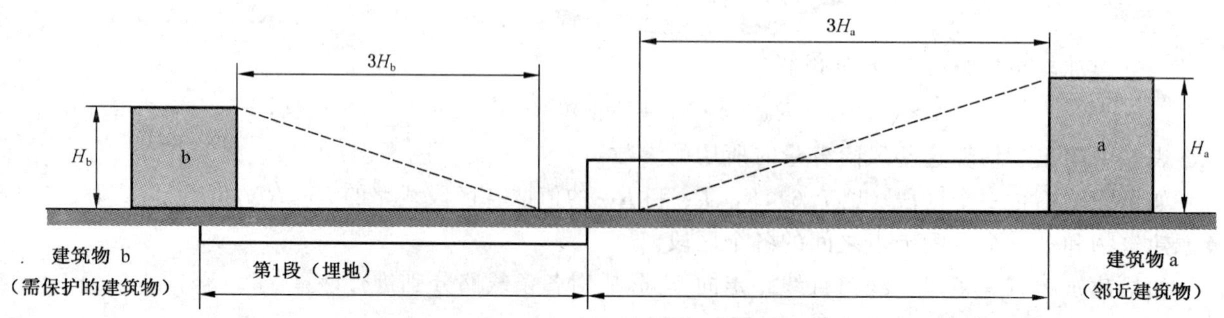

图 5 线路两端的建筑物:"b"端为需保护的建筑物 b,"a"端为邻近建筑物 a

6.6 建筑物中的风险分量汇总

表 9 中按照损害类型以及损害成因对建筑物风险 R_1 的各风险分量作了汇总。

6.7 建筑物的分区 Z_S

计算各风险分量时，可以将建筑物划分为多个分区 Z_S，每个分区具有一致的特性。然而，一幢建筑物可以是或可以假定为一个单一的区域。

主要根据以下情况划分区域：

——土壤或地板的类型(影响风险分量 R_A 和 R_U)；

——防火分区(影响风险分量 R_B 和 R_V)；

——空间屏蔽(影响风险分量 R_C 和 R_M)。

还可以根据以下情况进一步细分：

——内部系统的布局(影响风险分量 R_C 和 R_M)；

——已有的或将采取的保护措施(影响所有风险分量)；

——损失率 L_X 的值(影响所有的风险分量)。

建筑物的分区应考虑到便于最适当保护措施的实施。

表 9 按损害成因及损害类型列出建筑物风险 R_1 的各风险分量

损害类型	风险分量				按损害类型组合的风险
	S1 雷击建筑物	S2 雷击建筑物附近	S3 雷击入户服务设施	S4 雷击服务设施附近	
人畜伤害 D1	$R_A=N_D\times P_A\times r_a\times L_t$	—	$R_U=(N_L+N_{Da})\times P_U\times r_u\times L_t$	—	$R_S=R_A+R_U$
物理损害 D2	$R_B=N_D\times P_B\times r_p\times h_z\times r_f\times L_f$	—	$R_V=(N_L+N_{Da})\times P_V\times r_p\times h_z\times r_f\times L_f$	—	$R_F=R_B+R_V$
电气和电子系统故障 D3	$R_C=N_D\times P_C\times L_o$	$R_M=N_M\times P_M\times L_o$	$R_W=(N_L+N_{Da})\times P_W\times L_o$	$R_Z=(N_I-N_L)\times P_Z\times L_o$	$R_O=R_C+R_M+R_W+R_Z$
按损害成因组合的风险	$R_D=R_A+R_B+R_C$	$R_I=R_M+R_U+R_V+R_W+R_Z$			—

6.8 多分区建筑物风险分量的估算

不同的风险，其风险分量的估算规则稍有不同。

6.8.1 风险 R_1、R_2 和 R_3

6.8.1.1 单区域建筑物

整座建筑物为单一的一个分区。风险 $R_1\sim R_3$ 分别为建筑物内其所对应的各风险分量之和。计算风险分量以及选取相关参数值时，遵循以下原则：

——按附录 A 估算各种危险事件次数 N_X；

——按附录 B 估算各种损害概率 P_X；

- 对于 P_A、P_B、P_U、P_V、P_W 和 P_Z，只需确定一个值。当有多个值可取时，取最大数值；
- 对于 P_C 和 P_M，当区内有多个内部系统时：

$$P_C=1-\prod_{i=1}^{n}(1-P_{Ci}) \quad (29)$$

$$P_M=1-\prod_{i=1}^{n}(1-P_{Mi}) \quad (30)$$

式中：

P_{Ci}、P_{Mi}是第 i 个内部系统的损害概率，$i=1,2,\cdots,n$。

——按附录C估算各种损失率。

可按建筑物用途取附录C中的典型平均值作为一个区的损失率。

将建筑物划分为单一的一个区，可能导致防护措施费用过于昂贵，因为防护措施需保护整座建筑物。

6.8.1.2 多区建筑物

对于多区建筑物，建筑物的各类风险 $R_1 \sim R_3$ 分别为各区该风险之和。各区的该风险又为其各风险分量之和。

各分区风险分量估算以及相关参数值选取仍遵循6.8.1.1的规则。

将建筑物划分成多个区域，使设计人员在估算风险分量时能考虑到建筑物各部分的特殊性并为各区选择最合适的防护措施，从而减小防雷的总成本。

6.8.2 风险 R_4

不管对采取防护措施以减小风险 $R_1 \sim R_3$ 的评估是否需要，估算为减少经济损失风险 R_4 而采取防护措施时的成本效益还是有用的。

作风险 R_4 评估的对象可以是：

——整个建筑物；

——建筑物的一部分；

——内部装置；

——内部装置的一部分；

——一台设备；

——建筑物的内存物。

应按附录G计算一个区域的损失代价。建筑物总损失代价是建筑物各个区域的损失代价之和。

7 服务设施风险分量的估算

7.1 基本表达式

第4章中所述的各个风险分量 R'_V、R'_W、R'_Z、R'_B 和 R'_C，可以用以下通用表达式表示：

$$R'_X = N_X \times P'_X \times L'_X \qquad (31)$$

式中：

N_X——危险事件次数(见附录A)；

P'_X——设施的损害概率(见附录D)；

L'_X——设施的损失率(见附录E)。

7.2 雷击服务设施(损害成因S3)风险分量的估算

雷击服务设施引起的各个风险分量计算如下：

——物理损害(D2)的风险分量；

$$R'_V = N_L \times P'_V \times L'_V \qquad (32)$$

——相连设备故障(D3)的风险分量。

$$R'_W = N_L \times P'_W \times L'_W \qquad (33)$$

表10中给出估算这些风险分量所用的参数。

7.3 雷击服务设施附近(损害成因S4)风险分量的估算

雷击服务设施附近产生的风险分量计算如下：

——设备故障(D3)风险分量。

$$R'_Z = (N_I - N_L) \times P'_Z \times L'_Z \qquad (34)$$

表10中给出估算该风险分量所用的参数。

若 $(N_I - N_L) < 0$，则取 $(N_I - N_L) = 0$。

表 10 估算服务设施各风险分量所用的参数

符 号	名 称	出 处
N_D	雷击与服务设施相连建筑物的年均雷击次数	A.2
N_L	雷击服务设施的年均雷击次数	A.4
N_I	雷击服务设施附近的年均雷击次数	A.5
P'_B	雷击与服务设施相连建筑物引起的服务设施物理损害的概率	D.1.1
P'_C	雷击与服务设施相连建筑物引起设备故障的概率	D.1.1
P'_V	雷击服务设施引起服务设施物理损害的概率	D.1.2
P'_W	雷击服务设施引起设备故障的概率	D.1.2
P'_Z	雷击服务设施附近引起设备故障的概率	D.1.3
$L'_B=L'_V=L'_f$	物理损害的损失率	表 E.1，等式(E.2)
$L'_C=L'_W=L'_Z=L'_o$	设备故障的损失率	表 E.1，等式(E.3)

7.4 雷击与服务设施相连建筑物(损害成因 S1)风险分量的估算

雷击与服务设施相连建筑物时，与建筑物相连设施段上产生的风险分量：

——物理损害(D2)风险分量：

$$R'_B = N_D \times P'_B \times L'_B \tag{35}$$

——设备故障(D3)风险分量。

$$R'_C = N_D \times P'_C \times L'_C \tag{36}$$

估算这些风险分量所用的参数由表 10 给出。

7.5 服务设施风险分量汇总

按损害类型和损害成因归纳的服务设施风险 R'_2 和 R'_4 的各风险分量见表 11。

表 11 按损害成因及损害类型组合的风险

损害类型	风险分量			按损害类型组合的风险
	S3 雷击服务设施	S4 雷击服务设施附近	S1 雷击与服务设施相连的建筑物	
物理损害 D2	$R'_V=N_L\times P'_V\times L'_V$	—	$R'_B=N_D\times P'_B\times L'_B$	$R'_F=R'_V+R'_B$
设备故障 D3	$R'_W=N_L\times P'_W\times L'_W$	$R'_Z=(N_I-N_L)\times P'_Z\times L'_Z$	$R'_C=N_D\times P'_C\times L'_C$	$R'_O=R'_Z+R'_W+R'_C$
按损害成因组合的风险	$R'_D=R'_V+R'_W$	$R'_I=R'_Z+R'_B+R'_C$		—

若将服务设施分为若干个区段 S_S(见 7.6)，服务设施的风险分量 R'_V、R'_W 和 R'_Z 应为各段相应风险分量之和。

应对服务设施上的每个过渡点估算风险分量 R'_Z，并将最高的值取作为服务设施的 R'_Z 值。

注：TLC 线路的详细资料在 ITU-T K.46 建议中给出。

服务设施风险分量 R'_B、R'_C 应为雷击与服务设施相连的每个建筑物时产生的相应风险分量之和。

服务设施的风险 R'_2、R'_4 为各个风险分量 R'_B、R'_C、R'_V、R'_W、R'_Z 之和。

7.6 服务设施的分段 S_S

估算各风险分量时，可以把服务设施划分为若干个区段 S_S。然而，一个服务设施可以是，或可以假设为一个单一的区段。

对于所有的风险分量(R'_B、R'_C、R'_V、R'_W、R'_Z),主要根据以下情况划分区段 S_S:

——服务设施的类型(架空或埋地);

——影响截收面积的因子(C_d、C_e、C_t);

——服务设施的特性(电缆绝缘类型,屏蔽层电阻)。

还可按以下情况进一步细分:

——相连设备的类型;

——已有的或将采取的保护措施。

服务设施的分段应便于最适当保护措施的实施。

如果一个区段中的参数不止一个值,应取能够导致最大风险的值。

网络操作员或服务设施的业主应估计服务设施的预期损失率。如果无法估计,建议采用附录 E 中给出的典型值。

附　录　A
（资料性附录）
年平均危险事件次数 N_X 的估算

A.1　概述

影响需保护对象的危险事件年平均次数 N_X 取决于需保护对象所处区域的雷暴活动以及需保护对象的物理特性。普遍接受的 N_X 的计算方法是：将雷击大地密度 N_g 乘以需保护对象的等效截收面积，再乘以需保护对象物理特性所对应的修正因子。

雷击大地密度 N_g 是每年每平方公里雷击大地的次数。在世界上的许多地区，这个数值由地闪定位网络系统提供。

注：如果没有 N_g 的分布图，在温带地区，可以作如下估算：

$$N_g \approx 0.1 \times T_d \qquad \text{(A.1)}$$

T_d 为年平均雷暴日，可以从雷暴日分布图上得出。

对于需保护建筑物，要考虑的危险事件有：

——雷击建筑物；

——雷击建筑物附近；

——雷击入户服务设施；

——雷击入户服务设施附近；

——雷击与入户服务设施相连的建筑物。

对于服务设施，要考虑的危险事件有：

——雷击服务设施；

——雷击服务设施附近；

——雷击与服务设施相连的建筑物。

A.2　雷击建筑物的年平均危险事件次数 N_D 以及雷击线路“a”端建筑物的年平均危险事件次数 N_{Da}

A.2.1　截收面积 A_d 的确定

对于平坦大地上的孤立建筑物，截收面积 A_d 是从建筑物上各点，特别是上部各点如图 A.1 所示以斜率为 1/3 的直线全方位向地面投射，在地面上由所有投射点构成的面积。可以通过作图法或计算法求出 A_d。

长方体建筑物

平坦大地上一座孤立的长方体建筑物，截收面积等于：

$$A_d = L \times W + 6 \times H \times (L + W) + 9\pi \times H^2 \qquad \text{(A.2)}$$

式中：

L、W、H——建筑物的长、宽、高（见图 A.1），m。

注：当距建筑物 $3(H+H_s)$ 范围内有其他物体（其高度为 H_s）或 $3H$ 范围内地势不平坦时，需考虑建筑物与其他物体或地面的相对高度做出更精确的估算。

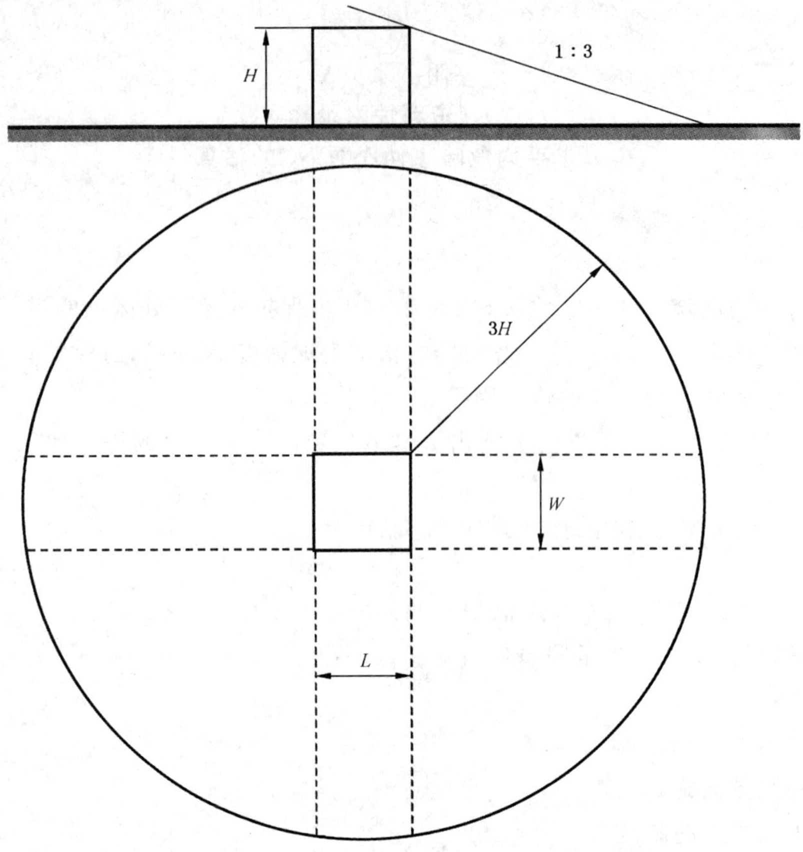

图 A.1 孤立建筑物的截收面积 A_d

A.2.1.1 形状复杂的建筑物的截收面积

形状复杂的建筑物，如图 A.2 所示屋面上有突出部分，若按表 A.1 以最大高度或最小高度计算截收面积，差别太大，故应采用作图法求出 A_d(见图 A.3)。

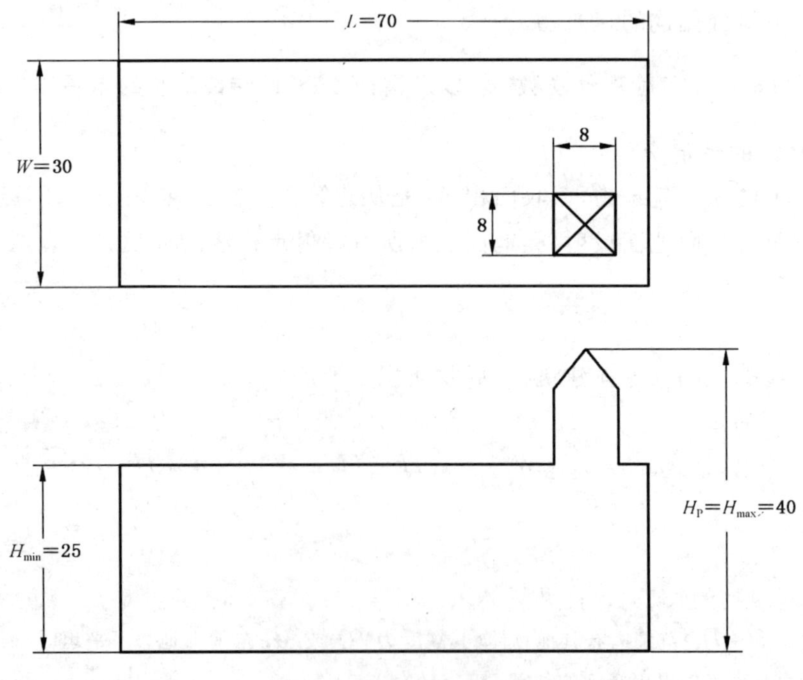

图 A.2 复杂形状的建筑物

取截收面积 A_{dmin} 和突出部分截收面积 A'_d 之间的较大者作为建筑物的近似截收面积也是可接受的。

$$A'_d = 9 \times H_p^2 \qquad (A.3)$$

式中：

H_p——突出部分的高度。

表 A.1 给出上述各种计算得出的截收面积。

表 A.1 各种方法得出的截收面积

	作图法 （见图 A.3）	建筑物 （最大高度）	建筑物 （最小高度）	突出部分的高度 H_p
建筑物尺寸(L，W，H)/m	（见图 A.2）	70×30×40	70×30×25	40
截收面积/m²	A_d=47 700	A_{dmax}=71 316 按公式(A.2)计算	A_{dmin}=34 762.5 按公式(A.2)计算	A'_d=45 216 按公式(A.3)计算

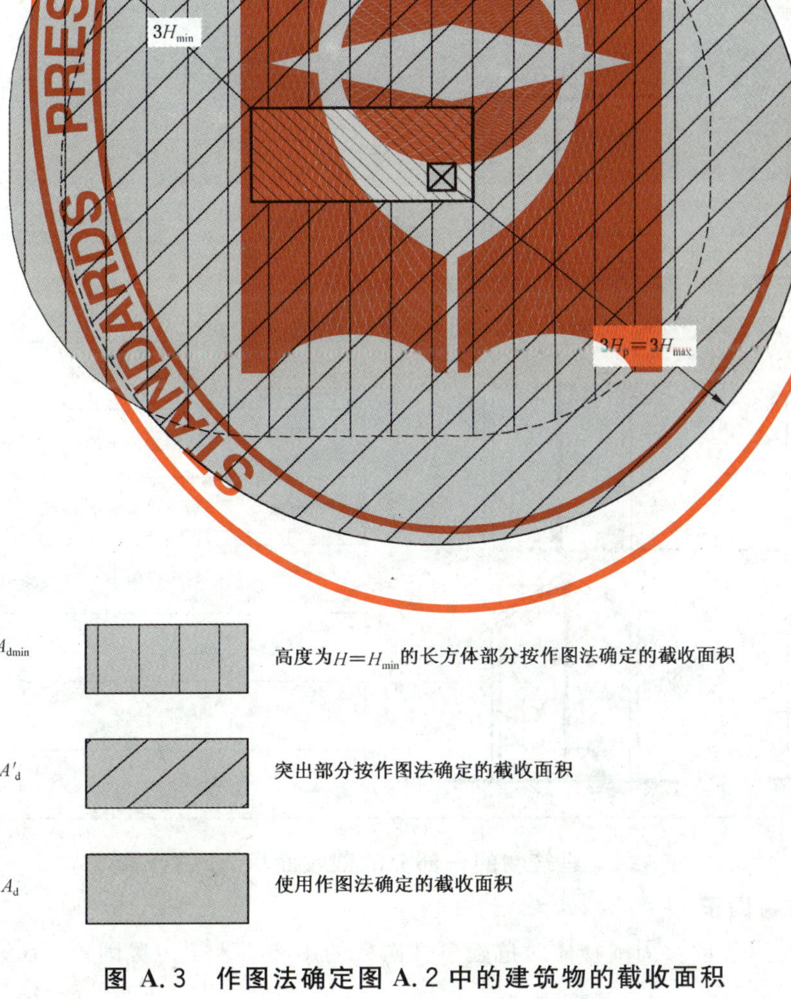

A_{dmin}		高度为$H=H_{min}$的长方体部分按作图法确定的截收面积
A'_d		突出部分按作图法确定的截收面积
A_d		使用作图法确定的截收面积

图 A.3 作图法确定图 A.2 中的建筑物的截收面积

A.2.1.2　建筑物的一部分的截收面积

当所考虑的仅是建筑物的一部分时，如果该部分满足以下所有条件，则由该部分的结构尺寸确定截收面积 A_d（见图 A.4）：

——该部分是建筑物的一个可被分离的垂直部分；

——建筑物没有爆炸的危险；

——该部分与建筑物的其他部分之间用耐火极限为 2 h 的耐火墙体或者其他等效保护措施所阻隔，防止火势的蔓延；

——公共线路进入该部分时，在入口处安装有 SPD 或其他等效防护措施，以避免过电压传入。

注：耐火极限的定义和资料请参考 GB 50016—2006。

不满足上述所有条件时，应按整座建筑物的尺寸计算 A_d。

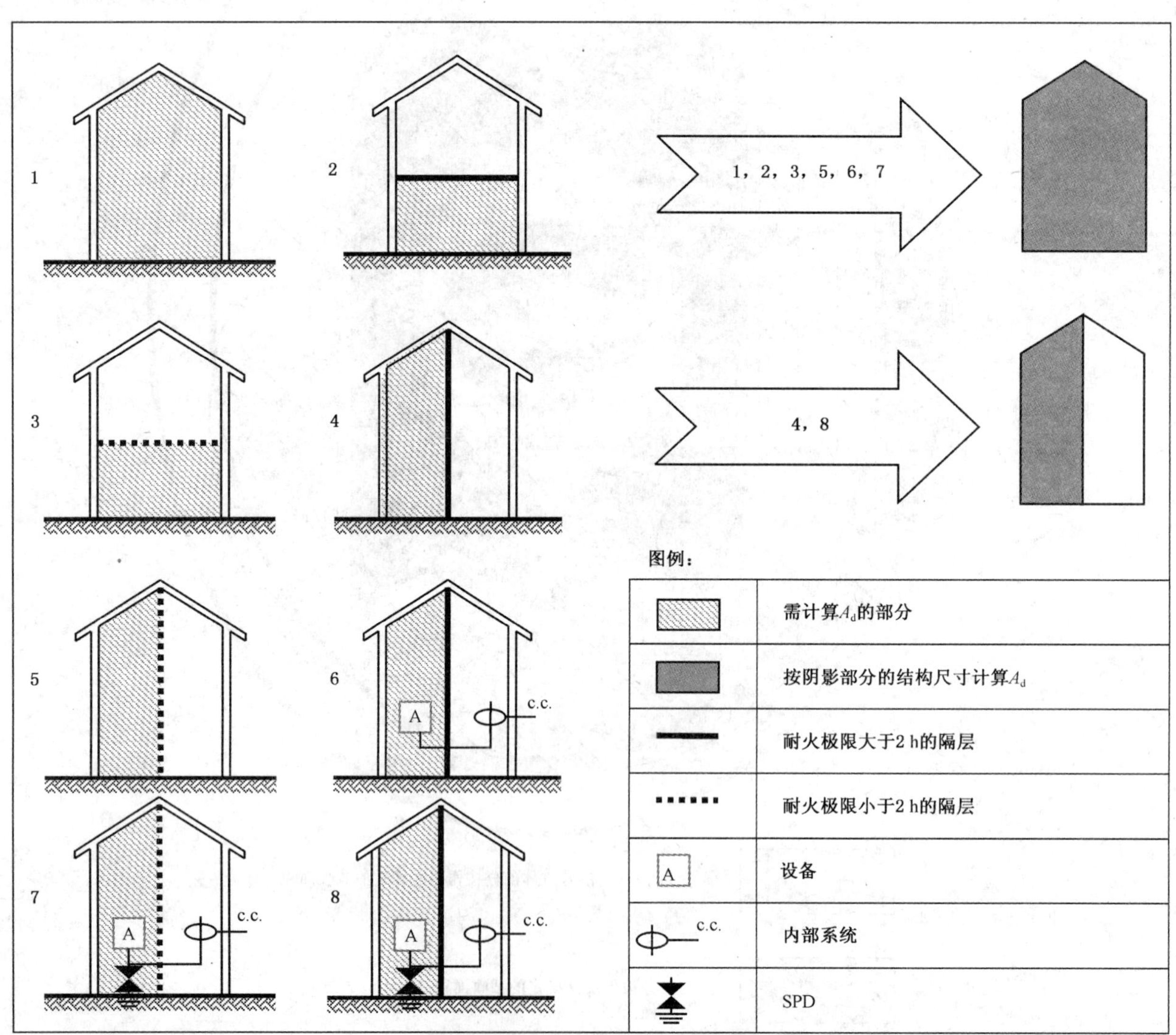

图 A.4　建筑物的一部分的截收面积 A_d 的计算

A.2.2　建筑物的位置因子

考虑到建筑物暴露程度及周围物体对危险事件次数的影响引入了位置因子 C_d（见表 A.2）。

表 A.2　位置因子 C_d

建筑物暴露程度及周围物体	C_d
周围有更高的建筑物或树木	0.25
周围有相同高度或更矮的建筑物或树木	0.5
孤立建筑物：附近无其他建筑物或树木	1
小山顶或山丘上孤立的建筑物	2

A.2.3　建筑物(位于服务设施“b”端)的危险事件次数 N_D

N_D 可计算如下：

$$N_D = N_g \times A_d \times C_d \times 10^{-6} \quad \cdots\cdots\cdots\cdots(A.4)$$

式中：

N_g——雷击大地密度，次/(km^2·a)；

A_d——孤立建筑物的截收面积(见图 A.1)，m^2；

C_d——建筑物的位置因子(见表 A.2)。

A.2.4　邻近建筑物(位于服务设施“a”端)的危险事件次数 N_{Da}

雷击线路“a”端建筑物(见 6.4 和图 5)的年平均危险事件次数 N_{Da} 计算如下：

$$N_{Da} = N_g \times A_d \times C_d \times C_t \times 10^{-6} \quad \cdots\cdots\cdots\cdots(A.5)$$

式中：

N_g——雷击大地密度，次/(km^2·a)；

A_d——“a”端孤立建筑物的截收面积(见图 A.1)，m^2；

C_d——“a”端建筑物的位置因子(见表 A.2)；

C_t——“b”端建筑物与“a”端建筑物连有电源线且中间接有 HV/LV 变压器，雷击“a”端建筑物时所采用的修正因子(见表 A.4)。

A.3　雷击建筑物附近的年平均危险事件次数 N_M

N_M 可计算如下：

$$N_M = N_g \times (A_m - A_d \times C_d) \times 10^{-6} \quad \cdots\cdots\cdots\cdots(A.6)$$

式中：

N_g——雷击大地密度，次/(km^2·a)；

C_d——建筑物的位置因子；

A_m——雷击建筑物附近的截收面积，m^2；截收面积 A_m 为距建筑物周边 250 m 范围所包围的面积(见图 A.5)。

若 $N_M<0$，则取 $N_M=0$。

A.4　雷击服务设施的年平均危险事件次数 N_L

对于单段服务设施，N_L 可以计算如下：

$$N_L = N_g \times A_l \times C_d \times C_t \times 10^{-6} \quad \cdots\cdots\cdots\cdots(A.7)$$

式中：

N_g——雷击大地密度，次/(km^2·a)；

A_l——雷击服务设施的截收面积(见表 A.3 和图 A.5)，m^2；

C_d——服务设施的位置因子(见表 A.2)；

C_t——建筑物的入户电源线上接有 HV/LV 变压器时，雷击变压器以远线路时所采用的修正因子(见表 A.4)。

表 A.3 服务设施的截收面积 A_l 和 A_i

	架空线路	埋地线路
A_l	$6H_c[L_c-3(H_a+H_b)]$	$[L_c-3(H_a+H_b)]\sqrt{\rho}$
A_i	$1\,000\ L_c$	$25L_c\sqrt{\rho}$

表中参数：

A_l——雷击服务设施的截收面积，m^2；

A_i——雷击服务设施附近的截收面积，m^2；

H_c——服务设施导线的离地高度，m；

L_c——从建筑物到第一个节点之间的服务设施线路段长度，m，最大取值为 1 000 m；

H_a——服务设施“a”端建筑物的高度，m；

H_b——服务设施“b”端建筑物的高度，m；

ρ——线路埋设处的土壤电阻率，Ω·m，最大取值为 500 Ω·m。

计算截收面积 A_l 和 A_i 时：

——若不知 L_c 值，可取 $L_c=1\,000$ m；

——若不知 ρ 值，可取 $\rho=500$ Ω·m；

——电缆完全埋设于密集的网格型地网中时，可假定等效截收面积 $A_i=A_l=0$；

——需保护的建筑物假定位于服务设施的“b”端。

注：关于截收面积 A_l 和 A_i 的更多资料，参阅 ITU K.46 以及 K.47 建议。

表 A.4 变压器因子 C_t

变压器	C_t
服务设施上接有双绕组变压器	0.2
服务设施上无变压器	1

A.5 雷击服务设施附近的年平均危险事件次数 N_I

对于单段线路（架空，埋地，屏蔽，非屏蔽等）

$$N_I = N_g \times A_i \times C_e \times C_t \times 10^{-6} \quad \cdots\cdots(A.8)$$

式中：

N_g——大地雷击密度，次/(km^2·a)；

A_i——雷击服务设施附近的截收面积（见表 A.3 和图 A.5），m^2；

C_e——环境因子（见表 A.5）；

C_t——建筑物的入户电源线上接有 HV/LV 变压器时，雷击变压器以远线路附近时所采用的修正因子（见表 A.4）。

表 A.5 环境因子 C_e

环　境	C_e
有高层建筑的市区[1)]	0
市区[2)]	0.1
郊区[3)]	0.5
农村	1

1) 建筑物高度大于 20 m。

2) 建筑物高度在 10 m～20 m 之间。

3) 建筑物高度小于 10 m。

注：雷击服务设施附近的截收面积 A_i 由其长度 L_c 和横向距离 D_i 来确定(见图 A.5)。D_i 的定义是在此距离范围内对大地的雷击将在线路中产生不小于 1.5 kV 的感应过电压。

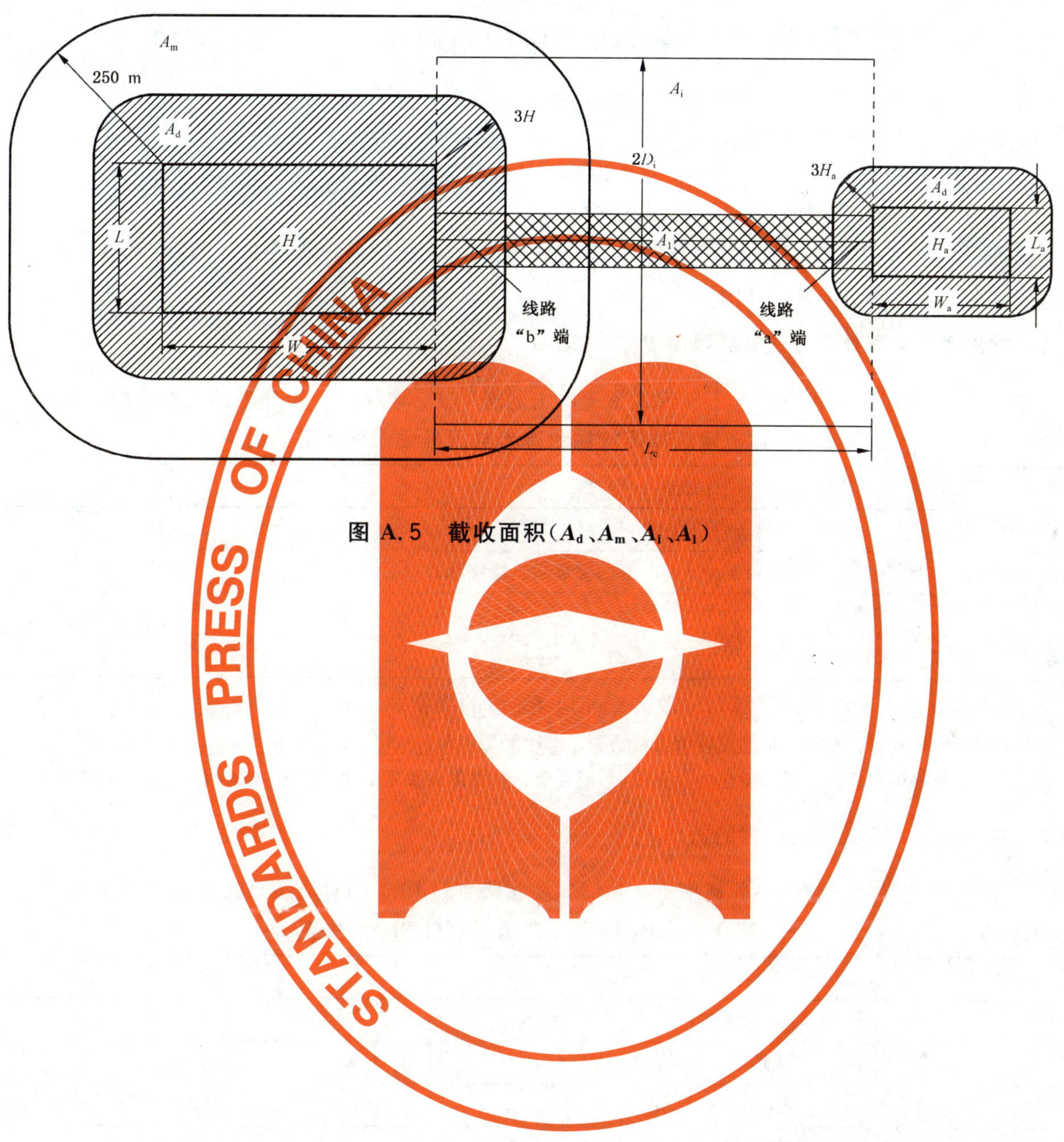

图 A.5 截收面积(A_d、A_m、A_i、A_l)

附　录　B
（资料性附录）
建筑物损害概率 P_X 的估算

只有当保护措施符合以下标准的要求时，本附录中给出的概率值才是有效的：

——GB/T 21714.3—2008 中关于减少生命危害和物理损害的保护措施；

——GB/T 21714.4—2008 中关于减少内部系统故障的保护措施。

如果能够证明是合理的，也可以选择其他值。

当防护措施或其特性对需保护的整座建筑物或其分区以及相关设备是有效的，则概率值 P_X 只能小于 1。

B.1　雷击建筑物导致人畜伤害的概率 P_A

雷击建筑物因接触和跨步电压导致人畜遭电击的概率 P_A 取决于若干典型的防护措施，见表 B.1。

表 B.1　雷击建筑物因接触和跨步电压导致人畜伤害的概率 P_A

保护措施	P_A
无保护措施	1
外露引下线作电气绝缘（例如，采用至少 3 mm 厚的交链聚乙烯绝缘）	10^{-2}
有效的地面电位均衡措施	10^{-2}
警示牌	10^{-1}

如果采取了一项以上的措施，P_A 取各个相应 P_A 值的乘积。

注：接触电压和跨步电压防护的更详细资料请参见 GB/T 21714.3—2008 的 8.1 和 8.2。

当建筑物的钢筋构件或框架作为引下线时，或者防雷装置附近设置了遮拦物时，概率 P_A 可以忽略不计。

B.2　雷击建筑物导致物理损害的概率 P_B

雷击建筑物导致物理损害的概率 P_B 与 LPS 防雷级别（LPL）的对应关系在表 B.2 中给出。

表 B.2　P_B 与 LPS 防雷级别（LPL）的关系

LPS 特性	P_B
未安装 LPS 防护	1
Ⅳ类 LPS	0.2
Ⅲ类 LPS	0.1
Ⅱ类 LPS	0.05
Ⅰ类 LPS	0.02
建筑物安装有Ⅰ类 LPS 的接闪器，采用连续的金属框架或钢筋混凝土框架作为自然引下线	0.01
建筑物以金属屋面作接闪器或安装有接闪器（可能包含其他的自然结构部件）使所有屋面装置得到完全的直击雷防护，连续金属框架或钢筋混凝土框架用作自然引下线	0.001

注：在详细调查的基础上，并考虑了 GB/T 21714.1—2008 中规定的尺寸要求以及拦截标准，P_B 也可取表 B.2 以外的值。

B.3 雷击建筑物导致内部系统故障的概率 P_C

雷击建筑物导致内部系统故障的概率 P_C 取决于 SPD 的匹配保护：

$$P_C = P_{SPD} \tag{B.1}$$

表 B.3 给出了按防雷级别选取并安装 SPD 后对应的 P_{SPD} 值。

表 B.3 按 LPL 选取并安装 SPD 时的 P_{SPD} 值

LPL	P_{SPD}
未采取匹配的 SPD 保护	1
Ⅲ－Ⅳ	0.03
Ⅱ	0.02
Ⅰ	0.01
注 3	0.005～0.001

注 1：只有匹配的 SPD 保护才是减小 P_C 的合适保护措施。只有当建筑物安装了 LPS 或有连续金属框架或钢筋混凝土框架作自然 LPS，且满足了 GB/T 21714.3—2008 对于等电位连接和接地要求，匹配的 SPD 保护才能有效减小 P_C。

注 2：当与内部系统相连的外部导线为防雷电缆或者布设于防雷电缆沟槽、金属导管或金属管时，无需采用匹配的 SPD 防护。

注 3：当安装了比 LPL Ⅰ 的要求性能更优的 SPD（具有更高耐流能力或更低电压保护水平等）时，可以得到更小的 P_{SPD}。

B.4 雷击建筑物附近导致内部系统故障的概率 P_M

雷击建筑物附近引起内部系统故障的概率 P_M 取决于雷电电磁脉冲防护措施（LPM），即取决于因子 K_{MS}。

如果未安装符合 GB/T 21714.4—2008 要求的匹配 SPD 时，P_M 值等于 P_{MS} 值。P_{MS} 与因子 K_{MS} 的关系见表 B.4，K_{MS} 取决于所采用的保护措施。

如果安装了符合 GB/T 21714.4—2008 要求的匹配 SPD，P_M 取 P_{SPD} 和 P_{MS} 两值中的较小者。

表 B.4 概率 P_{MS} 与因子 K_{MS} 的关系

K_{MS}	P_{MS}
≥0.4	1
0.15	0.9
0.07	0.5
0.035	0.1
0.021	0.01
0.016	0.005
0.015	0.003
0.014	0.001
≤0.013	0.0001

当内部系统的设备的耐压水平不符合相关产品标准要求时，应取 $P_{MS}=1$。

因子 K_{MS} 计算如下：

$$K_{MS} = K_{S1} \times K_{S2} \times K_{S3} \times K_{S4} \tag{B.2}$$

式中：

K_{S1}——LPZ 0/1 界面处，建筑物、LPS 或其他屏蔽物的屏蔽效能的因子；

K_{S2}——考虑建筑物内部各 LPZ 界面处屏蔽物的屏蔽效能的因子；

K_{S3}——内部布线特性的因子(表 B.5)；

K_{S4}——被保护系统冲击耐压的因子。

当内部系统及其导线构成的感应环路位于 LPZ 内部，其与防雷区界面上的屏蔽体的距离不小于屏蔽体网格宽度 w 时，则对 LPS 或格栅形空间屏蔽体：

$$K_{S1} = 0.12\,w$$

$$K_{S2} = 0.12\,w \qquad \text{(B.3)}$$

式中的 w(m)是格栅形空间屏蔽或网格状 LPS 引下线的网格宽度，或者作为自然引下线的建筑物金属柱子的间距或钢筋混凝土框架的间距。

当内部系统及其导线构成的感应环路距防雷区界面的屏蔽体的距离小于网格宽度 w，K_{S1} 和 K_{S2} 值升高。例如，当距离在 0.1 w～0.2 w 的范围内时，K_{S1} 和 K_{S2} 值增加一倍。

当有多个 LPZ 时，K_{S2} 取各防雷区界面上各个屏蔽体的 K_{S2} 值之乘积。

若为厚度在 0.1 mm～0.5 mm 的连续金属薄层屏蔽体时：

$$K_{S1} = K_{S2} = 10^{-4} \sim 10^{-5}$$

注 1：如果安装有符合 GB/T 21714.4—2008 要求的网格形等电位连接网络，K_{S1} 和 K_{S2} 的值还可缩小一半。

注 2：K_{S1}、K_{S2} 的最大值不超过 1。

表 B.5　内部布线与 K_{S3} 的关系

内部布线	K_{S3}
非屏蔽电缆—布线时未避免构成环路[1)]	1
非屏蔽电缆—布线时避免构成大的环路[2)]	0.2
非屏蔽电缆—布线时避免构成环路[3)]	0.02
屏蔽电缆，屏蔽层单位长度的电阻[4)] $5<R_S\leqslant20$ (Ω/km)	0.001
屏蔽电缆，屏蔽层单位长度的电阻[4)] $1<R_S\leqslant5$ (Ω/km)	0.000 2
屏蔽电缆，屏蔽层单位长度的电阻[4)] $R_S\leqslant1$ (Ω/km)	0.000 1

1) 大的建筑物中分开布设的导线构成的环路(环路面积大约为 50 m^2)。

2) 同一电缆管道中的导线或较小建筑物中分开布设的导线构成的环路(环路面积大约为 10 m^2)。

3) 同一电缆的导线形成的环路(环路面积大约为 0.5 m^2)。

4) 屏蔽层单位长度的电阻为 R_S(Ω/km)，屏蔽层两端与设备在两端的同一等电位母排上连接。

若表中各种导线布设在连续金属管中，金属管两端与等电位连接排连接时，K_{S3} 的值应再乘以 0.1。

因子 K_{S4} 计算如下：

$$K_{S4} = 1.5/U_w \qquad \text{(B.4)}$$

式中：

U_w——被保护系统的额定冲击耐压，kV。

内部系统中的设备有不同额定冲击耐压时，应按最低的冲击耐压计算 K_{S4}。

B.5　雷击服务设施导致人畜伤害的概率 P_U

雷击入户服务设施因接触电压导致的人畜伤害的概率取决于服务设施屏蔽层的特性、所连内部系统的冲击耐压、通常所用防护措施(如围栏、警示牌等(见表 B.1))以及在服务设施入户处是否安装有 SPD。

当未按 GB/T 21714.3—2008 的要求安装 SPD 作防雷等电位连接，P_U 等于 P_{LD}，P_{LD} 是无 SPD 保

护时雷击相连服务设施导致内部系统故障的概率。表 B.6 中给出了 P_{LD}的值。

当按照 GB/T 21714.3—2008 的要求安装 SPD 进行防雷等电位连接，P_U 取 P_{SPD}（表 B.3）与 P_{LD}的较小者。

注：在此情况下，无需按照 GB/T 21714.4—2008 要求采用匹配的 SPD 保护以减小 P_U。按照 GB/T 21714.3—2008 要求安装 SPD 就足够了。

表 B.6 概率 P_{LD}与设备冲击耐压和电缆屏蔽层电阻的关系

设备冲击耐压 U_w/kV	P_{LD}		
	$5<R_S\leqslant 20$ (Ω/km)	$1<R_S\leqslant 5$ (Ω/km)	$R_S\leqslant 1$ (Ω/km)
1.5	1	0.8	0.4
2.5	0.95	0.6	0.2
4	0.9	0.3	0.04
6	0.8	0.1	0.02
注：R_S 为电缆屏蔽层单位长度电阻，单位 Ω/km。			

对于非屏蔽电缆，取 $P_{LD}=1$ 。

当采取了遮拦物、警示牌等保护措施时，概率 P_U 将进一步减小，需再乘以表 B.1 的概率 P_A。

B.6 雷击服务设施导致物理损害的概率 P_V

雷击入户服务设施导致物理损害的概率取决于服务设施屏蔽层的特性、所连内部系统的冲击耐压以及是否安装有 SPD。

当未按 GB/T 21714.3—2008 的要求用 SPD 进行等电位连接时，P_V 等于 P_{LD}，P_{LD}是未安装 SPD 保护时雷击相连服务设施导致内部系统故障的概率。表 B.6 给出了 P_{LD}的值。

当按照 GB/T 21714.3—2008 的要求用 SPD 进行等电位连接时，P_V 取 P_{SPD}（表 B.3）和 P_{LD}的较小者。

注：在此情况下，无需按 GB/T 21714.4—2008 要求安装匹配的 SPD 以减小 P_V。按 GB/T 21714.3—2008 要求安装 SPD 就足够了。

B.7 雷击服务设施导致内部系统故障的概率 P_W

雷击服务设施导致内部系统故障的概率 P_W 取决于服务设施屏蔽层的特性、所连内部系统的冲击耐压以及是否安装有 SPD。

如未安装符合 GB/T 21714.4—2008 要求的匹配的 SPD，P_W 等于 P_{LD}，P_{LD}是未安装 SPD 保护时雷击相连的服务设施导致内部系统故障的概率。表 B.6 给出了 P_{LD}的数值。

当安装了符合 GB/T 21714.4—2008 要求的匹配的 SPD 时，P_W 取 P_{SPD}（表 B.3）和 P_{LD}的较小者。

B.8 雷击入户服务设施附近导致内部系统故障的概率 P_Z

雷击入户服务设施附近导致内部系统故障的概率取决于服务设施屏蔽层的特性、所连内部系统的冲击耐压以及是否安装有 SPD。

当未安装符合 GB/T 21714.4—2008 要求的匹配的 SPD 时，P_Z 等于 P_{LI}，P_{LI}是未安装 SPD 保护时雷击相连的服务设施附近导致内部系统故障的概率。表 B.7 给出了 P_{LI}的数值。

当安装了符合 GB/T 21714.4—2008 要求的匹配的 SPD 时，P_Z 取 P_{SPD}（表 B.3）和 P_{LI}的较小者。

表 B.7　概率 P_{LI} 与电缆屏蔽层电阻 R_S 以及设备冲击耐压 U_w 的关系

内部系统冲击耐压 U_w/kV	P_{LI}				
	非屏蔽电缆	屏蔽层与设备不在同一等电位连接排连接	屏蔽层与设备在同一等电位连接排连接		
			$5<R_S\leqslant 20$ (Ω/km)	$1<R_S\leqslant 5$ (Ω/km)	$R_S\leqslant 1$ (Ω/km)
1.5	1	0.5	0.15	0.04	0.02
2.5	0.4	0.2	0.06	0.02	0.008
4	0.2	0.1	0.03	0.008	0.004
6	0.1	0.05	0.02	0.004	0.002

注 1：R_S 为电缆屏蔽层单位长度电阻，单位 Ω/km。

注 2：对各种屏蔽和非屏蔽线段的更精确的 P_{LI} 估算见 ITU-T K.46。

附　录　C
（资料性附录）
建筑物中各种损失率 L_X 的估算

应由防雷设计人员（或业主）计算并确定损失率 L_X，本附录给出的仅是建议值。国家相关部门可以指定不同的值。

注：建议采用本附录给出的公式作为计算 L_X 的主要方法。

C.1　损失率

损失率是指特定类型损害造成的平均损失量与被保护对象的总价值之比值。根据损害的程度及后果，损失率取决于：

——在危险场所逗留的人员数量以及时间；

——公众服务的类型及其重要性；

——受损货物的价值。

不同的损失类型（L1、L2、L3 和 L4）有不同的损失率，而对每一类损失，又依损害类型（D1、D2 和 D3）有不同的损失率。因此，四类损失有四组损失率，每组又依损害类型分成三种损失率。三种损失率是：

L_t——接触和跨步电压导致伤害的损失率；

L_f——物理损害导致的损失率；

L_o——内部系统故障导致的损失率。

C.2　人身伤亡损失（L1）的损失率

以受害的相对人员数量和时间按下列近似式确定 L_t、L_f 和 L_o：

$$L_X = (n_p/n_t) \times (t_p/8\ 760) \quad \cdots\cdots\cdots\cdots(\text{C.1})$$

式中：

n_p——可能受到危害的人员数量（受害者）；

n_t——预期的总人数（建筑物内）；

t_p——以小时计算的可能受害人员每年处于危险场所的时间，危险场所包括建筑物外（只涉及 L_t）和建筑物内（L_t，L_f 和 L_o 都涉及）。

当无法或很难确定 n_p、n_t 和 t_p 时，表 C.1 中给出了 L_t、L_f 和 L_o 的典型平均值。

表 C.1　L_t、L_f 和 L_o 的典型平均值

建筑物的类型	L_t
所有类型：人员处于建筑物内	10^{-4}
所有类型：人员处于建筑物外	10^{-2}
建筑物的类型	L_f
医院、旅馆、民居建筑	10^{-1}
工业建筑、商业建筑、学校	5×10^{-2}
公共娱乐场所、教堂、博物馆	2×10^{-2}
其他	10^{-2}
建筑物类型	L_o
有爆炸危险的建筑物	10^{-1}
医院	10^{-3}

人身伤亡损失(L1)的各种实际损失率受建筑物特性的影响，考虑到这一点，因此引入了增长因子(h_z)和缩减因子(r_f、r_p、r_a 和 r_u)：

$$L_A = r_a \times L_t \quad \cdots\cdots(C.2)$$

$$L_U = r_u \times L_t \quad \cdots\cdots(C.3)$$

$$L_B = L_V = r_p \times h_z \times r_f \times L_f \quad \cdots\cdots(C.4)$$

$$L_C = L_M = L_W = L_Z = L_o \quad \cdots\cdots(C.5)$$

式中：

r_a——由土壤类型决定的减少人身伤亡损失的因子(见表 C.2)；

r_u——由地板类型决定的减少人身伤亡损失的因子(见表 C.2)；

r_p——由防火措施决定的减少物理损害导致人身伤亡损失的因子(见表 C.3)；

r_f——由火灾危险程度决定的减小物理损害导致人身伤亡损失的因子(见表 C.4)；

h_z——有特殊危险时，物理损害导致的人身伤亡损失的增加因子(见表 C.5)。

表 C.2　不同土壤类型和地板类型的缩减因子 r_a 和 r_u

地板及土壤类型	接触电阻/kΩ[1)]	r_a 和 r_u
农地、混凝土	≤1	10^{-2}
大理石、陶瓷	1～10	10^{-3}
沙砾、厚毛毯、一般地毯	10～100	10^{-4}
沥青、油毡、木头	≥100	10^{-5}
1) 施以 500 N 压力的 400 cm^2 电极与无穷远点之间测量到的数值。		

表 C.3　各种防火措施的缩减因子 r_p

措　施	r_p
无措施	1
以下措施之一：灭火器、固定配置人工灭火装置，人工报警装置，消防栓，防火分区，留有逃生通道	0.5
以下措施之一：固定配置自动灭火装置、自动报警装置[1)]	0.2
1) 仅当采取了过电压防护和其他损害的防护并且消防员能够在 10 min 之内赶到时。	

如果同时采取了多项措施，r_p 应取各相应数值中的最小值。

具有爆炸危险的建筑物，任何情况下，$r_p = 1$。

表 C.4　缩减因子 r_f 与建筑物火灾危险程度的关系

火灾危险	r_f
爆炸	1
高	10^{-1}
一般	10^{-2}
低	10^{-3}
无	0

注 1：有爆炸危险建筑物以及内部存储有爆炸性混合物质的建筑物，可能需要更精确地计算 r_f。

注 2：由易燃材料建造的建筑物或者屋顶由易燃材料建造的建筑物或消防负荷大于 800 MJ/m^2 的建筑物视为具有高火灾危险的建筑物。

注 3：消防负荷为 400 MJ/m^2～800 MJ/m^2 的建筑物视为具有一般火灾危险的建筑物。

注 4：消防负荷小于 400 MJ/m^2 的建筑物或者只是偶尔存有易燃物质的建筑物视为具有低火灾危险的建筑物。

注 5：消防负荷是建筑物内全部易燃物质的能量与建筑物总的表面积之比。

表 C.5　有特殊危险时，增加因子 h_z 的数值

特殊危险的种类	h_z
无特殊危险	1
低度惊慌(例如，高度不高于两层，人员数量不大于 100 人的建筑物)	2
中等程度的惊慌(例如，容量为 100 人～1 000 人的文化体育活动场馆)	5
疏散困难(例如，有移动不便人员的建筑物、医院)	5
高度惊慌(例如，容量大于 1 000 人的文化体育活动场馆)	10
对周围或环境造成危害	20
对四周环境造成污染	50

C.3　公众服务损失(L2)的损失率

L_f 和 L_o 可按下列近似关系式确定：

$$L_X = (n_p/n_t) \times (t/8\ 760) \tag{C.6}$$

式中：

n_p——可能失去服务的用户平均数量；

n_t——接受服务的总户数；

t——用小时表示的年平均服务中断时间。

当无法或很难确定 n_p、n_t 和 t 时，表 C.6 中给出了 L_f 和 L_o 的典型平均值。

表 C.6　L_f 和 L_o 的典型平均值

服务设施类型	L_f	L_o
煤气管、水管	10^{-1}	10^{-2}
电视线路、电信线路、供电线路	10^{-2}	10^{-3}

公众服务损失(L2)的各种实际损失率受到建筑物的特性以及缩减因子 r_p 及 r_f 的影响：

$$L_B = L_V = r_p \times r_f \times L_f \tag{C.7}$$

$$L_C = L_M = L_W = L_Z = L_o \tag{C.8}$$

表 C.3 和表 C.4 中分别给出 r_p 和 r_f 的数值。

C.4　文化遗产损失(L3)的损失率

L_f 的数值可以按以下近似式来确定：

$$L_X = c/c_t \tag{C.9}$$

式中：

c——用货币表示的可能的文化遗产损失的平均值(例如，可能的文化遗产损失的投保价值)；

c_t——用货币表示的文化遗产总价值(例如，建筑物内全部文化遗产的总投保价值)。

当无法或很难确定 c、c_t 时，L_f 的典型平均值取为：

$$L_f = 10^{-1}$$

文化遗产损失的实际损失率受到建筑物特性以及缩减因子 r_f 和 r_p 的影响：

$$L_B = L_V = r_p \times r_f \times L_f \tag{C.10}$$

表 C.3 和表 C.4 中分别给出 r_f 和 r_p 的数值。

C.5　经济损失(L4)的损失率

可以按照下列近似关系式确定 L_t、L_f 和 L_o 的数值：

$$L_X = c/c_t \qquad (C.11)$$

式中：

c——用货币表示的建筑物可能损失的平均数值(包括其存储物的损失、相关业务的中断及其后果)；

c_t——用货币表示的建筑物的总价值(包括其存储物以及相关业务的价值)。

当无法或很难确定 c、c_t 时，表 C.7 中给出了对各种类型建筑物 L_t、L_f 和 L_o 的典型平均值。

表 C.7　L_t、L_f 和 L_o 的典型平均值

建筑物的类型	L_t
所有类型：建筑物内部	10^{-4}
所有类型：建筑物外部	10^{-2}
建筑物的类型	L_f
医院、工业建筑物、博物馆、农业建筑物	0.5
旅馆、学校、办公楼、教堂、公众娱乐场所、商业大楼	0.2
其他	0.1
建筑物类型	L_o
有爆炸危险的建筑	10^{-1}
医院、工业建筑物、办公楼、旅馆、商业大楼	10^{-2}
博物馆、农业建筑、学校、教堂、公众娱乐场所	10^{-3}
其他	10^{-4}

经济损失 L_4 的各种实际损失率受到建筑物特性的影响，关系如下：

$$L_A = r_a \times L_t \qquad (C.12)$$

$$L_U = r_u \times L_t \qquad (C.13)$$

$$L_B = L_V = r_p \times r_f \times h_z \times L_f \qquad (C.14)$$

$$L_C = L_M = L_W = L_Z = L_o \qquad (C.15)$$

r_a、r_u、r_p、r_f 和 h_z 的数值分别在表 C.2～表 C.5 中给出。

附　录　D
（资料性附录）
服务设施损害概率 P'_X 的估算

本附录中给出的概率值是推荐值。如果有充分根据，也可以选择其他的数值。

所采取的保护措施符合服务设施防雷保护相关标准的要求时，本附录中给出的概率值才是有效的。

D.1　金属导体线路

D.1.1　雷击与线路相连的建筑物造成损害的概率 P'_B 和 P'_C

雷击与线路相连的建筑物造成线路物理损害的概率 P'_B 和造成线路相连设备故障的概率 P'_C 与故障电流 I_a 有关。故障电流 I_a 又与线路的特性、入户服务设施的数量以及所采取的保护措施有关。

对非屏蔽线路，应假定 $I_a=0$。

对屏蔽线路，故障电流 I_a(kA)按下式计算：

$$I_a = 25 \times n \times U_w / (R_s \times K_d \times K_p) \qquad \text{(D.1)}$$

式中：

K_d——和线路特性有关的因子（见表 D.1）；

K_p——考虑了所采取保护措施的作用的因子（见表 D.2）；

U_w——冲击耐受电压（电缆冲击耐压见表 D.3，设备冲击耐压见表 D.4），kV；

R_s——电缆屏蔽层的电阻，Ω/km；

n——入户服务设施的数量。

注 1：在线路入户处安装 SPD 可提高故障电流 I_a，有积极的意义。

注 2：ITU k.47 建议中给出电信线路的详细资料。

表 D.1　K_d 与屏蔽电缆状况的关系

线　　路	K_d
屏蔽层与土壤接触	1
屏蔽层不与土壤接触	0.4

表 D.2　K_p 与保护措施的关系

保护措施	K_p
无保护措施	1
采用一条屏蔽线[1)]	0.6
采用二条屏蔽线[1)]	0.4
防雷电缆槽	0.1
防雷电缆	0.02
线路穿钢管	0.01
1) 单根屏蔽线安装在电缆正上方大约 30 cm 处；两根屏蔽线则对称地布置在电缆轴线上方大约 30 cm 处。	

表 D.3 电缆的冲击耐压

电缆的类型	U_n/kV	U_w/kV
纸绝缘通信电缆	—	1.5
聚氯乙烯绝缘通信电缆、聚乙烯绝缘通信电缆	—	5
电力电缆	≤1	15
电力电缆	3	45
电力电缆	6	60
电力电缆	10	75
电力电缆	15	95
电力电缆	20	125

表 D.4 设备的冲击耐压

设备的类型	U_w/kV
电子设备	1.5
电气设备(U_n<1 kV)	2.5
电网设备(U_n<1 kV)	6

P'_B和 P'_C 与故障电流 I_a 的关系见表 D.5。

如果安装有符合服务设施防雷标准要求的 SPD,P'_B 和 P'_C 取 P_{SPD}(表 B.3)的数值。

表 D.5 故障电流 I_a 与概率 P'_B、P'_C、P'_V 和 P'_W 的对应关系

I_a/kA	P'_B、P'_C、P'_V和 P'_W
0	1
3	0.99
5	0.95
10	0.9
20	0.8
30	0.6
40	0.4
50	0.3
60	0.2
80	0.1
100	0.05
150	0.02
200	0.01
300	0.005
400	0.002
600	0.001

D.1.2 雷击线路导致损害的概率 P'_V 和 P'_W

雷击线路导致线路物理损害的概率 P'_V 以及雷击线路导致线路相连设备故障的概率 P'_W 与故障

电流 I_a 有关。故障电流 I_a 与线路的特性以及所采取的保护措施有关。

对于非屏蔽线路,取 $I_a=0$。

对于屏蔽线路,故障电流 I_a 按下式计算:

$$I_a = 25\,U_w/(R_s \times K_d \times K_p) \qquad \text{(D. 2)}$$

式中:

K_d——取决于线路特性的因子(见表 D. 1);

K_p——考虑了所采取保护措施的因子(见表 D. 2);

U_w——冲击耐受电压(电缆见表 D. 3,设备见表 D. 4),kV;

R_s——电缆屏蔽层的电阻,Ω/km。

在计算通信线路的 P'_V 时,可能取的最大的故障电流 I_a 为:

铅护套电缆,$I_a=40$ kA;

铝护套电缆,$I_a=20$ kA。

注 1:这些数值是通过对普通电信电缆进行放电测试使电缆发生故障的 I_t 值粗略估计出来的。当有任何证据证明这些数值不适用于给定结构的电缆时可采用其他数值。在此情况下,应采用相关标准中所述的测试来估算故障电流 I_a。

注 2:关于电信线路的详细资料在 ITU K. 47 建议中给出。

表 D. 5 中给出了各种故障电流下的 P'_V 和 P'_W 值。

D. 1. 3 雷击线路附近引起损害的概率 P'_Z

雷击线路附近造成线路相连设备故障的概率 P'_Z 取决于线路的特性以及所采用的保护措施。

如果没有安装符合相关标准要求的 SPD,P'_Z 取 P_{LI} 的数值。表 B. 7 中给出了 P_{LI} 的数值。

如果安装了符合相关标准要求的 SPD,P'_Z 取 P_{SPD}(表 B. 3)和 P_{LI} 两者中的较小者。

D. 2 光纤线路

正在考虑中。

D. 3 管道

正在考虑中。

附 录 E
（资料性附录）
服务设施损失率 L'_X 的估算

E.1 损失率

损失率 L'_X 是指特定类型损害造成的平均损失量与被保护对象的总价值之比值。根据损害程度及后果，损失率取决于：

——公众服务的类型及其重要性；

——受损货物的价值。

不同损失类型（L′2 和 L′4）有不同的损失率，而对每一类损失，又依损害类型（D2、D3）有不同的损失率。因此，对于服务设施有二组损失率，每组又依损害类型分为二种损失率。这二种损失率是：

——物理损害造成的损失率 L'_f；

——内部系统故障造成的损失率 L'_o。

E.2 公众服务损失（$L'2$）的损失率

L'_f 和 L'_o 的数值由以下关系式确定：

$$L'_X = (n_p/n_t) \times (t/8\,760) \qquad \text{(E.1)}$$

式中：

n_p——失去服务平均用户数；

n_t——总用户数；

t——每年失去服务的时间，h。

当无法或很难确定 n_p、n_t 和 t 时，表 E.1 给出了 L'_f 和 L'_o 的典型平均值。

表 E.1 L'_f 和 L'_o 的典型平均值

服务设施的类型	L'_f	L'_o
煤气管、水管	10^{-1}	10^{-2}
电视信号电路、通信线路、供电线路	10^{-2}	10^{-3}

$L'2$ 损失的各个实际损失率与服务设施特性的影响的关系如下：

$$L'_B = L'_V = L'_f \qquad \text{(E.2)}$$

$$L'_C = L'_W = L'_Z = L'_o \qquad \text{(E.3)}$$

E.3 经济损失（L′4）的损失率

L'_f 和 L'_o 的数值可由下式确定：

$$L'_X = c/c_t \qquad \text{(E.4)}$$

式中：

c——用货币表示的设施的可能损失；

c_t——用货币表示的设施的总价值。

当无法或很难确定 c、c_t 时，对于各种类型服务设施，L'_f 和 L'_o 的典型平均值均可取为：

$$L'_f = 10^{-1}$$

$$L'_o = 10^{-3}$$

经济损失（$L'4$）的各个实际损失率与服务设施特性的影响的关系如下：

$$L'_B = L'_V = L'_f \qquad \text{(E.5)}$$

$$L'_C = L'_W = L'_Z = L'_o \qquad \text{(E.6)}$$

附 录 F
（资料性附录）
操作过电压

内部过电压可能有各种成因，其中可能原因之一是，雷电引起的击穿短路导致暂时过电压和操作过电压。为此，需要考虑内部过电压的防护。

在大多数情况下，操作过电压的危害比雷电过电压的危害小，而且对雷电浪涌防护有效的方法（即SPD）对操作浪涌的防护也是有效的。因此，在决定对设备作雷电浪涌防护时通常也解决了操作浪涌防护的问题。

当研究操作浪涌问题时，其风险评估程序与线路上雷电感应浪涌的评估程序非常接近，因为两者对设备的影响非常相似。然而，两者每年产生的幅值超过 2.5 kV 的浪涌过电压次数 N_S 是不同的。

有两类操作浪涌：

——重复性的浪涌（断路器跳闸，电容器组投切操作等）。由于人为正常操作或者更多的是设备自动操作，它们发生得相当频繁。频率从每天 1～2 次到每天多次（例如电焊机工作的时候）不等。我们通常都熟知这些浪涌发生的频率、强度及其对电气设备的影响。对于这些情况，通常不用风险分析的方法来决定是否对设备进行保护。

——随机性浪涌（例如，断路器跳闸或保险丝熔断以消除故障）。在这种情况下，顾名思义，它们的发生频率是不知道的，它们的强度以及对电气设备造成的影响也是不清楚的。因此，风险评估可能有助于确定是否需要对这种损害成因进行防护。

操作过电压的强度只能通过在具体电气设施上的测量并作统计处理后才能进行评估。通常，某种幅值操作过电压的发生率随着其幅度的增加而下降，符合三次方律（发生率与幅值的三次方成反比）。

在低压系统中，操作过电压预期小于 4 kV，而且每 1 000 次中只有 2 次其幅值超过 2.5 kV。根据估算的或测量到的一年中可能发生的操作过电压次数（n_s），我们可以通过以下方程得出一年中过电压大于 2.5 kV（但小于 4 kV）的次数 N_S：

$$N_S = 0.002 \times n_s \qquad \text{(F.1)}$$

损害概率 P_X 以及损失率 L_X 的评估与雷电感应浪涌的情况相同（见附录 B 和附录 C）。

附　录　G
（资料性附录）
采取防护措施成本效益的估算

首先，计算确定下列价值：

C_A——牲畜的价值；

C_S——建筑物内部系统的价值；

C_B——建筑物的价值；

C_C——建筑物内存物的价值。

以采取防护措施前以及采取防护措施后的风险，按下列公式分别计算采取防护措施之前及之后所造成的损失代价 C_L 及 C_{RL}。

$$C=(R_A+R_U)\times C_A+(R_B+R_V)\times(C_A+C_B+C_S+C_C)+(R_C+R_M+R_W+R_Z)\times C_S \quad \cdots\cdots(G.1)$$

通过以下公式计算防护措施的年均花费：

$$C_{PM}=C_P\times(i+a+m) \quad \cdots\cdots(G.2)$$

式中：

C_P——防护措施的成本；

i——利率；

a——防护措施的折旧率；

m——维护费率。

若 $C_L-(C_{PM}+C_{RL})>0$，采取防护措施是经济合理的。

每年因此而减少的费用支出：

$$S=C_L-(C_{PM}+C_{RL})$$

附 录 H
（资料性附录）
建筑物评估实例

在本附录中，以农舍、办公楼、医院、公寓为例作评估，以说明：

——如何计算风险并确定是否需要防护；

——各个风险分量对总风险的贡献；

——不同保护措施对减轻风险的作用；

——从不同的防护方案中选择最经济方案的方法。

注：本附录给出了农舍、办公楼、医院、公寓建筑的一些假定数据。本附录旨在提供风险计算的有关资料，通过实例说明本标准的使用原则，并不意味着这是所有设施或系统中存在的唯一状况。

H.1 乡村房屋

任务：评估农舍是否需作防雷保护。

对本例，应确定人身伤亡损失的风险 R_1（计算 4.3 和表 3 的各个风险分量）并与容许值 $R_T = 10^{-5}$（5.5 和表 7）进行比较并选择减轻这种风险的防护措施。

H.1.1 相关数据及特性

表 H.1 为房屋本身及其环境的数据和特性。

表 H.2 为内部系统及与其相连的入户线路的数据和特性。

表 H.1 建筑物的数据及特性

参数	说明	符号	数值	出处
尺寸/m	—	L_b, W_b, H_b	15，20，6	—
位置因子	孤立[1]	C_d	1	表 A.2
LPS	无	P_B	1	表 B.2
建筑物的屏蔽情况	无	K_{S1}	1	B.4
建筑物内部的屏蔽情况	无	K_{S2}	1	B.4
户外人员数	无[2]	—	—	—
雷击大地密度	次/(km²·a)	N_g	4	—

1) 平坦大地上的孤立建筑物。

2) 人员触电的风险 $R_A = 0$。

表 H.2 线路及其相连内部系统的数据和特性

参数	说明	符号	数值	出处
土壤电阻率/(Ω·m)	—	ρ	500	—
低压线路及其内部系统				
长度/m	—	L_c	1 000	—
高度/m	埋地	H_c	—	—
变压器	无	C_t	1	表 A.4
线路位置因子[1]	孤立	C_d	1	表 A.2
线路环境因子	农村	C_e	1	表 A.5

表 H.2（续）

参数	说明	符号	数值	出处
线路屏蔽	无	P_{LD}	1	B.5
内部合理布线	无	K_{S3}	1	表 B.5
内部系统的冲击耐压	U_w=2.5 kV	K_{S4}	0.6	公式(B.4)
匹配的 SPD 保护	无	P_{SPD}	1	表 B.3
通信线路及其内部系统				
长度/m	—	L_c	1 000	—
高度/m	—	H_c	6	—
线路位置因子[1)]	孤立	C_d	1	表 A.2
线路环境因子	农村	C_e	1	表 A.5
线路屏蔽	无	P_{LD}	1	B.5
内部合理布线	无	K_{S3}	1	表 B.5
内部系统的冲击耐压	U_w=1.5 kV	K_{S4}	1	公式(B.4)
匹配的 SPD 防护	无	P_{SPD}	1	表 B.3

1) 平坦大地上孤立的线路(没有邻近建筑物)，线路的远端(“a”端)无接入建筑物(N_{Da}=0)。

考虑到：

——户外和户内地面类型不同；

——建筑物着火后火势不会蔓延；

——没有空间屏蔽。

确定以下二个区：

——Z_1 区(户外)；

——Z_2 区(户内)。

只要满足以下条件，就不需要进一步分区：

——全部内部系统(电力和通信)在 Z_2 区内；

——Z_2 区中各处的损失率 L_X 都一样。

户外无人员活动，Z_1 区的风险 R_1 可以忽略，仅评估 Z_2 区的风险。

表 H.3 为 Z_2 区的特性。

经防雷设计人员分析判断，与风险 R_1 有关的损失率取表 C.1 的典型平均值。

表 H.3　Z_2 区(户内)的特性

参数	说明	符号	数值	出处
地面类型	木头	r_u	10^{-5}	表 C.2
火灾危险	低	r_f	10^{-3}	表 C.4
特殊危险	无	h_z	1	表 C.5
防火措施	无	r_p	1	表 C.3
空间屏蔽	无	K_{S2}	1	B.4
内部电源系统	有	连接到低压电力线路	—	—
内部电话系统	有	连接到通讯线路	—	—
接触和跨步电压造成的损失率	有	L_t	10^{-4}	表 C.1
物理损害造成的损失率	有	L_f	10^{-1}	表 C.1

H.1.2 相关量的计算

表 H.4、表 H.5 分别给出截收面积以及预计年危险事件次数的计算结果。

表 H.4 建筑物和线路的截收面积

符号	出处	截收面积的计算公式	数据来源	计算结果 (m^2)
A_d	公式(A.2)	建筑物截收面积： $A_d = L_b \times W_b + 6H_b \times (L_b + W_b) + \pi \times (3H_b)^2$	表 H.1	2.58×10^3
$A_{l(P)}$	表 A.3	电力线路截收面积： $A_{l(P)} = \sqrt{\rho} \times (L_c - 3H_b)$	表 H.1 表 H.2	2.2×10^4
$A_{i(P)}$	表 A.3	电力线路附近截收面积： $A_{i(P)} = 25 \times \sqrt{\rho} \times L_c$	表 H.2	5.6×10^5
$A_{l(T)}$	表 A.3	通讯线路截收面积： $A_{l(T)} = 6H_c \times (L_c - 3H_b)$	表 H.1 表 H.2	3.5×10^4
$A_{i(T)}$	表 A.3	通讯线路附近截收面积： $A_{i(T)} = 1\ 000 \times L_c$	表 H.2	1.0×10^6

表 H.5 预计年危险事件次数

符号	出处	计算公式	数据来源	数值(次/年)
N_D	公式(A.4)	雷击建筑物： $N_D = N_g \times A_d \times C_d \times 10^{-6}$	表 H.1 表 H.4	1.03×10^{-2}
$N_{L(P)}$	公式(A.7)	雷击电力线路： $N_{L(P)} = N_g \times A_l \times C_d \times C_t \times 10^{-6}$	表 H.1 表 H.2 表 H.4	8.78×10^{-2}
$N_{I(P)}$	公式(A.8)	雷击电力线路附近： $N_{I(P)} = N_g \times A_i \times C_t \times C_e \times 10^{-6}$	表 H.1 表 H.2 表 H.4	2.24
$N_{L(T)}$	公式(A.7)	雷击通讯线路： $N_{L(T)} = N_g \times A_l \times C_d \times 10^{-6}$	表 H.1 表 H.2 表 H.4	1.41×10^{-1}
$N_{I(T)}$	公式(A.8)	雷击通讯线路附近： $N_{I(T)} = N_g \times A_i \times C_e \times 10^{-6}$	表 H.1 表 H.2 表 H.4	4

H.1.3 风险计算

对本例，应计算风险 R_1。

按照公式(1)，R_1 为下列分量之和：

$$R_1 = R_A + R_B + R_{U(电力线)} + R_{V(电力线)} + R_{U(通信线)} + R_{V(通信线)}$$

表 H.6 给出了各风险分量和风险 R_1 的计算结果。

表 H.6 各风险分量及其计算结果(数值$\times 10^{-5}$)

符号	出处	计算公式	数据来源	数值$\times 10^{-5}$
R_B	表 9	雷击建筑物造成的物理损害风险分量：$R_B = N_D \times P_B \times h_z \times r_p \times r_f \times L_f$	表 H.1 表 H.3 表 H.5	0.103
$R_{U(电力线)}$	表 9	雷击电力线路造成触电的风险分量：$R_U = (N_L + N_{Da}) \times P_U \times r_u \times L_t$	表 H.2 表 H.3 表 H.5	0.000 009
$R_{V(电力线)}$	表 9	雷击电力线路造成的物理损害风险分量：$R_V = (N_L + N_{Da}) \times P_V \times h_z \times r_p \times r_f \times L_f$		0.878
$R_{U(通信线)}$	表 9	雷击电话线路造成触电的风险分量：$R_U = (N_L + N_{Da}) \times P_U \times r_u \times L_t$		0.000 014
$R_{V(通信线)}$	表 9	雷击电话线路造成的物理损害风险分量：$R_V = (N_L + N_{Da}) \times P_V \times h_z \times r_p \times r_f \times L_f$		1.41
R_1	公式(1)	$R_A + R_B + R_{U(电力线)} + R_{V(电力线)} + R_{U(通信线)} + R_{V(通信线)}$	表 H.6	2.39

H.1.4 结论

因为 $R_1 = 2.39 \times 10^{-5}$ 高于风险容限，需要对建筑物进行防雷保护。

H.1.5 保护措施的选择

组合各风险分量(见 4.3.1 和 4.3.2)如下：

$R_D = R_A + R_B + R_C = R_B = 0.103 \times 10^{-5}$

$R_I = R_M + R_U + R_V + R_W + R_Z = R_U + R_V \approx 2.287 \times 10^{-5}$

$R_S = R_A + R_U = R_U \approx 0$

$R_F = R_B + R_V \approx 2.39 \times 10^{-5}$

$R_O = R_M + R_C + R_W + R_Z = 0$

这个组合结果表明建筑物的风险主要是由于雷击相连线路导致物理损害而引起的。

根据表 H.6，风险 R_1 的主要贡献来自：

——分量 $R_{V(通信线)}$(雷击通讯线路) 占 59%；

——分量 $R_{V(电力线)}$(雷击电力线路) 占 37%；

——分量 R_B(雷击建筑物) 占 4 %。

为了把风险 R_1 降低到容许值下，应考虑能减小 R_V 和 R_B(表 H.6)的合适保护措施，合适的措施有：

a) 服务设施入口处安装防雷保护级别为 IV 级的 SPD，以保护电力和电话线路。根据表 B.3，采取这种措施后 P_U 和 P_V 值从 1 降低到 0.03；

b) 除 a)的措施外，再安装 IV 类 LPS，按照表 B.2 和表 B.3，P_B 值由 1 降为 0.2，P_U 和 P_V 值由 1 降为 0.03。

把这些数值代入表 H.6 的公式中，得到新的风险分量值，如表 H.7 所示。

表 H.7 采取上述两种防护措施后风险 R_1 的各种风险分量值(数值$\times 10^{-5}$)

风险分量	数值$\times 10^{-5}$	
	措施 a)	措施 b)
R_A	0	0
R_B	0.103	0.020 6
$R_{U(电力线)}$	≈ 0	≈ 0

表 H.7（续）

风险分量	数值×10^{-5}	
	措施 a)	措施 b)
$R_{V(电力线)}$	0.026 3	0.026 3
$R_{U(信号线)}$	≈0	≈0
$R_{V(信号线)}$	0.042 3	0.042 3
合计	0.171 6	0.089 2

所采取的解决方案要达到技术与经济的最佳折中。

H.2 办公楼

任务：评估办公楼是否需防雷。无需评估采取保护措施的成本效益。

为此，需确定人身伤亡损失的风险 R_1（计算 4.3 和表 3 的各个风险分量），与容许风险 $R_T=10^{-5}$ 相比较，以决定是否需采取防雷措施，并选择能降低这种风险的保护措施。

H.2.1 有关的数据和特性

表 H.8～表 H.10 分别给出：

——建筑物本身及其周围环境的数据和特性；

——内部电气系统及入户电力线路的数据和特性；

——内部电子系统及入户通信线路的数据和特性。

表 H.8 建筑物特性

参数	说明	符号	数值
尺寸/m	—	$L_b \times W_b \times H_b$	40×20×25
位置因子	孤立	C_d	1
LPS	无	P_B	1
建筑物的屏蔽	无	K_{S1}	1
建筑物内部的屏蔽	无	K_{S2}	1
雷击大地密度/(次/(km²·a))	—	N_g	4
建筑物内外人员数	户外和户内	n_t	200

表 H.9 内部电气系统以及相连供电线路的特性

参数	说明	符号	数值
长度/m	—	L_c	200
高度/m	架空	H_c	6
HV/LV 变压器	无	C_t	1
线路位置因子	孤立	C_d	1
线路环境因子	农村	C_e	1
线路屏蔽性能	非屏蔽线路	P_{LD}	1
		P_{LI}	0.4
内部合理布线	无	K_{S3}	1
设备耐受电压 U_w	$U_w=2.5$ kV	K_{S4}	0.6
匹配的 SPD 保护	无	P_{SPD}	1
线路“a”端建筑物的尺寸/m	无	$L_a \times W_a \times H_a$	—

表 H.10 内部通信系统以及相连通信线路的特性

参数	说明	符号	数值
土壤电阻率/(Ω·m)	—	ρ	250
长度/m	—	L_c	1 000
高度/m	埋地	—	—
线路位置因子	孤立	C_d	1
线路环境因子	农村	C_e	1
线路屏蔽性能	非屏蔽线路	P_{LD}	1
		P_{LI}	1
内部合理布线	无	K_{S3}	1
设备耐受电压 U_w	U_w=1.5 kV	K_{S4}	1
匹配的 SPD 保护	无	P_{SPD}	1
线路“a”端建筑物的尺寸/m	无	$L_a \times W_a \times H_a$	—

H.2.2 办公楼的分区及其特性

考虑到：

——入口、花园和建筑物内部的地表类型不同；

——建筑物和档案室都为防火分区；

——没有空间屏蔽；

——假定计算机中心内的损失率 L_X 比办公楼其他地方的损失率小。

划分为以下主要的区域：

——Z_1(建筑物的入口处)；

——Z_2(花园)；

——Z_3(档案室—是防火分区)；

——Z_4(办公室)；

——Z_5(计算机中心)。

Z_1～Z_5 各区的特性分别在表 H.11～表 H.15 中给出。

表 H.11 Z_1 区的特性

参数	说明	符号	数值
地表类型	大理石	r_a	10^{-3}
电击防护	无	P_A	1
接触和跨步电压造成的损失率	有	L_t	2×10^{-4}
该区中有潜在危险的人员数	—	—	4

表 H.12 Z_2 区的特性

参数	说明	符号	数值
地表类型	草地	r_a	10^{-2}
电击防护	栅栏	P_A	0
接触和跨步电压造成的损失率	有	L_t	10^{-4}
该区中有潜在危险的人员数	—	—	2

表 H.13 Z_3 区的特性

参数	说明	符号	数值
地板类型	油毡	r_u	10^{-5}
火灾危险	高	r_f	10^{-1}
特殊危险	低度惊慌	h_z	2
防火措施	无	r_p	1
空间屏蔽	无	K_{S2}	1
内部电源系统	有	连接到低压电力线路	—
内部电话系统	有	连接到电信线路	—
接触和跨步电压造成的损失率	有	L_t	10^{-5}
物理损害造成的损失率	有	L_f	10^{-3}
该区中有潜在危险的人员数	—	—	20

考虑到各区中有潜在危险的人员数与建筑物中总人员数的情况，经防雷设计人员的分析判断，决定与 R_1 相关的各区的损失率不取表 C.1 的数值而作了适当的减小。

表 H.14 Z_4 区的特性

参数	说明	符号	数值
地板类型	油毡	r_u	10^{-5}
火灾危险	低	r_f	10^{-3}
特殊危险	低度惊慌	h_z	2
防火措施	无	r_p	1
空间屏蔽	无	K_{S2}	1
内部电源系统	有	连接到低压电力线路	—
内部电话系统	有	连接到电信线路	—
接触和跨步电压造成的损失率	有	L_t	8×10^{-5}
物理损害造成的损失率	有	L_f	8×10^{-3}
该区中有潜在危险的人员数	—	—	160

表 H.15 Z_5 区的特性

参数	说明	符号	数值
地板类型	油毡	r_u	10^{-5}
火灾危险	低	r_f	10^{-3}
特殊危险	低度惊慌	h_z	2
防火措施	无	r_p	1
空间屏蔽	无	K_{S2}	1
内部电源系统	有	连接到低压电力线路	—
内部电话系统	有	连接到电信线路	—
接触和跨步电压造成的损失率	有	L_t	7×10^{-6}
物理损害造成的损失率	有	L_f	7×10^{-4}
该区中有潜在危险的人员数	—	—	14

H.2.3 相关量的计算

表 H.16、表 H.17 分别给出截收面积以及预期危险事件次数的计算结果。

表 H.16 建筑物和线路的截收面积

符　号	数值/m^2
A_d	2.7×10^4
$A_{l(电力线)}$	4.5×10^3
$A_{i(电力线)}$	2×10^5
$A_{l(通信线)}$	1.45×10^4
$A_{i(通信线)}$	3.9×10^5

表 H.17 预期的年平均危险事件次数

符　号	数值（次/年）
N_D	1.1×10^{-1}
$N_{L(电力线)}$	1.81×10^{-2}
$N_{I(电力线)}$	8×10^{-1}
$N_{L(通信线)}$	5.9×10^{-2}
$N_{I(通信线)}$	1.581

H.2.4 风险计算

表 H.18 中给出了各区风险分量以及风险 R_1 的计算结果。

表 H.18 各区风险分量值(数值×10^{-5})

	Z_1（入口处）	Z_2（花园）	Z_3（档案室）	Z_4（办公室）	Z_5（计算机中心）	合计
R_A	0.002	0	—	—	—	0.002
R_B	—	—	2.21	0.177	0.016	2.403
$R_{U(电力线)}$	—	—	≈ 0	≈ 0	≈ 0	≈ 0
$R_{V(电力线)}$	—	—	0.362	0.029	0.002	0.393
$R_{U(通信线)}$	—	—	≈ 0	≈ 0	≈ 0	≈ 0
$R_{V(通信线)}$	—	—	1.18	0.094	0.008	1.282
合计	0.002	0	3.752	0.3	0.026	4.08

H.2.5 结论

$R_1=4.08\times10^{-5}$高于容许值 $R_T=10^{-5}$，需对建筑物进行防雷保护。

H.2.6 保护措施的选择

表 H.19 中给出了风险分量的组合(见 4.3.1 和 4.3.2)。

表 H.19 R_1 的各风险分量按不同的方式组合得到的各区风险(数值×10^{-5})

	Z_1（入口处）	Z_2（花园）	Z_3（档案室）	Z_4（办公室）	Z_5（计算机中心）	建筑物
R_D	0.002	0	2.21	0.177	0.016	2.405
R_I	0	0	1.542	0.123	0.01	1.673
合计	0.002	0	3.752	0.3	0.026	4.08

表 H.19（续）

	Z_1（入口处）	Z_2（花园）	Z_3（档案室）	Z_4（办公室）	Z_5（计算机中心）	建筑物
R_S	0.002	0	≈0	≈0	≈0	0.002
R_F	0	0	3.752	0.3	0.026	4.312
R_O	0	0	0	0	≈0	0
合计	0.002	0	3.752	0.3	0.026	4.08

其中：

$R_D = R_A + R_B + R_C$

$R_I = R_M + R_U + R_V + R_W + R_Z$

$R_S = R_A + R_U$

$R_F = R_B + R_V$

$R_O = R_M + R_C + R_W + R_Z$

由表 H.19 可看出建筑物的风险主要是损害成因 S1 及 S3 在 Z_3 区中由物理损害产生的风险，占总风险的 92%。

根据表 H.18，Z_3 中对风险 R_1 起主要作用的风险分量有：

——分量 R_B 占 54%；

——分量 $R_{V(电力线)}$ 约占 9%；

——分量 $R_{V(通信线)}$ 约占 29%。

为了把风险降低到容许值以下，可以采取以下保护措施：

a) 安装符合 GB/T 21714.3 要求的 IV 类 LPS，以减少分量 R_B；在入户线路上安装防雷级别为 IV 级的 SPD。该 LPS 无格栅形空间屏蔽特性。表 H.8～表 H.10 中的参数将有以下变化：

$P_B = 0.2$；

$P_U = P_V = 0.03$（由于在入户线路上安装了 SPD）。

b) 在档案室（Z_3 区）中安装自动灭火（或监测）系统以减少该区的风险 R_B 和 R_V，并在电力和电话线路入户处安装 LPL 为 IV 级的 SPD。表 H.9、表 H.10 和表 H.13 中的参数将有以下变化：

Z_3 区的 r_p 变为 $r_p = 0.2$；

$P_U = P_V = 0.03$（由于在入户线路上安装了 SPD）。

采用上述 a)、b) 的措施后各区的风险值见表 H.20。

表 H.20 两种防护方案得出的 R_1 值（数值 $\times 10^{-5}$）

	Z_1	Z_2	Z_3	Z_4	Z_5	合计
方案 a	0.002	0	0.488	0.039	0.003	0.532
方案 b	0.002	0	0.451	0.18	0.015 8	0.649

两种方案都把风险降低到了容许值之下。

所采取的解决方案应在技术与经济之间取得最佳折中。

H.3 医院

本例为一间标准的医院，内有手术室和重症监护室。

可能的损失有人命的损失（L1）以及经济价值的损失（L4）。

任务：是否需作防雷以及采用防雷措施是否经济合理作出评估。因此应计算风险 R_1 和 R_4。

H.3.1 有关的数据和特性

表 H.21 给出了建筑物本身及其周围环境的数据和特性。

表 H.22 给出了内部电气系统以及入户 HV 电力线路的数据和特性。

表 H.23 给出了内部电信系统以及电信线路的数据和特性。

表 H.21 建筑物特性

参数	说明	符号	数值
尺寸/m	—	$L_b \times W_b \times H_b$	50×150×10
位置因子	孤立	C_d	1
LPS	无	P_B	1
建筑物屏蔽	无	K_{S1}	1
建筑物内部的屏蔽	无	K_{S2}	1
雷击大地密度	次/(km^2·a)	N_g	4
建筑物内外的人员数	户内和户外	n_t	1 000

表 H.22 内部电源以及入户电力线路的特性

参数	说明	符号	数值
土壤电阻率/(Ω·m)	—	ρ	200
长度/m	—	L_c	500
高度/m	埋地	—	—
HV/LV 变压器	在设施的入户处	C_t	0.2
线路位置因子	周围有较矮建筑物	C_d	0.5
线路环境因子	郊区	C_e	0.5
线路屏蔽层:屏蔽层与设备在同一等电位连接排接地	$R_S \leqslant 1$(Ω/km)	P_{LD}	0.2
		P_{LI}	0.008
内部的合理布线	非屏蔽电缆-布线时避免构成大的环路	K_{S3}	0.2
设备耐受电压 U_w	U_w=2.5 kV	K_{S4}	0.6
匹配的 SPD 保护	无	P_{SPD}	1
线路“a”端的建筑物的尺寸/m	无	$L_a \times W_a \times H_a$	—

表 H.23 内部电信系统以及入户线路的特性

参数	说明	符号	数值
土壤电阻率/(Ω·m)	—	ρ	200
长度/m	—	L_c	300
高度/m	埋地	—	—
线路位置因子	周围有较矮建筑物	C_d	0.5
线路环境因子	郊区	C_e	0.5
线路屏蔽层:屏蔽层与设备在同一等电位连接排接地	$1 < R_S \leqslant 5$(Ω/km)	P_{LD}	0.8
		P_{LI}	0.04
内部的合理布线	非屏蔽电缆-布线时避免构成环路	K_{S3}	0.02
设备耐受电压 U_w	U_w=1.5 kV	K_{S4}	1
匹配的 SPD 保护	无	P_{SPD}	1
线路“a”端建筑物的尺寸/m	有	$L_a \times W_a \times H_a$	20×30×5
“a”端建筑物的位置因子	孤立	C_d	1

H.3.2 分区及各区特性

考虑到：

——建筑物内外地表类型不同；

——建筑物和手术室都为防火分区；

——无空间屏蔽；

——重症监护室内部有大量敏感的电子系统，可能会采取空间屏蔽措施；

——假定重症监护室中的损失率 L_X 高于建筑物内其他部分。

确定下列主要区域：

——Z_1（户外）；

——Z_2（病房）；

——Z_3（手术室）；

——Z_4（重症监护室）。

Z_1～Z_4 各区的特性分别列于表 H.24～表 H.27。

经防雷设计人员的分析判断，决定各区所取与风险 R_1 相关的各种损失率（除 L_o 外）比表 C.1 所列典型值小。对于风险 R_4 仍取表 C.7 所列典型平均值。

表 H.24 Z_1 区的特性

参数	说明	符号	数值
地表类型	混凝土	r_a	1×10^{-2}
电击防护	无	P_A	1
接触和跨步电压造成的损失率	有	L_t	1×10^{-4}
该区中有潜在危险的人员数	—	—	10

表 H.25 Z_2 区的特性

参数	说明	符号	数值
地板类型	油毡	r_u	1×10^{-5}
火灾危险	一般	r_f	$1\times10^{-?}$
特殊危险（与 R_1 有关）	疏散困难	h_z	5
特殊危险（与 R_4 有关）	无	h_z	1
防火措施	无	r_p	1
空间屏蔽	无	K_{S2}	1
内部电源	连接到电力线路	—	—
内部电信系统	连接到电信线路	—	—
接触和跨步电压造成的损失率（与 R_1 有关）	有	L_t	9.5×10^{-5}
物理损害造成的损失率（与 R_1 有关）	有	L_f	9.5×10^{-2}
内部系统故障造成的损失率（与 R_1 有关）	无	L_o	—
本区中有潜在危险的人员数	—	—	950
物理损害造成的损失率（与 R_4 有关）	有	L_f	5×10^{-1}
内部系统故障造成的损失率（与 R_4 有关）	有	L_o	1×10^{-2}

表 H.26 Z_3 区的特性

参数	说明	符号	数值
地板类型	油毡	r_u	1×10^{-5}
火灾危险	低	r_f	1×10^{-3}
特殊危险(与 R_1 有关)	疏散困难	h_z	5
特殊危险(与 R_4 有关)	无	h_z	1
防火措施	无	r_p	1
空间屏蔽	无	K_{S2}	1
内部电源	连接到电力线路	—	—
内部电信系统	连接到电信线路	—	—
接触和跨步电压造成的损失率（与 R_1 有关）	有	L_t	3.5×10^{-6}
物理损害造成的损失率（与 R_1 有关）	有	L_f	3.5×10^{-3}
内部系统故障造成的损失率（与 R_1 有关）	有	L_o	1×10^{-3}
本区中有潜在危险的人员数	—	—	35
物理损害造成的损失率（与 R_4 有关）	有	L_f	5×10^{-1}
内部系统故障造成的损失率（与 R_4 有关）	有	L_o	1×10^{-2}

表 H.27 Z_4 区的特性

参数	说明	符号	数值
地板类型	油毡	r_u	1×10^{-5}
火灾危险	低	r_f	1×10^{-3}
特殊危险(与 R_1 有关)	疏散困难	h_z	5
特殊危险(与 R_4 有关)	无	h_z	1
防火措施	无	r_p	1
空间屏蔽	无	K_{S2}	1
内部电源	连接到电力线路	—	—
内部电信系统	连接到电信线路	—	—
接触和跨步电压造成的损失率（与 R_1 有关）	有	L_t	5×10^{-7}
物理损害造成的损失率（与 R_1 有关）	有	L_f	5×10^{-4}
内部系统故障造成的损失率（与 R_1 有关）	有	L_o	1×10^{-3}
本区中有潜在危险的人员数	—	—	5
物理损害造成的损失率（与 R_4 有关）	有	L_f	5×10^{-1}
内部系统故障造成的损失率（与 R_4 有关）	有	L_o	1×10^{-2}

H.3.3 预计年危险事件次数

按照附录 A,计算各种危险事件的年预计次数。表 H.28 中给出计算结果。

表 H.28 预计年危险事件次数

符　　号	数值(次/年)
N_D	8.98×10^{-2}
N_M	1.13
$N_{L(电力线)}$	2.67×10^{-3}
$N_{I(电力线)}$	7.1×10^{-2}
$N_{L(通信线)}$	7.26×10^{-3}
$N_{I(通信线)}$	2.13×10^{-1}
$N_{Da(通信线)}$	1.13×10^{-2}

H.3.4 人身伤亡损失风险 R_1 的估算

估算各风险分量所需参数见表 H.21～表 H.28。

各区需估算的风险分量见表 H.29。

表 H.30 中给出了各区各种概率值。

表 H.29 对风险 R_1,各区需要估算的风险分量

	Z_1	Z_2	Z_3	Z_4
R_A	x	—	—	—
R_B	—	x	x	x
R_C	—	—	x	x
R_M	—	—	x	x
$R_{U(电源线)}$	—	x	x	x
$R_{V(电源线)}$	—	x	x	x
$R_{W(电源线)}$	—	—	x	x
$R_{Z(电源线)}$	—	—	x	x
$R_{U(通信线)}$	—	x	x	x
$R_{V(通信线)}$	—	x	x	x
$R_{W(通信线)}$	—	—	x	x
$R_{Z(通信线)}$	—	—	x	x

表 H.30 风险 R_1—未采取防护措施时建筑物各种损害概率 P

概率	Z_1	Z_2	Z_3	Z_4
P_A	1	—		
P_B	—	1		
$P_{C(电源系统)}$	—	1		
$P_{C(通信系统)}$	—	1		
P_C	—	1		
$P_{M(电源系统)}$	—	0.75		
$P_{M(通信系统)}$	—	0.009		

表 H.30（续）

概率	Z_1	Z_2	Z_3	Z_4
P_M	—	0.752		
$P_{U(电源线)}$	—	0.2		
$P_{V(电源线)}$	—	0.2		
$P_{W(电源线)}$	—	0.2		
$P_{Z(电源线)}$	—	0.008		
$P_{U(通信线)}$	—	0.8		
$P_{V(通信线)}$	—	0.8		
$P_{W(通信线)}$	—	0.8		
$P_{Z(通信线)}$	—	0.04		

表 H.31 给出了未采取防护措施时建筑物的各风险分量。

表 H.31 未采取防护措施时与风险 R_1 相关的各风险分量值(数值 $\times 10^{-5}$)

	Z_1	Z_2	Z_3	Z_4	建筑物
R_A	0.009	—	—	—	0.009
R_B	—	42.7	0.157	0.022	42.879
R_C	—	—	8.98	8.98	17.96
R_M	—	—	85.2	85.2	170.4
$R_{U(电源线)}$	—	≈0	≈0	≈0	≈0
$R_{V(电源线)}$	—	0.25	≈0	≈0	0.26
$R_{W(电源线)}$	—	—	0.053	0.053	0.106
$R_{Z(电源线)}$	—	—	0.055	0.055	0.110
$R_{U(通信线)}$	—	≈0	≈0	≈0	≈0
$R_{V(通信线)}$	—	7.05	0.026	0.004	7.08
$R_{W(通信线)}$	—	—	1.48	1.48	2.96
$R_{Z(通信线)}$	—	—	0.825	0.825	1.65
合计	0.009	50	96.8	96.62	243.4

H.3.5 结论

$R_1 = 243.4 \times 10^{-5}$ 高于容许值 $R_T = 10^{-5}$，需要对建筑物进行防雷保护。

H.3.6 保护措施的选择

风险分量的组合(见 4.3.1 和 4.3.2)见表 H.32。

表 H.32 与 R_1 相关的各区风险分量的组合(数值 $\times 10^{-5}$)

	Z_1	Z_2	Z_3	Z_4	建筑物
R_D	0.009	42.7	9.14	9.002	60.851
R_I	0	7.3	87.64	87.62	182.56
合计	0.009	50	96.78	96.62	243.4
R_S	0.009	0	≈ 0	≈ 0	0.009
R_F	0	50	0.183	0.026	50.21
R_O	0	0	96.6	96.6	193.2
合计	0.009	50	96.8	96.62	243.4

表中：

$R_D = R_A + R_B + R_C$

$R_I = R_M + R_U + R_V + R_W + R_Z$

$R_S = R_A + R_U$

$R_F = R_B + R_V$

$R_O = R_M + R_C + R_W + R_Z$

由表可以看出建筑物风险 R_1 主要是雷击建筑物附近因内部系统故障在 Z_3 和 Z_4 区产生的风险。

影响风险 R_1 的主要因素是：

——内部系统故障在 Z_3 和 Z_4 中产生的风险（R_M 约占总风险的 70％，R_C 约占 7.3％）；

——Z_2 区中的物理损害风险（R_B 约占总风险的 17.5％，R_V 约占 3％）。

减小 R_B 的措施有：

——整幢建筑物加装符合 GB/T 21714.3—2008 的 LPS；

——为 Z_2 区提供防火措施（例如灭火器、自动火警探测系统等），以减小火灾后果。

减小 R_C 和 R_V 的措施有：

为内部电源和电信系统安装符合 GB/T 21714.4—2008 要求的匹配的 SPD 保护。

减小 Z_3 区和 Z_4 区中的 R_M 的措施有：

——为内部电源和电信系统安装符合 GB/T 21714.4—2008 要求的匹配的 SPD 保护；

——为 Z_3 区和 Z_4 区安装符合 GB/T 21714.4—2008 要求的合适的格栅型空间屏蔽。

可以采用以下防护方案：

a) 第一个方案

——建筑物安装 I 类 LPS；

——内部电源和电信系统采取比 LPL I 级更优的 SPD 保护（1.5×），其 $P_{SPD}=0.005$；

——为 Z_2 区提供自动火警探测系统；

——为 Z_3 区和 Z_4 区安装 $w=0.5$ m 的屏蔽网格。

采取这些措施后，表 H.25 中 r_p 将变为 $r_p=0.2$；采取措施后的各种概率值见表 H.33。

b) 第二个方案

——建筑物安装 I 类 LPS；

内部电源和电信系统采取比 LPL I 级更优的匹配 SPD 保护（3×），使得 $P_{SPD}-0.001$；

——为 Z_2 区安装自动火警探测系统。

采取这些措施后，表 H.25 中的 r_p 变为 $r_p=0.2$；采取措施后的各种概率值见表 H.34。

c) 第三个方案

——建筑物安装 I 类 LPS；

——为内部电源和电信系统采取比 LPL I 级更优的匹配 SPD 保护（2×），使得 $P_{SPD}=0.002$；

——在 Z_2 区安装自动火警探测系统；

——在 Z_3 区和 Z_4 区安装 $w=0.1$ m 的屏蔽网格。

采取本方案的措施后，表 H.25 中的 r_p 变为 $r_p=0.2$；建筑物的各种损害概率见表 H.35。

表 H.33 采取方案 a 的措施后的各种概率

概率	Z_1	Z_2	Z_3	Z_4
P_A	1	—		
P_B	—	0.02		
$P_{C(电源系统)}$	—	0.005		

表 H.33（续）

概率	Z_1	Z_2	Z_3	Z_4
$P_{C(通信系统)}$	—	0.005		
P_C	—	0.01		
$P_{M(电源系统)}$	—	0.005	0.000 1	
$P_{M(通信系统)}$	—	0.005	0.000 1	
P_M	—	0.01	0.000 2	
$P_{U(电源线)}$	—	0.005		
$P_{V(电源线)}$	—	0.005		
$P_{W(电源线)}$	—	0.005		
$P_{Z(电源线)}$	—	0.005		
$P_{U(通信线)}$	—	0.005		
$P_{V(通信线)}$	—	0.005		
$P_{W(通信线)}$	—	0.005		
$P_{Z(通信线)}$	—	0.005		

表 H.34　采取方案 b 的措施后的各种概率

概率	Z_1	Z_2	Z_3	Z_4
P_A	1	—		
P_B	—	0.02		
$P_{C(电源系统)}$	—	0.001		
$P_{C(通信系统)}$	—	0.001		
P_C	—	0.002		
$P_{M(电源系统)}$	—	0.001		
$P_{M(通信系统)}$	—	0.001		
P_M	—	0.002		
$P_{U(电源线)}$	—	0.001		
$P_{V(电源线)}$	—	0.001		
$P_{W(电源线)}$	—	0.001		
$P_{Z(电源线)}$	—	0.001		
$P_{U(通信线)}$	—	0.001		
$P_{V(通信线)}$	—	0.001		
$P_{W(通信线)}$	—	0.001		
$P_{Z(通信线)}$	—	0.001		

表 H.35 采取方案 c 的措施后的概率

概率	Z_1	Z_2	Z_3	Z_4
P_A	1	—		
P_B	—	0.02		
$P_{C(电源系统)}$	—	0.002		
$P_{C(通信系统)}$	—	0.002		
P_C	—	0.004		
$P_{M(电源系统)}$	—	0.002	0.000 1	
$P_{M(通信系统)}$	—	0.002	0.000 1	
P_M	—	0.004	0.000 2	
$P_{U(电源线)}$	—	0.002		
$P_{V(电源线)}$	—	0.002		
$P_{W(电源线)}$	—	0.002		
$P_{Z(电源线)}$	—	0.002		
$P_{U(通信线)}$	—	0.002		
$P_{V(通信线)}$	—	0.002		
$P_{W(通信线)}$	—	0.002		
$P_{Z(通信线)}$	—	0.002		

表 H.36 中给出了采用各方案后得到的各区的风险值。

表 H.36 采取各方案后得到的各区 R_1 风险值(数值 $\times 10^{-5}$)

	Z_1	Z_2	Z_3	Z_4	合计
方案 a	0.009	0.181	0.263	0.261	0.714
方案 b	0.009	0.173	0.277	0.274	0.733
方案 c	0.009	0.175	0.121	0.118	0.423

所有方案都将风险降低到了容许值之下。

所采取的解决方案既要符合技术要求,又要最为经济。

H.3.7 用于成本效益分析的数据

总损失代价 C_L 可按附录 G 的公式(G.1)计算。

表 H.37 中给出了各区的价值,包括各种设施价值。

表 H.37 各区的价值($ $\times 10^6$)

	建筑物	存储物	电源系统	电信系统	合计
Z_1	—	—	—	—	—
Z_2	70	6	3	0.5	79.5
Z_3	2	0.9	5	0.5	8.4
Z_4	1	0.1	0.015	1	2.1
合计	73	7	8	2	90

表 H.38 中给出保护措施的利率、折旧率以及维护费率的假定值。

表 H.38 各种比率值

比率	符号	数值
利率	i	0.04
折旧率	a	0.05
维护费率	m	0.01

H.3.8 经济损失风险 R_4 的估算

表 H.21～表 H.28 中给出了估算风险分量所需的参数。

表 H.39 中给出了未采取防护措施时建筑物的风险分量值。

表 H.39 未采取防护措施时与 R_4 相关的建筑物各区的风险分量值(数值×10^{-5})

	Z_2	Z_3	Z_4
R_B	44.9	4.49	4.49
$R_{C(电源线)}$	89.8	89.8	89.8
$R_{C(通信线)}$	89.8	89.8	89.8
$R_{M(电源线)}$	849	849	849
$R_{M(通信线)}$	10.2	10.2	10.2
$R_{V(电源线)}$	0.27	0.027	0.027
$R_{W(电源线)}$	0.53	0.53	0.53
$R_{Z(电源线)}$	0.55	0.55	0.55
$R_{V(通信线)}$	7.42	0.74	0.74
$R_{W(通信线)}$	14.8	14.8	14.8
$R_{Z(通信线)}$	8.25	8.25	8.25

H.3.9 成本效益分析

按照所选择的保护方案(见 H.3.6),计算新的风险分量值,然后按附录 G 的公式(G.1)计算采用防护措施后仍造成的损失代价 C_{RL}。

表 H.40 中给出了未采取防护措施时损失代价 C_L,以及采取方案 a、b、和 c 后仍造成的损失代价 C_{RL}。

表 H.40 损失代价 C_L 和 C_{RL}($)

	C_L(未采取防护措施)	C_{RL}(按照方案 a 保护)	C_{RL}(按照方案 b 保护)	C_{RL}(按照方案 c 保护)
Z_2	70 576.5	380.94	190.41	238.05
Z_3	47 976.03	62.26	79.39	33.16
Z_4	1 482.46	18.98	16.56	9.42
合计	120 035	462	286	281

表 H.41 中给出了保护措施成本 C_P 以及年平均费用 C_{PM}。

表 H.41 保护措施的成本 C_P 和年均费用 C_{PM}($)

保护措施	C_P	C_{PM}
I 类 LPS	100 000	10 000
火警监测系统	50 000	5 000

表 H.41（续）

保护措施	C_P	C_{PM}
Z_3 和 Z_4 区格栅型屏蔽(w=0.5)	100 000	10 000
Z_3 和 Z_4 区格栅型屏蔽(w=0.1)	110 000	11 000
电源系统上的 SPD (1.5×)	20 000	2 000
电源系统上的 SPD (2×)	24 000	2 400
电源系统上的 SPD (3×)	30 000	3 000
电信系统上的 SPD (1.5×)	10 000	1 000
电信系统上的 SPD (2×)	12 000	1 200
电信系统上的 SPD (3×)	15 000	1 500

各方案年均节约费用 S，见表 H.42。

$S=C_L-(C_{RL}+C_{PM})$

表 H.42　年平均节约费用($)

方案	费用
方案 a	100 573
方案 b	109 249
方案 c	99 154

H.4　公寓楼

跟前述研究个案一样，对所处地区雷击大地密度为 $N_g=4$ 次/(km^2・a)的一幢公寓楼，估算其风险 R_1。

根据表 3，应对风险分量 R_B，R_U 和 R_V 进行计算。

建筑物是孤立的，即附近没有其他建筑物。

入户服务设施有：

——低压电力线路；

——电话线路。

表 H.43 给出了建筑物的特性。

表 H.43　建筑物特性

参数	说明	符号	数值
尺寸/m	—	$L_b \times W_b \times H_b$	30×20×20
位置因子	孤立	C_d	1
LPS	无	P_B	1
雷击大地密度	次/(km^2・a)	N_g	4

划分为以下区域：

——Z_1(户外)；

——Z_2(户内)。

户外无人员活动，因此 Z_1 区中的风险 R_1 可以忽略不计。

不要求进行经济估算。

表 H.44 给出 Z_2 区的参数。

表 H.44　Z_2 区的参数

参数	说明	符号	数值
地板类型	木头	r_u	10^{-5}
火灾危险	不确定	r_f	—
特殊危险	无	h_z	1
防火措施	无	r_p	1
电击防护	无	—	—
内部电源	连接到低压线路	—	—
内部电话系统	连接到电信线路	—	—
接触和跨步电压造成的损失率(与 R_1 有关)	有	L_t	10^{-4}
物理损害造成的损失率(与 R_1 有关)	有	L_f	10^{-1}

表 H.45 和表 H.46 分别给出了内部系统及其相连入户线路的特性。

表 H.45　内部电源系统及入户线路的参数

参数	说明	符号	数值
土壤电阻率/(Ω·m)	—	ρ	250
长度/m	—	L_c	200
高度/m	埋地	—	—
HV/LV 变压器	无	C_t	1
线路位置因子	周围有较矮建筑物	C_d	0.5
线路环境因子	郊区	C_e	0.5
线路屏蔽特性	非屏蔽线路	P_{LD}	1
		P_{LI}	0.4
设备冲击耐压 U_w	U_w=2.5 kV	K_{S4}	0.6
匹配的 SPD 保护	无	P_{SPD}	1
线路“a”端建筑物的尺寸/m	无	$L_a \times W_a \times H_a$	—

表 H.46　内部电信系统以及入户线路的参数

参数	说明	符号	数值
土壤电阻率/(Ω·m)	—	ρ	250
长度/m	—	L_c	100
高度/m	埋地	—	—
线路位置因子	周围有较矮建筑物	C_d	0.5
线路环境因子	郊区	C_e	0.5
线路屏蔽特性	非屏蔽线路	P_{LD}	1
		P_{LI}	1
设备冲击耐压 U_w	U_w=1.5 kV	K_{S4}	1
匹配的 SPD 保护	无	P_{SPD}	1
线路“a”端建筑物的尺寸/m	无	$L_a \times W_a \times H_a$	—

按不同的建筑物高度以及火灾危险程度，表 H.47 给出了采用各种可能的防护措施情况下的风险 R_1 值。

表 H.47 不同的建筑物高度及火灾危险程度，各种防护措施下的风险 R_1

火灾危险	建筑物高度/m	LPS 类别	防火措施	R_1（$\times 10^{-5}$）	建筑物是否受到保护
低	20	—	—	0.77	x
一般		—	—	7.7	否
		III	—	0.74	x
		IV	(2)	0.73	x
高		—	—	77	否
		II	(3)	0.74	x
		I	—	1.49	否
		I	(1)	0.74	x
低	40	—	—	2.33	否
		—	(3)	0.46	x
		IV	—	0.46	x
一般		—	—	23.3	否
		IV	(3)	0.93	x
		I	—	0.46	x
高		—	—	233	否
		I	(3)	0.93	x

注 1：(1) 灭火器。

注 2：(2) 消防栓。

注 3：(3) 自动报警系统。

附 录 I
（资料性附录）
通信线路的风险评估实例

I.1 概述

金属导线通信线路中可能产生公众服务的损失（L′2）以及经济价值的损失（L′4），所以应对相应的风险 R'_2 和 R'_4 进行计算，但应通信网络运营方要求，仅考虑风险 R'_2。

I.2 基本数据

如图 I.1 所示，线路所处区域的雷击大地密度为：$N_g=4$ 次/（km² · a）

线路沿线没有安装设备。

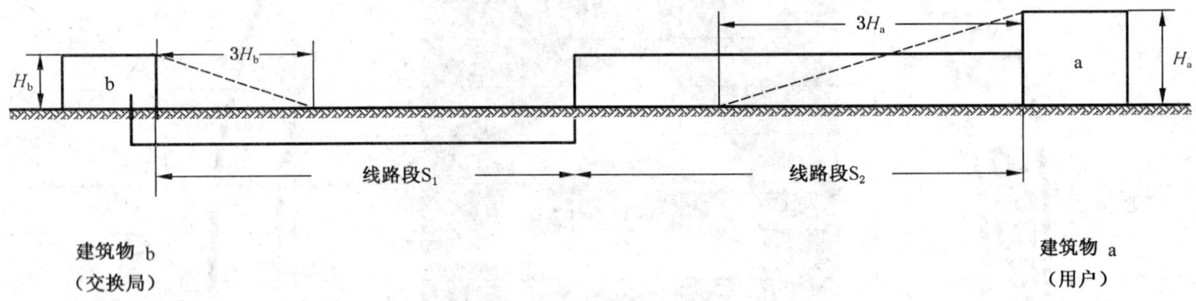

图 I.1 要保护的通信线路

I.3 线路特性

线路由两个区段以及 3 个过渡点构成：

——S_1：连接到交换局的一段，为埋地屏蔽线路，此段未采取保护措施；

——S_2：连接到用户建筑物的一段，为架空非屏蔽线路，未采取保护措施；

——T_b：处于线路段 S_1 进入建筑物"b"（即交换局）的入口处，该点未采取保护措施；

——$T_{1/2}$：处于线路段 S_1 和 S_2 之间，该点未采取保护措施；

——T_a：处于线路段 S_2 进入建筑物"a"（即用户大楼）的入口处，该点未采取保护措施。

线路段 S_1 屏蔽层的两端接地（即分别接到交换局 T_b 和过渡点 $T_{1/2}$ 处的等电位连接排），接地电阻约为数十欧姆。

表 I.1 和表 I.2 分别给出了线路段 S_1 和线路段 S_2 的特性。

表 I.1 线路段 S_1 的特性

参数	说明	符号	数值
土壤电阻率/（Ω · m）	—	ρ	500
长度/m	—	L_c	600
高度/m	埋地	—	—
线路位置因子	周围有建筑物	C_d	0.5
线路环境因子	农村	C_e	1
线路屏蔽层电阻/（Ω/km）	—	R_s	0.5
电缆护套类型	铅	—	—

表 I.1（续）

参数	说明	符号	数值
屏蔽层状况	与土壤无接触	K_d	0.4
线路绝缘类型	纸绝缘	U_w(kV)	1.5
过渡点 T_b 处设备的类型	电子设备	U_w(kV)	1.5[1)]
过渡点 $T_{1/2}$ 处设备的类型	无	—	—
线路保护措施	无	K_P	1
1）属 ITU-T K.20 建议[4]中的“暴露”设备。			

表 I.2 线路段 S_2 的特性

参数	说明	符号	数值
土壤电阻率/(Ω·m)	—	ρ	500
长度/m	—	L_c	800
高度/m	架空	H_c	6
线路位置因子	周围有建筑物	C_d	0.5
线路环境因子	农村	C_e	1
线路屏蔽层电阻/(Ω/km)	非屏蔽	—	—
线路绝缘类型	塑料绝缘	U_w(kV)	5
过渡点 T_a 处设备的类型	电子设备	U_w(kV)	1.5[1)]
过渡点 $T_{1/2}$ 处设备的类型	无	—	—
线路保护措施	无	K_P	1
1）属 ITU-T K.20 建议[4]中的“暴露”设备。			

I.4 线路两端建筑物的特性

表 I.3 给出了线路两端建筑物的特性。

表 I.3 线路两端建筑物的特性

建筑物	尺寸($L\times W\times H$)/m	位置因子 C_d	连接到建筑物的服务设施个数 n
“a”端建筑物	25×20×15	2	3
“b”端建筑物	20×30×10	0.5	10

I.5 预计年危险事件次数

预计年危险事件次数按照附录 A 计算，结果见表 I.4。

表 I.4 年预计危险事件次数

参　数	数值（次/年）
N_{Da}	0.087 3
“b”端建筑物的 N_D	0.012 9
线段 S_1 的 N_L	0.023 5
线段 S_1 的 N_I	1.34
线段 S_2 的 N_L	0.052 2
线段 S_2 的 N_I	3.2

I.6 风险分量

表I.5中给出了各段线路可能产生的与风险R'_2相关的风险分量。

表 I.5 各线段可能产生的与风险 R'_2 相关的风险分量

参　　数	S_1	S_2
雷击"a"端建筑物造成的风险分量R'_B	—	x
雷击"b"端建筑物造成的风险分量R'_B	x	—
雷击"a"端建筑物造成的风险分量R'_C	—	x
雷击"b"端建筑物造成的风险分量R'_C	x	—
R'_V	x	x
R'_W	x	x
R'_Z	x	x

表I.6为采取保护措施前估算各线段损害概率时所采用的故障电流值以及各种损害概率。

表 I.6 采取保护措施前估算各线段损害概率时所采用的故障电流值及各种损害概率

参　　数	S_1	S_2
估算P'_B、P'_C时所采用的故障电流I_a/kA	>600[1)]	0[2)]
估算P'_V时所采用的故障电流I_a/kA	40[3)]	0[2)]
估算P'_w时所采用的故障电流I_a/kA	187.5[4)]	0[2)]
雷击"a"端建筑物的损害概率P'_B	—	1[5)]
雷击"b"端建筑物的损害概率P'_B	0.001[5)]	—
雷击"a"端建筑物的损害概率P'_C	—	1[5)]
雷击"b"端建筑物的损害概率P'_C	0.001[5)]	—
雷电分别击中线段S_1、S_2时引起线段物理损坏的损害概率P'_V	0.4	1
雷电分别击中线段S_1、S_2时引起线段相连设备故障的损害概率P'_W	0.015	1
过渡点T_a处设备冲击耐压为U_w=1.5 kV时，雷击线段S_1、S_2附近时，引起过渡点T_a处设备故障的概率$P'_{Z(T_a)}$[6)]	0.5[9)]	1[8)]
过渡点T_b处设备冲击耐压为U_w=1.5 kV时，雷击线段S_1、S_2附近时，引起过渡点T_b处设备故障的概率$P'_{Z(T_b)}$[6)]	0.02[7)]	1[8)]
过渡点$T_{1/2}$处埋地绝缘电缆冲击耐压为U_w=1.5 kV时，雷击线段S_1、S_2附近时，引起过渡点$T_{1/2}$处绝缘击穿的概率$P'_{Z(T_{1/2})}$[6)]	0.5[9)]	1[8)]

1) 按公式$I_a=25\times n\times U_w/(R_s\times K_d\times K_p)$计算，其中$K_p=1$，$K_d=0.4$(见附录D.1及表D.1、表D.2)。
2) 非屏蔽线路的$I_a=0$(见附录D.1)。
3) 铅护套电缆，故障电流不超过40 kA(见D.1.2)。
4) 按公式$I_a=25\times U_w/(R_s\times K_d\times K_p)$计算，其中$K_p=1$，$K_d=0.4$(见附录D.1.2及表D.1、表D.2)。
5) 见表D.5。
6) 查表B.7可以得出P'_Z值，查表方法如下：
   a) 雷击屏蔽线段附近时：
      ——对于屏蔽线段间的过渡点或对于屏蔽线段进入建筑物的过渡点且屏蔽线段与设备在同一等电位连接排接地，则取"在同一等电位连接排连接"栏中的数值。
      ——对其余的过渡点，只要屏蔽层两端接地且接地电阻约为几十欧姆时，则取"不在同一等电位连接排连接"栏中的数值；否则，均作非屏蔽线段处理，取"非屏蔽电缆"栏中的数值。
   b) 雷击非屏蔽线段附近时，取"非屏蔽电缆"栏中的数值。
7) 取表B.7中"在同一等电位连接排连接"栏中的数值。
8) 取表B.7中"非屏蔽电缆"栏中的数值。
9) 取表B.7中"不在同一等电位连接排连接"栏中的数值。

I.7 风险 R'_2 的估算

防雷设计人员根据网络操作员的经验作出分析判断，与风险 R'_2 相关的各种损失率取下列数值：

$L'_f = 3\times10^{-3}$

$L'_o = 10^{-3}$（仍取表 E.1 的典型平均值）

采取保护措施前各风险分量值见表 I.7。

表 I.7 采取保护措施前，各线段与风险 R'_2 相关的风险分量（数值 $\times10^{-3}$）

参数	S_1	S_2	线路
雷击"a"端建筑物造成的风险 R'_B 1)	—	0.261	0.261
雷击"b"端建筑物造成的风险 R'_B 1)	≈0	—	≈0
雷击"a"端建筑物造成的风险 R'_C 2)	—	0.087 3	0.087 3
雷击"b"端建筑物造成的风险 R'_C 2)	≈0	—	≈0
R'_V 3)	0.028 2	0.156 6	0.184 8
R'_W 4)	0.000 4	0.052 2	0.052 6
$R' = \sum R'_B + \sum R'_C + R'_V + R'_W$	—	—	0.585 7
$R'_{Z(T_a)}$ 5)	0.658 3	3.147 8	3.806 1
$R'_{Z(T_b)}$ 6)	0.026 3	3.147 8	3.174 1
$R'_{Z(T_{1/2})}$ 7)	0.658 3	3.147 8	3.806 1
$R'_{2(T_a)} = R' + R'_{Z(T_a)}$			4.391 8
$R'_{2(T_b)} = R' + R'_{Z(T_b)}$			3.759 8
$R'_{2(T_{1/2})} = R' + R'_{Z(T_{1/2})}$			4.391 8

1) $R'_B = N_D \times P'_B \times L'_B = N_D \times P'_B \times L'_f$。

2) $R'_C = N_D \times P'_C \times L'_C = N_D \times P'_C \times L'_o$。

3) $R'_V = N_L \times P'_V \times L'_V = N_L \times P'_V \times L'_f$。

4) $R'_W = N_L \times P'_W \times L'_W = N_L \times P'_W \times L'_o$。

5) $R'_{Z(T_a)} = (N_I - N_L) \times P'_{Z(T_a)} \times L'_Z = (N_I - N_L) \times P'_{Z(T_a)} \times L'_o$。

6) $R'_{Z(T_b)} = (N_I - N_L) \times P'_{Z(T_b)} \times L'_Z = (N_I - N_L) \times P'_{Z(T_b)} \times L'_o$。

7) $R'_{Z(T_{1/2})} = (N_I - N_L) \times P'_{Z(T_{1/2})} \times L'_Z = (N_I - N_L) \times P'_{Z(T_{1/2})} \times L'_o$。

由于 $R'_2 = 4.391\ 8\times10^{-3}$，高于容许值 $R_T = 10^{-3}$，线路需要防雷保护。

从表 I.7 看出，由于线路段 S_2 的风险分量 R'_Z 较大，使过渡点 T_a、T_b 以及 $T_{1/2}$ 处的风险 R'_2 都超过了容许值，因此必须降低该风险分量。由于线路已经安装完毕，不可能将非屏蔽线改为屏蔽线，所以必须安装符合要求的 SPD 作为保护措施。

为了将风险 R'_2 降低到容许值以下，按照 III 级 LPL 来选择 SPD（$P_{SPD} = 0.03$）就足够了（见表 B.3）。

在过渡点 T_a、$T_{1/2}$ 处安装 SPD：

——使概率 $P'_{Z(T_a)}$ 和 $P'_{Z(T_{1/2})}$ 降低为 P_{SPD}；

——不影响概率 P'_V 和 P'_W（见 D.1.2）；

——线路段 S_2 是架空的非屏蔽线，安装 SPD 对线段 S_2 的 P'_C、P'_B 没有影响（见 D.1.1）；

——线路段 S_1 的概率 P'_B、P'_C 比 P_{SPD} 还低，因此不受安装 SPD 的影响（见 D.1.1）。

而且，根据定义 3.1.25，过渡点 $T_{1/2}$ 安装了 SPD 以后，对于过渡点 T_b 来说，$T_{1/2}$ 成了一个"节点"，线路段 S_2 对于风险分量 $R'_{Z(T_b)}$ 不再有较大影响。

表 I.8 给出采取防护措施后的各种损害概率。

表 I.8 采取防护措施后与风险 R'_2 相关的各种损害概率

参　数	S_1	S_2
雷击“a”端建筑物的损害概率 P'_B	—	1
雷击“b”端建筑物的损害概率 P'_B	0.001	—
雷击“a”端建筑物的损害概率 P'_C	—	1
雷击“b”端建筑物的损害概率 P'_C	0.001	—
P'_V	0.4	1
P'_W	0.015	1
过渡点 T_a 处设备冲击耐压为 U_w=1.5 kV 时，雷击线段 S_1、S_2 附近时，引起过渡点 T_a 处设备故障的概率 $P'_{Z(T_a)}$。见表 I.6,6)	0.03	0.03
过渡点 T_b 处设备冲击耐压为 U_w=1.5 kV 时，雷击线段 S_1、S_2 附近时，引起过渡点 T_b 处设备故障的概率 $P'_{Z(T_b)}$。见表 I.6,6)	0.02	—
过渡点 $T_{1/2}$ 处埋地绝缘电缆冲击耐压为 U_w=1.5 kV 时，雷击线段 S_1、S_2 附近时，引起过渡点 $T_{1/2}$ 处绝缘击穿的概率 $P'_{Z(T_{1/2})}$。见表 I.6,6)	0.03	0.03

表 I.9 给出采取防护措施后各风险分量值，可看出，风险 R'_2 已小于容许值，实现了线路防雷保护。

表 I.9 在过渡点 $T_{1/2}$ 及 T_a 安装 SPD(P_{SPD}=0.03)后，与风险 R'_2 相关的各个风险分量

	S_1	S_2	线路
雷击“a”端建筑物的风险 R'_B	—	0.261	0.261
雷击“b”端建筑物的风险 R'_B	≈0	—	≈0
雷击“a”端建筑物的风险 R'_C	—	0.087 3	0.087 3
雷击“b”端建筑物的风险 R'_C	≈0	—	≈0
R'_V	0.028 2	0.156 6	0.184 8
R'_W	0.000 4	0.052 2	0.052 6
$R'=\sum R'_B+\sum R'_C+R'_V+R'_W$			0.585 7
$R'_{Z(T_a)}$	0.039 5	0.094 4	0.133 9
$R'_{Z(T_b)}$	0.026 3	—	0.026 3
$R'_{Z(T_{1/2})}$	0.039 5	0.094 4	0.133 9
$R'_{2(T_a)}=R'+R'_{Z(T_a)}$			0.719 6
$R'_{2(T_b)}=R'+R'_{Z(T_b)}$			0.612
$R'_{2(T_{1/2})}=R'+R'_{Z(T_{1/2})}$			0.719 6

附　录　J
（资料性附录）
建筑物风险评估的简化软件

（略）

参考文献

[1] GB/T 17626.5—1999 电磁兼容 试验和测量技术 浪涌(冲击)抗扰度试验(idt IEC 61000-4-5:1995)

[2] GB/T 16935.1—1997 低压系统内设备的绝缘配合 第一部分:原理、要求和试验(idt IEC 60664-1:1992)

[3] IEC 61643-1:2005 Low-voltage surge protective devices—Part 1: Surge protective devices connected to low-voltage power distribution systems—Requirements and tests.

[4] ITU-T Recommendation K.20:2003, Resistibility of telecommunication equipment installed in a telecommunications centre to overvoltages and overcurrents.

ICS 13.260
K 09

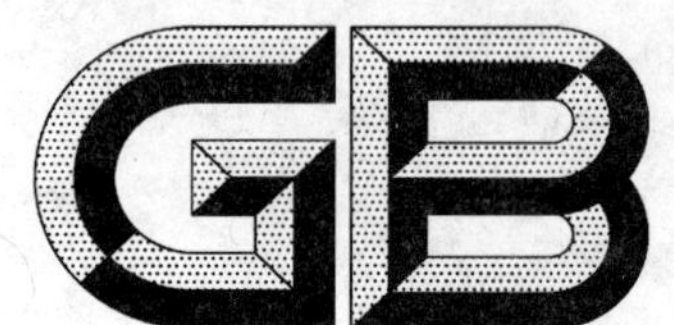

中华人民共和国国家标准

GB/T 21714.3—2008/IEC 62305-3:2006

雷电防护　第3部分:建筑物的物理损坏和生命危险

Protection against lightning—Part 3:Physical damage to structures and life hazard

(IEC 62305-3:2006,IDT)

2008-04-24 发布　　2008-11-01 实施

中华人民共和国国家质量监督检验检疫总局
中国国家标准化管理委员会　发布

前　言

GB/T 21714—2008《雷电防护》分为4个部分。

——第1部分:总则;

——第2部分:风险管理;

——第3部分:建筑物的物理损坏和生命危险;

——第4部分:建筑物内电气和电子系统。

本部分为GB/T 21714—2008的第3部分,等同采用IEC 62305-3:2006《雷电防护　第3部分:建筑物的物理损坏和生命危险》(英文版)。

本部分的附录A、附录B为规范性附录,附录C、附录D、附录E为资料性附录。

本部分由全国雷电防护标准化技术委员会提出并归口。

本部分负责起草单位:中国电信集团湖南省电信有限公司。

本部分参加起草单位:清华大学、华为技术有限公司、天津市中力防雷技术有限公司等。

本部分主要起草人:李冬根、陈水明、谢琦、肖小军、刘新建、罗志毅、张晶魁、王庆海、罗新会、孙巍巍。

本部分为首次发布。

引　言

本部分针对建筑物内部及周围由于接触和跨步电压导致物理损坏和生命危害提出保护措施。

针对建筑物的物理损害，最主要及最有效的防护措施为雷电防护系统(LPS)。LPS 通常由外部 LPS 和内部 LPS 构成。

外部 LPS 的作用：

——截收对建筑物的直击雷闪(使用接闪器)；

——引导雷电流安全入地(使用引下线)；

——分散雷电流入地(使用接地极)。

内部 LPS 通过进行等电位连接，或使外部 LPS 部件(定义见 3.2)和建筑物内其他导电部件保持一定隔距(达到电气绝缘)来防止建筑物内部出现危险火花。

防止接触和跨步电压导致的人身伤害采取的主要措施：

——通过绝缘外露导体或增大土壤表面电阻率，来减小通过人体的电流；

——通过物理限制或警告标识，来减少出现危险的接触和跨步电压。

在新建筑物的初始设计阶段，就应考虑 LPS 的类型及安装位置，因而充分利用建筑物的电气导电元件。这样可使一体化装置的设计和施工变得简单，也能改善建筑物的几何外观，同时，能以最小的投资提高 LPS 的效能。

为形成有效的接地网，需与大地连接及适当利用地基的钢结构，一旦开始施工，这些就很可能无法实施了。因此，在工程的最早期，应考虑土壤电阻率和土壤特性。土壤电阻率对于地网设计是关键性的，且影响建筑物的地基设计。

为了以最小投资获得最大效益，LPS 的设计人员、安装人员、建筑设计人员、施工人员有必要进行定期协商。

如果需在现有建筑物内加装新的 LPS，应保证 LPS 符合本部分的相关准则。另外，LPS 的类型和安装位置应考虑现有建筑物的特点。

雷电防护　第3部分:建筑物的物理损坏和生命危险

1　范围

本部分提出了以下要求:通过采用雷电防护系统(LPS)来防止建筑物的物理损坏,避免 LPS 附近因接触和跨步电压而引起的生命危险。

本部分适用于:

a)　任意高度建筑物的 LPS 设计、安装、检查和维护;

b)　对接触和跨步电压引起的人身危害提供保护措施。

注 1:对处于存在爆炸危险的建筑物内的 LPS,其特殊要求正在研究中。附录 E 中的附加资料可作过渡使用。

注 2:LPS 不对建筑物内电气电子系统由于过压引起的失效提供保护。GB/T 21714.4—2008 针对这种情况有专门的要求。

2　规范性引用文件

下列文件中的条款通过 GB/T 21714 的本部分的引用而成为本部分的条款。凡是注日期的引用文件,其随后所有的修改单(不包括勘误的内容)或修订版均不适用于本部分,然而,鼓励根据本部分达成协议的各方研究是否可使用这些文件的最新版本。凡是不注日期的引用文件,其最新版本适用于本部分。

GB/T 2893.1—2004　图形符号　安全色和安全标志　第 1 部分:工作场所和公共区域中安全标志的设计原则(ISO 3864-1:2002,MOD)

GB/T 18802.12—2006　低压配电系统的电涌保护(SPD)　第 12 部分:选择和使用导则(IEC 61643-12:2002,IDT)

GB/T 21714.1—2008　雷电防护　第 1 部分:总则(IEC 62305-1:2006,IDT)

GB/T 21714.2—2008　雷电防护　第 2 部分:风险管理(IEC 62305-2:2006,IDT)

GB/T 21714.4—2008　雷电防护　第 4 部分:建筑物内电气和电子系统(IEC 62305-4:2006,IDT)

IEC 60079-10:2002　用于爆炸性气体环境的电气设备——第 10 部分:危险区域的分类

IEC 60079-14:2002　用于爆炸性气体环境的电气设备——第 14 部分:危险区域内(矿山除外)的电气设备

IEC 61241-10:2004　在易燃粉尘环境中电气设备的使用——第 10 部分:对存在或可能出现易燃尘埃区域的分类

IEC 61241-14:2004　在易燃粉尘环境中电气设备的使用——第 14 部分:选择和安装

3　术语和定义

以下术语和定义适用于 GB/T 21714 的本部分。

3.1

雷电防护系统　lightning protection system

LPS

用以减少某一建筑物因雷击引起物理损坏的整套系统。

注:由外部防雷装置和内部防雷装置组成。

3.2

外部防雷装置　external lightning protection system

LPS 的一部分,由接闪器、引下线、接地装置组成。

3.3

与受保护建筑物分离的外部 LPS　external LPS isolated from the structure to be protected

由接闪器和引下线组成的 LPS,其安装位置使雷电流通道与受保护建筑物没有任何接触。

注:一个分离的 LPS,可避免 LPS 与建筑物之间出现危险火花。

3.4

与受保护建筑物非分离的外部 LPS　external LPS not isolated from the structure to be protected

由接闪器和引下线组成的 LPS,其安装位置使雷电流通道可与受保护建筑物直接接触。

3.5

内部防雷装置　internal lightning protection system

LPS 的一部分,由雷电等电位连接和外部 LPS 电气绝缘组成。

3.6

接闪器　air-termination system

外部 LPS 的一部分,用于截收雷击的金属构件,如杆状接闪器、网格导线或悬链线。

3.7

引下线　down-conductor system

外部 LPS 的一部分,将接闪器雷电流传导至接地装置。

3.8

环形导体　ring conductor

围绕建筑物四周形成一个回路的导体,与引下线相连,分散雷电流。

3.9

接地装置　earth-termination system

外部 LPS 的一部分,将雷电流传导和分散入地。

3.10

接地极　earthing electrode

接地装置的一部分,通过它与大地直接相连,并将雷电流分散入地。

3.11

环形接地极　ring earthing electrode

在建筑物四周的土壤下层或地表形成一个封闭回路的接地极。

3.12

基础接地极　foundation earthing electrode

指地基的混凝土钢筋或预埋在建筑物混凝土中用作接地极的其他导体。

3.13

常规接地阻抗　conventional earth impedance

接地体电压峰值与电流峰值的比值。通常两者峰值不会同时出现。

3.14

接地装置电压　earth-termination voltage

接地装置与远方大地间的电位差。

3.15

LPS 的自然构件　natural component of LPS

不是为防雷而专门安装的导电部件,可用于 LPS,或在某些情况下,能具备 LPS 的一个或几个功能。

注:自然构件包括:

——自然接闪器;

——自然引下线;

——自然接地极。

3.16

连接部件　connecting component

外部 LPS 的一部分，用于导体间连接或连接到金属装置。

3.17

固定部件　fixing component

外部 LPS 中的一部分，用于将 LPS 部件固定到受保护建筑物上。

3.18

金属装置　metal installations

受保护建筑物内部可延续的金属构件，可形成雷电流通道。例如：管道、楼梯、电梯扶手、升降机导轨、通风装置、加热或空调管道以及互联钢筋等。

3.19

外部导体构件　external conductive parts

出入受保护建筑物，携带部分雷电流的可延续的金属构件。例如：管道、金属电缆、金属导管等。

3.20

电气系统　electrical system

装有低压供电部件及可能的电子部件的系统。

3.21

电子系统　electronic system

装有敏感电子部件的系统，例如：通信设备、计算机、控制和仪表系统、无线电系统和电力电子设备等。

3.22

内部系统　internal systems

建筑物内的电气和电子系统。

3.23

雷电等电位连接(EB)　lightning equipotential bonding

连接至分离导电部件的 LPS。直接连接或通过浪涌保护器连接，可减小雷电流产生的电位差。

3.24

等电位连接排　bonding bar

为了防雷装置做等电位连接，需要接地的金属装置、外部导电部件、电力线路、通信线路及其他电缆可与之连接。

3.25

连接导体　bonding conductor

用于将分离导电部件与 LPS 进行连接的导体。

3.26

互联钢筋　interconnected reinforcing steel

混凝土建筑物内的钢结构，在电气上被认为是连续的。

3.27

危险火花　dangerous sparking

由雷电引起的放电，可能会对受保护建筑物引起物理损坏。

3.28

隔距　separation distance

使两个导体之间不会出现危险火花的距离。

3.29

浪涌保护器　surge protective device

SPD

一种用来限制瞬时过电压和转移浪涌电流的器件，它至少包含一个非线性元件。

3.30

测试接头　test joint

用于电气测试和LPS部件测量的点。

3.31

LPS类型　class of LPS

根据设计中的雷电防护水平，用来标识LPS分类的数字。

3.32

防雷设计人员　lightning protection designer

能熟练进行LPS设计的专业人员。

3.33

防雷安装人员　lightning protection installer

能熟练安装LPS的人员。

3.34

有爆炸危险的建筑物

储存固体爆炸性材料的建筑物或处于IEC 60079-10和IEC 61241-10中定义的危险区域的建筑物。

4　雷电防护系统(LPS)

4.1　LPS分类

根据受保护建筑物的特性及雷电防护水平来定义LPS的特性。

对应GB/T 21714.1—2008中定义的雷电防护水平，本部分定义了4类LPS(Ⅰ～Ⅳ)(见表1)。

表1　雷电防护水平(LPL)和LPS类型(见GB/T 21714.1—2008)之间的关系

LPL	LPS类型
Ⅰ	Ⅰ
Ⅱ	Ⅱ
Ⅲ	Ⅲ
Ⅳ	Ⅳ

决定LPS特性分类的参数：

a)　LPS分类的决定性数据：
- ——雷电参数(见GB/T 21714.1—2008中的表3和表4)；
- ——滚球半径、网格尺寸和保护角(见5.2.2)；
- ——引下线和环形导体间的典型距离(见5.3.3)；
- ——避免危险火花的隔距(见6.3)；
- ——接地极的最小长度(见5.4.2)。

b)　LPS分类的非决定性数据：
- ——等电位连接(见6.2)；
- ——接闪装置中金属板和金属管道的最小厚度(见5.2.5)；
- ——LPS的材料和使用条件(见5.5)；
- ——接闪器、引下线和接地装置的材料、结构和最小尺寸(见5.6)；

——连接导体的最小尺寸(见6.2.2)。

各类LPS的性能见GB/T 21714.2—2008的附录B。

根据危险评估结果来选择所需的LPS类型(见GB/T 21714.2—2008)。

4.2 LPS设计

如果LPS的设计、施工步骤能与受保护建筑物的设计、施工步骤相互协调,则可以获得无论技术上还是经济上都是最优的LPS设计。特别地,建筑物本身的设计应利用建筑物内的金属部件作为LPS部件。

对现有建筑物,LPS的类型和安装位置应考虑现有条件的限制。

LPS设计文本中应包含所有便于其正确安装的信息,详细资料参见附录E。

4.3 钢筋混凝土建筑物中钢结构的连续性

在钢筋混凝土建筑物内部,如果垂直连接带和水平连接带主要连接部分经过了焊接或进行其他可靠连接,可认为钢结构在电气上连续的。垂直连接带应焊接、夹接或搭接(重叠部分尺寸最少应为其直径的20倍)和绑扎或进行其他可靠连接。对新的建筑物,钢筋部件之间如何连接,应和施工人员、工程师进行合作,由设计人员或安装人员来确定。

对使用钢筋混凝土(包括预制的、预应力的钢筋混凝土模块)的建筑物,钢筋连接带的电气连续性可通过其最上部和地面之间的电气测量来确定。选择合适的测试仪表,测试直流电阻值应不大于0.2 Ω。如果电阻值达不到要求或不能实施电气测量,则钢筋不应作为5.3.5中所提到的自然引下线。这时,建议采用外部引下线。预制钢筋混凝土建筑物内,各相邻预制混凝土模块间应建立电气连接。

注:混凝土钢筋建筑物中,关于更多的钢结构连续性信息见附录E。

5 外部防雷装置

5.1 总则

5.1.1 外部LPS的应用

外部LPS用于截收建筑物的直击雷(包括建筑物侧面的闪络),将雷电流从雷击点引导入地。同时将雷电流分散入地,避免产生热效应或机械损坏,以及在容易引发火灾或爆炸的地方产生危险火花。

5.1.2 外部LPS的选择

大多数情况下,外部LPS可固定到受保护建筑物上。

当雷击点或通过雷电流的导线发生致热效应和爆炸效应,可能引起建筑物损坏或建筑物内部损坏时(见附录E),应考虑采用分离的外部LPS。常见的例子包括:采用易燃覆盖物的建筑物;采用易燃材料墙壁的建筑物;存在爆炸危险和火灾危险的区域。

注:当预计因建筑物本身、内部物体及用途会发生变动,可能要求改造LPS时,为方便起见,建议采用分离的外部LPS。

当建筑物内部敏感的物体要求降低引下线中雷电流电磁脉冲产生的辐射电磁场时,可考虑采用分离的外部LPS。

5.1.3 自然构件的使用

永久保留在建筑物中或建筑物上,且不会发生变动的金属材料构成的自然构件(例如:互联钢筋、建筑物金属钢架等)可作为LPS部件。

其他自然构件应视为附加在LPS上的部件。

注:更多信息可参见附录E。

5.2 接闪器

5.2.1 总则

安装设计适当的接闪器,能大大减少雷电流侵入建筑物的概率。

接闪器可由以下任一部件组成:

a) 杆状接闪器(包括独立支座);

b) 悬链线;

c) 网状导体。

本部分规定,所有类型的接闪器都应按5.2.2、5.2.3和附录A的要求进行安装。

位于屋顶的独立的杆状接闪器应互相连接,以利于分散雷电流。

不允许采用具有放射性的接闪器。

5.2.2 位置

接闪器应安装在建筑物的角上、暴露在外的点、边缘(特别是屋顶边缘)。接闪器的定位通常有三种方式:

——保护角法;

——滚球法;

——网格法。

滚球法适用于任何场合。

保护角法适用于外形简单的建筑物,但受到表2中所指出的接闪器高度的限制。

网格法适用于对平面表面的保护。

各种LPS的保护角大小、滚球半径和网格尺寸见表2。接闪器安装的详细资料见附录A。

表2 各种LPS的保护角大小、滚球半径和网格尺寸

LPS类型	防护方法		
	滚球半径 r/m	网格尺寸 W/m	保护角 α/(°)
Ⅰ	20	5×5	见下图
Ⅱ	30	10×10	
Ⅲ	45	15×15	
Ⅳ	60	20×20	

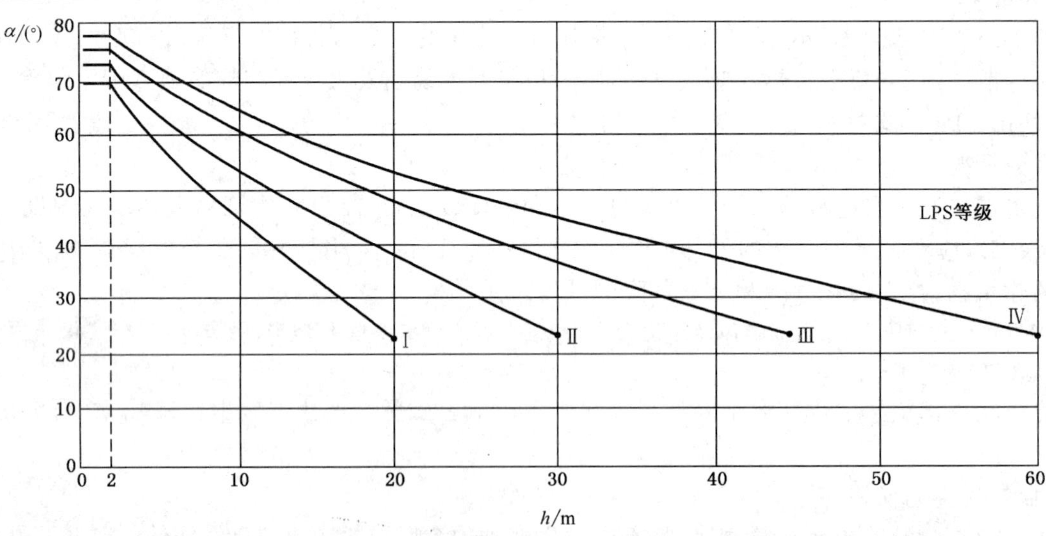

注1:LPS类型超出黑点时不能采用保护角法。此时,仅可采用滚球法和网格法。

注2:h为接闪器顶部与被保护区域参考平面之间的距离。

注3:h小于2 m时,保护角不会变化。

5.2.3 用于高层建筑防侧面闪络的接闪器

高于60 m的建筑物,侧面可能会发生闪络,特别是表面的角、点及边缘。

注:一般来说,高层建筑物遭受的闪络中,侧面闪络仅占百分之几,且侧面的雷电参数值比顶部的小许多,因此侧面闪络的危险比较小。但是,安装在建筑物外墙上的电气和电子设备可能会被电流峰值较低的雷电闪络所损坏。

为保护高层建筑的上部(大于建筑物高度的80%)及建筑物上安装的设备(见附录A),应安装接闪器。

建筑物上部的保护,同样可应用屋顶上接闪器的定位原则。

此外,对高度超过120 m的建筑物,超过120 m并可能遭到损坏的所有部分应加以保护。

5.2.4 施工

与受保护建筑物非分离的LPS,其接闪器可按以下方式安装:

——如果屋顶由非易燃材料构成,则接闪器可安装在屋面上。

——如果屋顶由易燃材料构成,应考虑接闪器与易燃材料的间距。对没有钢筋支撑的茅草屋顶,隔距为0.15 m就足够了。其他易燃材料与接闪器的距离应大于0.1 m。

——受保护建筑物的易燃部分不应与外部LPS部件直接接触,也不应放在可能被雷电击穿的屋顶隔板下面(见5.2.5)。

施工时,还应考虑采用非易燃的隔板(例如:木板)时的情况。

注:在屋顶上可能出现积水时,接闪器的安装位置应高于最大积水位置。

5.2.5 自然构件

根据5.1.3,建筑物的下列构件可视为自然接闪器或LPS的一部分。

a) 覆盖在建筑物上的金属薄板,要求:

——各部分间具有永久的电气连续性(即通过钎接、焊接、卷边、合缝、螺钉或螺栓连接);

——如果不需重点考虑防击穿或下方易燃材料的引燃,金属薄板的厚度不小于表3所规定的值t';

——如果必须考虑防击穿和发热点等问题,金属薄板的厚度不小于表3所规定的值t;

——金属薄板没有用绝缘材料覆盖。

表3 接闪器中,金属薄板或金属管道的最小厚度

LPS类型	材料	厚度[a] t/mm	厚度[b] t'/mm
Ⅰ至Ⅳ	铅	—	2.0
	钢(不锈钢,镀锌钢)	4	0.5
	钛	4	0.5
	铜	5	0.5
	铝	7	0.65
	锌	—	0.7

[a] 防止击穿、热熔或燃烧。

[b] 仅适用于可不防击穿、热熔或燃烧的金属板。

b) 当非金属屋顶不在建筑物的受保护范围内时,非金属屋顶下方的金属部分(构架,互联钢筋等)。

c) 金属构件,例如:装饰品、栏杆、管道、栏杆覆盖层等,其截面积不小于标准接闪器部件的规定值。

d) 屋顶的金属管道和容器,其材料厚度和截面积符合表6要求。

e) 输送易燃或易爆混合物的金属管道和容器,假设其材料厚度不小于表3中规定的t值,且雷击点处内部表面的温升不会造成危险(详细信息见附录E)。

如果厚度达不到要求,管道和容器应集成安装到受保护建筑物中。

如果法兰连接的密封垫圈为非金属材料,或法兰边没用其他方法适当连接,则输送易燃易爆气体的管道不应作为接闪器的自然构件。

注:薄的保护漆涂层、约1 mm的沥青或0.5 mm的PVC不应视为绝缘体。详细资料见附录E。

5.3 引下线

5.3.1 总则

为减少由于雷电流通过LPS引起损坏的概率,引下线的布放可按以下几种方式从雷击点连接至大地：

a） 有几个并联雷电流通道存在；

b） 电流通道的长度保持最小；

c） 按 6.2 的要求，建筑物导电部件进行了等电位连接。

注 1：根据表 4，引下线在地面横向连接和每隔 10 m～20 m 高度进行横向连接，实践证明这是一种好方法。

引下线和环形导体的几何形状影响隔距（见 6.3）。

注 2：应尽可能多的布放引下线，用环形导体等间隔相连，以减少危险火花的产生概率，并利于建筑物内部装置的保护（见 GB/T 21714.4—2008）。在金属框架建筑物内及互联钢筋具有电气连续性的钢筋混凝土建筑物中可以实现这一点。

引下线之间、水平环形导体之间的典型间距见表 4。

附录 C 提供了雷电流沿引下线分配的更多内容。

5.3.2 分离 LPS 的配置

a） 如果接闪器位于多个（或一个）分离支撑杆上（支撑杆不为金属材料或互联钢筋），每个支撑杆至少应安装一根引下线。支撑杆为金属材料或互联钢筋，则不需另外的引下线。

b） 如果接闪器为悬链线（或一根导线），则每一悬链支点至少需要一根引下线。

c） 如果接闪器形成了一个导线网格，则每一支撑线的末端至少需要一根引下线。

5.3.3 非分离 LPS 的配置

一个非分离 LPS，引下线的数量不应少于 2 根，且应分布在受保护建筑物的周围。

引下线最好围绕建筑物周边等间隔设置。引下线之间的典型距离在表 4 中给出。

注：引下线之间的距离与 6.3 中给出的距离有关。

表 4 各类 LPS 的引下线之间以及环形导体之间的典型距离

LPS 类型	典型距离/m
Ⅰ	10
Ⅱ	10
Ⅲ	15
Ⅳ	20

引下线应尽可能沿建筑物暴露在外的墙角设置。

5.3.4 施工

实践中，引下线安装后，将形成接闪器导体的延伸部分。

引下线应走直线垂直安装，以提供最短、最直接的入地路径。应避免形成环路，在无法避免的地方，应使距离 s（导线上两点的隔距）及这些点之间的导线长度 l（见图 1）符合 6.3 的要求。

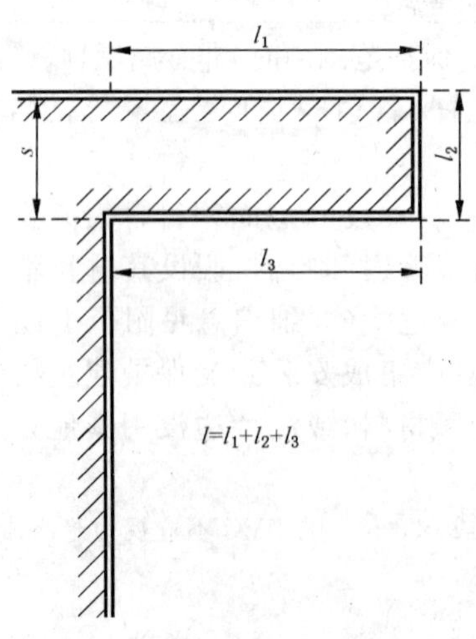

图 1 引下线内的环路

即使引下线有绝缘层,也不应安装在沟槽中或下水管中。

注:沟槽中湿气的影响会引起引下线严重腐蚀。因此,布放引下线时,应使引下线与沟槽及任一门窗之间的隔距符合 6.3 的要求。

与受保护建筑物非分离的 LPS,其引下线可按以下方式安装:

——如果墙壁为非易燃材料,引下线可安装在墙表面或墙内;

——如果墙壁为易燃材料,且雷电流通过时引起的温升不会对墙壁产生危险,引下线可安装在墙面上;

——如果墙壁为易燃材料,且雷电流通过时引起的温升会对墙壁产生危险,安装引下线时,应保证引下线与墙壁间的距离始终大于 0.1 m。安装支架可与墙壁接触。

当引下线与易燃材料间的距离不能保证大于 0.1 m 时,引下线的横截面不应小于 100 mm^2。

5.3.5 自然构件

建筑物内下列构件可视为自然引下线:

a) 满足以下条件的金属装置:

——各部件间具有永久的电气连续性,符合 5.5.2 的要求;

——尺寸(大小)至少等于表 6 所规定的标准引下线的值。

如果管道法兰连接的密封垫为非金属材料或者法兰边没有用其他方法适当连接,则输送易燃或易爆混合物的管道不应用作引下线的自然构件。

注 1:金属装置可以镀绝缘材料。

b) 电气连续的钢筋混凝土框架结构的建筑物中的金属。

注 2:对于预制钢筋混凝土,钢筋之间建立多个互联连接点很重要。同时,钢筋混凝土各互联连接点之间应用导线连接,这点同样重要。在安装期间,应将独立的各部件进行相连(见附录 E)。

注 3:对预应力混凝土,应注意由于雷电流或因与防雷系统相连可能会造成不可承受的机械影响。

c) 建筑物内互联的钢筋框架。

注 4:如果建筑物内的金属框架或互联钢筋被用作引下线,则不必使用环形导体。

d) 满足下列条件的表面部件、围栏等:

——尺寸符合引下线要求(见 5.6.2),金属薄板及金属管道厚度应不小于 0.5 mm;

——垂直方向的电气连续性符合 5.5.2 的要求。

注 5:更多的信息见附录 E。

5.3.6 测试接头

接地系统连接时,每一引下线应预留一测试接头。自然引下线与基础接地体联合使用的情况除外。为便于测量,接头应能用工具打开,通常处于接通状态。

5.4 接地装置

5.4.1 总则

将雷电流(高频特性)分散入地时,为使任何潜在的过电压降到最小,接地装置的形状和尺寸很重要。一般来说,建议采用较小的接地电阻(如果可能,低频测量时小于 10 Ω)。

从防雷观点来看,接地装置最好为单一、整体结构,可适用于任意场合(例如:防雷保护、电力系统和通信系统)。

接地装置应按 6.2 的要求连接。

注 1:不同材料的接地装置相连,可能会引起严重的腐蚀。

5.4.2 常用的接地装置

有两种基本类型的接地装置。

5.4.2.1 A 型接地装置

包括安装在受保护建筑物外,且与引下线相连的水平接地极与垂直接地极。

A 型接地装置,接地极总数不应小于 2。

在引下线的底部，每个接地极的最小长度为：

——水平接地极为 l_1；

——垂直接地极(或倾斜)为 $0.5l_1$。

其中，l_1 为水平接地极的最小长度，见图 2。

对组合(垂直或水平)接地极应考虑总长度。

如果接地装置的接地电阻小于 10 Ω(为测量值。为避免干扰，测量频率应不为工频及工频的倍数)，则可不考虑图 2 中的最小长度。

注 1：延长接地极可减小接地电阻，实践中，接地极最长可达 60 m。

注 2：更详细的资料参见附录 E。

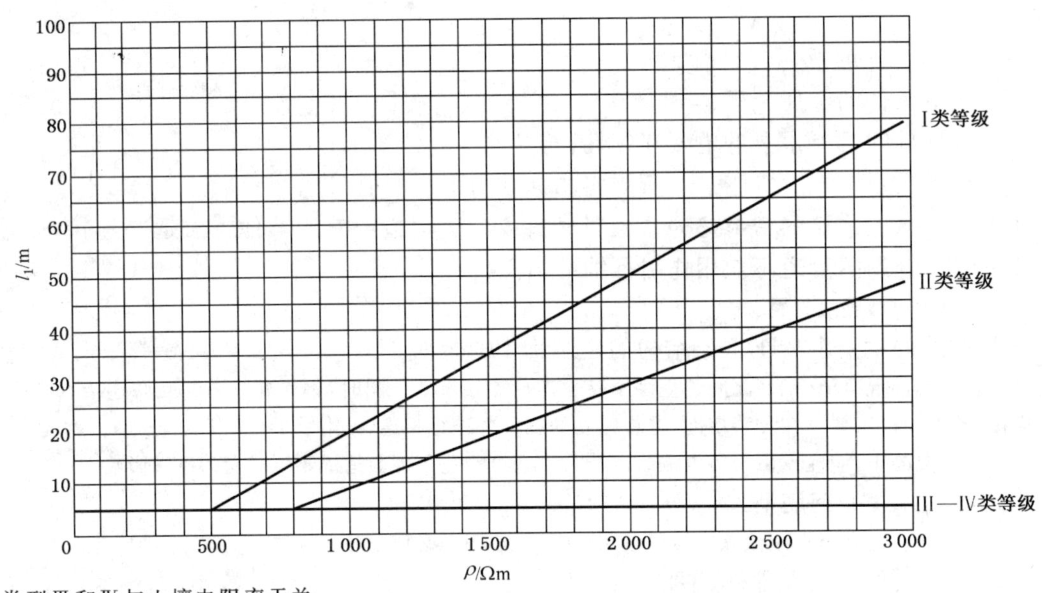

注：类型Ⅲ和Ⅳ与土壤电阻率无关。

图 2 各种类型 LPS 的接地极的最小长度 l_1

5.4.2.2 B 型接地装置

B 型接地装置可以是位于建筑物外面且总长度至少 80% 与土壤接触的环形导体或基础接地体。接地体可以是网状。

对环形接地体(或基础接地体)，所在区域的半径 r_e 不应小于 l_1：

$$r_e \geqslant l_1 \tag{1}$$

其中，l_1 按 LPS 类型(Ⅰ、Ⅱ、Ⅲ和Ⅳ)分别表示在图 2 中。如果 l_1 大于 r_e，则应另外附加水平接地体或垂直(或倾斜)接地体，且每个水平接地体的长度(l_r)和垂直接地极的长度(l_v)分别由下式给出：

$$l_r = l_1 - r_e \tag{2}$$

和

$$l_v = (l_1 - r_e)/2 \tag{3}$$

附加接地体的数量不应小于引下线的数量，最少为 2 个。

附加接地体应在引下线的连接点处与环形接地体相连，并尽可能进行多点等距离连接。

5.4.3 接地体的施工

外部环形接地体(B 型装置)的埋深至少为 0.5 m，与外墙周围相隔约 1 m。

接地体(A 型装置)顶部埋深至少为 0.5 m，并尽可能均匀分布，使土壤中的电气耦合效应最小。

接地体的安装应便于在施工中进行检查。

接地体的类型和埋深应尽可能使腐蚀影响、土壤干燥和冰冻的影响减到最小，从而使接地电阻值保持稳定。本部分认为垂直接地体处于冻土层的部分在结冰情况下是无效的。

注：对垂直接地体，应在 5.4.2.1 和 5.4.2.2 中计算出的长度 l 的基础上，加上 0.5 m。

对裸露的坚硬岩石，建议仅使用 B 型接地装置。

对安装有电子系统或存在高火险的建筑物（见 GB/T 21714.2—2008），优先采用 B 型接地装置。

5.4.4 自然接地极

满足 5.6 要求的混凝土地基中的互联钢筋或其他地下金属结构应优先作为接地极。当混凝土钢筋作为接地极时，应注意小心地进行互联，以避免混凝土出现机械裂纹。

注 1：对预应力混凝土，应考虑雷电放电电流通过时的影响，雷电流放电可能会产生不可承受的机械应力。

注 2：如果使用基础接地体，接地电阻可能会长时间的逐渐增大。

注 3：更多内容参见附录 E。

5.5 构件

LPS 构件应能承受雷电流的电磁效应及可预见的意外应力而不被损坏。

LPS 构件可采用表 5 的材料及其他具有同等机械性能、电气性能、防腐蚀性能的材料。

注：非金属材料构件可用于防雷部件的固定。

表 5 LPS 材料及使用条件

材料	使用			腐蚀		
	空气	地下	混凝土	阻抗	增大的原因	可能会因与下列材料电流耦合而毁坏
铜	铜条 绞线	铜条 绞线 作为涂层	铜条 绞线 作为涂层	在很多环境中，适用	硫化物 有机物	—
热镀锌钢	钢条 绞线	钢条	钢条 绞线	在大气中，混凝土中，良性土壤中为合格	高浓度氯化物	铜
不锈钢	钢条 绞线	钢条 绞线	钢条 绞线	在很多环境中，适用	高浓度氯化物	—
铝	铝条 绞线	不适用	不适用	在低浓度硫化物和氯化物中，适用	碱性土壤	铜
铅	铅条 作为涂层	铅条 作为涂层	不适用	在高浓度硫酸盐环境中，适用	酸性土壤	铜 不锈钢

注 1：该表仅作一般性参考。在特殊情况下应考虑抗腐蚀要求（见附录 E）。

注 2：绞线比条状导线更容易由于腐蚀而损坏。而且绞线在出入土壤的地方容易被损坏，这也是建议土壤中不使用镀锌钢绞线的原因。

注 3：在粘土层和潮湿的土壤中，镀锌钢可能被腐蚀。

注 4：由于混凝土外面的钢容易被腐蚀，混凝土中的镀锌钢不应进入土壤。

注 5：某些情况下，镀锌钢与钢筋接触，可能会引起混凝土损坏。

注 6：出于环境考虑，土壤中禁止使用或限制使用铅材料。

5.5.1 固定

接闪器与引下线应牢固固定，在出现电动力、意外的机械力（例如：振动、积雪滑移和热膨胀等）时，不会使导线断裂或松脱（见 GB/T 21714.1—2008 附录 D）。

5.5.2 连接

导线上的接头数应尽可能少。连接应牢靠，可通过钎接、焊接、夹接、折弯、缝焊、螺钉或螺栓连接。

钢筋混凝土建筑物中,钢结构的连接应符合 4.3 的要求。

5.6 材料和尺寸

5.6.1 材料

选择防雷部件的材料、尺寸时,应考虑建筑物或 LPS 被腐蚀的可能性。

5.6.2 尺寸

接闪器导体、杆状接闪器、引下线的形状及最小横截面见表 6。接地极的形状与最小尺寸见表 7。

表 6 接闪器导体,杆状接闪器、引下线的材料,形状及最小截面积

材料	形状	最小截面积[8)] /mm²	备 注
铜	实心带状	50	最小厚度 2 mm;
	实心圆状[7)]	50	直径 8 mm;
	绞线	50	绞线每股的最小直径为 1.7 mm;
	实心圆状 [3),4)]	200	直径为 16 mm
镀锡铜[1)]	实心带状	50	最小厚度 2 mm;
	实心圆状[7)]	50	直径 8 mm;
	绞线	50	绞线每股的最小直径为 1.7 mm
铝	实心带状	70	最小厚度 3 mm;
	实心圆状	50	直径 8 mm;
	绞线	50	绞线每股的最小直径为 1.7 mm
铝合金	实心带状	50	最小厚度 2.5 mm;
	实心圆状	50	直径 8 mm;
	绞线	50	绞线每股的最小直径为 1.7 mm;
	实心圆状[3)]	200	直径为 16 mm
热镀锌钢[2)]	实心带状[6)]	50	最小厚度 2.5 mm;
	实心圆状[9)]	50	直径 8 mm;
	绞线	50	绞线每股的最小直径为 1.7 mm;
	实心圆状[3),4),9)]	200	直径为 16 mm
不锈钢[5)]	实心带状[6)]	50	最小厚度 2.5 mm;
	实心圆状[6)]	50	直径 8 mm;
	绞线	70	绞线每股的最小直径为 1.7 mm;
	实心圆状 [3),4)]	200	直径为 16 mm

1) 热镀或电镀层厚度最小为 1 μm。

2) 镀层应光滑、连续,防锈层厚度至少为 50 μm。

3) 仅适用于杆状接闪器。实际应用中,在机械应力(例如:风力)不很严重的地方,采用一根带有固定装置、直径为 10 mm,最长为 1 m 的杆状接闪器即可。

4) 仅适用于接地引入棒。

5) 铬≥16%,镍≥5%,碳≤0.07%。

6) 对预埋在混凝土内的不锈钢,和/或与易燃材料直接接触的不锈钢,如果为实心圆状,应将最小尺寸增大到 78 mm²(直径 10 mm),实心带状则增大到 75 mm²(最小厚度 3 mm)。

7) 在对机械强度不作要求的地方,50 mm²(直径 8 mm)可减少到 28 mm²(直径 6 mm),在这种情况下,应考虑减小加固点的间隔。

8) 对实心带状和实心圆状,在需重点考虑热应力和机械应力的地方,应分别增加到 60 mm² 和 78 mm²。

9) 当能量达 100 000 kJ/Ω 时,为避免熔化,最小截面积分别为:铜 16 mm²,铝 25 mm²,钢 50 mm²,不锈钢 50 mm²。参见附录 E。

表中的厚度、宽度和直径允许±10%。

表 7　接地极材料、形状及最小尺寸

材料	形状	最小尺寸			注　释
		接地棒 Φ mm	接地导体	接地板 mm	
铜	绞线[3]		50 mm²		接地绞线直径 1.7 mm
	实心圆[3]		50 mm²		直径 8 mm
	实心带状[3]		50 mm²		厚度 2 mm
	实心圆	15 [8]			管壁厚度 2 mm
	管道	20			厚度 2 mm
	实心板			500×500	横截面 25 mm×2 mm
	格状板			600×600	最小网格长度为 4.8 m
钢	镀锌实心圆[1],[2]	16 [9]	直径 10 mm		
	镀锌管状[1],[2]	25			管壁厚 2 mm
	镀锌实心带状[1]		90 mm²		厚度 3 mm
	镀锌实心板[1]			500×500	横截面 25 mm×2 mm
	镀锌格状板[1]			600×600	最小网格长度为 4.8 m
	铜涂层实心圆状[4]	14			99.9%铜涂层半径为 250 μm
	裸露实心圆状[5]		直径 10 mm		
	裸露或镀锌实心带状[5],[6]		75 mm²		厚度 3 mm
	镀锌绞线[5],[6]		70 mm²		接地绞线直径 1.7 mm
	镀锌截面 [1]	50×50×3			
	铜涂层实心圆状[4]		50 mm²		99.9%铜涂层半径为 250 μm
不锈钢[7]	实心圆状	15	直径 10 mm		
	实心带状		100 mm²		厚度 2 mm

1) 涂层应光滑、连续、有防锈层。对圆形材料，防锈层最小厚度为 50 μm；对扁平材料，防锈层最小厚度为 70 μm。

2) 镀锌前，钢管已进行螺纹机械加工。

3) 也可以镀锡。

4) 铜涂层应与钢良好连接。

5) 仅适用于完全埋入混凝土的情况。

6) 仅适用于当地基中自然钢结构至少每 5 m 进行正确连接的情况。

7) 铬≥16%，镍≥5%，钼≥2%，碳≥0.08%。

6　内部防雷装置

6.1　总则

当雷电流流经外部 LPS 或建筑物其他导体部分时，利用内部 LPS 可避免建筑物内出现危险火花。

危险火花可能出现在外部 LPS 与其他以下部件之间：

——金属装置；

——内部系统；

——与受保护建筑物相连的外部导体、导线。

注 1：具有爆炸危险的建筑物内，出现火花会很危险。这时，需采取附加防护措施，这些措施正在考虑中(见附录 E)。

注 2：关于内部系统的过电压防护，见 GB/T 21714.4—2008。

采用以下方法可避免不同部件间出现危险火花：

——按6.2的要求，进行等电位连接，或

——按6.3的要求，进行各部件间的电气绝缘。

6.2 等电位连接

6.2.1 总则

将LPS与以下部件互联可实现等电位：

——建筑物的金属部件；

——金属装置；

——内部系统；

——与建筑物相连的外部导体、导线。

与内部系统等电位连接后，应考虑部分雷电流可能会流入内部系统而产生的影响。

互联方法：

——在自然连接不能获得电气连续性的地方，采用连接导线；

——在用导线进行直接连接不可行的地方，采用浪涌保护器(SPD)。

实现等电位连接的方法很重要，由于各方的要求有可能存在冲突，必须与通信网络的工作人员、电力工作人员和其他相关工作人员或管理部门进行讨论。

SPD的安装应便于以后检查。

注：在系统设计时应考虑：在LPS安装后，受保护建筑物外部的金属框架可能会受到影响。外部金属框架也需进行等电位连接。

6.2.2 金属装置的等电位连接

对分离的外部LPS，只能在地面上建立等电位连接。

对非分离的外部LPS，等电位连接可建立在以下位置：

a) 在建筑物基础或接近地平面位置。连接导线连接到连接排上。连接排的施工与安装应能允许人员很容易地接近并进行检查。连接排应与接地装置相连。对于大型建筑物（一般长度大于20 m），如果相互间进行了互联，可以安装多个连接排；

b) 当达不到绝缘要求时（见6.3）。

等电位连接尽可能走直线，连接线尽可能短。

注：建筑物内导电部件等电位连接后，应考虑部分雷电流会流入建筑物所产生的影响。

不同连接排之间的连接导线、连接排和接地装置之间连接导线的最小截面积见表8。

内部金属装置和连接排之间连接导线的最小截面积见表9。

表8 连接排之间、连接排和接地装置之间连接导线的最小截面积

LPS类型	材料	截面积/mm^2
Ⅰ—Ⅳ	铜	14
	铝	22
	钢	50

表9 内部金属装置和连接排之间连接导线的最小截面积

LPS类型	材料	截面积/mm^2
Ⅰ—Ⅳ	铜	5
	铝	8
	钢	16

在受保护建筑物内，如果气体管线或水管使用了绝缘部件，应该经水气供应商同意后，绝缘部件间采用SPD进行桥接。

SPD应满足如下要求：

——Ⅰ类测试；

——$I_{imp} \geqslant k_c I$，$k_c I$为流经外部LPS部件的雷电流（见附录C）；

——保护电压等级U_p低于部件间绝缘的冲击耐受水平；

——其他特性符合GB/T 18802.12—2006。

6.2.3 外部导电部件的等电位连接

对外部导电部件，等电位连接应尽可能在靠近建筑物入口位置实施。

连接导线应能承受流经的部分雷电流I_f（电流大小按GB/T 21714.1—2008附录E计算）。

如果不允许直接连接，则使用以下特征的SPD。

——Ⅰ类测试；

——$I_{imp} \geqslant I_f$，I_f为流经外部导电部件的雷电流（见GB/T 21714.1—2008附录E）；

——保护电压等级应U_p低于部件间绝缘的冲击耐受水平；

——其他特性符合GB/T 18802.12—2006。

注：在要求进行等电位连接，但不需安装LPS时，可使用低压电气装置的接地装置。GB/T 21714.2—2008提供了在何种情况下不需安装LPS的相关资料。

6.2.4 内部系统的等电位连接

必须按6.2.2a)和6.2.2b)进行等电位连接。

如果内部系统的导线有屏蔽层，或布放在金属管道内，则只需与屏蔽层和管道进行连接（见附录B）。

注：屏蔽层与管道连接时，可能会因与导线相连设备的过压而不可避免地引起故障。对这类设备的保护参见GB/T 21714.4—2008。

如果内部系统的导线没有屏蔽层也没放在金属管道内，则必须通过SPD连接。在TN系统中，PE和PEN导线应直接连接到LPS或通过SPD连接到LPS。

连接导线和SPD均应具有与6.2.2中所指的相同特性。

如果要求对内部系统进行防过压保护，SPD也应符合GB/T 21714.4—2008中第7章要求。

6.2.5 与受保护建筑物相连线路的等电位连接

电力线路、通信线路的等电位连接按6.2.3的要求进行。

每条线路的所有导线都应直接相连或通过一个SPD相连。带电导线只能通过SPD连接到连接排上。在TN系统中，PE或PEN导线应直接或通过SPD连接到连接排。

如果线路有屏蔽层或放在金属管道内，屏蔽层和管道应进行连接。如果屏蔽层或管道的截面积S_c不小于附录B估算的最小值$S_{c\,min}$，则不需进行等电位连接。

电缆屏蔽层或管道的等电位连接应在靠近进入建筑物的位置进行。

连接导线及SPD应具有与6.2.3所指的相同特性。

如果内部系统需进行浪涌保护，“SPD协调保护”应符合GB/T 21714.4—2008中第7章的要求。

注：在要求进行等电位连接但不需安装LPS时，可使用低压电气装置的接地装置。GB/T 21714.2—2008提供了在何种情况下，不需安装LPS的相关资料。

6.3 外部LPS的电气绝缘

接闪器之间、引下线和建筑物的金属部件、金属装置及内部系统间的电气绝缘可以通过使每各部分之间的距离d大于隔距s来实现。其中：

$$s = k_i \frac{k_c}{k_m} l \qquad (\mathrm{m}) \qquad \cdots\cdots(4)$$

式中：

k_i——取决于所选择的LPS类型（见表10）；

k_c——取决于流经引下线的雷电流（见表11）；

k_m——取决于电气绝缘材料(见表12);

l——接闪器或引下线上,需考虑隔距的点到最近等电位连接点的长度,m。

表10　外部LPS的绝缘——系数 k_i 的值

LPS类型	k_i
Ⅰ	0.08
Ⅱ	0.06
Ⅲ和Ⅳ	0.04

表11　外部LPS的绝缘——系数 k_c 的值

引下线的数目 n	详细值(见表C.1) k_c
1	1
2	0.66
3根和3根以上	0.44
3根和3根以上,5×5的网格或接闪系统的连续金属薄板	$1/n$
注:如每一接地极具有相同的接地电阻值,则对B型接地装置和A型接地装置均适用。如果单一接地极的接地电阻值明显不同,则 $k_c=1$。	

表12　外部LPS的绝缘——系数 k_m 的值

材料	k_m
空气	1
钢筋混凝土、砖瓦	0.5
注1:当有多种绝缘材料串接时,k_m 值取各种材料中较低的值。 注2:其他绝缘材料的使用正在考虑中。	

当线路或外部导电部件与建筑物连接时,必须保证在建筑物入口处进行等电位连接(直接相连或通过SPD相连)。

金属材料的建筑物或建筑物的混凝土框架电气连续、互联时,则不需考虑隔距要求。

7　LPS的维护和检查

7.1　检查应用

通过检查,确定以下内容:

a) LPS设计符合本部分要求;

b) LPS的所有部件状态正常,能实现设计功能,且没被腐蚀;

c) 所有新增加的服务设施或建筑已并入LPS系统。

7.2　检查程序

根据7.1,按以下顺序进行检查:

——在建筑物施工阶段,检查被埋接地极;

——安装完成后,检查LPS的情况;

——周期性检查。检查周期应根据受保护建筑物的特性来决定,例如:腐蚀问题、LPS类型等。

注:详细资料见附录E.7。

——建筑物改造或维修后,或建筑物遭受雷击后。

周期性检查时,应重点检查以下项目:

——接闪器部件、导线和接头的劣化或被腐蚀情况;

——接地极被腐蚀情况;

——接地装置的接地电阻值;

——连接情况、等电位连接情况和固定情况。

7.3 维护

定期检查是LPS进行可靠性维护的基本条件。所有检查结果应通知业主,且业主应立即组织维修。

8 关于接触和跨步电压引起人身伤害的防护措施

8.1 接触电压的防护措施

某些情况下,即使LPS的设计和施工符合上述要求,在建筑物外面、邻近LPS引下线附近区域还是可能会对人身产生危害。

采取下列任一措施,可将危害降低到可以容许的程度:

a) 减少人接近的概率,或减少在建筑物外停留的时间及接近引下线的时间;

b) 自然引下线由建筑物延伸的金属框架及建筑物内互联钢结构的几个钢柱构成时,保证自然引下线的电气连续性;

c) 引下线3 m范围内,土壤表层的电阻率不小于5 kΩ·m。

注:一般来说,5 cm厚的沥青(或15 cm厚的砂砾)绝缘材料,可以满足这一要求。

如果以上条件均不能满足,则可采取以下措施:

——将外露的引下线绝缘,使其具有100 kV、1.2/50(μs)的冲击耐受电压,例如:采用至少3 mm的交联聚乙烯;

——给出物理限制/或告警指示,减少人触摸引下线的概率。

所有防护措施应符合有关标准。

8.2 跨步电压的防护措施

某些情况下,即使LPS的设计和施工符合上述要求,在建筑物外面、邻近LPS引下线附近区域还是可能会对人身产生危害。

采取下列任一措施,可将危害降低到可以容许的程度:

a) 引下线3 m以内区域,人接近的概率很低且在危险区内停留的时间很短;

b) 引下线3 m以内区域,土壤表层的电阻率不小于5 kΩ·m。

注:一般来说,5 cm厚的沥青(或15 cm厚的砂砾)绝缘材料,可以满足这一要求。

如果以上条件均不能满足,则可采取以下措施:

——用网状接地装置实现等电位;

——引下线附近3 m范围内,给出物理限制和/或警告指示,减少接近危险区域的概率。

所有防护措施应符合有关标准。

附 录 A
（规范性附录）
接闪器的定位

A.1 应用保护角法时接闪器的定位

如果受保护建筑物能完全处于接闪器保护范围内，则可认为接闪器的位置是合适的。此时，受保护空间大小仅由金属接闪器的实际物理尺寸决定。

A.1.1 垂直杆状接闪器的保护空间

垂直杆状接闪器提供的保护空间可以假设为这样一个圆锥体：以接闪器最高点为顶点，接闪器本身为中轴，倾斜度为 α 的圆锥体，其中 α 值取决于 LPS 类型及接闪器高度（见表 2）。保护空间的示例见图 A.1和图 A.2。

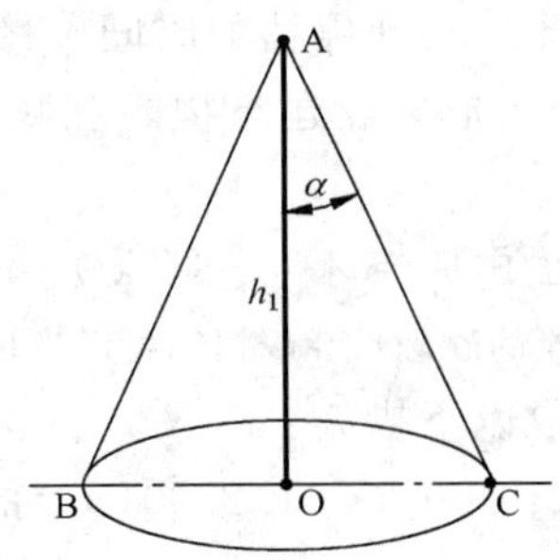

A——杆状接闪器的顶点；

B——参考平面；

OC——保护区域的半径；

h_1——杆状接闪器离参考平面的高度；

α——按照表 2 给出的保护角。

图 A.1 单根垂直杆状接闪器的保护空间

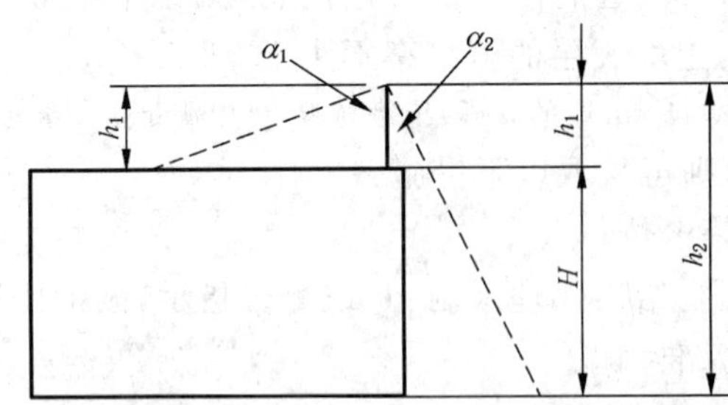

h_1——杆状接闪器的物理高度。

注：保护角 α_1 与接闪器的高度 h_1，即受保护屋顶上方的高度相关；保护角 α_2 与高度 $h_2=h_1+H$ 相关，地面为参考平面。α_1 与 h_1 有关，α_2 与 h_2 有关。

图 A.2 垂直接闪器的保护空间

A.1.2 导线型接闪器的保护空间

导线型接闪器的保护空间由导线上的各顶点处虚拟的垂直杆状接闪器所提供的保护空间组成。保护空间的示例见图 A.3。

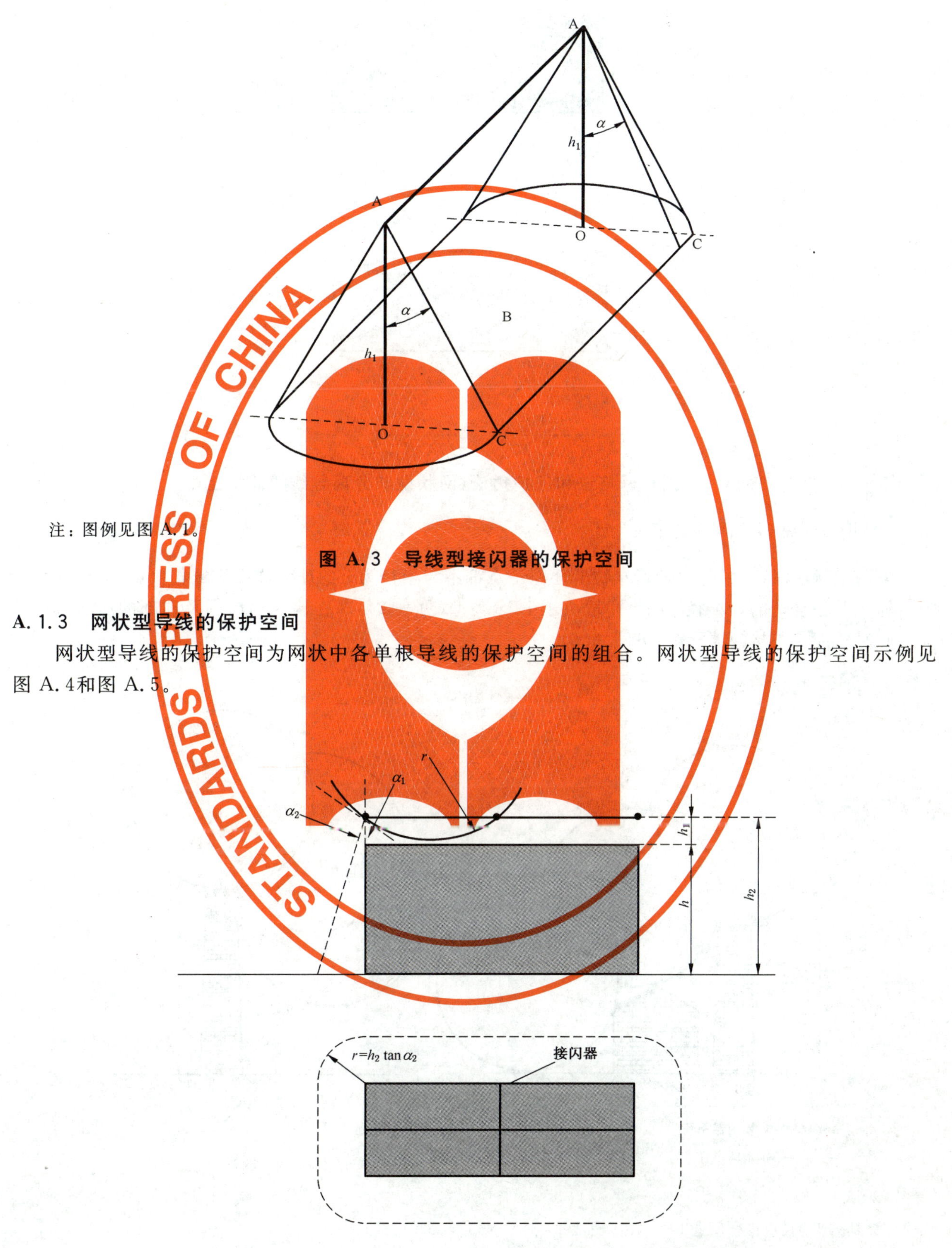

注：图例见图 A.1。

图 A.3　导线型接闪器的保护空间

A.1.3　网状型导线的保护空间

网状型导线的保护空间为网状中各单根导线的保护空间的组合。网状型导线的保护空间示例见图 A.4和图 A.5。

图 A.4　采用保护角法和滚球法，网状型分离导线的保护空间

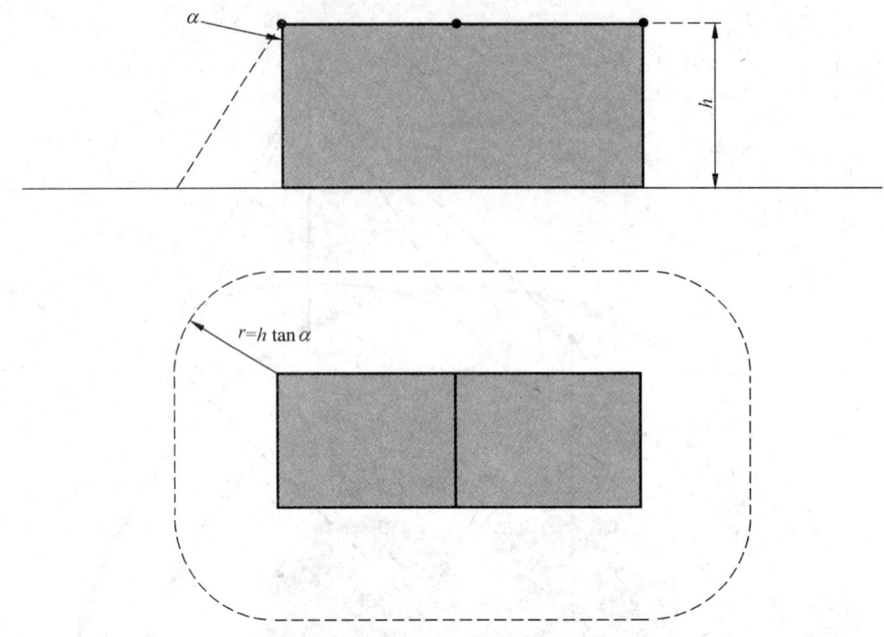

图 A.5 采用网格法和保护角法,网状型非分离导线的保护空间

A.2 采用滚球法时接闪器的定位

采用滚球法时,如果受保护建筑物上任何一点都不与半径为 r 的球体球面区域相接触,则可认为接闪器的位置是合适的。半径 r 的大小取决于 LPS 类型(见表 2),球在建筑物周围及顶部的所有方向滚动。此时球面仅与接闪器接触(见图 A.6)。

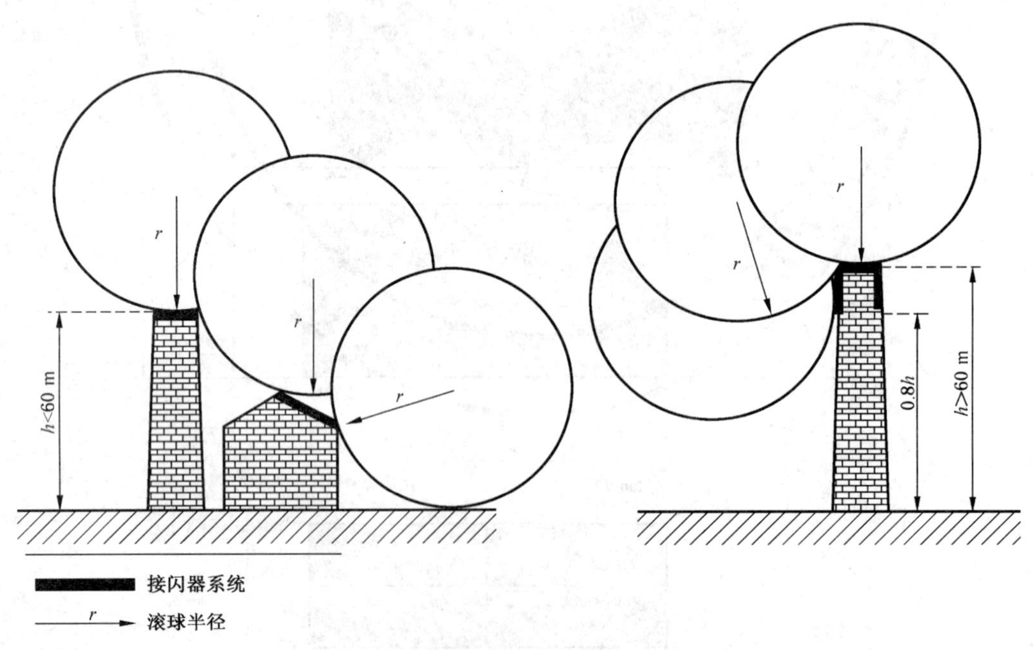

注 1:滚球半径应符合所选 LPS 类型(见表 2)。

注 2:$H=h$。

图 A.6 采用滚球法时,接闪器系统的设计对高度大于滚球半径 r 的所有建筑物,侧面可能会遭受闪击。侧面上,用滚球法可以接触到的每一点都可能是雷击点。但对低于 60 m 的建筑物,通常可忽略侧面闪击。

对比较高的建筑物,大部分雷闪将击中建筑物顶部、水平边缘以及建筑物的角。只有少部分雷闪会击中侧面。

此外,研究数据表明,在高层建筑物内,随着与地面高差降低,其遭受侧面闪击的概率显著减少。因而应考虑高层建筑物的上部(一般在建筑物高度的 20%处)安装侧面接闪器系统。此时,仅在建筑物上部,采用滚球法进行接闪器的定位。

A.3 采用网格法时接闪器的定位

对满足以下所有条件的扁平建筑物,整个表面的保护可采用网格法:

a) 接闪器导体处于以下位置:

屋顶屋檐处;

屋顶悬垂处;

当屋顶坡度超过 1/10 时,接闪器导体位于屋顶屋脊处;

注 1:适用于对无弧度的水平屋顶和斜屋顶。

注 2:适用于建筑物的扁平侧面防闪击。

注 3:如果屋顶坡度超过 1/10,可用平行的避雷线代替网格。此时,使避雷线间的间隔不大于网格所要求的宽度。

b) 接闪器网络的尺寸不大于表 2 中的给定值;

c) 接闪器网络应使雷电流至少通过两条金属路径到接地装置;

d) 接闪器保护空间外部没有任何突出的金属装置;

e) 接闪器导线应尽可能短且尽可能走直线。

附 录 B
（规范性附录）
进线电缆屏蔽层为防止火花所要求的最小截面积

由于屏蔽层携带雷电流，带电导体与电缆屏蔽层间的过电压可能会引起危险火花。过电压与屏蔽层的材料及尺寸、电缆的长度与位置相关。

为避免火花，屏蔽层的最小截面积 $S_{c\ min}$（mm^2）为：

$$S_{c\ min} = \frac{I_f \times \rho_c \times L_c \times 10^6}{U_w} \quad (mm^2) \qquad \cdots\cdots\cdots(B.1)$$

式中：

I_f——流经屏蔽层的雷电流，kA；

ρ_c——屏蔽层的电阻率，Ω·m；

L_c——电缆长度，m（见表 B.1）；

U_w——由电缆供电的电子/电气系统的脉冲耐受电压，kV。

表 B.1 根据屏蔽层使用条件确定电缆长度

屏蔽层使用条件	L_c
与电阻率为 ρ(Ω·m)的土壤直接接触	$L_c \leqslant 8\sqrt{\rho}$
与土壤绝缘或在空气中	L_c 为建筑物与最近屏蔽层接地点的距离

注：应确定当雷电流沿屏蔽层或导线流过时，导线绝缘层可能会出现不可承受的温升。详细资料见GB/T 21714.4—2008。

电流限值为：

——屏蔽电缆：$I_f = 8S_c$。

——非屏蔽电缆：$I_f = 8n'S_c'$。

其中，I_f——流经屏蔽层的电流，kA；

n'——导线数量；

S_c——屏蔽层的截面积，mm^2；

S_c'——单一导线的截面积，mm^2。

附　录　C
（资料性附录）
引下线中雷电流的分配

引下线中的雷电流分流系数 k_c 由引下线数量及位置、互联环形导体、接闪器类型、接地装置类型等决定，见表 C.1。

表 C.1 适用于每个接地极具有相同接地电阻的 A 型接地装置及所有 B 型接地装置。

表 C.1　系数 k_c 的取值

接闪器类型	引下线数量 n	k_c	
		A 型接地装置	B 型接地装置
单一杆状 线状 网状	1 2 大于或等于 4	1 0.66[d] 0.44[d]	1 0.5…1(见图 C.1)[a] 0.25…0.5(见图 C.2)[b]
网状	大于或等于 4，通过水平环形接地导线相连	0.44[d]	$1/n$…0.5(见图 C.3)[c]

[a] k_c 取值范围由 0.5($c \ll h$)至 1($h \ll c$)变化(见图 C.1)；

[b] 图 C.2 中 k_c 是对矩形建筑且 n 大于等于 4 的情况下的近似计算。h、C_s、C_d 的取值范围为 5 至 20 m；

[c] 如果引下线用环形导线水平连接，则引下线下中位置较低的部分其雷电流分流更均匀，且 k_c 值更低。尤其对高层建筑物更有效；

[d] 上述值同样适用于具有相近接地电阻的单个接地极。单个接地极的接地电阻差异明显时，k_c 值取 1。

注：k_c 也可采用经详细计算后得出的其他值。

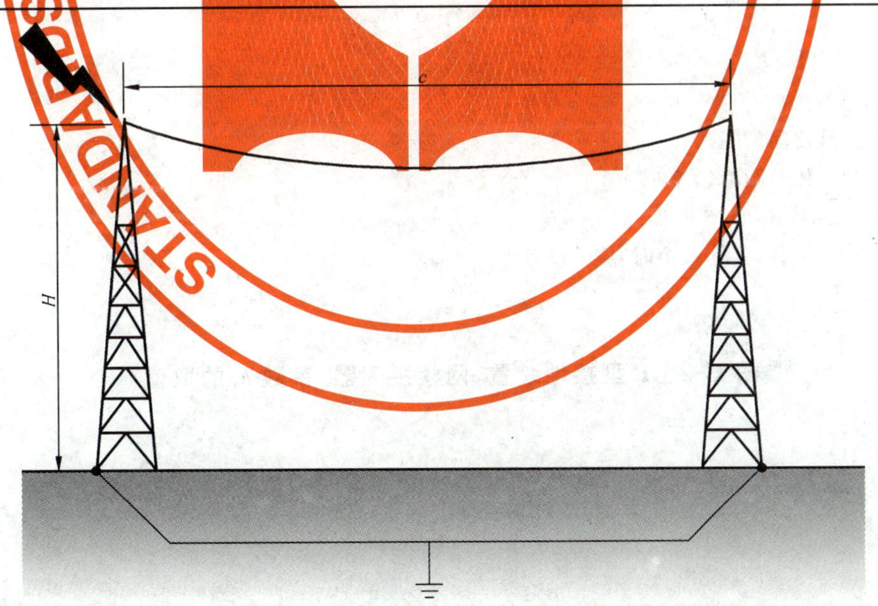

$k_c = \dfrac{h+c}{2h+c}$。

注：$H=h$。

图 C.1　B 型接地装置，导线型接闪器，系数 k_c 的取值

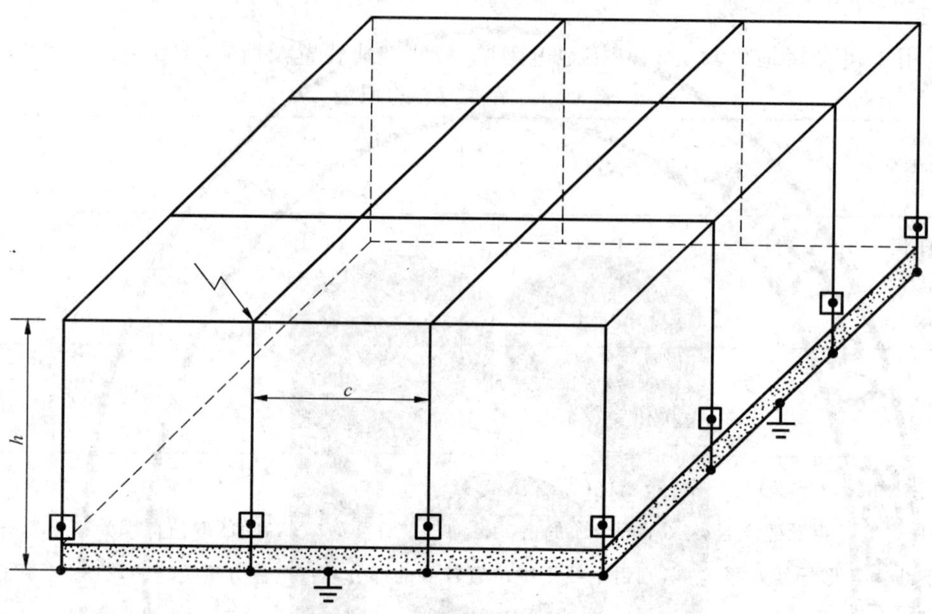

$$k_c = \frac{1}{2n} + 0.1 + 0.2 \times \sqrt[3]{\frac{c}{h}}$$

式中：

n——引下线的总数量；

c——相邻两引下线之间的距离；

h——相邻两环形导体的距离(或高度)。

注 1：系数 k_c 的详细计算，见图 C.3。

注 2：如果有内部引下线，计算 k_c 值时，应予以考虑。

图 C.2　B 型接地装置，网状接闪器，系数 k_c 的取值

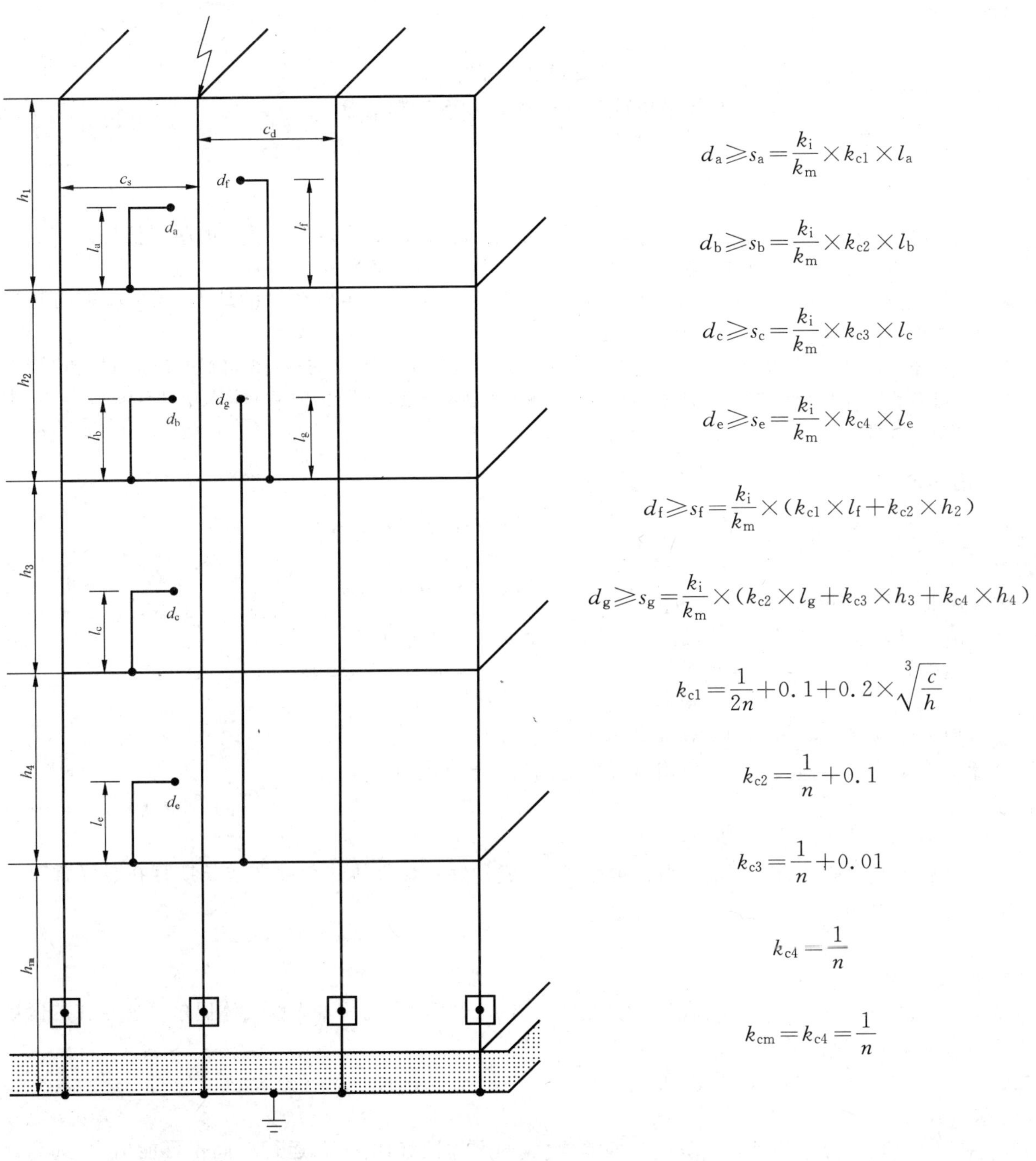

n——引下线的总数量；　　m——楼层总数；

c_s——与最近引下线相隔距离；　　C_d——到另一侧引下线距离；

h——环形导体间的距离(或高度)；　　d——到最近引下线的距离；

S——隔距；　　l——等电位连接点上方高度。

注 1：系数 k_c 的详细计算见图 C.3。

注 2：如果有内部引下线，则应根据其进入情况计算 k_c 值。

图 C.3　B 型接地装置，网状型接闪器，各层的环形引下线互联时隔距的计算

附 录 D
(资料性附录)
存在爆炸危险建筑物的 LPS 附加信息

D.1 总则

本附录为处于爆炸危险区域的建筑物提供设计、施工、扩建及防雷系统变动时的附加信息。

注 1:本附录提供的信息基于实践中安装在有爆炸危险区域的雷电防护系统。

根据主管部门要求或 GB/T 21714.2—2008 风险评估结果需要雷电防护的地方,至少应采用Ⅱ级 LPS。对特殊应用,本附录中提供了附加信息。

注 2:除了由于技术上应当采用Ⅱ级 LPS 或主管部门要求采用Ⅱ级 LPS 外,在任何情况可采用Ⅰ级 LPS,特别是那些建筑物内物体对雷电特别敏感的环境。此外,雷电活动不频繁和/或建筑物内物体灵敏度不高的地方,在主管部门许可时选择采用Ⅲ级 LPS。

D.2 术语和定义

除本部分内第 3 章的术语和定义外,下列术语和定义适用于本附录。

D.2.1

分离火花间隙 isolating spark gap

用于电气导电装置各部分之间的隔离,具有一定放电距离的元件。

注:在发生雷电闪络时,由于雷电放电作用,导致装置的各部分之间有短暂的连通。

D.2.2

固体爆炸性材料 solid explosive material

固体化合物、混合物或装置,主要用途或普通用途用于爆炸。

D.2.3

0 区 zone 0

由空气和易燃物质混合物(气体、蒸汽或烟雾)组成的爆炸性气体连续存在或长期存在或经常存在的区域。

D.2.4

1 区 zone 1

正常运行期间,由气态易燃物质混合物(煤气、蒸汽或烟雾)组成的爆炸性气体偶尔可能存在的区域[IEV 426-03-04 修订版]。

D.2.5

2 区 zone 2

由气态易燃物质混合物(煤气、蒸汽或烟雾)组成的爆炸性气体,正常运行期间不可能出现,如果出现,仅持续短暂时间的区域[IEV 426-03-05 修订版]。

注 1:该定义中,"持续"是指易燃气体存在的总时间。一般为气体释放持续时间、停止释放后易燃气体扩散时间之和。

注 2:出现频率、持续时间等指标可以从专门的工业或应用中相关规程中得出。

D.2.6

20 区 zone 20

空气中含有易燃粉尘爆炸性气体连续存在、长期存在或经常存在的区域[IEC 61241-10:1997 修订版]。

D.2.7

21 区 zone 21

正常运行期间,空气中含有易燃粉尘爆炸性气体偶尔可能存在的区域。

D.2.8

22 区 zone 22

空气中含有易燃粉尘爆炸性气体的区域，正常运行期间不可能出现，如果出现，仅持续短暂时间。

D.3 基本要求

D.3.1 总则

防雷系统设计、安装应使在遭受直击雷的地方，除雷击点外，不存在熔化或喷溅现象。

注：雷击点处可能会出现火花或被损坏，在确定接闪器位置时应考虑到这一点。引下线应按以下方式安装：由相对危险源引起的自燃温度不应超过在危险区外不可能安装引下线的地方的温度。

D.3.2 需求信息

受保护建筑物的设计图纸应提供给防雷系统安装人员/技术人员，放置或储存固体爆炸性材料的区域也应根据 IEC 60079-10:2002 和 IEC 61241-10:2004 予以适当标识。

D.3.3 接地

根据 5.4.2.2，存在爆炸危险建筑物的所有防雷系统，其接地装置优先采用 B 型接地装置。

注：建筑物结构可提供等效的 B 型接地装置的环形导体(例如：金属储藏罐)。

储有固体爆炸性材料和爆炸性混合物的建筑物，其接地装置的接地电阻应尽可能小，不应大于 10 Ω。

D.3.4 等电位连接

LPS 部件与其他导电装置之间、所有导电装置部件之间等电位连接，根据 6.2 要求，应保证处于爆炸性材料可能存在的危险区域内：

——在地面；

——在导电部件之间的距离小于隔距 s 的地方(计算时假设 $k_c=1$)。

注：由于存在危险的局部放电，仅对没有爆炸性混合物的区域，考虑隔距。在火花可能引起周围着火的地方，为保证 0 区和 20 区内不产生内部火花，有必要进行其他等电位连接。

D.4 储存固体爆炸性材料的建筑物

对储存固体爆炸性材料的建筑物，防雷设计应考虑建筑物内使用或储存材料结构上的敏感性。例如，除本附录所包含的材料外，一些非敏感性块状爆炸性材料不需要考虑。一些敏感爆炸性材料的结构可能会对快速变化的电场/或雷电脉冲电磁场的辐射比较敏感，对该类应用，有必要提出其他等电位连接或屏蔽要求。

对储存固体爆炸性材料的建筑物，可采用分离的外部 LPS(见 5.1.2 定义)。如果建筑物完全包含在 5 mm 厚的钢结构或等效结构(例如：7 mm 厚的铝结构)内，可认为受到自然接闪器系统(定义见 5.2.5)的保护，其接地要求见 5.4。

在所有存在爆炸性材料的地方，浪涌保护器(SPD)应作为 LPS 的一部分。条件许可时，SPD 应安装在固体爆炸性材料所在区域的外面。对安装在存在暴露的爆炸性材料或爆炸性粉尘区域内部的 SPD，应采用防爆炸型 SPD 或将 SPD 密封在防爆炸的容器中。

D.5 含有危险区域的建筑物

D.5.1 总则

如果条件允许，外部 LPS 的所有部件(接闪器和引下线)至少应远离危险区域 1 m。如果条件不允许，距危险区 0.5 m 区域内经过的导线应连续，应进行牢固焊接或压接。

对可能会被雷电击穿的金属薄板下方的危险区域(见 5.2.5)，应根据 5.2 的要求采用接闪器。

D.5.1.1 浪涌抑制

如果条件允许,浪涌保护器应安装在危险区外面。在危险区内安装浪涌保护器,应经过审批后才可。经批准后,将浪涌保护器放在一个盒子里,而且应保证服务设施允许安装这种装有浪涌保护器的盒子。

D.5.1.2 等电位连接

LPS的等电位连接,除按D.3.4要求进行连接外,还应根据IEC 60079-14:2002,IEC 61241-14:2004规范性要求进行等电位连接。

与管道的连接应使得雷电流通道上不出现危险火花。在管道突出部分或法兰盘上的螺栓、螺孔处进行焊接,是与管道进行连接的合适方法。仅允许在出现雷电流时,经测试和检查证明具有自燃保护可保证连接可靠性的条件下,进行夹接。容器、油罐车的接地点和连接点应提供焊接。

D.5.2 包含2区、22区的建筑物

对存在2区、22区的建筑物,可以不需要补充防雷措施。

对金属材料的生产设施(例如:2区、22区内的户外立柱、电抗线圈、容器),其厚度和材料符合表3的要求,可采用以下措施:

——不需接闪器和引下线;

——生产设施应按条款5的要求接地。

D.5.3 包含1区、21区的建筑物

对存在1区、21区的建筑物,防雷可采用2区、22区的要求,此外:

如果输送管道使用了绝缘部件,使用人员应决定防护措施。例如:采用防爆的分离火花间隙可避免击穿放电。

分离火花间隙和绝缘部件应置于爆炸危险区外。

D.5.4 包含0区、20区的建筑物

对存在0区、20区的建筑物,可采用D.5.3的要求,补充以下条款:

防雷装置和其他装置/仪器/设备间的等电位连接应先得到系统维护人员许可。采用火花气隙进行雷电等电位连接可不需得到系统维护人员同意。所有设备应适合于安装环境。

对0区、20区的户外设施,防雷可采用1区、2区、21区、22区的要求,补充以下条款:

安装易燃液体容器内部的电气设备,应根据建筑物类型采取防雷措施。

0区和20区内部封闭的钢质容器,在可能遭受雷击的点,壁厚至少为5 mm。在容器比较薄时,应安装接闪器。

D.5.5 特殊应用

D.5.5.1 加油站

位于2区或22区危险区域的油罐车、铁路、油轮等加油站,金属管线应按条款5的要求接地。考虑到铁轨电流、杂散电流、阴极防腐蚀等因素,如果有钢筋、钢轨的地方,管道应与钢筋、钢轨相连(如果在危险区域内,安装分离火花气隙,应事先得到批准)。

D.5.5.2 存储罐

储存可产生易燃气体的液体的构筑物或存储易燃气体的构筑物基本上处于自我保护(包括厚度不小于5 mm的钢的金属容器或厚度不小于7 mm的铝容器,无火花气隙),不需采取其他保护措施。同样地,被土壤覆盖的储油罐和输送管道也不需安装接闪器。在这些装置内使用仪器、设备必须得到批准,且应根据建筑物类型进行雷电防护。

独立的储存罐或容器应按条款5进行接地,如果储存罐或容器的最大水平尺寸(直径或长度)小于20 m,进行一次接地;超过20 m,进行二次接地。

对油罐厂(例如:炼油厂和油库)内的多个油罐,每个油罐仅进行单点接地就足够了,与油罐的最大尺寸无关。油罐厂内油罐之间应互相连接。除根据表7、表8进行连接外,根据5.3.5,由于连接的管线具有电气连接性，可用于罐之间互联。

对于浮顶罐，浮顶应与主罐体的外壳有效连接。设计需仔细考虑焊缝、分流器及其相对位置，使因火花引燃爆炸性混合物的风险降至最低水平。当安装了滚梯时，用宽 35 mm 的软性连接导线将梯子和灌顶及梯子和浮顶之间进行跨接。如果到浮顶没有安装滚梯，罐体外壳和浮顶之间可用一根或多根（依据罐的尺寸而定）宽 35 mm 的软性连接导线或类似导线连接。连接导线应沿顶部的排水沟布放且不能形成环路。在浮顶罐上，围绕顶部外围每隔 1.5 m，在浮顶和罐体外壳之间布放多根连接线，连接线材料根据产品及环境要求来选择。对雷电放电脉冲电流的防护，可选用在罐壳和浮顶之间安装适当的连接导线，但这种方法只能在经测试合格并采取措施保证连接可靠的情况下采用。

D.5.5.3 管道

设施外部的架空管道应每隔 30 m 接地一次，应采用水平接地极或垂直接地极接地。远距离传输易燃液体的线路可采用以下方法：

——对抽吸装置、滑动装置和类似装置，包括金属屏蔽管在内的所有引入管应采用截面积至少为 50 mm^2 的线缆跨接。

——跨接电缆应采用专门焊接片或防松动的螺栓连接，同时固定到引入管的法兰上。绝缘部件应用火花间隙跨接。

D.6 检查和维护

LPS 的检查和维护，见附录 E.7。

附　录　E
（资料性附录）
LPS 的设计、施工、维护和检查指南

E.1　总则

本附录提供 LPS 设计、施工、维护及检查指南。

本附录仅与本标准的其他部分共同使用才有效。

本附录的防护技术已获国际专家认可。

注：所给图例仅为其中的一种保护方法，其他方法同等有效。

E.2　附录的内容结构

附录 E 中主条款号与本部分正文的主条款号对应，便于对照参考。本附录未使用条款号 E.3。

E.3　空缺

E.4　LPS 设计

E.4.1　基本要点

对现有建筑物，LPS 施工时，应与符合本标准且具有相同防护水平的其他防雷措施进行比较，以减少投入。可根据 GB 21714.2—2008 选择最合适的防护措施。

LPS 的设计和安装应由专门的 LPS 设计人员及安装人员完成。

LPS 的设计人员与安装人员应具备评估雷电放电的电气效应、热效应及机械效应等能力，应熟悉电磁兼容（EMC）的基本原理。

而且，LPS 设计人员应具备评估腐蚀影响及判断何时求助防雷专家的能力。

安装人员应经过培训，能根据本部分要求和我国建筑施工条例来正确安装 LPS 部件。

LPS 的设计和安装可由同一人承担。一个专业的设计、安装人员，要求具备透彻的相关标准理论及几年的工作经验。

LPS 的设计、施工及测试涵盖了许多技术领域，也对与建筑物相关部门之间的协调能力提出了要求，以保征用最小的投入达到预定的雷电防护水平。如果每一管理步骤都按照图 E.1 流程图，则 LPS 的管理是高效的。尤其对包含大量电气电子设备的建筑物，质量保证措施十分重要。

质量保证措施从设计阶段开始，在该阶段，所有图纸应经审批。在 LPS 施工阶段，应对施工完成后进行维护时不能接近到的所有 LPS 主要部件进行检查。质量保证措施也贯穿验收阶段，在 LPS 的最后测试完成时，应同时完成最终测试文献。在 LPS 的整个使用寿命期内，应根据维护程序，周期性地进行仔细检查。

建筑物及其安装设备发生变动的地方，应检查和判定现有防雷措施是否符合本部分要求。如果发现防护措施不够，应立即改进。

接闪系统、引下线、接地系统、等电位连接、部件的材料、范围和尺寸均应符合本部分要求。

E.4.2　LPS 设计

E.4.2.1　设计步骤

在 LPS 详细设计前，设计人员应尽可能获得关于建筑物的用途、总体设计、施工、配置的基本信息。

在未得到主管部门、保险公司或业主认可时，设计人员应根据 GB/T 21714.2—2008 的风险评估结果来决定建筑物是否安装 LPS。

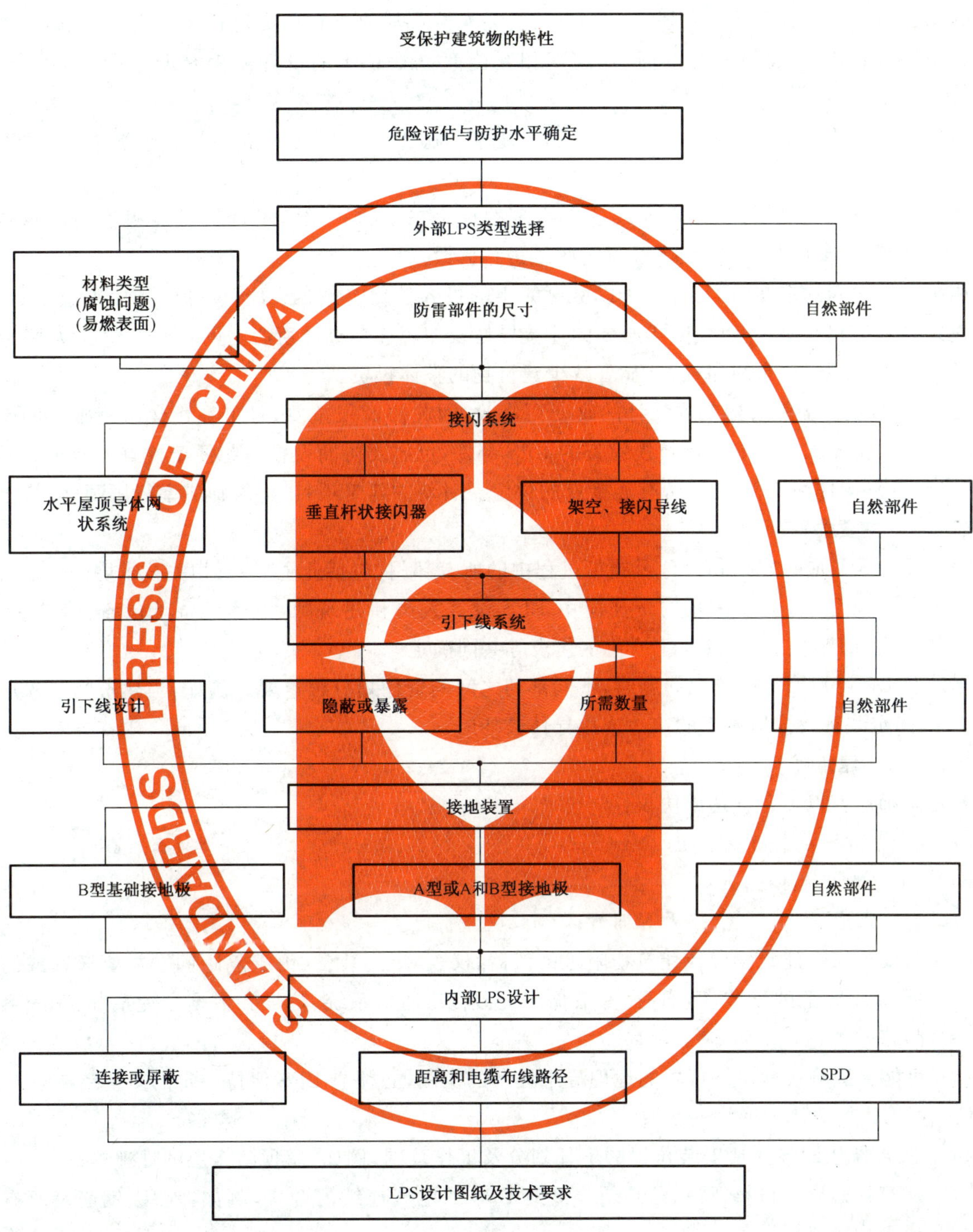

注：要求建筑师、电气工程师和防雷设计人员全面合作。

图 E.1　LPS 设计流程

E.4.2.2 协商

E.4.2.2.1 基本信息

在新建筑物的设计和施工阶段，设计人员、安装人员及其他所有负责建筑物内设备、建筑物常规用途的人员（例如：业主、建筑物开发商）应定期相互协商。图E.1的设计流程有助于进行LPS的合理设计。

对现有建筑物，在LPS设计及施工阶段，应定期与施工、使用、安装和入户设施等负责人举行协商会议。

协商会议由业主、建筑物开发商或各方指定的代表来安排。LPS设计人员应提供现有建筑物的LPS设计图纸，必要时，LPS安装人员可对图纸进行修改。

相关部门之间的定期协商，有助于以尽可能小的投入获得有效的LPS设计。一般来说，LPS的设计与建筑物施工相互协调，可免除不必要的连接导体及缩短连接导体所必需的长度。建筑物内，对各种设备的安装采用共同的布线路径，会显著减少建筑物的整体投资。

由于LPS设计需随着建筑物设计的改变而修改，因此协商很重要，且贯穿于建筑物施工的整个阶段。对于建筑物竣工后不能进行目视检查的LPS部件，也需要协商设置一些便于检查的装置。在协商中，应确定自然构件和LPS之间所有连接点的位置。对新的建筑项目，建筑师应举行协调、协商会议。

E.4.2.2.2 主要协商部门

防雷设计人员应与建筑物设计及施工过程中的所有部门（包括业主）举行相关技术协商会议。

LPS安装过程中，交叉区域的责任应由LPS设计人员和建筑师、电子设备承包商、建筑承包商、LPS安装人员（LPS供应商）及业主或业主代表等共同确定。

当涉及LPS设计管理、施工问题时，不同部门之间的责任划分很重要。例如：当建筑物防水层被屋顶的LPS固定装置或被地基下的接地连接导体破坏时。

E.4.2.2.2.1 建筑师

和建筑师应就以下条款达成协议：

a) 所有LPS导线布线路径；
b) LPS部件的材料；
c) 金属管道、供水系统、扶手等细节；
d) 将要安装在建筑物内或建筑物附近的仪器、仪表、车间装备，由于隔距问题需要迁移或需要连接到LPS上的细节，例如：报警系统、安全系统、通信系统、信号和数据处理系统、无线系统和闭路电视；
e) 可能会影响接地网络位置的地埋导电设备的范围，必须与LPS保持一定的安全距离；
f) 可用于构造接地网络的区域；
g) 建筑物内LPS主要安装位置的责任划分及工作范围，例如：屋顶防水层的处理等；
h) 建筑物的导电材料，特别是必须连接到LPS的电气连续的金属，例如：支柱、钢筋及所有进出建筑物的金属设备；
i) LPS的外形；
j) LPS对建筑物结构的影响；
k) 与混凝土钢筋相连接的点的位置，特别是外部导电设备的入口点（例如：管道、屏蔽电缆等）；
l) LPS与邻近建筑物LPS之间的连接。

E.4.2.2.2.2 公共事业部门

入户设施与LPS直接连接，在不能进行直接连接的地方，由于可能存在冲突，应与相关部门或运营商讨论后,通过火花气隙或SPD相连。

E.4.2.2.2.3 **防火和安全管理机构**

需就以下条款与防火和安全管理机构达成协议:

——报警系统、灭火系统的安装位置;

——管道的布放路径、原材料及其密封;

——易燃材料屋顶的建筑物采用的防护措施。

E.4.2.2.2.4 **电子设备和外部天线的安装人员**

需就以下条款与电子设备和外部天线的安装人员达成协议:

——架空支柱、电缆屏蔽层与LPS的隔离或连接;

——架空电缆、内部网络的布线路径;

——浪涌保护器的安装。

E.4.2.2.2.5 **施工人员和安装人员**

需就以下条款与施工人员和安装人员达成协议:

a) 施工人员提供LPS类型、安装位置及主要部件的数量;

b) LPS设计人员(LPS承包商或LPS供应商)提供的所有部件,应由安装人员安装;

c) 在建筑物下面的LPS导体的安装位置;

d) 在施工阶段可能使用的任何LPS部件,例如:起重机、吊车、其他金属设备的接地采用永久性接地网;

e) 对钢架结构建筑物,接地装置和LPS其他组件相连时,使用的支柱数量和位置;

f) 适合用作LPS部件的任何金属面;

g) 当金属面作为LPS组件时,使金属立面上的独立部件保持电气连续性的方法及与其余LPS相连的方法;

h) 从地上或地下进入建筑物的设备的特性及位置。包括传输送设备、电视机、无线天线金属支座、金属暖气管道等;

i) LPS的接地系统与电源设备、通信设备连接时的协调;

j) 标志杆、屋顶机房(例如:发电机房、通风、加热和空调房、水箱)的位置、数量及其他显著特征;

k) 为确定合适的LPS导体固定方法,尤其是为了保持建筑物的防水性能时,屋顶和墙所使用的结构;

l) 提供穿过建筑物的洞孔便于LPS引下线自由通过;

m) 提供与钢框架、混凝土钢筋和建筑物内其他导体的连接;

n) 对以后难以接近的LPS部件(例如:密封在混凝土中的钢筋)的检查频率;

o) 为防止导体腐蚀选择最适合的金属,特别在不同金属材料之间进行连接的点;

p) 测试接头的易接近性,为防止机械损坏和盗窃,提供非金属的保护封装,降低标志杆或其他可移动部件的高度,特别是注意对烟囱进行周期性检查;

q) 准备与上述细节相关联的图纸,标明所有导体和主要部件的位置;

r) 与钢筋混凝土相连点的位置。

E.4.2.3 **电气和机械要求**

E.4.2.3.1 **电气设计**

LPS设计人员应选择合适的LPS,以获得最好的效果。根据建筑物的几何设计来决定使用分离的LPS、非分离的LPS或采用两者相结合的防雷方式。

在LPS设计前,应进行土壤电阻率测试,且考虑电阻率随季节变化的特性。

LPS的基本电气设计过程中,合理使用建筑物的导电部件作为LPS的自然部件,或作为LPS的组件。

LPS设计人员有责任评估自然部件的物理特性和电气特性,应保证能满足本部分最基本的要求。

需慎重考虑使用金属加强结构(例如:混凝土钢筋)作为防雷导体,应了解国家有关建筑标准。混凝土中的钢筋可作为LPS导体,也可作为导电屏蔽层减少由于通过分离的LPS的雷电流所产生的电磁场。特别是当建筑物中包含大量的电气电子设备时,采用分离LPS使保护变得简单。

为满足5.3.5中关于自然部件的最基本要求,需对引下线的安装作严格规定。

E.4.2.3.2 机械设计

完成电气设计后,设计人员应与建筑负责人就机械问题协商。

除了选择合适的原材料来防止腐蚀外,美观上的考虑同样特别重要。

LPS不同部件的防雷部件,其最小尺寸见表3、表6、表7、表8和表9。

LPS的原材料见表5。

注:其他部件(例如:杆状接闪器、夹具)的选择可参考国家有关标准。选择时应考虑部件的温升和机械强度。

当与表5、表6、表7中规定的尺寸和原材料有差异时,应根据表1中定义的LPS防护水平选择雷电放电电气参数,设计人员、安装人员应预计雷电放电情况下防雷导体的温升并标注其尺寸。

当对固定部件(部件为易燃材料或其熔点较低)而言,需关注表面温度持续升高问题时,可采取较大的截面积及其他安全预防措施,例如:固定的避开装置、加入防火层等。

LPS设计人员应标明存在腐蚀问题的所有区域,并指定相应措施。

可通过增大原材料尺寸、使用防腐蚀部件或采取其他防腐蚀措施,来减少LPS的腐蚀影响。

LPS设计人员和安装人员应指定导体的固定装置,使导线能承受雷电流的电气力学冲力和由于温升引起的导体膨胀。

E.4.2.4 计算

E.4.2.4.1 系数 k_c 的计算

引下线中雷电流分流系数 k_c 与引下线的数量 n、引下线位置以及互联环形导体、接闪器、接地系统的类型有关(见表C.1和图C.2、图C.3)。

安装了A型接地极的屋顶,系数 k_c 可根据图E.2来确定。

对需考虑隔距的点,隔距取决于该点与接地极或最近等电位连接点间最短路径上的电压降。

如果整段导线上具有相同电流,空气中,隔距的计算公式为:

$$s = k_i \times k_c \times l \qquad \text{(E.1)}$$

如果电流不同,则应考虑每段导线的电流,此时:

$$s = k_i(k_{c1} \times l_1 + k_{c2} \times l_2 + \cdots + k_{cn} \times l_n) \qquad \text{(E.2)}$$

雷击点及需考虑隔距的点,k_c 值可能不同。

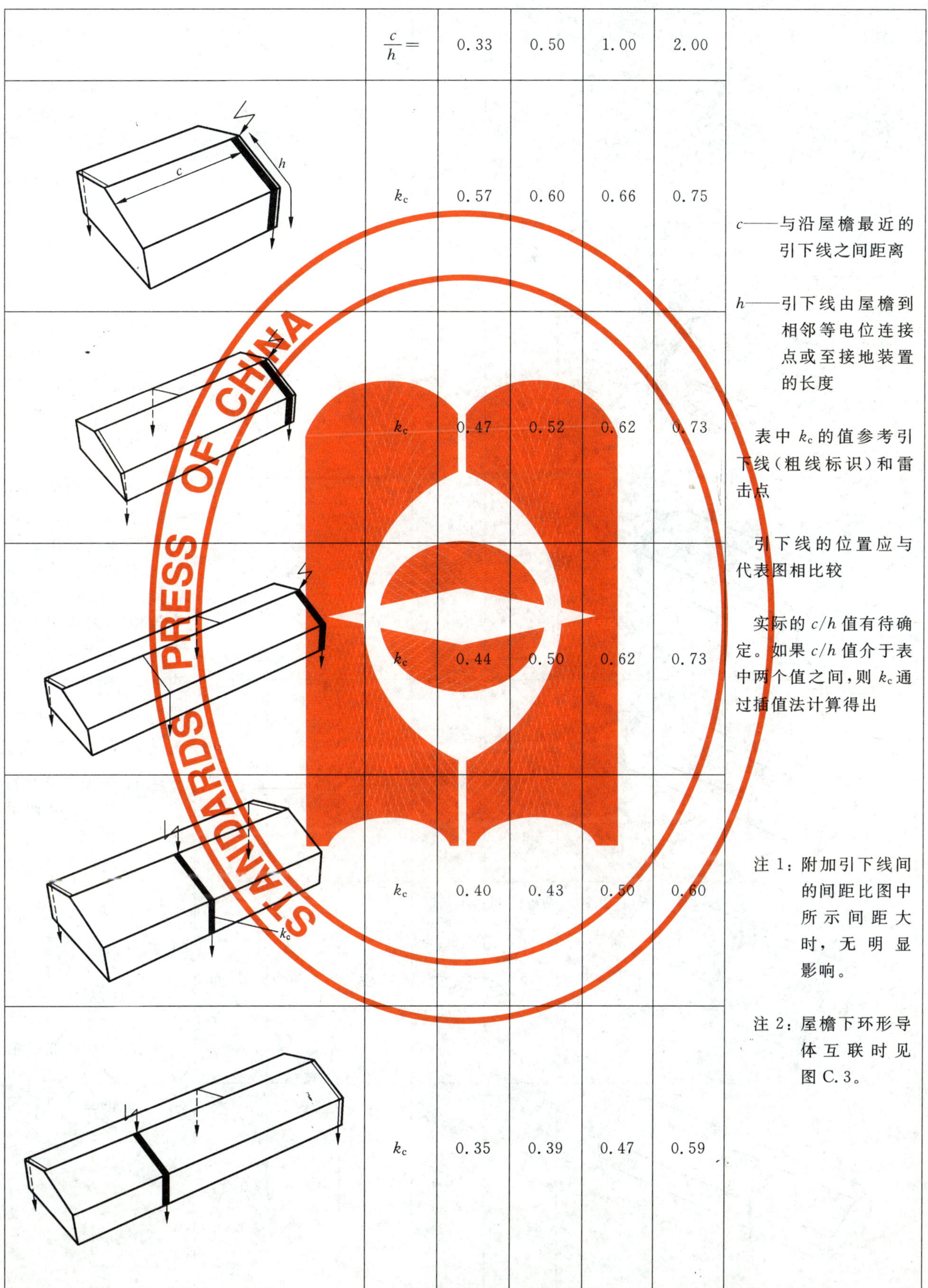

	$\frac{c}{h}=$	0.33	0.50	1.00	2.00
(图：c, h)	k_c	0.57	0.60	0.66	0.75
	k_c	0.47	0.52	0.62	0.73
	k_c	0.44	0.50	0.62	0.73
(图：k_c)	k_c	0.40	0.43	0.50	0.60
	k_c	0.35	0.39	0.47	0.59

c——与沿屋檐最近的引下线之间距离

h——引下线由屋檐到相邻等电位连接点或至接地装置的长度

表中 k_c 的值参考引下线（粗线标识）和雷击点

引下线的位置应与代表图相比较

实际的 c/h 值有待确定。如果 c/h 值介于表中两个值之间，则 k_c 通过插值法计算得出

注 1：附加引下线间的间距比图中所示间距大时，无明显影响。

注 2：屋檐下环形导体互联时见图 C.3。

图 E.2　顶部装有接闪器和 B 型接地装置的斜面屋顶，系数 k_c 的值

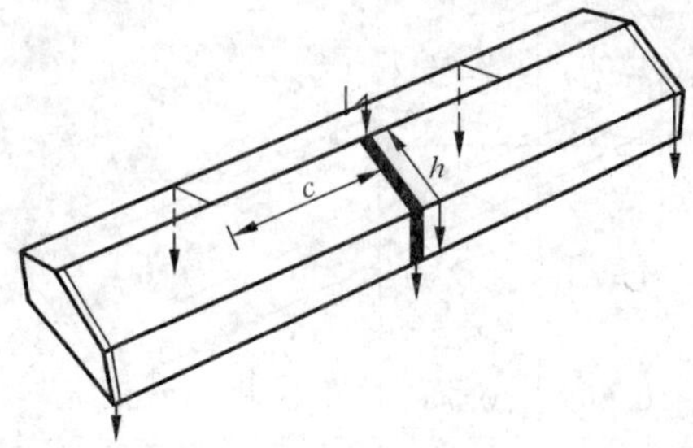	k_c	0.31	0.35	0.45	0.58	注 3：并联电阻的值可用图 C.1 中的公式进行简单计算。
	$\frac{c}{h}=$	0.33	0.50	1.00	2.00	c——与沿屋檐最近的引下线之间的距离 h——引下线由屋檐到相邻等电位连接点或至接地装置的长度 表中 k_c 的值参考引下线（粗线标识）和雷击点 注 1：附加引下线间的间距比图中所示间距大时，无明显影响。 注 2：屋檐下环形导体互联时见图 C.3。 注 3：并联电阻的值可用图 C.1 中的公式进行简单计算。
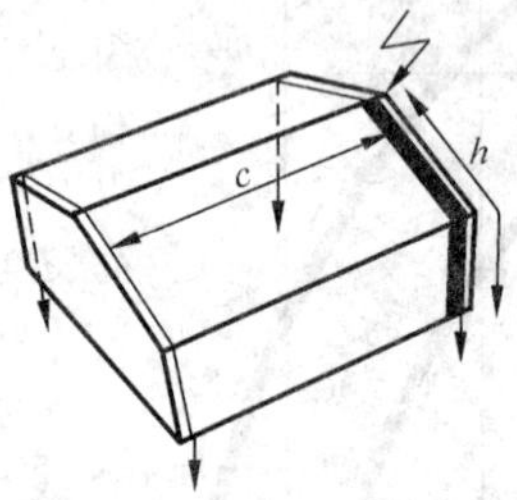	k_c	0.31	0.33	0.37	0.41	
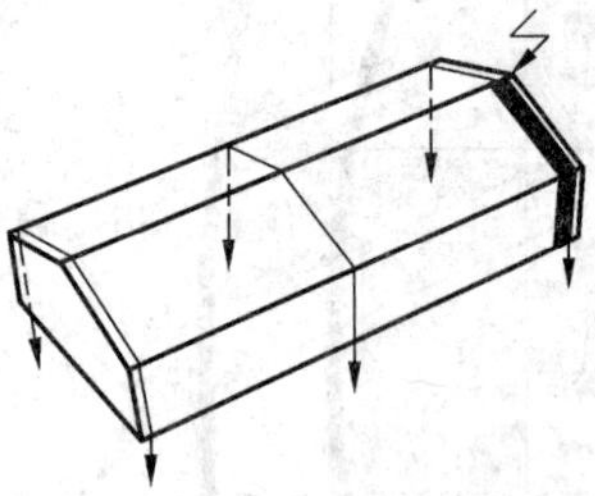	k_c	0.28	0.33	0.37	0.41	
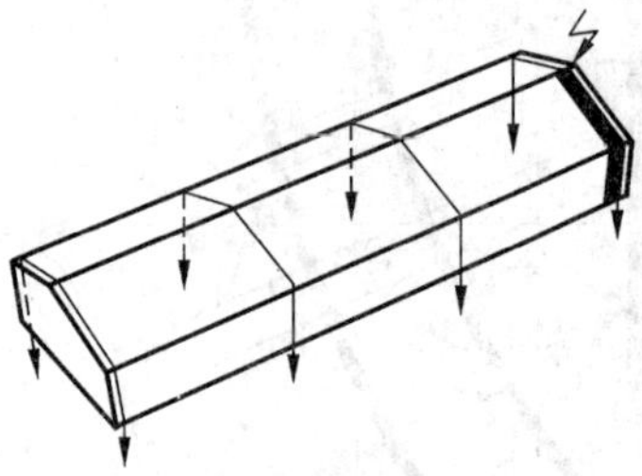	k_c	0.27	0.33	0.37	0.41	
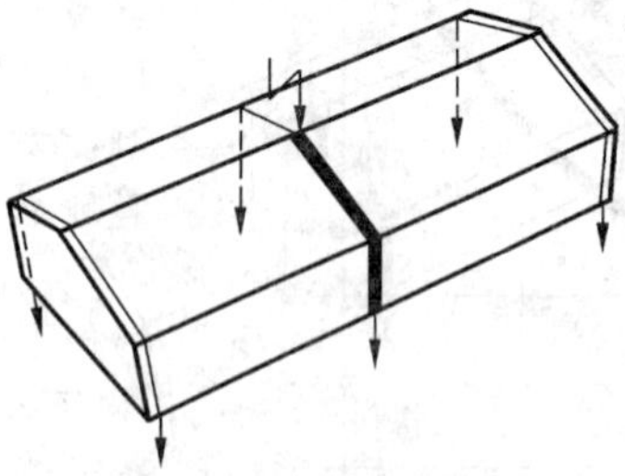	k_c	0.23	0.25	0.30	0.35	
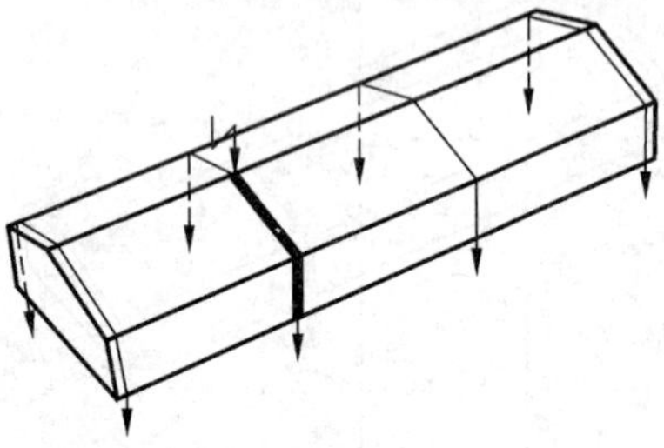	k_c	0.21	0.24	0.29	0.35	

图 E.2（续）

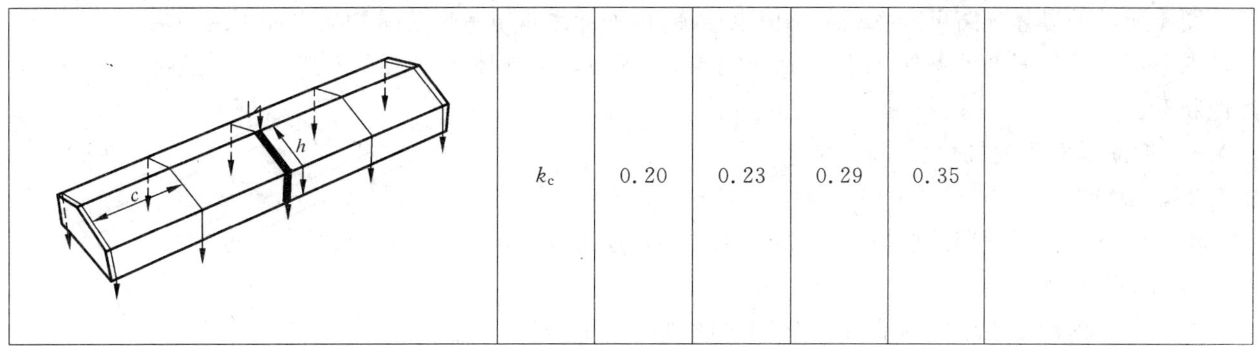

	k_c	0.20	0.23	0.29	0.35	

图 E.2（续）

E.4.2.4.2 具有悬臂部件的建筑物

对悬臂建筑物下的人体，为避免其成为悬臂墙体引下线的雷电流通道，实际距离 d(m)应满足下列条件：

$$d > 2.5 + s \quad (\mathrm{m}) \qquad \cdots\cdots\cdots\cdots\cdots\cdots (\mathrm{E}.3)$$

式中：

s——根据 6.3 计算得出的隔距，m。

2.5 m 为人体垂直伸展手掌时，人体站立的地方距人体手指尖的高度(见图 E.3)。

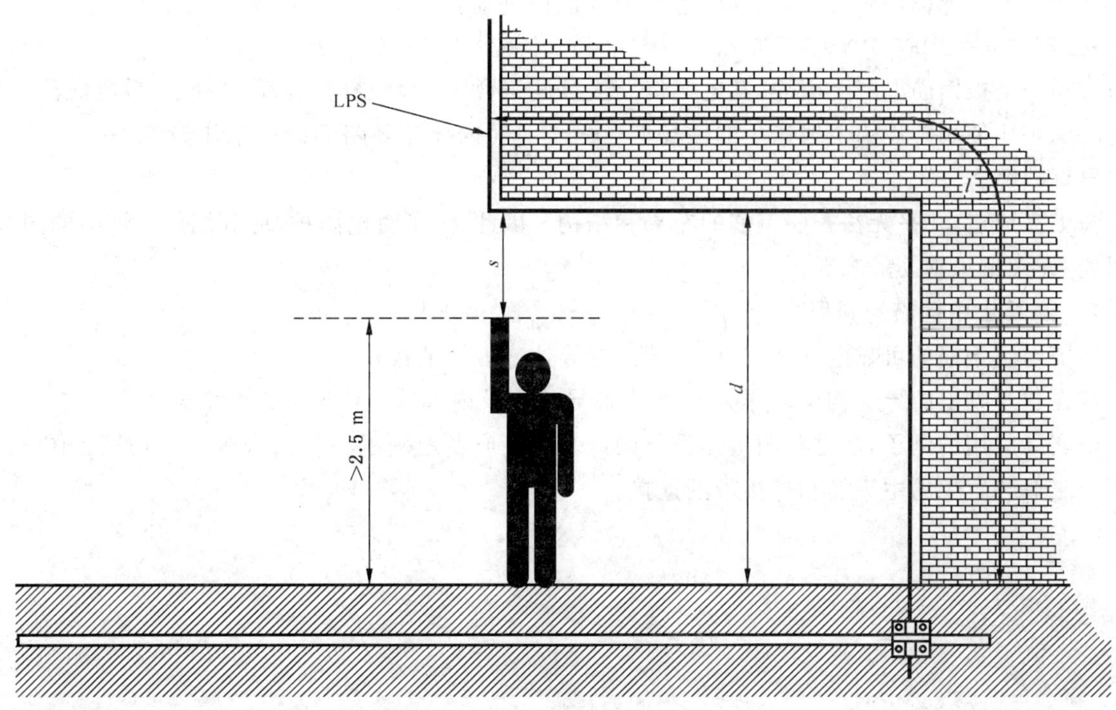

d——实际距离$>s+2.5$；

s——隔距，见 6.3；

l——计算隔距的长度。

注：举起手的人体高度取 2.5 m。

图 E.3 具有悬臂部件的建筑物的 LPS 设计

图1所示的导体环路可产生高的感应电压降，因而导致雷电流向建筑物放电而引起损坏。

如果不能满足6.3的条件，对图1所示情形，为了在雷电导体环路的重入点形成直接路径，应采用其他装置。

E.4.3 钢筋混凝土建筑物

E.4.3.1 总则

为使混凝土获得预期的机械强度，混凝土中的钢筋可以采用直的或弯曲的钢棒，通过焊接或用钢扎线将其固定在交叉连接点。

符合4.3的混凝土中的钢筋可作为LPS的自然部件。

以下自然部件必须符合以下要求：

——引下线，符合5.3的要求；

——接地网络，符合5.4的要求。

此外，根据6.2，水泥中的导电钢筋经合理利用后，应形成内部LPS的等电位法拉第笼。

建筑物内，如果有足够多的钢筋，可视为一个电磁屏蔽体，根据GB/T 21714.4—2008，可有助于保护电气、电子设备，防止雷电电磁场所产生的干扰。

如果混凝土中的钢筋及其他任何钢结构，在外部及内部均进行了连接，其电气连接性符合4.3要求，可有效保护建筑物不受到物理损坏。

假设，注入到建筑物主钢筋中的电流通过多条通道，使对地泄流网络阻值降低，则雷电产生的压降也相应降低。由于电流密度较低，而且平行通道产生相反的磁场作用，使得建筑物主钢筋网中由电流产生的磁场较弱。因此，对邻近内部电气设备的干扰也相应减弱。

注：电磁干扰防护见IEC 61000-5-2。

当房间完全被钢筋混凝土墙体(其电气传导连续性符合4.3)环绕时，在墙体附近，雷电流流经钢筋时产生的磁场比使用常规引下线产生的磁场低。由于房间内导体环路的感应电压较低，有利于防止内部系统出现故障。

在施工完成后，几乎无法查明钢筋的布局和结构。因此，为了雷电防护，应利用施工期间的图纸、记录和图表，详细记录钢筋的布局。

E.4.3.2 混凝土中钢筋的利用

为保证与主钢筋的可靠电气连接，应安装连接导体或者接地板。

固定在建筑物上的导电构架可作为LPS自然导体以及内部等电位连接系统的连接点。

一个实际应用的例子，就是利用机器设备的地基底座或者地基围栏来实现等电位连接。图E.4描述了一个工业装置中的主钢筋和连接带的连接。

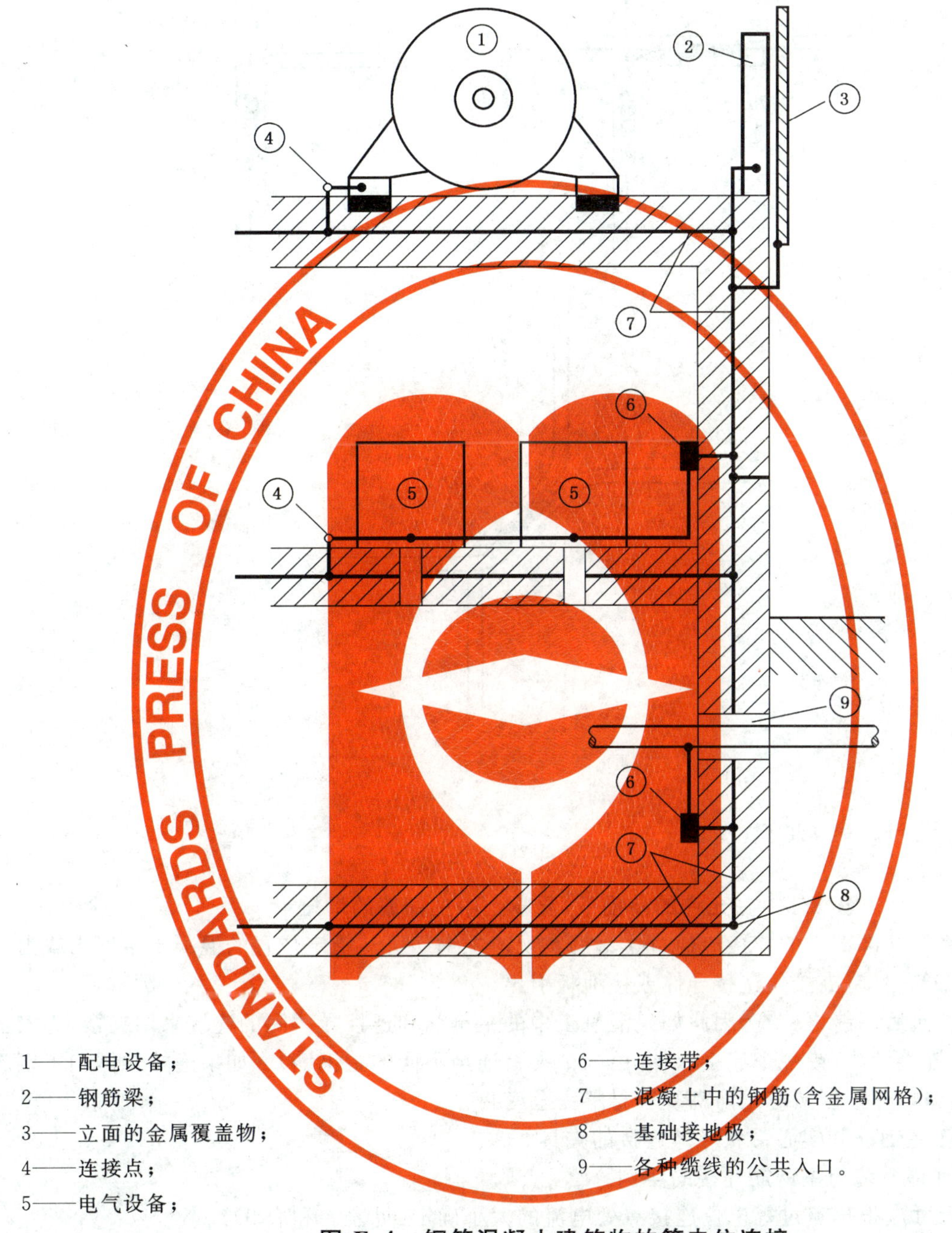

1——配电设备；

2——钢筋梁；

3——立面的金属覆盖物；

4——连接点；

5——电气设备；

6——连接带；

7——混凝土中的钢筋(含金属网格)；

8——基础接地极；

9——各种缆线的公共入口。

图 E.4 钢筋混凝土建筑物的等电位连接

建筑物内连接装置的位置，在 LPS 设计的早期阶段应明确，并应告知土建工程施工方。

应与工程承包方协商决定是否允许与主钢筋焊接，是否可进行夹接以及是否安装附加导体。所有这些工作应在浇筑混凝土之前完成并进行检查(即，LPS 设计应与建筑物的设计同步进行)。

E.4.3.3 主钢筋的焊接与夹接

通过焊接或夹接来实现主钢筋的连续性。

注：符合 IEC 50641-1 的夹具比较适合。

仅在建筑设计人员同意后，才可进行主钢筋的焊接。主钢筋的焊接长度不小于 30 mm(见图 E.5)。

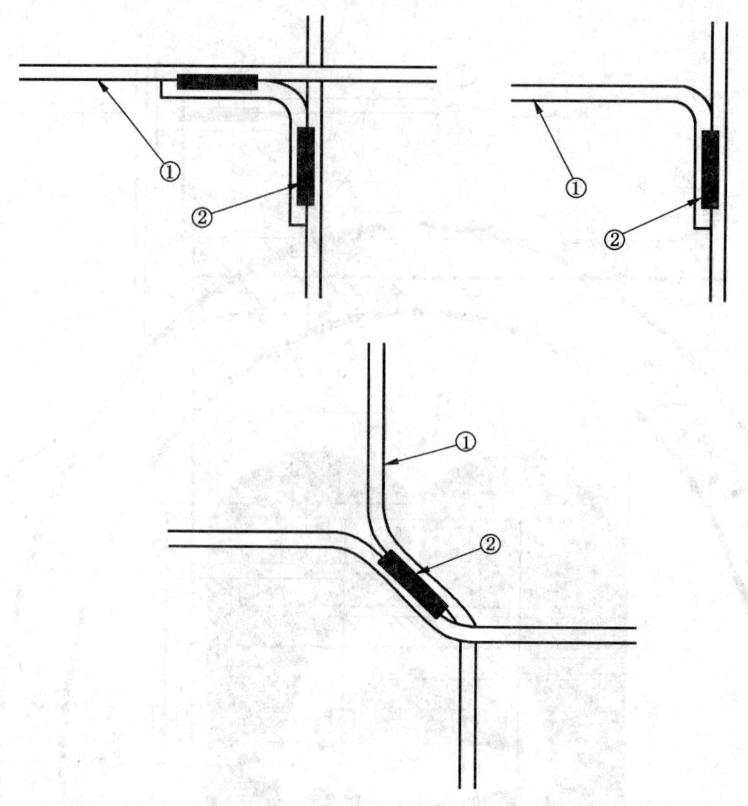

1——主钢筋；

2——最小长度为 30 mm 的焊接缝口。

图 E.5　在允许的前提下，混凝土中主钢筋的焊接点

与雷电防护系统外部部件的连接应通过主钢筋实现。主钢筋可从指定位置的混凝土中引出或由一与混凝土中的主钢筋焊接、夹接的连接导体或接地板引出。

由于混凝土浇筑后不能再检查，因此如果混凝土中的主钢筋和连接导体间的连接采用夹接，为安全起见，应使用两个连接导体(或一个连接导体，由两个夹具连至不同的主钢筋)。如果连接导体和主钢筋采用不同的金属材料，连接区域应用防潮复合材料完全密封。

图 E.6 为用于主钢筋和实心带状导体连接的夹具。

图 E.7 为一外部系统与主钢筋连接的实例。

连接导体的尺寸应根据流过等电位连接点处电流的大小确定(见表 8 和表 9)。

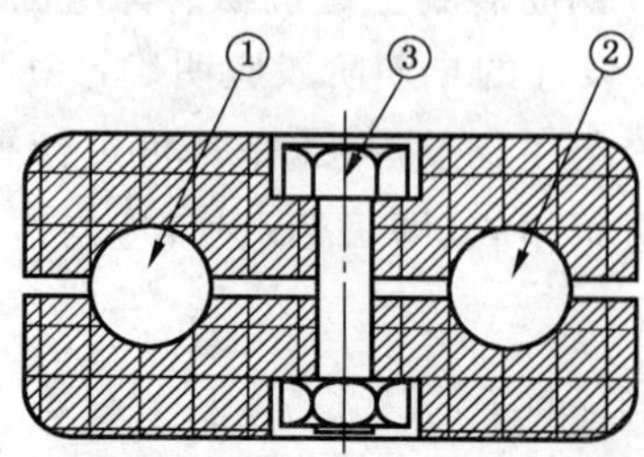

a) 至主钢筋的环形导体

图 E.6　用于连接主钢筋与导体的夹具

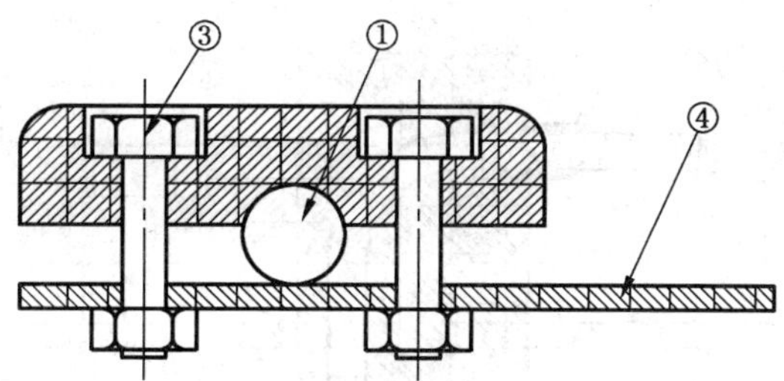

b）至主钢筋的带状导体

1——钢筋；

2——环形导体；

3——螺丝；

4——带状导体。

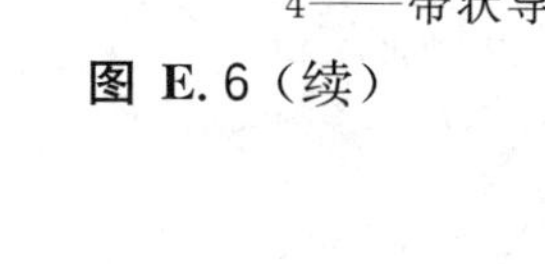

图 E.6（续）

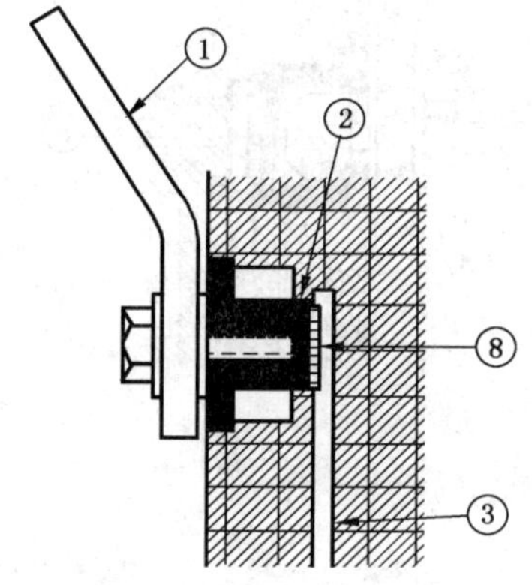

a）

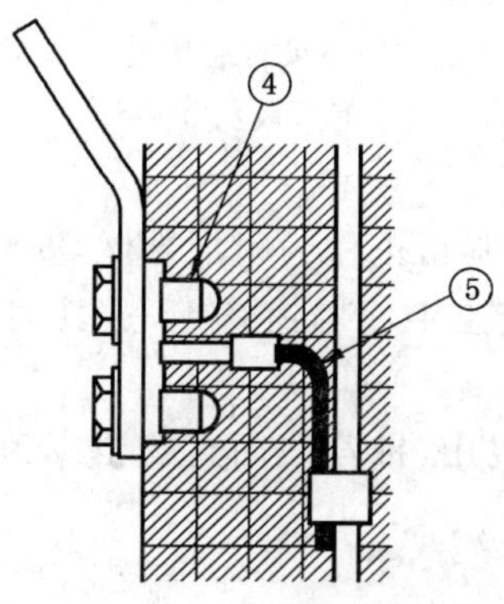

b）

图 E.7　钢筋混凝土墙内，钢筋连接点的例子

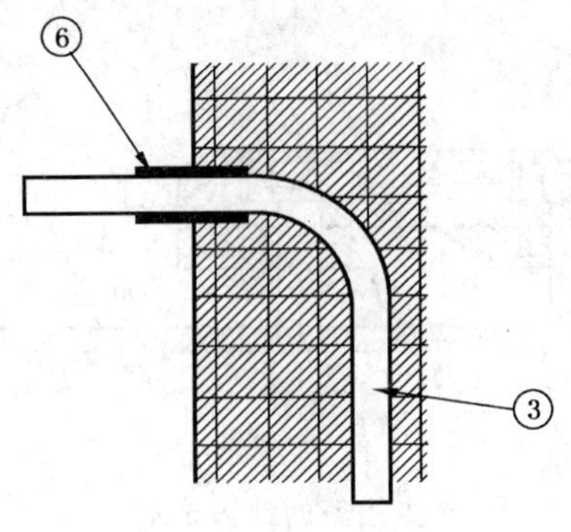

c)

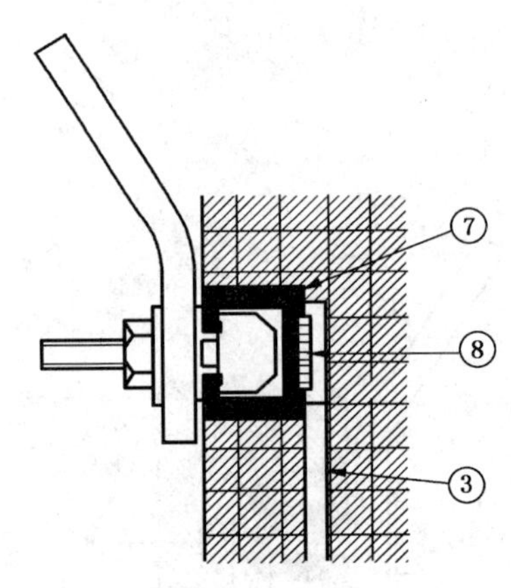

d)

1——连接导体；

2——焊接在钢筋连接器上的螺帽；

3——钢筋连接器*；

4——非金属的浇铸连接点；

5——绞合铜连接器；

6——防腐蚀措施；

7——C形钢筋(C形固定条)；

8——焊接。

* 钢筋连接器在许多节点通过焊接或使用夹具的方式与主钢筋相连。

注：根据工程实践经验，图 E.7c)中所示的施工方法不被普遍接受。

图 E.7（续）

E.4.3.4 材料

钢、低碳钢、镀锌钢、不锈钢和铜等材料可以作为附加导体，安装在混凝土中用于雷电防护。

有时，民用工程承包商不允许在混凝土中使用镀锌钢，这其实是个误解。混凝土中的钢筋是无源的，产生很高的电位，从而耐腐蚀。

混凝土中，为避免不同类型的钢材混用，推荐使用直径至少为 8 mm 表面光滑的圆钢作为附加导体，而不是通常所用的表面有棱纹的钢筋。

E.4.3.5 腐蚀

在钢筋连接导体穿过混凝土墙的地方，应特别考虑化学腐蚀的防护。

最简单的防腐蚀措施是在墙体(墙体内或墙体外)出口点附近，使用 50 mm 及以上的硅胶或沥青涂层，见图 E.7c)。

铜连接导体穿过混凝土墙的地方，如果采用实心导体、专用连接点、PVC 封装或绝缘导线，则没有被腐蚀的危险，见图 E.7b)。对于符合表 6、表 7 要求的不锈钢连接导体，不需要采取防腐蚀措施。

在极端腐蚀性大气状况下，墙体突出的连接导体推荐使用不锈钢。

注意：混凝土外部的镀锌钢与钢筋的直接接触，在特定环境下，可能会破坏混凝土。

当使用铸入型螺套或低碳钢部件时，应注意墙体外的防腐蚀问题。应使用齿形锁紧垫圈，通过螺母的保护层来进行电气接触，见图 E.7a)。

防腐蚀的更多信息见 E.5.6.2.2.2。

E.4.3.6 连接

研究表明，绑扎不合适用于雷电流分流。绑扎线存在使混凝土爆裂和被损的危险。根据早期的研究成果，可认为至少每 3 根主钢筋绑扎形成电气导电链路，因此，实际上，所有主钢筋是电气上互联的。对钢筋混凝土建筑物的测量也证实了此结论。

因此，对于雷电流分流，最好采用焊接和夹接。绑扎适用于附加导体、等电位和 EMC。

外部电路与互联钢筋之间的连接，应采用夹接或焊接。

混凝土内的焊接点应至少 30 mm 长。交叉主钢筋在焊接前应进行弯曲，平行距离至少为 50 mm。

当焊接主钢筋需注入混凝土时，仅在交叉点焊接长度为几个 mm 的焊缝是不够的。这样的接点在浇筑混凝土时经常会断裂。

图 E.5 为与混凝土主钢筋连接导体的正确焊接。

在与主钢筋不允许焊接时，应使用夹具或附加专用导体。附加导体的材料可以是钢、软钢、镀锌钢或铜。附加导体应通过绑扎和夹具连接至大量主钢筋，以充分利用混凝土钢筋的屏蔽作用。

注：如果允许焊接，常规焊接和加热焊接都是切实可行的方法。

E.4.3.7 引下线

自然引下线可利用墙体的主钢筋、混凝土立柱和其他钢结构架。在屋顶，应提供与接闪器系统连接的接头。除非钢筋混凝土地基是唯一的接地装置，否则应提供与接地装置连接的接头。

混凝土钢筋的某一钢筋作为引下线时，应注意入地路径，且应保证钢筋在同一位置可一直往下延伸，以提供直接电气连续性。

当不能保证为屋顶至地面提供直接通路的自然引下线的垂直连续性时，应采用附加的专用导体。附加导体应紧绑至混凝土钢筋。

如果引下线最直接路径(例如：对于已有的建筑)有疑问时，应增加外部引下线。

图 E.4 和图 E.8 为钢筋混凝土建筑物中，LPS 自然部件的安装细则。将钢筋混凝土部件的主钢筋作为基础接地极的应用，参见 E.5.4.3.2。

单一立柱和墙体的内部引下线应通过主钢筋互联，电气连续性应符合 4.3 要求。

单一预制混凝土部件的主钢筋和混凝土立柱、混凝土墙体的主钢筋应在地板和屋顶浇铸前，连接至地面和屋顶的主钢筋。

建筑主钢筋中，大量连续性导电部件和混凝土浇铸在一起。例如，墙体、立柱、楼梯和升降井。如果地面为现场浇灌的混凝土结构，则单一立柱和墙体的引下线应利用主钢筋互联，以确保雷电流的均匀分布。如果地面为预制混凝土，通常不可利用这些连接。然而，在地板浇铸前，嵌入附加主钢筋，预留接头和装置，便于预制混凝土部件的主钢筋与立柱和墙体的主钢筋之间的连接，几乎不付出额外投资即可实现。

如果没有等电位连接，预制混凝土部件用作悬吊立面对雷电防护是无效的。如果需为安装在建筑物内的设备提供高效的防雷系统，例如，装有大量信息处理设备和计算机网络的办公楼，立面部件的主钢筋应进行互联，并与建筑物承载部件的主钢筋连接。这样，雷电流能够流经建筑物的全部外表面(见图 E.4)。

如果建筑物的外墙体安装有连续带状窗户，需要确定在连续带状窗户上下的预制混凝土部件是否已利用现有立柱进行连接，是否应根据窗户高度以较小的间隔进行互联。

外墙体导电部件的大量集成会提高建筑物内部的电磁屏蔽效果。图 E.9 为连续带状窗户与金属立面连接的例子。

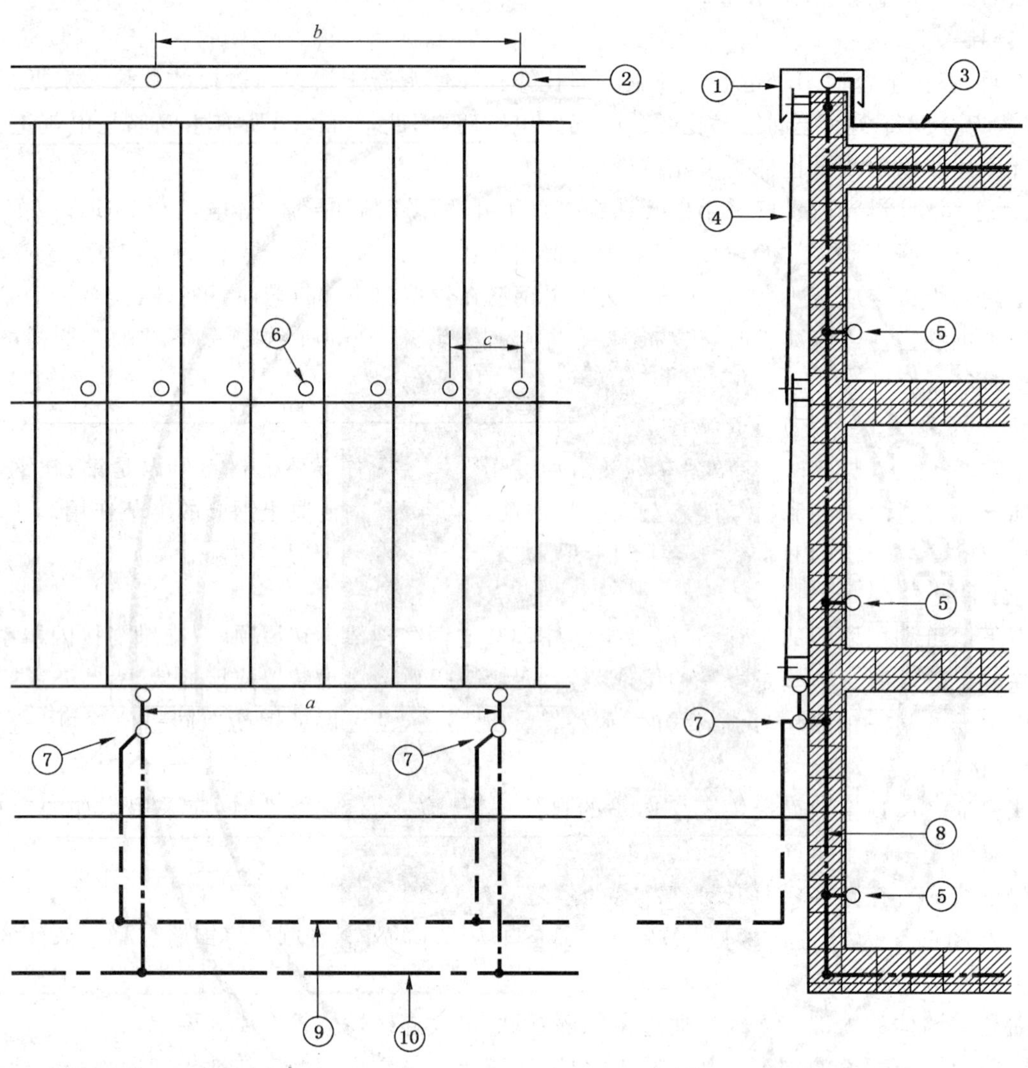

1——屋顶护栏的金属覆盖物；
2——接闪器与外层金属板的连接点；
3——水平接闪器；
4——金属立面覆盖物；
5——内部 LPS 的接地排；
6——外层金属板之间的连接点；
7——测试接头；
8——混凝土中的钢筋；
9——B 型接地极；
10——基础接地极。

在实际应用中可采用以下取值：$a=5$ m，$b=3$ m，$c=1$ m。

注：金属板之间的连接，见图 E.33。

a）钢筋混凝土建筑物利用金属立面覆盖物作为自然引下线

图 E.8　金属立面作为自然引下线，立面支架连接的例子

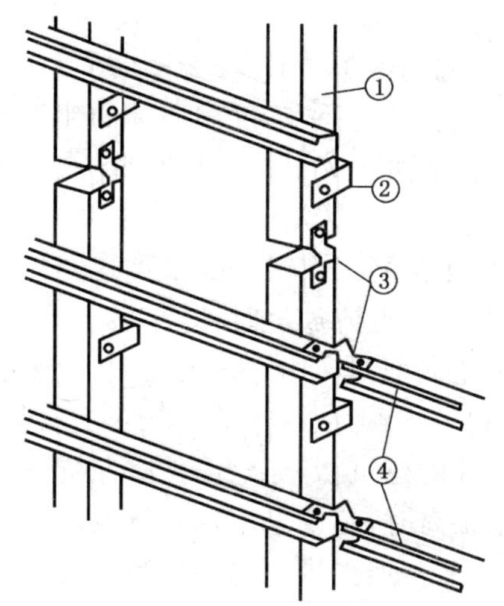

1——垂直框架；
2——墙体固定部件；
3——连接点；
4——水平框架。

b）立面支架的连接

图 E.8（续）

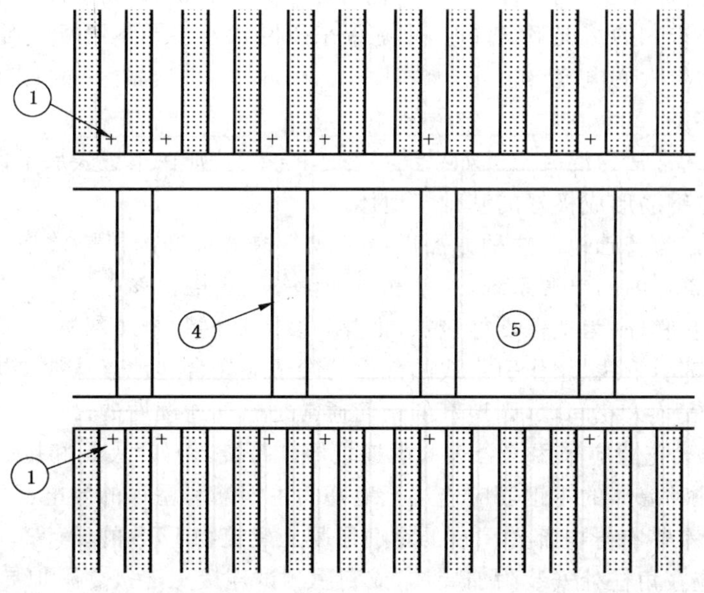

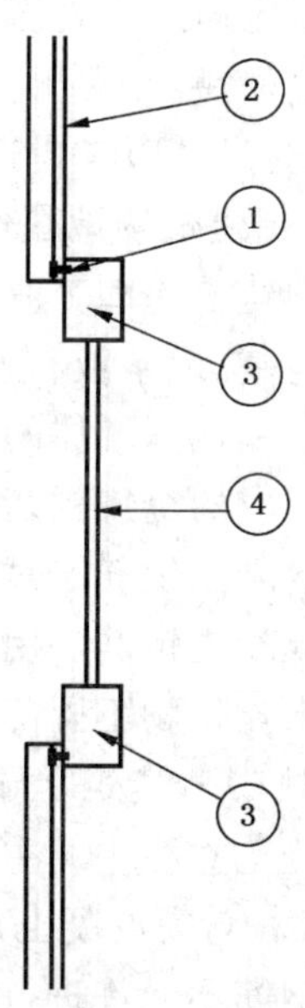

1——金属立面板与金属带状窗户的连接点；
2——金属立面板；
3——水平金属带状；
4——垂直金属带状；
5——窗户。

图 E.9　连续的带状窗户与金属立面的连接

如果钢框架用作引下线,应利用图 E.7 中的连接点将每一钢立柱与基础混凝土的主钢筋连接。建筑物钢筋混凝土内的钢体连接排应利用垂直导体互联,垂直导体的材料应该是适合焊接的低碳钢。混凝土钢筋新的结构应符合 4.3 的要求。

注:利用钢筋混凝土墙体进行电磁屏蔽的资料,见 GB/T 21714.4—2008。

高度较低的大型建筑物(比如:礼堂),屋顶不仅靠周围的建筑支撑,也靠内部立柱支撑。立柱的导电部分在屋顶应与接闪系统连接,在地面与等电位连接系统连接,形成内部引下线,这些内部引下线附近会产生电磁干扰。

钢框架结构通常使用通过螺栓接头的工字梁。如果螺栓已拧紧达到一定的机械强度,则可认为所有螺栓的钢体部件实现了电气互联。雷电流放电时,薄涂层被击穿形成导电性搭接。

将螺栓头、螺栓套和垫圈的底座表面进行紧固可改善电气连接性能。完成建筑物施工后,利用约 50 mm 长度的焊缝可进一步改善电气连续性。

对外墙、内墙存在大量导电部件的建筑物,导电部件应保持连续性,用作引下线。除了 LEMP 防护要求外,当建筑物外观方设计要求很高时,建议采用这种技术。

应提供互联的等电位连接排。每一连接排应与外墙和地面的导电部件相连。等电位连接排可利用地面及每一楼层地板的水平钢筋连接带。

如可行,应提供与地面或墙体内钢筋混凝土的连接点,至少应连接三根主钢筋。

大型建筑物内,等电位连接排相当于环形导体。这种情况下,应每隔 10m 与钢筋连接带有一个连接点。除地下室需制定防护措施外,建筑物主钢筋与 LPS 的连接不需采取其他特殊措施。

E.4.3.8 等电位

在不同楼层,要求与主钢筋进行多处等电位连接时,为获得低阻抗的电流通路,可利用混凝土墙体中的主钢筋实现等电位及建筑物内部空间的屏蔽,在建筑物内部或每层楼混凝土的外部安装环形导体。环形导体应通过垂直导体互联,互联间隔小于 10 m。由于利用环形导体具有较高可靠性,应优先考虑这种装置,特别是在干扰电流大小未知的情况下。同时,也建议采用网状连接导体网络。当电源系统出现故障时,设计时考虑连接应能携带大的电流。

E.4.3.9 建筑物地基作为接地装置

大型建筑物和工业厂房的地基常常为混凝土。如果满足 5.4 的要求,则在土壤表层下面的区域,建筑物的地基、地基板和外墙体的主钢筋形成极好的基础接地体。

地基和地埋墙体的主钢筋可作为基础地。这种方法以最小成本取得很好的接地效果。此外,混凝土钢筋形成的金属围绕物可为建筑物内的电源系统、通信和电子设备提供电位参考点。

除混凝土钢筋通过导线捆绑互联外,为确保良好接点,推荐安装附加网状金属网格。附加网络也应捆绑至混凝土钢筋。用于连接外部引下线、用作引下线的部件的端子应在合适地点从混凝土引出。

如果建筑物不同部件间没有安装火花间隙,则地基的钢筋通常是电气连续性的。

根据 5.5,建筑物导电部件的火花隙应采用符合表 6 的连接导体跨接,例如:夹具和接头。

混凝土立柱中的主钢筋、角柱和墙体的主钢筋应连接至地基的主钢筋和屋顶的导电部件。

图 E.10 为混凝土角柱、墙体和带有导电部件屋顶的钢筋混凝土建筑物 LPS 的设计。

当钢筋不允许进行焊接时,应在角柱处安装附加导体,或利用测试连接点连接。附加导体应与混凝土钢筋进行绑扎。

建筑物完工后,所有设备连接至等电位连接排,实际中,接地电阻测量往往不可能作为维护工作的一部分。

如果某些条件下,无法测量基础地的接地电阻时,可在建筑物附近安装一个或多个参考接地极,在接地极和基础接地装置之间建立测量电路,来监控接地装置环境的变化。然而,基础接地装置的主要优点是实现良好的等电位,其对地阻抗不是很重要。

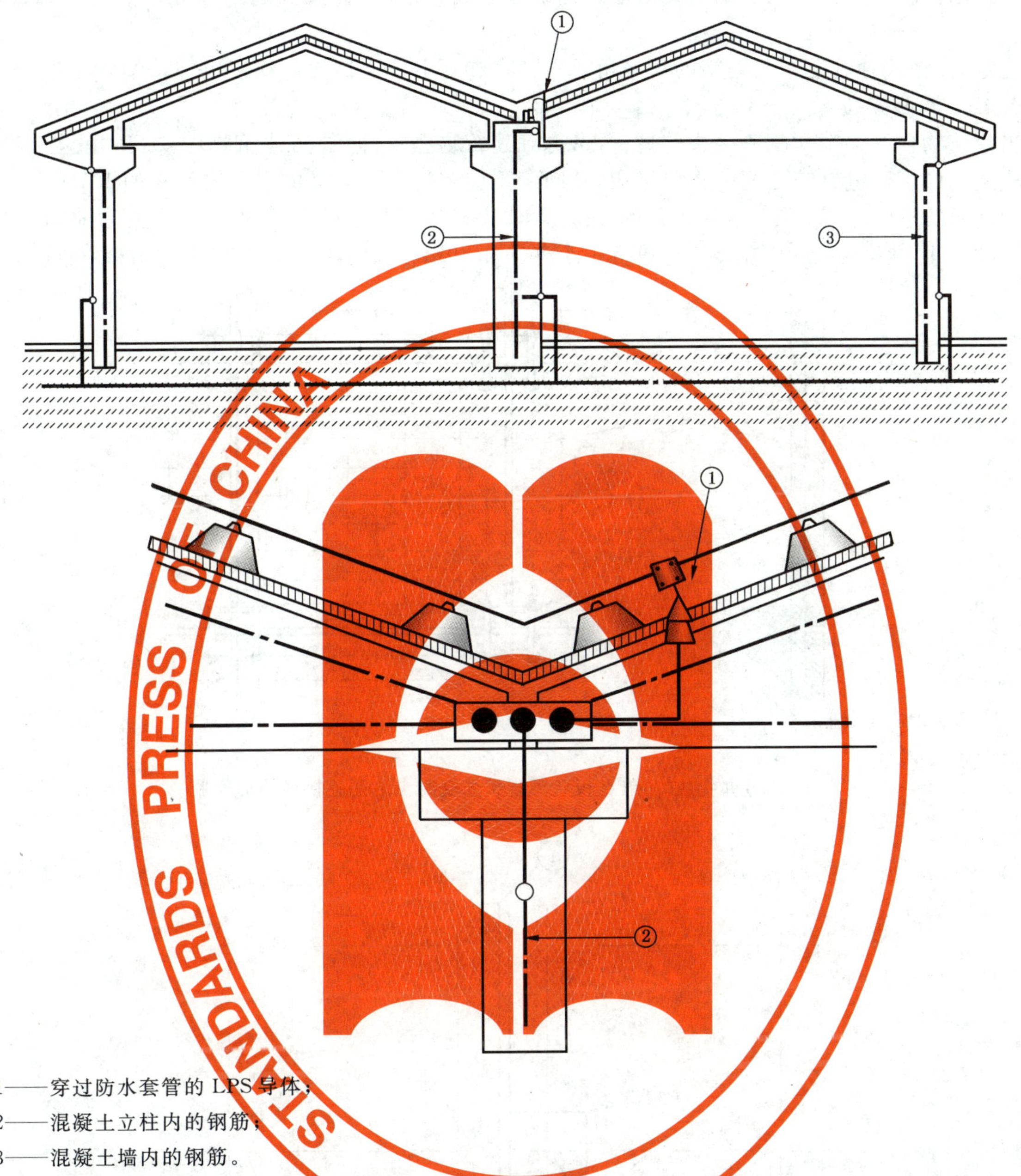

1——穿过防水套管的 LPS 导体；

2——混凝土立柱内的钢筋；

3——混凝土墙内的钢筋。

注：当混凝土立柱内的钢筋与 LPS 的接闪器和接地极相连时，钢筋可作为自然内部引下线。在立柱附近安装敏感电气设备时，应考虑立柱附近的电磁环境。

图 E.10　工业建筑的内部引下线

E.4.3.10　安装程序

所有防雷导体和夹具应由 LPS 安装人员进行安装。

在混凝土浇铸前，应与民用工程承包商达成一致，以确保施工进度，不会使 LPS 的安装延期。

安装过程中，应定期测量，LPS 安装人员应予以监督(见 4.3)。

E.4.3.11　预制钢筋混凝土构件

如果预制混凝土钢筋构件用于防雷，例如：用于屏蔽的引下线，或用于实现等电位的导体。根据图 E.7，连接点应使预制混凝土构件与建筑物主钢筋以简单方式实现互联。

连接点的位置及连接方式应该在预制混凝土钢筋构件的设计阶段予以确定。

连接点的位置应使预制混凝土钢筋构件从一个连接点到相邻连接点具有连续性。

当预制混凝土构件中的主钢筋无法通过标准主钢筋连接时，需要安装附加导体并绑扎到已有的混凝土。

通常，接板式预制混凝土钢筋的每一角要求一点和等电位连接导体连接，见图 E.11。

E.4.3.12　膨胀接头

当建筑物包含多个含膨胀接头的型材，考虑到建筑物型材的沉降，建筑物内安装大量电子设备时，不同建筑物的沉降缝钢筋之间的膨胀接头，其间距不应超过表 4 定义的引下线间距的 1/2。

为确保低阻抗等电位及建筑物内部的有效屏蔽，应根据所要求的屏蔽因子，利用可弯曲的、或可滑动的导体，将不同型材之间的膨胀接头应进行短距离(1 m 和引下线间距离 1/2 范围内)桥接，见图 E.11。

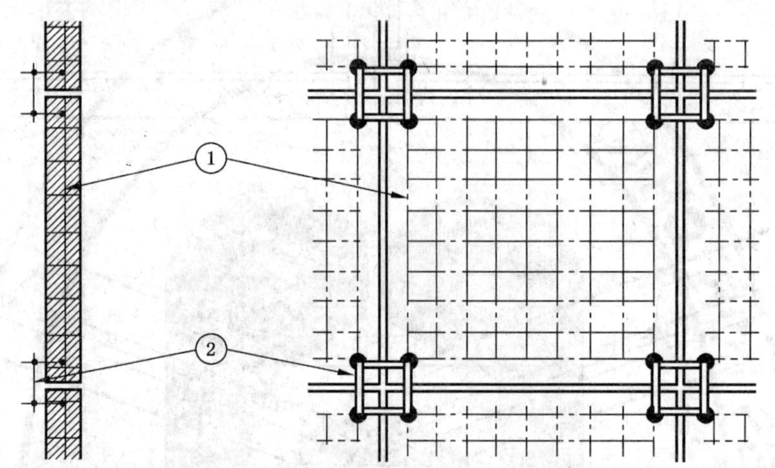

1——预制钢筋混凝土；

2——连接导体。

a）通过绑扎或焊接，在板状预制钢筋混凝土之间连接导体的安装

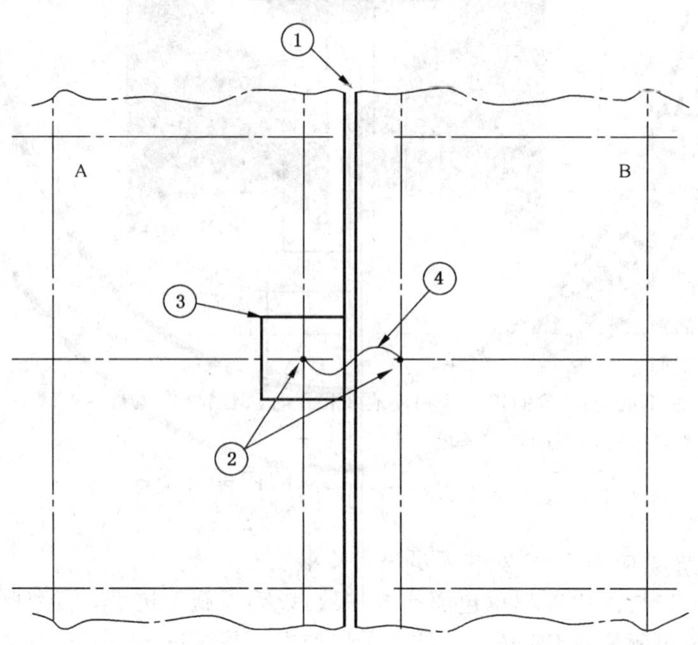

1——膨胀缝；

2——焊接点；

3——壁凹；

4——可弯曲的连接导体；

A——钢筋混凝土部分 1；

B——钢筋混凝土部分 2。

b）钢筋混凝土防膨胀缝隙之间的柔性桥接

图 E.11　钢筋混凝土建筑物中连接导体的安装及混凝土两部分之间可弯曲连接导体的安装

E.5 外部防雷装置

E.5.1 总则

E.5.1.1 非分离的 LPS

在大多数情况下，外部防雷装置可以固定到受保护建筑物上。

当由于雷击点的热效应或传导雷电流的导线可能引起建筑物或建筑物内部损坏时，LPS 导体与易燃材料的间隔至少为 0.1m。

注：一般情况包括：有易燃涂层、易燃材料的墙的建筑物。

外部 LPS 导体的位置是 LPS 的设计基础，应根据受保护建筑物的形状、所需的防护水平、采用的几何设计方法来确定。接闪器设计中一般需要标明或规定引下线设计、接地装置设计、内部 LPS 设计。

如果邻近建筑物安装了 LPS，新的 LPS 应与其相连。

E.5.1.2 分离 LPS

当雷电流流入内部导电部件，可能引起建筑物或建筑物内部损坏时，应采用分离 LPS。

注：在可以预测由于建筑物某部分发生改变而引起 LPS 的改变时，建议使用分离 LPS。

与导电部件和等电位连接系统仅在地平面进行连接的 LPS，根据 3.3，可定义为分离 LPS。

分离 LPS 可通过以下途径实现：在受保护建筑物附近安装杆状接闪器或支座，或在支座之间安装隔距符合 6.3 要求的架空悬链线。

分离 LPS 也可安装在绝缘材料构成的建筑物（例如：砖石结构、木材结构）上，安全隔距符合 6.3 要求。除了在地面与接地装置连接外，LPS 不应和建筑物的导电部件以及建筑物内的设备相连。

建筑物内导电设备和电气导体不应安装在与接闪器导体、引下线之间的距离小于 6.3 中所定义的安全隔距区域内。将要安装的所有设备都应符合分离 LPS 的要求。负责 LPS 设计和安装的承包方应将具体要求通知业主。业主应将要求反映给设备承包商。如果承包商不能满足这些要求，应将信息反馈给业主。

安装了分离 LPS 的建筑物内部，所有设备应置于 LPS 保护范围内，且满足安全隔距要求。LPS 导体部件应安装在孤立的导体装置上，若导体装置直接固定于建筑物墙体上，与导电部件太近，则 LPS 与内部导电部件之间的距离应大于 6.3 规定的隔距要求。

对没有与等电位连接点相连的嵌入式导电屋顶装置，当与接闪器之间距离小于安全隔距，而与等电位连接点之间的距离大于安全隔距时，应与分离 LPS 的接闪器相连。

屋顶装置附近的 LPS 设计及施工安全，应考虑雷击时，屋顶装置的电压将抬升至与接闪器系统具有相同的电位。

对于存在大量互联导电部件的建筑物，为防止雷电流流经建筑物墙体及内部安装设备时，应安装分离 LPS。

对存在连续互联导电部件（例如：钢结构或混凝土钢筋）的建筑物，分离 LPS 与导电部件应保持安全隔距。为保持足够的隔距，LPS 导体必须采用分离导体装置。

应注意，砖石结构中经常使用混凝土钢筋立柱和混天花板。

E.5.1.3 危险火花

采用以下方法可避免 LPS 和金属装置、内部系统、电气设备及通信设备之间出现火花：

——安装分离 LPS 装置，或保持 6.3 中提出的安全隔距；

——根据 6.2，在非分离 LPS 中进行等电位连接，或按 6.3 要求进行绝缘或保持安全隔距。

E.5.2 接闪器

E.5.2.1 总则

杆状接闪器、导线、网状导体可作为接闪器，本部分不提供任何关于接闪器选择的原则。

接闪器的安装应符合表 2 要求。

E.5.2.2 安装位置

接闪器设计可采用以下方法，使接闪器不同部件的保护空间重叠，并根据5.2，确保建筑物完全处于保护范围内，可采用下述某一种方法或同时采用几种方法。

——保护角法；

——滚球法；

——网格法。

上述三种方法均可用于LPS设计。根据受保护建筑物的适用性和易损坏性评估结果来选择LPS类型。

LPS安装方法由设计人员来选择。可参考以下三点：

——保护角法适用于外形比较简单的建筑物，或只对大型建筑物的某一部分提供保护的情况。当建筑物高度大于所选LPS的滚球半径时，这种方法不适用；

——滚球法适用于外形复杂的建筑物；

——网格法一般来说用于对水平表面进行保护。

建筑物各个部分的接闪器设计方法和LPS设计方法应在设计文献中详细说明。

E.5.2.2.1 保护角法

接闪器导体、杆状接闪器，支座和导线的安装位置，应保证受保护建筑物的所有部分均位于接闪导体相对于参考平面突出点形成的包络表面的内部，其锥体角度均为α。

保护角α的值见表2，h为接闪器与受保护平面的高度。

单一的点形成锥形。图A.1和图A.2为LPS中不同接闪器导体形成保护空间的示意图。

根据表2，在受保护地面上方，接闪器高度不同，则保护角α的值亦不同(见图A.3和图E.12)。

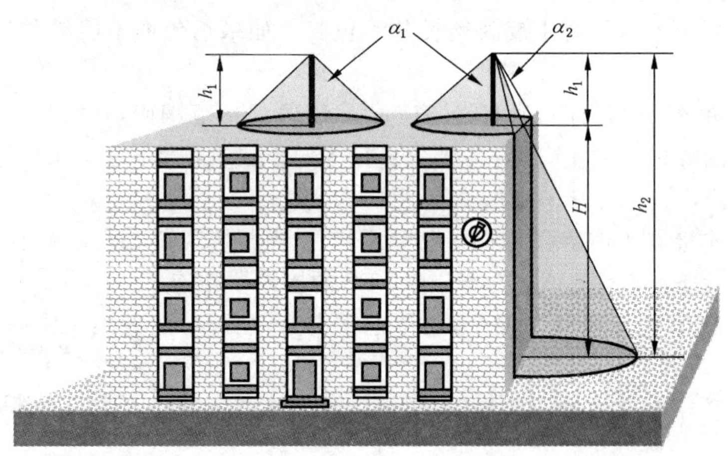

H——建筑物离参考平面的高度；

h_1——为杆状接闪器的物理高度；

h_2——h_1+H为杆状接闪器对地高度；

α_1——高度$h=h_1$时的保护角，h为屋顶表面与参考平面的高度；

α_2——高度为h_2的保护角。

图E.12 根据表2，不同高度的接闪器保护角法设计

保护角法受到几何限制。如果h大于滚球半径时r(见表2)，不适宜采用保护角法。

如果建筑物的屋顶采用尖状物体保护，且尖状物体的保护空间位于屋檐上方，则尖状物体宜设置在建筑物与屋檐之间。如果不能满足这一点，应采用滚球法。

图E.13和图E.14为分离LPS中接闪器保护角法设计，图E.15和图E.16为非分离LPS中接闪器保护角法设计。

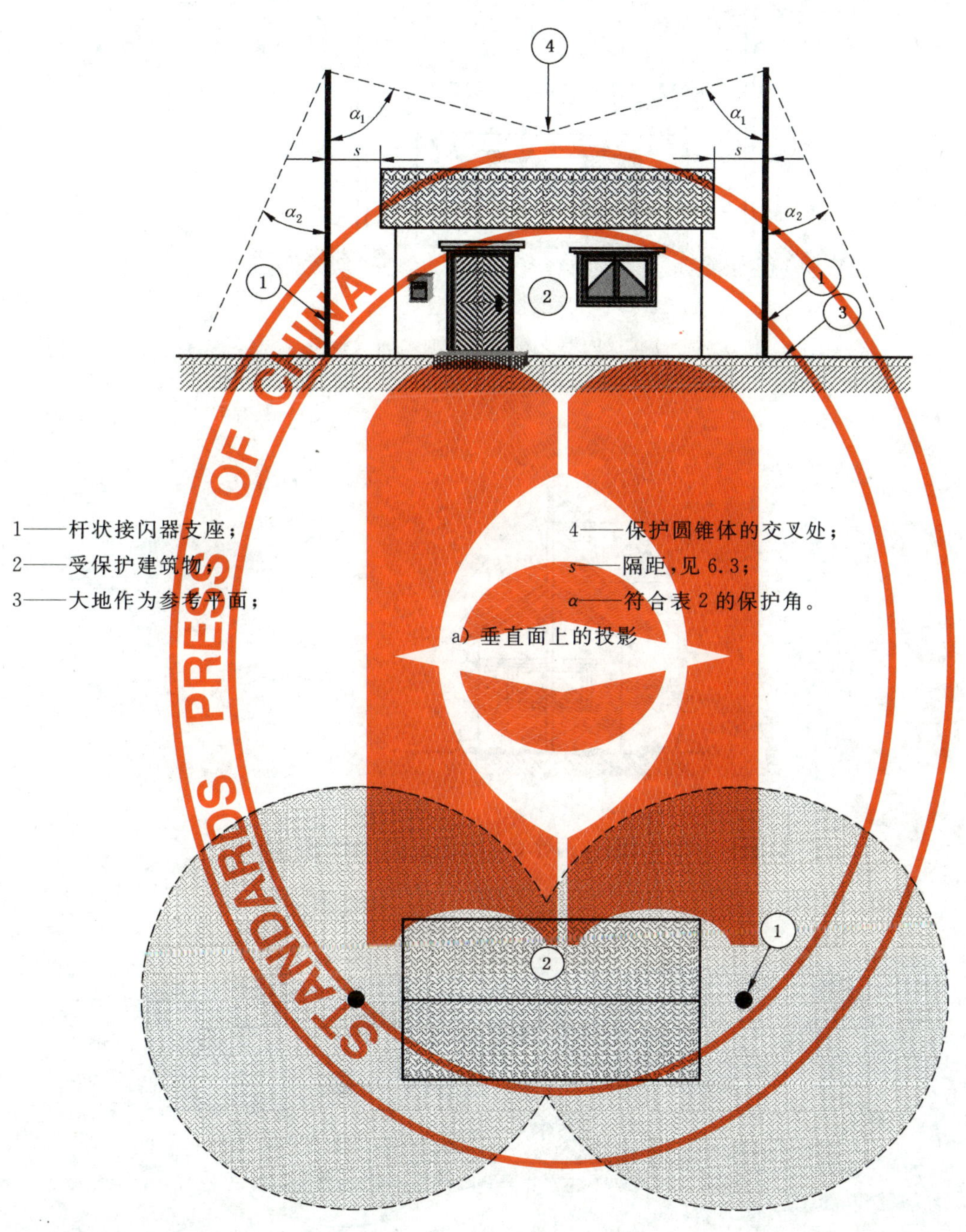

1——杆状接闪器支座；
2——受保护建筑物；
3——大地作为参考平面；
4——保护圆锥体的交叉处；
s——隔距，见 6.3；
α——符合表 2 的保护角。

a）垂直面上的投影

注：两个圆确定参考平面上的受保护区域。

b）水平面上的投影

图 E.13　根据保护角法的杆状接闪器设计，采用两个分离接闪体的分离外部 LPS

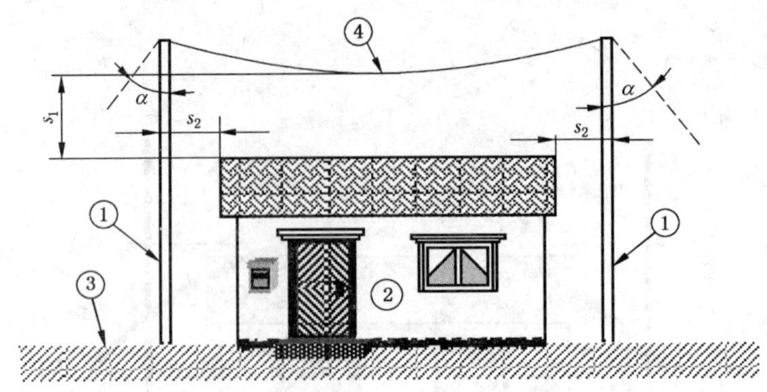

a）包含两个杆状接闪器支座的垂直面上的投影图

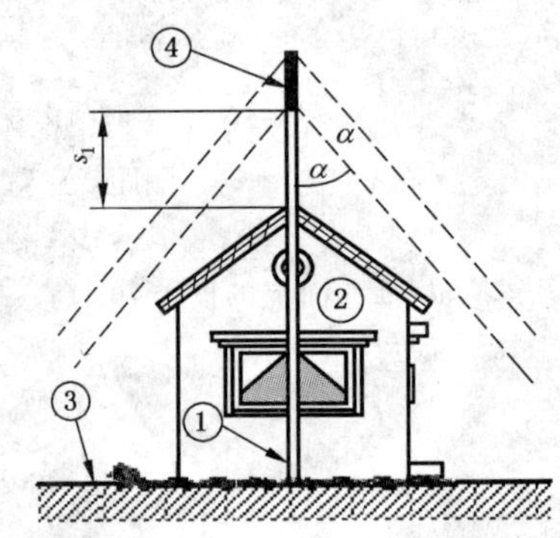

b）垂直与两个杆状接闪器支座的垂直面上的投影

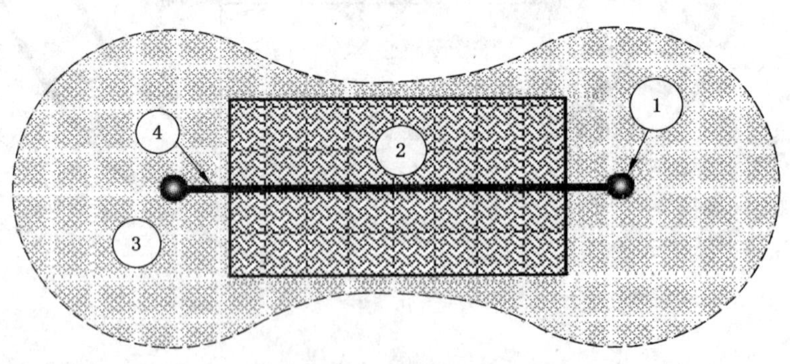

c）水平参考面上的投影

1——接闪器支座；

2——受保护建筑；

3——参考平面的受保护区域；

4——水平线状接闪器；

s_1，s_2——隔距，见6.3；

α——符合表2的保护角。

注：接闪器系统是根据保护角法设计的。整个建筑应该在保护区域内。

图 E.14　采用两个分离杆状接闪器支座的分离外部LPS，并通过水平接闪线连接

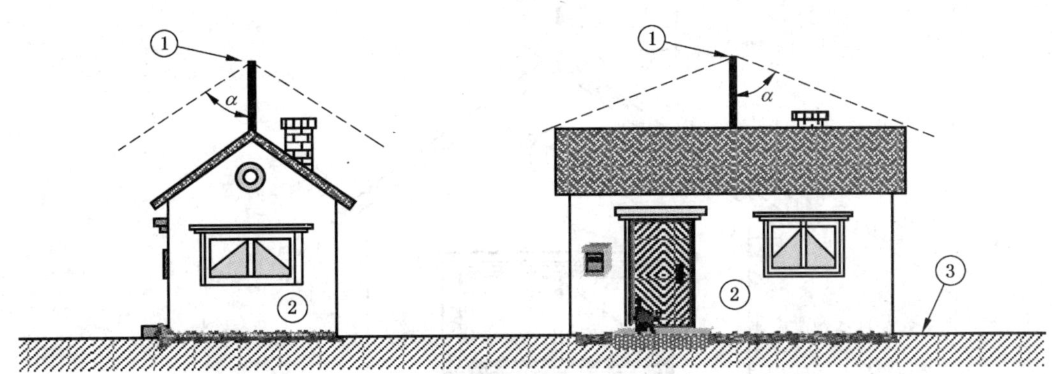

1——杆状接闪器；

2——受保护建筑物；

3——假定参考平面；

α——符合表 2 的保护角。

a）使用一根杆状接闪器

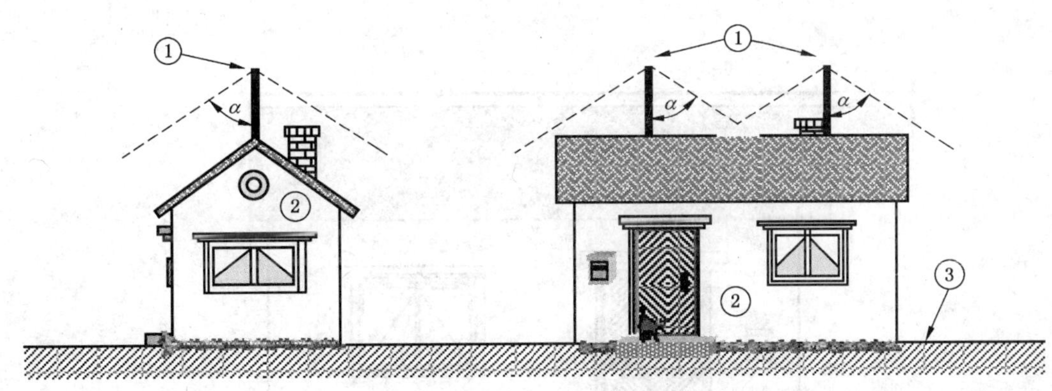

1——杆状接闪器；

2——受保护建筑物；

3——假定参考平面；

α——符合表 2 的保护角。

b）使用两根杆状接闪器

注：整个建筑物都必须在接闪器的保护区域内。

图 E.15　使用杆状接闪器，非分离 LPS 的设计例子

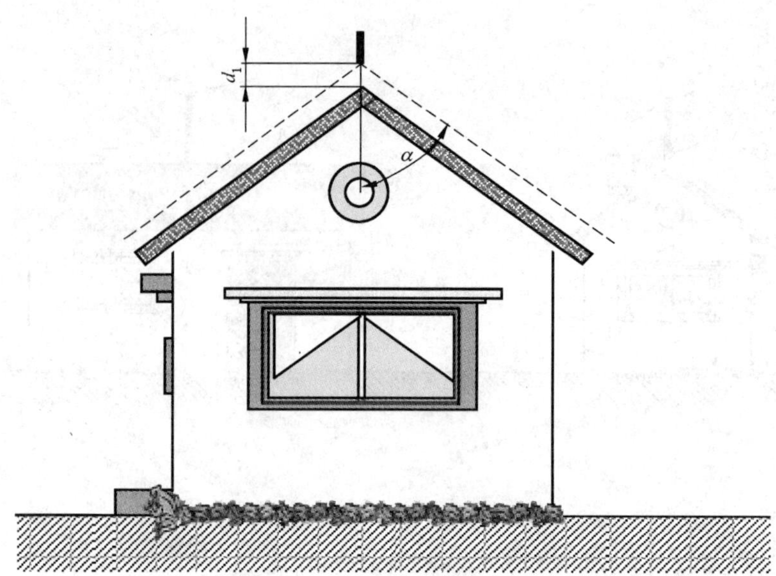

α——符合表 2 的保护角；
d_1——离屋顶水平线的距离。

a）与包含导体的平面垂直的平面的保护

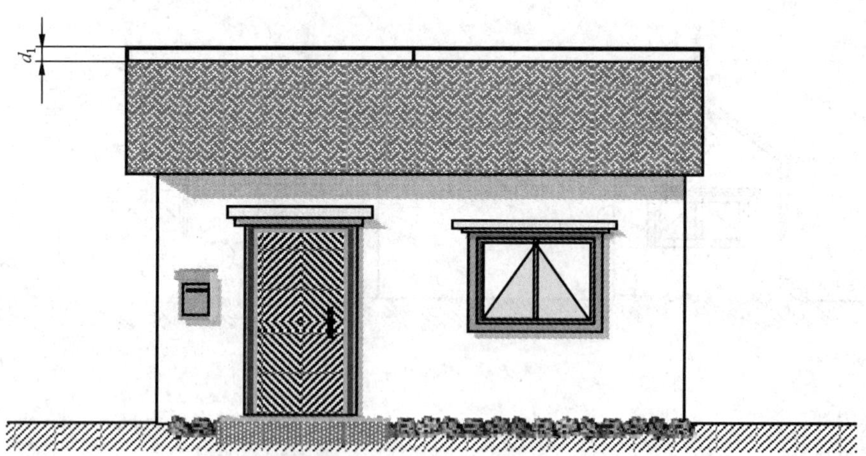

α——符合表 2 的保护角。
注：整个建筑物必须在水平线的保护区域内。

b）包含导体的垂直平面保护

图 E.16　利用一根水平导线，用保护角法进行非分离 LPS 接闪器设计的例子

如果接闪器设置于倾斜表面，形成锥形保护区的轴不应是杆状接闪器，而是由杆状接闪器顶端至该倾斜表面的垂线为轴。锥形保护区的顶点与杆状接闪器顶点重合(见图 E.17)。

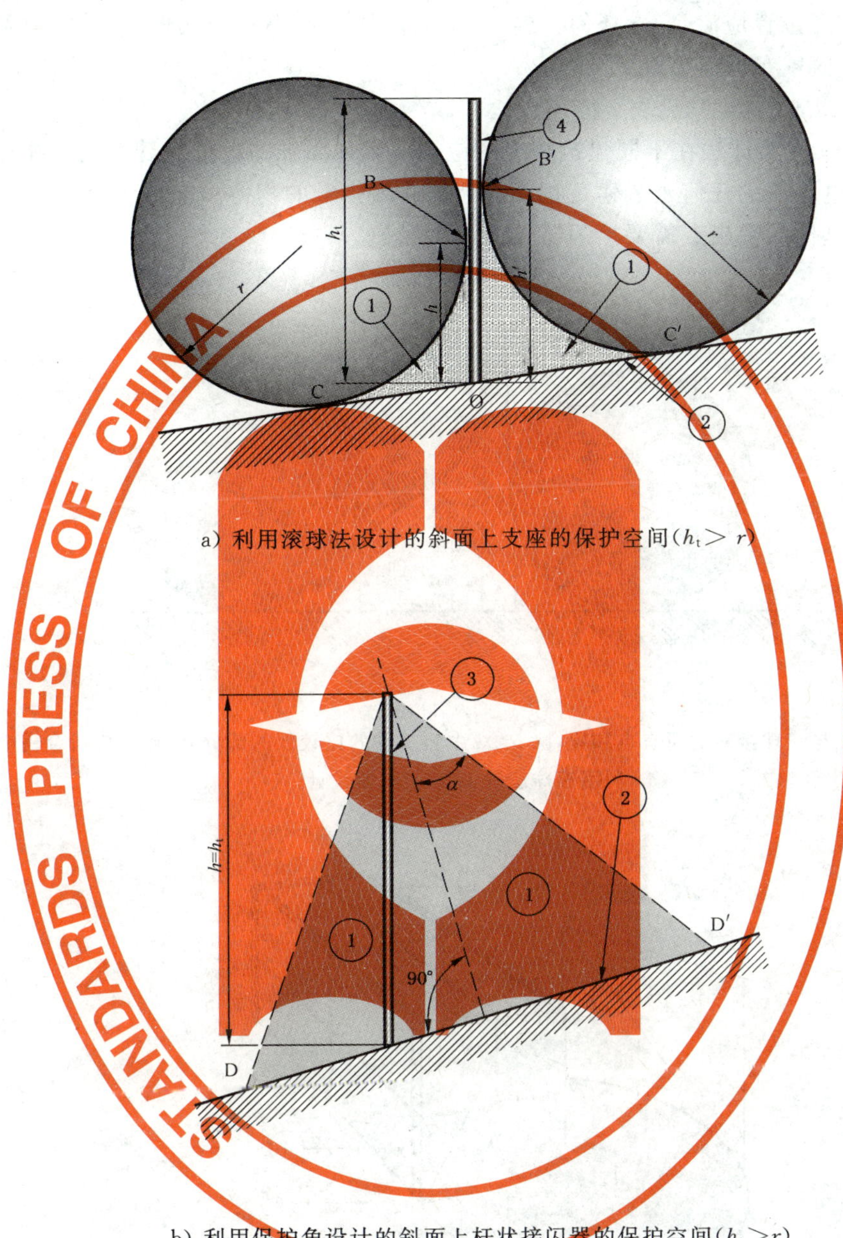

a）利用滚球法设计的斜面上支座的保护空间（$h_t > r$）

b）利用保护角设计的斜面上杆状接闪器的保护空间（$h_t > r$）

1——保护空间；

2——参考平面；

3——杆状接闪器；

4——支座；

r——表 2 的滚球半径；

h,h'——表 2 的杆状接闪器的相对高度；

h_t——水平参考面以上的杆状接闪器高度；

α——保护角；

B,C,B′,C′——滚球区域内的接触点；

C,C′,D,D′——保护区域的边界。

注：h 、h'应小于 h_t、h 的两个值，h 和 h'应用于斜面。

图 E.17　斜面上杆状接闪器或支座的保护区域

E.5.2.2.2 滚球法

在表 2 中排除了使用保护角法时，可用滚球法判定建筑物各部分的保护空间和区域。

应用此方法，接闪器位置应满足：在任何方向，保护区内任一点都不与在地面、建筑物周围、建筑物顶部滚动的、半径为 r 区域有任何接触。

滚球半径取决于 LPS 的类型(见表 2)。

图 E.18 和图 E.19 为滚球法在不同建筑物上的应用。半径为 r 的球体在建筑物周围滚动，直至其触到地面或可充当雷电导体的任何永久建筑物或与地球表面接触的物体。在球半径接触建筑物的地方会形成一个突出点。这样的突出点需要接闪器导体提供保护。

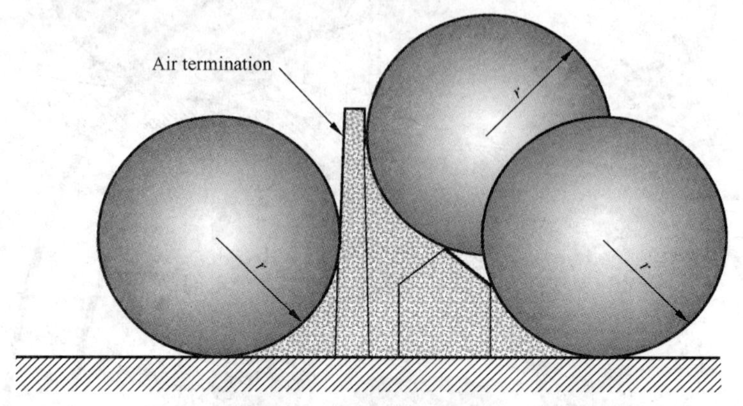

r——滚球半径，见表 2。

注：接闪 LPS 安装在与滚球接触的所有点和段，除 5.23 中建筑物的比较低的部分外，半径应符合雷电防护水平。

a) 利用滚球法的 LPS 接闪器设计

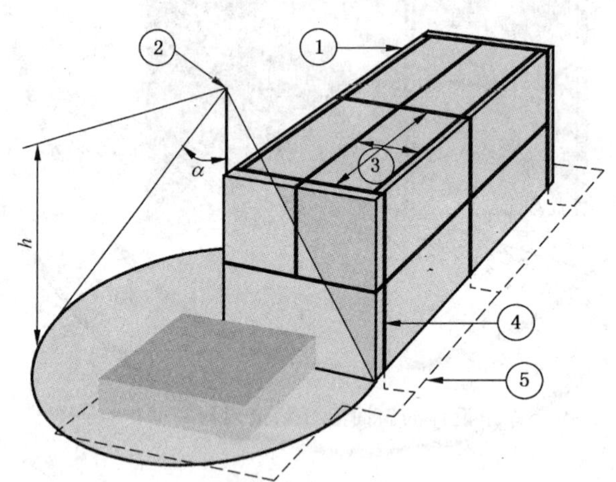

1——接闪器导体；

2——杆状接闪器；

3——网格尺寸；

4——引下线；

5——环形导体的接地装置；

h——地平面上接闪器的高度；

α——保护角。

b) 接闪器部件的总体布局

图 E.18 根据滚球法，保护角法的 LPS 接闪器设计及接闪器部件总体布局

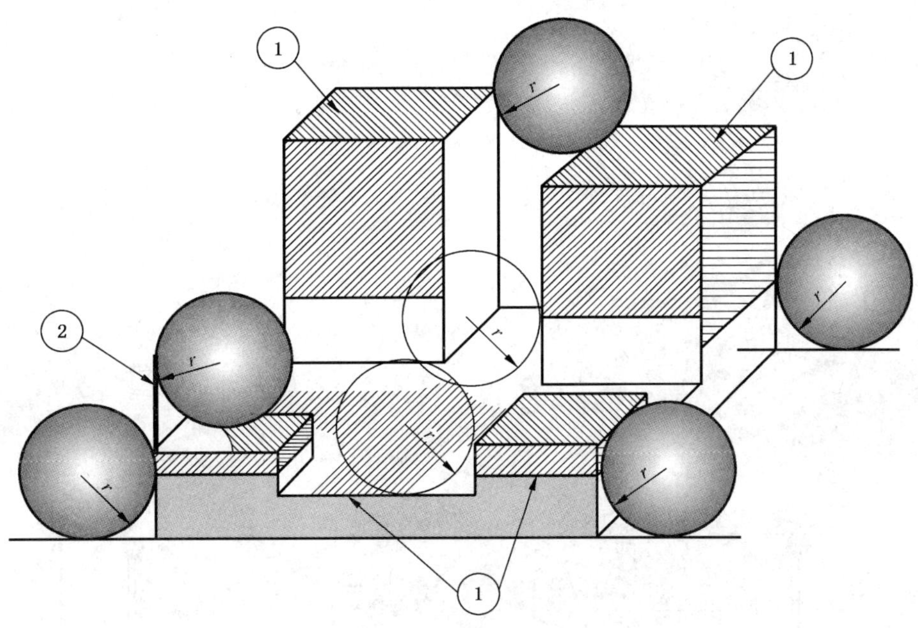

1——暴露在雷电下的阴影区域，根据表 2 要求需要保护措施；

2——建筑物的支柱；

r——表 2 的滚球半径。

注：根据 5.2.3 和 A.2，需防侧闪。

图 E.19　复杂外形建筑物的 LPS 接闪器设计

建筑物利用滚球法时，应从各方向对建筑物进行考虑，以确保没有突出部分位于受保护区外。如果仅对正面、侧面和平面图加以考虑，则这些点可能被忽略。

LPS 导体保护空间适用于建筑物的滚球与之接触时，未被滚球触及的空间。

图 E.18 为分别利用网格法、滚球法和防护角法时，LPS 接闪器提供的保护以及接闪器部件的总体布局。

如图 E.20 所示，当两个平行的水平 LPS 接闪器导体放置于水平参考平面上时，水平线下方导体之间滚球的穿透距离 p 按下式计算：

$$p = r - [r^2 - (d/2)^2]^{1/2} \qquad \cdots\cdots (E.4)$$

穿透距离应小于 h_t 与受保护物体高度的差。

图 E.20 同样适用于三个或四个杆状接闪器的情况。例如，放在正方形四角上的四个垂直杆状接闪器且有同样高度 h，此时，图 E.20 中的 d 等于由四个杆状接闪器组成的正方形的对角线。

注：上世纪 30 年代中期以来，已认识到滚球半径与雷击的峰值相关，$r=10I^{0.65}$。

利用滚球法可确定雷击点，滚球法也可用于确定建筑物遭受雷击的概率。

图 E.21 为高度大于滚球半径的建筑物。虚线表示滚球中心的路径，这也是向下的雷击先导顶端的几何位置，从这里随之发生最终放电。所有滚球中心路径上的顶点，雷击会对建筑物最近的点产生放电，围绕屋顶边沿，在滚球 1/4 圆弧路径上，雷击先导将向建筑物边沿放电。这表明相当大部分雷击发生在屋檐，一些击向墙体，另一些击向屋顶表面。

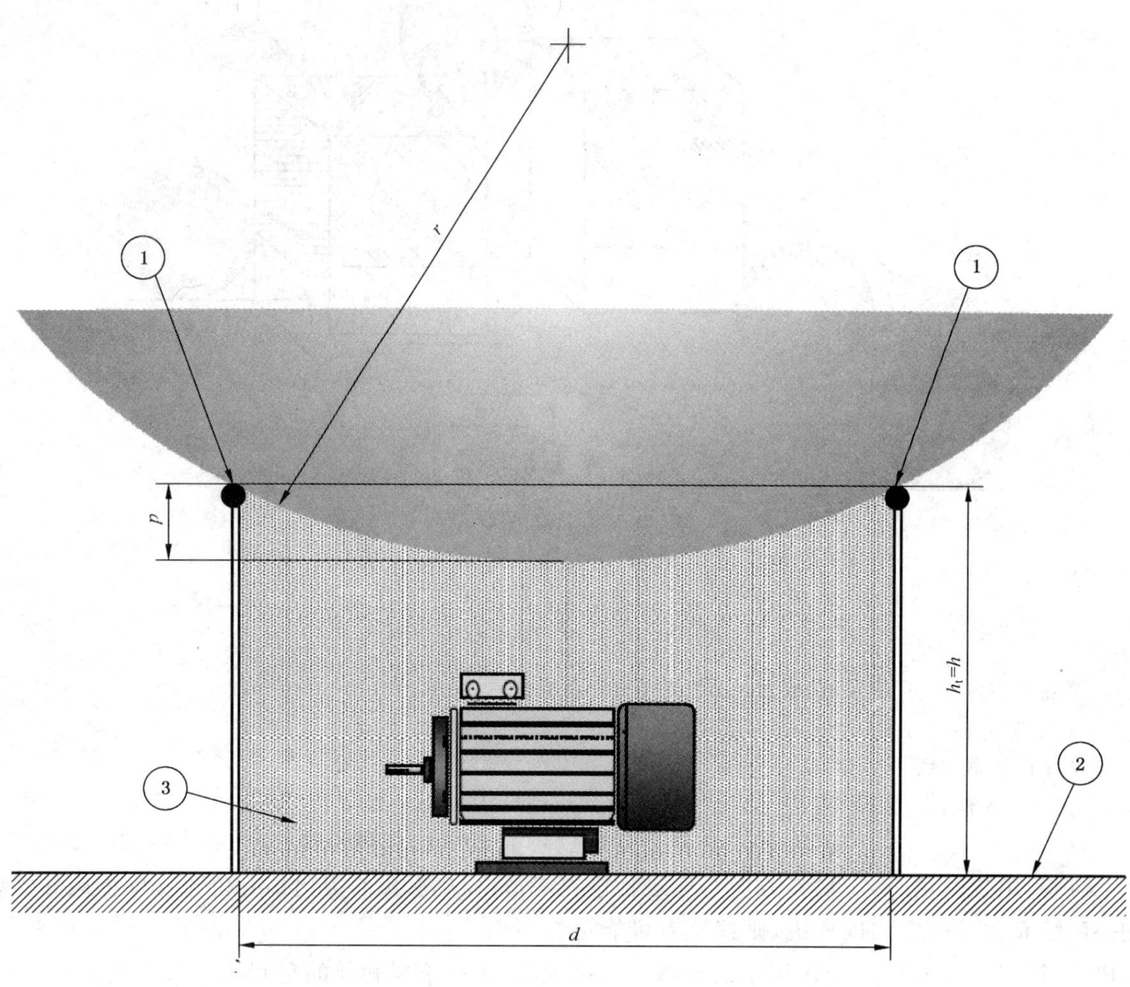

1——水平线；

2——参考平面；

3——由两个平行接闪器水平导线或杆状接闪器保护的区域；

h_t——参考平面以上的杆状接闪器高度；

p——滚球的穿透距离；

h——接闪高度，见表 2；

r——滚球半径；

d——两根平行接闪器水平导线或杆状接闪器的距离。

注：为保护两接闪器之间区域内的物体，滚球半径的穿透距离 p 应小于 h_t 与受保护物体最大高度之差。

图 E.20 利用滚球法($r>h_t$)由两根平行接闪器水平导线或杆状接闪器确定的保护空间

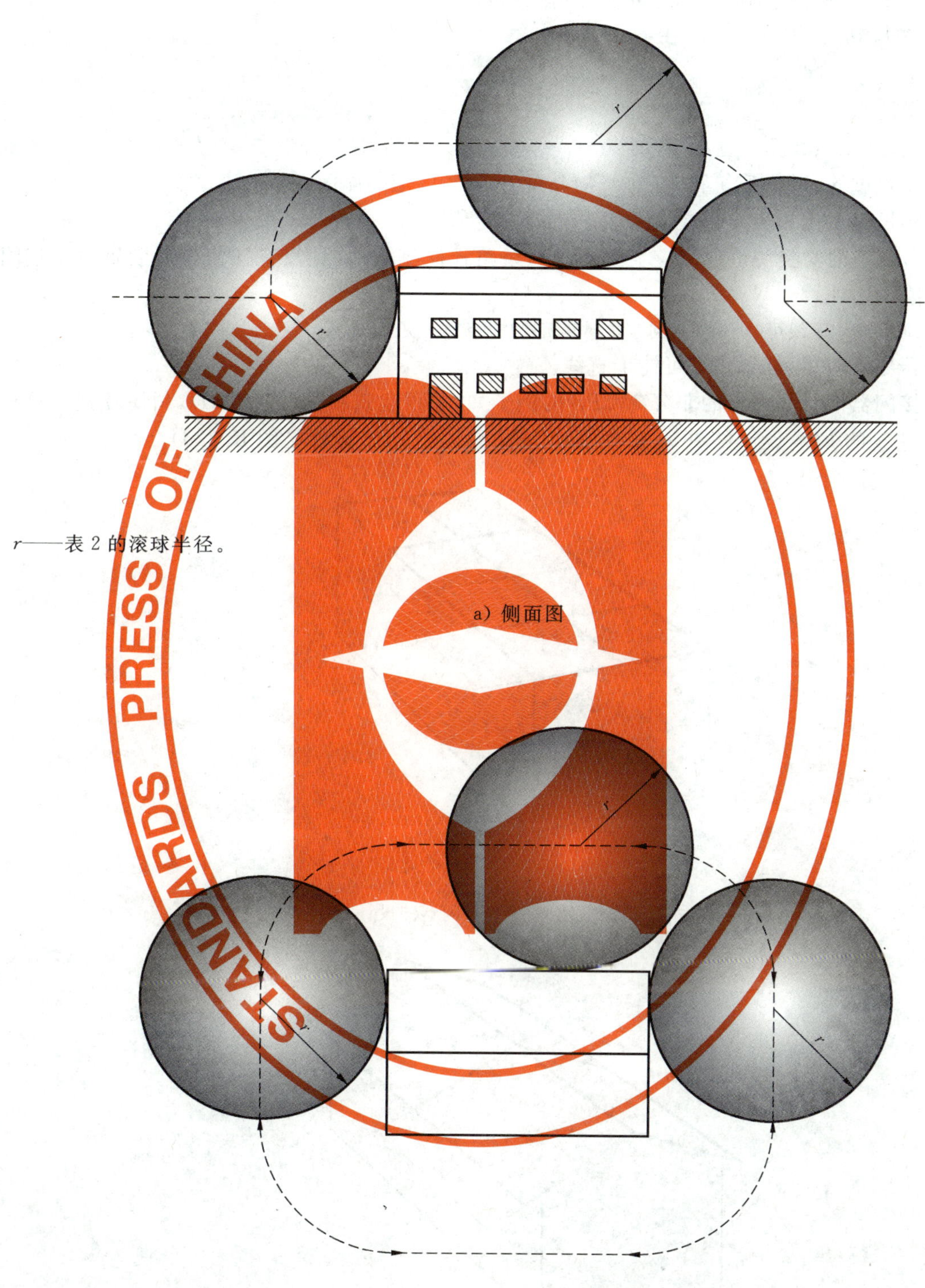

a）侧面图

b）俯视图

图 E.21 建筑物可能遭受雷击的点

为了准确预测墙体遭受雷击的概率，必须考虑到俯视图（见图 E.21.b)）。

E.5.2.2.3　网格法

在下列情况下，为保护平坦的表面，可考虑利用网状法：

a）附录 A 提到，接闪器应安装在：

——屋角；

——屋檐；

——屋脊（屋顶坡度超过 1/10 时）。

对高度超过 60 m 的建筑物，在建筑物高度的 80％以上的侧面。

b）接闪器网络的网格大小不应大于表 2 中的给定值。

c）接闪器网络的安装使雷电流应至少通过两条路径泄流入地，且没有任何金属装置位于接闪器保护范围之外。

注：采取多根引下线可减小隔距，同时减弱建筑物内电磁场（见 5.3）。

d）接闪器导线应尽可能短，尽可能走直线。

一些采用接闪器网状法设计的非分离 LPS 的例子如：平顶建筑物见图 E.22a），斜屋顶建筑物见图 E.22b）。工业建筑的 LPS 设计见图 E.22c），采用隐式导体的 LPS 设计见图 E.22d）。

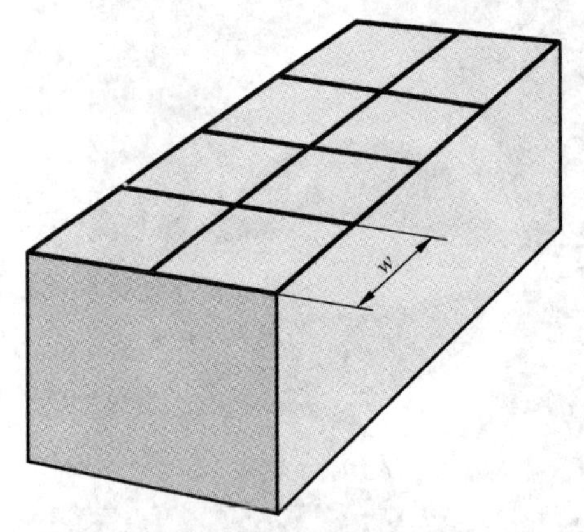

a）平顶建筑物的 LPS 接闪器的设计

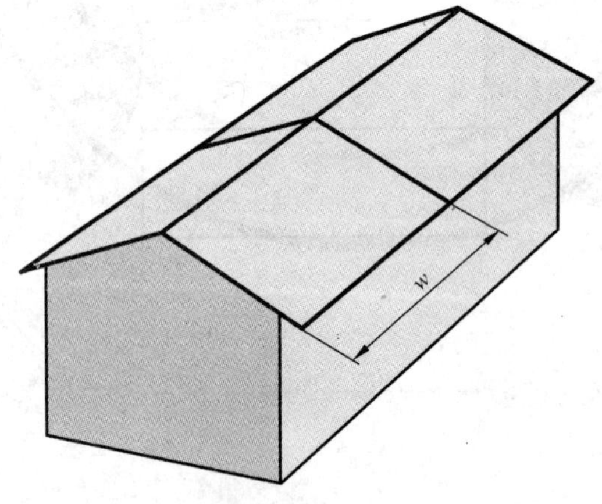

w——网格大小。

注：网格大小应符合表 2 要求。

b）斜顶建筑物的 LPS 接闪器设计

图 E.22　利用网状接闪器设计方法，进行非分离 LPS 接闪器设计的例子

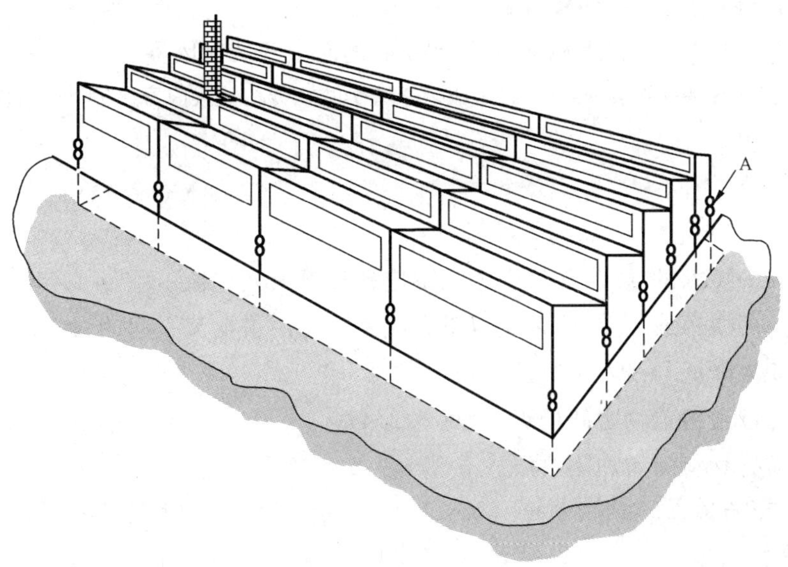

A——测试接头。

注：所有的尺寸必须符合表1,表2选定的防护水平。

c）单坡屋顶建筑物的LPS例子

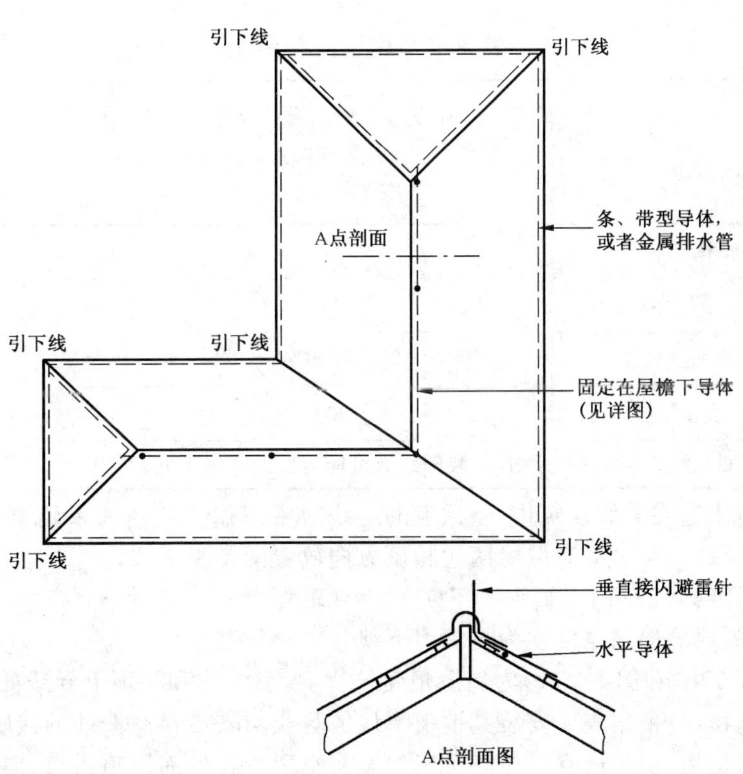

— — — —隐式导体；

•——短的垂直杆状接闪器，符合保护角法和滚球法。

d）高度小于20 m，斜屋顶的可视隐式导体和接闪器

图 E.22（续）

E.5.2.3 对高层建筑防侧击闪络的接闪器

对高度超过 120 m 的建筑物,距顶端 20%高度的侧面应安装接闪器。

注:如果建筑物上部的外墙存在敏感部件(例如:电子设备),应用专门的接闪器保护,例如:横向尖状导体 、金属网格及其他等效导体。

E.5.2.4 施工

E.5.2.4.1 总则

对截面积符合表 6 要求的导线,导线中温度不应超过最大允许值。

对易燃材料构成的屋顶或墙壁,应采用以下方法来防止由雷电流引起的对 LPS 导线的致热影响。

——增大截面积来降低导线发热时温度;

——增大导线与屋顶覆盖物之间的距离(见 5.2.4);

——在导线与易燃材料间增加隔热层。

注:研究表明,接闪器有钝的尖端是有利的。

E.5.2.4.2 非分离接闪器

接闪器导线和引下线应在屋面上用导线互联,可利于雷电流通过引下线分流。

位于屋顶的导体和杆状接闪器可用导电性和非导电垫片或夹具加以固定。如果墙为非易燃材料,导线可沿墙面放置。

导体的安装间距参见表 E.1。

表 E.1 建议安装间距

装置	带状和多股绞合的导体 安装间距/ mm	实心导体 安装间距/ mm
在水平面上的水平导体	1 000	1 000
在垂直面上的水平导体	500	1 000
从地面到 20 m 处的垂直导体	1 000	1 000
20 m 高度以上的垂直导体	500	1 000
注:应进行环境条件(例如:风力)的评估,安装间距有可能与所推荐值不同。		

对有屋檐的小型住宅或类似建筑物,屋顶上的导线应沿屋檐走线。如果建筑物完全处于由屋檐上导体所提供的保护范围内,至少应沿屋檐两边相反方向放置两条引下线。

注:沿建筑物周围测得的两根引下线的间距,不应超过表 4 距离。

符合 5.2.5 时,屋顶的檐槽也可视为自然引下线。

图 E.23a)、图 E.23b)和图 E.23c)为斜屋顶建筑物上,引下线和屋顶上导线的排列示例。

对比较长的建筑物,应根据表 4 安装其他引下线。且应与安装在屋檐处的接闪器导线相连。

对屋顶较大的建筑物,房顶屋脊导体必须延伸至屋脊尾。在斜面屋顶边缘,房顶屋脊导体应与引下线连接。

在实际应用中,接闪器导线、连接线、引下线应尽可能走直线。在非导电屋顶,导体可置于屋瓦下面或上面。固定于屋瓦下面具有安装简便和腐蚀降低的优点,但在有充足固定方法可用的情况下,沿瓷砖布放比较好(例如:布放在瓷砖表面)。这样,可减少导线遭受直接闪击时对瓷砖造成的破坏,也使检测简单。置于屋瓦下面的导体最好提供短的杆状接闪器。杆状接闪器应位于屋顶的上方,间距不超过 10 m;或可使用合适的外露金属板(见图 E.22d)),间距不超过 5 m。

对平屋顶建筑物，四周的导线应尽可能靠近屋顶屋檐的外部。

当屋顶表面超过表 2 中所规定的网格尺寸，应安装附加接闪器导体。

图 E.23a)，图 E.23b)，图 E.23c)为斜屋顶建筑物上接闪器导线的安装；图 E.24 为平顶建筑物上固定装置的安装。

a）斜屋顶边缘的接闪器及屋顶引下线的安装

b）采用保护角杆状接闪器设计方法，保护烟囱的杆状接闪器的安装

图 E.23　瓷面斜顶建筑物上 LPS 的实例

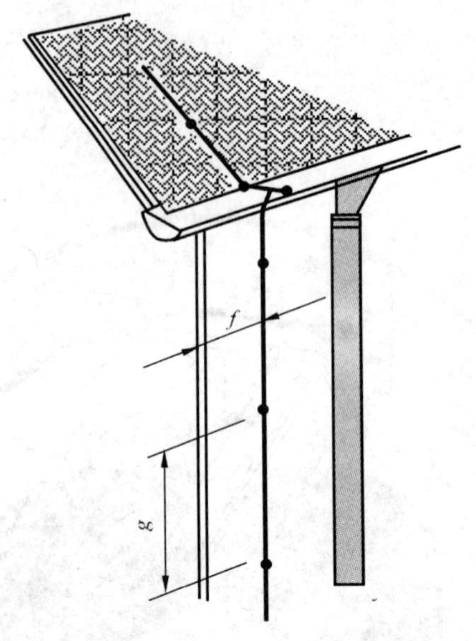

c）与屋檐连接的引下线的安装

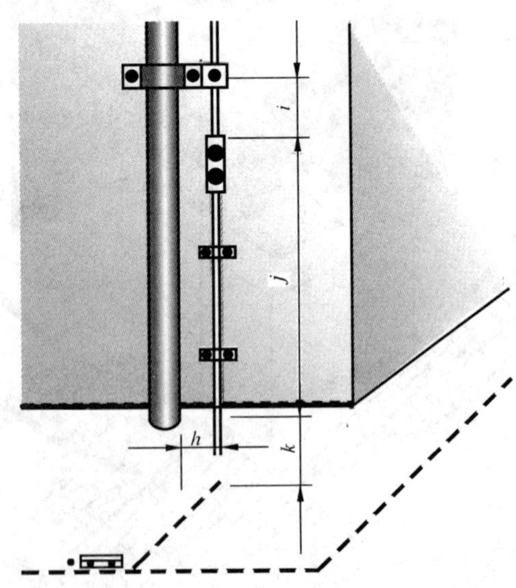

d）引下线及与排水管连接处测试接头的安装

合适尺寸的例子：

a=1 m，b=0.15 m，c=1 m，d=尽可能接近边缘，e=0.2 m，f=0.3 m，g=1 m，h=0.05 m，i=0.3 m，j=1.5 m，k=0.5 m，α：保护角（见表 2）。

图 E.23（续）

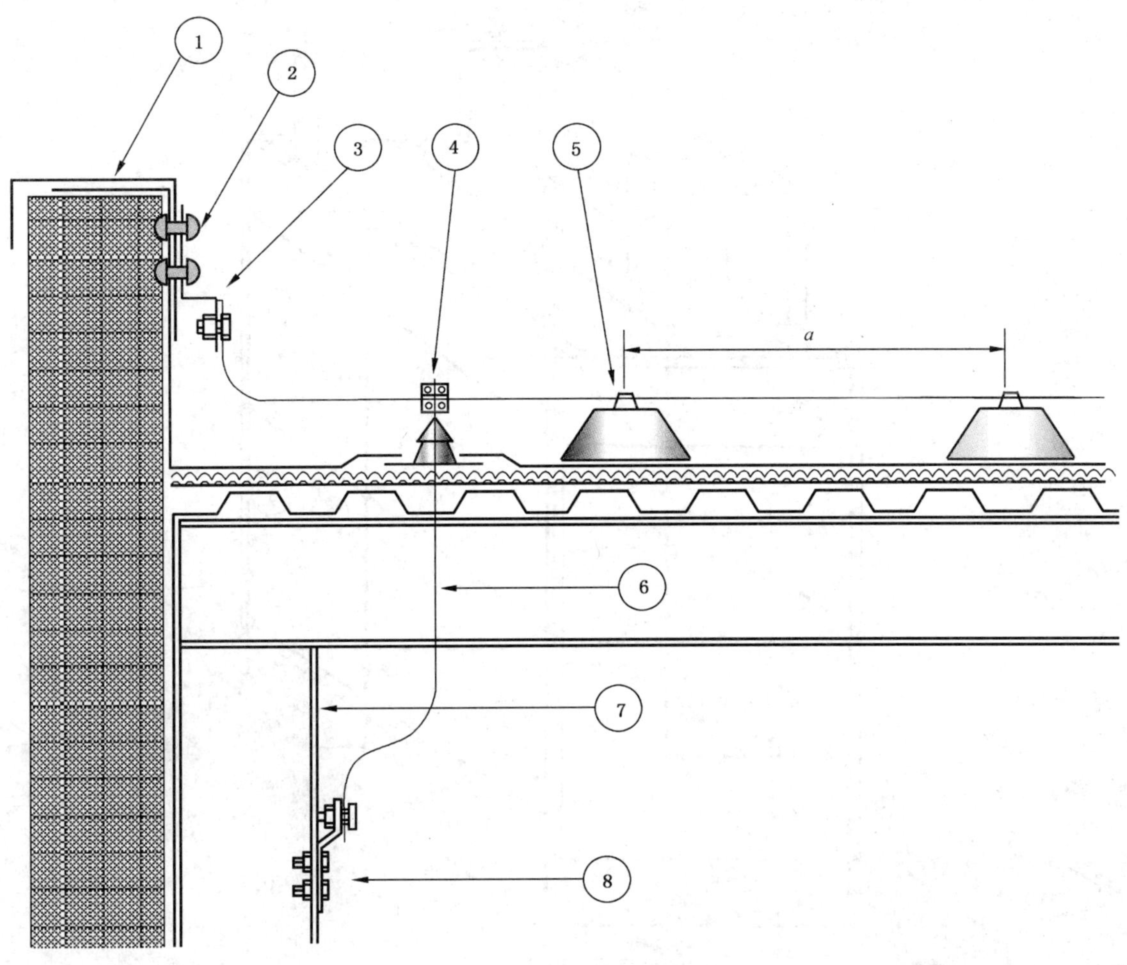

1——屋顶护栏；

2——可弯曲的导体；

3——接头；

4——T 型连接点；

5——接闪器导体装置；

6——穿过防水套管的 LPS；

7——钢筋梁；

8——接头；

a——500 mm～1 000 mm，见表 E.1。

注：用作接闪器导体的屋顶护栏金属外层与用作 LPS 自然引下线的钢筋梁相连。

图 E.24　利用建筑物屋顶自然部件的 LPS 结构

图 E.25 为绝缘材料(例如:木头、砖)平顶建筑物上外部 LPS 的安装。屋顶固定装置位于受保护空间内。高层建筑与所有引下线相连的环形导体可安装在建筑物的正面。环形导体间的距离见表 4。滚球半径平面以下的环形导体可作为等电位导体。

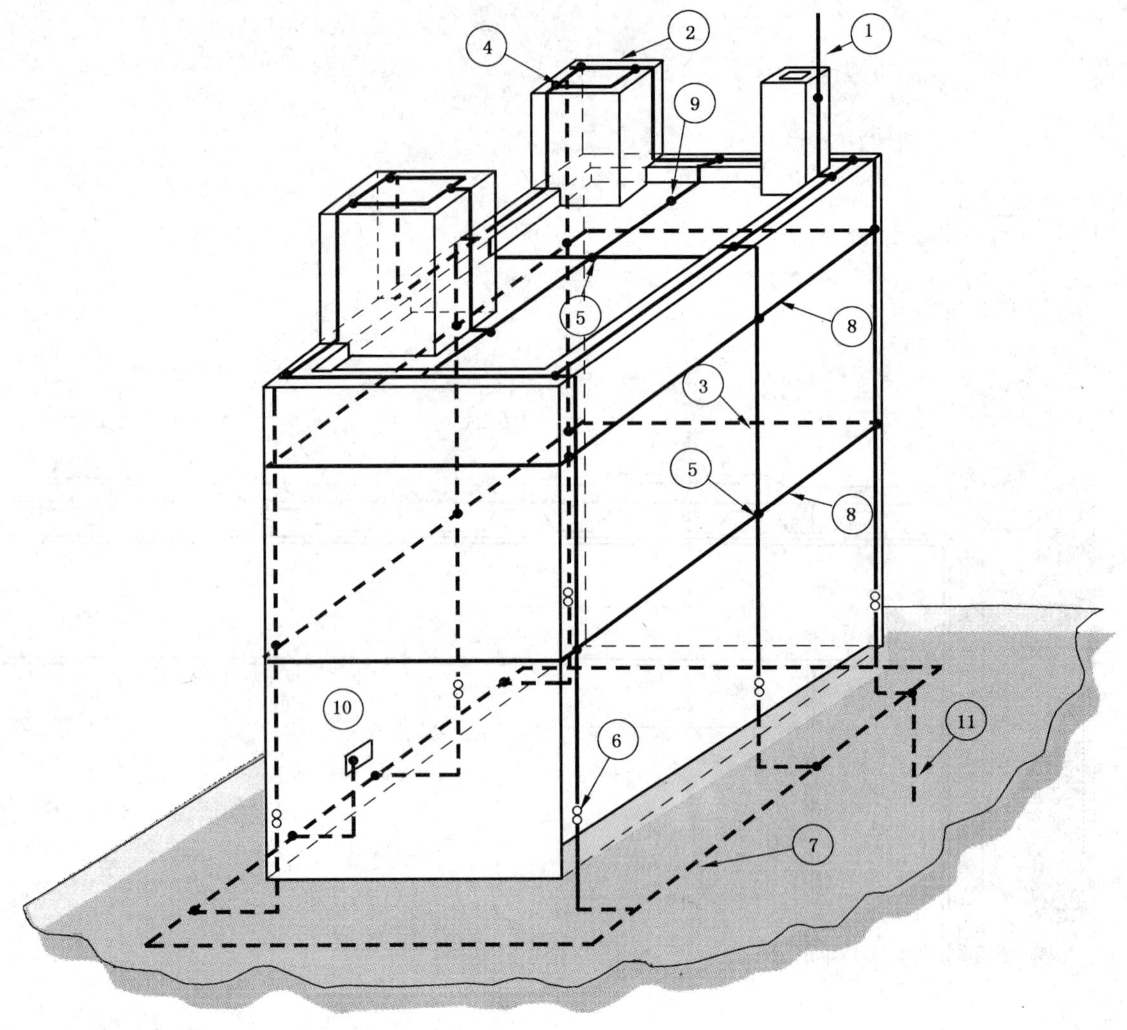

1——杆状接闪器;
2——水平接闪导体;
3——引下线;
4——T 型接头;
5——十字型接头;
6——测试接头;
7——B 型接地装置,环形接地体;
8——等电位环形导体;
9——有屋顶装置的平顶;
10——与内部 LPS 接地排连接的端子;
11——A 型接地装置。
注:应用了一个等电位连接环。引下线之间的隔距要求见表 4。

图 E.25 高度达 60 m、平顶、安装了屋顶装置的木质或砖质建筑物的外部 LPS 安装

LPS 导线和杆状接闪器在机械性能上应能承受由于风力、气候及屋顶施工所引起的机械应力。

根据 5.2.5，如果溶化的金属不会引起自燃，用于外墙机械保护的金属立面可用作接闪器的自然引下线。易燃性取决于金属镀层下面选用的材料类型。材料的易燃性应得到承包商批准。

金属屋顶的屋顶密封装置，和其他类型屋顶一样，可被雷电击穿。此时，水能从雷电击点渗透并穿过屋顶。为避免这种情况，应安装接闪器。

灯塔和烟气、热气出口阀常常处于封闭状态。业主应讨论确定阀门的防护设计是否在空阔地带、封闭场所及所有中间位置适用。

当雷击点处，允许出现熔化现象时，不满足 5.2.5 条件的导电薄板立面可可用作接闪器，如果不允许出现熔化现象，导电屋顶金属板可由具有足够高度的接闪器提供保护(见图 E.20 和图 E.26)。

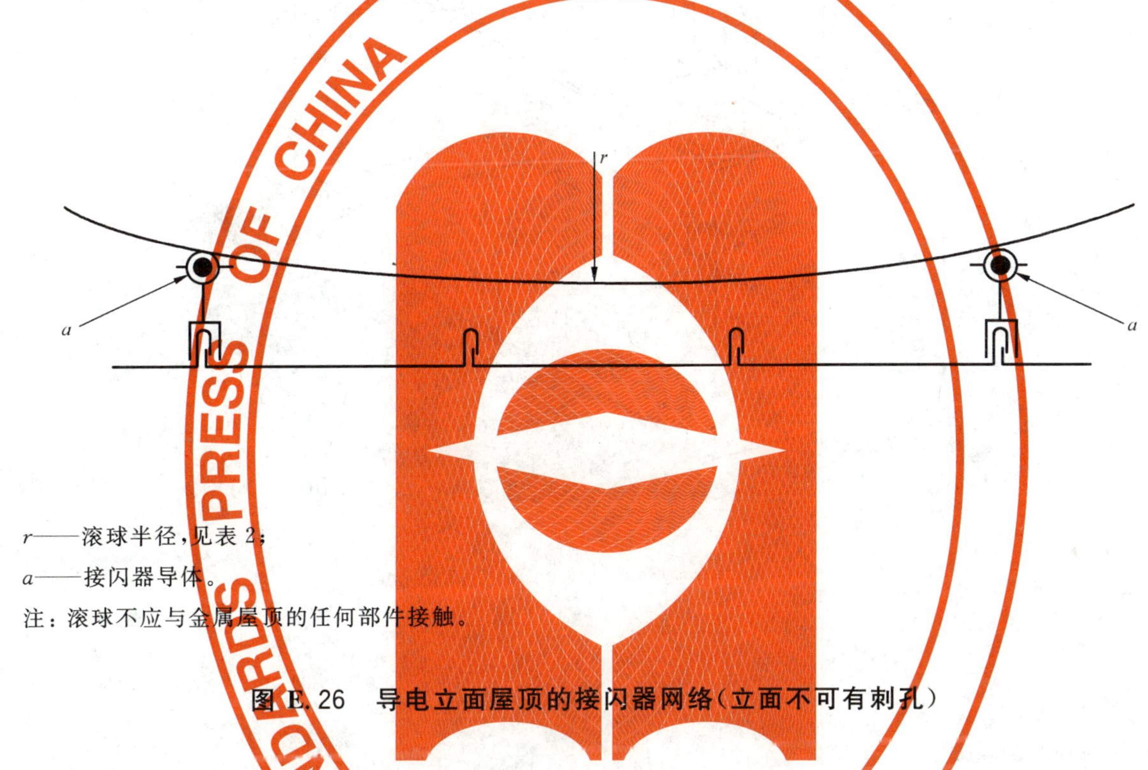

r——滚球半径，见表 2；

a——接闪器导体。

注：滚球不应与金属屋顶的任何部件接触。

图 E.26 导电立面屋顶的接闪器网络(立面不可有刺孔)

使用绝缘支架时，与金属薄板之间的隔距，应满足 6.3 中的条件。

使用导电支架时，与屋顶金属板的连接应能承受部分雷电流，见图 E.26。

图 E.24 为一屋顶边缘，利用屋顶女儿墙为接闪器导体自然引下线的例子。

平面或突出建筑物的屋顶装置应由杆状接闪器提供保护。如果不符合 5.2.5 要求，附加金属网络应连接到 LPS。

图 E.27 为混凝土中带有自然引下线的接闪器的连接。

E.5.2.4.2.1 多层停车场屋顶的防雷保护

多层停车场屋顶的雷电防护，可采用接闪器螺栓。螺栓应能与混凝土屋顶上的钢筋相连(见图 E.28)，如果不能与混凝土屋顶中的钢筋连接，应在车路板的接合处布放导体，而接闪器螺栓则置于网格接头处，网格尺寸不应超过表 2 中保护等级的对应值。此时，停车场内的人和车辆没有得到雷电防护。

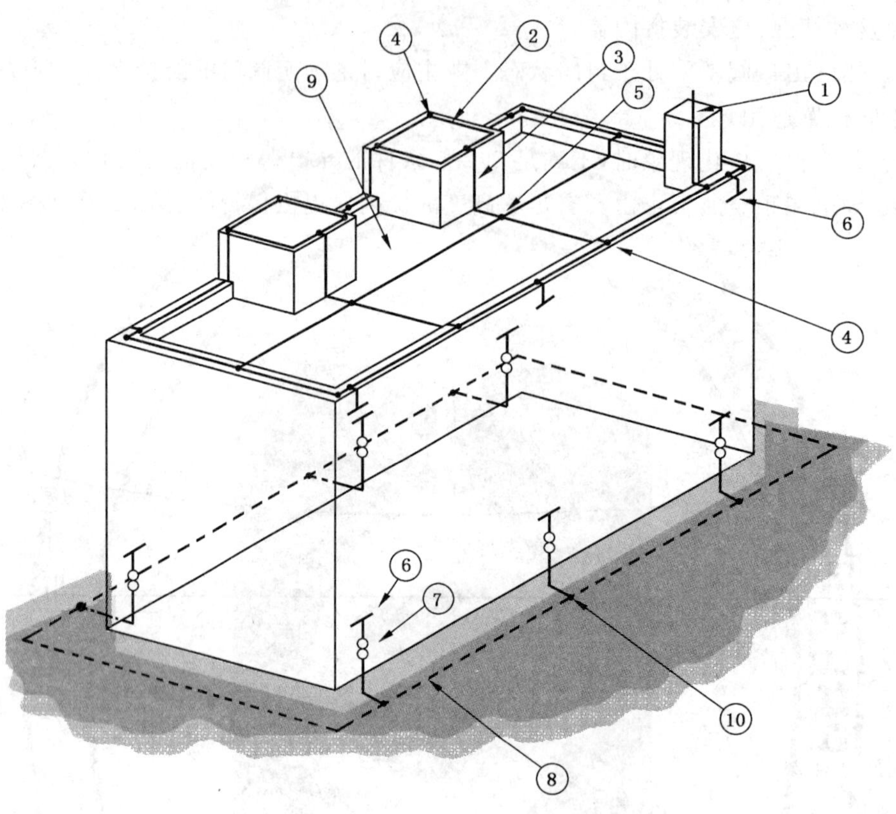

1——杆状接闪器；

2——水平接闪导体；

3——引下线；

4——T 型接头；

5——十字型接头；

6——钢筋之间的连接(见 E.4.3.3,E.4.3.6)；

7——测试接头；

8——B 型接地装置,环形接地体；

9——含有屋顶装置的平顶；

10——T 型连接点——耐腐蚀。

注：建筑物内的钢筋必须符合 4.3 中的要求。LPS 尺寸应符合雷电防护水平要求。

图 E.27 利用外墙钢筋作为自然部件的钢筋混凝土建筑物上外部 LPS 的施工

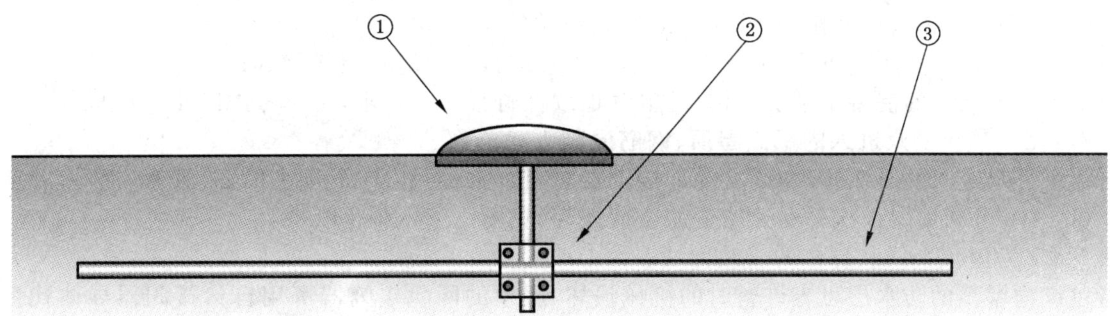

1——接闪器螺栓；

2——与多条钢筋相连的金属导体；

3——混凝土中的钢筋。

图 E.28　用于停车场屋顶的接闪器螺栓

如果需要为最顶层停车场提供防直击雷保护，可使用杆状接闪器和架空接闪导线。接闪器导体高度可近似确定安全裕度，见图 E.29。

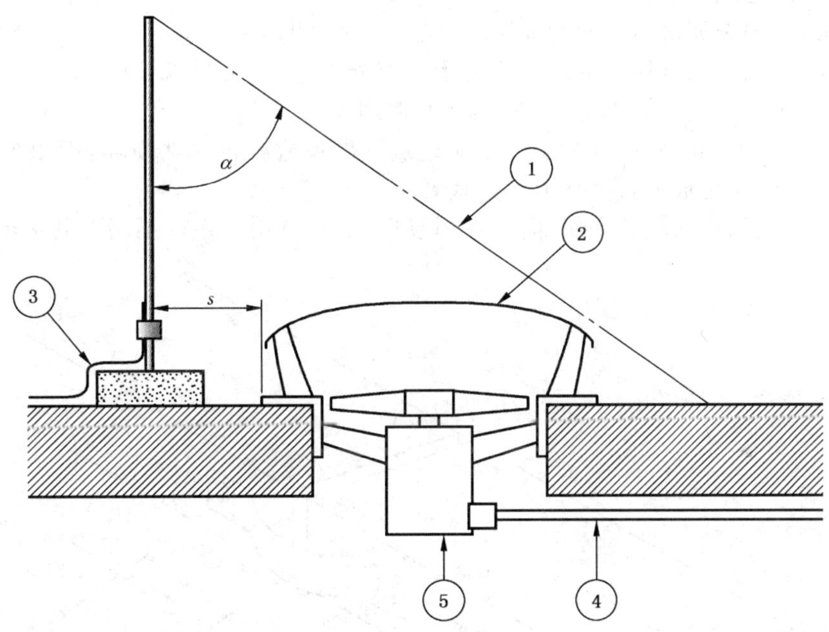

1——受保护的圆锥型区域；

2——金属屋顶装置；

3——水平接闪器导体；

4——电源线，最好封装在金属屏蔽层内；

5——电气设备；

s——隔距，见 6.3；

α——保护角，见表 2。

注：杆状接闪器高度应符合表 2 要求。

图 E.29　安装了电源设备，且电源设备与接闪器没有连接时，用于金属屋顶装置保护的杆状接闪器

在使用垂直导体时，应考虑手可接触到的区域。可设置障碍物或保护线来确定安全区域。

在雷雨季节，应在入口处作关于"注意雷击危险"的警示标识。

如果屋顶覆盖了一层至少 5 cm 厚的沥青，可不考虑接触和跨步电压引起的危险。

如果屋顶为互联的混凝土钢筋结构，且电气连续性符合 4.3 要求，可不考虑跨步电压危险。

E.5.2.4.2.2 禁止公众进入的平面屋顶、钢筋混凝土建筑物

在禁止公众进入的平面屋顶，装有外部接闪器时，接闪器导体应按照图 E.27 进行安装。屋顶上等电位环形导体，可利用屋顶扶手女儿墙上的金属外壳，见图 E.24 和图 E.30。

图 E.27 为屋顶上网状导体的安装方法。

当建筑物屋顶的防水层可容许暂时的机械损坏，屋顶的网状接闪器可用自然接闪器导体代替。根据 5.2.4，自然接闪器导体包括混凝土中的钢筋，LPS 接闪器导体可直接固定于混凝土屋顶。

通常，雷电击中混凝土钢筋屋顶时，会破坏防水层。随后雨水可能会引起钢筋的腐蚀并导致损坏。如果不允许由于腐蚀造成机械应力减低，应安装接闪器，最好与混凝土钢筋进行连接，以防止钢筋混凝土遭受直击雷。

根据 5.2.5，如果金属焊接时，不存在引起火花自燃的危险，用于外墙机械防护的金属立面可作为接闪器的自然部件。

如果雷击点处容许被熔化，则不符合表 3 要求的导电钢板金属立面也可用作接闪器。如果雷击点处不容许被熔化，则接闪器应安装在足够的高度，为导电屋顶薄板提供保护(见图 E.20 和图 E.26)，应采用滚球法。采用滚球法时，网格尺寸必须小于普通网格接闪器的网格尺寸，支座高度必须大于普通网格接闪器系统的支座高度。

使用绝缘支架时，与金属薄板之间的隔距，应满足 6.3 中的条件。

使用导电支架时，与屋顶金属板的连接应能承受部分雷电流，见图 E.29。

图 E.24 为在屋檐处，自然接闪器利用屋顶女儿墙用作接闪器导体。

当可以承受最大 100 mm 厚的混凝土掉落对建筑物外观造成暂时性损坏，则根据 5.2 允许屋顶的环形导体由混凝土中钢筋构成的自然环形导体代替。

不满足 5.2.5 中接闪器条件的金属部件，在屋顶区域内，可用于连接不同承载雷电流的部件。

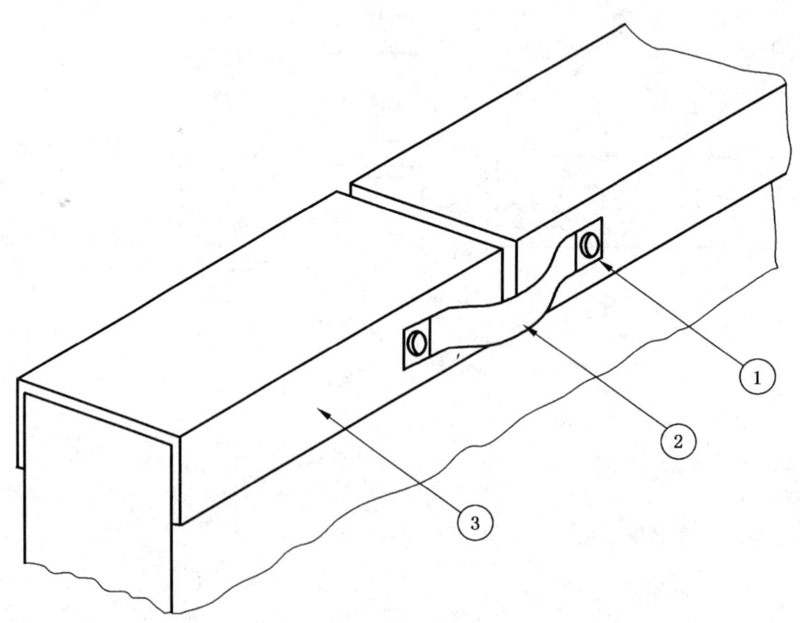

1——耐腐蚀的接头；

2——可弯曲导体；

3——护栏的金属外层。

注：需要特别注意的是：选取合适的材料，接头进行良好的设计，进行桥接以防腐蚀。

图 E.30 女儿墙上实现电气连续性的方法

E.5.2.4.2.3 提供足够的建筑物屏蔽

为保护建筑物内的电气设备、信息处理设备，可利用建筑物的外墙和屋顶作为电磁屏蔽（参见GB/T 21714.2—2008和GB/T 21714.4—2008的附录B）

图E.27为利用互联钢筋作为引下线和封闭空间的电磁屏蔽的钢筋混凝土结构。详见GB/T 21714.4—2008。

在屋顶接闪器的保护区域内，尺寸大于1 m的所有导体部件应互联成网状。根据6.2，网状屏蔽体应在屋檐处也可在屋顶区域内的其他点与接闪器相连。

图E.24和图E.30为利用屋顶女儿墙作自然接闪器，钢框架作为自然引下线时，导电性框架建筑物的接闪器施工示意图。

图E.30为LPS中自然部件如何实现电气连续的例子。

钢结构建筑物网格尺寸与表2相比减小时，雷电流通过多条并联导线分流，根据6.3，使电磁阻抗相应降低，隔距相应减小，从而更容易获得设备与LPS间所需的隔距。

对大多数建筑物，屋顶屏蔽性能较差。因此，应注意提高屋顶建筑的屏蔽效能。

当屋顶没有导电结构部件时，可通过缩小屋顶导体之间的隔距提高屏蔽效能。

E.5.2.4.2.4 没有导电装置的平面或突出屋顶的保护

对金属、平面安装的屋顶装置、突出屋顶装置提供保护的杆状接闪器，应安装在这样一个高度：受保护装置应完全处于杆状接闪器的滚球法保护空间内或完全处于表2的保护角的锥形保护区域内。杆状接闪器与屋顶装置的安全隔距应满足6.3的规定。

图E.29为一采用保护角法设计，由杆状接闪器为屋顶装置提供保护的例子。保护角的值应符合表2中LPS防护水平。

不在杆状接闪器保护范围内的金属屋顶装置，如果其尺寸不超过以下范围，则不需提供附加保护。

——屋顶平面正上方0.3 m；

——上层建筑总面积1.0 m^2；

——上层建筑的高度2.0 m。

不在杆状接闪器保护范围内的非导电屋顶装置，突出高度不超过接闪器所在平面上方0.5 m处的非金属装置，不需提供附加保护。

导电装置，例如：电力线或金属管道，从屋顶平面装置引出至建筑物内部，可将大部分雷电流传导到建筑物内部。在存在这种导电连接的地方，屋顶上伸出的装置应由接闪器保护。如果用接闪器进行保护不可能实现或在经济上不划算，可在导电装置内部（例如：压缩空气管道）安装绝缘部件，部件长度至少为规定的安全隔距的2倍。

当绝缘材料的烟囱不在接闪器保护范围内时，应利用杆状接闪器或接闪器环进行保护。烟囱上杆状接闪器的高度应使整个烟囱都位于杆状接收器的保护范围内。

由于烟囱内表面附有积炭沉积物等导电物质，如果非导电材料的烟囱不在接闪器保护范围内，有可能遭受雷击。

图E.23b)为一砖材料烟囱上的接闪器施工图。

当不能满足符合6.3隔距要求时，金属平面屋顶装置应与接闪器相连。

E.5.2.4.2.5 装有电气设备或信息处理设备的屋顶装置的保护

无论是绝缘材料还是导电材料的屋顶装置，如果装有电气设备或信息处理设备，应处于接闪器保护范围内。

处于接闪器保护范围内的设备不可能遭受直击雷。

直击雷不仅损坏屋顶设备，还可能损坏与之相连的屋顶装置内的电子电气设备及建筑物内的电子电气设备。

钢架建筑物的屋顶装置应处于接闪器保护范围内。此时，接闪器可直接与钢结构连接。当直接与钢结构连接时,不需考虑安全隔距要求。

屋顶装置的要求同样适用于安装在易遭受雷击的垂直表面,即滚球能接触到的点。

图 E.29 和图 E.31 为对装有电气设备的导电性材料屋顶、绝缘材料屋顶装置提供保护时,接闪器施工图。

图 E.31 仅适用于隔距 s 不能满足要求时的情况。

注:如果设备需要附加保护,屋顶有源电缆上加装 SPD。

不管是在大气中或与通过固体材料($k_m=0.5$)连接时应满足安全隔距的要求。

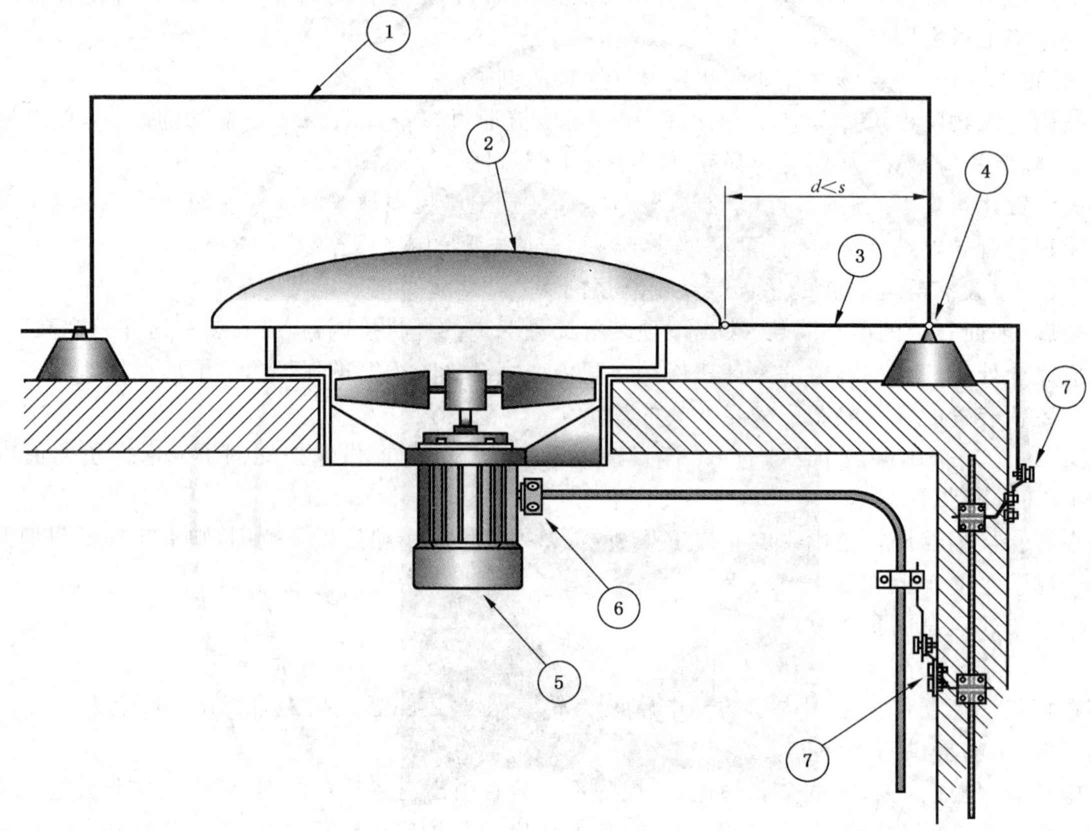

1——接闪器导体;

2——金属盖;

3——连接导体;

4——水平接闪器导体;

5——电气设备;

6——具有 SPD 的配电箱;

7——建筑物导电部件的连接接头。

注:封装的电气设备与接闪系统及建筑物导电部件连接,符合 E.5.2.4.2.6,金属电缆屏蔽层承受相当大的雷电流。

图 E.31 与接闪器连接、防直击雷的金属屋顶装置

E.5.2.4.2.6 保护空间内突出的电气装置

建筑物屋顶上的天线支架应采取防直击雷措施,可将天线支架安装在受保护区域内,或安装一个分离的外部 LPS。

如果上述方法不能实现,天线支架应与接闪器相连,便于部分雷电流的分流。天线电缆在所有设备的公共入口点处邻近 LPS 的主接地排进入建筑物。天线电缆导电屏蔽层应在屋面上与接闪器连接或与主连接排连接,见图 E.32。

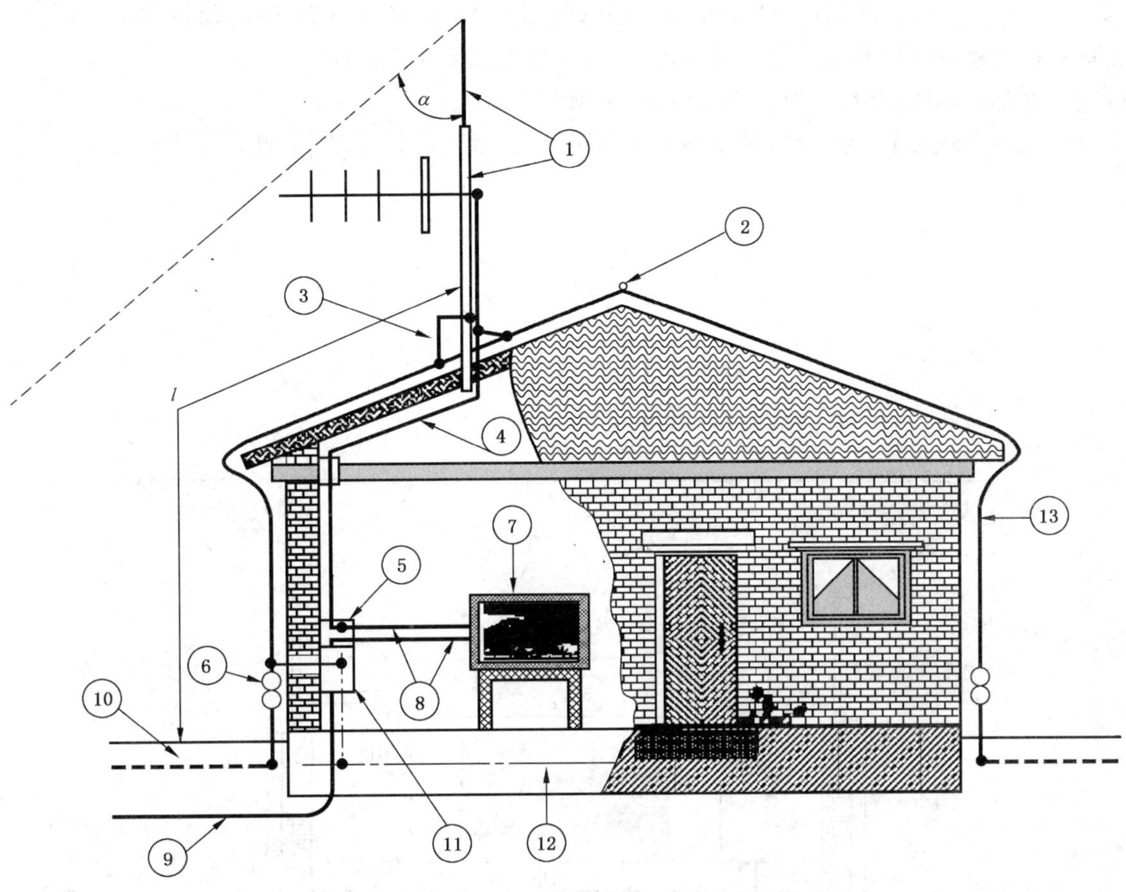

1——金属支柱；

2——屋顶边缘的水平接闪导体；

3——引下线与金属天线支柱的连接点；

4——天线馈线；

5——主接地排，天线的金属屏蔽层与此接地排相连；

6——测试接头；

7——TV；

8——天线馈线与电源线的平行布线路由；

9——电源线；

10——接地装置；

11——装有 SPD 的主配电箱；

12——基础接地极；

13——LPS 导体；

l——隔距的长度；

α——保护角。

注：根据 5.3.3，对于较小的建筑物只需铺设两条引下线。

图 E.32 利用电视天线支柱作为接闪器，房屋的防雷保护施工的例子

屋顶装置中的家用电器设备，如果不能保持其安全隔距，则电气设备的屏蔽层应与接闪器、屋顶装置中导电部件进行连接(参考表 9)。

图 E.31 提供了用导电部件将屋顶装置与电气装置和建筑物接闪器进行连接的方法。

E.5.2.4.2.7 屋顶上导电部件的防护

厚度不够的墙、安装在屋顶上的设备、不能承受雷击的设备、导电屋顶立面、建筑物上不符合5.2.5和表3自然接闪器系统的其他部件等导体物质，应由接闪器导体提供保护。

屋顶导电部件的防雷设计，应采用滚球法(见图E.33)。

图E.31为不能保持隔距s时，屋顶导电部件防直击雷的接闪器设计示例。

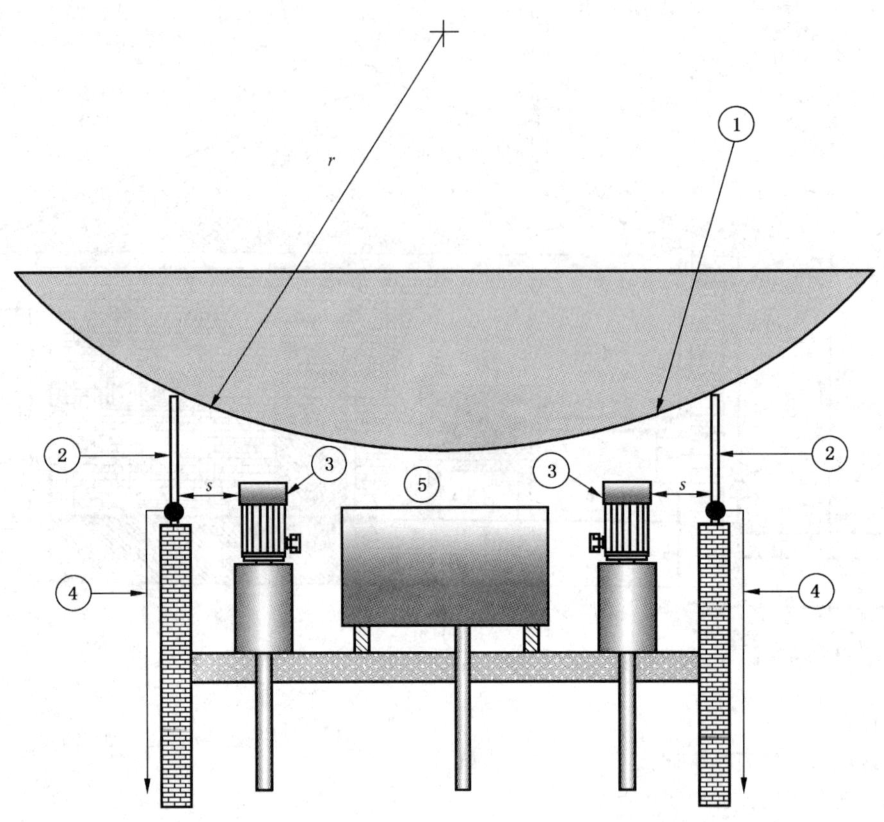

1——滚球；
2——杆状接闪器；
3——电气设备；
4——引下线；
5——金属容器；
r——滚球半径，见表2；
s——隔距，见6.3。

图E.33 屋顶金属装置的防直击雷装置

E.5.2.4.2.8 被土壤覆盖的建筑的防护

用土壤作为隔热层且人员不经常出入的屋顶，可安装常用的LPS。在土壤层，接闪器可以是网格接闪器或多根杆状接闪器，与地埋的网格相连，且应符合滚球法、保护角法。如果上述方法无法实现，应注意：不含杆状或和尖形部件的地埋网格接闪器将降低截击雷击的效率。

如果建筑物屋顶土壤层厚度达到0.5 m，且人员经常出入，需用5 m×5 m的网状接闪器来防止危险的跨步电压。为保护屋面上的人员免遭直击雷，可使用符合滚球法的杆状接闪器。杆状接闪器可用自然接闪部件代替，例如栅栏、天线等。接闪器高度应考虑人体接触高度2.5 m的限度，且保持所需的隔距(见图E.3)。

如果上述方法均不可行，应注意雷雨期间人可能会暴露于直击雷的情况。

对土壤层超过 0.5 m 的地下建筑物的防护措施正在考虑中。只要条件允许，建议使用与土壤层厚度为 0.5 m 的建筑物相同的防护措施。

对装有爆炸性材料的地下建筑物的防护措施，需要安装附加 LPS，附加 LPS 分离于建筑物之外。所有保护措施的接地装置应互联。

E.5.2.5 自然部件

扁平屋顶的建筑物，屋顶女儿墙上的金属立面为典型的 LPS 接闪网络的自然部件。这些立面包括为保护屋顶女儿墙表面不受天气影响而设置的模压的或弯曲的铝、镀锌钢或 U 形铜，立面的最小厚度应符合表 3 要求。

接闪器导线、屋面上的导线和引下线应与屋顶女儿墙的立面相连。

女儿墙上的金属薄板之间应进行跨接，彼此之间具有良好的可靠的电气连续性除外。

图 E.24 为利用金属立面作为 LPS 自然接闪导体的接闪器施工图。

导电部件，例如：金属水箱、金属管道及安装在屋顶的扶手，可视为接闪器的自然部件(假设其壁厚符合表 3 要求)。

装有高压气体、液体、有易燃气体或液体的容器及管道不应视为接闪器自然部件。在不可避免需安装上述管道的地方，在设计时应考虑雷电流的热效应。

屋顶上的导电部件，例如：金属水箱，常与安装在建筑物里面的设备相连。为避免全部雷电流通过建筑物，有必要将这些 LPS 的自然部件与避雷网进行很好连接。

图 E.34 为导电性屋顶装置与接闪器导体连接的示意图。

屋顶上方的导电部件，例如：金属水箱和混凝土钢筋，应与接闪器网络相连。

1——接闪导体装置；

2——金属管道；

3——水平接闪导体；

4——混凝土中钢筋。

注 1：金属管道应符合表 6 和 5.2.5 的要求。连接导体应符合表 6 的要求，钢筋应符合 4.3 的要求。屋顶连接必须考虑防水。

注 2：在特殊情况下，可与混凝土建筑物中的钢筋连接。

图 E.34 自然杆状接闪器与接闪器导体的连接

屋顶上不能承受直击雷的导电部件，应安装在接闪器的保护范围内。

女儿墙的金属立面及建筑物上同类物质，在忽略火灾影响时应满足 5.2.5 的要求。

图 E.35 为金属板用作自然引下线时，导电性桥接示例。给出两种方法：其一为用柔性金属带进行跨接;其二为通过自身有螺纹的螺栓跨接。前者可用于金属板作为引下线的情况,后者只适用于屏蔽(LEMP 防护)。

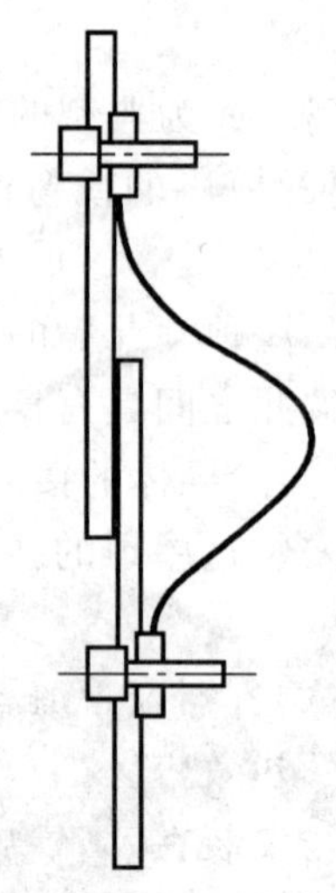

a) 可弯曲的金属桥接带

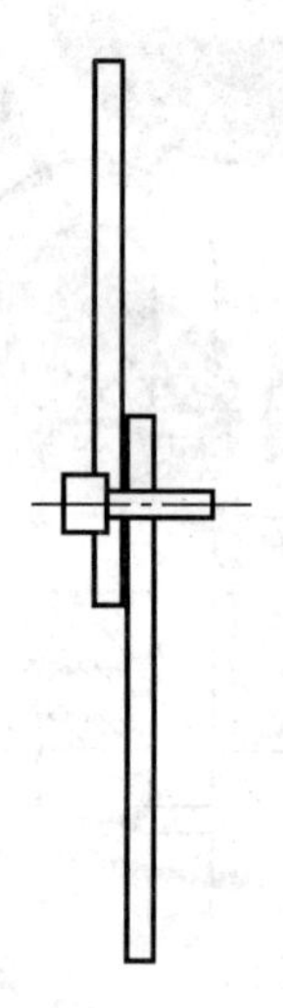

b) 自身有螺纹的桥接

注:电气导通连接能够显著改善抗 LEMP 的保护性能。LEMP 防护措施的更多内容见 GB/T 21714.4—2008。

图 E.35 立面金属板的桥接施工

E.5.2.6 分离的接闪器

安装分离 LPS 时,如果接闪器支座邻近受保护建筑物或设备,将使保护区内的建筑物遭受雷击的概率降至最小。

当安装了一个以上支座时,支座间用架空导线相连。这些装置与 LPS 之间的距离应符合 6.3 的要求。

支座间的架空连接导线扩大了保护空间,同时将在不同引下线之间进行雷电流分配。因而,LPS

上的电压降和受保护空间内的电磁干扰，比无架空线连接时要低。

由于内部设备与LPS的距离较大，使建筑物内的电磁场强度得到减小。分离LPS也可应用于混凝土结构可增强电磁屏蔽效果。但，对高层建筑，分离的LPS并不适用。

当屋顶上有许多往外延伸的设备需要保护时，可使用由绝缘支柱上的导线组成的分离接闪器。支柱应进行很好的绝缘以能承受6.3中根据隔距所计算得出的电压。

E.5.3 引下线

E.5.3.1 总则

选择引下线数量及位置应考虑这样一个事实：如果雷电流被多条引下线分流，侧击闪络和电磁干扰所带来的危险将减少。因此，引下线应尽可能均匀分布在建筑物四周，且对称。

不仅增加引下线数量有利于分流，而且等电位互联的环形导体也利于分流。

为避免与内部LPS进行等电位连接的需要，引下线最好尽可能远离内部电路和金属部件。

应注意：

——引下线必须尽可能短(使电感尽可能小)；

——引下线间的典型距离见表4；

——引下线和等电位互联环形导体的几何形状会影响隔距的值(见6.3)；

——在悬臂式建筑物内，应参照侧击闪络对人体所产生的危险计算隔距(见E.4.2.4.2)。

如果由于应用限制及建筑物几何形状的限制，某一个侧面不能安装引下线，则应在其他侧面增设引下线来作为补偿，其间距应不小于表4给出值的1/3。

只要平均间隔符合表4要求，引下线之间的间隔允许在±20%的范围内波动。对高度超过30 m的建筑物，必须安装引下线，引下线之间的间隔应符合表4的要求。

E.5.3.2 分离LPS的引下线数量

无附加信息。

E.5.3.3 非分离LPS的引下线数量

根据5.3.3，如条件允许，引下线应安装在建筑物每一个暴露的角上。当暴露的角与最近的引下线之间的距离符合以下条件时，暴露的角上并不需要安装引下线：

——与两根相邻引下线间的距离为表2和表4中规定距离的1/2或更小时；

——与一根相邻引下线间的距离为表2和表4中规定的距离的1/4或更小时。

角的内部不需考虑引下线。

E.5.3.4 施工

E.5.3.4.1 总则

外部引下线应安装在接闪器与接地装置之间。在可利用自然部件的地方，应将自然部件用作引下线。

如果按表4所示的引下线间隔计算得出的引下线与内部装置的隔距达不到要求时，应增加引下线数量以满足所需的隔距要求。

接闪器、引下线、接地装置应予以协调，以形成雷电流的最短路径。

引下线应与接闪器网络的连接点可靠相连，且应垂直布放连接至接地网络的节点。

如果建筑物有一个大的突出部分(例如：屋檐等)不能以直线相连，接闪器和引下线的连接应采用专用线，且不穿过自然部件(例如：雨沟等)。

图E.36为多层屋顶的建筑物外部LPS示例；图E.25为高度小于60 m，且扁平屋顶上装有屋顶装置的外部LPS设计示例。

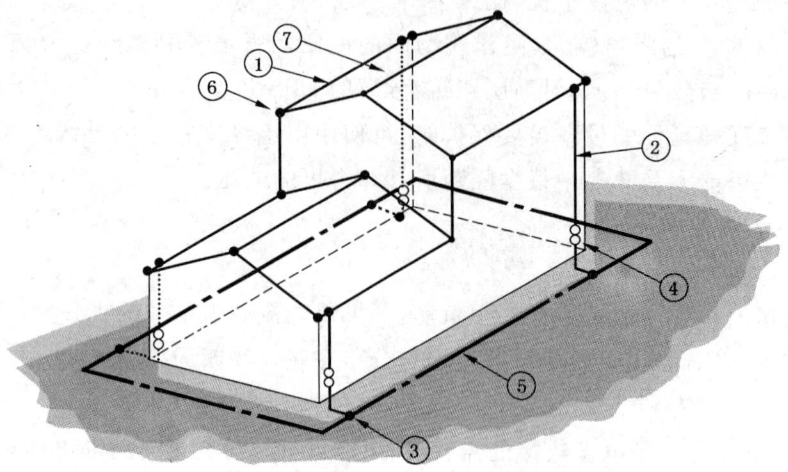

1——水平接闪导体；

2——引下线；

3——T 型接头——耐腐蚀；

4——测试接头；

5——接地体 B 型铺置方式，环形接地体；

6——房顶边缘的 T 型接头；

7——网格尺寸。

注：引下线的隔距应符合 5.2、5.3 及表 4 的要求。

图 E.36　多层绝缘屋顶的建筑物外部 LPS 装置

没有大量连续导电部件的建筑物，雷电流仅通过 LPS 的普通引下线，因此，引下线的几何形状对建筑物内的电磁场起决定性作用(见图 E.37)。

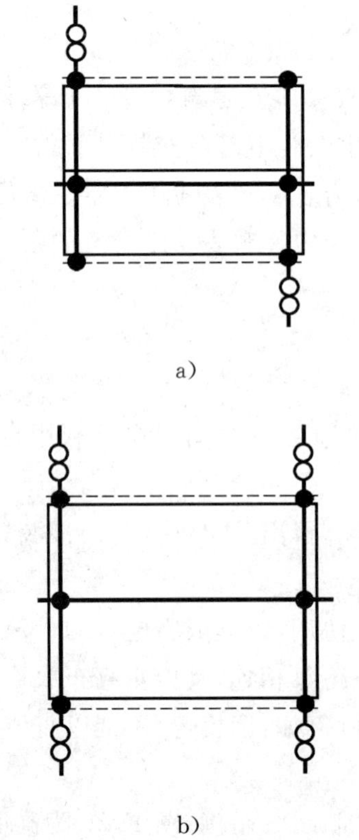

a)

b)

图 E.37　LPS 导体的几何形状

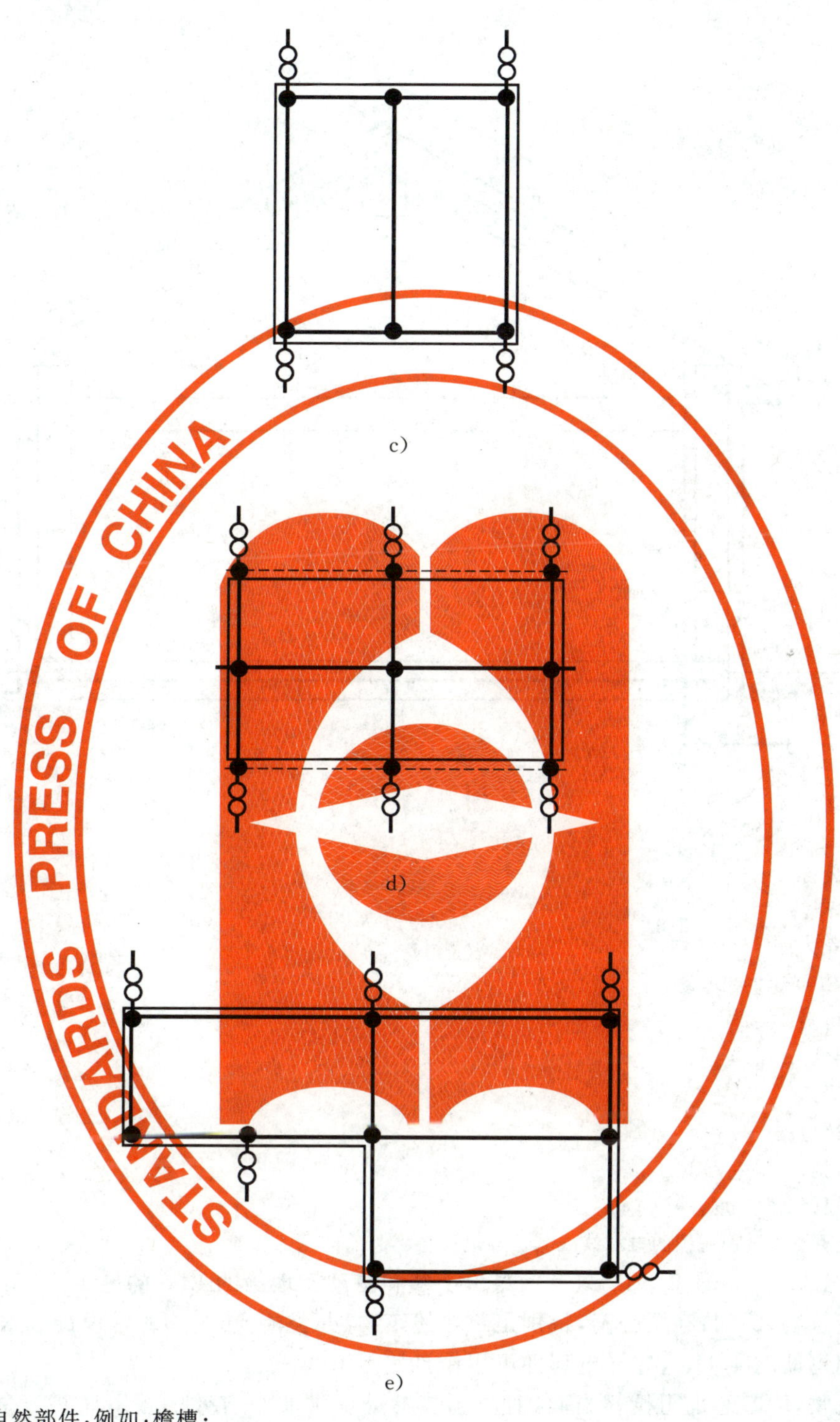

---- LPS的自然部件,例如:檐槽;

—— LPS导体;

-○○- 测试接头;

-●- 接头。

注:根据表2、表4,引下线之间的距离及网格大小应根据所选防护水平确定。

图 E.37(续)

当引下线的数量增加时,可根据系数 k_c(见6.3)减少隔距。

根据5.3.3,建筑物应至少布放2根引下线,见图E.36和图E.38。

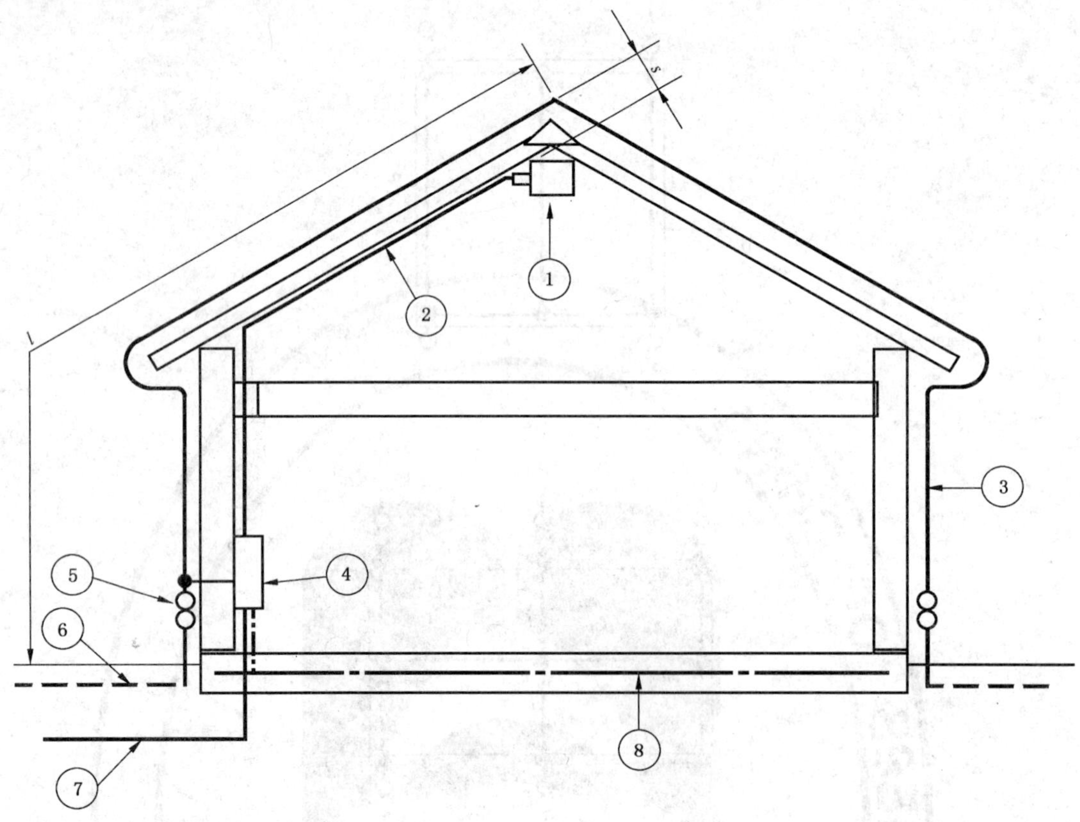

1——电气设备；

2——电气导线；

3——LPS 导体；

4——装有 SPD 的主配电箱；

5——测试接头；

6——接地装置；

7——电源线；

8——基础接地极；

s——隔距，见 6.3；

l——计算隔距 s 的长度。

注：本例说明了建筑物屋顶的电源线或其他导电设备引起的问题。

图 E.38 只有两条引下线和基础接地极的 LPS 的施工

对大型建筑物，例如：高层公寓，特别是工业建筑物、办公楼，建筑物通常设计成钢框架结构、钢混框架结构或使用钢筋混凝土，这些导电部件可用作自然引下线。

此类建筑物，LPS 总的阻抗相当低，对内部装置可提供非常有效的雷电防护。引下线应优先采用导电金属墙面。导电墙面可以是混凝土钢筋墙、金属框架表面、预制混凝土部件，但应根据 5.3.5 进行相互联接。

E.4 提供了采用互联钢筋作为 LPS 自然部件的 LPS 施工说明。

使用自然部件（包括结构式钢筋）可减少接闪器与接地装置之间的电压降及建筑物内由雷电流引起的电磁干扰。

如果接闪器与建筑物内立柱导电部件相连，且在地平面进行等电位连接，部分雷电流将流经这些内部引下线。这部分雷电流引起的磁场将影响邻近设施，在进行内部 LPS 设计和系统内部设计时应考虑这种影响。假设电流波形符合雷电流波形，则雷电流大小取决于建筑物的尺寸和建筑物内立柱的数目。

如果接闪器与建筑物内立柱绝缘，则立柱上无电流通过(假设绝缘没有被损坏)。如果某些点绝缘被损坏，大的雷电流将流经某一立柱或多个立柱。由于波前持续时间减小，从而使电流陡度增大，邻近设备将大面积受到影响。

图 E.10 为一工业用途的大型钢筋混凝建筑内部系统防雷的示例。当安装内部 LPS 时，应考虑邻近立柱的电磁环境。

E.5.3.4.2　非分离引下线

外墙上有大量导电部件的建筑物，接闪器导线和接地装置应与建筑物内导电部件进行多点相连。根据 6.3，这将缩短安全隔距。

由于进行了连接，建筑物内导电部件可用作引下线或等电位连接排。

在大型扁平的建筑物内(例如：工业用建筑物、展览大厅等)，尺寸超过引下线典型隔距的 4 倍，在任何可能的地方，大约每隔 40 m 应安装其他内部引下线。

建筑物所有立柱及所有带有导电部件的内墙，例如：钢筋混凝土立柱，如果不符合安全隔距要求，应在合适的地方与接闪器和接地装置相连。

图 E.10 给出了内部立柱为混凝土钢筋的大型建筑物 LPS 设计示例。为避免建筑物内不同导电部件之间的危险火花，立柱的钢筋应分别与接闪器和接地装置连接。这样，部分雷电流将流经这些内部引下线。雷电流经数条引下线分流，且波形与雷电流类似，波头陡度降低。如果不进行连接，发生电弧时，仅有一根或其中的几根引下线可能携带雷电流。

由于电弧电流波形陡度大大超过雷电流，因此相邻电路环路中的感应电压将大幅升高。

尤其重要的是，在建筑物设计前，建筑设计和 LPS 设计应予以协调，以便采用建筑物的导电部件用于雷电防护。通过充分协商，以最低的投资获得高效的 LPS 设计。

对地势较高的悬浮楼层(例如：高层扶梯)的空间保护及人员保护，可按照 E.4.2.4.2 及图 E.3 的要求进行设计。

E.5.3.4.3　分离引下线

如果出于建筑结构的考虑，引下线不能安装在表面，则应安装在砖结构的凹凸处。此时，必须按6.3要求，保持引下线与建筑物内任何金属部件间的安全隔离。

由于热膨胀会引起灰墙的损坏，因此不建议在外部灰墙中进行直接安装引下线。而且灰墙也会由于化学反应而变色。灰墙很可能会由于温升和雷电流产生的机械应力而损坏。使用 PVC 可避免引下线被污染或生锈。

E.5.3.5　自然部件

为使平行的引下线数量增加到最多，建议利用自然引下线，这将使引下线上的电压降至最小，减少建筑物内的电磁干扰。但应保证，在接闪器和接地装置的连接通道上，保持引下线的电气连续性。

混凝土墙中的钢筋可视为 LPS 的自然部件，见图 E.27。

新建建筑物中的钢筋，应按 4.3 进行详细说明。如果不能保证自然引下线的电气连续性，应安装常用的引下线。

对于防护要求比较低的建筑物，根据 5.3.5，满足自然引下线条件的金属雨水管道可用作引下线。

图 E.23a)、图 E.23b)、图 E.23c) 给出了屋顶导体和引下线的安装及适当几何尺寸的示例，图 E.23c)、图 E.23d) 给出了引下线与金属雨水管、导电槽和接地导线的连接。

墙体中的钢筋、混凝土立柱和钢结构框架可用作自然引下线。

符合 5.3 要求的建筑物上的金属立面、立面覆盖物可用作自然引下线。

图 E.8 给出了当等电位参考平面与内部 LPS 等电位连接排相连时，利用金属立面部件和混凝土墙中钢筋作为自然引下线的施工图。

如可行，在墙体覆盖物顶部，引下线与接闪器之间以及在接闪器底部，引下线与混凝土墙体中的钢筋，应予以连接。

如果薄板金属立面由梯形界面的单块板构成，宽度介于0.6 m～1.0 m之间，长度等于建筑物高度时，则其金属立面中，雷电流的分布比在钢筋混凝土墙体中更一致。对多层高楼，由于运输原因，板的长度不可能与建筑物长度一致。其整个立面由多段连接而成。

金属立面的最大热膨胀，应计算太阳下最高温度约＋80℃时与最低温度－20℃时的金属立面的长度之差。

温度为100℃时，铝的膨胀为0.24%，钢的膨胀为0.11%。

板的热膨胀将产生相对于下一块板或装置的相对移动。

如图E.35中的金属连接，有利于金属立面中电流的均匀分布，减小建筑物内电磁场影响。

当金属立面所在区域电气互联时，形成一个最强效果的电磁屏蔽体。

当金属立面以非常小的间隔与相邻金属立面进行永久连接时，建筑物可获得高的电磁屏蔽效果。

电流分布与连接点数量直接相关。

如果对屏蔽衰减有严格要求，则立面中有连续带状窗户的应利用导体进行短距离跨接，可以利用窗户的金属框架来实现。通常，通过短距离跨接连接至窗框的上下水平梁，跨接导体的间距不超过窗框垂直部分的距离，应避免弯曲和迂回(见图E.9)。

由相对小的、没有互联部件构成的金属立面，不适宜用作自然引下线或电磁屏蔽。

建筑物内电气电子设备的防护见GB/T 21714.4—2008。

E.5.3.6 测试接头

测试接头用于测量接闪器的接地阻抗。

根据5.3.6，测试接头应设置于引下线与接地装置的连接部位。通过测量这些接头来确定与接地装置仍存在多处连接。也可证实在测试接头和接闪器之间或与邻近接地装置之间的电气连续性。在高大建筑物上，与引下线相连的环形导体，一般安装在墙内，只有通过电气测量才能确定它们的连接。

图E.39a)～图E.39d)给出了测试接头设计示例，测试接头可安装在建筑物的内墙、外墙或建筑物外地下的测试箱内(见图E.39b))，为完成连续性测量，一些导线在关键段必须使用绝缘护套。

必要时(例如：钢筋立柱与地之间的连接是通过导体进行连接时)，自然引下线与接地极可以用有绝缘措施的导体与测试接头进行连接。可安装专门的参考接地极对LPS的接闪器进行监测。

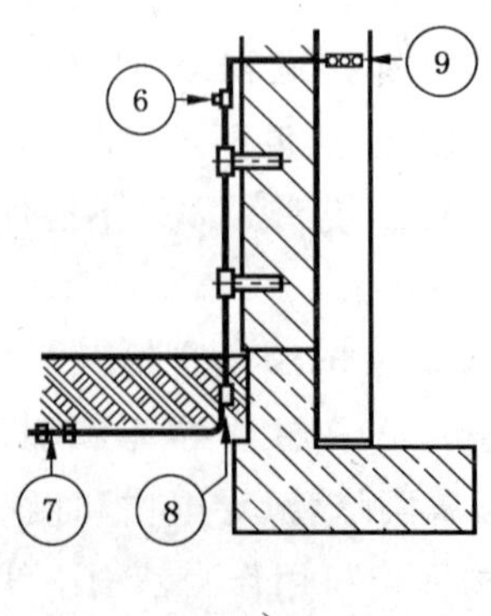

a)

图E.39 接地端子与建筑物LPS间采用自然引下线进行连接的例子及测试接头的细节

选择 1——墙上的测试接头。

1——引下线；

2——可行前提下，B 型接地接地极；

3——可行前提下，A 型接地接地极；

4——基础接地极；

5——内部 LPS 的连接；

6——墙上的测试接头；

7——土壤中抗腐蚀的 T 型接头；

8——土壤中抗腐蚀的接头；

9——钢筋梁与泄流线的接头。

选择 2——地面的测试接头。

1——引下线；

2——可行前提下，A 型接地接地极；

3——内部 LPS 的连接；

4——B 型——环形接地极；

5——B 型——环形接地极；

6——地面的测试接头；

7——土壤中抗腐蚀的 T 型接头；

8——土壤中抗腐蚀的接头；

9——钢筋梁与泄流线的接头。

注 1：图 E.39d)中所示的测试接头必须安装在内墙或外墙上，或者是建筑物外土壤坑中。

注 2：为实施环路阻抗测试方法，关键设备附录的连接导体必须安装屏蔽层。

图 E.39（续）

E.5.4 接地装置

E.5.4.1 总则

LPS 的设计人员和安装人员应该选择合适的接地极类型，将它们置于建筑物的出入口，与外部的导电部件相隔一段安全距离的地点。如果接地装置安装在人员可进入的场所，为防止邻近地网的危险跨步电压，应该考虑采取特殊的防护措施，见本部分第 8 章。

选择合适的接地极类型和埋地深度，可使腐蚀、土壤风化和冰冻的影响降至最小，且保持等效接地阻抗的稳定。

在严寒条件下，垂直接地极的首次测量结果是无效的。

在土壤的电阻率随深度的增加而减小，以及在同一深度下土壤的低阻性比普通埋深的接地极更显著情况下，深埋接地极为有效措施。

如果接地极为混凝土中的钢筋，为防止混凝土的机械性断裂，应特别注意保证混凝土钢筋的互联。

如果钢筋被用作保护地，对钢筋的截面尺寸应采取最严格的量度标准，且应选择合适的连接方式。在这种情况下，应考虑使用更大型号的钢筋。对于防雷接地，任何时候都应该考虑短的、直接连接的要求。

注：当使用预制钢筋混凝土时，应考虑雷电放电通道可能产生钢筋混凝土不能承受的机械应力。

E 5.4.2 接地装置的类型

E.5.4.2.1 A 型装置

A 型装置适用于高度比较低的建筑物（例如：家庭住宅）、已有建筑物、使用杆状接闪器或线状接闪器的 LPS 或分离的 LPS。

A 型装置由连接到引下线的水平接地极或垂直接地极构成。

环形导体与引下线连接且埋地，如果环形导体埋地长度小于自身长度的 80%，该接地装置仍然可视为 A 型。

在 A 型装置中，接地极的最少数目是 2 个。

E.5.4.2.2 B 型装置

B 型装置适用于网状接闪器和具有若干引下线的 LPS。

B 型装置由一个环形接地极构成，该环形接地极位于建筑物外部，埋地部分占自身总长的 80% 以上，或者由一个基础接地体构成。

在裸露岩石地区，B 型装置是唯一适合的。

E.5.4.3 构成

E.5.4.3.1 总则

接地装置的功能如下：

——将雷电流导入地；

——在引下线之间建立的等电位连接；

——对导电建筑物墙体附近，进行地电位控制。

基础接地极和 B 型环形接地极能够满足以上要求。A 型辐射状接地极或深埋的垂直接地极，都不能满足等电位连接和对地电位控制的要求。

互联钢筋混凝土建筑物的地基可以用做基础接地极。它的接地公共阻抗很低，且等电位参考性能良好。如果上述条件不满足，接地装置最好是一个 B 型环形接地极，且应安装在建筑物附近。

E.5.4.3.2 基础接地极

符合 5.4.4 的基础接地极由若干安装在建筑物地基下的导体构成。附加的接地极长度由图 2 确定。

基础接地极安装在混凝土中。其优点为:当混凝土覆盖基础接地极达 50 mm 以上,基础接地极可以抗腐蚀。需要强调的是,与埋在土中的铜导体一样,混凝土中的钢筋产生相同的电位。这为钢筋混凝土建筑物的接地装置设计提供了一个很好的工程解决方法,见 E.4.3。

接地极必须采用表 7 中所列的金属,并应考虑金属在土壤中的抗腐蚀性。5.6 中给出了一些指导。当某种特殊土壤的资料未知时,则根据土壤有类似化学特性和密度的相邻设备中的接地装置的经验来确定。在填埋接地体的沟壕时,应注意不要有灰渣、炭块或建筑碎石与接地体直接接触。

电流作用会产生电化学腐蚀,将出现更严重的问题。混凝土中的钢筋同土壤中的铜一样在电化学序列中有近似相同的地电位。因此,当混凝土中的钢筋与土壤中的铁接触后,近似 1 V 的对地电压将产生电流,该电流流过土壤和潮湿的混凝土并分解土壤中的铁。

当接地极与混凝土中的钢筋相连时,应该使用铜或不锈钢导体。

在建筑物的周边,符合表 7 中的一种金属导体,或者是一根镀锌的钢带,应安装在带状的地基上,并且与引下线测试接头的端点相连。

与引下线连接的导线在砖块、石灰或墙内。该墙内钢筋可能已穿透地基和砖墙之间沥青层,因此不会破坏防水层。

防水层通常位于建筑物地基以下,用以减少底层湿度,保持电绝缘性。接地极应安装在地基混凝土中。关于接地装置设计应与施工方达成协议。

地下水位较高时,建筑物的地基必须与地下水隔离。密封的防水层应置于地基表面,实现电绝缘。通常在防水地基施工完成后,在地基底部应有一个 10 cm～15 cm 厚的均匀混凝土层,然后隔离层和混凝土地基依次修建。

由网格尺寸不超过 10 m 的网格网络构成的基础接地极,应安装在地基底部的均匀混凝土层中。

网状接地装置与地基中的钢筋、环形接地极、防潮层外部的引下线间的连接可采用符合表 7 要求的导体。在条件允许的地方,高压防水套管也可用于穿透绝缘层。

如果业主不同意穿过隔离层导体的穿透,应与建筑物外部的接地装置进行连接。

图 E.40 为防水地基的建筑物上,为避免穿透防水层,基础接地极的三种安装方式。

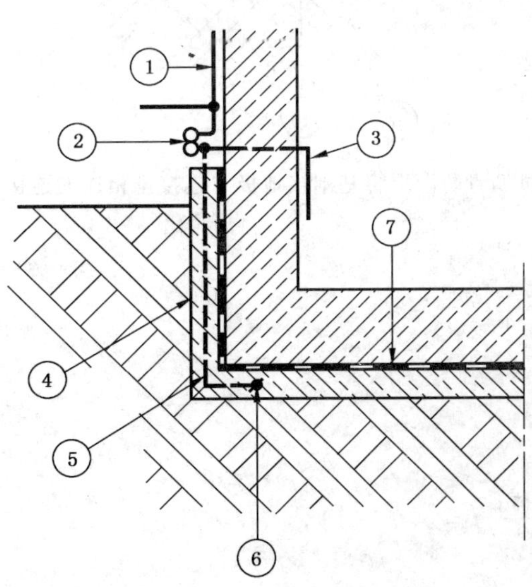

a) 基础接地极位于沥青防潮层下非混凝土层的分离地基

图 E.40 不同地基设计的建筑物的基础环形接地施工

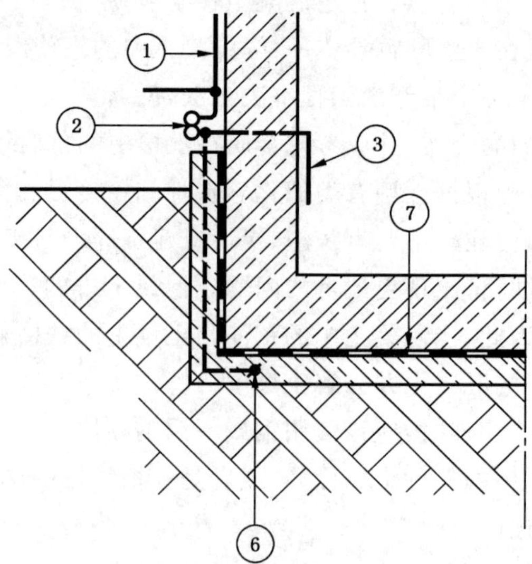

b）部分接地极穿过土壤的分离地基

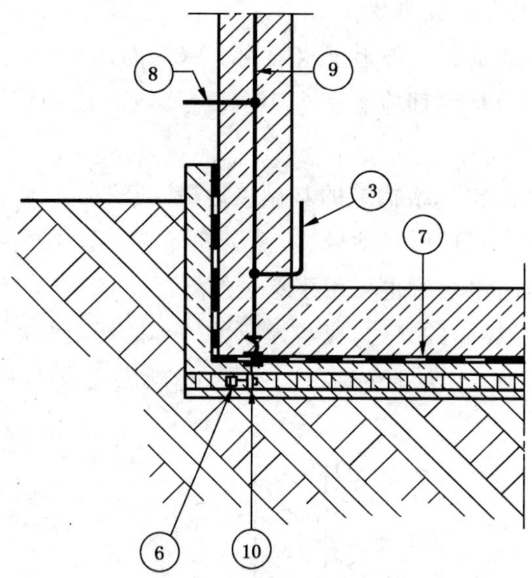

c）穿过沥青防潮层将基础接地极与连接排相连的连接导体

1——引下线；

2——测试接头；

3——与内部 LPS 相连的接地排；

4——非混凝土钢筋层；

5——LPS 的连接导体；

6——基础接地极；

7——沥青防潮层；

8——测试接头与钢筋的连接导体；

9——混凝土中的钢筋；

10——沥青防潮层的刺孔。

注：必须从建筑施工单位获得批准。

图 E.40（续）

同时,对分离地基的建筑物,其接地装置的多种连接方法也进行了说明。

图 E.40a)和图 E.40b)为在绝缘层的外部进行连接,因而不会破坏绝缘层。图 E.40c)套管穿过了绝缘层。

E.5.4.3.3 A 型——辐射型和垂直接地极

辐射型接地极应利用测试节头连接到引下线的低端。在合适的条件下,辐射型接地极可与垂直接地极进行端接。

每根引下线应有一个接地极。

图 E.41 为一防雷导体符合表 7 要求时,A 型接地极用专门接地体埋入土壤的例子。这项技术有许多实用的优点且避免在土壤中使用夹具和接头。倾斜的或垂直的接地极通常是用锤打入土壤。

1——顶层打桩短棒;
2——接地导线;
3——土壤;
4——打桩短杆;
5——打桩金属标状头。

注 1:接地导线通过打桩短棒打入土壤中。接地导线具有良好的电气连续性;使用这种技术,接地导线不会出现接头,打桩短棒通常也易于掌握。

注 2:顶层打桩短棒可以移去。

注 3:接地导线的最上部可有绝缘护套。

a) 具有垂直接地极的 A 型接地装置安装实例

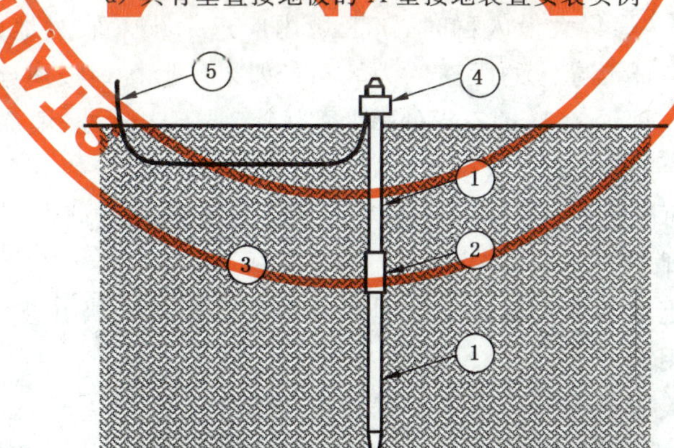

1——可延伸的接地体;
2——接地体接合器;
3——土壤;
4——与接地体夹具相连的导体;
5——接地线。

b) 具有垂直接地极的 A 型接地装置安装实例

图 E.41 A 型接地装置两种垂直接地极的示例

A型接地极还可采用其他类型的垂直接地极。必须保证LPS的使用期限内,接地极整个长度都具有永久的导电连接。

安装期间,有利于测量接地电阻。当接地电阻不再减小时,可停止锤入垂直接地体。附加接地极可安装在更合适的位置。

接地极应与现有地埋电缆和金属管道保持足够的距离,同时,允许距离取决于电流脉冲的幅度、土壤的电阻率和接地极中的电流大小。

在A型装置中,对大多数土壤,垂直接地极较水平接地极具有更好性价比,且接地电阻更稳定。

有时,有必要在建筑物内安装接地极,例如:在地下室或底层。

注:根据第8章,应注意采用等电位连接来控制跨步电压。

当地表面附近的电阻,面临不断增大的危险时(例如:在风干的情况下),则有必要使用埋深更长的接地极。

辐射型接地极埋深为0.5 m或更深。在冬天温度较低的农村,埋地较深的接地极能保证接地极远离冰冻土壤(因为冰冻的土壤导电性能极差)。另外,埋地较深的接地极能减小地表的电位差,从而降低跨步电压,减小对地表生物的威胁。采用垂直接地极可获得不随季节变化的稳定电阻。

对A型接地装置,其所有接地极有必要与建筑物外部等电位连接导体和等电位连接排相连以获得均压等电位。

E.5.4.3.4　B型——环形接地极

对未使用混凝土钢筋地基的砖、木等绝缘材料的建筑物,应安装符合5.4.2.2中的B型接地极。

为减小等效接地电阻,可改进B型接地装置。如果需要,可增加垂直接地极或增加符合5.4.2.2要求的辐射型接地极。图2给出了接地极最短长度的要求。

5.4.3中,对B型接地极的间距及深度要求最适宜于普通土壤,可保护建筑物附近人身安全。在冬天温度较低的郊外,应考虑接地极埋深适宜。

由于土壤电阻的差异,雷电流的不均匀分布使引下线产生不同电位。不同电位使流经环形接地极的电流相等,因而使最大电位升降低,同时通过与建筑物内等电位连接装置相连可使电压近似相等。

如果彼此相邻的建筑物群属于不同业主,则常常不可能围绕所有建筑物安装一环形接地极。由于环形导体分别充当B型接地极、基础接地极以及等电位连接导体,使接地装置的有效性也有不同程度的降低。

在受保护建筑物的附近经常聚集大量人群时,该区域内应进一步采取对地电压控制措施。应安装更多的接地极,第一个接地极与环形导体的距离约为3 m。如果环形接地极离建筑物较远,则埋深应较深,具体为:距离建筑物4 m处,埋深为1 m;7 m处,埋深为1.5 m;10 m处,埋深为2 m。环形接地极应通过辐射型导体与第一个环形导体相连。

如果邻近建筑物区域的表面覆盖了一层50 mm厚导电率低的沥青,该区域内,人员能得到有效保护。

E.5.4.3.5　多岩土壤中的接地极

在施工过程中,应在混凝土地基中安装基础接地极。即使基础接地极在多岩土壤中接地效果会降低,仍能起等电位连接导体作用。

在测试接头处,附加接地极应分别与引下线及基础接地极相连接。

如果没有提供基础接地极,可采用B型接地装置(环形接地极)来代替。如果接地极无法安装在土壤中而必须安装在地表时,它应有防机械损伤保护。

在地表或地表附近的辐射状接地极,为进行机械保护,应用石头覆盖或埋入混凝土中。

当建筑物邻近公路时,如可行,应在公路下方安装一个环形接地极。然而,在环形接地极不可能完全覆盖整个公路段的情况下,在引下线附近应进行等电位控制(典型的例如A型装置)。

为在特定情况下实现电压控制,应确定是在建筑物入口附近安装地埋较深的环形接地极,还是人为增加土壤表层的阻值。

E.5.4.3.6　广阔区域的接地装置

一般来说，工厂是由许多相互关联的建筑物所构成，建筑物之间有大量的信号电缆及电源电缆。

建筑物内，接地装置对保护电气设备十分重要。较低的接地电阻能降低建筑物间的电位差，因而减小对电气链路的干扰。

建筑物安装符合5.4要求的基础接地极、附加的B型接地装置和A型接地装置可获得较低的接地电阻。

接地极、基础接地极和引下线之间应在测试接头进行内部互联。部分测试节头也应与内部LPS的等电位连接排连接。

为避免跨步电压和接触电压，内部引下线或用作引下线的内部建筑物构件，应与接地极、地面的混凝土钢筋相连。如果内部引下线邻近混凝土中的膨胀接头，这些节头应尽可能在邻近内部引下线处进行桥接。

暴露在外的引下线，其低端部分应采用厚度至少为3 mm的PVC管或等效的绝缘材料绝缘。

为减少电缆路径遭受直雷击的概率，对沿地面敷设的电缆，应安装接地导线，电缆路径较宽时，电缆路径的上方应安装多根接地导线。

将多个建筑物的地进行互联，可形成一个如图E.42所示的网状接地装置。

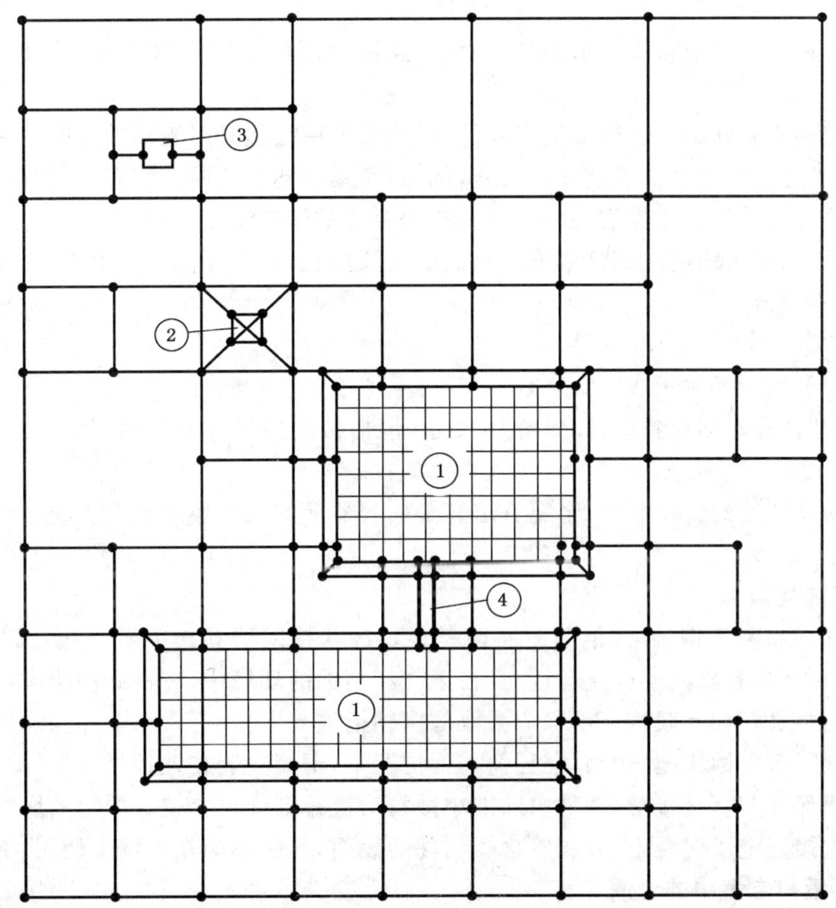

1——具有网状钢筋混凝土结构的建筑；

2——建筑物内的塔；

3——分离设备；

4——走线槽。

注：该系统提供低阻抗和较好的EMC性能。邻近建筑物及其他物体时，网格大小可以为20 m×20 m，30 m外可扩大为40 m×40 m。

图E.42　建筑物的网状接地装置

图 E.42 为网状接地装置的设计方法，包括电缆走线槽、关联建筑物间的连接。这种设计使建筑物的电阻值较低，具有显著的防雷效果。

E.5.5 部件

无附加信息。

注：固定部件间的距离，见表 E.1。

E.5.6 原材料和尺寸

E.5.6.1 机械设计

电路设计完成后，防雷设计人员应与建筑物的负责人协商机械设计的相关事宜。

考虑几何美观和选择耐腐蚀材料一样十分重要。

LPS 不同部分的防雷部件，其最小尺寸见表 3、表 6、表 7、表 8 和表 9。

LPS 部件的材料见表 5。

LPS 设计人员和安装人员应检查所用材料是否符合要求。可以从制造商获得测试证书和报告，确定材料已通过质量检测。

对将承受导体中雷电流的电动力及允许由于温升引起膨胀与伸缩的扣件和安装组件，LPS 设计人员和安装人员应予以详细说明。

金属护栏间的相互联接应采用合适的护栏材料，其接触面积至少为 50 mm^2，能承受雷电流产生的电动力且耐腐蚀。

由于和组件相连的表面的易燃性或熔点较低，必须考虑持续温升对表面的影响，因此应指定使用较大截面积的导体，或考虑使用其他安全预防措施，例如：使用有支座的固定装置、增加防火层。

LPS 设计人员应标明所有存在腐蚀的地域并指定合适的防腐措施。

增大原材料尺寸、采用耐腐蚀部件或采取其他防腐蚀措施，可以降低 LPS 的腐蚀影响。

E.5.6.2 原材料的选择

E.5.6.2.1 原材料

LPS 的原材料和使用条件见表 5。

在使用铜、铝和铁等不同材料时，LPS 导体尺寸（包括接闪器导体、引下线和接地导体），见表 6 和表 7。

用作自然接闪器部件的金属薄板、金属管道和金属容器等的最小厚度见表 3，连接导线的最小尺寸见表 8、表 9。

E.5.6.2.2 防腐蚀措施

LPS 应使用铜、铝、不锈钢、镀锌钢等耐腐蚀材料。杆状接闪器和接闪器导线，其原材料应与连接部件、固定部件的材料具有相同的电化学性，且在湿气和腐蚀的环境中，有良好的耐腐蚀特性。

应避免不同材料之间相互联接，否则，应采取防腐蚀措施。

除非铜材采取了防腐蚀措施，否则，在任何其他情况下，不能安装在镀锌材、铝材的上方。

即使铜和镀锌部件非直接接触，铜材中的细小微粒对镀锌部件也会造成严重的腐蚀性损害。

铝导体不能直接固定于混凝土、石灰等含碳构件的表面，且决不能在土壤中使用。

E.5.6.2.2.1 土壤和空气中的金属

金属受腐蚀的程度取决于金属的类型和环境自然特性。湿度、溶解性盐（产生电解质）、空气饱和度、温度以及电解质移动范围等环境因素使环境条件变得相当复杂。

此外，不同自然环境或工业污染等局部条件引起明显的差异。对特殊腐蚀问题，极力推荐与防腐蚀专家协商。

不同金属相互接触产生的影响，以及环境影响或周围电解质产生的影响综合在一起，将使阳极金属的腐蚀加剧，使阴极金属的腐蚀减小。

不必完全防止阴极金属的腐蚀。引起腐蚀反应的电解质可能是地表水或潮湿的土壤，也可能是在建筑物缝隙里存在潮湿的凝聚物。

分布式接地装置中，各部分的地面条件可能不同。这会引起更大的防腐蚀问题，需要特别重视。

为减小 LPS 的腐蚀问题，应注意：

——避免在恶劣的环境下使用不合适的金属材料；

——避免将电化学性和电溶解性不同的金属相接触；

——应保证导线、连接带、导电端子和夹具具有足够大的截面积，以确保设备运行期间能耐防腐；

——为避免潮气影响，非焊接的导体接头使用合适的填充材料或绝缘材料；

——对腐蚀性气体或液体敏感的金属，用合适的方式在安装位置装入套管、进行覆盖或隔离；

——考虑其他金属对接地极的电解效应；

——应该避免进行如下设计：将有耐腐蚀阴极金属（例如：铜）与 LPS 紧密接触，如：将铜加工在阳极金属（例如：钢、铝）上。

以下为符合上述要求，可用于预防的具体例子：

——钢、铝、铜、亚铜合金或镍铬钢合金的绞合线，最小厚度或直径应为 1.5 mm；

——不同金属紧密接触（或直接接触）会引起腐蚀，如果不是因为电气需要，建议保持彼此绝缘；

——未受保护的钢导体应热浸镀锌 50 μm 厚；

——如果铝导体未被耐用、紧贴的绝缘外壳完全包住，则任何情况下不能直接埋入土壤中或安装在混凝土上或与混凝土直接接触；

——任何时候都应避免使用铜/铝接头，如果不可避免，应进行焊接或采用铝铜的中间介质层进行连接；

——铝导体的扣件或外壳应为相同金属，且具有合适的横截面积，以防止在不利气候条件下的故障；

——除酸性、氧化氨或含硫条件外，绝大多数条件下，铜适合用作接地极。然而，需要强调的是，在这种情况下，铜仍然会对与之相连的亚铁类材料造成电损害。尤其在制定阴极保护计划时，应听取防腐蚀专家的建议；

——当屋顶导体和引下线暴露在侵蚀性废气中时，需要特别重视防腐蚀问题，例如：使用高合金度的钢（铬＞16.5％，钼＞2％，钛 0.2％，氮 0.12～0.22）时；

——相同的抗腐蚀要求下，可采用不锈钢或其他镍合金，但是，在粘土等厌氧条件下，不锈钢和镍合金会像软钢一样被很快地腐蚀；

——在空气中，如果钢、铜或铜合金之间的接头未被焊接，应覆盖一层耐用的抗潮湿层或全部镀锌；

——在氨性气体中，由于铜和铜合金容易发生应力腐蚀断裂，因此在氨性环境下，铜和铜合金不能用做固定部件；

——在海上或沿海地区，所有导体接头应进行焊接或完全密封。

接地装置采用不锈钢或铜时，可直接与混凝土钢筋连接。

埋在土壤中的镀锌钢接地极，应通过绝缘火花气隙与混凝土中的钢筋相连，火花气隙能传导相当大的雷电流（连接导体尺寸见表 8、表 9）。在土壤中直接连接会明显增加腐蚀危险。绝缘火花气隙应符合 6.2 要求。

注：保护等级 U_p 为 2.5 kV，最小 I_{imp} 为 50 kA 的火花气隙通常是合适的。

仅当混凝土中的钢没有与接地极直接相连时，镀锌钢才可在土壤中用做接地极。

如果金属管道埋入土壤中，且与等电位连接系统和接地装置相连，当金属管道没有进行绝缘时，其材料应与接地装置的导体材料相同。有保护涂层或沥青的管道可视为非绝缘。当无法使用相同材料时，应采用绝缘部件将管道与等电位连接系统的金属部分进行绝缘。绝缘部件应用火花气隙桥接。在使用绝缘器件对管道进行阴极保护时，也可以使用火花气隙桥接。

带铅套的导体不应直接安装在混凝土中。可进行防腐蚀处理或用烧嵌套给带铅套的导体提供防腐蚀保护,也可用 PVC 来进行防腐蚀。

从混凝土中引出的钢接地导体,在土壤的入口处,应进行长度为 0.3 m 的防腐蚀处理。铜和不锈钢则不需考虑防腐蚀。

土壤中,导体之间的接头和接地装置导体所采用材料的防腐蚀性应一致。如果接头没有采取足够的防腐蚀措施,通常不允许用夹具进行连接。焊接接头应采取防腐蚀措施。

经验表明:

——铝不应用于接地极;

——带铅套的钢导体不适合用于接地导体;

——在含钙浓度较高的土壤或混凝土中,不能使用带铅套的铜导体。

E.5.6.2.2.2 混凝土中的金属

由于相似的碱性环境,混凝土中的钢或镀锌钢会使金属自然电压稳定。此外,混凝土具有均匀的相对较高的电阻率——200 Ω·m 或更高。

因此,混凝土中的钢筋如果与更阴极的材料在外部相连,则它的抗腐蚀能力较暴露在外时更强。

如果接闪器的入口点进行了很好的密封,例如:采用合适厚度的环氧树脂进行密封,混凝土钢筋用作引下线时,不会出现明显的腐蚀问题。

用作基础接地极的镀锌钢条可安装在混凝土中,直接与混凝土中的钢筋相连。混凝土中的铜和不锈钢同样可以直接与钢筋相连。

由于混凝土中钢的自然电压,混凝土外部的附加接地极应采用铜或不锈钢材料。

由于建筑物施工的过程中,钢接地极被机械冲压与土壤接触,钢将面临严峻的腐蚀问题,在钢分布式钢筋混凝土中,不允许采用钢接地极。钢分布式钢筋混凝土中,铜和不锈钢是合适的接地极材料。

E.6 内部防雷装置

E.6.1 总则

内部防雷装置的设计要求见第 6 章。

在很大程度上,外部防雷装置与建筑物内部装置及导电部件之间的关系,决定内部防雷装置的需求。

所有管理机构和部门有必要进行等电位连接问题的协商。

LPS 设计人员和安装人员应注意:为获得适当的防雷效果,E.6 中的措施非常重要,供应商也应注意这一点。

除隔距外,对所有雷电防护水平,内部防雷装置均相同。

在许多情况下,雷击会导致电流变化增大及电流上升时间变化,因此内部防雷装置的必要性超过了 AC 电源系统的等电位保护。

注:如果需要进行 LEMP 防护,参考 GB/T 21714.4—2008。

E.6.1.1 隔距

外部 LPS、建筑物等电位连接的导电部件之间应保持合适的隔距(定义见 6.3)。

根据 6.3 中公式(4)来计算隔距。

用于计算隔距 s(见 6.3)的参考长度 l,应为等电位连接点和沿引下线的接入点之间的距离。引上线和引下线应尽量走直线,以保持短的隔距。

在建筑物内,从连接排引出到附近连接点的导线长度和路线,通常对隔距没有影响。但是,当导线靠近携带雷电流的导线时,所需的隔距将会减小。图 E.43 和图 E.44 为如何利用长度 l,计算隔距 s 的例子。

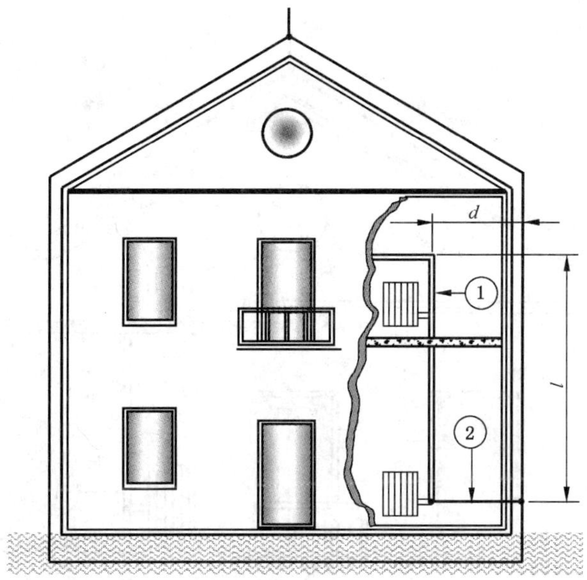

a) 隔距 $s<d$

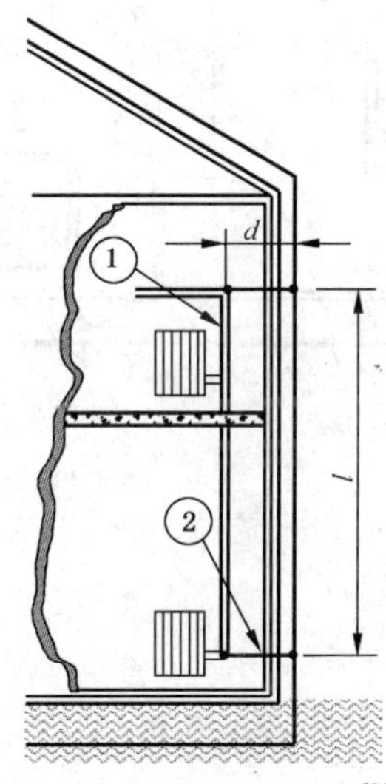

b) 隔距 $s>d$

1——金属管道；

2——等电位连接；

d——引下线与建筑物内金属装置间的距离；

l——用于计算 s 的长度；

s——隔距，见 6.3。

注：图 E.43b)，当距离不能超过隔距 d 时，连接点应取最远距离处。

图 E.43 LPS 与金属装置间的隔距

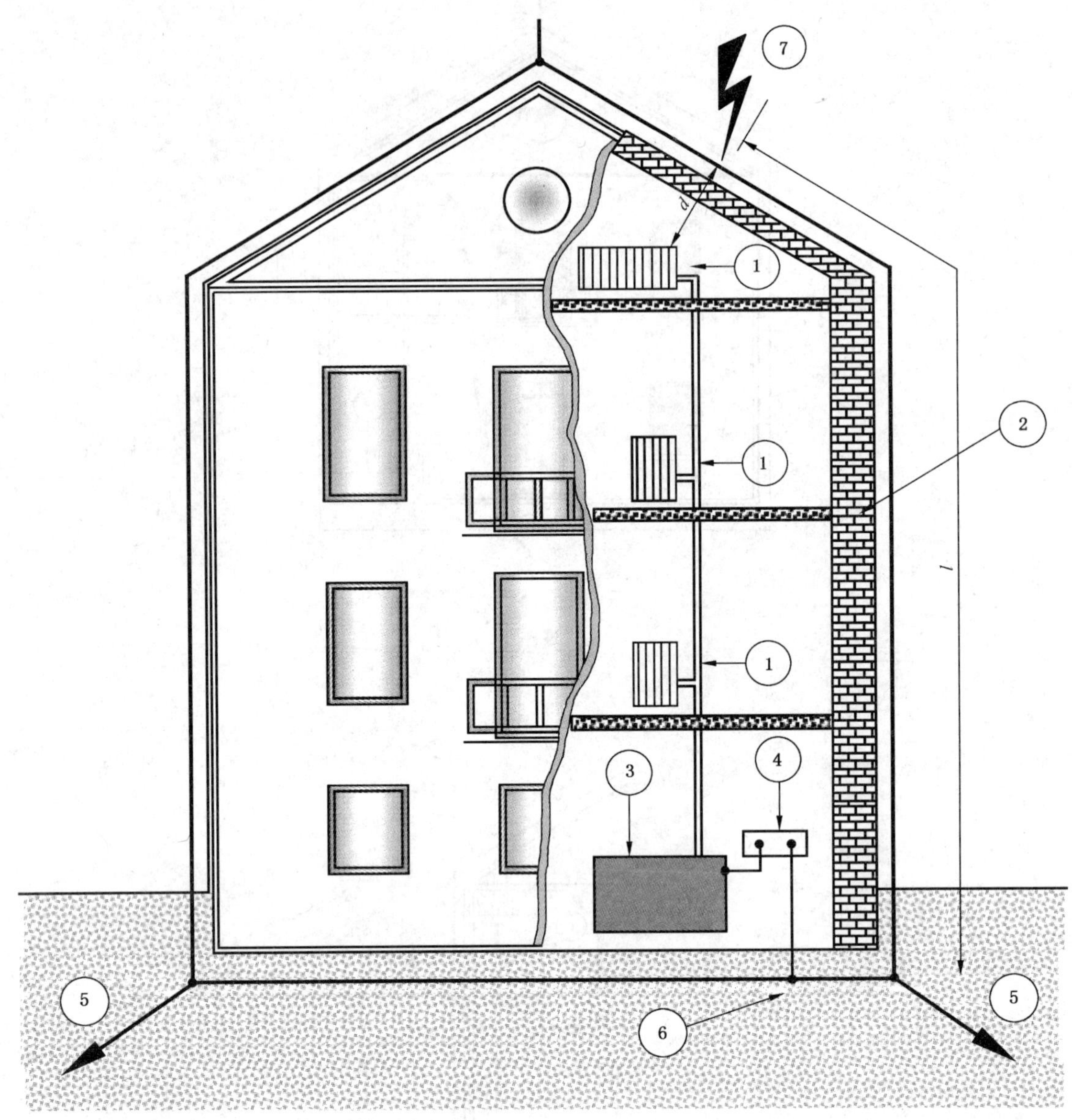

1——金属散热片/加热器；
2——木质或砖质墙；
3——加热器；
4——等电位连接排；
5——接地装置；
6——与接地装置或引下线的连接；
7——最不利的情况；
d——实际距离；
l——用于计算 s 的长度。

注：建筑物由绝缘砖构成。

图 E.44 根据 6.3，最严酷条件下，参考点与雷击点隔距 s 的计算

建筑物内的部件，例如：混凝土中的钢筋，用作自然引下线时，参考点应取与自然引下线的连接点。

外表面没有导电部件的建筑物，例如：木制结构或砖瓦结构等建筑物，根据 6.3，可使用防雷导体的

总长度 l 来计算隔距 s，l 为内部装置的等电位连接点(不易遭受雷击的点)与引下线、接地装置的连接点的距离。

如果装置的整个长度大于隔距 s，应在与参考连接点最远距离处，将装置与 LPS 进行连接(见图 E.43b))。因此，电气导线应按隔距要求(见 6.3)重新布线，或封装在屏蔽导线内，离参考连接点最远距离处与 LPS 相连。

当装置与 LPS 的等电位连接位于参考点以及更远的地方时，则装置的整个布线路径上，隔距均符合要求。

下面几点是关键性的，需要给予特别考虑：

——对大型建筑物，往往由于 LPS 导体与金属装置间的隔距要求过大而无法实施。这需要将 LPS 与金属装置进行附加连接。因而，将有部分雷电流通过金属装置流入建筑物的接地装置。

——根据 GB/T 21714.4—2008，在制定建筑物内设备计划及划定防雷区域时，应考虑由这部分雷电流产生的电磁干扰。

但同一点上，上述干扰比电火花产生的干扰要小得多。

建筑物屋顶，LPS 与电气设备之间的距离经常小于 6.3 中的隔距 s。此时，应尝试将 LPS 或电气设备安装在不同地点。

当电气电路与接闪器导体之间的隔距不符合要求时，应与电子设备的负责人达成一致意见，允许对电子线路重新布线。

如果电气设备不能重新布线，根据 6.3，应与外部 LPS 连接。

在某些建筑物内，不可能保持所要求的隔距。内部结构会妨碍设计人员或安装人员确定位置并与某些金属部件和电气导体连接，这一点应与业主进行联系。

E.6.2　雷电等电位连接(EB)

E.6.2.1　设计

对于分离的外部 LPS，只能在地面建立等电位连接。

对于工业建筑，建筑物和建筑物屋顶电气连续的导电部件一般可作为自然 LPS 部件，也可用于等电位连接。

建筑物的导电部件及安装在建筑物内的设备、电力系统和通信设备的导体部分都应与等电位点相连接。为控制跨步电压，对建筑物内的接地极需要采取特殊措施。例如：将混凝土中的钢筋与就近的接地极相连；在地下室或底层提供一个等电位网络。

对高于 30 m 的建筑物，建议在 20 m 及以上每隔 20 m 进行等电位连接。而且，在所有情况下，都应保持一定的隔距。

即：在上述高度，至少应将外部引下线、内部引下线和金属部件连接在一起。带电导线应通过 SPD 进行连接。

E.6.2.1.1　连接导线

连接导线应能够承受部分雷电流通过。

内部金属装置与建筑物相连的导线通常不携带较大的雷电流。导线最小尺寸见表 9。

用于外部导电部件与 LPS 相连的导线通常携带很大一部分雷电流。

E.6.2.1.2　浪涌保护器

浪涌保护器(SPD)应能承受流过部分雷电流且不被破坏。当 SPD 与电力线相连时，它应能消除由电源产生的续流能量。

SPD 的选择见 6.2。如果内部系统要求防 LEMP 的保护措施，SPD 还应符合 GB/T 21714.4—2008。

E.6.2.2　内部导电部件的等电位连接

等电位连接应通过如下方式：内部导电部件、外部导电部件、电力系统和通信系统(例如：计算机和安全系统用短的导线连接，在必要时，可使用 SPD 连接。

金属装置，例如：水管、煤气管、供暖管道、通风管道、电梯支撑杆、起重机的支撑架等，应在地面与LPS进行等电位连接。

如果建筑物外面的金属构件与LPS的引下线距离很近，则会出现火花。在这些危险区域，根据6.2，应采取适当的等电位连接方法。

等电位连接图见E.45。

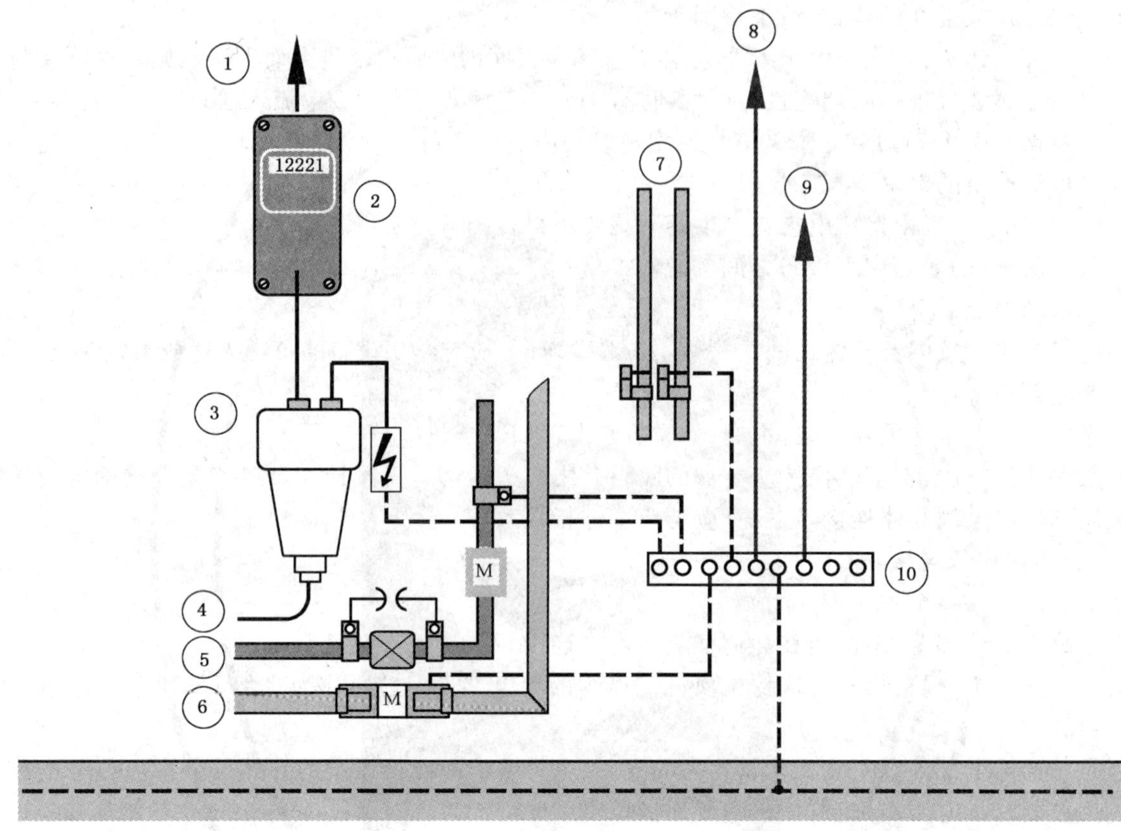

1——连接到用户的电力线；

2——电表；

3——配电屏；

4——发电站的电力资源；

5——煤气管；

6——水管；

7——中央暖气系统；

8——电子应用；

9——天馈线屏蔽层；

10——等电位连接排；

M——计量表。

图 E.45 等电位连接装置

连接排的设置应使其与接地装置或水平环形导体之间的连接导线较短。

如果条件允许，连接排应在接近地面的外墙内侧、靠近主低压电源配电箱处安装，并与环形接地极、基础接地极以及自然接地极(例如：互联钢筋)等接地装置相连。

对延伸的建筑物，内部互联时，可使用多个连接排。远距离的连接会形成一个大环路，产生大的感应电流和电压。为减小此效应，根据 GB/T 21714.4—2008，建筑物之间、接地装置之间应进行网状互联。

在符合 4.3 的钢筋混凝土建筑中，钢筋可用于等电位连接。在这种情况下，如 E.4.3 中描述的焊接或螺栓连接终端接头构成的网状网络应被安装在墙内，通过焊接连接到连接排上。

连接导体或连接导线的最小截面积见表 8、表 9。尺寸较大的内部导电部件，例如：升降机轨道、起重机、金属楼层、金属管道和电气设备，如果不能满足 6.3 的隔距要求，应在地面或其他楼层，用短的连接导线与最近的连接排相连。连接排和其他连接部件应能承受预期的雷电流。

钢筋墙的建筑物，只有一小部分雷电流会流过连接部件。

图 E.46、图 E.47 和图 E.48 为外部设备多点进入建筑物时连接示意图。

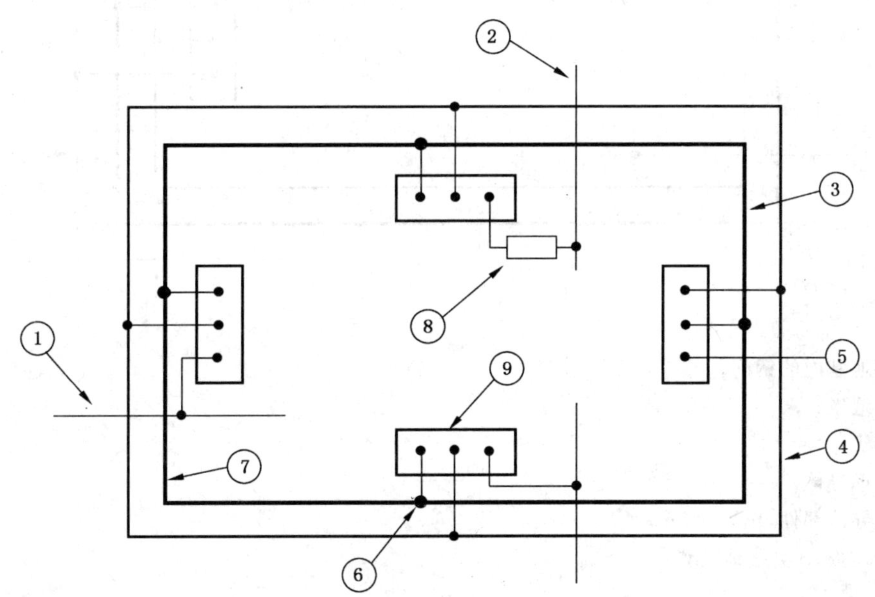

1——外部导电部分，例如：金属水管；
2——电源线或通信线；
3——外墙或地基内的钢筋；
4——环形接地极；
5——至附加接地极；
6——专用连接接头；
7——钢筋混凝土墙，见 3；
8——SPD；
9——连接排。

注：地基中的钢筋可以用作自然接地极。

图 E.46　外部导电部件利用环形接地极多点进入建筑物时连接排互联示意图

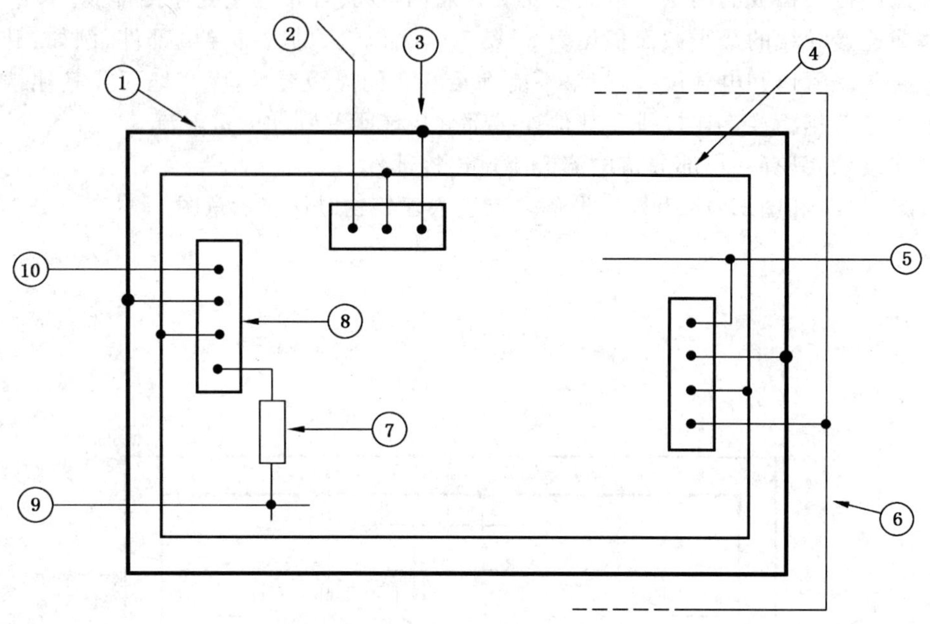

1——外墙或地基内的钢筋；
2——其他接地极；
3——连接节头；
4——内部环形导体；
5——至外部导体部件，例如：水管；
6——环形接地极，B类接地装置；
7——SPD；
8——连接排；
9——电力线或通信线；
10——至附加的接地极，A型接地装置。

图 E.47 外部导电部件和电力线、通信线利用内部导体多点进入建筑物时连接排互联示意图

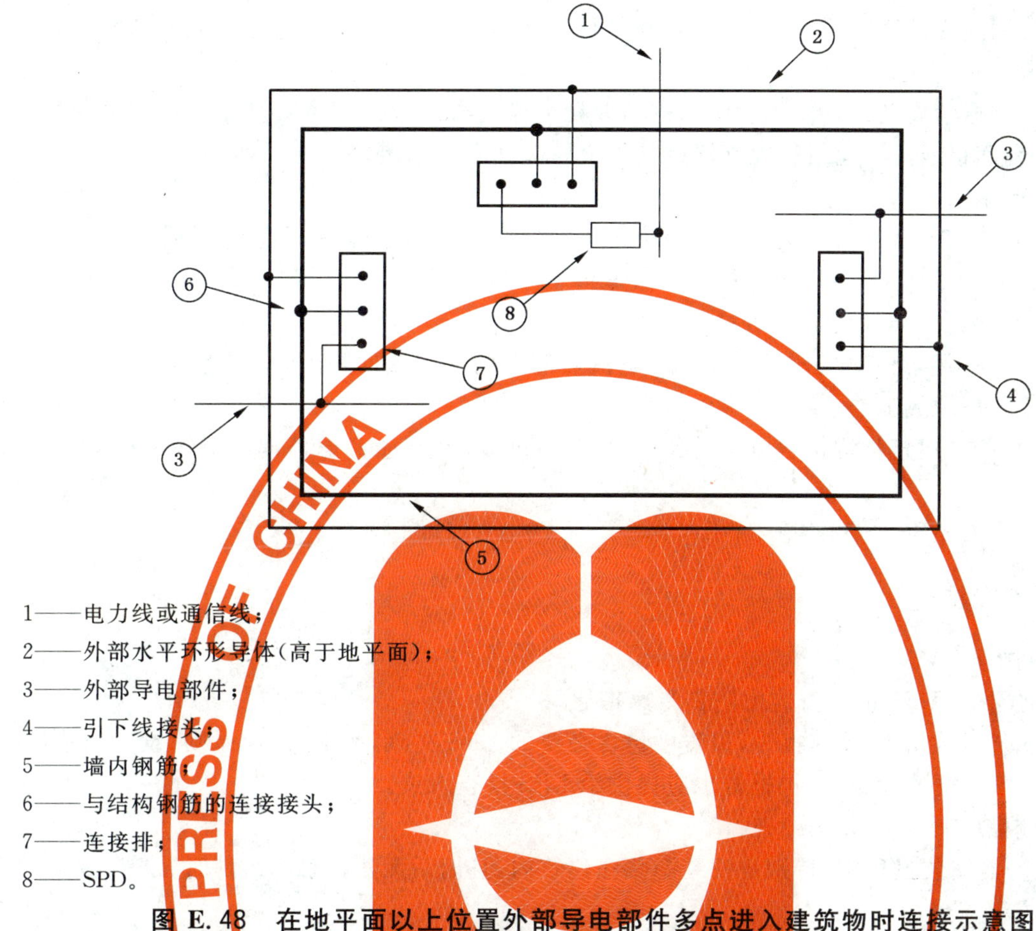

1——电力线或通信线；

2——外部水平环形导体(高于地平面)；

3——外部导电部件；

4——引下线接头；

5——墙内钢筋；

6——与结构钢筋的连接接头；

7——连接排；

8——SPD。

图 E.48 在地平面以上位置外部导电部件多点进入建筑物时连接示意图

E.6.2.3 外部导电部件的等电位连接

无附加信息。

E.6.2.4 受保护建筑物内，电气电子系统的等电位连接

内部系统的等电位连接见 GB/T 21714.4—2008。

E.6.2.5 外部设施的等电位连接

外部导电部件、电力线和通信线应在接近地面的公共地点进入建筑物。

等电位连接点应尽可能靠近建筑物的入口。对低压电力系统，则紧靠设备接线盒的出口之后(需要当地电力公司批准)。

在公共入口点，连接排应用短的连接导线与接地装置相连。

如果进入建筑物的设施采用屏蔽线，其屏蔽层应与连接排相连。带电导体的过压与流经屏蔽层的雷电流大小有关(见附录 B)，也与屏蔽层的横截面积有关。GB/T 21714.1—2008 中的附录 E 中给出了估算电流的方法。如果预期过压超过了导线和连接设备的指定值，则有必要使用 SPD。

如果进入建筑物的设施采用非屏蔽线，部分雷电流将流经带电导体。在这种情况下，应在入口点安装承受雷电流的 SPD。PE 或 PEN 导体可直接与连接排相连。

外部导体部件、电源线和通信线必须由不同地点进入建筑物，因此需要安装多个连接排。如可行，连接排应尽可能与接地装置(例如：环形接地极)、建筑内的钢筋和基础接地极相连。

当 A 型接地装置被用作 LPS 部件时，连接排应与单个接地极相连。此外，还应用内部环形导体或部分为环形的内部导体互联。

如可行，对在地面上方进入大楼的外部设备，接地排应与在外墙内部或外部的水平环形导体、LPS 引下线及建筑物钢筋相连。

环形导体应与建筑物钢筋和其他金属部件相连，引下线之间的间距见表4。

对主要设计用途为计算机中心、通信大楼和其他要求低等级的LEMP电感效应的建筑物，环形导体应每隔5 m与钢筋连接。

对安装有大型通信设备或计算机设备的钢筋混凝土建筑物，以及对EMC要求很严的建筑物，连接外部设备时，应利用接地排与建筑物内钢筋或其他金属部件多点连接。

E.6.3 外部LPS的电气绝缘

根据6.3，外部LPS和所有与建筑物等电位连接的导电部件间，应保持合适的隔距。

详细信息见E.6.1.1。低层建筑物的例子及6.3中系数k_c的计算见图E.2。

E.6.4 内部系统中感应电流效应的防护

由于电磁耦合作用，外部LPS中导体中的电流可能在内部装置回路上，感应连续的过电压。过电压会引起内部系统出现故障。

实际应用中，所有建筑物均包含电子设备，在防雷系统设计中，应考虑外部引下线和内部引下线的电磁场影响。

过电压防护见GB/T 21714.4—2008。

E.7 LPS的检查与维护

E.7.1 检查范围

按照E.7的要求，LPS的检查应由防雷专家指导。

应为检查人员提供LPS设计报告，报告中包含必要的LPS文献，例如：设计原则、设计描述和技术图纸。同时，LPS以往的检查、维护报告也应提供给LPS检查人员。

以下阶段应完成所有LPS的检查：

——在LPS的安装过程中，特别是安装隐藏在建筑内，且以后无法接触的组件时；

——LPS安装完成后；

——根据表E.2进行检查。

表E.2 LPS检查的最长周期

单位为年

防护水平	外观检查	全面检查	关键设备的全面检查
Ⅰ和Ⅱ	1	2	1
Ⅲ和Ⅳ	1	4	1

注1：对具有爆炸危险的建筑物，应每6个月进行一次LPS外观检查，每年进行一次设备的电气测试。

注2：在通过每年多次测试，其接地电阻值变化较小时，可每隔14～15个月测试周期执行一次，以了解不同季节接地电阻的变化情况。

当没有明文规定时，LPS检查周期可参照表E.2。

注：如果需要对建筑物进行常规测试，建议测试防雷系统，包括内部防雷措施、电气设备的等电位连接等。老的模拟设备需考虑防护水平，测试周期应根据本地情况或其他测试指标，例如：架设线路、电气规程、参数、国家相关安全法规等确定。

LPS每年至少进行一次外观检查。在气候变化大和出现恶劣气候条件的地区，对系统的外观检查应比表E.2规定的更频繁些。如果客户有维护计划或建筑保险人提出要求时，LPS可每年进行全面测试。

LPS检查周期由以下因素决定：

——受保护建筑物或区域的分类，特别是需考虑损坏的严重后果时；

——LPS的分类；

——当地环境，例如：对腐蚀性大气环境，检查周期应比较短；

——单个 LPS 部件的原材料；

——固定 LPS 部件的表面类型；

——土壤条件及相关的腐蚀率。

除上述因素外，每当受保护建筑物有任何变动或进行了维修以及 LPS 发生了雷电放电时，都应对 LPS 进行检查。

应每 2～4 年完成一次全面检查和测试。在恶劣环境下，系统应每年进行一次全面检查。例如：暴露在严重机械外力环境下的 LPS 部件(例如：在风力很强地区的软连接带)、管道上的浪涌保护设备、户外连接电缆等等。

在绝大多数地区，尤其是在温度和降雨量随季节发生明显变化的地区，应根据不同季节内测量得出的电阻率深度分布图，考虑土壤电阻率的变化。

当电阻率分布图较设计的预期阻值存在较大变化，尤其是电阻率在两次检查周期内稳步增加时，应考虑改进接地装置。

E.7.2 检查顺序

E.7.2.1 检查程序

检查目的是保证任何情况下，LPS 符合本部分要求。

检查包括核对技术文档、外观检查、测试记录及检查报告。

E.7.2.2 技术文档的核对

技术文档应从完整性、是否符合本部分要求及与各方达成的执行协议等三个方面进行核对。

E.7.2.3 外观检查

外观检查需查明：

——设计符合本部分要求；

——LPS 运行良好；

——LPS 导体和接头没有松动和意外断开；

——系统任何部分都没有被腐蚀，尤其是在地表面的情况下；

——所有可见的接地连接都完整(功能上可使用)；

——所有可见的导体和系统部件都加固在地面，所有提供机械保护的部件都完整(功能上可用)且处于正确位置；

——需要附加保护措施的建筑物，没有进行任何增加或变更；

——LPS、浪涌保护器没有被损坏的指示，SPD 保险丝无失效指示；

——对上次检查后，建筑物内的新增设备或部件进行了正确的等电位连接，并完成了电气连续性测试；

——保持了隔距；

——连接导体和接头、屏蔽设施、电缆布线、浪涌保护器进行了检查和测试。

E.7.2.4 测试

LPS 的检查和测试包括外观检查，且应通过以下步骤完成：

——连续性测试，特别对安装过程中隐蔽的 LPS 部件以及无法目测的 LPS；

——接地装置的传导接地电阻测试。应进行独立接地装置和联合接地装置测试，结果记录在 LPS 检查报告中。

a) 每个接地极的接地电阻、整个接地装置的实际接地电阻。

每个接地极的测试应在与测试接头隔离的情况下进行，测试接头处引下线和接地极间的连接断开(断开测试)。

如果接地装置的接地电阻超过 10 Ω，应查明接地极是否符合图.2 的要求。

如果接地电阻明显增加，应分析增加的原因及制定改进措施。

安装在多岩石地区的接地极应符合 E.5.4.3.5 的要求。10 Ω 的要求不适用。

b) 所有导体、连接和接头的视觉检查及电气连续性测试结果。

如果接地装置不符合以上要求，或由于资料缺乏难以完成对以上要求的检查，应增加额外的接地极或安装新的接地装置。

E.7.2.5 检查的文档

为完成 LPS 检查，应准备 LPS 检查手册。手册应包含大量资料以指导检查人员完成检查。例如：LPS 的安装方法、LPS 部件的类型及使用条件、测试方法以及获得的测试数据等重要信息。

检查人员应编制 LPS 检查报告，将 LPS 检查报告、LPS 设计报告以及以前编制的 LPS 维护、检查报告存放在一起。

LPS 检查报告应包括以下信息：

——接闪器导体以及其他接闪器部件的状况；

——腐蚀程度及防腐蚀情况；

——LPS 导体、部件的固定安全性；

——接地装置的接地电阻测量；

——与本部分要求存在偏差的地方；

——LPS 的延伸部分、建筑物结构的任何改动及所有变化的文档记录。此外，LPS 的施工图和 LPS 设计描述图也应重新检查；

——测试结果。

E.7.3 维护

LPS 应定期维护以保证能实现最初的设计要求。LPS 设计中应根据表 E.2 明确所需的维护及维护周期。

LPS 的维护程序应根据本部分要求进行 LPS 的不断更新。

E.7.3.1 要点

由于腐蚀、气候影响、机械损害以及雷击造成的损害等原因，若干年后，LPS 部件将会逐步丧失功能。

检查和维护计划必须由主管部门、LPS 设计人员和 LPS 安装人员制定，且要与建筑物业主或其指定的代表达成共识。

为完成 LPS 的维护和检查，维护和检查应相互协调。

尽管 LPS 设计人员根据 LPS 部件受雷电损害、气候影响情况采取了特定的防腐蚀措施，LPS 维护仍然很重要。

为符合本部分设计要求，在 LPS 整个运行期内，LPS 的机械特性以及电气特性都应完好无损。

当建筑物、设备发生变更或建筑物用途发生变化时，有必要对 LPS 进行改造。

如果根据检查结果，有必要对 LPS 进行维护，则维护工作应立即实施，不能推迟到下个维护周期。

E.7.3.2 维护计划

应为 LPS 制定周期性维护计划。

维护周期取决于以下因素：

——使性能劣化的气候和环境条件；

——在雷击活动区的暴露程度；

——建筑物的保护等级。

应该为每一特定的 LPS 制定 LPS 维护计划，维护计划应成为建筑物全面维护工程的一部分。

为了与以前的结果相比较，维护工程应包含一份例行项目表，这份表同样可以作为检查表以确定维护程序和周期。

维护包括以下几点：

所有 LPS 导体和系统部件的检查；

LPS 装置的电气连续性检查；

接地装置的对地电阻测量；

SPD 检查；

重新对部件和导体进行加固；

在建筑物及建筑物内设备发生变更后，检查 LPS 的性能是否发生了衰退。

E.7.3.3 维护文档

完整的记录应包括维护计划及所采取或所要求的改正措施。

维护程序应提供 LPS 部件和 LPS 设备的评估方法。

LPS 的维护记录应作为检查维护工作的凭证，也应作为完善维护计划的基础。LPS 维护记录应和 LPS 设计报告、LPS 检查报告一起保存。

参 考 文 献

[1] IEC 60050(426):1990 International Electrotechnical Vocabulary—Chapter 426:Electrical apparatus for explosive atmospheres.

[2] IEC 61000-5-2 Electromagnetic compatibility(EMC)—Part 5 Installation and mitigation guidelines-section 2:Earthing and cabling.

[3] IEC 61643-1:2005 Low-voltage surge protective devices—Part 1:Surge protective devices connected to low-voltage power distribution systems—Requirements and tests.

[4] EN 50164(all parts) Lightning Protection Components(LPC).

[5] EN 50164-1:1999 Lightning Protection Components(LPC)—Part 1 Requirements for connection components.

ICS 13.260
K 09

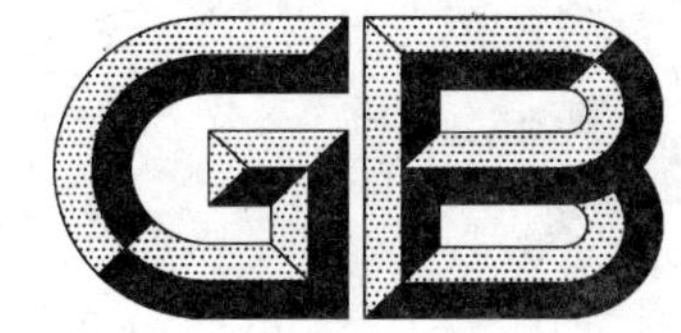

中华人民共和国国家标准

GB/T 21714.4—2008/IEC 62305-4:2006

雷电防护
第4部分：建筑物内电气和电子系统

Protection against lightning—
Part 4: Electrical and electronic systems within structures

(IEC 62305-4:2006, IDT)

2008-04-24 发布　　　　2008-11-01 实施

中华人民共和国国家质量监督检验检疫总局
中国国家标准化管理委员会　发布

前　　言

GB/T 21714《雷电防护》由下列4部分组成：

——第1部分：总则；

——第2部分：风险管理；

——第3部分：建筑物的物理损坏和生命危险；

——第4部分：建筑物内电气和电子系统。

本部分为GB/T 21714的第4部分，等同采用IEC 62305-4:2006《雷电防护　第4部分：建筑物内电气和电子系统》(英文版)。

本部分的附录A～附录D均为资料性附录。

本部分由全国雷电防护标准化技术委员会提出并归口。

本部分负责起草单位：清华大学。

本部分参加起草单位：中国铁道科学研究院、广东省防雷中心、天津市中力防雷技术有限公司。

本部分主要起草人：何金良、邱传睿、胡军、陈水明、曾嵘、黄智慧、谷山强、陈未远、王晶晶、李雨、孙巍巍。

本部分为首次发布。

引　言

雷电作为危害源，是一种高能现象。闪电释放数百兆焦耳的能量。与建筑物内电气和电子系统中的敏感电子设备所能耐受的毫焦耳数量级的能量相比，无疑很有必要另加防护措施去保护这些设备。

GB/T 21714 的本部分起因于雷电电磁作用导致电气和电子系统失效而带来的渐增的费用。其中最重要的是那些用于数据处理和存储的电子系统，以及用于高投资、大规模、高复杂度工厂(出于成本和安全因素，这些工厂不允许生产中断)的流程控制和安全的电子系统。

如 GB/T 21714.2—2008 所规定，雷电可能在建筑物内产生不同类型的危害：

D1——由于接触电压和跨步电压引起的对生命的伤害；

D2——由于机械、热、化学和爆炸等效应引起的物理损害；

D3——由于电磁作用引起的电气与电子系统的失效。

GB/T 21714.3—2008 描述了减少物理损害和生命伤害风险的防护措施，但没有包含对电气和电子系统的防护。

因此 GB/T 21714 的第 4 部分提供了关于减少建筑物内电气和电子系统永久性失效风险的防护措施的资料。

雷电电磁脉冲(LEMP)可以由以下途径引起电气和电子系统的永久性失效：

a)　通过连接导线传输给设备的传导和感应浪涌；

b)　辐射电磁场直接作用于设备上的效应。

建筑物外部或内部都可产生浪涌：

——建筑物外部浪涌由雷击入户电线或其附近地面产生，并经电线本身传输到电气和电子统；

——建筑物内部浪涌由雷击建筑物或其附近地面产生。

雷电电磁耦合的产生可以基于不同的机理：

——电阻性耦合(例如建筑物接地装置的接地阻抗或电缆屏蔽层电阻)；

——磁场耦合(例如由于电气和电子系统中线路构成的回路或搭接导体的电感所引起)；

——电场耦合(例如由于鞭状天线接受所引起)；

注：通常电场耦合作用比磁场耦合作用小很多，可不予考虑。

辐射电磁场可以由以下方式产生：

——雷电通道内流过的雷电流；

——在导体中流过的部分雷电流(例如 GB/T 21714.3—2008 描述的外部 LPS 引下线中，或本部分描述的外部空间屏蔽体中的雷电流)。

雷电防护
第4部分:建筑物内电气和电子系统

1 范围

本部分提供对建筑物内电气和电子系统的雷电电磁脉冲防护系统(LPMS)的设计、安装、检验、维护和测试的资料,以减少由于雷电电磁脉冲产生的永久性失效风险。

本部分不包含对可能导致电子系统故障的雷电电磁干扰的防护。但附录A的资料也能用于评估这种骚扰。对电磁干扰的防护措施参见IEC 60364-4-44和IEC 61000系列[1]1)。

本部分可以指导电气和电子系统设计者与防护措施设计者之间进行的合作,以达到最优防护效果。

本部分不涉及电气和电子系统本身的具体设计。

2 规范性引用文件

下列文件中的条款通过GB/T 21714的本部分的引用而成为本部分的条款。凡是注日期的引用文件,其随后所有的修改单(不包括勘误的内容)或修订版均不适用于本部分,然而,鼓励根据本部分达成协议的各方研究是否可使用这些文件的最新版本。凡是不注日期的引用文件,其最新版本适用于本部分。

GB 16895.22—2004 建筑物电气装置 第5-53部分:电气设备的选择和安装——隔离、开关和控制设备 第534节:过电压保护电器(IEC 60364-5-53:2001:IDT)

GB/T 16935.1—1997 低压系统内设备的绝缘配合 第1部分:原理、要求和试验(idt IEC 664-1:1992)

GB/T 17626.5—1999 电磁兼容 试验和测量技术 浪涌(冲击)抗扰度试验(idt IEC 61000-4-5:1995)

GB/T 17626.9—1998 电磁兼容 试验和测量技术 脉冲磁场抗扰度试验(idt IEC 61000-4-9:1993)

GB/T 17626.10—1998 电磁兼容 试验和测量技术 阻尼振荡磁场抗扰度试验(idt IEC 61000-4-10:1993)

GB 18802.1—2002 低压配电系统的电涌保护器(SPD) 第1部分:性能要求和试验方法(IEC 61643-1:1998,IDT)

GB/T 18802.12—2006 低压配电系统的电涌保护器(SPD) 第12部分:选择和使用导则(IEC 61643-12:2002,IDT)

GB/T 18802.21—2004 低压电涌保护器 第21部分:电信和信号网络的电涌保护器(SPD)——性能要求和试验方法(IEC 61643-21:2000,IDT)

GB/T 21714.1—2008 雷电防护 第1部分:总则(IEC 62305-1:2006,IDT)

GB/T 21714.2—2008 雷电防护 第2部分:风险管理(IEC 62305-2:2006,IDT)

GB/T 21714.3—2008 雷电防护 第3部分:建筑物的物理损坏和生命危险(IEC 62305-3:2006,IDT)

IEC 60364-4-44:2001 建筑物电气装置 第4-44部分:安全防护 电压骚扰与电磁骚扰的防护

IEC 61643-22:2004 低压电涌保护器 第22部分:连接电信和信号网络的电涌保护器(SPD)——选择和使用导则

1) 方括号中数字代表参考文献。

IEC 61000-5-2:1997　电磁兼容(EMC)　第5部分:安装和调试指南　第2节:接地和布线

ITU-T K.20:2003　电信中心通信设备抗过电压和过电流的能力

ITU-T K.21:2003　用户终端通信设备抗过电压和过电流的能力

3　术语和定义

下列术语和定义适用于GB/T 21714的本部分。

3.1

电气系统　electrical system

装有低压供电部件的系统。

3.2

电子系统　electronic system

装有敏感电子部件的系统,如通信设备、计算机、控制和仪表系统、无线电系统、电力电子设备等。

3.3

内部系统　internal system

建筑物内的电气和电子系统。

3.4

雷电电磁脉冲　lightning electromagnetic impulse

LEMP

雷电流的电磁效应。

注:它包括传导浪涌及辐射脉冲电磁场辐射作用。

3.5

浪涌　surges

由LEMP引起的,以过电压和/或过电流形态出现的瞬态波。

注:由LEMP引起的浪涌可来自于(局部)雷电流、设备回路的感应效应,以及位于浪涌保护器(SPD)下级的残余威胁。

3.6

额定冲击耐受电压水平　rated impulse withstand voltage level

U_w

由制造商对设备或其某一部件认定的冲击耐受电压,表征其规定的对过电压的抗击穿能力。

注:本部分仅考虑带电导体和地之间的耐受电压(GB/T 16935.1)。

3.7

雷电防护水平　lightning protection level

LPL

与概率相关的一组雷电流参数数值,其相关的最大和最小设计值不应当超过自然发生的雷电。

注:根据相关的一组雷电流参数,用雷电防护水平设计防护措施。

3.8

雷电防护区　lightning protection zone

LPZ

规定雷电电磁场环境的区域。

注:雷电防护区的区域边界并不一定是物理边界(例如墙、地板和天花板)。

3.9

LEMP防护措施系统　LEMP protection measures system

LPMS

内部系统用来防护LEMP的完整防护措施系统。

3.10

格栅形空间屏蔽　grid-like spatial shield

有开孔特征的磁屏蔽。

注：对建筑物或房间，适合用建筑物的自然金属构件相互连接来实现（例如混凝土中的钢筋、金属框架和金属支撑等）。

3.11

接地装置　earth termination system

外部 LPS 的一部分，用于将雷电流传导和泄放到大地。

3.12

连接网络　bonding network

建筑物和内部系统所有导体部件（带电导体除外）与接地装置相互连接的网络。

3.13

接地系统　earthing system

由接地装置和搭接网络组成的完整系统。

3.14

浪涌保护器　surge protective device

SPD

用于限制瞬态过电压和对浪涌电流进行分流的器件，它至少包含一个非线性元件。（GB 18802.1）。

3.15

用 I_{imp} 测试的 SPD　SPD tested with I_{imp}

耐受典型波形 10/350 μs 的部分雷电流的 SPD，要求一个相应的冲击试验电流 I_{imp}。

注：对电力线路，合适的测试电流 I_{imp} 由 GB 18802.1 的等级Ⅰ测试程序定义。

3.16

用 I_n 测试的 SPD　SPD tested with I_n

耐受典型波形 8/20 μs 的感应浪涌电流的 SPD，要求一个相应的冲击试验电流 I_n。

注：对电力线路，合适的测试电流 I_n 由 GB 18802.1 的等级Ⅱ测试程序定义。

3.17

用组合波测试的 SPD　SPD tested with a combination wave

耐受典型波形 8/20 μs 的感应浪涌电流的 SPD，要求一个相应的冲击试验电流为 I_{sc}。

注：对电力线路，合适的组合波测试由 GB 18802.1 的等级Ⅲ测试程序定义，规定一个内阻 2 Ω 的组合波发生器的开路电压为 U_{oc}、波形为 1.2/50 μs，短路电流为 I_{sc}、波形为 8/20 μs。

3.18

电压开关型 SPD　SPD-voltage switching type

无浪涌时呈高阻抗值，但一旦响应电压浪涌时，其阻抗突然变为低值的 SPD。

注 1：用作电压开关型装置的常见器件有：放电间隙、气体放电管（GDT）、晶闸管（可控硅整流器）和三端双向可控硅。有时称这种 SPD 为“急剧短路型”SPD。

注 2：电压开关器件有不连续的电压/电流特性。

[GB 18802.1]

3.19

限压型 SPD　SPD-voltage limiting type

无浪涌时呈高阻抗值，但随着浪涌电流和浪涌电压的增加，其阻抗会不断减小的 SPD。

注 1：用作非线性装置的常见器件有：压敏电阻和抑制二极管。这些 SPD 有时称为“箝位型”SPD。

注 2：限压器件有连续的电压/电流特性。

[GB 18802.1]

3.20

组合型 SPD　SPD-combination type

将电压开关型组件和限压型组件组装在一起的SPD,根据外施电压的特性,SPD显示出电压开关特性、限压特性或者同时具有电压开关特性和限压特性。

[GB 18802.1]

3.21

协调配合的SPD防护 coordinated SPD protection

一组经过适当选择、配合和安装,用于减少电气和电子系统的SPD。

4 LEMP防护措施系统(LPMS)的设计和安装

雷电电磁脉冲(LEMP)会危及电气和电子系统,因此应采取LEMP防护措施以避免建筑物内部的电气和电子系统失效。

对LEMP的防护是基于雷电防护区(LPZ)概念:包含被保护系统的空间可划分成LPZ。这些区域是理论上指定的空间,某空间的LEMP严重程度和该空间内的内部系统的耐受水平相匹配(见图1)。根据LEMP强度的显著变化划分连贯的区域。LPZ的边界由采用的防护措施来定义(见图2)。

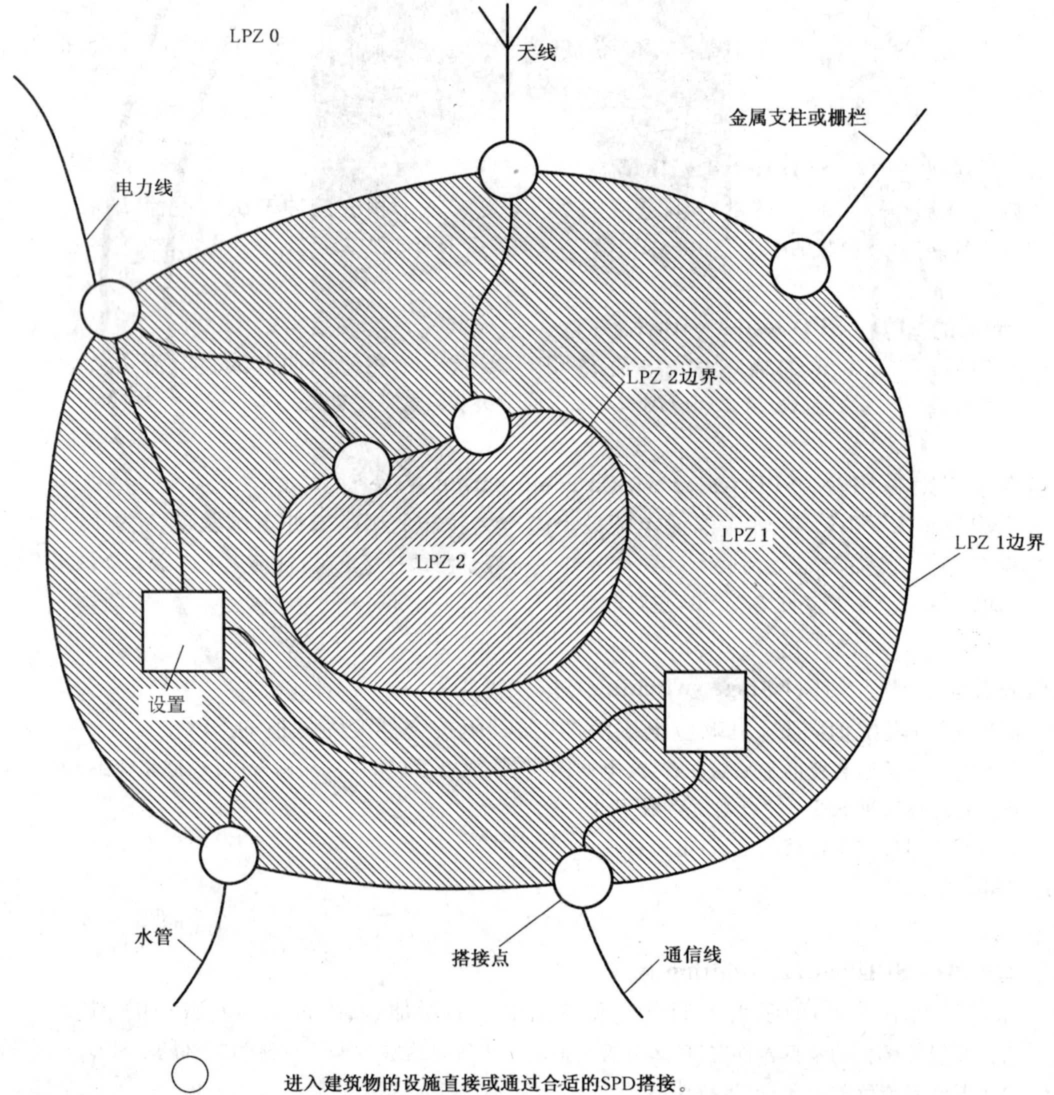

注:本图是一个建筑物划分内部LPZ的示例。所有进入建筑物的金属公共设施采用搭接母排在LPZ 1边界做搭接。同时,进入LPZ 2(例如计算机机房)的金属公共设施采用用搭接母排在LPZ 2边界做搭接。

图1 划分不同LPZ的基本原则

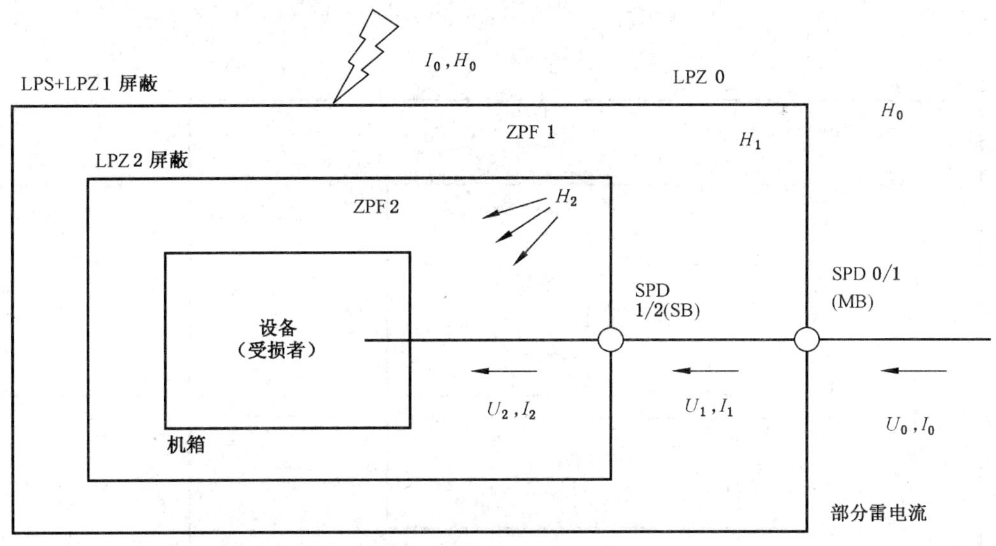

a) 采用空间屏蔽和"协调配合的 SPD 防护"的 LPMS
——对于传导浪涌($U_2 \ll U_0$ 和 $I_2 \ll I_0$)和辐射磁场($H_2 \ll H_0$),设备得到良好的防护

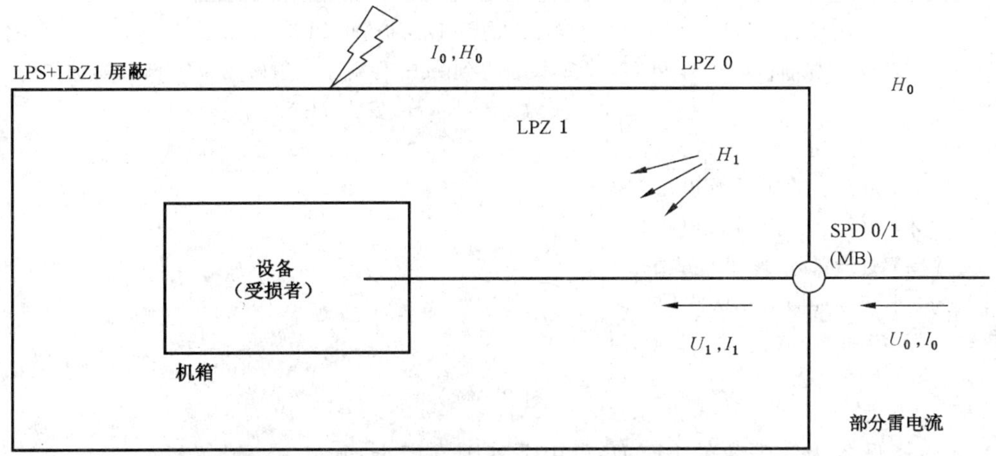

b) 采用 LPZ 1 空间屏蔽和 LPZ 1 入口 SPD 防护的 LPMS
——对于传导浪涌($U_1 < U_0$ 和 $I_1 < I_0$)和辐射磁场($H_1 < H_0$),设备得到防护

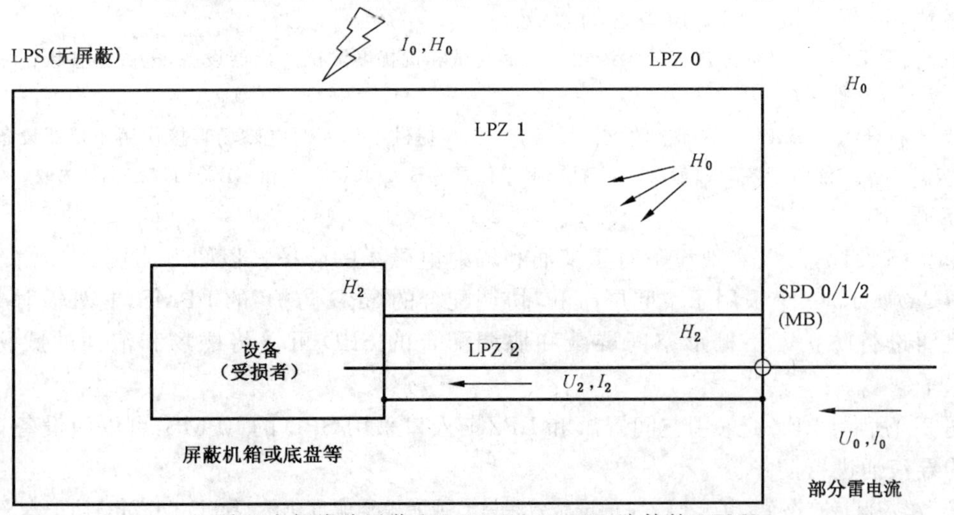

c) 采用内部线路屏蔽和 LPZ 1 入口 SPD 防护的 LPMS
——对于传导浪涌($U_2 < U_0$ 和 $I_2 < I_0$)和辐射磁场($H_2 < H_0$),设备得到防护
(注:LPZ 1 实为 LPZ 0_B,LPZ 2 实为 LPZ 1)

图 2 LEMP 防护措施系统(LPMS)示例

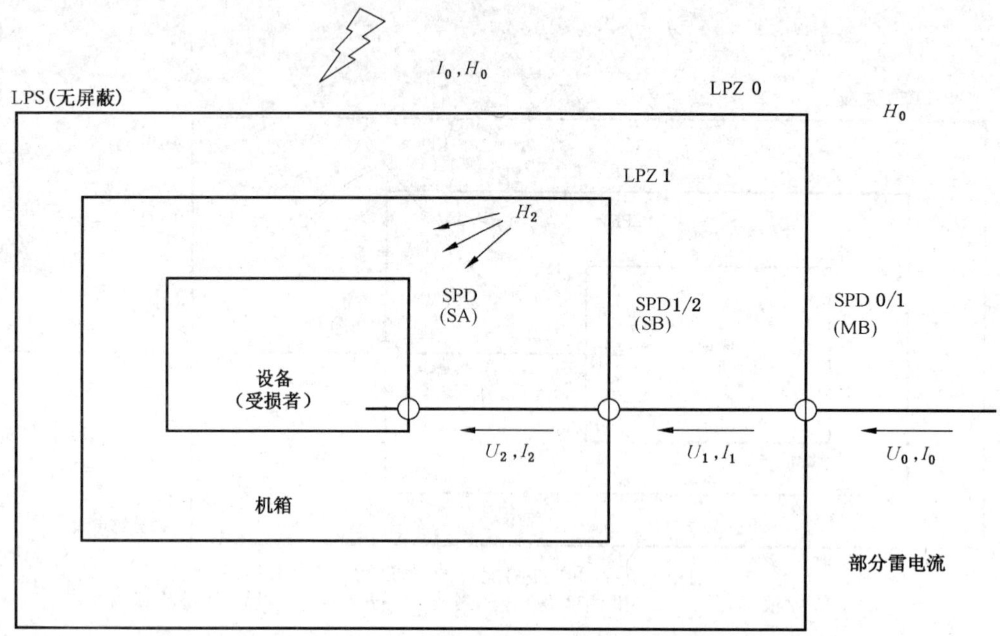

d) 仅采用“协调配合的 SPD 防护”的 LPMS

——对于传导浪涌($U_2 \ll U_0$ 和 $I_2 \ll I_0$),设备得到防护;但对于辐射磁场(H_0)却无防护作用

(注:LPZ 1 实为 LPZ 0_B,H_2 实为 H_1)

注 1:SPD 可以位于下列位置(见 D.1.2):

——LPZ 1 边界上(例如主配电盘 MB);

——LPZ 2 边界上(例如次配电盘 SB);

——或者靠近设备处(例如电源插孔 SA)。

注 2:详细的安装规则参阅 IEC 60364-5-53。

注 3:屏蔽(——)和非屏蔽(——)的界面。

图 2(续)

使电气和电子设备永久失效的 LEMP 可由下列因素产生:

——通过连接导线传输给设备的传导和感应浪涌;

——辐射电磁场直接作用于设备上的效应。

注 1:符合相关 EMC 产品标准规定的无线频率发射测试和抗扰度测试的仪器设备,电磁场直接作用于设备引起的失效可以忽略。

注 2:对于不符合相关 EMC 产品标准的仪器设备,附录 A 提供了如何对电磁场直接作用于仪器设备本身进行防护的资料。这些仪器设备对辐射磁场的耐受水平依据 GB/T 17626.9 和 GB/T 17626.10 选取。

4.1 LPMS 设计

通过 LPMS 设计,可以实现设备对于浪涌和辐射电磁场的防护。以图 2 为例:

——图 2a)所示,一个采用了空间屏蔽和“协调配合的 SPD 防护”的 LPMS,能对辐射电磁场和传导浪涌进行防护。格栅形空间屏蔽和协调配合的 SPD 可以将磁场和浪涌的威胁减少到较低水平。

——图 2b)所示,LPZ 1 采用空间屏蔽和 LPZ 1 入口采用 SPD 的 LPMS,可以使设备对辐射磁场和传导浪涌进行防护。

注 1:对于磁场保持较高值(由于 LPZ 1 的屏蔽效果差),或者浪涌幅度仍然很高(由于 SPD 防护水平太高及 SPD 下级线路上的感应作用)的情况,防护效果将不够充分。

——图 2c)所示,采用屏蔽线路和屏蔽外壳设备的 LPMS,可以对辐射磁场进行防护;LPZ 1 入口 SPD 将对传导浪涌进行防护。为了使浪涌威胁达到较低水平,可能需要特殊的 SPD(例如在内部增加协调配合的级数),以达到足够低的电压防护水平。

——图 2d)所示,使用“协调配合的 SPD 防护”体系的 LPMS,由于 SPD 只能对传导浪涌进行防护,因此仅适用于防护对辐射电磁场不敏感的设备。使用协调配合的 SPD 可以使浪涌威胁达到较低水平。

注 2:图 2a)~图 2c)的解决方案,特别建议用于不符合相关 EMC 产品标准规定的仪器设备。

注 3:根据 GB/T 21714.3—2008 规定、仅采用等电位搭接 SPD 的 LPS,不能防止敏感电气和电子系统失效。可以减小网眼尺寸和选择合适的 SPD 来改进 LPS,使其成为 LPMS 的有效组成部分。

4.2 雷电防护区(LPZ)

根据雷电威胁程度,定义了如下的雷电防护区 LPZ(见 GB/T 21714.1—2008):

外部区域

LPZ 0　该区域中,威胁来自于未衰减的雷电电磁场。内部系统可能遭遇全部或部分雷电浪涌电流。LPZ 0 又分为:

LPZ 0_A　该区域中,威胁来自于直击雷和全部雷电电磁场。内部系统可能遭遇全部雷电浪涌电流。

LPZ 0_B　该区域中,对直击雷进行了防护,但受到全部雷电电磁场威胁。内部系统可能遭遇部分雷电冲击电流。

内部区域(直击雷防护区)

LPZ 1　该区域浪涌电流通过边界上的分流和 SPD 得到限制。空间屏蔽能衰减雷电电磁场。

LPZ 2…n　该区域浪涌电流通过边界上的分流和附加 SPD 得到进一步限制。附加的空间屏蔽能用来进一步衰减雷电电磁场。

LPZ 由安装 LPMS 来实现,例如,安装协调配合的 SPD 和/或磁场屏蔽(见图 2)。根据被保护设备的编号、类型和耐受水平,可以规定适当的 LPZ,包括小的局部区域(例如设备机箱)或者大的完整区域(例如完整的建筑物空间)(见图 B.2)。

如果两个分开的建筑物由电力线或信号线连接在一起,或者为了减少所需 SPD 的数目,有必要将相同序号的 LPZ 互连起来(见图 3)。

在某些特殊情况下或者为了减少所需 SPD 的数目,也需要将一个 LPZ 扩展进另一个 LPZ(见图 4)。

对 LPZ 的电磁环境的详细计算参见附录 A。

4.3 LPMS 基本防护措施

对 LEMP 的基本防护措施包括:

——接地和搭接(见第 5 章)。

接地装置将雷电流传导并泄放到大地。

搭接网络将最大程度地降低电位差,减少磁场。

——磁屏蔽和布线(见第 6 章)。

空间屏蔽衰减了雷电直击建筑物或其附近而在 LPZ 内部产生的磁场,并减少了内部浪涌。

使用屏蔽电缆或屏蔽电缆管道屏蔽内部线路,最大限度地减少了感应浪涌。

内部线路合理布线能够最大限度地减少感应回路,从而减小内部浪涌。

注 1:空间屏蔽、内部线路屏蔽和合理布线可以同时使用,也可以单独使用。

进入建筑物的外部线路屏蔽减少了传导到内部系统的浪涌。

——协调配合的 SPD 防护(见第 7 章)。

协调配合的 SPD 防护限制了外部和内部浪涌。

应始终确保接地和连接,特别是在进入建筑物的入口处,将每个导电设施直接或通过等电位连接的 SPD 进行连接。

注 2:根据 GB/T 21714.3—2008 的雷电等电位搭接(EB)仅能对危险放电进行防护。根据本部分,内部系统对浪涌进行防护需要协调配合的 SPD 防护。

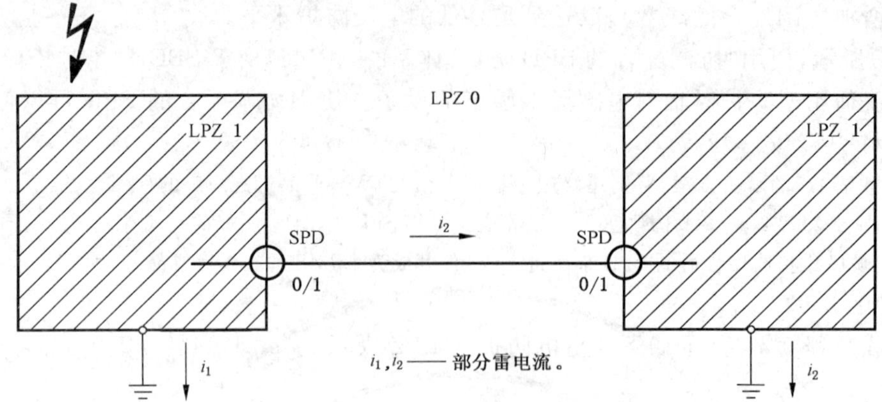

注：图 3a)表示两个 LPZ 1 用电力线或信号线连接。应特别注意两个 LPZ 1 分别代表有独立接地系统的相距数十米或数百米的建筑物的情况。这种情况，大部分雷电流会沿着连接线流动，未被防护。

a) 采用 SPD 互连两个 LPZ 1

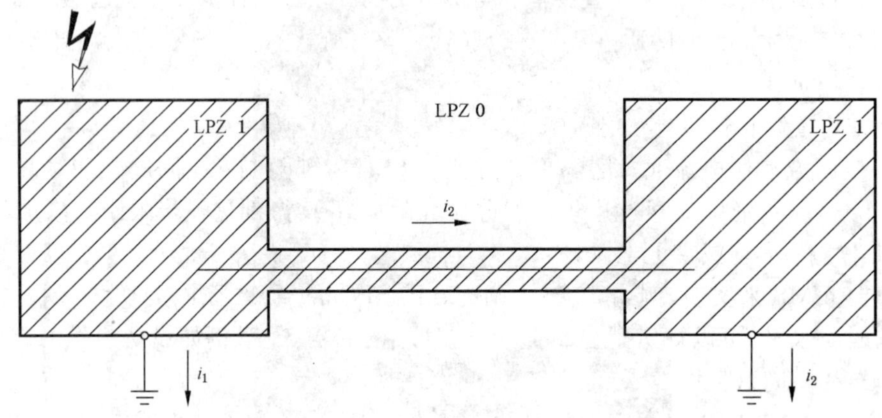

i_1,i_2—— 部分雷电流。

注：图 3b)表示该问题可以利用屏蔽电缆或屏蔽电缆管道连接两个 LPZ 1 来解决，前提是屏蔽层可以携带部分雷电流。若沿屏蔽层的电压降不太大，可以免装 SPD。

b) 采用屏蔽电缆或屏蔽电缆管道互连两个 LPZ 1

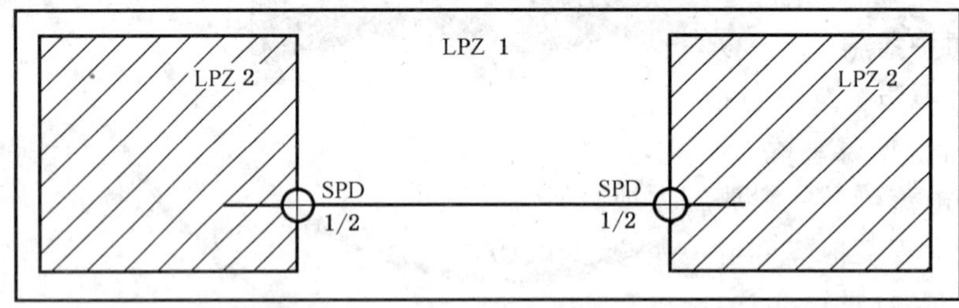

注：图 3c)表示两个 LPZ 2 用电力线或信号线连接。由于线路暴露在 LPZ 1 的威胁水平内，在进入每个 LPZ 2 时需要安装 SPD。

c) 采用 SPD 互连两个 LPZ 2

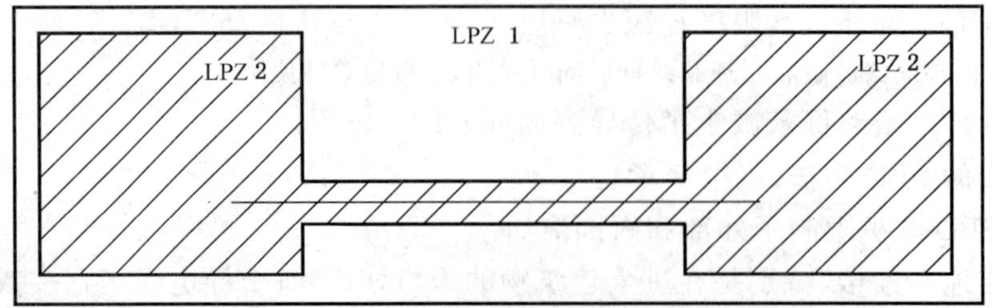

注：图 3d)表示若将两个 LPZ 2 用屏蔽电缆或屏蔽电缆管道互连，可以避免干扰，并免装 SPD。

d) 采用屏蔽电缆或屏蔽电缆管道互连两个 LPZ 2

图 3 雷电防护区互连示例

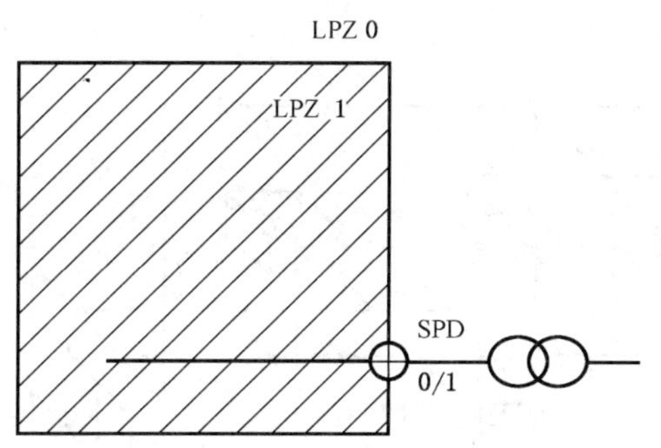

注：图 4a)表示用变压器供电的建筑物。若变压器安装在建筑物外部，只有进入建筑物的低压线路需要用 SPD 防护。若变压器必须安装在建筑物内部，往往不允许房主在变压器高压侧采取防护措施。

a) 变压器在建筑物外部

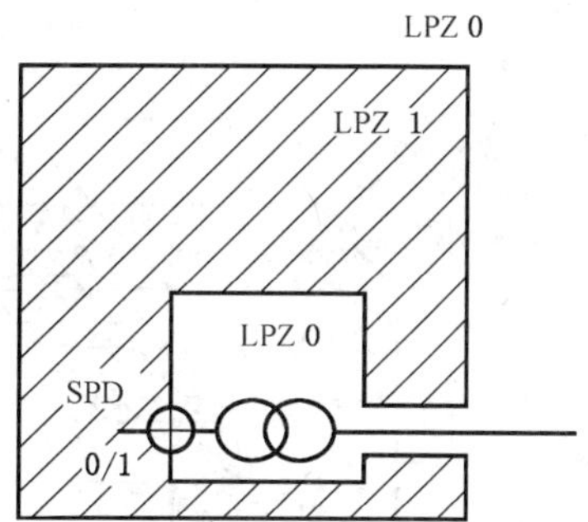

注：图 4b)表示该问题可以通过将 LPZ 0 扩展进 LPZ 1来解决，这时仍然需要仅在低压侧加装 SPD。

b) 变压器在建筑物内部(LPZ 0 扩展到 LPZ 1)

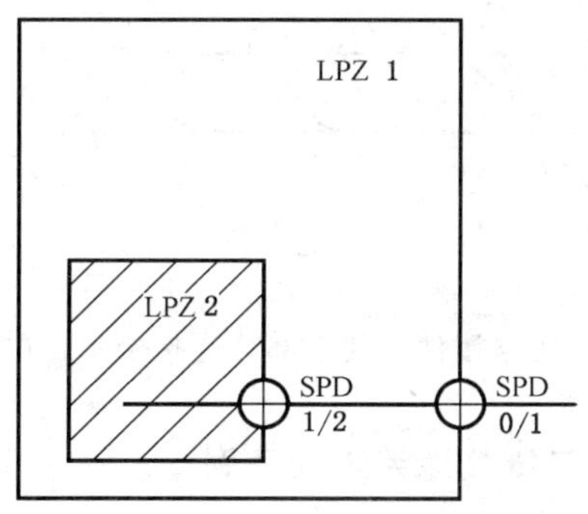

注：图 4c)表示用电力线或信号线连接的 LPZ 2。该线路上需要两个协调配合的 SPD：一个安装在 LPZ 1 边界上，另一个安装在 LPZ 2 边界上。

c) 需要协调配合的两个 SPD(0/1)和 SPD(1/2)

注：图 4d)表示若用屏蔽电缆或屏蔽电缆管道将 LPZ 2 扩展到 LPZ 1，线路就能够直接进入 LPZ 2，此时仅需要一个 SPD。此 SPD 能直接将威胁降低到 LPZ 2 的水平。

d) 仅需一个 SPD(0/1/2)(LPZ 2 扩展到 LPZ 1)

图 4 扩展雷电防护区示例

其他 LEMP 防护措施可以单独或配合使用。

LEMP 防护措施应能耐受安装地点的各种工况影响(例如，温度、湿度、大气污染、震动、电压和电流的影响)。

确定选择最合适的 LEMP 防护措施，应基于 GB/T 21714.2—2008 进行风险评估，充分考虑技术和经济因素。

附录 B 提供了对既有建筑内电子系统实现 LEMP 防护措施的实用资料。

注 3：实现 LEMP 防护措施的进一步资料可在 IEC 60364-4-44 中找到。

5 接地和搭接

合理的接地和搭接基于一个完整的接地系统(见图 5)，它包括：

——接地装置(将雷电流泄放到大地)；

——搭接网络(最大程度地降低电势差，减少磁场)。

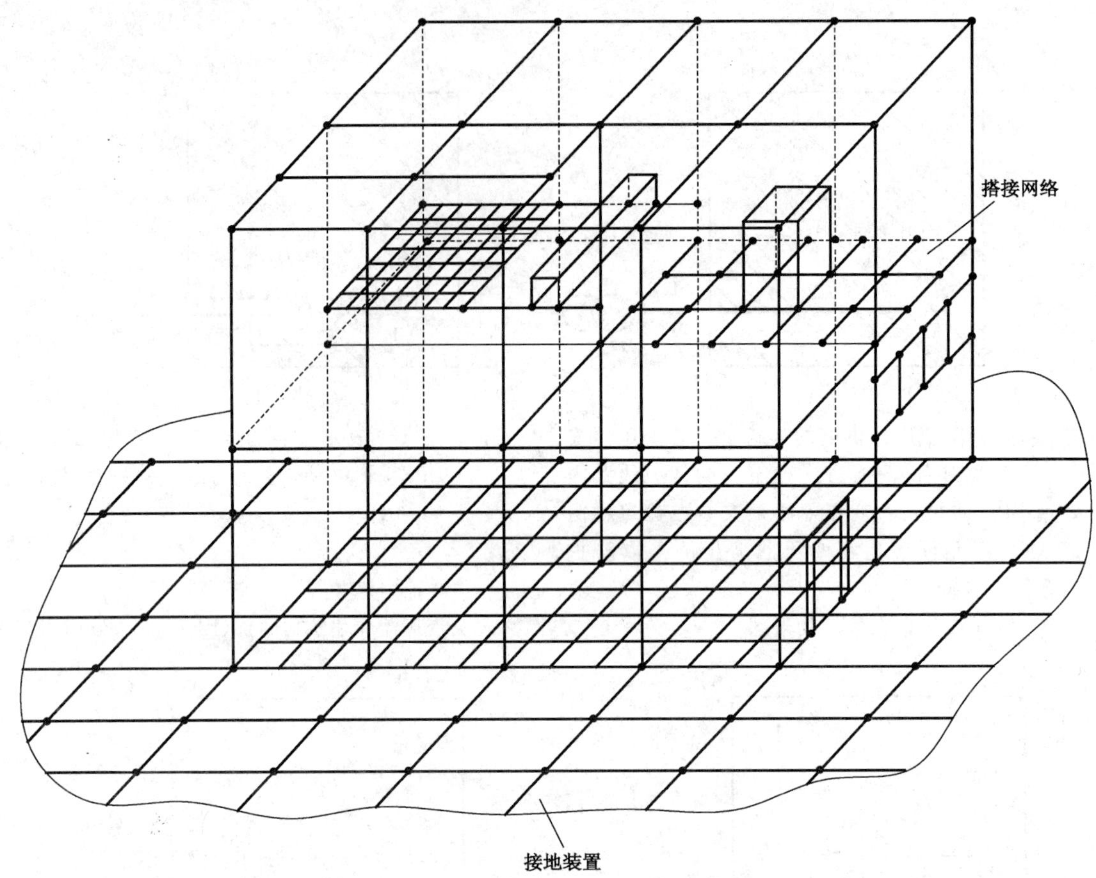

注：图中所示连接，既有被搭接的建筑物金属构件，又有实现搭接的连接件。其中部分连接会将雷电流截取、传导并泄放到大地。

图 5　搭接网络与接地装置连接构成三维接地系统的示例

5.1　接地装置

建筑物接地装置应该满足 GB/T 21714.3—2008 的要求。在只有电气系统的建筑物内，可以采用 A 类接地方式，但采用 B 类接地方式更加理想。在有电子系统的建筑物内，建议采用 B 类接地方式。

建筑物周围或者在建筑物地基周围混凝土中的环形接地极，应该与建筑物下方和周围的网格形接地网相结合，网格的典型宽度为 5 m。这将大大改善接地装置的性能。如果建筑物地下室地面中的钢筋混凝土构成了相互连接良好的网格，也应每隔 5 m(典型值)和接地装置相连接。图 6 给出了一个工厂的网格形接地装置。

对于分别与独立接地系统连接的两个内部系统，应该采取如下措施来减小两者的电位差：

——电力电缆或信号电缆敷设在网格型钢筋混凝土管道(或金属管道)内时，在同一路径上用一些平行导体将两个接地装置连为一体；

——使用具有足够截面积的屏蔽电缆，电缆两端分别连接两个独立接地系统。

5.2　搭接网络

为了避免 LPZ 区域内设备内部出现危险的电位差，必须使用低阻抗的搭接网络，同时也能减小磁场(见附录 A)。

网格形的搭接网络可以由建筑物的导电部件或者内部系统的部件构成，并且在每个 LPZ 的边界将所有金属部件或导电设施直接或通过合适 SPD 进行搭接。

搭接网络可以布置成三维的网格状结构，网格的典型宽度为 5 m(见图 5)。需要对建筑物内部及建筑物上的金属部件(如混凝土钢筋，电梯导轨，吊架，金属屋顶，金属墙面，门窗的金属框架，金属地板框架，管道和线槽）进行多重相互连接。同样需要对搭接母排（如环形母线，建筑物不同楼层间的连接母线）以及 LPZ 的磁屏蔽层进行类似的连接。

图 7 和图 8 给出了一个搭接网络的示例。

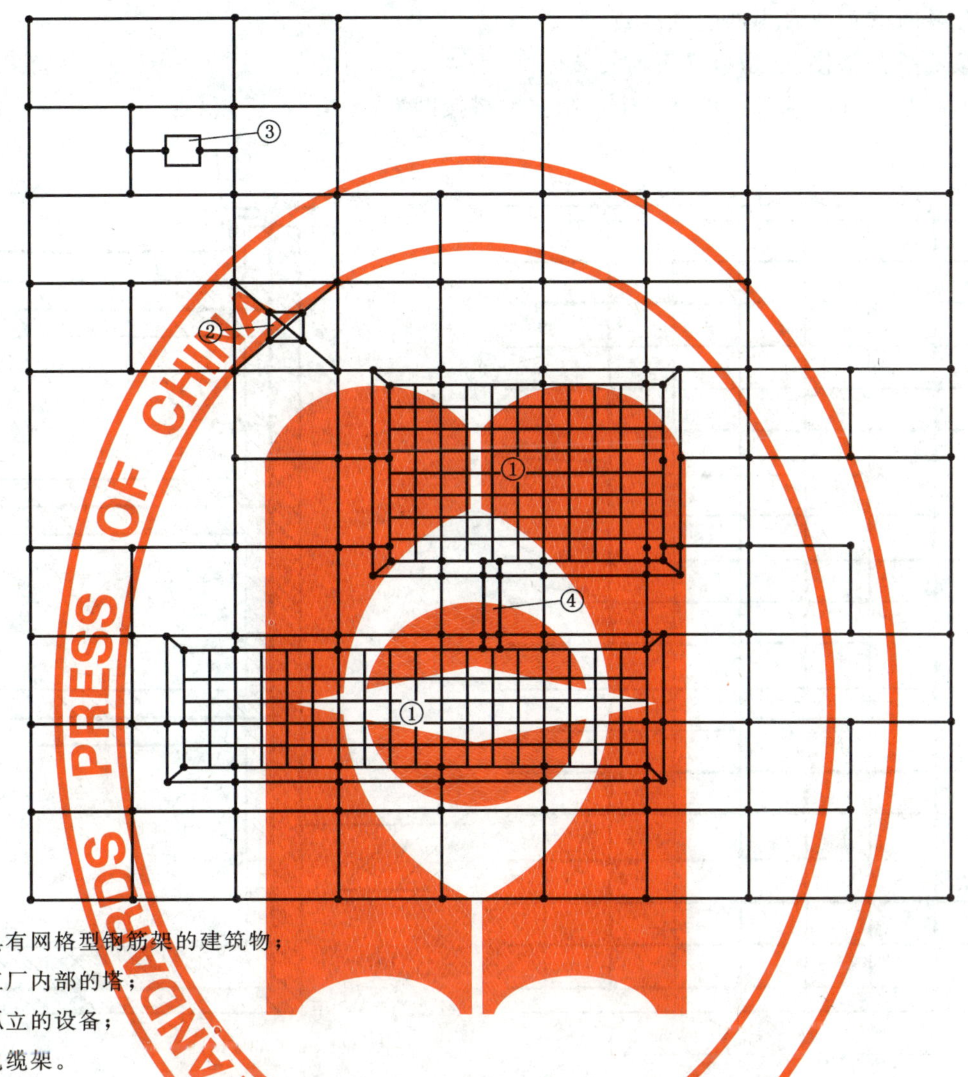

1——具有网格型钢筋架的建筑物；

2——工厂内部的塔；

3——孤立的设备；

4——电缆架。

图 6　工厂的网格型接地装置

导电部件（如机柜、机箱和机架）和内部系统的保护地线（PE）必须按照如下配置结构与搭接网络进行连接（见图 9）。

采用星形结构时，内部系统所有的金属导体（如机柜、机箱和机架）与接地系统独立，仅通过作为接地参考点（ERP）的唯一搭接母排与接地系统连接，形成 S_S 型单点搭接的星形结构。当采用星形结构时，单个设备的所有连线必须与搭接导体平行，避免形成感应回路。当内部系统处于一个较小的区域，并且所有线路仅在一点进入区域时，适合采用星形连接。

采用网格形结构时，内部系统所有的金属导体（如机柜、机箱和机架）不必独立于接地系统，而是应该通过多个搭接点与接地系统连接，形成 M_m 型网状搭接的网格形结构。当内部系统分布于较大区域或者整个建筑内，设备之间有许多线路，并且通过多点进入建筑物时，适合采用网格形结构。

在一个复杂系统中，可以结合两种结构（星形和网格形）的优点进行使用，如图 10 所示，构成组合 1 型（S_S 结合 M_m）和组合 2 型（M_m 结合 S_S）。

5.3　搭接母排

下列情况必须使用搭接母排：

——所有导电设施进入 LPZ(直接或者通过合适的 SPD 进行连接);

——保护地线 PE;

——内部系统的金属部件(如机柜,机箱和机架);

——建筑物外表面或者内部的磁屏蔽。

为了实现有效的搭接,必须遵守下列安装原则:

——所有搭接措施的基础条件是一个低阻抗的搭接网络;

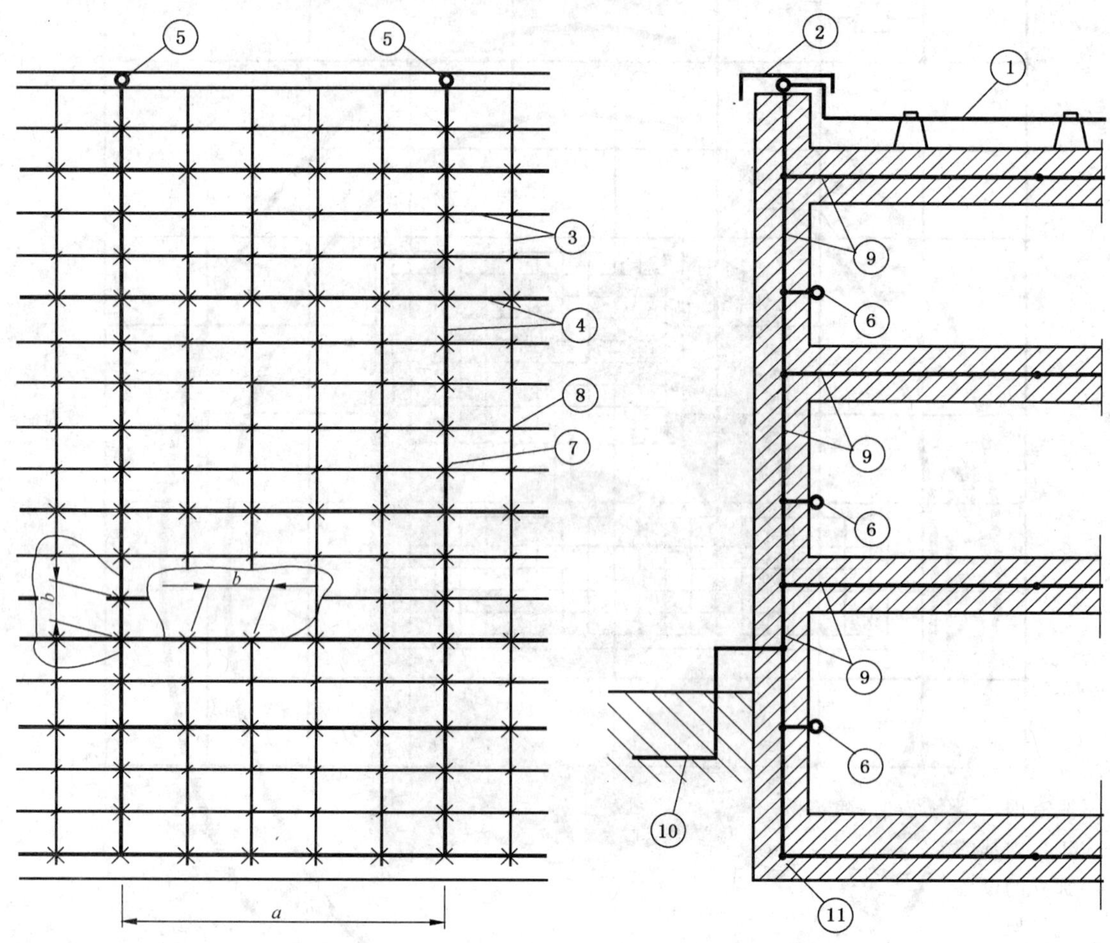

1——接闪器导体;

2——屋顶护墙的金属层;

3——钢筋;

4——迭加在钢筋上的网格形导体;

5——网状导体的接头;

6——为内部搭接母排准备的接头;

7——焊接或卡接;

8——任意连接;

9——混凝土中的钢筋(有迭加的网格形导体);

10——环形接地电极(有可能有,也有可能无);

11——基础接地体。

a——迭加的网状格形导体典型的宽度为 5 m;

b——钢筋网格的典型宽度为 1 m。

图 7 利用建筑物钢筋进行等电位搭接

——搭接母排通过尽可能短的路径连接到接地系统(连接导体长度小于0.5 m)；

——搭接母排和导体的材料及尺寸必须遵守本部分的5.5的要求；

——SPD与搭接母排和带电导体之间的连接线必须尽可能短，从而使感应电压降最小化；

——位于SPD后级的被保护电路，应当尽可能减小回路面积或者使用屏蔽电缆或电缆管道，从而使互感降到最低。

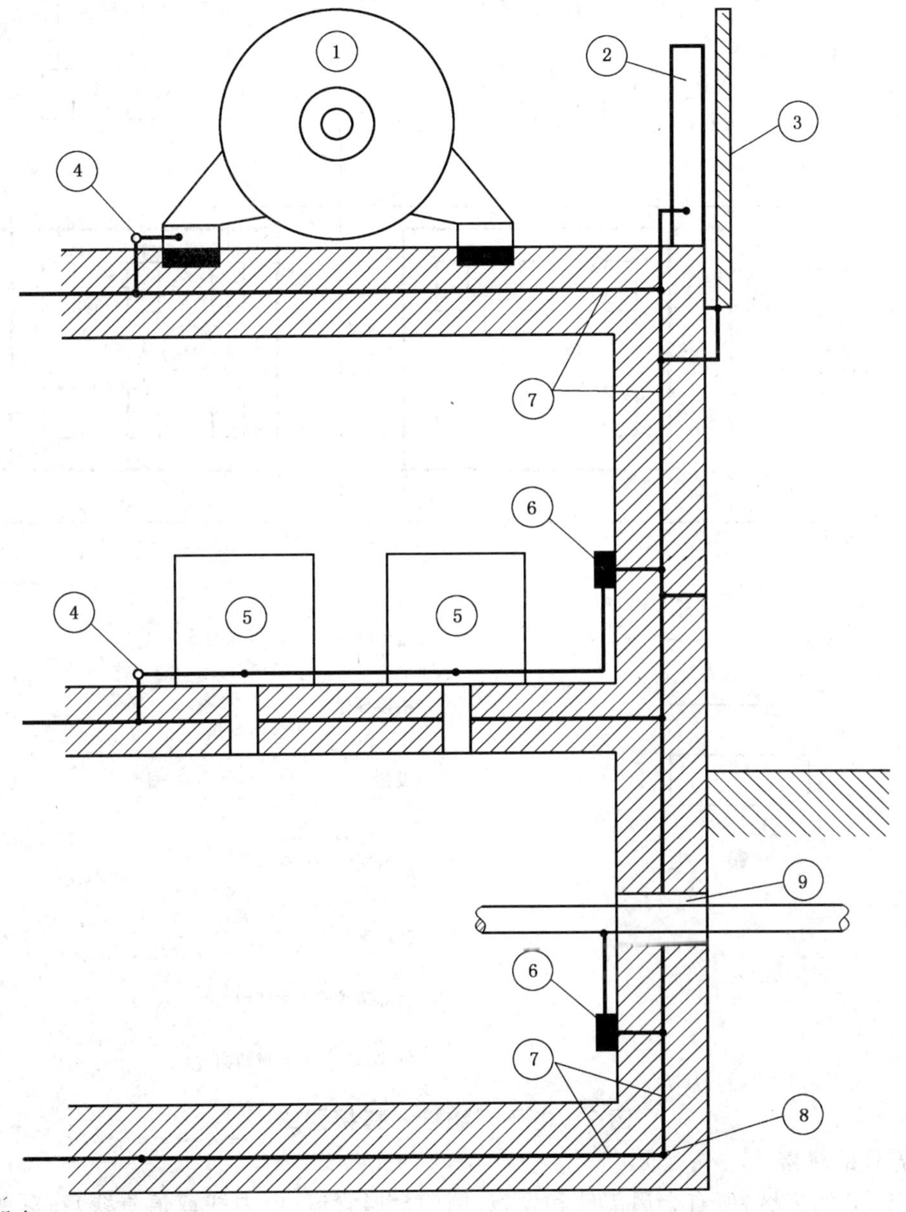

1——电力设备；

2——钢梁；

3——建筑物正面的金属板；

4——搭接接头；

5——电气或电子设备；

6——搭接母排；

7——混凝土中的钢筋(有迭加的网格形导体)；

8——基础接地体；

9——各种公共设施的公共入口。

图8 钢筋结构建筑物内的等电位搭接

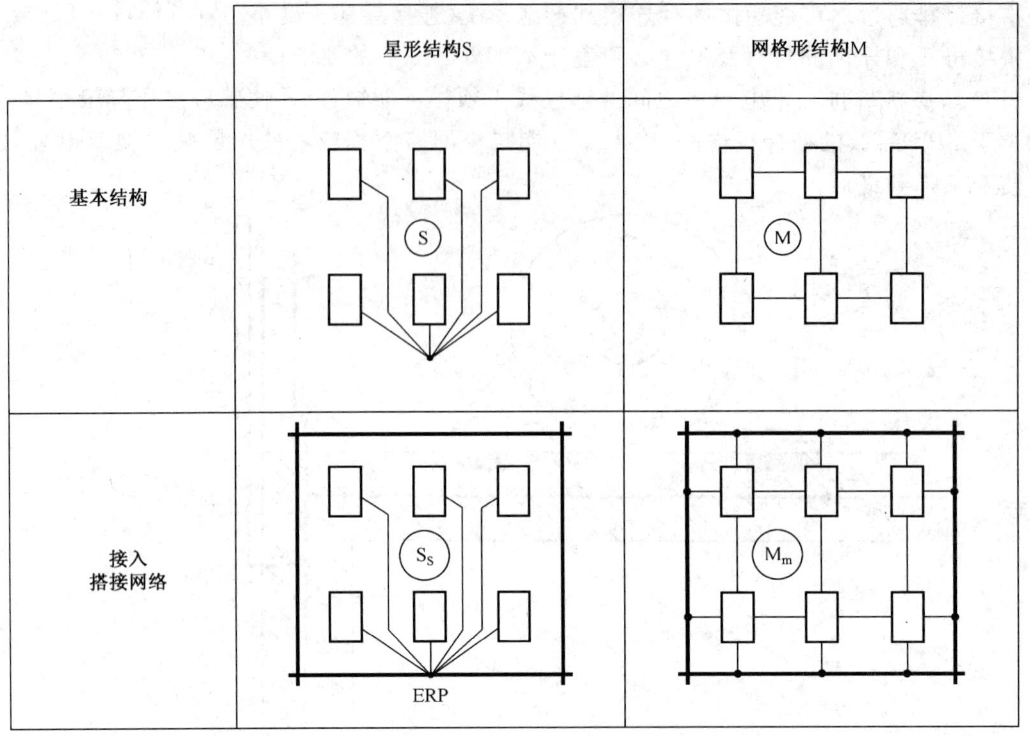

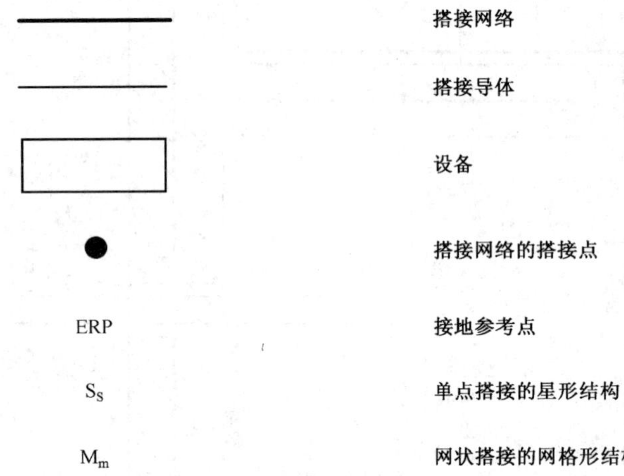

图9 电子系统接入搭接网络

5.4 LPZ 边界处的搭接

在定义了 LPZ 的区域,所有金属部件和设施(例如金属管道、电力线或信号线)在穿越 LPZ 边界时必须搭接。

注:对进入 LPZ 1 区域的设施进行搭接时,应当与设施网络提供部门(如电力和电信主管部门)进行协商,因为有可能与这些部门的要求存在冲突。

搭接应当通过搭接母排完成,安装点应尽可能靠近 LPZ 边界上的入口处。

如果可能的话,所有接入设施应该在同一位置进入 LPZ,并连接到同一搭接母排上。如果设施通过不同位置进入 LPZ,则每一个设施都应当连接到搭接母排,并且所有的搭接母排应当连接到一起。为此,建议采用环形搭接母排。

在 LPZ 入口处,通常采用等电位搭接的 SPD 将接入线路(与 LPZ 区域内的内部系统相连)连接到搭接母排。利用互连或者延伸的 LPZ 可以减少 SPD 的数量。

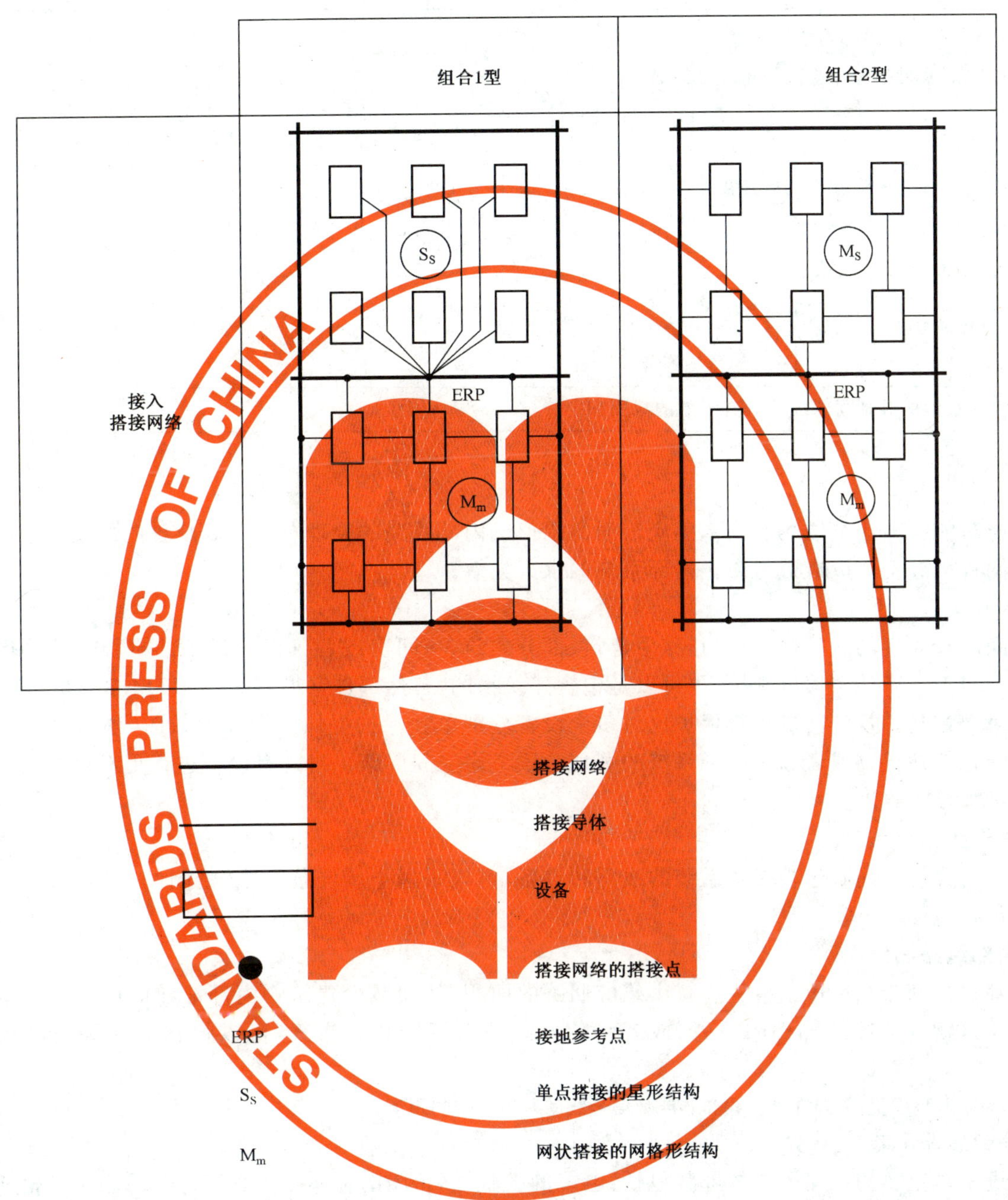

图 10　电子系统接入搭接网络的组合方式

搭接到每个 LPZ 边界的屏蔽电缆或者互连金属电缆管道，可以用来将同级别的一些 LPZ 连接成为一个共同的 LPZ，也可以用来将一个 LPZ 扩展到下一个 LPZ 的边界。

5.5　搭接部件的材料和尺寸

搭接部件的材料、尺寸和条件应该符合 GB/T 21714.3—2008。搭接部件最小的截面积必须符合表 1 的要求。

电流钳的尺寸必须根据相应的 LPL 雷电流值（见 GB/T 21714.1—2008）和电流分流的分析值（见附录 B 及 GB/T 21714.3—2008）。

SPD 的尺寸应当符合第 7 章的要求。

表1 搭接部件的最小截面积

搭接部件		材　料	截面积/mm^2
搭接母排(铜或镀锌钢)		铜,铁	50
搭接母排之间及搭接母排与接地系统之间的连接导体		铜 铝 铁	14 22 50
搭接母排与内部金属设施之间的连接导体		铜 铝 铁	5 8 16
与SPD连接的导体	等级Ⅰ 等级Ⅱ 等级Ⅲ	铜	5 3 1
注:代替铜的其他材料应当具有等效的截面积。			

6 磁屏蔽和布线

磁屏蔽能够减小电磁场和内部感应浪涌的幅值。内部线路的合理布线可以减小内部感应浪涌的幅值。这两种措施都可以有效地防止内部系统的永久失效。

6.1 空间屏蔽

空间屏蔽规定的防护区,可以是整个建筑、部分建筑、一间房或者仅仅是设备的机箱。这些区域可以用网状或者连续的金属屏蔽层,也可以是包含建筑物的"自然部件"(见GB/T 21714.3—2008)。

当对建筑物内规定区域进行保护比对多个设备分别单独保护更加实用和有效时,建议采用空间屏蔽。应当在新建筑物或者新设内部系统的规划阶段考虑空间屏蔽。对既有设备进行更新可能会提高成本或者增加技术难度。

6.2 内部线路屏蔽

内部线路屏蔽局限于被保护系统的线路和设备,可以采用金属屏蔽电缆,密闭的金属电缆管道,以及金属设备壳体。

6.3 内部线路布线

合理的内部布线可以最大程度减小感应回路的面积,从而减少建筑物内部浪涌的产生。将电缆放在靠近建筑物自然接地部件的位置,或者将信号线与电源线相邻布线,可以将感应回路的面积减到最小。

注:为了避免干扰,需要在电源线和非屏蔽信号线间留出一定的距离。

6.4 外部线路屏蔽

对进入建筑物的线路采取的屏蔽包括:电缆的屏蔽层,密闭的金属电缆管道以及混凝土与钢筋互连的电缆管道。对外部线路进行屏蔽是有效的,但通常不在LPMS规划者的职权范围内(因为外部线路的所有者一般属于网络提供商)。

6.5 磁屏蔽的材料和尺寸

在LPZ 0_A 和LPZ 1的边界,磁屏蔽(例如格栅形空间屏蔽,电缆屏蔽层和设备外壳)的材料和尺寸应当与GB/T 21714.3—2008中对于接闪器和/或引下导体的要求一致。特别是:

——金属外壳、金属管道、金属导管和电缆屏蔽层的最小厚度应当符合GB/T 21714.3—2008中表3中的规定;

——网状空间金属网格的布置及其导体的最小截面积应当符合GB/T 21714.3—2008中表6中的规定。

由于磁屏蔽的目的不是用来承载雷电流,下列情况不需要满足GB/T 21714.3—2008中表3和表6

中的尺寸要求：

——在 LPZ 1/2 或者更高级别防护区的边界，并已经充分考虑磁屏蔽与 LPS 之间的间隔距离 *s*(见 GB/T 21714.3—2008 中的 6.3)；

——在 LPZ 的边界，如果雷击建筑物的风险因素 R_d 可以忽略时(见 GB/T 21714.2—2008)。

7 协调配合的 SPD 防护

对于内部系统的浪涌防护，需要采用系统的方法，其中包含对于电源和信号线能协调配合的 SPD。电源线路和信号线采用 SPD 协调配合的方法基本相同(见附录 C)，但是由于电子系统及其性能的极端多样性(模拟或数字，直流或交流，低频或高频)，其协调配合的 SPD 防护系统的选择和安装规则也不同于仅适用电气系统的 SPD。

在一个采用雷电防护区概念并定义了一个以上 LPZ(LPZ 1，LPZ 2 等)的 LPMS 里，SPD 至少应当位于进入每个 LPZ 的线路入口(见图 2)。

在仅有一个 LPZ 1 的 LPMS 里，至少应在进入 LPZ 1 的线路入口安装 SPD。

在上述两种情况下，如果 SPD 的安装位置与被保护设备之间的距离过长，需要安装额外的 SPD(见附录 D)。

SPD 的测试需要符合以下要求：

——电源系统满足 GB 18802.1；

——通信和信号系统满足 GB/T 18802.21。

对选择和安装协调配合的 SPD 防护，需要符合以下要求：

——电源系统的防护满足 GB/T 18802.12 和 GB/T 16895.22 的要求；

——通信和信号系统满足 IEC 61643-22 的要求。

附录 D 给出了关于选择和安装协调配合的 SPD 防护的一些基本信息。

附录 E 和 GB/T 21714.1—2008 中给出了关于在建筑物不同点安装 SPD 需要考虑的雷电浪涌幅值的信息。

8 LPMS 系统管理

为了达到投资成本低，防护效果好的目的，针对建筑物内部系统的防护系统设计应当在建设开工前的规划阶段进行。这样可以优化利用建筑物自然部件的特点，选择出合适的方案进行线缆布局和设备。

对既有建筑物的雷电防护措施进行改进，其成本通常要高于新建筑物。但是，通过合理选择 LPZ 或者使用既有的防护设备以及对这些防护设备进行升级，可以降低投资成本。

只有遵循下列要求，才能达到理想的防护效果：

——由防雷专家提供防护方案；

——建筑、雷电防护等不同行业的专家之间存在良好的合作(例如建筑工程师和电气工程师)；

——遵循本部分的 8.1 给出的管理计划。

LPMS 必须通过维护和检查进行保养。在对建筑物或者防护措施进行改变后，需要重新进行风险评估。

8.1 LPMS 管理计划

LPMS 的规划和协调需要有管理计划(见表 2)，该管理计划首先需要进行初次风险评估(GB/T 21714.2—2008)，从而决定把风险降到可接受水平所需要采取的防护措施。为此，需要定义雷电防护区。

根据 GB/T 21714.1—2008 中 LPL 的定义和相应的防护措施，应当实施以下步骤：

——提供一个包含搭接网络和接地装置的接地系统；

——建筑物外部金属部件和接入建筑物的设施需要直接或者通过合适的 SPD 进行搭接；

——内部系统需要接入搭接网络；

——考虑采用空间屏蔽与线路屏蔽和布线的结合；

——确定所需的协调配合的SPD防护；

——对于既有建筑物，可能需要特殊的措施(见附录B)。

此后，需要再次利用风险评估法对被选用防护措施的成本效益比进行评估和优化。

表2　新建建筑物和既有建筑物变更结构或用途时的LPMS管理计划

步　骤	目　　标	采取的措施
初次风险分析	检验LEMP的防护需求 如果需要，利用风险评估法选择合理的LMPS防护措施	防雷专家 业主
末次风险分析	再次利用风险评估法对被选用防护措施的成本效益比进行优化，同时定义： ——LPL和雷电参数 ——LPZ及其边界	防雷专家 业主
LPMS规划	定义LPMS，包括： ——空间屏蔽措施 ——搭接网络 ——接地装置 ——线路屏蔽和布线 ——接入设施的屏蔽 ——协调配合的SPD防护	防雷专家 业主 建筑师 内部系统设计者 相关设备设计者
LPMS设计	草图及设计描述 准备投标清单 详细图纸和安装进度表	工程设计事务所 或相关单位
LPMS安装及监理	安装质量 文档 可能修改详细图纸	防雷专家 LPMS安装公司 工程设计事务所 监理部门
LPMS验收	检查系统状态并记录存档	第三方雷电防护专家 监理部门
定期检查	维护LPMS的有效性	防雷专家 监理部门

[a] 见GB/T 21714.2—2008。

[b] 具有丰富的EMC知识和实际安装经验。

8.2　LPMS检查

检查包括技术文档查验，目测检查和试验检测。检查的目的在于确认下列各项：

——LPMS防护措施与设计一致；

——LPMS防护措施达到设计性能；

——任何新加的防护措施正确地整合到了LPMS。

检查应当在下列时期进行：

——在LPMS的安装过程中；

——LPMS安装完成后；

——定期检查；

——当与LPMS相关的部件变化后；

——建筑物可能遭受雷击后(例如雷击计数器有雷击计数，有人目击建筑遭受雷击，或者建筑物有遭受雷击后的迹象)。

定期检查的频率由下列各项决定：

——当地的环境，比如腐蚀性土壤和腐蚀性大气环境；

——采用的防护措施的类型。

8.2.1 **检查程序**

8.2.1.1 **技术文档查验**

在新的 LPMS 系统安装完毕后，应当查验技术文档是否符合相关的标准，是否完整。此后技术文档应保持不断更新，例如在对 LPMS 采取任何改变或者扩展之后。

8.2.1.2 **目测检查**

目测检查的内容包括下列各项：

——检查连接没有松动，导线和接点没有意外的断裂；

——系统部件没有因为腐蚀而被削弱，尤其是地下部分；

——连接导体和电缆屏蔽是完整的；

——防护措施不需要增加或变更；

——SPD 及熔丝没有受损或松开的指示；

——线路保持合理的布线；

——与空间屏蔽保持了安全距离。

8.2.1.3 **试验检测**

对于无法目测检测的接地装置和搭接网络部件，应当进行电气连通性的检测。

8.2.2 **检查文档**

为了协助整个检查过程，应当准备一份检查指导书。检查指导书应当包含足够的信息来帮助检查人员完成所有的任务，以便将被检查设备和部件的细节、测试方法及测试数据记录在案。

检查人员应当准备一份检查报告，附到技术文档和早期的检查报告之后。检查报告应当包含下列信息：

——LPMS 总体情况；

——任何与技术文档不一致的地方；

——所有试验结果。

8.3 **维护**

在检查中发现的所有缺陷必须立刻整改。必要时，应当更新技术文档。

附 录 A
（资料性附录）
LPZ 区内电磁环境评估基础

本附录提供 LPZ 区内电磁环境评估资料，它可用作 LEMP 的防护，也适用于电磁干扰的防护。

A.1 雷击对电气和电子系统的危害

A.1.1 危害源

雷电流及其相关的磁场是主要危害源，雷电流产生的磁场与雷电流有相同的波形。

注：就防护而言，雷电电场影响通常较小。

A.1.2 危害受损者

安装在建筑物上或其内的内部系统，若其对浪涌和磁场的抗扰水平有限，在遭到雷击及紧随产生的磁场影响时，可能被损坏或会导致错误运行。

安装在建筑物外部的系统，会受未衰减磁场的危害；如果处在暴露位置，还会受最大值可能达到直击雷全部雷电流的浪涌危害。

建筑物内部的系统，会受衰减后残余磁场影响的危害，也会受传导和感应的内部浪涌危害，以及通过入户进线传导的外部浪涌危害。

对设备浪涌耐受水平的详细考虑，应该参阅下列有关标准：

——GB/T 16935.1 中规定的电源设备耐受水平：规定耐受水平为额定冲击耐受电压(1.5、2.5、4、6) kV；

——ITU-T K.20 和 K.21 中规定的通信设备耐受水平；

——普通设备在其产品规格书中确定的耐受水平，或者可以进行如下测试：

- 对传导浪涌，可采用 GB/T 17626.5 给出的电压试验等级：1.2/50 μs 波形 0.5-1-2-4 kV，以及电流试验等级：8/20 μs 波形(0.25、0.5、1、2)kA；

  注：为满足上列标准要求，特定设备可以安装内部 SPD，这些内部 SPD 性能会影响其配合。

- 对磁场，可采用 GB/T 17626.9 给出的试验等级：8/20 μs 波形 100-300-1000 A/m，以及 GB/T 17626.10给出的试验等级：1 MHz 频率(10、30、100)A/m。

不符合相关 EMC 产品标准规定的无线频率发射和抗扰度测试的仪器设备，有遭受磁场直接辐射危害的风险。反之，符合这些标准的设备，可以忽略电磁场直接辐射造成的失效。

A.1.3 危害源及其受损者之间的耦合机理

设备的耐受水平必须与危害源相匹配。为此，需要通过创建合适的雷电防护区(LPZ)来充分掌握两者的耦合机理。

A.2 空间屏蔽、线路布线和屏蔽

A.2.1 概论

雷击建筑物或建筑物附近地面时在 LPZ 内部产生的磁场，仅采用 LPZ 的空间屏蔽措施便可减小。电子系统内的感应浪涌则可以用空间屏蔽或线路布线与屏蔽措施，或者两者综合的方法来减小。

图 A.1 为雷击建筑物时 LEMP 的示例，其中有雷电防护区 LPZ 0、LPZ 1 和 LPZ 2。被保护的电子系统安装在 LPZ 2 内部。

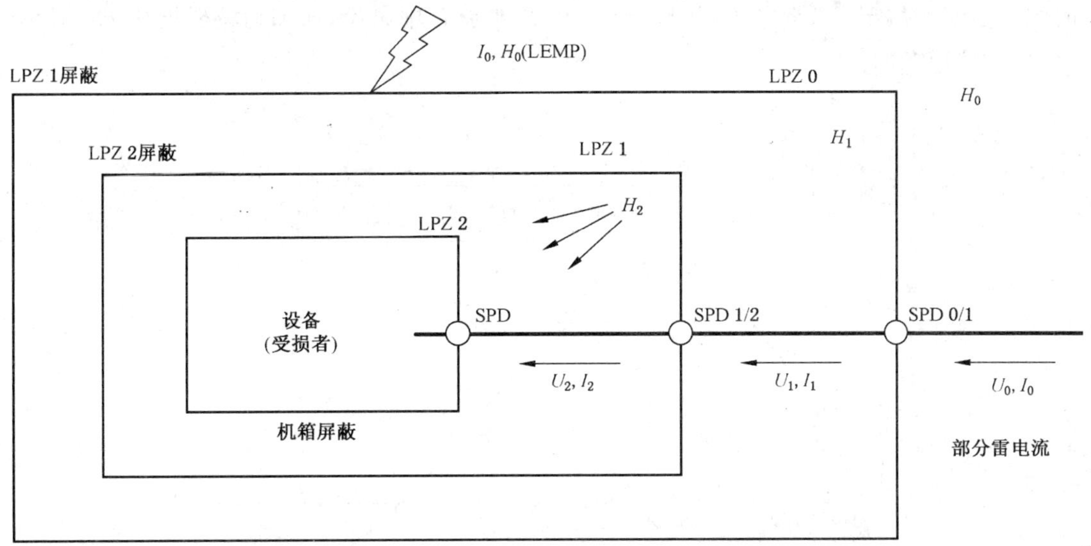

1. 主要危害源是 LEMP

对于 LPL Ⅰ至 LPL Ⅳ,用如下参数规定:

GB/T 21714.1 I_0 10/350 μs(和 0.25/100 μs)冲击 (200、150、100、100)kA

H_0 10/350 μs(和 0.25/100 μs)冲击 根据 I_0 推导

2. 电源设备的耐受水平

对于标称电压 230/400 V 和 277/480 V,安装类别Ⅰ至Ⅳ,规定如下:

GB/T 16935.1 U 安装类别Ⅰ至Ⅳ (6、4、2.5、1.5)kV

3. 通信设备耐受水平

根据 ITU-T K.20 或 K.21 建议。

4. 没有合适产品标准的设备的测试,设备(受损者)的耐受水平

根据雷电传导(U,I)影响确定:

GB/T 17626.5 U_{OC} 1.2/50 μs 冲击 (4、2、1、0.5)kV

I_{SC} 8/20 s 冲击 (2、1、0.5、0.25)kA

5. 不符合有关 EMC 产品标准的设备的测试,设备(受损者)的耐受水平

根据雷电辐射(H)影响确定:

GB/T 17626.9 H 8/20 s 冲击 (1 000、300、100)A/m

(25 kHz 阻尼振荡),T_P=10 μs

GB/T 17626.10 H 0.2/0.5 s 冲击 (100、30、10)A/m

(1 MHz 阻尼振荡),T_P=0.25 s

图 A.1 雷击产生的 LEMP 状况

电子系统主要电磁危害源是雷电流 I_0 和磁场 H_0。部分雷电流会沿进线设施流入。这些电流及磁场具有相同的波形。此处所考虑的雷电流包含首次雷击 I_f(典型的是有 10/350 μs 长波尾的波形),和后续雷击 I_s(0.25/100 μs 波形)。首次雷击电流 I_f 产生的磁场为 H_f,后续雷击 I_s 产生的磁场为 H_s。

磁场感应效应主要由磁场波头上升沿引起。如图 A.2 所示,H_f 的波头上升沿表征为频率 25 kHz,最大值 $H_{f/max}$ 的衰减振荡场,达到最大值的时间 $T_{p/f}$ 为 10 μs。与此相同,H_s 的波头上升沿可以表征为频率 1 MHz 最大值 $H_{s/max}$ 的衰减振荡场,达到最大值的时间 $T_{p/s}$ 为 0.25 μs。

因此,可以将首次雷击的磁场表征为典型频率 25 kHz,后续雷击的磁场表征为典型频率 1 MHz。GB/T 17626.9 和 GB/T 17626.10 定义了供测试目的使用的这些频率的阻尼振荡磁场。

通过在 LPZ 界面安装磁屏蔽和 SPD,由 I_0 和 H_0 定义的未衰减雷电影响被减小到受损设备的耐受水平。如图 A.1 所示,受损设备将能够承受周围磁场 H_2、传导雷电流 I_2 和电压 U_2 的影响。

如何将电流 I_1 减至 I_2，将电压 U_1 降至 U_2 将在附录 C 中讨论，而如何将磁场从 H_0 减小到足够低的 H_2 则在此进行考虑：

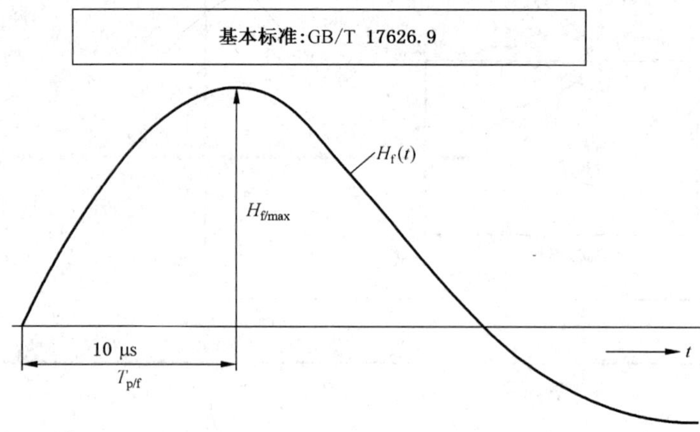

a) 用 8/20 μs 单个冲击(25 kHz 阻尼振荡)模拟首次雷击(10/350 μs)的磁场上升期

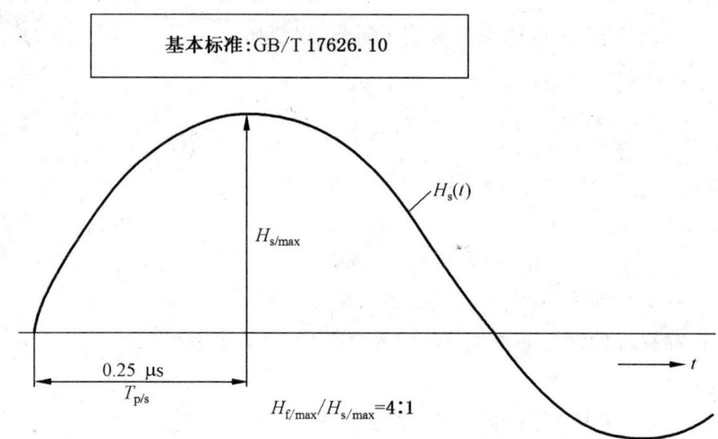

b) 用 1 MHz 阻尼振荡(0.2/0.5 μs 多重冲击)模拟后续雷击(0.25/100 μs)的磁场上升期

注 1：虽然到达最大值时间 T_p 和波头时间 T_1 定义不同，但此处在数值上近似相等。

注 2：最大值之比 $H_{f/max}/H_{s/max}=4:1$。

图 A.2 用阻尼振荡模拟磁场上升期

在格栅型空间屏蔽情况下，可以假定 LPZ 内部磁场(H_1，H_2)波形和外部磁场(H_0)具有相同的波形。

在图 A.2 中所示的衰减阻尼振荡波形符合 GB/T 17626.9 和 GB/T 17626.10 中定义的测试要求，可以用来确定首次雷击磁场 H_f 和后续雷击磁场 H_s 上升期的耐受水平。

耦合在感应回路中的磁场引起的感应浪涌(见 A.4)，应该低于或等于设备的耐受能力。

A.2.2 格栅型空间屏蔽

实际中，LPZ 的大空间屏蔽通常是由建筑物的自然部件构成，例如天花板、墙和地板的金属构架、金属框架、金属屋顶和金属墙面等，这些部件构成了格栅型的空间屏蔽。构成有效屏蔽要求网格宽度典型值小于 5 m。

注 1：假如一个 LPZ 1 的外部 LPS 符合 GB/T 21714.3—2008 的正常要求，则格栅宽度和典型间距大于 5 m，其屏蔽效果可以忽略。反之，有许多结构性钢支柱的大型钢框架建筑，可以提供显著屏蔽效果。

注 2：后续内部 LPZ 的屏蔽，既可以通过封闭的金属机架或机柜实现空间屏蔽，也可以对设备采用金属机箱。

如图 A.3 所示，为实际中如何采用混凝土中的钢筋和金属框架（包括金属门和可能屏蔽的窗户）为建筑物或房间构建一个大体积的屏蔽体。

• 每根钢筋的每个交叉点须焊接或夹紧。

注：实际上，对大型结构，不可能每个点都焊接或夹紧。但是，大多数交叉点通过直接接触或铁线捆绑已自然良好连接。实际的做法可以是每隔 1 m 连接一次。

图 A.3　用钢筋和金属框架构成的大体积屏蔽

电子系统只应安置在距 LPZ（见图 A.4）屏蔽有一定安全距离的“安全空间”内部。这是因为部分雷电流会流经屏蔽层（特别是 LPZ 1），靠近屏蔽处的磁场具有相对高的数值。

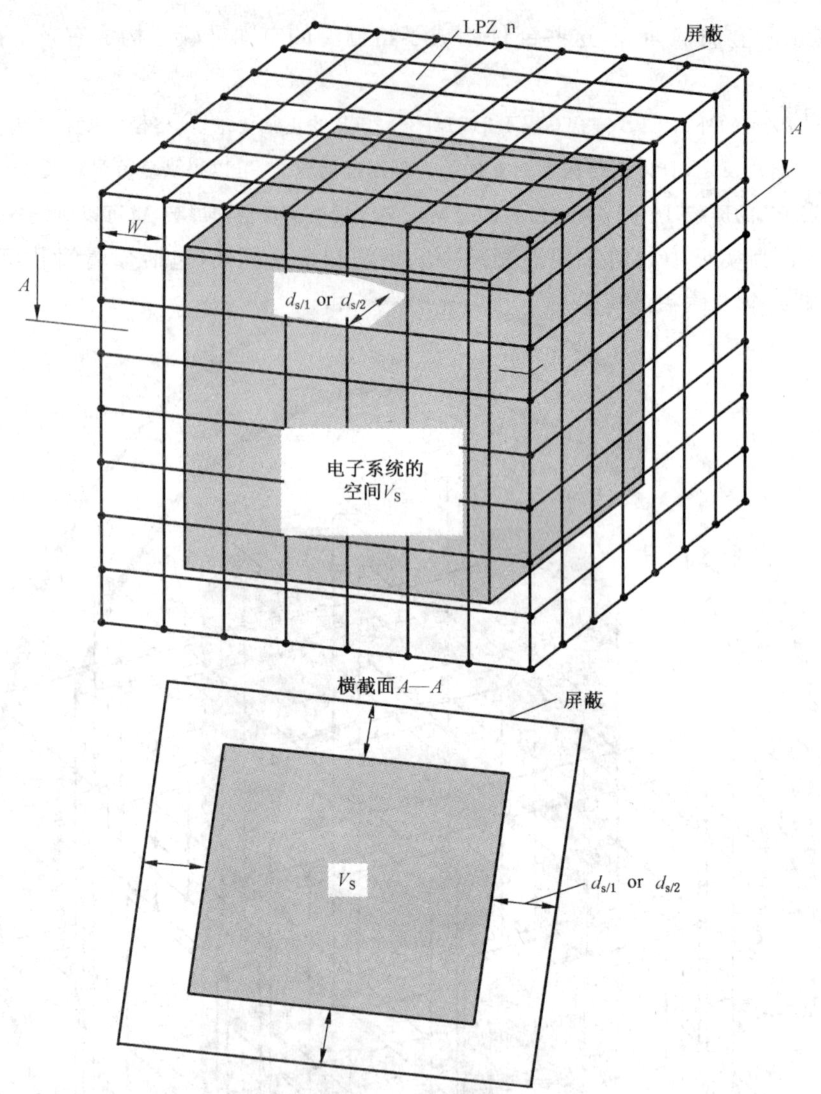

注：空间 V_s 与屏蔽体 LPZ n 间应保持的安全距离为 $d_{s/1}$ 或 $d_{s/2}$。

图 A.4 LPZ n 内用于安装电气和电子系统的空间

A.2.3 线路布线和屏蔽

合理的线路布线(使感应回路面积为最小)，或者采用屏蔽电缆或金属电缆管道(减小内部感应效果)，或者两种措施同时使用，可以减小电子系统内的感应浪涌(见图 A.5)。

与电子系统连接的电缆应尽可能靠近搭接网络的金属部件。将电缆放入搭接网络的金属槽，如 U 型电缆槽或金属管道内是有益的(见 IEC 61000-5-2)。

应特别注意，不要使线路贴近 LPZ 的屏蔽层(特别是 LPZ 1)，因为该处实际的磁场值很大。

如果线路处于两个需要被保护的独立建筑物之间，应当将其铺设在金属电缆管道中。管道两端均应分别搭接到两个独立建筑物各自的搭接母排上。如果电缆屏蔽层(两端均做搭接)足以承受可以预计的部分雷电流，则不必采用额外的金属电缆管道。

设备安装时构成的回路中，会产生感应电压和电流，以共模浪涌的形式作用到电子系统。A.4 给出了关于这些感应电压和电流的计算。

图 A.6 是一个大型办公楼的示例：

——LPZ 1 区的屏蔽由钢筋和建筑物金属立面组成，高敏感电子系统放置在 LPZ 2 区的屏蔽机柜内。为了安置窄距网格的搭接系统，每个房间均提供了数个搭接端子；

——由于室内有 20 kV 电源，LPZ 0 被延伸到 LPZ 1 内，因为这种特殊情况不可能在刚进入建筑物的高压侧安装 SPD。

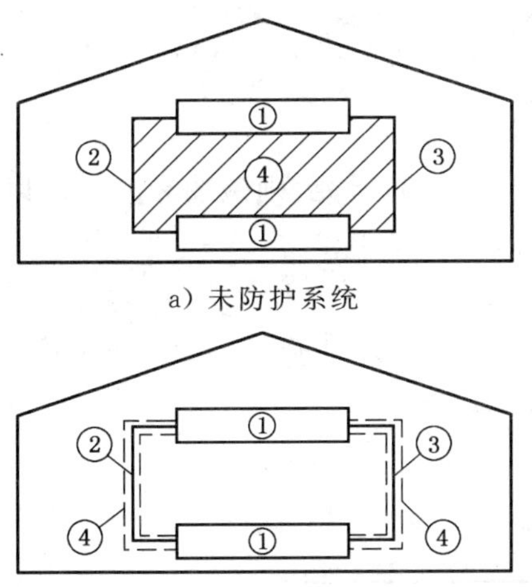

a）未防护系统

c）用线路屏蔽减小磁场对线路影响

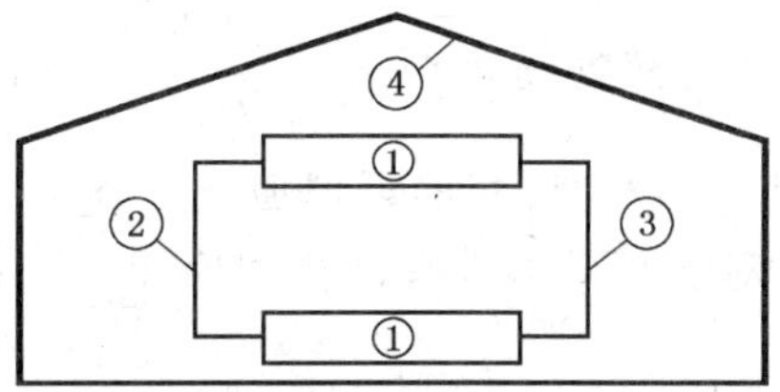

b）用空间屏蔽减小 LPZ 内部磁场

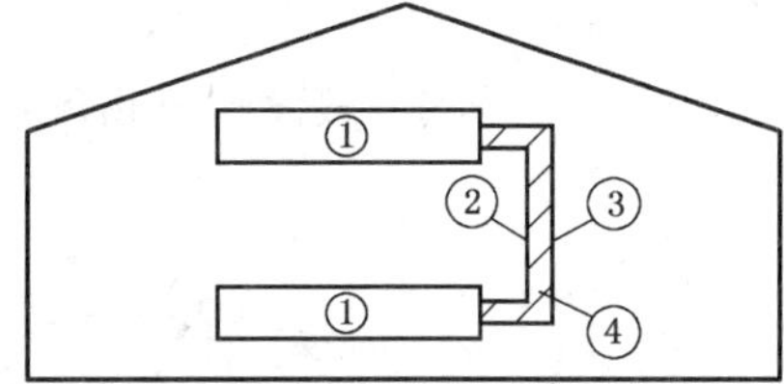

d）用合理布线减少感应回路面积

1——设备；

2——a 线(例如电源线)；

3——b 线(例如信号线)；

4——线路屏蔽。

图 A.5　用线路布线和屏蔽措施减少感应效应

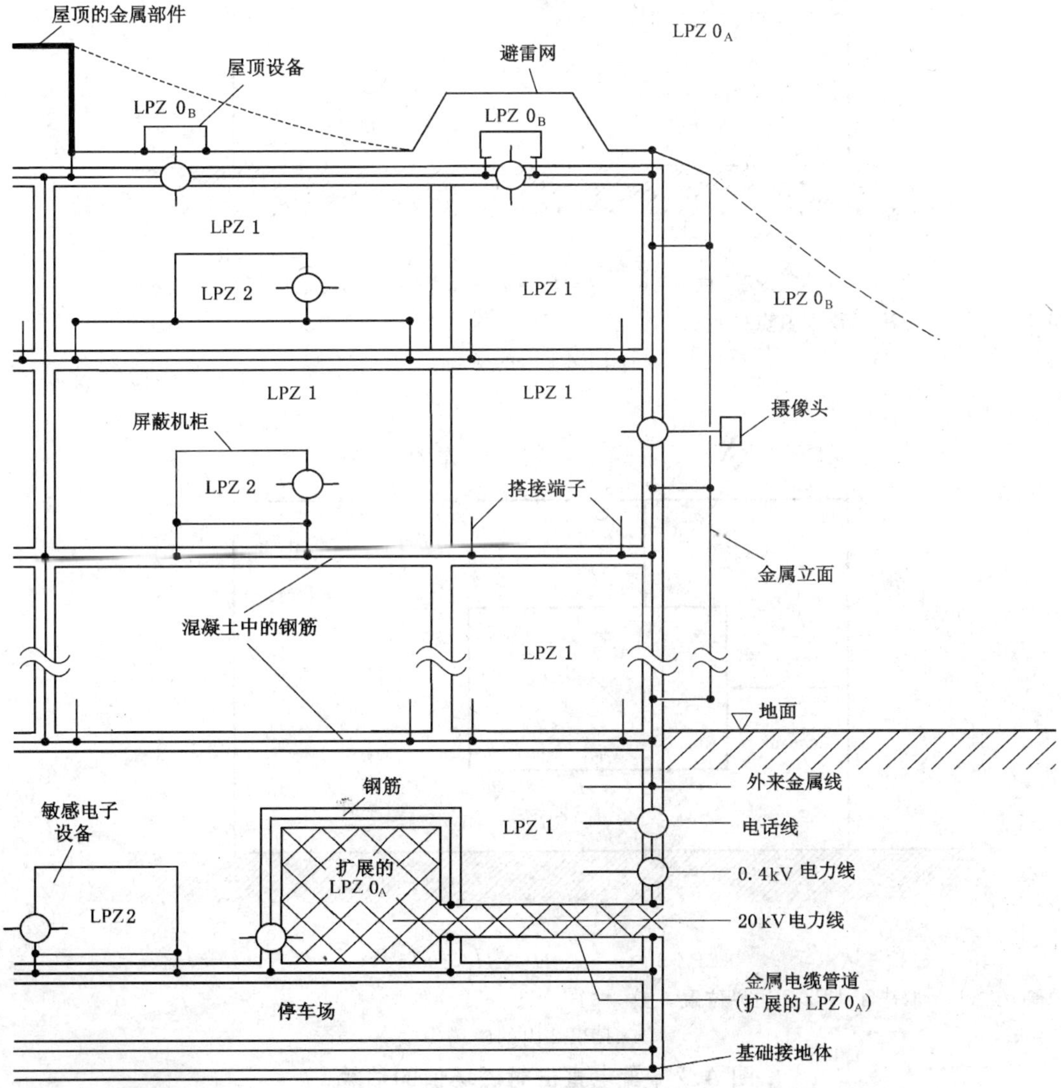

•—— 等电位搭接；

○—— 浪涌保护器(SPD)。

图 A.6　办公楼 LPMS 示例

A.3 LPZ 内部磁场

A.3.1 LPZ 内部磁场的近似值

如果对屏蔽效能没有进行理论性(见 A.3.2)或实验性(见 A.3.3)研究,则磁场衰减应按以下方法估算。

A.3.1.1 LPZ 1 格栅型空间屏蔽受直击雷的情况

建筑物的屏蔽(LPZ 1 四周的屏蔽)可以作为外部 LPS 的一部分,因此在雷电直击时,雷电流可以沿它流过。如图 A.7 所示,假设建筑物屋顶上的任意点受到雷击。

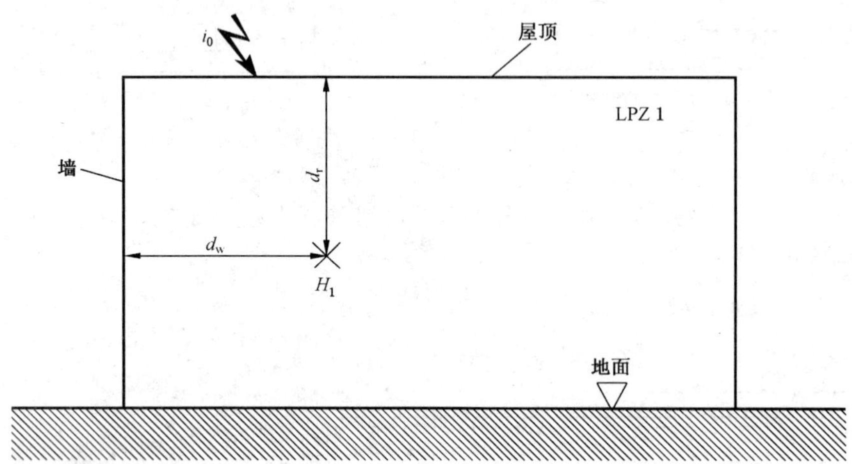

LPZ 1 内　　$H_1 = k_H \cdot i_0 \cdot w_1 / (d_w \cdot \sqrt{d_r})$

注:距离 d_w 和 d_r 取决于待求值点位置。

a) LPZ 1 内的磁场

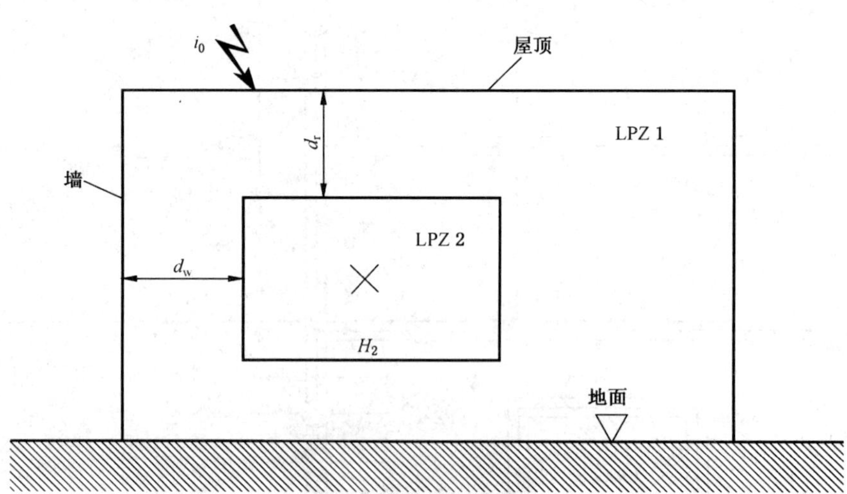

LPZ 2 内　　$H_2 = H_1 / 10^{SF_2/20}$

注:距离 d_w 和 d_r 取决于 LPZ 2 边界位置。

b) LPZ 2 内的磁场

图 A.7　雷电直击时磁场值的估算

在 LPZ 1 内部任意点上的磁场强度 H_1 为：

$$H_1 = k_H \cdot I_0 \cdot w/(d_w \cdot \sqrt{d_r}) \text{ (A/m)} \quad \cdots\cdots (A.1)$$

式中：

d_r——待计算点与 LPZ 1 屏蔽中屋顶的最短距离，m；

d_w——待计算点与 LPZ 1 屏蔽中墙的最短距离，m；

I_0——LPZ 0_A 的雷电流，A；

k_H——结构系数，单位 $1/\sqrt{m}$，典型值 $k_H = 0.01(1/\sqrt{m})$；

w——LPZ 1 屏蔽的网格宽度，m。

本式计算的是 LPZ 1 中磁场的最大值(计算时考虑以下因素)。

——首次雷击引起：

$$H_{1/f/max} = k_H \cdot I_{f/max} \cdot w/(d_w \cdot \sqrt{d_r}) \text{ (A/m)} \quad \cdots\cdots (A.2)$$

——后续雷击引起：

$$H_{1/s/max} = k_H \cdot I_{s/max} \cdot w/(d_w \cdot \sqrt{d_r}) \text{ (A/m)} \quad \cdots\cdots (A.3)$$

式中：

$i_{f/max}$——根据防护等级给出的首次雷击电流最大值，A；

$i_{s/max}$——根据防护等级给出的后续雷击电流最大值，A。

注：如果按照 5.2 设置网状搭接网络，磁场强度可减少为除以系数 2。

这些磁场值仅在格栅型屏蔽内部与屏蔽有一安全距离 $d_{s/1}$ 的安全空间内有效(见图 A.4)。

$$d_{s/1} = w \text{ (m)} \quad \cdots\cdots (A.4)$$

示例：

如表 A.1 所示，给出了三种不同尺寸的铜质格栅型屏蔽，其平均网格宽度 $w = 2$ m(参见图 10)。由此得出安全距离 $d_{s/1} = 2.0$ m 及相应的安全空间 V_s。V_s 内部有效的 $H_{1/max}$ 值是按 $i_{0/max} = 100$ kA 进行计算的，结果在表 A.1 中列出。离屋顶的距离为高度的一半：$d_r = H/2$。离墙的距离为长度的一半：$d_w = L/2$(安全空间的中心)或等于：$d_w = d_{s/1}$(靠近墙的最坏情况)。

表 A.1 $i_{0/max} = 100$ kA 和 $w = 2$ m 的示例

屏蔽类型 (参见图 A.10)	$L \times W \times H$/ (m×m×m)	$H_{1/max}$(中心)/ (A/m)	$H_{1/max}(d_w = d_{s/1})$/ (A/m)
1	10×10×10	179	447
2	50×50×10	36	447
3	10×10×50	80	200

A.3.1.2 近旁雷击时 LPZ 1 格栅型空间屏蔽

图 A.8 所示为近旁雷击时的情况。LPZ 1 屏蔽空间周围的入射磁场可以近似地当作平面波。

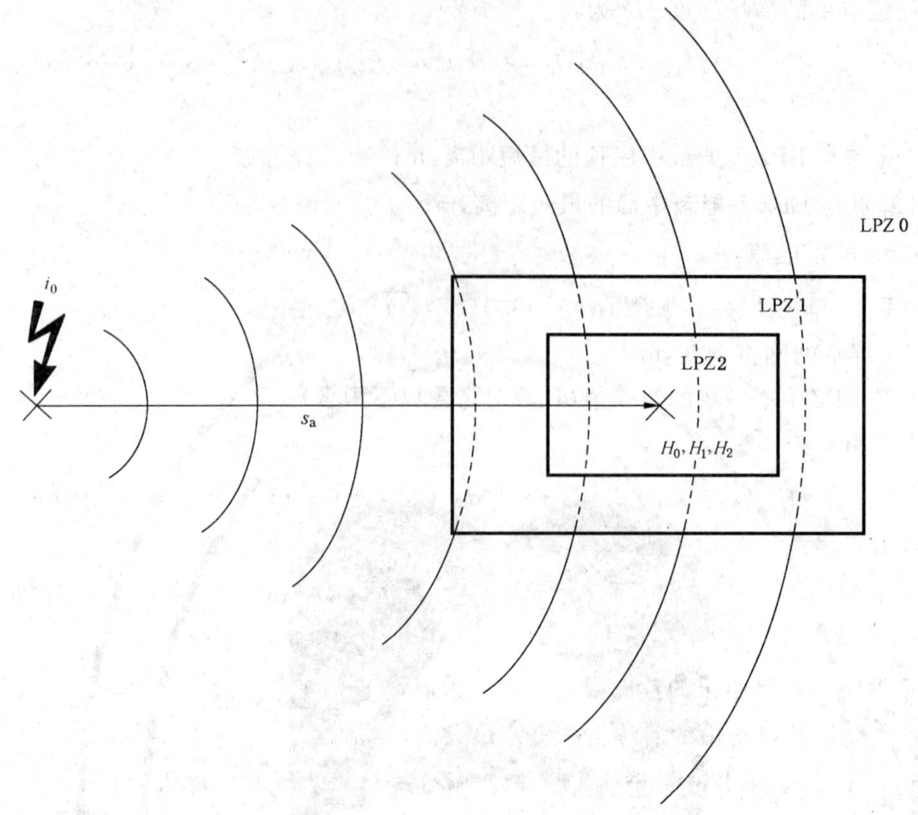

无屏蔽 $H_0 = i_0/(2 \cdot \pi \cdot s_a)$

LPZ 1 内 $H_1 = H_0/10^{SF_1/20}$

LPZ 2 内 $H_2 = H_1/10^{SF_2/20}$

图 A.8 近旁雷击时磁场值的估算

格栅型空间屏蔽对平面波的屏蔽系数 SF 由表 A.2 给出。

表 A.2 格栅型空间屏蔽对平面波磁场的衰减

材 质	SF/dB(见注 1 和注 2)	
	25 kHz(首次雷击时)	1 MHz(后续雷击时)
铜材或铝材	$20 \cdot \lg(8.5/w)$	$20 \cdot \lg(8.5/w)$
钢材(见注 3)	$20 \cdot \lg\left[(8.5/w)/\sqrt{1+18 \cdot 10^{-6}/r^2}\right]$	$20 \cdot \lg(8.5/w)$
w——格栅型空间屏蔽网格宽度(m) r——格栅型屏蔽杆的半径(m)		
注 1：公式计算结果为负数时，$SF=0$。 注 2：如果按 5.2 安装网状搭接网络，SF 增加 6 dB。 注 3：磁导率 $\mu_r \approx 200$。		

入射的磁场 H_0 用下式计算：

$$H_0 = i_0/(2 \cdot \pi \cdot s_a) \quad (\text{A/m}) \qquad \cdots\cdots(\text{A.5})$$

式中：

i_0——LPZ 0_A 的雷电流，A；

s_a——从雷击点到屏蔽空间中心的距离，m。

由此，LPZ 0 内磁场最大值为：

——由首次雷击引起：

$$H_{0/f/max} = i_{f/max}/(2 \cdot \pi \cdot s_a) \quad (\text{A/m}) \qquad \cdots\cdots(\text{A.6})$$

——由后续雷击引起：

$$H_{0/s/max} = I_{s/max}/(2 \cdot \pi \cdot s_a) \quad (A/m) \qquad (A.7)$$

式中：

$i_{f/max}$——根据防护等级给出的首次雷击电流最大值，A；

$i_{s/max}$——根据防护等级给出的后续雷击电流最大值，A。

在 LPZ 1 内部的磁场从 H_0 减小到 H_1 可以用表 A.2 中给定的屏蔽系数 SF 值推导：

$$H_{1/max} = H_{0/max}/10^{SF/20} \quad (A/m) \qquad (A.8)$$

式中：

SF——由表 A.2 公式计算的屏蔽系数，dB；

$H_{0/max}$——LPZ 0 内的磁场，A/m。

由此，LPZ 1 内磁场最大值为：

——由首次雷击引起：

$$H_{1/f/max} = H_{0/f/max}/10^{SF/20} \quad (A/m) \qquad (A.9)$$

——由后续雷击引起：

$$H_{1/s/max} = H_{0/s/max}/10^{SF/20} \quad (A/m) \qquad (A.10)$$

这些磁场值仅在格栅型屏蔽内，离屏蔽的安全距离为 $d_{s/2}$ 的安全空间 V_s 内有效(见图 A.4)：

$$d_{s/2} = w \cdot SF/10 \ (m) \qquad SF \geqslant 10 \text{ 时} \qquad (A.11)$$

$$d_{s/2} = w \ (m) \qquad SF < 10 \text{ 时} \qquad (A.12)$$

式中：

SF——由表 A.2 公式计算的屏蔽系数，dB；

w——空间屏蔽网格宽度，m。

在近旁雷击时，有关格栅型屏蔽内磁场强度计算的其他资料请参见 A.3.3。

示例：

在近旁雷击时，LPZ 1 内磁场强度 $H_{1/max}$ 取决于：雷电流 $i_{0/max}$、LPZ 1 的屏蔽系数 SF 以及雷电通道和 LPZ 1 中心之间的距离 s_a(见图 A.8)。

雷电流 $i_{0/max}$ 取决于所选择的 LPL(见 GB/T 21714.1—2008)。屏蔽系数 SF(见表 A.2)主要是格栅屏蔽网格宽度的函数。距离 s_a 可能是：

——LPZ 1 中心和近旁被雷击目标(例如天线塔)之间的给定距离，或

——雷击 LPZ 1 附近大地时，LPZ 1 中心和雷电通道之间的最小距离。

那么，可能出现的最坏情况是雷电流 $i_{0/max}$ 最大且距离 s_a 最近。如图 A.9 所示，这一最小距离 s_a 是该建筑物(LPZ 1)的高度 H 和长度 L(或者宽度 W)，以及与 $i_{0/max}$(见表 A.3)相对应的由电几何模型定义(见 GB/T 21714.1—2008)的滚球半径 r 的函数。

表 A.3 最大雷电流时的滚球半径

防护等级	最大雷电流 $I_{0/max}$/kA	滚球半径 R/m
Ⅰ	200	313
Ⅱ	150	260
Ⅲ～Ⅳ	100	200

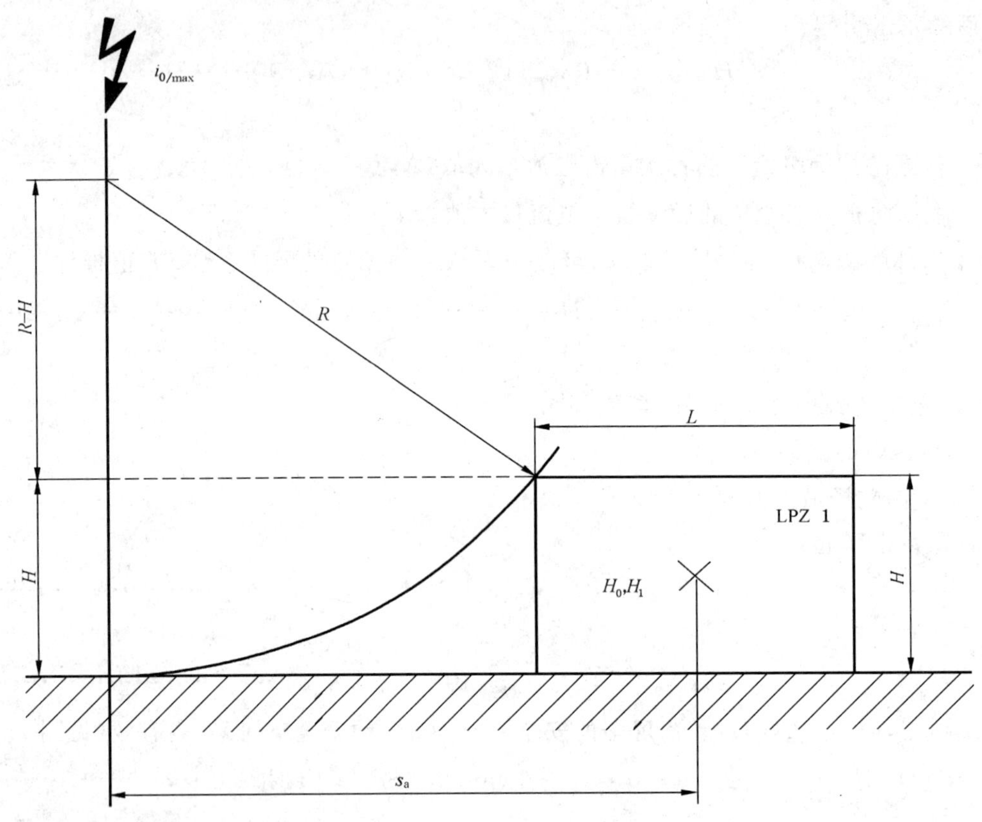

图 A.9 距离 s_a 取决于滚球半径和建筑物的尺寸

该距离可由下式计算：

$$s_a = \sqrt{2RH - H^2} + L/2 \quad H < R \text{ 时} \qquad \text{(A.13)}$$

$$s_a = R + L/2 \quad H \geqslant R \text{ 时} \qquad \text{(A.14)}$$

注：距离小于该最小值时，雷电可以直接击中该建筑物。

如表 A.4 所示，给出了三种典型尺寸的铜质格栅型屏蔽，其平均网格宽度 $w=2$ m。由此得出安全距离 $d_{s/1}=2.0$ m 及相应的安全空间 V_s，屏蔽系数 $SF=12.6$ dB。假定 $H_{0/max}$ 和 $H_{1/max}$ 在 V_s 各处都有效，当 $i_{0/max}=100$ kA 时，可以计算得出它们的数值，列于表 A.4。

表 A.4 $i_{0/max}=100$ kA 和 $w=2$ m 及相应的 $SF=12.6$ dB 时的示例

屏蔽类型（参见 A.10）	$L\times W\times H$/（m×m×m）	s_a/m	$H_{0/max}$/（A/m）	$H_{1/max}$/（A/m）
1	10×10×10	67	236	56
2	50×50×10	87	182	43
3	10×10×50	137	116	27

A.3.1.3 LPZ 2 和更高防护区的格栅型屏蔽

在 LPZ 2 和更高防护区的格栅型屏蔽中，没有显著的部分雷电流流过。因此，在近旁落雷时，LPZ n+1内磁场由 H_n 减少到 H_{n+1} 的初步近似值可以如 A.3.1.2 进行计算：

$$H_{n+1} = H_n/10^{SF/20} \quad \text{(A/m)} \qquad \text{(A.15)}$$

式中：

SF——表 A.2 给出的屏蔽系数，dB；

H_n——LPZ n 内的磁场，A/m。

若 $H_n=H_1$，该磁场强度可以如下计算：

——雷电直接击中 LPZ 1 的格栅型屏蔽时，见 A.3.1.1 和图 A.7b)，其中 d_w 和 d_r 分别是 LPZ 2 的屏蔽与墙和屋顶的距离；

——雷电击中 LPZ 1 近旁时，参阅 A.3.1.2 和图 A.8。

这些磁场值仅在格栅型屏蔽内部，如 A.3.1.2 中规定的与屏蔽有一安全距离 $d_{s/1}$ 的安全空间内有效(参见图 A.4)。

A.3.2 对直击雷磁场的理论估算

在 A.3.1.1，对磁场强度 $H_{1/max}$ 的估算公式是根据图 A.10 所示的三种典型格栅型屏蔽的磁场值进行的数值计算。这些计算中，假设雷电击中屋顶的一个边缘，将雷击通道模拟成屋顶上一根长 100 m 的垂直导电棒，大地被模拟为一个理想的导电平板。

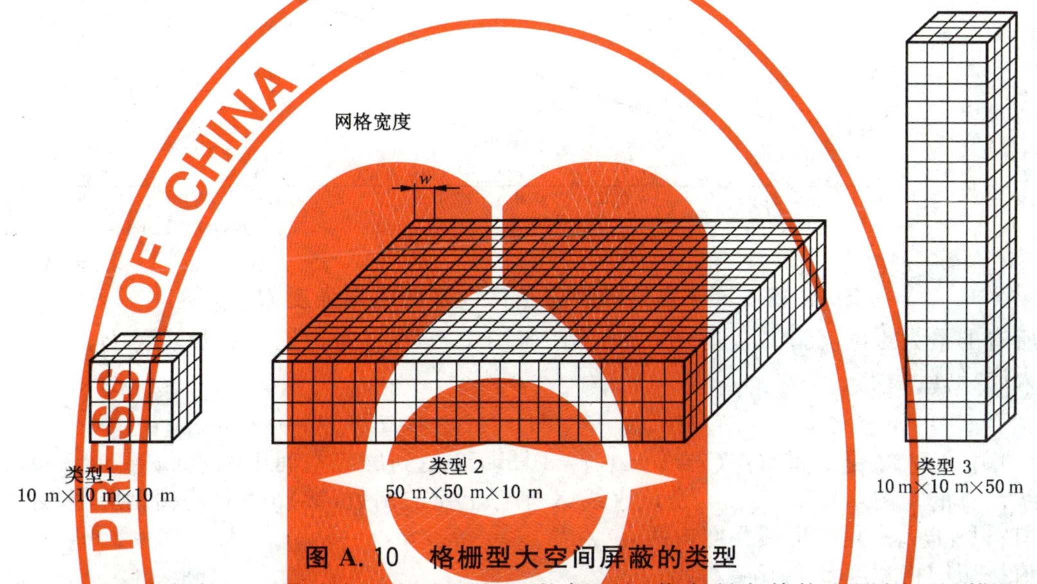

图 A.10 格栅型大空间屏蔽的类型

在计算时，要考虑格栅型屏蔽中每一根金属杆及格栅型屏蔽内所有其他金属杆以及模拟雷电通道的磁场耦合，并得到一组方程组来计算雷电流在格栅中的分布。由该电流分布可以推导出屏蔽内的磁场强度。这里假设金属杆的电阻可以忽略不计。因此，格栅型屏蔽内的电流分布和磁场强度与频率无关。同时，为避免瞬态效应影响，容性耦合也忽略不计。

对第 1 种类型格栅型屏蔽(见图 A.10)，图 A.11 和图 A.12 中给出部分结果。

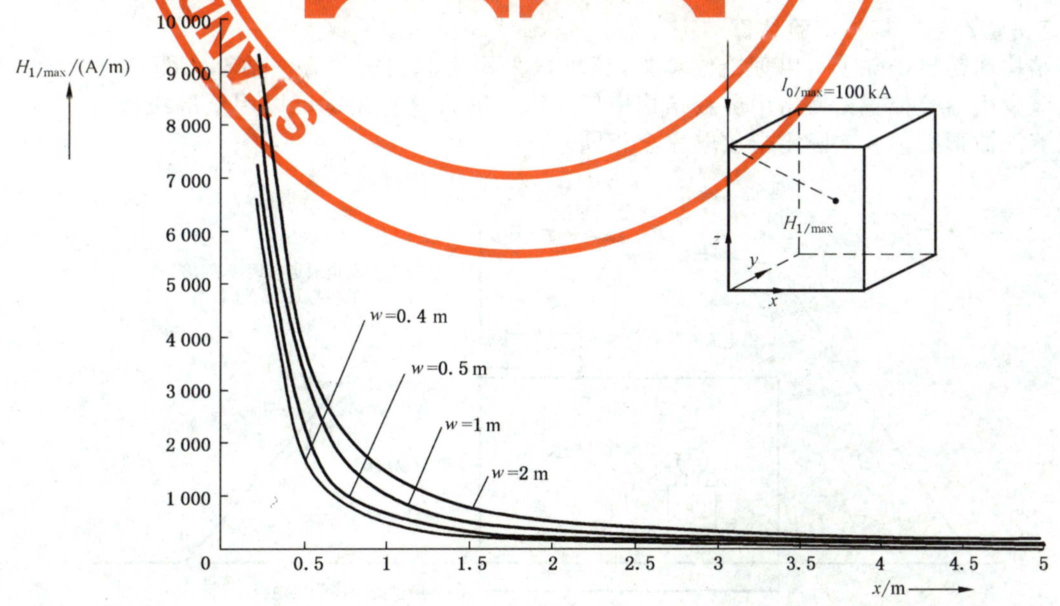

图 A.11 第 1 类格栅型屏蔽体内部的磁场强度 $H_{1/max}$

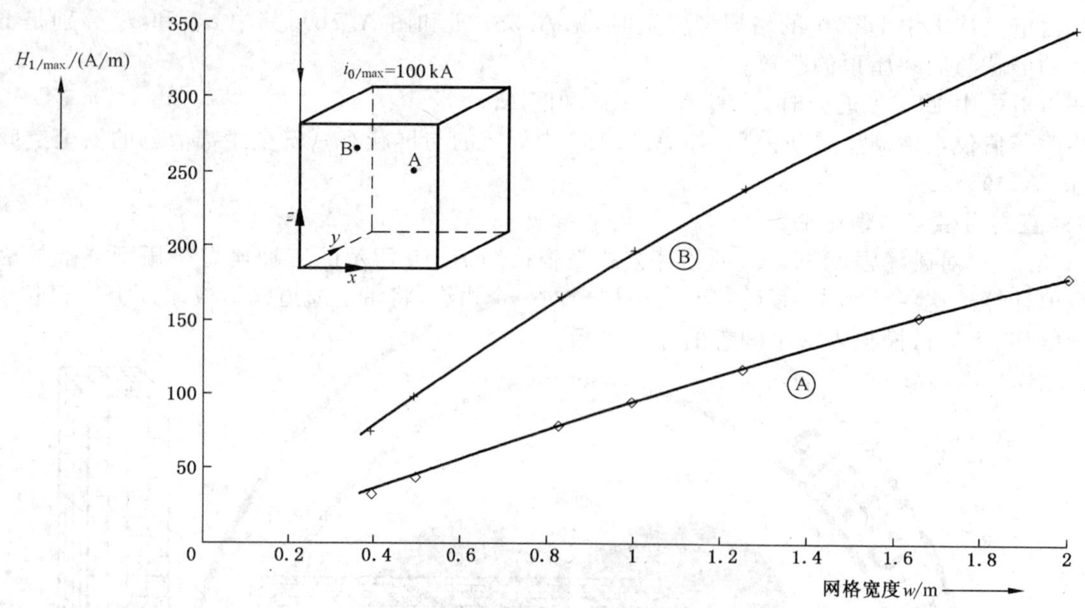

图 A.12　第1类格栅型屏蔽体内部的磁场强度 $H_{1/max}$

假设所有的最大雷电流为 $i_{0/max}=100$ kA。两张图中，$H_{1/max}$是由它的分量 H_x、H_y 和 H_z 推导出的某点最大磁场强度。

$$H_{1/max}=\sqrt{H_x^2+H_y^2+H_z^2} \qquad \text{(A.16)}$$

图 A.11 中，$H_{1/max}$是沿雷击点（$x=y=0$，$z=10$ m）开始到屏蔽空间中心点（$x=y=5$ m，$z=5$ m）的一条直线计算的。图示标明，$H_{1/max}$是该直线 X 坐标上点的函数，参数 w 是格栅型屏蔽的网格宽度。

图 A.12 中，$H_{1/max}$是在屏蔽空间内两点（点 A：$x=y=5$ m，$z=5$ m；点 B：$x=y=3$ m，$z=7$ m）计算的。其数值按照网格宽度 w 的函数标出。

两张图都显示了格栅型屏蔽内磁场分布受制于主要参数的影响：与墙体或屋顶的距离，以及网格的宽度。

在图 A.11 中，可以观察到，沿着穿过屏蔽空间的其他直线，磁场强度 $H_{1/max}$分量可能与零基准线相交，乃至改变符号。因此，A.3.1.1 中的公式是对格栅型屏蔽内磁场分布实际上更复杂的数值的一次近似值。

A.3.3　直击雷产生磁场的实验估算

屏蔽结构内部磁场除了可以理论估算外，还可以采用实验测试的方法估算。图 A.13 所示为建议采用雷电流发生器模拟直击雷击中屏蔽结构中任一点。通常这种测试可以用低等级电流进行，但是模拟雷击电流的波形必须和实际雷击放电完全相同。

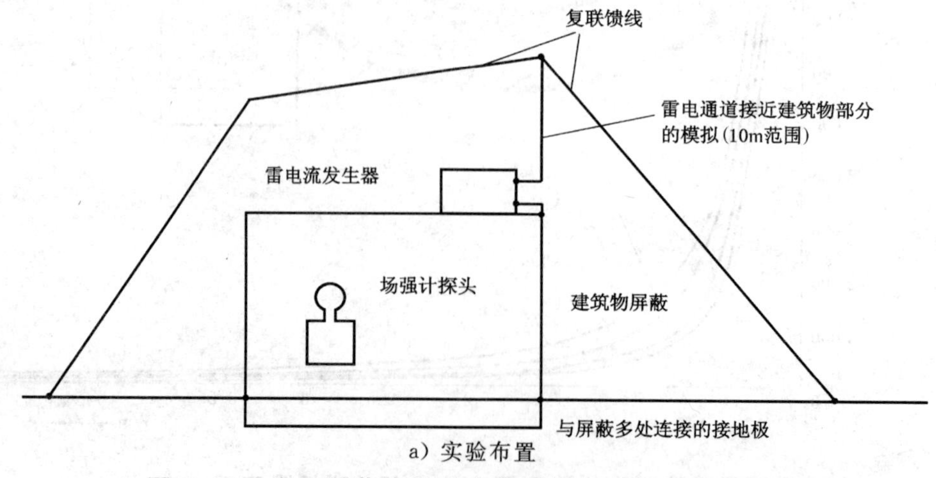

a）实验布置

图 A.13　用于屏蔽建筑物内部磁场估算的低等级试验

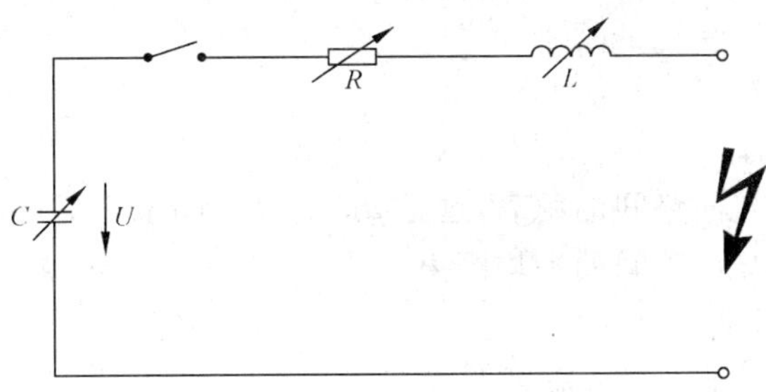

U——典型值为数十kV；

C——典型值为数十nF。

b）雷电流发生器

图 A.13（续）

A.4 感应电压和电流计算

只考虑图 A.14 的长方形回路。其他形状的回路应当转换成同等回路面积的长方形。

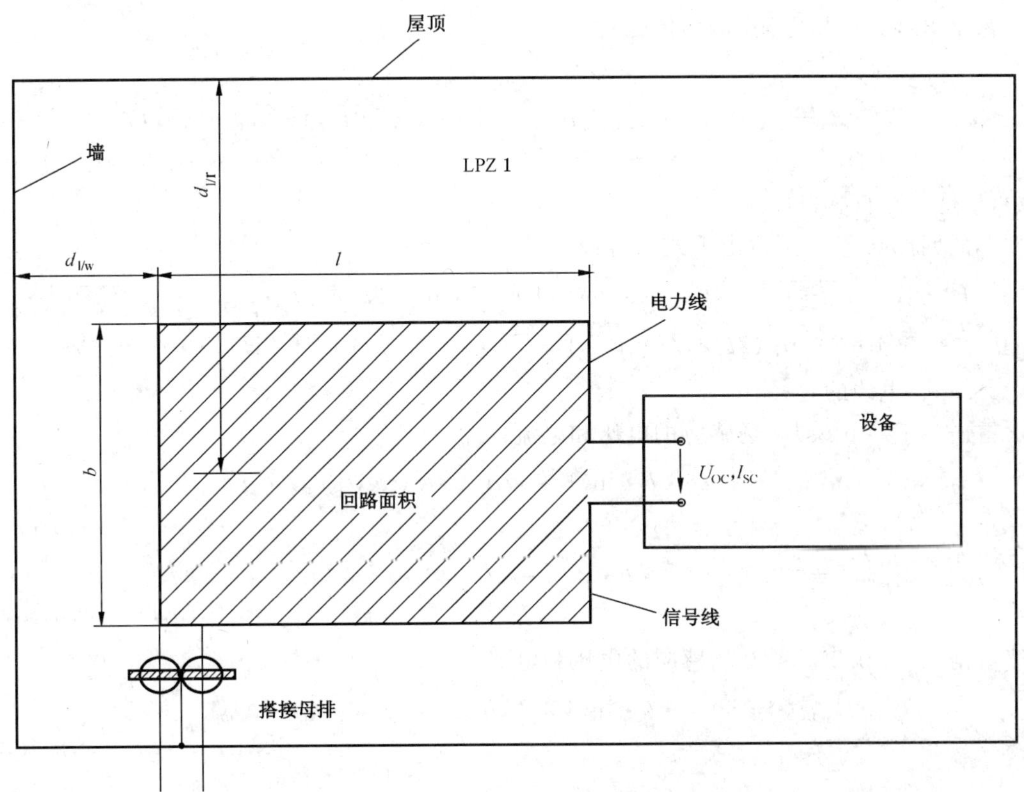

图 A.14 线路回路中的感应电压和电流

A.4.1 直击雷时 LPZ 1 的内部状况

LPZ 1 内部空间 V_s 的磁场强度 H_1，用下式计算(参见 A.3.1.1)：

$$H_1 = k_H \cdot I_0 \cdot w/(d_w \cdot \sqrt{d_r}) \qquad \cdots\cdots(A.17)$$

开路电压 u_{oc} 为：

$$u_{oc} = \mu_c \cdot b \cdot \ln(1 + l/d_{l/w}) \cdot k_H \cdot (w/\sqrt{d_{l/r}}) \cdot di_0/dt \quad (V) \qquad \cdots\cdots(A.18)$$

在波前时间 T_1 内，上升到峰值 $u_{oc/max}$：

$$u_{oc/max} = \mu_o \cdot b \cdot \ln(1 + l/d_{l/w}) \cdot k_H \cdot (w/\sqrt{d_{l/r}}) \cdot i_{0/max}/T_1 \quad (V) \qquad \cdots\cdots(A.19)$$

式中：

μ_o——等于 $4\pi \cdot 10^{-7}$(V·s)/(A·m)；

b——回路宽度，m；

$d_{l/w}$——屏蔽体的墙与回路间的距离，这里 $d_{l/w} \geqslant d_{s/1}$，m；

$d_{l/r}$——屏蔽体的顶与回路间的平均距离，m；

i_0——LPZ 0_A 的雷电流，A；

$i_{0/max}$——雷击 LPZ 0_A 时的雷电流最大值，A；

$k_H(1/\sqrt{m})$——是与实验结构布置有关的参数，$k_H = 0.01(1/\sqrt{m})$；

l——回路长度，m；

T_1——雷击 LPZ 0_A 时的雷电流波前时间，s；

w——格栅型屏蔽的网格宽度，A。

短路电流 i_{sc} 为：

$$i_{sc} = \mu_o \cdot b \cdot \ln(1 + l/d_{l/w}) \cdot k_H \cdot (w/\sqrt{d_{l/r}}) \cdot i_0/L \quad (A) \qquad \text{(A.20)}$$

这时忽略电线的欧姆电阻(最坏情况)：

最大值 $i_{sc/max}$ 为：

$$i_{sc/max} = \mu_o \cdot b \cdot \ln(1 + l/d_{l/w}) \cdot k_H \cdot (w/\sqrt{d_{l/r}}) \cdot i_{o/max}/L \quad (A) \qquad \text{(A.21)}$$

式中，L 是回路自感，H。

长方形的回路自感 L 可以由下式求得：

$$L = \{0.8\sqrt{l^2 + b^2} - 0.8(l + b) + 0.4 \cdot l \cdot \ln[(2b/r)/(1 + \sqrt{1 + (b/l)^2})] + 0.4 \cdot b \cdot \ln[(2l/r)/(1 + \sqrt{1 + (l/b)^2})]\} \times 10^{-6} \quad (H) \qquad \text{(A.22)}$$

式中 r——电线的直径，m。

首次雷击($T_1 = 10\ \mu s$)磁场感应的电压和电流：

$$u_{oc/f/max} = 1.26 \cdot b \cdot \ln(1 + l/d_{l/w}) \cdot (w/\sqrt{d_{l/r}}) \cdot i_{f/max} \quad (V) \qquad \text{(A.23)}$$

$$i_{sc/f/max} = 12.6 \cdot 10^{-6} \cdot b \cdot \ln(1 + l/d_{l/w}) \cdot (w/\sqrt{d_{l/r}}) \cdot i_{f/max}/L \quad (A) \qquad \text{(A.24)}$$

后续雷击($T_1 = 0.25\ \mu s$)磁场感应的电压和电流：

$$u_{oc/s/max} = 50.4 \cdot b \cdot \ln(1 + l/d_{l/w}) \cdot (w/\sqrt{d_{l/r}}) \cdot i_{s/max} \quad (V) \qquad \text{(A.25)}$$

$$i_{sc/s/max} = 12.6 \cdot 10^{-6} \cdot b \cdot \ln(1 + l/d_{l/w}) \cdot (w/\sqrt{d_{l/r}}) \cdot i_{s/max}/L \quad (A) \qquad \text{(A.26)}$$

式中：

$i_{f/max}$——首次雷击电流最大值，kA；

$i_{s/max}$——后续雷击电流最大值，kA。

A.4.2 近旁雷击时 LPZ 1 内部状况

假设 LPZ 1 内空间磁场 H_1 是匀强磁场(见 A.3.1.2)，

开路电压 u_{oc} 为：

$$u_{oc} = \mu_o \cdot b \cdot l \cdot dH_1/dt \quad (V) \qquad \text{(A.27)}$$

波前时间 T_1 内，峰值 $u_{oc/max}$ 出现：

$$u_{oc/max} = \mu_o \cdot b \cdot l \cdot H_{1/max}/T_1 \quad (V) \qquad \text{(A.28)}$$

式中：

μ_o——等于 $4\pi \cdot 10^{-7}$(V·s)/(A·m)；

b——回路宽度，m；

H_1——LPZ 1 内时变磁场，A/m；

$H_{1/max}$——LPZ 1 内磁场的最大值，A/m；

l——回路长度，m；

T_1——磁场波前时间，它与雷电流波前时间完全一致，s。

短路电流 i_{sc} 为：

$$I_{sc} = \mu_o \cdot b \cdot l \cdot H_1/L \quad (A) \qquad \text{(A.29)}$$

这时忽略电线的欧姆电阻(最坏情况)。

最大值 $i_{sc/max}$ 由下式给出

$$i_{sc/max} = \mu_o \cdot b \cdot l \cdot H_{1/max}/L \quad (A) \qquad \text{(A.30)}$$

式中，L 是回路自感，单位 H(L 的计算参见 A.4.1)。

首次雷击(T_1=10 μs)时，磁场 $H_{1/f}$ 感应的电压电流为：

$$u_{oc/f/max} = 0.126 \cdot b \cdot l \cdot H_{1/f/max} \quad (V) \qquad \text{(A.31)}$$

$$i_{sc/f/max} = 1.26 \cdot 10^{-6} \cdot b \cdot l \cdot H_{1/f/max}/L \quad (A) \qquad \text{(A.32)}$$

后续雷击(T_1=0.25 μs)时，磁场 $H_{1/s}$ 感应的电压电流为：

$$u_{oc/s/max} = 5.04 \cdot b \cdot l \cdot H_{1/s/max} \quad (V) \qquad \text{(A.33)}$$

$$i_{sc/s/max} = 1.26 \cdot 10^{-6} \cdot b \cdot l \cdot H_{1/s/max}/L \quad (A) \qquad \text{(A.34)}$$

式中：

$H_{1/f/max}$——首次雷击时 LPZ 1 内的最大磁场，A/m；

$H_{1/s/max}$——后续雷击时 LPZ 1 内的最大磁场，A/m。

A.4.3 在 LPZ 2 和更高防护区内的状况

$n \geq 2$ 时，假设 LPZ n 区内的磁场是均匀的(见 A.3.1.3)。

因此，可以用 A.3.1.2 给出的相同公式计算感应电压和电流，计算中用 H_n 代替 H_1。

附　录　B
（资料性附录）
既有建筑物内电子系统 LEMP 防护措施的实施

B.1　项目清单

为既有建筑物设计恰当的防雷措施时，需要考虑该建筑物的结构和建筑物周围的环境以及建筑物内电气和电子系统的状态。

使用项目清单将便于进行风险分析和选择最恰当的防护措施。

对于既有建筑物，尤其需要对分区定义、接地、搭接、布线和屏蔽进行系统规划。

应当根据表 B.1～表 B.4 的项目清单来收集所需的既有建筑物及其设施的数据。以这些数据为基础，按照 GB/T 21714.2—2008 进行风险评估，可以确定防护的需求，进而确定成本效益比最好的防护措施。

注：建筑物内设备防电磁干扰(EMI)的更多资料请参阅 IEC 60364-4-44。

表 B.1　建筑物的特征与周围环境

项　目	问　题
1	石材、砖、木、钢筋混凝土、钢框架结构、金属立面？
2	单幢建筑物还是具有扩展接口的互连单元？
3	平房、低层或高层建筑？（建筑物尺寸）
4	整个建筑物内的钢筋是否电气连通？
5	金属屋顶材料的种类、类型和性能？
6	金属立面是否搭接？
7	窗户的金属框架是否搭接？
8	窗户的尺寸？
9	建筑物是否安装外部 LPS？
10	该 LPS 的类型和性能？
11	地下状况（岩石、土壤）？
12	相邻建筑物的高度、距离和接地情况？
注：详细资料参见 GB/T 21714.2—2008。	

表 B.2　设施特性

项　目	问　题
1	进线类型（埋地或架空敷设）？
2	天线类型（天线或其他外部器件）？
3	电源类型（高压、低压，架空或埋地敷设）？
4	布线方式（竖井、电缆导管的数量和位置）？
5	是否采用金属电缆导管？
6	建筑物内的电子设备是否独立（无外部连接）？
7	有无金属导体与其他建筑物连接？
注：详细资料请参见 GB/T 21714.2—2008。	

表 B.3 设备特性

项目	问题
1	电子系统的互连形式(屏蔽或无屏蔽多芯电缆、同轴电缆,模拟与/或数字,平衡或非平衡,光缆)?(见注1)
2	指定电子系统的耐受水平?(见注1和2)
注1:详细资料请参见 GB/T 21714.2—2008。 注2:详细资料请参见 ITU-T K.21,GB/T 17626.5,GB/T 17626.9 和 IEC GB/T 17626.10。	

表 B.4 防护概念应考虑的其他问题

项目	问题
1	电源接地方式:TN(TN-S 或 TN-C)、TT 或 IT?
2	电子设备的位置?(见注)
3	电子系统的功能性接地导体是否和搭接网络互连?
注:详细资料请参见附录 A。	

B.2 既有建筑物接入新的电子系统

在既有建筑内增加新的电子系统时,既有设备可能会限制可以被采用的防护措施。

图 B.1 是一个现存设备与新增设备互相连接的示例,图的左侧为现存设备,右侧为新增设备。现存设备限制了可以被采用的防护措施。但新设备的设计和规划需考虑所有可被采用的必要防护措施。

B.2.1 可能的防护措施综述

B.2.1.1 电源

目前,建筑物内的电源(见图 B.1 中的图例 1)大多数是 TN-C 型,它会产生工频干扰。这种干扰可以通过隔离接口(见下文)加以避免。

如果新安装电源(见图 B.1 中的图例 2),则强烈建议使用 TN-S 型。

B.2.1.2 浪涌保护器

为了控制沿线侵入的雷电浪涌,应在每一 LPZ 入口处安装 SPD,如果可能还应当在被保护设备前安装 SPD(见图 B.1 中的图例 3 号及图 B.2)。

B.2.1.3 隔离接口

为了避免干扰,新旧设备间可以使用隔离接口:Ⅱ级绝缘设备(见图 B.1 中的图例 5)、绝缘变压器(见图 B.1 中的图例 6)、光纤或光电耦合器(见图 B.1 中的图例 7)。

B.2.1.4 布线和屏蔽

线路中大的回路可能引起很高的感应电压或感应电流,应将电源线和信号线邻近敷设使回路面积减到最小从而避免高的感应电压或感应电流(见图 B.1 中的图例 8);同时建议使用屏蔽信号线。对建筑物的扩展结构,建议还要增加屏蔽,如采用接地的电缆管道(见图 B.1 中的图例 9)。所有这些屏蔽都应在其两端搭接。

LPZ 1 的空间屏蔽效果越低同时回路面积越大时,合理布线和屏蔽措施就越重要。

B.2.1.5 空间屏蔽

LPZ 对雷电磁场的空间屏蔽,要求其典型的格栅宽度须小于 5 m。

根据 GB/T 21714.3—2008 给出的普通外部 LPS(接闪器、引下线和接地装置)所建立的 LPZ 1,其格栅宽度和典型间距大于 5 m,因此,其屏蔽效果可以忽略。若要求更高屏蔽效果,应当升级外部 LPS(见 B.7)。

LPZ 1 和更高防护区可能需要空间屏蔽来保护电子系统,该空间屏蔽并不遵从无线频率发射和抗扰度的要求。

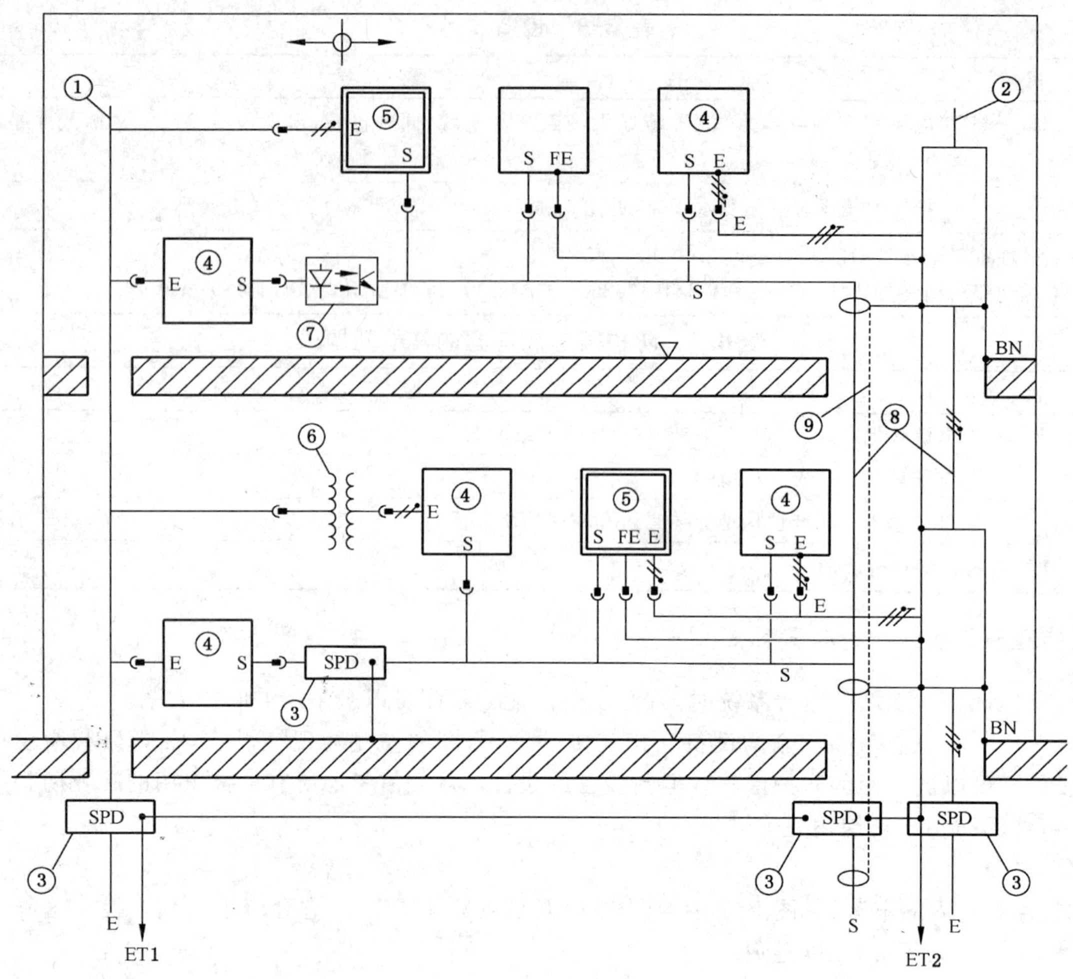

图例：

1——原有工频电源(TN-C,TT,IT)；
2——新设工频电源(TN-S,TN-CS,TT,IT)；
3——浪涌保护器(SPD)；
4——Ⅰ级标准绝缘；
5——无 PE 的Ⅱ级双重绝缘；
6——隔离变压器；
7——光耦合器或光缆；
8——电源线和信号线邻近布线；
9——屏蔽电缆管道；
E——电源线；
S——信号线(屏蔽或非屏蔽)；
ET——接地装置；
BN——搭接网络；
PE——保护性接地导体；
FE——功能性接地导体(若有)；
///——3 芯电源线：L,N,PE；
//——2 芯电源线：L,N；
•——搭接点(PE,FE,BN)。

图 B.1　既有建筑物中 LEMP 防护措施和电磁兼容性能的升级

B.2.1.6　搭接

雷电流频率达数兆赫时，要求使用低阻抗网格状搭接网络，其典型的网格宽度为 5 m。所有进入 LPZ 的公共设施应在尽可能靠近 LPZ 边界处直接或经过 SPD 与搭接网络相连。

如果现有建筑不能满足这些条件，则应提供其他恰当的防护措施。

B.2.2　划分电气和电子系统的雷电防护区(LPZ)

从小的局部区域(如单个电子设备机箱)到大的整体区域(如整个建筑物内部空间)，都应根据电气和电子系统的数量、类型和敏感度，划分适当的内部雷电防护区(LPZ)。

图 B.2 所示为典型保护电子系统的雷电防护区(LPZ)划分，特别针对既有建筑物提供了不同的解决方案。

图 B.2a)所示的是整个建筑物内部考虑成一个一级雷电防护区(LPZ 1)，这适合于电子系统耐压水平高的情况。

——该一级雷电防护区域(LPZ 1)可以根据符合 GB/T 21714.3—2008 的 LPS 来建立,它包含一个外部 LPS(接闪器、引下线和接地装置)和一个内部 LPS(雷电等电位搭接、安全距离)。

——外部 LPS 在雷击建筑物时保护了建筑物内的一级雷电防护区(LPZ 1),但是一级雷电防护区(LPZ 1)内部磁场几乎没有衰减,这是因为接闪器和引下线的网格宽度和典型的距离大于5 m,其空间屏蔽的作用可以忽略不计。若雷击建筑物的风险 R_D 非常低,则可以不使用外部 LPS。

——内部 LPS 要求所有进入建筑物的设施在一级雷电防护区域(LPZ 1)的边界上进行搭接,它包括在所有电力线路和信号线路上安装通过最大雷电流 I_{imp} 测试的 SPD。采取这一措施使得沿线侵入的浪涌被安装在入口处的 SPD 吸收。

注:为了避免低频干扰,在一级雷电防护区域(LPZ 1)内可以采用隔离接口。

如图 B.2b)所示,在未屏蔽的一级雷电防护区域(LPZ 1)内,新装设备仍然需要考虑对沿线侵入浪涌的防护。例如,信号线采用屏蔽电缆,电源线上安装协调配合的 SPD 防护。这需要增加用 I_n 和用组合波测试的 SPD,安装在靠近设备处,并与设施入口处的 SPD 实现协调配合。还可能需要对设备采用附加的Ⅱ级双重隔离。

如图 B.2c)所示,在一级雷电防护区域(LPZ 1)内部为新安装的电子设备建立一个大的整体二级雷电防护区域(LPZ 2)。LPZ 2 的格栅型屏蔽对雷电流的衰减极大。在图的左边,根据附录 C,SPD 安装在 LPZ 1 的边界(LPZ 0 到 1 的过渡点)和安装在 LPZ 2 的边界(LPZ 1 到 2 的过渡点)。在图右边,安装在 LPZ 1 边界的 SPD 应当选择能够完成 LPZ 0/1/2 空间的直接过渡(见 C.3.4)。

如图 B.2d)所示,在一级雷电防护区域(LPZ 1)内两个较小的二级雷电防护区域(LPZ 2)的情况。在每个 LPZ 2 边界上的电源线和信号线都增设了 SPD。根据附录 C,这些 SPD 应当和 LPZ 1 边界上的 SPD 协调配合。

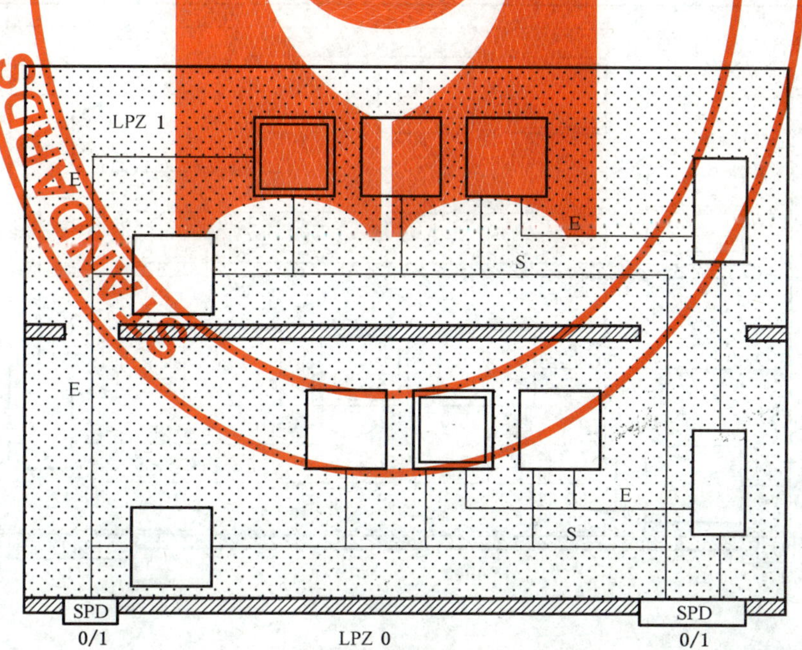

a) 未屏蔽的一级雷电防护区 LPZ 1,采用 LPS 和在建筑物进线入口处安装 SPD
(例如,用于建筑物内耐受水平较高的系统或小布线回路)

图 B.2 在既有建筑物内划分雷电防护区 LPZ 的可能性

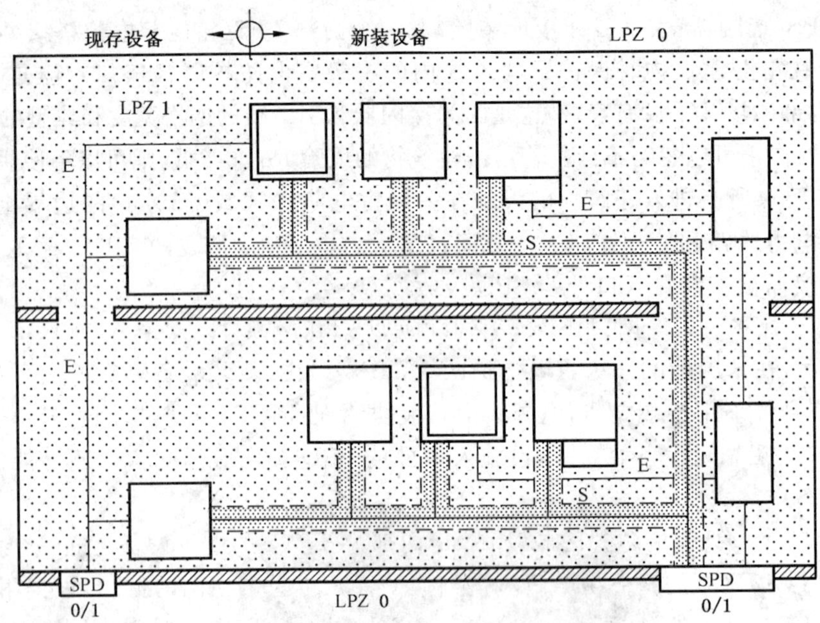

b) 未屏蔽的一级雷电防护区 LPZ 1，采用屏蔽信号线并
在电源线安装协调配合的 SPD 防护以保护新装电子系统

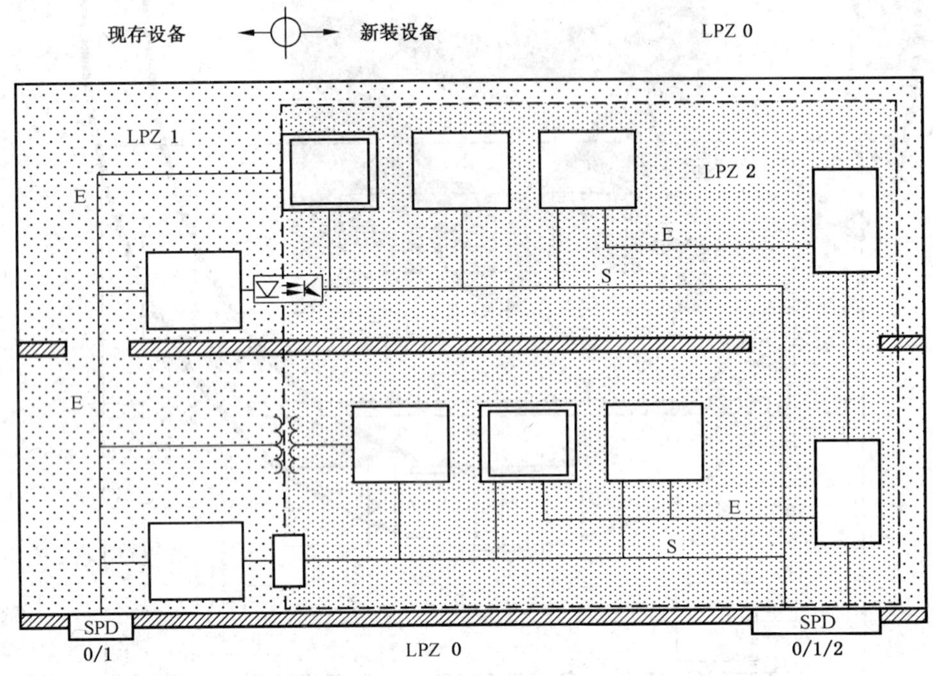

c) 未屏蔽的一级雷电防护区 LPZ 1 以及为新装电子系统设置的
大的屏蔽的二级雷电防护区 LPZ 2

图 B.2(续)

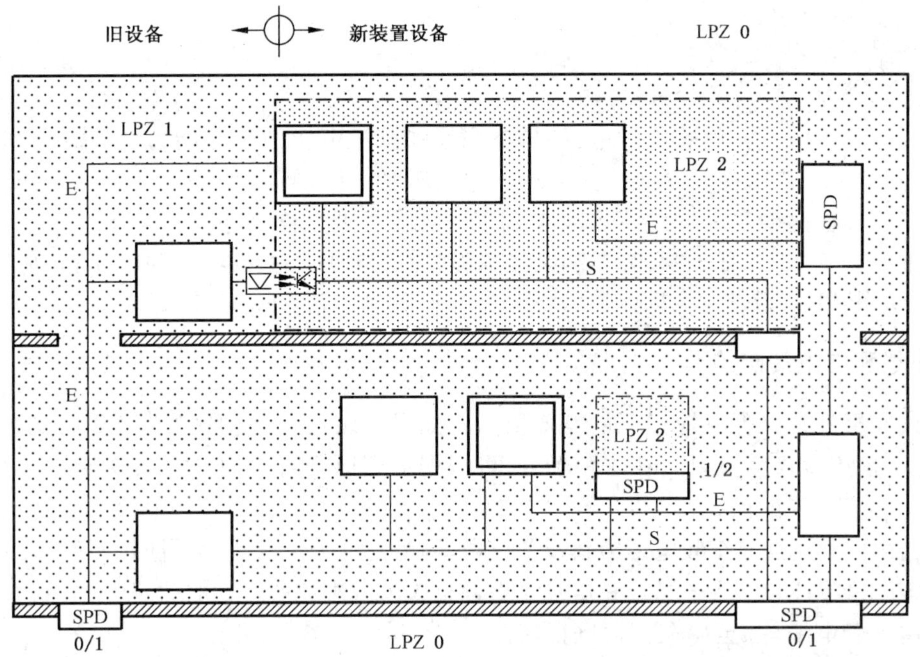

d) 未屏蔽的一级雷电防护区 LPZ 1 以及为新装电子系统设置的两个局部的二级雷电防护区 LPZ 2

图 B.2（续）

B.3 建筑物内电源和电缆布线的改进

旧建筑内的配电系统(见图 B.1 中的图例 1)大部分是 TN-C 型。可用下列措施避免接地信号线和 PEN 导线连接后可能产生的 50/60 Hz 干扰：

——采用Ⅱ级电气设备隔离接口或双重绝缘变压器。若电子设备较少，这可以作为一个解决方案(见 B.5)。

——将配电系统改为 TN-S 型(见图 B.1 中的图例 2)。对有大量电子设备的场合，特别推荐这一解决方案。

此外，还应当满足接地、搭接和线路布线的要求。

B.4 用浪涌保护器进行保护

为了限制雷电在线路上产生的传导浪涌，应在每一内部雷电防护区(LPZ)的入口处安装 SPD(见图 B.1 的图例 3 及图 B.2)。这些 SPD 的吸收能力应当协调配合(见附录 C)。

建筑物内的 SPD 间如果配合不当，例如下级的 SPD、或设备内的 SPD 妨碍建筑物进线入口处的 SPD 正常运行时，将导致电子系统损坏。

为了维护采用防护措施的有效性，必须对所有 SPD 的安装位置记录在案。

B.5 用隔离接口进行保护

流过设备及其连接的信号线上的工频干扰电流，可能归因于大的感应回路或者缺乏阻抗足够低的搭接网络。为了防止这种干扰(主要在 TN-C 型供电设备内)，应在既有的电源设备与新增电源设备间用隔离界面来进行适当的隔离，例如：

——Ⅱ级隔离设备(即无 PE 线的双重隔离)；

——绝缘变压器；

——无金属光缆；

——光电耦合器。

采用隔离界面来防止雷电感应过电压时，应当增强其过电压的耐受能力。1.2/50 波形时的典型过电压耐受值为 5 kV。若用这种界面防护更高的过电压时，可以使用 SPD。SPD 的防护水平 U_p 需要选择正好低于隔离界面的耐受电压之下。因为 SPD 的 U_p 过低也许会违反安全要求。

注：应当注意，金属设备外壳与搭接网络或其他金属部件间无意的电流连接，必须加以隔绝。在大多数场合都能满足这一条件，因为安装在家庭房间或办公室的电子设备仅通过连接电缆与参考地连接。

B.6 基于布线和屏蔽的防护

合理布线和屏蔽是降低感应过压的有效措施。如果一级雷电防护区域(LPZ 1)的空间屏蔽效果可以忽略时，这些措施就极为重要。在这种场合，可根据下列原则对保护方式加以改进：

——减小感应回路的面积；

——应当避免采用现有工频电源给新设备供电，因为它增大了封闭感应回路面积，大大地增加了绝缘损害的风险；同时，将电源线和信号线靠近布放可以避免产生大的回路(见图 B.1 中的图例 8)；

——采用屏蔽电缆，并至少在一端进行搭接；

——使用金属电缆管道或接地的金属平板，分离的金属部件应保持电气上的良好连通；连接应该采用螺栓紧固金属重叠部分或采用搭接导体的方式来实现；为使电缆管道保持低阻抗，应当在电缆管道周围重叠缠绕螺旋形钢(见 IEC 61000-5-2)。

图 B.3 图和 B.4 为合理布线和屏蔽技术的示例。

注：普通区域(没有具体指明电子系统的区域)内，电子设备的信号线间距离大于 10 m 时，建议采用带有电流隔离部件的平衡信号线，例如，光电耦合器、信号隔离变压器或隔离放大器。另外，使用三轴电缆的效果更好。

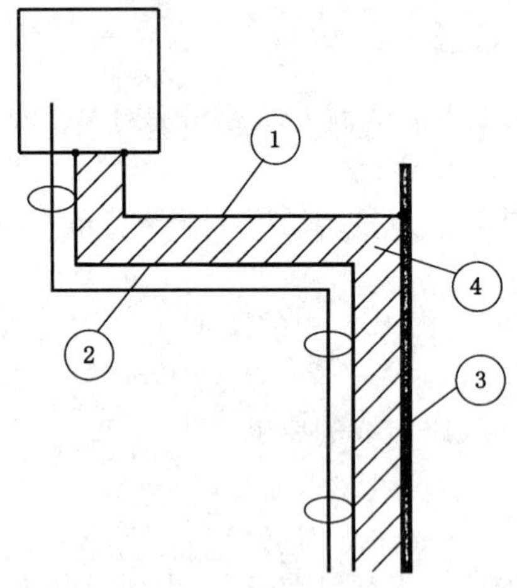

图例：

1——PE，仅在Ⅰ类设备使用时；

2——电缆屏蔽层(可选的)要进行两端搭接；

3——用作附加屏蔽的金属平板(见图 B.4)；

4——小面积回路。

注：由于回路面积小，电缆屏蔽层与金属平板间的感应电压小。

图 B.3 将屏蔽电缆靠近金属平板以减少回路面积

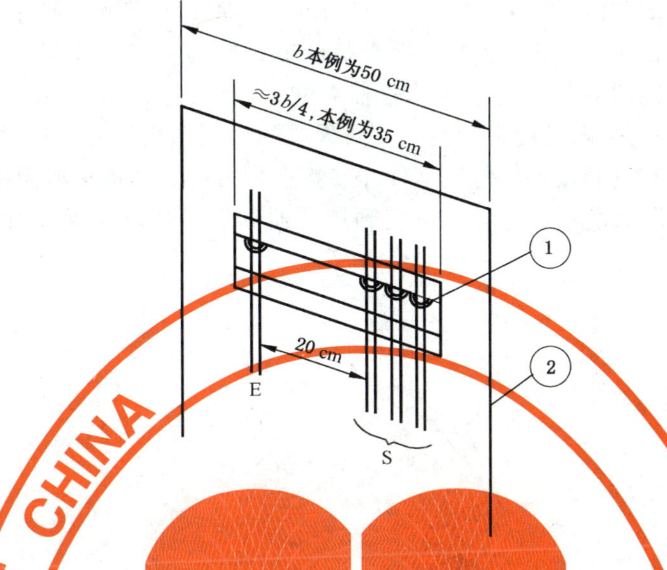

图例：

1——不论电缆屏蔽层有无搭接，电缆都应与金属平板固定；

2——金属平板边缘的磁场比中间强；

E——电源线；

S——信号线。

图 B.4 用金属平板做附加屏蔽的例子

B.7 用 LPZ 1 空间屏蔽改善原有 LPS

LPZ 1 周围的原有 LPS(根据 GB/T 21714.3—2008)可以用下列方法得到改善：

——将现有的金属外墙和屋顶纳入外部 LPS 中；

——采用建筑物混凝土中的钢筋(这些钢筋从最顶端的屋顶到接地装置是电气连通的)；

——将引下线之间的距离和接闪系统的网格宽度减小到典型值 5 m 以下；

——安装柔性的搭接导体，用以连接相邻但结构上分离的单元之间的扩展节点。

B.8 用搭接进行防护

现有的工频接地系统，可能无法为频率高达数 MHz 的雷电流提供满意的等电位面，因为在如此高的频率下，它的阻抗可能太高。

根据 GB/T 21714.3—2008 设计的 LPS，由于允许网格宽度大于 5 m，即使将雷电等电位搭接作为内部 LPS 的强制性部分，也可能无法满足敏感性电子系统的要求。这是因为这种搭接系统对于有效防护来说其阻抗仍然太高。

强烈推荐一个典型的网格宽度为 5 m 及 5 m 以下的低阻抗搭接网络。

通常，搭接网络既不能用作电源回路又不能作为信号回路。因此，PE 线一定要纳入搭接网络，而 PEN 线则不应纳入搭接网络。

允许将功能性接地导体(例如与电子系统连接的清洁地)与低阻抗的搭接网络直接连接，因为这时耦合到电源线和信号线的干扰非常小。不允许功能性接地导体直接与 PEN 线或与 PEN 线相连的其他金属部件直接搭接，以避免在电子系统中产生工频干扰。

B.9 外安装设备的防护措施

外安装设备有各种敏感装置，如天线、气象探测仪、监视 TV 摄像头、生产车间的外部传感器(压力传感器、温度传感器、流率传感器、开关位置传感器等)和其他任何安装在建筑物、杆塔和工作容器以外位置上的电气、电子或无线电设备。

B.9.1 外部设备的防护

只要有可能，就必须将设备置于雷电防护区域(LPZ 0_B)的保护范围内，例如，采用局部接闪器，防止其遭到直接雷击(见图 B.5)。

在高大建筑上，应当用滚球法（见 GB/T 21714.3—2008）确定建筑物顶部与侧面的设备是否会遭到直接雷击；若有遭到直接雷击的可能，应当另行安装避雷针接闪器。在许多场合，手扶栏杆、金属扶梯、管道等也能很好地起到接闪器的作用。除某些种类的天线外的所有设备都可以用这种方式保护。天线有时必须安装在暴露位置以避免附近的避雷针对天线的功能产生不利影响。有些天线本身具有自保护能力，因为这种天线只有良好接地的传导部件才暴露在雷击中。其他类型天线，需在其馈线电缆上加装 SPD 以防止过大的瞬态电流通过电缆向下流到接受器和发射器。当天线有外部 LPS 时，天线的支架应与其连接。

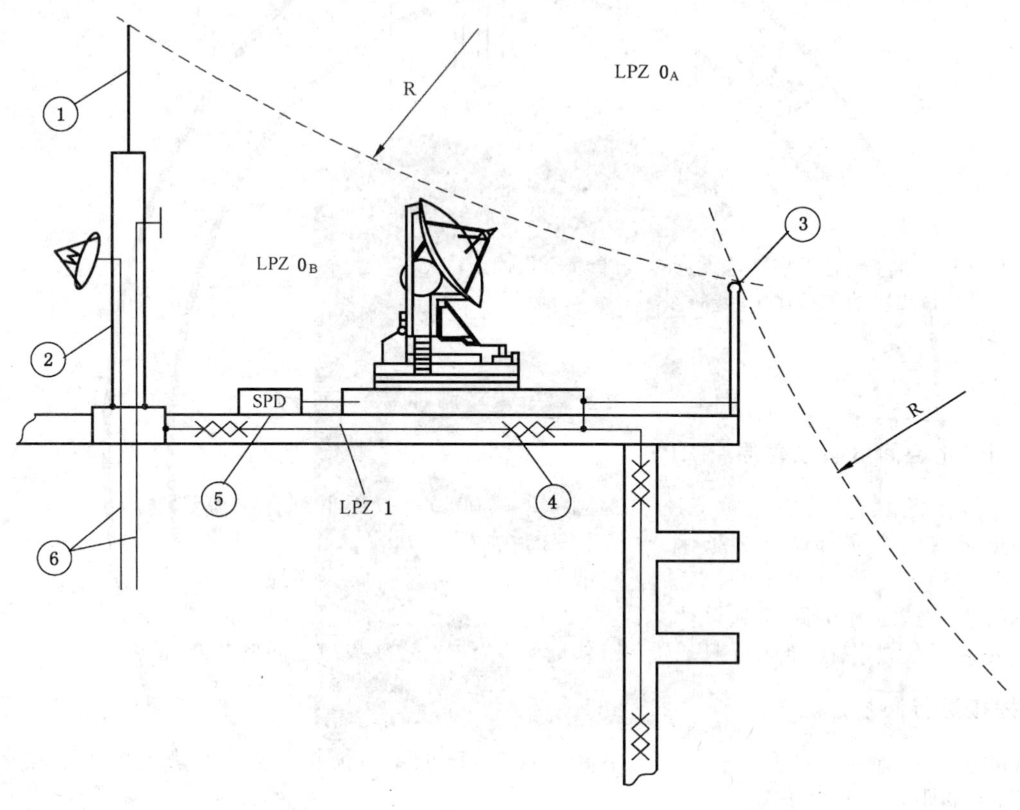

图例：
1——避雷针；
2——钢质天线杆；
3——扶手；
4——互相连通的钢筋；
5——从 LPZ 0_B 来的线路需要在入口处安装 SPD；
6——从 LPZ 1（天线杆内）来的线路在入口处可以不安装 SPD；
R——滚球半径。

图 B.5 天线和其他外部设备的防护

B.9.2 减小电缆中的过电压

将电缆敷设在搭接的电缆管道、干线管道或金属导管中，可以防止很高的感应电压和感应电流。所有与各自设备连接的电缆应当在单点离开电缆管道。如果可能的话，应当利用建筑物本身固有的屏蔽特性，将电缆放置在建筑物的管状构件中。若无此可能，例如对加工容器，需要将电缆敷设在外部，应当靠近建筑物，并最大限度利用金属管道、钢扶梯和其他任何良好搭接的导电材料（见图B.6）所提供的天然屏蔽。采用 L 形角钢的天线塔（见图 B.7），电缆应敷设在 L 角内，以得到最大限度的保护。

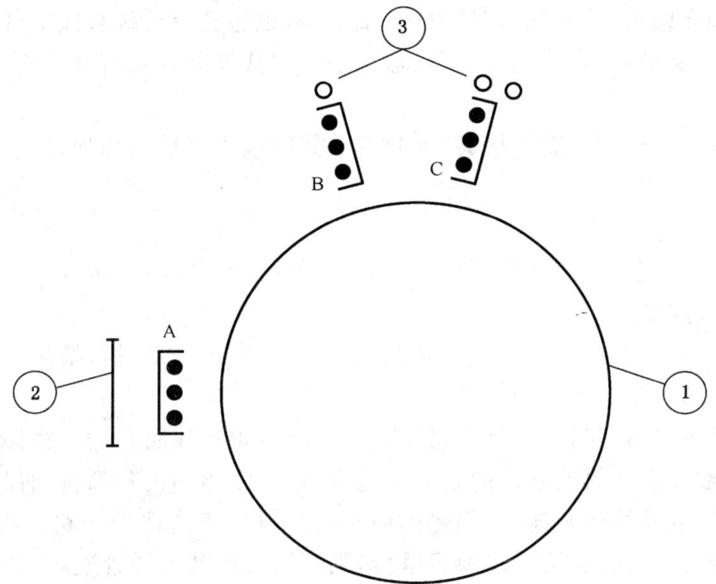

图例：

1——加工容器；

2——扶梯；

3——管道。

注：A、B、C 为可供选择的电缆架最佳位置。

图 B.6　由搭接的工作扶梯和管路提供的固有屏蔽

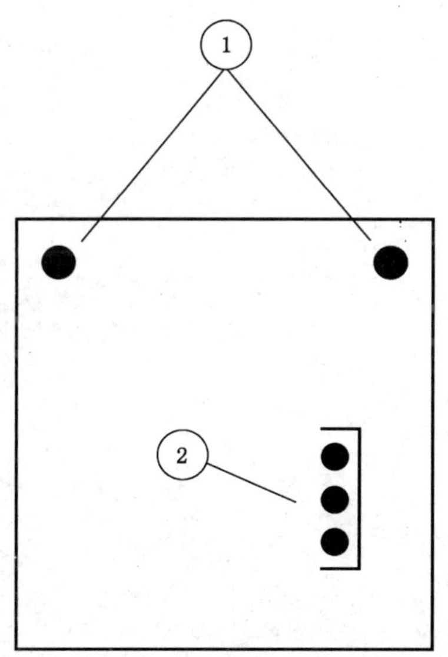

图例：

1——L 形桁架的拐角内布放电缆的理想位置；

2——可供选择的电缆架最佳位置。

图 B.7　天线塔电缆的理想敷设位置(钢桁架天线塔横截面)

B.10　建筑物之间互连的改进

连接独立建筑间的线路有下列两种：

——绝缘线(无金属屏蔽的光缆)，或

——金属线(例如导线组、多芯线、波导管、同轴电缆,也包括有连续金属部件的光缆)。

防护要求取决于线路的类型、线路的数目、建筑物间的接地装置是否互相连接。

B.10.1 绝缘线

如果采用无金属的光缆(即无金属护套、无防潮金属箔或无钢质内部加强线)连接独立的建筑物,不需要采用防护措施。

B.10.2 金属保护线

独立建筑物的接地系统间的互连若不恰当,则互连线路会对雷电流构成一个低阻抗路径。这样,大部分雷电流将沿互连线路流动。

——两个独立建筑物各自的 LPZ 1 直接或通过进线入口处 SPD 进行搭接,只能保护该区内部的设备,而线路外部仍处于无防护状态;

——增设一路并行的搭接保护线可以保护线路,雷电流将在线路和这一搭接导体之间分摊;

——建议将线路敷设在密封而互连的金属管道内,这样线路和设备都得到保护。

独立建筑物的接地装置恰当互连时,仍建议用互连的电缆管道保护线路。当互连建筑之间有许多电缆时,若电缆的屏蔽层或铠装在两端都做了搭接,则可用其代替电缆管道。

附 录 C
（资料性附录）
SPD 的协调配合

C.1 概述

在同一个电路上，级联安装两个以上的浪涌保护器(SPD)时，应当达到协调配合，根据各个 SPD 的能量吸收能力共同分担施加在它们上面的能量。

有效的配合应该考虑到各浪涌保护器(SPD)的特性(由制造商公布)、安装位置处可能受到的威胁和被保护设备的特性。

雷电流主要的威胁包括三种雷电流形态：

——首次短雷击；

——后续短雷击；

——长时间雷击。

这三种形态全都是外加电流。在与下级 SPD 的协调配合中，当考虑能量(电荷量和电流幅值)分配时，首次短冲击是具有决定性的因素。后续短雷击的单位能量值较低，但电流上升陡度很高。长时间雷击仅是一个附加应力因素，因此在进行配合时可不予考虑。

注：如 SPD 专用于防止首次短雷击的威胁，则后续短雷击不会再有问题。如果用电感作退耦元件，较高的电流陡度更容易实现两个 SPD 间的协调配合。

不同雷电防护水平(LPL)的总雷电流参数已在 GB/T 21714.1—2008 中的表 3 列出。然而，单个 SPD 只承受总雷电流的一部分。这就需要用网络分析软件进行计算机仿真或者用 GB/T 21714.1—2008 中附录 B 给出的近似方法确定电流分布。

注：在 GB/T 21714.1—2008 中附录 B 给出了用于分析目的的短雷击分析函数。

直击雷的首次短雷击电流可以用 10/350 μs 波形模拟。但是，由于雷电流和低压设备间相互作用，系统中的部分雷电流或感应电流会具有不同的波形。因此，为了协调配合目的，考虑采用下列的冲击试验电流(浪涌)：

$I_{10/350}$ 波形为 10/350 μs 的试验电流，专门用于测试 SPD 的能量配合。对用于电源线的 SPD，该波形用于 SPD 的 Ⅰ 类测试(见 GB 18802.1)，该类测试定义了峰值电流 I_{peak} 及电荷转移量 Q。

$I_{8/20}$ 波形为 8/20 μs 的试验电流。对用于电源线的 SPD，该波形用于Ⅱ类测试(GB 18802.1)。

I_{CWG} 混合波形发生器输出的电流(GB/T 17626.5)。其波形取决于负载(开路为 1.2/50 μs 电压波和短路为 8/20 μs 电流波)，用于Ⅲ类测试(GB 18802.1)。

I_{RAMP} 电流陡度为 0.1 kA/μs 的试验电流。用来模拟由于雷电流和低压设备间的相互作用而电流陡度最低的系统内部的部分雷击电流。此电流特别用于测试级联 SPD 的退耦作用。

图 C.1 所示为根据雷电防护区概念在配电系统中应用 SPD 的示例。SPD 依次安装，它们根据特定安装点的要求而选定。

建筑物内整个电气系统中的 SPD 选择和安装，应当保证局部雷电流大部分在 LPZ 0_A/LPZ 1 的界面处转移到接地系统。

一旦局部雷电流的大部分能量通过第一个 SPD 转移，后面安装的 SPD 在设计时只需考虑承受从 LPZ 0_A 侵入 LPZ 1 的残留威胁以及 LPZ 1 内电磁感应的影响(尤其在 LPZ 1 无电磁屏蔽的情况下)。

注：在选择后续的 SPD 时，必须考虑电压开关型 SPD 可能达不到它的工作阈值。

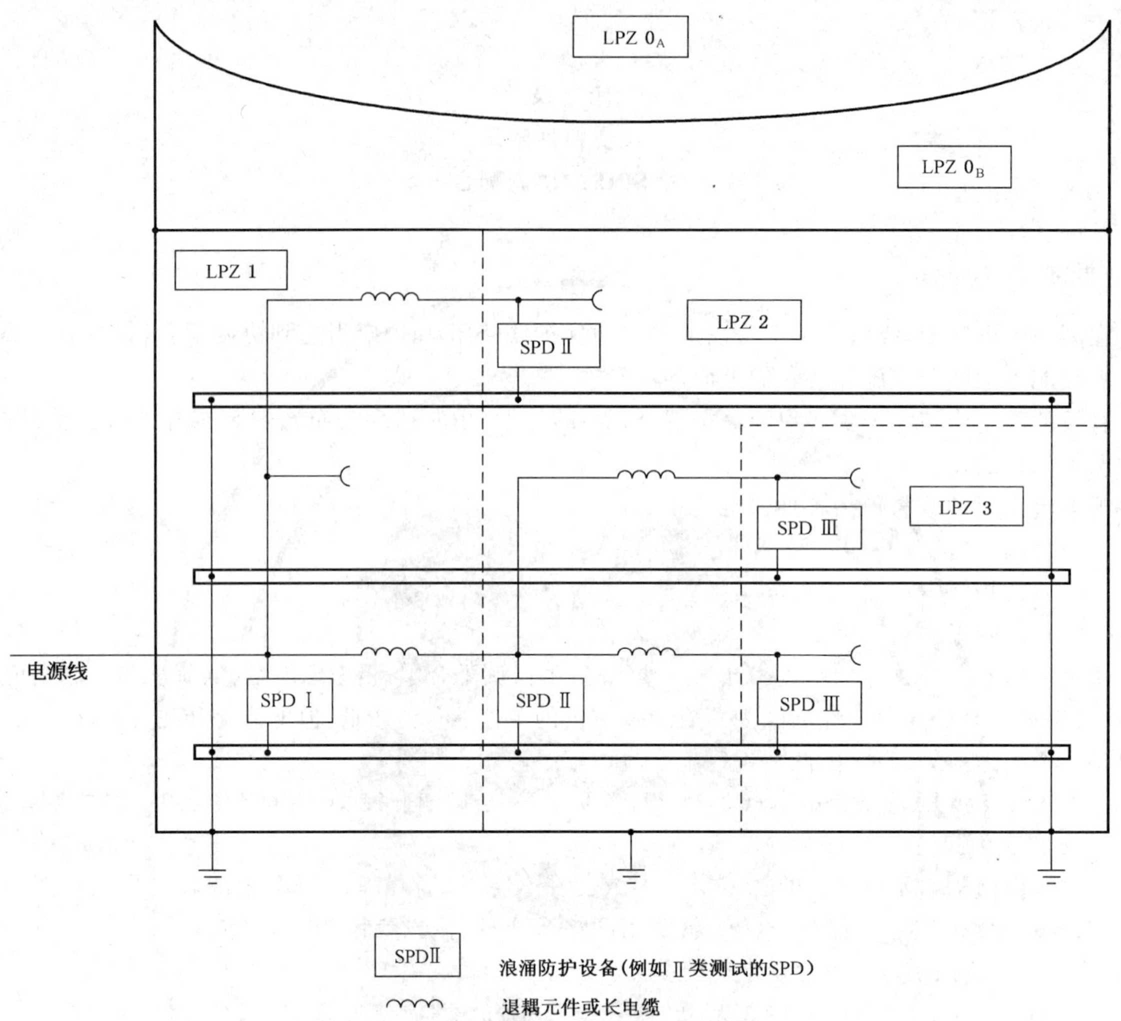

图 C.1 电源配电系统 SPD 应用示例

从 LPZ 0_A(此处可能遭受直接雷击)进来的线路携带有部分雷电流。因此在 LPZ 0_A 与 LPZ 1 的分界面处需用 I_{imp} 测试的 SPD(通过Ⅰ类测试的 SPD)转移这些电流。

从 LPZ 0_B(此处排除了直接雷击,然而对电磁场没有任何屏蔽防护)进来的线路仅携带感应浪涌。在此情况下,根据 GB 18802.1,LPZ 0_B 与 LPZ 1 分界面上的感应效应可用 8/20 μs 的浪涌电流波形(例如对 SPD 做Ⅱ类测试的波形)也可用适当的组合波形(例如对 SPD 做Ⅲ类测试的波形)进行模拟。

从 LPZ 0 过渡到 LPZ 1 后的剩余威胁和 LPZ 1 内的电磁场的感应效应,决定了安装于 LPZ 1 与 LPZ 2 分界面的 SPD 的性能要求。如果不能对威胁值作详细分析,则根据 GB 18802.1,既可以用波形为 8/20 μs 的浪涌电流(例如Ⅱ类测试的 SPD)也可以用满足要求的组合波形(例如Ⅲ类测试的 SPD)模拟 SPD 上承受的主要负荷。若 LPZ 0 与 LPZ 1 界面的 SPD 为电压开关型,就有可能进入的雷电流水平不足以对它实现触发。这时,下级安装的 SPD 就可能需要承受 10/350 μs 波形。

C.2 SPD 协调配合的目标

能量的配合需要避免在一个系统内的 SPD 过负荷。因此必须确定每个 SPD 上承受的负荷,这取决于它们的安装位置和特性。

一旦两个或两个以上的 SPD 级联安装,就需要对 SPD 及与被保护设备间配合问题进行研究。

如果每一个 SPD 所承受的能量都低于或等于其能量耐受能力,那么就实现了系统的能量配合。这种能量协调配合需要考虑 C.1 中提到的 4 种波形。

能量耐受能力可以按如下途径获得:

——根据 GB 18802.1 进行电气测试；

——SPD 制造商提供的技术资料。

图 C.2 所示为 SPD 能量配合的基本模型。该模型仅在下述情况下有效，即搭接网络的阻抗以及搭接网络与 SPD 1 和 SPD 2 连接后构成的整套防护设备间的互感均可以忽略。

注：如果其他适当措施（例如 SPD 的伏安特性的配合，或采用专门针对低电压触发设计的电压开关型 SPD，即所谓“触发型 SPD”）能确保能量配合，则不需退耦元件。

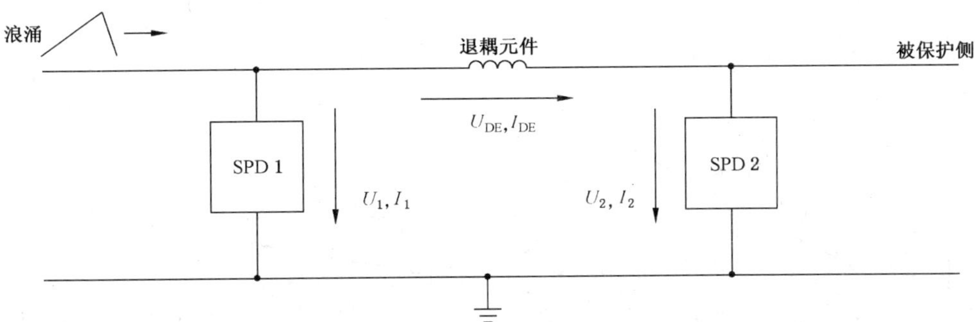

图 C.2 能量协调配合的基本模式

C.2.1 能量配合的原则

SPD 之间的能量协调配合采用下列原则之一：

——伏安特性的配合（无解耦单元）。

本方法基于静态电压/电流特性，并适合于电压限制型 SPD（例如金属氧化物变阻器 MOV 或抑制二极管）。本方法对电流波型不十分敏感。

注 1：本方法不需退耦，因为线路的特性阻抗有一些固有的退耦作用。

——使用专用退耦元件进行配合。

为协调配合，用具有足够浪涌耐受能力的阻抗作为退耦元件。信息系统首先选用阻性元件。电力系统主要选用感性元件。电流的上升陡度 di/dt 是表征电感配合效果的主要参数。

注 2：退耦元件既可通过专门的装置来实现，也可使用级联 SPD 间电缆的特性阻抗来实现。

注 3：线路的电感即是两条平行导线的电感：如果两个导线（相线和地线）在同一电缆内，则电感为大约 0.5 μH/m～1 μH/m（与线径有关）。如果两条导线是分离的，电感将会更高（与两条导线的间隔距离有关）。

——使用触发型 SPD（无去耦元件）的配合。

若触发型 SPD 的电子触发电路能保证后续的 SPD 不超过其能量耐受能力，还可用触发型 SPD 达到配合。

注 4：本方法不需退耦，即使线路的特性阻抗有一些固有的退耦作用。

C.2.2 两个电压限制型 SPD 的配合

图 C.3a）所示为两个电压限制型 SPD 协调配合的基本电路图，图 C.3b）说明电路内部能量流散途径。随着冲击电流的增长，输入系统的总能量增加。只要在每个 SPD 中耗散的能量不超过自身的能量耐受能力，就达到了能量的协调配合。

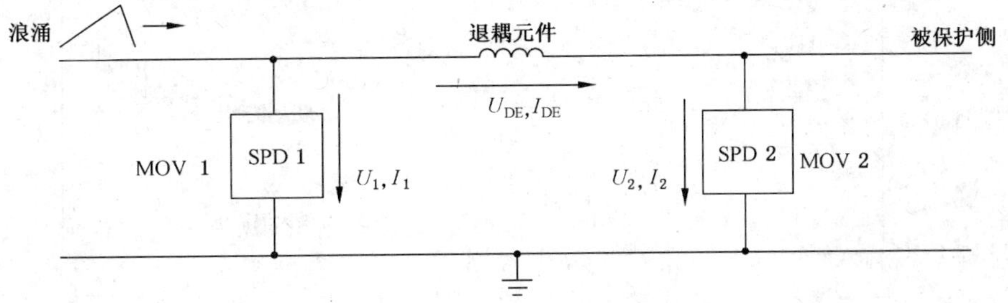

a) MOV 1 与 MOV 2 配合的电路

图 C.3 两个电压限制型 MOV 1 和 MOV 2 组合

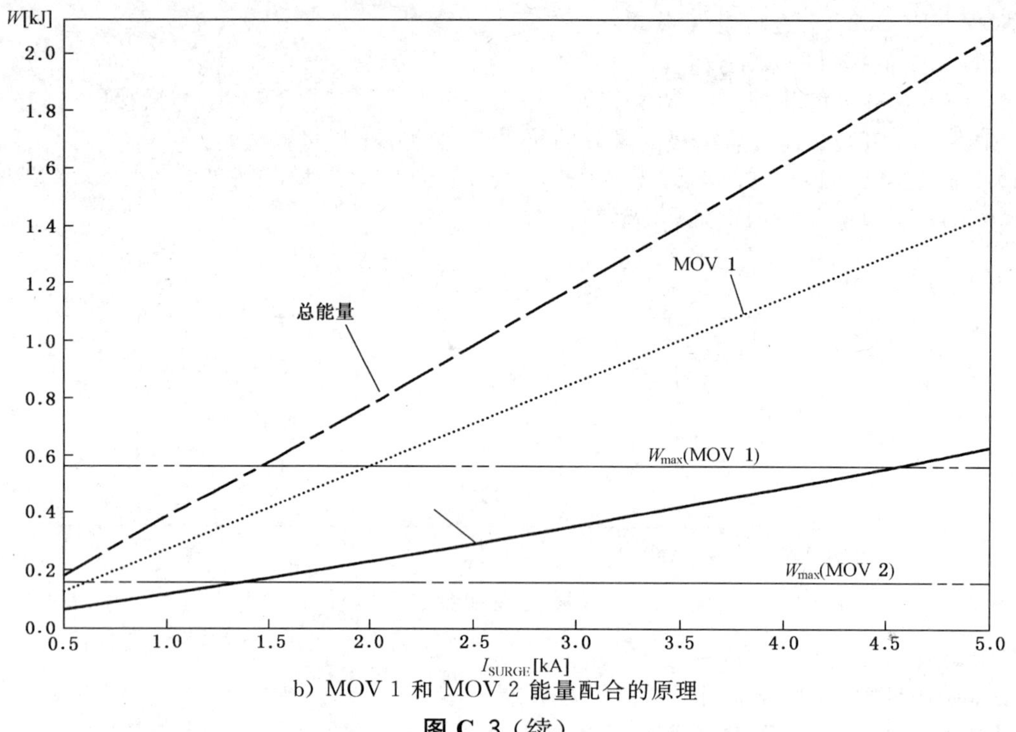

b) MOV 1 和 MOV 2 能量配合的原理

图 C.3（续）

没有专门退耦元件的两个电压限制型 SPD，它们的能量配合应通过它们在相关电流范围内的伏安特性的配合来实现。该方法不完全取决于所考虑的电流波形。如需另外使用电感作为退耦元件，则应当考虑电流波形(例如 10/350 μs 或 8/20 μs)。

对电流陡度低的波形(例如 0.1 kA/μs)，用电感为不同场合的电压限制型 SPD 退耦，其配合效果并不明显。用于信号线的 SPD，最好用电阻(或导线的特性电阻)做退耦元件来实现能量的配合。

如果两个电压限制型 SPD 协调配合，两者都应选定各自的浪涌电流和能量。所考虑的电流波的持续时间应和侵入的电流一样长。图 C.4a)和图 C.4b)给出了两个电压限制型 SPD 在 10/350 μs 浪涌波形情况下协调配合的示例。

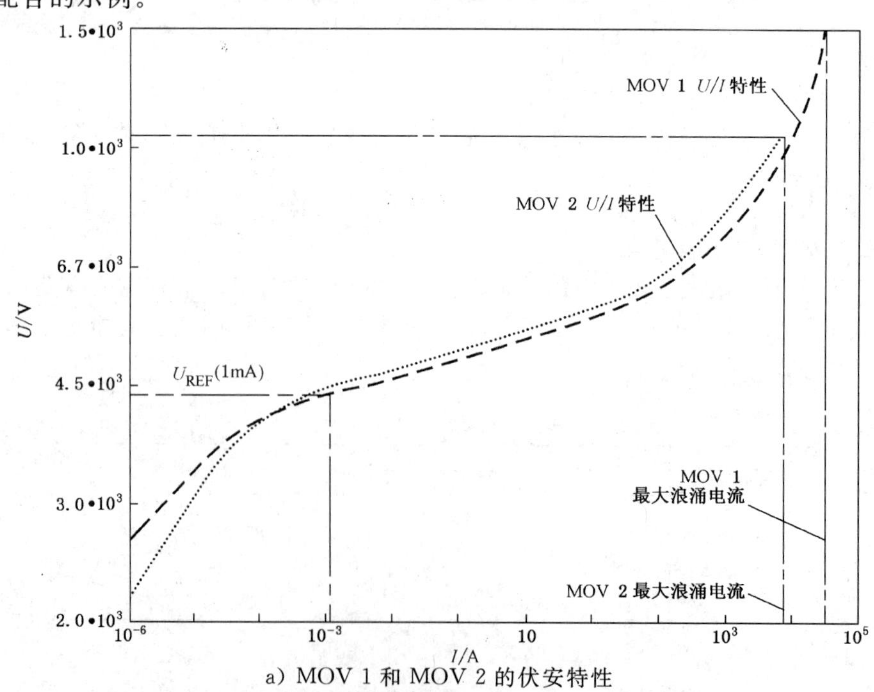

a) MOV 1 和 MOV 2 的伏安特性

图 C.4　两个电压限制型 MOV 1 和 MOV 2 的示例

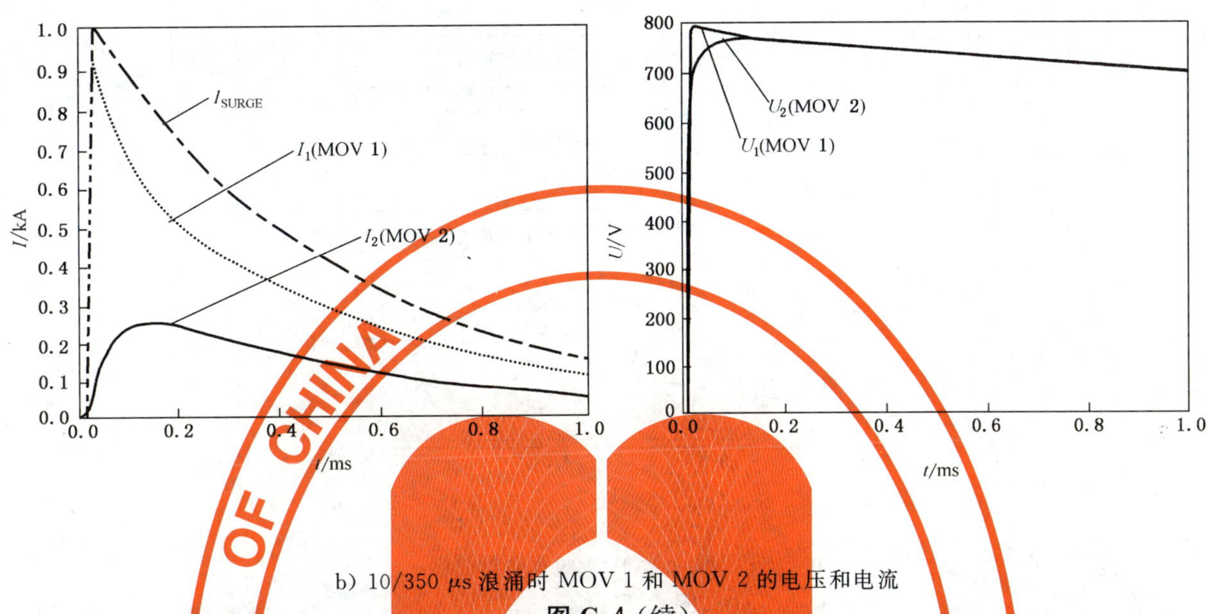

b) 10/350 μs 浪涌时 MOV 1 和 MOV 2 的电压和电流

图 C.4（续）

C.2.3 电压开关型和电压限制性 SPD 间的配合

图 C.5a)是作为技术范例的采用一个火花间隙(SG)和一个金属氧化物变阻器(MOV)实现配合方案的基本电路图。图 C.5b)说明利用电压开关型浪涌保护器 SPD 1 和电压限制型浪涌保护器 SPD 2 的特性进行能量配合的基本原理。

火花间隙 SG(SPD 1)的点火与否取决于 MOV(SPD 2)两端的残压 U_2 和去耦元件上的动态电压降 U_{DE}之和。一旦电压 U_1 超过了动态放电电压 U_{SPARK}，则 SG 将发生火花放电并达到配合，这仅取决于：

——金属氧化物变阻器 MOV 的特性；

——入侵浪涌电流的陡度和幅值；

——退耦元件(电感或电阻)。

a) 放电间隙与 MOV 的组合电路

图 C.5 电压开关型 SG 与电压限制型 MOV 的组合

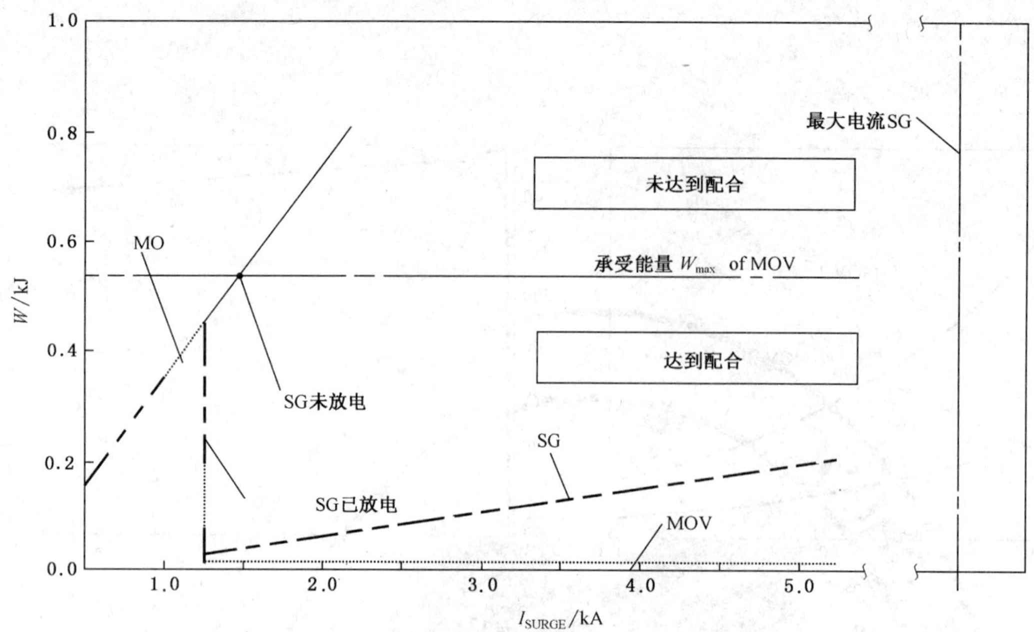

b) 火花间隙与 MOV 能量配合的原则

图 C.5（续）

当用电感作退耦元件时，应当考虑浪涌电流上升时间和峰值大小。陡度 di/dt 越大，则退耦所需电感越小。当对用 I_{imp} 测试的 SPD（Ⅰ类测试）和用 I_n 测试的 SPD（Ⅱ类测试）进行配合时，应当采用最小电流陡度为 0.1 kA/μs 的雷电流（见 GB/T 21714.1—2008 的附录 C.1）。这些 SPD 必须保证在 10/350 μs 雷电流以及最小陡度 0.1 kA/μs 雷电流时都实现配合。

考虑下列两种基本情况：

——火花间隙不点火（见图 C.6a)）。

若火花间隙 SG 不点火，则浪涌电流全部流过 MOV。如图 C.5b）所示，若该浪涌耗散的能量高于 MOV 的耐受能力，则没有达到协调配合。若用电感为退耦元件，则配合状况需要用最坏情况来评估，即在最小电流陡度 0.1 kA/μs 时。

——火花间隙点火（见图 C.6b)）。

如果 SG 点火，则电流流经 MOV 的持续时间大大减短。如图 C.5b）所示，当放电间隙 SG 在流过 MOV 的能量未超过其承受值之前放电，则达到了正确的能量配合。

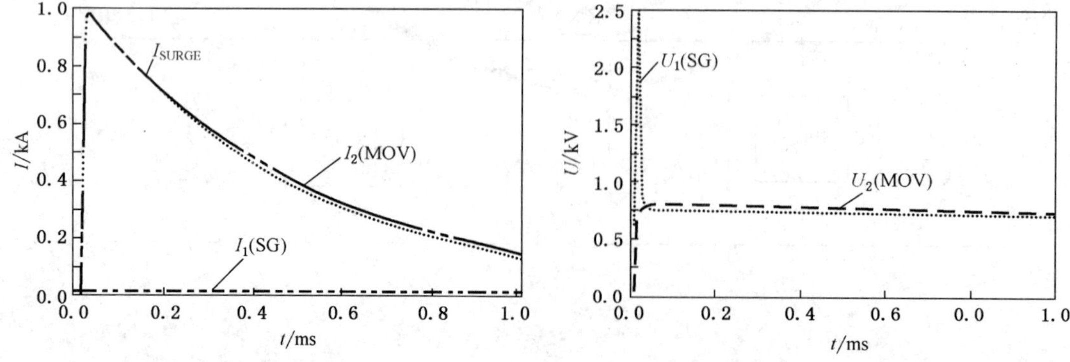

a) 10/350 μs 浪涌时 SG 与 MOV（SPD 1 未点火）上的电压和电流

图 C.6 电压开关型 SG 与电压限制型 MOV 的组合

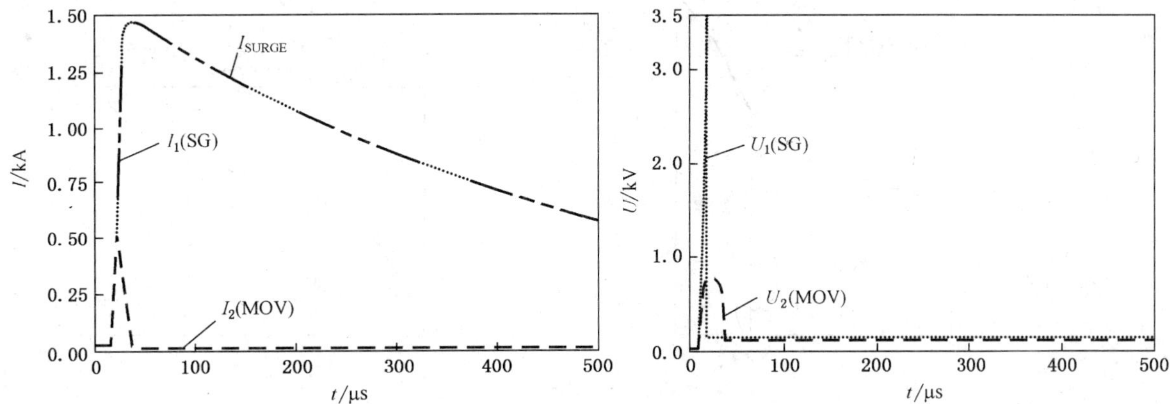

b) 10/350 μs 浪涌时 SG 与 MOV(SPD 1 点火)上的电压和电流

图 C.6(续)

图 C.7 所示为在 10/350 μs 雷电流和最小雷电流陡度 0.1 kA/μs 这两个条件下,确定所需退耦电感的过程。在确定所需退耦元件时还应当考虑两个 SPD 的动态伏安特性。成功的配合的条件是,在 MOV 达到所能耐受能量值以前 SG 必须点火。

SG 的点火取决于它的放电电压 U_{SPARK} 以及 MOV(SPD 2)两端的电压 U_2 和去耦元件两端电压 U_{DE}之和。电压 U_2 取决于电流 i(参见 MOV 的伏安特性),而电压 $U_{DE}=L_{DE}\cdot di/dt$,取决于电流陡度。

对 10/350 μs 浪涌,电流陡度 $di/dt \approx I_{max}/10$ μs 取决于 MOV 所允许的电流幅值 I_{max}(取决于其能量程受能力 W_{max})。由于电压 U_{DE}和 U_2 都是 I_{max}的函数,SG 两端的电压 U_1 也由 I_{max}确定。I_{max}越高,SG 两端电压 U_1 的陡度也越大。因此,在标准中 SG 的点火电压 U_{SPARK}通常用在 1 kV/μs 时的冲击点火电压来描述。

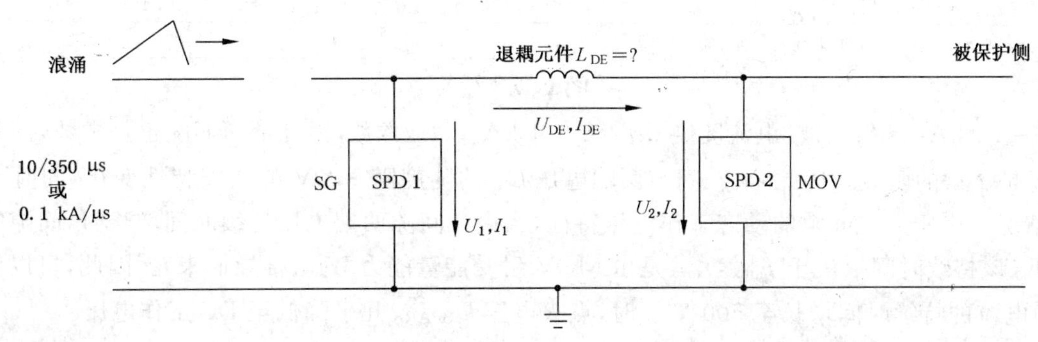

电压条件	$U_1=U_2+U_{DE}=U_2+L\cdot di/dt$
SG 放电	$U_1=U_{SPARK}$
实现能量配合	在 MOV 超过能量耐受能力 W_{max}之前 SG 点火

10/350 μs 浪涌时实现能量配合	0.1 kA/μs 浪涌时实现能量配合

图 C.7　10/350 μs 和 0.1 kA/μs 浪涌时确定退耦电感

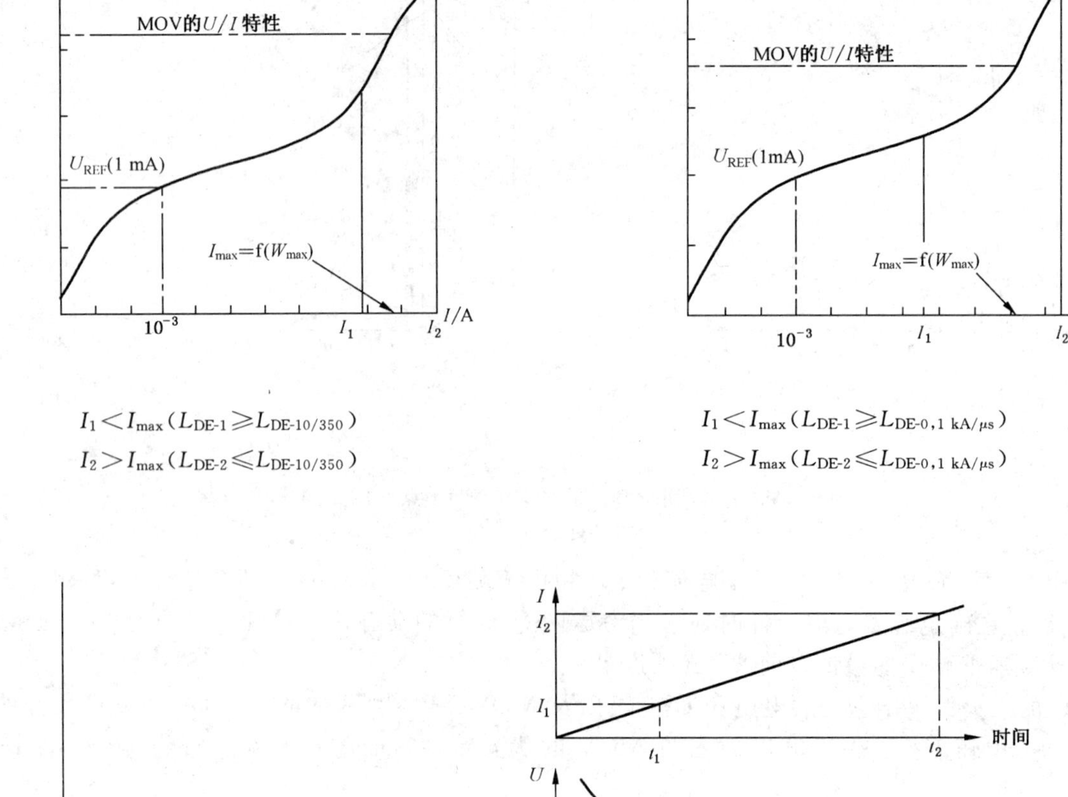

$I_1 < I_{max}$ ($L_{DE-1} \geqslant L_{DE-10/350}$)
$I_2 > I_{max}$ ($L_{DE-2} \leqslant L_{DE-10/350}$)

$I_1 < I_{max}$ ($L_{DE-1} \geqslant L_{DE-0,1\ kA/\mu s}$)
$I_2 > I_{max}$ ($L_{DE-2} \leqslant L_{DE-0,1\ kA/\mu s}$)

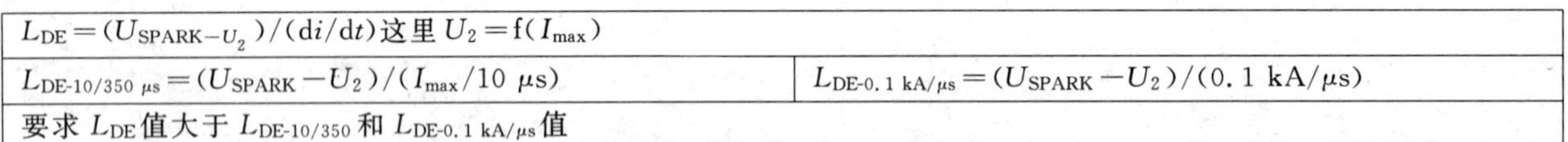

$L_{DE} = (U_{SPARK-U_2})/(di/dt)$ 这里 $U_2 = f(I_{max})$	
$L_{DE-10/350\ \mu s} = (U_{SPARK} - U_2)/(I_{max}/10\ \mu s)$	$L_{DE-0.1\ kA/\mu s} = (U_{SPARK} - U_2)/(0.1\ kA/\mu s)$
要求 L_{DE} 值大于 $L_{DE-10/350}$ 和 $L_{DE-0.1\ kA/\mu s}$ 值	

图 C.7（续）

对于 0.1 kA/μs 斜角波，电流陡度 $di/dt = 0.1$ kA/μs 是常数，因此电压 U_{DE} 也是常数，而和从前一样，U_2 还是 I_{max} 的函数。因此，火花间隙两端电压 U_1 的陡度随 MOV 的伏安特性变化，同时要远低于第一种情况。由于火花间隙的动态工作电压特性，当火花间隙两端电压持续时间增长时，间隙的点火电压将降低（该持续时间取决于 I_{max}，I_{max} 是由 MOV 耐受能量能力 W_{max} 推导而来）。因此，可以假定流经 MOV 的电流的持续时间增长至 500 V/s 时，点火电压 U_{SPARK} 几乎降低至 DC 工作电压。

最后，将采用两个电感 $L_{DE-10/350\ \mu s}$ 和 $L_{DE-0.1\ kA/\mu s}$ 中值较大的一个作为退耦电感 L_{DE}。请参见图 C.8和图 C.9 的示例。

注：在低压电力系统中确定退耦元件时，最坏的情况是 SPD 2 短路（$U_2 = 0$），间隙放电所需电压 U_D 将变到最大。当 SPD 2 是电压限制型时，它的残压 $U_2 > 0$，它将大大减小所需电压 U_{DE}。该残压至少应高于电源的峰值电压（例如 AC 额定电压为 230 V 时，峰值电压为 $\sqrt{2} \cdot 230\ V = 325\ V$）。考虑 SPD 2 的残压，去选定合适的退耦元件。否则会选用得过大。

a) 10/350 μs 浪涌时配合电路图

b) L_{DE}=8 μH 时的电流/电压/能量特性——对 10/350 μs 浪涌未达到能量配合(SG 未点火)

c) L_{DE}=10 μH 时的电流/电压/能量特性:对 10/350 μs 浪涌达到能量配合(SG 点火)

图 C.8 10/350 μs 浪涌时 SG 和 MOV 配合示例

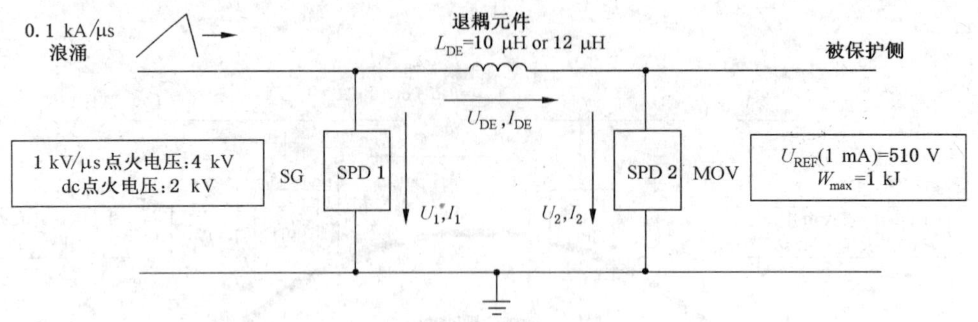

a) 0.1 kA/μs 浪涌时配合图

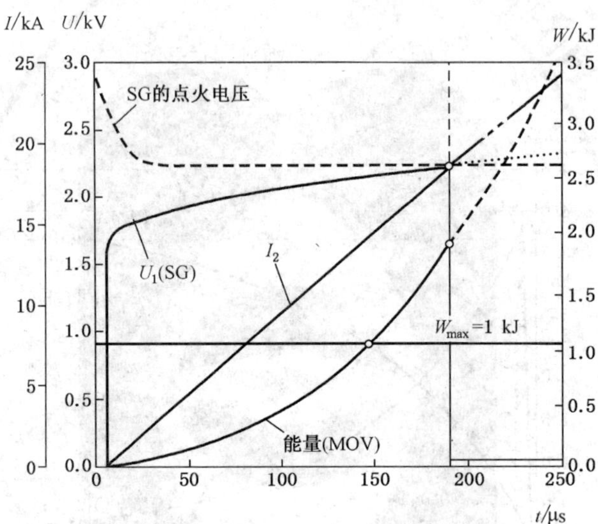

b) L_{DE}=10 μH 时的电流电压特性

0.1 kA/μs 浪涌时能量未能配合

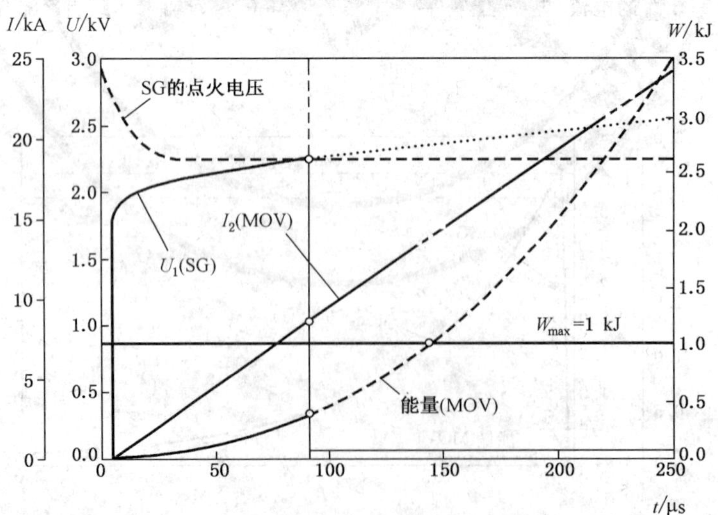

c) L_{DE}=12 μH 时电流/电压/能量特性

0.1 kA/μs 浪涌时能量达到配合

图 C.9 0.1 kA/μs 浪涌时 SG 和 MOV 配合示例

C.2.4 两个电压开关型 SPD 的配合

该配合方案用火花间隙(SG)作技术范例来说明。对于火花间隙之间配合,应考虑其动态工作特性。

在 SG 2 点火后,将由退耦元件实现能量配合。为了确定退耦元件的数值,可用一个短路线代替 SG2。SG1 点火后,去耦元件上的动态电压降应高于 SG 1 的点火电压。

用电感作退耦元件时,所需 U_{DE} 主要取决于浪涌电流的陡度。因此要考虑浪涌的波形和陡度。

用电阻作去耦元件时,所需 U_{DE} 主要取决于浪涌电流峰值。在选择退耦元件的脉冲速率参数时,也应考虑该值。

在 SG1 点火后,总能量将根据各个元件的伏安特性再行分配。

注:在采用火花间隙或气体放电管时,冲击陡度是具有决定性的主要因素。

C.3 防护系统的基本配合方案

目前有四种防护系统配合方案:前三种采用单端口 SPD,而第四种采用集成退耦元件的两端口 SPD。这些配合方案都值得考虑(同时也应考虑被保护设备内部的 SPD)。

C.3.1 方案Ⅰ

所选用的 SPD 都有连续的伏安特性(如 MOV 或抑制二极管)及相同的残压 U_{RES}。SPD 和被保护设备之间的配合通常由它们间的线路阻抗来实现(见图 C.10)。

C.3.2 方案Ⅱ

所选用的 SPD 都有连续的伏安特性(例如 MOV 或抑制二极管)。残压 U_{RES} 从 SPD 1 到 SPD 3 逐步升高(见图 C.11)。

这种适用于电源系统的配合方案。

注:此方案要求被保护设备内保护单元(SPD 4)残压高于直接安装在它前面的保护器(SPD 3)的残压。

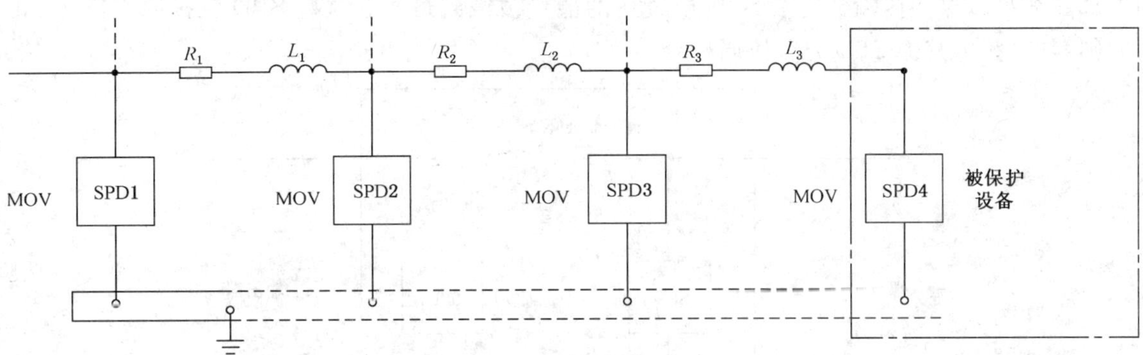

图 C.10 配合方案Ⅰ(电压限制型 SPDs)

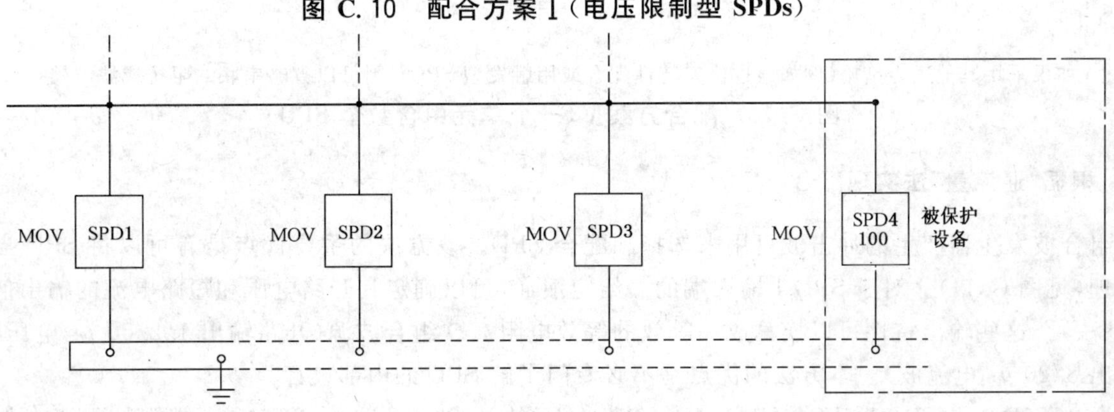

图 C.11 配合方案Ⅱ(电压限制型 SPDs)

C.3.3 方案Ⅲ

SPD 1 具有不连续的伏安特性(例如火花间隙),后续的 SPD 有连续的伏安特性(例如 MOV 或抑制二极管)。所选用的 SPD 都有相同的残压 U_{RES}(见图 C.12)。

该方案具有这样的特性,即通过 SPD 1 的开关特性,减少原始电流冲击 10/350 μs 的半峰值时间,从而大大的减小了后续 SPD 的压力。

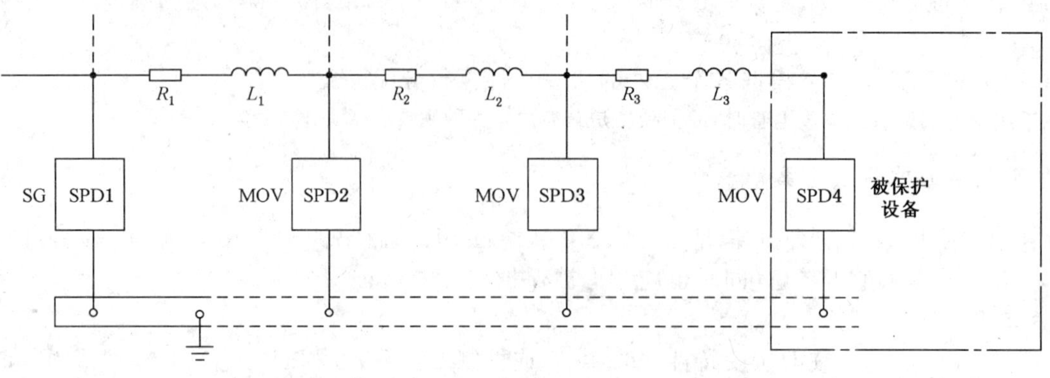

图 C.12 配合方案Ⅲ(电压限制型 SPD 和电压开关型 SPDs)

C.3.4 方案Ⅳ

可将级联的 SPD 与串联阻抗或滤波器在内部配合(见图 C.13),组成新的两端口浪涌保护器。成功的内部配合可以保证传输到后续 SPD 或设备的能量被减到最小。这些 SPD 应按照方案Ⅰ、Ⅱ或Ⅲ中的原则,与系统内其他 SPD 充分协调配合。

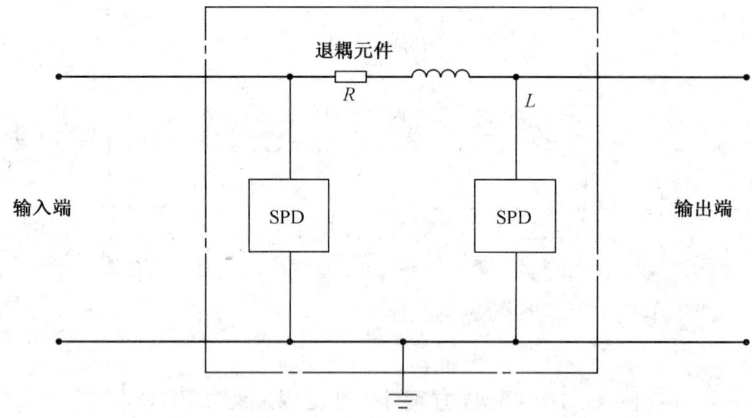

注:如果采用其他适当措施(例如通过伏安特性配合或用触发型 SPD),则可以省略串联的阻抗或滤波器。

图 C.13 配合方案Ⅳ(一个单元中含数个 SPD)

C.4 根据"通流量"法实现配合

组合波发生器产生的冲击波可用来选择和配合 SPD。该方法的主要优点是有可以将 SPD 当作黑盒处理(见图 C.14)。对于 SPD 1 输入端的一给定浪涌,可以确定其开路电压和短路电流的输出值("通流量"法)。这些输出特性可以换算成一等效的等效电阻 2 Ω 组合波源(开路输出 1.2/50 μs 电压波,短路输出 8/20 μs 电流波)。本方法的优点是不必专门了解 SPD 的内部设计。

注:当 SPD 2 对 SPD 1 无反馈作用时,本方法能获良好的结果。也就是说,在 SPD 2 输入端的浪涌为准外加电流。其条件是 SPD 1 和 SPD 2 的伏安特性具有很大差异(例如一个 MOV 和一个火花间隙配合)。

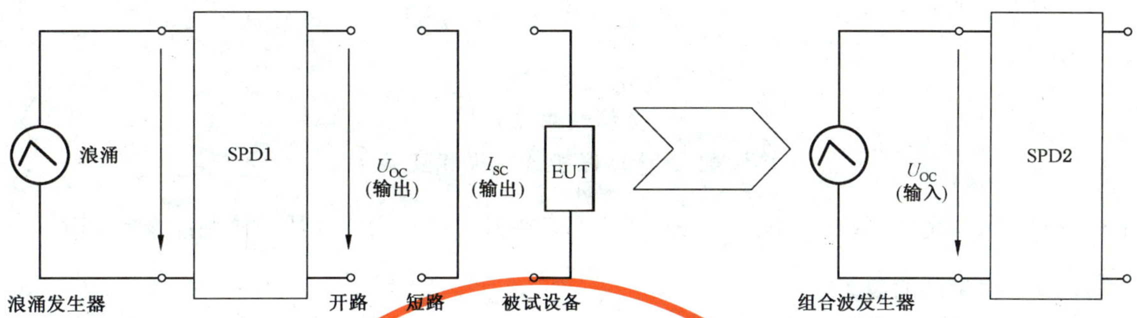

SPD1 的 U_{OC}(输出)≤SPD2 的 U_{OC}(输入)

将 U_{OC}(输出)和 I_{SC}(输出)换算成等效的组合波：

U_{OC}(1.2/50 μs 波形)　　I_{SC}(8/20 μs 波形)　　$Z_i = 2\ \Omega$

图 C.14　采用"通流量"法配合

本配合方法的目的是使 SPD 2 的输入值(例如放电电流)与 SPD 1 的输出值(例如电压防护水平)具有可比性。

对于恰当的协调配合，SPD 1 输出的等效组合波不应超过被 SPD 2 吸收且不损坏 SPD 2 的组合波。

在 SPD 1 输出端的等效组合波应当在最坏的状况下确定(包括 I_{max}，U_{max}，通流能量)。

注：该配合方法的其他详细资料情参见 GB/T 18802.12。

C.5　配合的验证

能量的协调配合应当用以下方法验证：

——协调配合试验法。

　　协调配合可以用逐个验证法进行证实。

——计算法。

　　简单情况可以近似方法计算，复杂系统需要用计算机模拟。

——使用已配合好的系列 SPD 产品。

　　这种情况，制造商应证明其 SPD 已达到协调配合。

附　录　D
（资料性附录）
协调配合 SPD 保护的选择和安装

在复杂的电气和电子系统中，电源和信号回路都必须考虑选择安装合适的协调配合的 SPD 保护。

D.1　选择 SPD 要考虑的因素

D.1.1　电压保护水平

被保护设备额定冲击耐受电压 U_w 应定义如下：

——电力线及终端设备由 GB/T 16935.1 规定；

——通信线及终端设备由 ITU-T K.20 和 K.21 规定；

——其他线路及终端设备由厂家自行规定。

在下列情况，内部系统受到保护：

——内部系统冲击耐受电压 U_w 大于或等于 SPD 的保护水平 U_p，加上考虑连接导线上的电压降所需的裕量；

——与上级 SPD 能量配合时。

注 1：SPD 的保护水平 U_p 是规定标称电流时的残压。当流过 SPD 的电流较大或较小时，SPD 端子的电压数值都会相应的变化。

注 2：当 SPD 与被保护设备连接时，连接导线的感应电压降 ΔU 应加到 SPD 的保护水平 U_p 中。最终有效保护水平 $U_{p/f}$ 定义为 SPD 输出的电压，等于保护水平加上连接部件的线路压降。SPD 的输出电压最终的有效保护水平 $U_{p/f}$ 可以假设为：

$U_{p/f}=U_P+\Delta U$　　　　适用于限压型 SPD

$U_{p/f}=\max(UP,\Delta U)$　　　　适用于电压开关型 SPD

当 SPD 携带部分雷电流时，假定每 m 线路的压降 $\Delta U=1$ kV，或者考虑 20% 的裕量。若 SPD 仅携带感应电流，则 ΔU 可以忽略。

注 3：SPD 的保护水平 U_p 和设备的耐受电压 U_w 应在相同的测试条件下（过电压和过电流波形、能量及供能设备等）比较。该情况正在考虑中。

注 4：设备可能已经内置 SPD，这些内置的 SPD 会影响保护配合。

D.1.2　选择时考虑安装位置和放电电流

GB/T 21714.1—2008 附录 E 规定，SPD 应能在安装点上承受的预计的放电电流。SPD 的选用，取决于它们的耐受能力。电源用 SPD 由 GB 18802.1 分类，通信系统的 SPD 由 GB/T 18802.21 分类。

SPD 的安装点如下：

a)　在建筑物的进线入口（在 LPZ 1 边界，即在电力线路主配电盘 MB 上）：

- 用 I_{imp} 测试的 SPD（Ⅰ类测试的 SPD）

  要求 SPD 的冲击电流 I_{imp} 应当包含安装点根据 GB/T 21714.1—2008 附录 E.1 和/或 E.2 选择 LPL 后预计的（局部）雷电流。

- 用 I_n 测试的 SPD（Ⅱ类测试的 SPD）

  进线完全在 LPZ 0_B 或危害源 S1 和 S3 造成的失效风险可以忽略时采用这种类型的 SPD。根据 GB/T 21714.1—2008 附录 E.1 和/或 E.2，要求 SPD 的标称放电电流 I_n 应当包含安装点预期的浪涌。

b)　靠近被保护设备（在 LPZ2 或更高雷电防护区的边界，即在分配电盘 SB 上，或在插座 SA）。

- 用 I_n 测试的 SPD（Ⅱ 类测试的 SPD）

  要求 SPD 的标称放电电流 I_n 应当包含根据 GB/T 21714.1—2008 附录 E.3 选择 LPL 确定的

安装点预期的浪涌。

- 用组合波测试的SPD(Ⅲ类测试的SPD)

  选择组合波发生器所要求的开路电压 U_{oc} 时应当保证其相应的短路电流包含根据GB/T 21714.1—2008附录E.3选择LPL确定的安装点预期的浪涌。

D.2 协调配合的SPD保护安装

有效的协调配合的SPD保护不但要选择适当的SPD,主要还取决于适当的安装。安装时主要应考虑以下几点:

- SPD的安装位置;
- 连接导线;
- 保护距离(振荡现象);
- 保护距离(感应现象)。

D.2.1 SPD的安装位置

SPD的安装位置必须符合D.1.2要求,主要受下列因素影响:

- 保护应当对特定的危害源有效果:雷电击中建筑物(S1)、雷电击中线路(S3)、雷电击中建筑物附近大地(S2)、雷电击中线路附近(S4);
- 保护应尽可能的靠近外线进入建筑物的入口,将浪涌电流通过进可能短路径引导入大地。

首先要求考虑,SPD越靠近进入建筑物的外线入口,该SPD所能保护的设备数目越多(经济得益)。第二条必须检查,SPD越靠近被保护设备,则保护效果越好(技术得益)。

D.2.2 连接导体

SPD的连接导体应有表1给出的最小截面积。

D.2.3 振荡保护距离 l_{po}

SPD在工作时,SPD安装位置处的线对地电压限制在 U_p。若SPD和被保护设备间的线路太长,浪涌的传播将会产生振荡现象。被保设备终端护开路时,设备终端的过电压会增至 $2U_p$,即使选择了 $U_p \leqslant U_w$,设备的失效仍将发生。

保护距离 l_{po} 是SPD和设备间线路的最大长度,在此限度内,SPD有效保护设备(已经考虑了振荡现象和电容负载)。

这些数据取决于SPD的技术、安装规则和负载电容。

若线路长度小于10 m或者 $U_{p/f} < U_w/2$ 时,保护距离可以不考虑。

注:若最大线路长度大于10 m或者 $U_p > U_w/2$ 时,保护距离可以用下列公式估算:

$$l_{po} = [U_w - U_p]/k \text{(m)},\text{其中 } k = 25 \quad (\text{V/m})$$

D.2.4 感应保护距离 l_{pi}

建筑物或附近建筑物地面遭受雷击时会在SPD与被保护设备构成的回路内感应出过电压,它加于 U_p 上降低了SPD的保护效果。感应过电压随回路(线路路径:线路长度、保护地PE与相线的距离、电力线与通信线间的回路面积)尺寸增加而增加,随磁场强度衰减而减少(空间屏蔽和/或线路屏蔽)。

保护距离 l_{pi} 是SPD与被保护设备间最大线路长度,在此距离内,SPD对被保护设备的保护才是有效的(考虑感应现象)。

总的原则是在雷电产生的磁场极强时,减小SPD与设备间的回路。或者用下列方法减小磁场强度:

——建筑物(LPZ1)或房间(LPZ2或更高区域)空间屏蔽;

——线路屏蔽(使用屏蔽电缆或电缆管道)。

若提供了足够的屏蔽,可以不考虑保护距离 l_{pi}。

注:当这是一个重要问题(长回路、线路未屏蔽、大回路等)时,可用下列公式估算保护距离 l_{pi}:

$$l_{pi} = [U_w - U_p]/h \quad (\text{m})$$

其中：$h=30\ 000 \times K_{S1} \times K_{S2} \times K_{S3}$ (V/m)

而 K_{S1}，K_{S2}，K_{S3} 是 GB/T 21714.3—2008 中 B.3 给出的系数：

K_{S1}：由 LPS 或其他 LPZ 0/1 边界屏蔽措施提供的空间屏蔽；

K_{S2}：LPZ 1/2 或更高区域边界屏蔽措施提供的空间屏蔽；

K_{S3}：内部线路的特性。

D.2.5 SPD 的配合

根据 GB 18802.12 或 IEC 61643-22，应当保证级联使用的 SPD 间相互配合。SPD 的制造厂商应在他们的文件上提供足够的有关获得 SPD 之间能量协调配合的充分资料。

SPD 协调配合的更多资料由附录 C 给出。

D.2.6 安装协调配合的 SPD 的程序

协调配合的 SPD 应当根据下列程序安装：

1）在线路进入建筑物的入口(LPZ1 边界，例如，安装点 MB)，安装 SPD1(见 D.1.2)；

2）确定内部被保护系统的冲击耐受电压 U_w；

3）选择 SPD1 的保护水平 U_{p1}，使有效保护水平 $U_{p1} \leqslant U_w$；

4）检查保护距离 $l_{po/1}$ 和 $l_{pi/1}$(见 D.2.3 和 D.2.4)；

若满足条件 3)和 4)的要求，则 SPD1 有效保护了被保护设备，

否则，需设置 SPD2；

5）靠近被保护设备(在 LPZ2 边界，例如，安装点 SB)安装 SPD2(见 D.1.2)；

6）选择 SPD2 的保护水平 U_{p2}，使有效保护水平 $U_{p2} \leqslant U_w$，

相同的 SPD 易于有效配合；

7）检查保护距离 $l_{po//2}$ 和 $l_{pi/2}$(见 D.2.3 和 D.2.4)。

若满足条件 6)和 7)的要求，则能量协调配合的 SPD1 和 SPD 有效的保护了被保备。

否则，需在靠近被保护设备处(例如，安装点 SB)设置 SPD3。该 SPD 应当与上级的 SPD1 和 SPD2 能量配合(见 D.2.5)。

参 考 文 献

[1] IEC 61000-1-1:1992 电磁兼容(EMC) 第1部分:总论 第1节:基本术语和定义的说明.
[2] IEC 61000-5-6:2002 电磁兼容(EMC) 第5-6部分:安装和调试指南 外部电磁场影响的减弱.

ICS 35.240.80
L 67

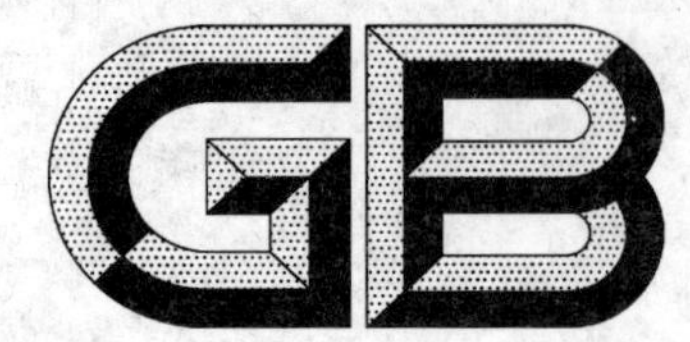

中华人民共和国国家标准

GB/T 21715.1—2008/ISO 21549-1:2004

健康信息学　患者健康卡数据
第1部分:总体结构

Health informatics—Patient healthcard data—Part 1: General structure

(ISO 21549-1:2004, IDT)

2008-04-11 发布　　2008-09-01 实施

中华人民共和国国家质量监督检验检疫总局
中国国家标准化管理委员会　发布

前　　言

GB/T 21715《健康信息学　患者健康卡数据》分为 8 个部分：

——第 1 部分：总体结构；

——第 2 部分：通用对象；

——第 3 部分：有限临床数据；

——第 4 部分：扩展临床数据；

——第 5 部分：标识数据；

——第 6 部分：管理数据；

——第 7 部分：电子处方(用药数据)；

——第 8 部分：链接。

将来还可能增加新的部分。

本部分为 GB/T 21715 中的第 1 部分。

本部分等同采用 ISO 21549-1:2004。

本部分与 ISO 21549-1:2004 的主要差别为对适用范围进行了略微补充。

本部分由中国标准化研究院提出。

本部分由中国标准化研究院归口。

本部分起草单位：中国标准化研究院、解放军总医院。

本部分主要起草人：陈煌、任冠华、董连续、徐成华、刘碧松。

引　言

随着人口流动的增加，社区医疗和家庭保健需求日益增多，对高质量流动治疗服务需求也不断增长，便携式信息系统和存储器也随之得以迅速发展并投入使用。这些设备可实现从身份识别到患者便携式监控系统等一系列功能。

这些设备的功能是携带可识别的个人信息，并与其他系统之间进行传递；因此，在工作期间，它们可能与许多功能和性能有很大差异的不同技术系统一起共享信息。

保健管理越来越依靠类似自动化的识别系统。例如，患者可通过使用便携式可读计算机设备，对处方进行自动处理，并实现在不同地点之间的数据交换。医疗保险公司和保健提供方越来越多地涉及到跨区域治疗中。在这种情况下，理赔可能需要在很多不同的保健系统之间自动交换数据。

可远程访问数据库及其支撑系统的出现带动了"保健受益人"识别设备的发展和使用，这些设备能执行安全功能，并且能经由网络向远程系统传送数字签名。

随着使用日常保健服务中数据卡的日益增多，有必要对数据格式进行标准化以实现数据交换。

数据卡携带的与人相关的数据可分成3种主要类型：标识数据、管理数据和临床数据。需要特别指出的是，实际使用的健康数据卡必须包含设备本身的标识数据及其携带数据所涉及的个人标识数据，管理数据和临床数据是可选的。

设备数据包括：

——设备本身的标识数据；

——设备功能和性能的标识数据。

标识数据可包括：

——设备持有者的唯一标识或者该设备所携带数据相关的人的唯一标识。

管理数据可包括：

——个人相关的补充数据；

——保健资金的标识，表明其是有支付的还是自付的，以及他们的关系，即保险公司，保险合同和保险单或者保险费的类型；

——保健服务所必需的其他数据（不同于临床数据）。

临床数据可包括：

——提供健康信息和健康事件信息的数据项；

——保健提供者对他们的评价和标注；

——已计划的、要求的或者已经执行的临床行为。

因为数据卡本质上是给明确的查询提供具体的答复，同时有必要通过消除冗余来优化使用存储空间，所以在定义健康数据卡数据结构时使用了高层次的对象建模技术（OMT）。

上述四类数据有许多共同特征。例如，每类数据都必须包含：ID号、名称、日期。某些信息可能同时兼有临床和管理的用途。因此，不在基本数据元的基础上使用类结构而简单罗列健康数据卡携带的数据项是不能满足要求的。这些基本数据元可以通过它们的特性（例如它们的格式）来定义，并且通过它们可以构造复合数据对象。若干这样的对象可以共享某些属性。

健康信息学　患者健康卡数据
第1部分:总体结构

1　范围

本部分规定了本标准中使用UML标识语言定义的不同类型数据的总体结构,这些数据结构可存放于符合GB/T 14916中ID-1卡物理尺寸规定的卡中。

本部分适用于患者健康卡的设计和规划。

本部分不适用于健康领域之外其他用途的卡。

2　规范性引用文件

下列文件中的条款通过本部分的引用而成为本部分的条款。凡是注日期的引用文件,其随后所有的修改单(不包括勘误的内容)或修订版均不适用于本部分,然而,鼓励根据本部分达成协议的各方研究是否可使用这些文件的最新版本。凡是不注日期的引用文件,其最新版本适用于本部分。

GB/T 14916　识别卡　物理特性(GB/T 14916—2006,ISO/IEC 7810:2003,IDT)

GB/T 21715.2—2008　健康信息学　患者健康卡数据　第2部分:通用对象(ISO 21549-2:2004)

GB/T 21715.3—2008　健康信息学　患者健康卡数据　第3部分:有限临床数据(ISO 21549-3:2004)

ISO 21549-4:2006　扩展临床数据

ISO 21549-5:2008　标识数据

ISO 21549-6:2008　管理数据

ISO 21549-7:2007　电子处方(用药数据)

ISO 21549-8　链接

3　术语和定义

下列术语和定义适用于本部分。

3.1

数据对象　data object

自然分组并且可标识为一个完整实体的数据集合。

3.2

健康数据卡　healthcare data card

用于健康领域且符合GB/T 14916的机器可读卡。

3.3

患者健康卡　patient healthcard

包含有与唯一被记录人(见3.5)在健康领域有关数据的健康数据卡。

3.4

记录　record

所采集数据的集合。

3.5

被记录人　record person

与一条可标识记录对应的个人,该记录包含与该人相关的数据。

4 缩略语

下列缩略语适用于本部分。

UML 统一建模语言 unified modelling language

5 健康数据卡的基本数据对象模型——患者健康卡数据对象结构

5.1 概述

本标准设计了一组能灵活地存储临床数据、并允许增加特定应用的基本数据对象。通过有效利用存储空间的方式,实现已存储数据的通用附加特性。

基本数据对象由基于面向对象模型的类结构组成,该模型的UML类框图如图1所示。

图1所示的类别在本标准的其他部分定义。

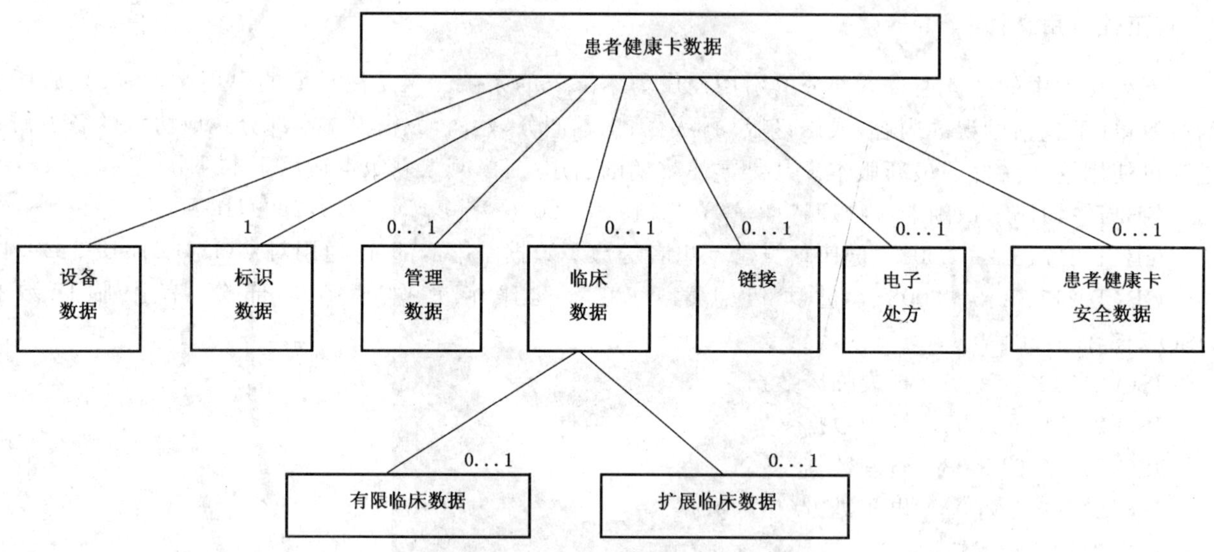

图1 患者健康卡数据的总体结构

该面向对象结构的内容将在下面具体叙述,且用于本标准其他部分所定义的数据对象。

注:本部分只适用于包含健康数据的患者健康卡。本标准没有定义包含财务和保健赔偿数据的数据对象。

5.2 设备数据

该数据对象包含患者健康卡本身所特有的数据。例如,如果这张卡是一张"智能卡",则该数据对象包含卡制造商、芯片制造商、持卡者和该设备本身的唯一标识符,以及其他有关的数据。该数据对象的具体技术不在本部分的范围内。

5.3 标识数据

按ISO 21549-5:2008的定义,该数据对象包含唯一标识与卡中记录相关的个人的数据。

注:在一些情况下,一张健康数据卡(例如一张家庭保险卡)可包含与多人相关的记录。

5.4 管理数据

按ISO 21549-6:2008的定义,该数据对象包含与卡中记录相关的保健管理数据。

注:在一些情况下,一张健康数据卡(例如一张家庭保险卡)可包含与多人相关的记录。

5.5 临床数据

按GB/T 21715.3—2008和ISO 21549-4:2006的定义,该数据对象包含有助于进行与卡中记录相关的临床治疗服务的数据。

注:在一些情况下,一张健康数据卡(例如一张家庭保险卡)可包含与多人相关的记录。

包含与其持有人意愿相反记录数据的患者健康卡不符合本标准。

5.6 链接

按 ISO 21549-8 的定义,该数据对象是用来提供与卡中记录相关个人的引用和链接。

注 1:在一些情况下,例如一张家庭保险卡,一张健康数据卡可包含与多人相关的记录。

注 2:该数据对象可包含能提供与社区索引具有相同功能的数据。同时也能包含与被记录人相关记录的 URL(统一资源定位器)。受安全方面的限制,提供这些记录的 URL 不意味着就允许自动访问到包含在记录中的数据。

5.7 电子处方(用药数据)

按 ISO 21549-7:2007 的定义,该数据对象包含与卡中记录相关的处方信息的数据。

注:在一些情况下,例如一张家庭保险卡,一张健康数据卡可包含与多人相关的记录。然而,在图 1 中定义的结构下,目前普遍的用法是在患者健康卡中只包含和个人相关的记录。

5.8 患者健康卡安全数据

按 GB/T 21715.2—2008 的定义,该数据对象包含能存储提供安全功能所需的数据。

ICS 35.240.80
L 67

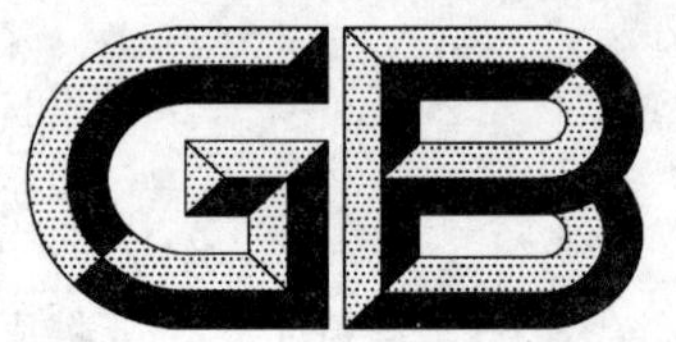

中华人民共和国国家标准

GB/T 21715.2—2008/ISO 21549-2:2004

健康信息学　患者健康卡数据
第2部分:通用对象

Health informatics—Patient healthcard data—Part 2: Common objects

(ISO 21549-2:2004, IDT)

2008-04-11 发布　　2008-09-01 实施

中华人民共和国国家质量监督检验检疫总局
中国国家标准化管理委员会　发布

前　言

GB/T 21715《健康信息学　患者健康卡数据》分为 8 个部分：

——第 1 部分：总体结构；

——第 2 部分：通用对象；

——第 3 部分：有限临床数据；

——第 4 部分：扩展临床数据；

——第 5 部分：标识数据；

——第 6 部分：管理数据；

——第 7 部分：电子处方（用药数据）；

——第 8 部分：链接。

将来还可能增加新的部分。

本部分为 GB/T 21715 中的第 2 部分。

本部分等同采用 ISO 21549-2:2004《健康信息学　健康卡数据　第 2 部分：通用对象》。

本部分与 ISO 21549-2:2004 的主要差别为对适用范围进行了略微补充。

本部分的附录 A 为规范性附录。

本部分由中国标准化研究院提出。

本部分由中国标准化研究院归口。

本部分起草单位：中国标准化研究院、解放军总医院。

本部分主要起草人：陈煌、任冠华、董连续、徐成华、刘碧松。

引　言

随着人口流动的增加，社区医疗和家庭保健需求日益增多，对高质量流动治疗服务需求也不断增长，便携式信息系统和存储器也随之得以迅速发展并投入使用。这些设备可实现从身份识别到患者便携式监控系统等一系列功能。

这些设备的功能是携带可识别的个人信息，并与其他系统之间进行传递；因此，在工作期间，它们可能与许多功能和性能有很大差异的不同技术系统一起共享信息。

保健管理越来越依靠类似自动化的识别系统。例如，患者可通过使用便携式可读计算机设备，对处方进行自动处理，并实现在不同地点之间的数据交换。医疗保险公司和保健提供方越来越多地涉及跨区域治疗中。在这种情况下，理赔可能需要在很多不同的保健系统之间自动交换数据。

可远程访问数据库及其支撑系统的出现带动了“保健受益人”识别设备的发展和使用，这些设备能执行安全功能并且能经由网络向远程系统传送数字签名。

随着使用日常保健服务中数据卡的日益增多，有必要对数据格式进行标准化以实现数据交换。

数据卡携带的与人相关的数据可分成3种主要类型：标识数据、管理数据和临床数据。需要特别指出的是，实际使用的健康数据卡必须包含设备本身的标识数据及其携带数据所涉及的个人标识数据，管理数据和临床数据是可选的。

设备数据包括：

——设备本身的标识数据；

——设备功能和性能的标识数据。

标识数据可包括：

——设备持有者的唯一标识或者该设备所携带数据相关的人的唯一标识。

管理数据可包括：

——个人相关的补充数据；

——保健资金的标识，表明其是有支付的还是自付的，以及它们的关系，即保险公司、保险合同和保险单或者保险费的类型；

——保健服务所必需的其他数据（不同于临床数据）。

临床数据可包括：

——提供健康信息和健康事件信息的数据项；

——保健提供者对它们的评价和标注；

——已计划的、要求的或者已经执行的临床行为。

因为数据卡本质上是给明确的查询提供具体的答复，同时有必要通过消除冗余来优化使用存储空间，所以在定义健康数据卡数据结构时使用了高层次的对象建模技术（OMT）。

上述四类数据有许多共同特征。例如，每类数据都必须包含：ID号、名称、日期。某些信息可能同时兼有临床和管理的用途。因此，不在基本数据元的基础上使用类结构而简单罗列健康数据卡携带的数据项是不能满足要求的。这些基本数据元可以通过它们的特性（例如它们的格式）来定义，并且通过它们可以构造复合数据对象。若干这样的对象可以共享某些属性。

本部分通过使用UML、纯文本和ASN.1描述和定义了患者持有的健康数据卡所使用或引用的通用数据对象。这些数据对象用于各种类型的健康数据卡，并且用来构建符合GB/T 21715.3—2008～GB/T 21715.8定义的复合数据对象。

健康信息学 患者健康卡数据 第2部分:通用对象

1 范围

本部分为通用对象的结构和内容构建了一个通用框架。这些结构和内容用于构建患者健康卡中其他数据对象的数据,或者被它们所引用。但并不规定或者给出用于存储在设备中强制性特定数据集。

本部分适用于记录或者传送患者健康卡的数据,这些数据可存放于符合GB/T 14916中ID-1卡物理尺寸规定的卡中。

下列服务的详细功能和机制不属于本部分的范围(即使它的结构允许使用其他地方规定的合适数据对象):

——自由文本数据的编码;

——可由数据卡用户按照具体应用所规定的安全功能和相关服务,例如,保密性保护,数据完整性保护,以及与这些功能相关的个人和设备的鉴别;

——依赖于某些数据卡类型的访问控制服务,例如微处理器卡;

——初始化和发布过程(表明个人数据卡工作周期的开始,并且使数据卡为后续通信中给它传递符合本部分要求的数据做准备)。

因此,下列内容不属于本部分的范围:

——用于特定类型数据卡的实际功能的物理或者逻辑解决方案;

——如何处理在两个系统接口间的消息;

——数据卡外部的数据所使用的格式,以及在数据卡或其他地方用以清晰表达这类数据的方式。

2 规范性引用文件

下列文件中的条款通过GB/T 21715的本部分的引用而成为本部分的条款。凡是注日期的引用文件,其随后所有的修改单(不包括勘误的内容)或修订版均不适用于本部分,然而,鼓励根据本部分达成协议的各方研究是否可使用这些文件的最新版本。凡是不注日期的引用文件,其最新版本适用于本部分。

GB/T 2659—2000 世界各国和地区名称代码(eqv ISO 3166-1:1997)

GB/T 9387.2—1995 信息处理系统 开放系统互连 基本参考模型 第2部分:安全体系结构(idt ISO 7498-2:1989)

GB/T 14916 识别卡 物理特性(GB/T 14916—2006,ISO/IEC 7810:2003,IDT)

GB/T 15843.1—1999 信息技术 安全技术 实体鉴别 第1部分:概述(idt ISO/IEC 9798-1:1997)

ENV 1068:1993,Medical informatics—Healthcare information interchange—Registration of coding schemes

3 术语和定义

下列术语和定义适用于本部分。

3.1

国家 country

标识原始发行该设备国家的代码。

注:不必与设备持有者的国籍相同。本标准中设备是指卡本身。

3.2

数据完整性　data integrity

这一性质表明数据没有遭受以非授权方式所作的篡改或破坏。

[GB/T 9387.2—1995]

3.3

数据对象　data object

自然分组并且可标识为一个完整实体的数据集合。

3.4

数据子对象　data sub-object

数据对象的组成部分，且本身可被标识为一个单独的实体。

3.5

设备持有者　device holder

持有数据卡的个人。该卡中包含了标识此人为主的相关记录。

3.6

实体鉴别　entity authentication

证实某个实体是其声称的实体。

[GB/T 15843.1—1999]

3.7

删除　erasure

在一个给定的时间点之后，永久取消对一个数据实体的访问或者永久拒绝所有参与方对该数据实体的访问的过程。

注：这并不意味着从设备中对数据进行物理删除，而可以通过只改变安全性来永久拒绝所有参与方对数据实体的访问。

3.8

健康卡持有者　healthcard holder

持有健康数据卡的个人，该卡中包含了标识此人为主的相关记录。

3.9

健康数据卡　healthcare data card

用于健康领域且符合 GB/T 14916 的机器可读卡。

3.10

主行业标识符　major industry identifier；MII

标识准备使用数据卡的部门/行业的代码。

注：保健行业的 MII 指定为 80。

3.11

主记录标识符　major record identifier

链接到对应数据卡中和提供保健服务的系统中某一被记录人的主要记录的标识符。

3.12

记录　record

所采集数据的集合。

3.13

被记录人　record person

与一条可标识记录对应的个人，该记录包含与该人相关的数据。

3.14

安全性　security

保密性、完整性和可用性的组合。

4　缩略语

下列缩略语适用于本部分。

ASN.1　抽象语法记法 1　Abstract syntax notation, version 1

EN　欧洲标准　European Standard

HCP　保健受益人　healthcare person

ICC　集成电路卡　integrated-circuit card

IEC　国际电工委员会　International Electrotechnical Commission

ISO　国际标准化组织　International Organization for Standardization

MII　主行业标识符　major industry identifier

UML　统一建模语言　unified modelling language

UTC　协调世界时间　coordinated universal time

5　健康数据卡的基本数据对象模型——患者健康卡数据对象结构

本标准设计了一组能灵活地存储临床数据、并允许增加特定应用的基本数据对象。通过有效利用存储空间的方式,实现已存储数据的通用附加特性。

基本数据对象由基于面向对象模型的类结构组成,该模型的 UML 类框图如图 1 所示。

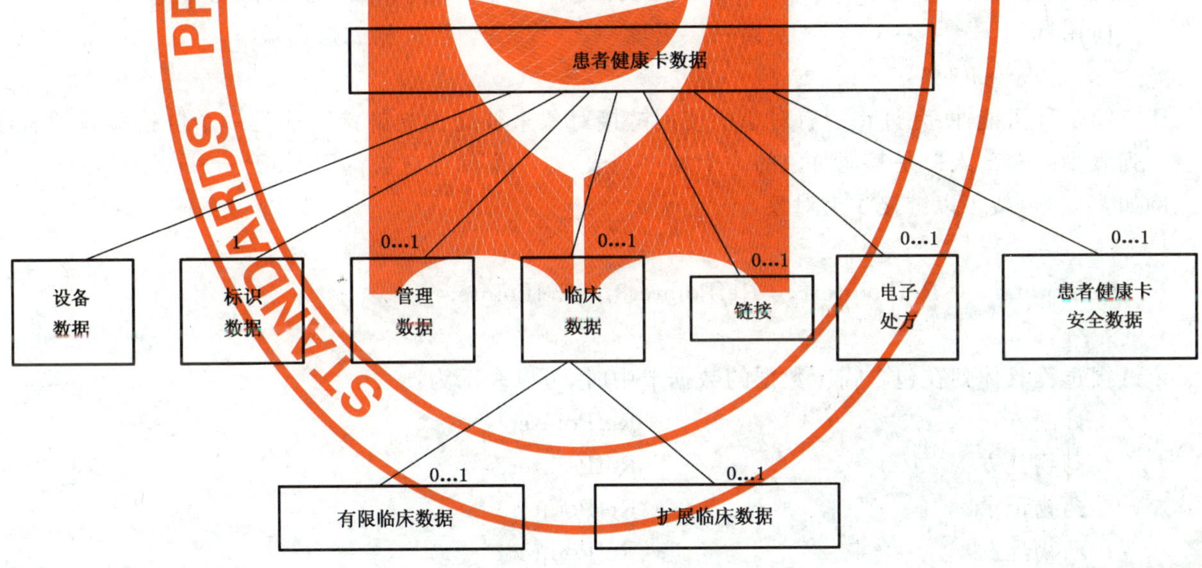

图 1　患者健康卡数据的总体结构

该面向对象的结构的内容在下面描述,也可能需要用到本部分没有定义的其他数据对象。

注 1:本部分只适用于包含健康数据的患者健康卡。本标准没有定义包含财务和保健赔偿数据的数据对象。

注 2:在保持特定语境标记时有可能需要获取数据对象并重新组合它们,在保持互操作性时也可能需要定义新的对象。

除具有用简单的构筑模块建立起复杂的聚合数据对象的能力外,本标准还允许在某些对象之间建立起关联,以便使信息可以共享。例如,该特征主要使一套附加属性可以用来为若干个所存储的信息对象提供服务。

6 供引用的基本数据对象

6.1 概述

本标准已定义了一系列普遍有用的数据类型,虽然这些定义本身没有内在的值,但是本标准可以用其来定义其他对象。可以与其他有关的信息对象相关联的情况下对这些对象进行相应操作来“附加值”。

6.2 内部链接

6.2.1 概述

本部分的数据模型中,很多对象主要用作其他对象的引用。例如,数据对象 RecordPerson(被记录人)其定义是与设备中记录的某人相关的基本标识信息。因为这是按顺序包含关于所有被记录人信息的聚合对象的一部分,所以指针可以是一个简单的一维整数。这种类型的指针称为 RecPersPointer(被记录指针),并且被广泛地用于指向与特定信息对象相关的被记录人。

注:该内部链接的 RecPersPointer 尤其适用于患者健康卡中包含有不止一个可标识个人相关的记录的情况。

在其他情况下,已构建的对象包含一个更通用的指针:RefPointer(引用指针),它是一个允许引用任一对象的标记序列。此处,任一对象可包括只能引用为已构建对象的一部分的子对象,而为了达到引用的目的可以通过使用一个具体应用标记和足够数量、层次深度的特定语境标记来实现。

指向某一保健受益人姓名的 RefPointer 可以包含带有合适标记(这里用他们的符号名称来表示)的下列信息:

保健受益人	[7]第 7 号保健受益人	[1]保健受益人姓名
应用标记	第一层语境	第二层语境

还有第三种可能性:允许在所有对象中使用链接对象来彼此建立链接。这是一个链接关联的有序列表。列表中的全部入口是其他对象的一个顺序列表,每一个其他对象都用 RefPointer 来定义。

例如:2 号链接可以链接 4 个对象:

1

2 RefPointer1 RefPointer2 RefPointer3 RefPointer4

3

该链接过程具体到在包含临床数据的数据卡中时,可以表示为:

诊断	RefPointer1
药物处方	RefPointer2
药物记录	RefPointer3
药物配发	RefPointer4

每个 ClinDat(临床数据)对象的 ClinRefPointer(临床引用指针)都可以指向这个链接表入口。

注:虽然“links(链接)”对象本身是开放可用的,但可限制访问已链接的对象。

下面要描述的引用对象可以与其他已定义的信息对象相关联。这种关联不是一种聚合。引用对象不是信息对象的一部分而是独立存在的,并且可以被若干对象引用。本部分使用这一概念是为了对被记录人、保健提供者和相关的附加属性进行引用(指向)。这些链接为数据赋值并且可以被用来提供具体的语境。

6.2.2 “Links”数据对象

“Links”(链接)数据对象用于生成在患者健康卡中的任何其他已定义数据对象之间的内部引用或链接。它是一个由子对象“Link”(单个链接)构成的序列。“链接”数据对象由对其他对象的引用序列组成，其中对其他对象的引用是以“RefPointer”对象的形式来表示的。“LinkagePointer”(连接指针)对象指向“Link”数据对象。图 2 给出了“Links”数据对象的具体结构，表 1 给出了“Links”中单个实体的说明。

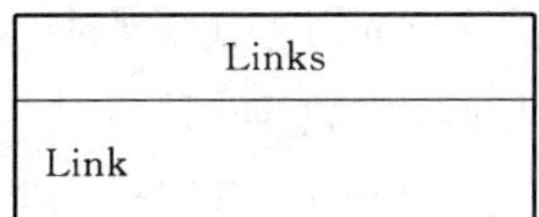

图 2 “Links”的结构

表 1 “Links”中单个实体的说明

对象	名称	数据类型	可出现频次	链接	说明
Link	链接	整数	1...M	—	是对其他对象的引用序列

6.2.3 “RefPointer”和“RefTag”数据对象

在本部分中，一般的引用指针定义为指向被引用的对象或子对象的有序标记列表。数据对象“RefPointer”(引用指针)应由整数型“RefTags”(引用标记)的序列组成。“RefTags”是一个符合本部分定义的对象的具体标记。表 2 给出了对“RefPointer”具体语境标记的详细说明。

表 2 “RefPointer”的说明

对象	名称	数据类型	可出现频次	长度	说明
RefPointer	引用指针	整数	1...M	—	是对其他对象的引用序列。该引用是另一个数据对象的 ASN. 1 标记

6.2.4 “RecPersPointer”数据对象

“RecPersPointer”(被记录人指针)数据对象用于引用某个存储在“RecordPerson”数据对象中的被记录人，且为整数型。表 3 给出了“RecPersPointer”的具体说明。

注：RecordPerson 对象在 GB/T 21715.5 中定义。

表 3 “RecPersPointer”的说明

对象	名称	数据类型	可出现频次	长度	说明
RecPersPointer	被记录人指针	整数	1	—	“RecPersPointer”(被记录人指针)用于引用某个存储在“RecordPerson”(被记录人)数据对象中的被记录人

6.3 代码型数据

6.3.1 概述

代码值的含义是由其对应的编码方案来决定的。本部分的总原则是：除非在本部分里做了特别的规定，否则不强制要求使用特定的编码方案。例如，GB/T 2659—2000 对国家代码的使用。

当本部分规定了某个特定的编码方案时，不再允许使用其他的任何编码方案。然而，对于任一未按上述形式引用的编码方案，将来都可对其进行调整，且与本标准的其他部分无关。

6.3.2 “CodingSchemesUsed”数据对象

在本部分中未规定的编码方案可以按照 ENV 1068:1993 中规定的编码方案的注册程序进行注册，并可以按照所注册的所有相关条件对其进行解释。ENV 1068:1993 规定了编码方案的注册程序，以及分配保健编码方案标志符(HCD)的程序。从而有可能引用已在国际上注册的编码方案和引用未在国际上注册但按照 ENV 1068:1993 条款 5 规定注册的编码方案。然而，当一个设备需要在开放环境中使用时，如果引用这些国际上未注册的专用编码方案则有可能会造成混乱。

来自未注册的编码方案(或者超出了特定应用范围的注册方案)的代码值是无法被理解的,除非信息的接收方与信息的发送方之间达成了使用其他的或非注册的编码方案的协定。

数据对象"CodingSchemesUsed"(所使用的编码方案)应由一个有序的子对象"CodingScheme"(编码方案)序列组成。其中,子对象"CodingScheme"应由编码标识符(用 CodeIdentifier 表示,6 个字符的八位位组串)、代码长度(用 CodeLength 表示,整数型)和可选的自由文本格式的文字说明(用 FreeTextComment 表示,1～20 个字符长度的八位位组串)三部分组成。"CodingSchemesUsed"的结构见图 3,表 4 给出了"CodingSchemesUsed" 中单个实体的规范。

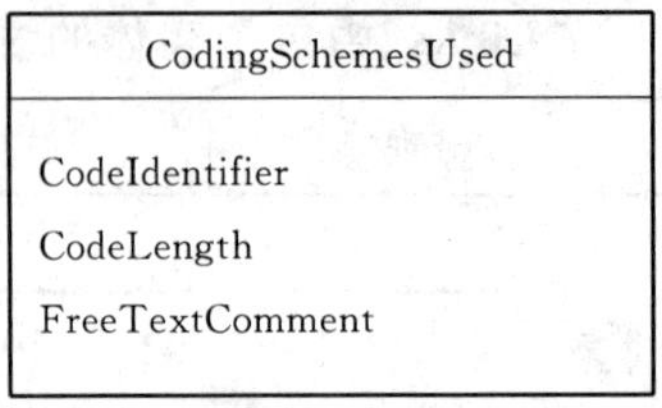

CodingSchemesUsed
CodeIdentifier CodeLength FreeTextComment

图 3 **"CodingSchemesUsed"的结构**

表 4 **"CodingSchemesUsed"的说明**

对象及其属性	名称	数据类型	可出现频次	长度	说明
CodingSchemesUsed	所使用的编码方案	类	1	N/A	
CodeIdentifier	编码标识符	字符串	1	6	标识所引用的特定编码方案
CodeLength	代码长度	整数	1	—	标识代码的长度
FreeTextComment	自由文本的文字说明	字符串	0...1	—	该可选的自由文本元素允许对编码方案文本进行限制

6.3.3 "CodedData"数据对象

"CodedData"(代码型数据)数据对象应包含对所用编码方案的引用和代码数据值,还可包含可选的自由文本,并且由相应的数据子对象"CodingSchemeRef"(编码方案引用)、"CodeDataValue"(代码数据值)和可选的"CodeDataFreeText"(代码数据自由文本)来表示。图 4 给出了数据对象 CodedData 的结构。

对象"CodingSchemeRef"是一个 RefPointer,该指针指向一个标识了在所用的对象编码方案中某个特定编码方案的值。如果 CodingSchemeRef=0,则本标准内含此编码方案。

已定义的数据类型"CodeDataValue"用来指明一个特定编码方案中的实际代码值。如果"CodeDataValue"的长度是一个八位位组,则随后的 CodeDataValue 为:

——"A"(表示关于管理的自由文本入口);

——"C"(表示关于临床的自由文本入口)。

在其他情况下,如果八位位组的长度大于 1,则 CodeDataValue 表示实际的代码值。表 5 给出了"CodedData"数据对象中单个实体的说明。

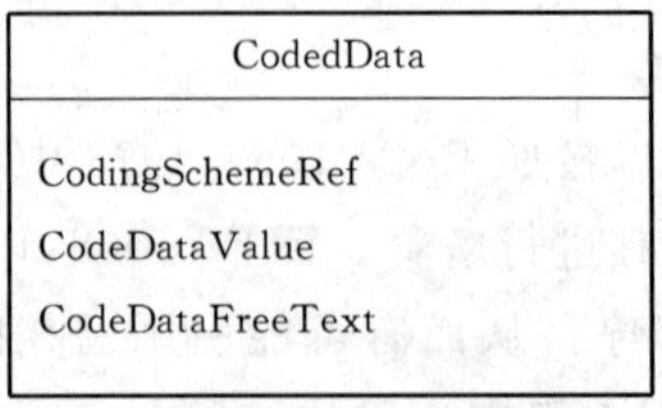

CodedData
CodingSchemeRef CodeDataValue CodeDataFreeText

图 4 **"CodedData"的结构**

表 5 "CodedData"的说明

对象及其属性	名称	数据类型	可出现频次	长度	说明
CodedData	代码型数据	类	1	N/A	
CodingSchemeRef	编码方案引用	整数	1	—	是一个引用指针，该指针指向一个标识了在所用的对象编码方案中某个特定编码方案值
CodeDataValue	代码数据值	字符串	1	—	此字符串包含编码数据的值。如果它的长度为1个八位长的字符并且值为A或C，那么A代表管理性数据的自由文本，C代表临床数据的自由文本
CodeDataFreeText	代码数据自由文本	字符串	0…1	80	可选的元素，该自由文本允许对编码方案文本进行限制

6.4 附加属性

数据对象"AccessoryAttribute"(附加属性)应由一组有序的数据组成，这组数据对于记录有关对信息发送方和信息到达接收方的方式的审计跟踪是至关重要的。它应由以下内容组成：

——Date1(日期 1)，表示数据通过接口传送到数据卡的时间/日期；

——Date2(日期 2)，表示消息始发方获得数据的时间/日期；

——Place1(位置 1)，表示消息发送方的标识符/定位符，并且与"Person1"(个人 1)关联；

——Place2(位置 2)，表示数据原始作者的标识符/定位器；

——Personid3(个体标识 3)，人/设备/系统的代码或表示，它们所提供的信息已被加入到一个系统中；

——Securitylevel(安全级别)，应按照 A.6 中的 ASN.1 定义进行构建，并应表示与附加属性相关的数据对象中所包含的数据进行读、写、更新、删除等操作的权限；

——CompressionMethodData(压缩方法数据)，应按照 A.6 中的定义进行构建，并应包含一个 RefPointer(引用指针)，指向某张压缩方法学表中某个已定义的压缩方法学；它表示用于与这些附加属性相关的数据对象中包含的数据的方法学；

——ObjectSecurityAttribute(对象安全属性)。

"AccessoryAttribute"(附加属性)数据对象应由下列可选数据对象组成：

——"日期"(Date)类型数据对象："Date1"(日期 1)和"Date2"(日期 2)；

——"RefPointer"类型数据："Place/Person1"(位置/个人 1)和"Place/Person2"(位置/个人 2)；

——"Personid3"：由"RefPointer"类型的"PersonCode"(个人代码)和长度不超过 30 个字符的自由"PersonText"(个体文本)组成；

——"ObjectSecAttribute"(对象安全属性)：由一组"SecurityService"(安全服务)组成。

每个"SecurityService"数据对象应包含一组数字签名以及签名与加密的算法和密钥。图 5 给出了 AccessoryAttribute 的结构，AccessoryAttribute 的说明见表 6。

尽管上述属性是非强制性的，但建议尽可能使用全部属性。如果系统/媒介允许，建议每次传递所有这些属性("个人标识 3"可能例外)。下面列出了这些属性按照规则应遵循的组合优先级：

{Date1，Place1，Place2，SecurityLevels，CompressionMethodData，ObjSecAttributes}

{Date1，Place1，Place2，SecurityLevels，CompressionMethodData，ObjSecAttributes}

{Date1，Place2，SecurityLevels，CompressionMethodData，ObjSecAttributes}

{Date1，SecurityLevels，CompressionMethodData，ObjSecAttributes}

{SecurityLevels,CompressionMethodData,ObjSecAttributes}

{ObjSecAttributes}

注：数据对象“AccessoryAttribute”可以和任何其他数据对象相关联。

AccessoryAttribute
Date1 Date2 Place/Person1 Place/Person2 Place/Person3 Place/Person3Text SecuritylevelPointer CompressionMethod ObjectSecurityAttributes

图 5 **“AccessoryAttribute”的结构**

表 6 **“AccessoryAttribute”的说明**

对象及其属性	名称	数据类型	可出现频次	长度	说明
AccessoryAttribute	附加属性	类	1	N/A	
Date1	日期 1	UTC 时间	1	8	是一个指向用于标识所用对象编码方案中某个特定编码方案的值的 RefPointer
Date2	日期 2	UTC 时间	0...1	8	
Place/Person 1	位置/个人 1	整数	1	—	
Place/Person 2	位置/个人 2	整数	0...1	—	
Place/Person 3	位置/个人 3	整数	0...1	—	
Place/Person 3Text	位置/个人 3 文本	字符串	0...1	—	
SecurityLevelPointer	安全级别指针	整数	0...1	—	
CompressionMethod	压缩方法	整数	0...1	—	
ObjectSecurityAttribute	对象安全属性	类	0...1	—	由多个“SecurityService”组成
SecurityService	安全服务	类	0...M	—	
SignatureAlgorithmID	签名算法标识	整数	0...1	—	关于签名算法表中某行的引用指针
SignatureVerificationKeyID	签名鉴别密钥标识	整数	0...1	—	关于签名鉴别密钥 ID 表中某行的引用指针
DigitalSignature	数字签名	位串	0...1	—	该属性包含数字签名的可计算的位串
EncryptionAlgorithmID	加密算法标识	整数	0...1	—	关于 EncryptionAlgorithmID(加密算法 ID)表中某行的引用指针
EncryptionKeyID	加密密钥标识	整数	0...1	—	关于密钥表中某行的引用指针
SecurityLevel	安全级别	类		—	布尔型序列

表 6（续）

对象及其属性	名称	数据类型	可出现频次	长度	说明
ReadSecAttribute	可读安全属性	布尔	0...1	—	如果为真，则该对象可读
WriteSecAttribute	可写安全属性	布尔	0...1	—	如果为真，则该对象可被写入数据
UpdateSecAttribute	可更新安全属性	布尔	0...1	—	如果为真，则该对象可更新
EraseSecAttribute	可删除安全属性	布尔	0...1	—	如果为真，则该对象应被应用程序解释为已删除
CompressMethodData	压缩方法数据	代码型数据	0...M	—	包含所用压缩方法学的代码型数据值的表示

7 设备和数据安全属性

7.1 概述

用于健康领域的数据卡中存储的数据对个人来说可能非常敏感。因此，本部分以数据对象形式提供了一系列安全属性，要求这些安全属性能提供所需的安全功能。实际数据内容(值)和使用这些数据元素的机制不在本标准的范围内。需强调的是，如果数据卡中没有实施合适的安全功能和安全机制，则安全属性将不能满足特定的安全需求。

“访问”权限由与各离散数据项相关的特定个体来决定。该权限由应用程序开发者定义，并且由自动化系统(如健康数据卡)来控制。这种权限可以在应用层定义，因而提供了应用和所在国家的一致性。

数据对象“SecurityService”用来存储实现这些安全功能和机制所需的数据。这些数据能附加在单个数据元上，从而当数据对象在不同形式的数据卡间传送时，能够保持源作者的安全需求。因此，这种机制能够保证数据在从主动媒介传向被动媒介，然后再返回主动媒介的过程中重建出原始的安全需求。这种能力还允许准确复制数据卡，例如失败后的重建。

7.2 与具体数据卡安全服务相关的数据对象

7.2.1 概述

所有的安全服务对象是传送与数据卡载有并且传输的患者数据有关的安全性所需要的，应根据以下定义进行构建。

7.2.2 与设备安全性相关的数据

保健受益人持有的数据卡可能需要以下的安全服务：

——设备鉴别；

——数据卡持有者鉴别；

——对访问数据卡中数据的 HCP 的鉴别。

这些安全服务由以下对象提供：

——数据卡持有者验证，及其相关的数据对象“PatCardHolderVer”(数据卡持有者验证)；

——数据卡鉴别，及其相关的数据对象“DevClassAuthenticateData”(设备类鉴别数据)；

——用于访问控制的经过数据卡鉴别的 HCP 类别，及其相关的数据对象“HcpAuthenticateData”(HCP 鉴别数据)。

7.2.3 与 HCP 持有数据卡有关的数据

与 HCP 持有数据卡有关的数据对象应提供标识、访问控制和签名功能。这些功能由大量分离的子对象提供。与 HCP 和对其负责的机构相关的标识信息由数据对象“HcpData”(HCP 数据)提供，它由其内部具有固定顺序排列的三部分数据组成，即：保健受益人标识数据、保健地点位置数据和附加属性(可选)。

7.2.4 与患者健康卡安全性相关的数据

健康卡需要安全服务来控制对其包含的医疗数据的访问。这些服务受数据对象“PatientHealthcardSecurity”(患者健康卡安全性)决定和控制。“患者健康卡安全性”的结构和说明见图6和表7。

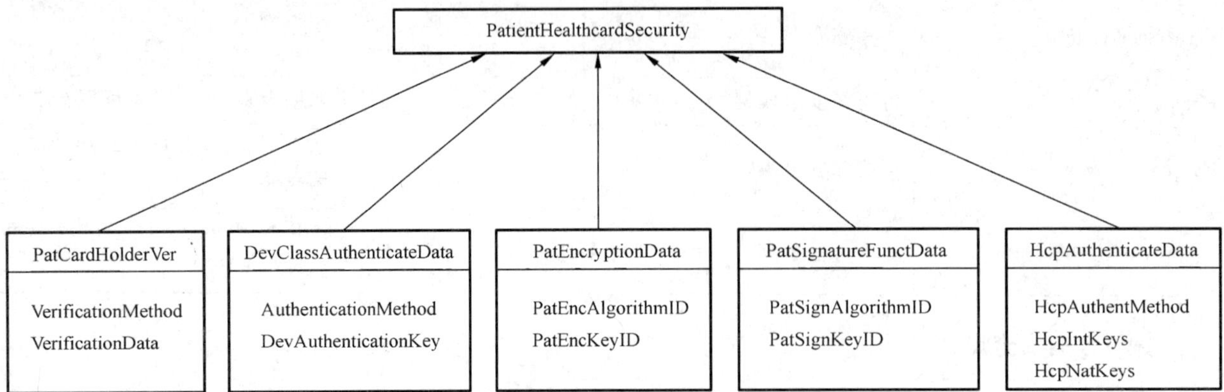

图6 “PatientHealthcardSecurity”的结构

表7 “PatientHealthcardSecurity”的说明

对象及其属性	名称	数据类型	可出现频次	长度	说明
PatientHealthcardSecurity	患者健康卡安全性	类	1	N/A	
PatCardHolderVer	数据卡持有者鉴别	类	1	N/A	
VerificationMethod	验证方法	代码型数据	1	—	包含用来标识方法学的代码型数据，该方法学与VerificationData对象中的数据配合使用来验证被记录人的身份是否正确
VerificationData	验证数据	位串	1	—	
DevClassAuthenticateData	设备类鉴别数据	类	1	N/A	
AuthenticationMethod	鉴别方法	代码型数据	1	—	对用于鉴别数据卡的方法学进行规定的代码型数据
DevAuthenticationKey	设备鉴别密钥	位串	1	—	包含设备鉴别密钥
PatEncryptionData	患者加密数据	类	1	N/A	
PatEncAlgorithmID	患者加密算法标识	位串	1	—	包含加密算法的OID(对象标识)
PatEncKeyID	患者加密密钥标识	位串	1	—	包含加密密钥的ID
PatSignatureFunctData	患者签名功能数据	类	1	N/A	
PatSignAlgorithmID	患者签名算法标识	位串	1	—	包含签名算法的OID(对象标识)
PatSignKeyID	患者签名密钥标识	位串	1	—	包含签名密钥的ID
HcpAuthenticateData	HCP鉴别数据	类	1	N/A	
HcpAuthentMethod	HCP鉴别方法	代码型数据	1	—	对用于鉴别HCP的鉴别方法学进行规定的代码型数据

表 7（续）

对象及其属性	名称	数据类型	可出现频次	长度	说明
HcpIntKeys	HCP 国际访问密钥	类		N/A	包含一套国际访问密钥
HcpIntKey	HCP 国际访问密钥	位串	1...8	—	包含一个国际访问密钥的位串
HcpNatKeys	HCP 国家访问密钥	类		N/A	包含一套国家访问密钥 注：国家访问密钥仅限于患者健康卡发行国使用。
HcpNatKey	HCP 国家访问密钥	位串	1...8	—	包含一个国家访问密钥的位串

附 录 A
（规范性附录）
ASN.1 数据定义

A.1 “Link”数据对象

```
Links ::= SEQUENCE OF Link
-- This is a sequence of references to other objects
Link ::= SEQUENCE OF LinkagePointer
LinkagePointer ::= INTEGER
```

A.2 “ReferencePointer”和“ReferenceTag”数据对象

```
RefPointer ::= SEQUENCE OF RefTag
RefTag ::= INTEGER
-- This object can hold the ASN.1-tag of another object
```

A.3 “RecordPersonPointer”数据对象

```
RecPersPointer ::= INTEGER
```

A.4 “CodingSchemesUsed”数据对象

```
CodingSchemesUsed ::= SEQUENCE OF CodingScheme
CodingScheme ::= SEQUENCE
{
CodeIdentifier [0] OCTET STRING (SIZE (6)),
CodeLength [1] INTEGER,
Comment [2] OCTET STRING (SIZE(1...20)) OPTIONAL
}
```

A.5 “CodedData”数据对象

```
CodedData ::= SET
{
CodingSchemeRef [0] RefPointer,
CodeDataValue [1] OCTET STRING,
CodeDataFreeText [2] OCTET STRING OPTIONAL
}
-- CodingSchemeRef is a RefPointer pointing at a
-- value that identifies a particular coding scheme
-- within the object coding schemes used.
-- If CodingSchemeRef = 0, then the coding scheme
-- is implicit in this International Standard.
-- If the length of the CodeDataValue
-- is one OCTET and the
```

```
-- CodeDataValues are defined as A or C, then
-- "A" = Administrative free text entry and
-- "C" = Clinical free text entry.
```

A.6 "AccessoryAttributes"数据对象

```
AccessoryAttributes ::= SET
{
Date1 [0] UTC TIME (SIZE (6...12)) OPTIONAL,
Place/Person1 [2] RefPointer OPTIONAL,
Place/Person2 [3] RefPointer OPTIONAL,
Personid3 [4] SET OPTIONAL
{
PersonCode [0] RefPointer,
PersonText [1] OCTET STRING (SIZE(0...30))
},
SecurityLevelPointer [5] SecurityLevels OPTIONAL,
-- Points to SecurityLevels table.
CompressionMethod [6] CompressMethodData OPTIONAL,
-- Points to CompressMethodData.
ObjectSecAttributes [7] SET OF SecurityServices OPTIONAL
{
SecurityServices ::= SEQUENCE
{
SignatureAlgorithmID [0] RefPointer OPTIONAL,
-- This points to the algorithm table.
SignatureVerificationKeyId [1] RefPointer OPTIONAL,
-- This points to the signature verification key.
DigitalSignature [2] BIT STRING,
EncryptionAlgorithmID [3] RefPointer,
-- This points to the algorithm table.
EncryptionKeyId [4] RefPointer
-- This points to the encryption key.
}
}.
}
SecurityLevels ::= SEQUENCE
{
ReadSecAttribute [0] SecAttData OPTIONAL
WriteSecAttribute [1] SecAttData OPTIONAL
UpdateSecAttribute [2] SecAttData OPTIONAL
EraseSecAttribute [3] SecAttData OPTIONAL
}
SecAttData ::= Sequence of Boolean
```

```
{
Always [0],
-- True = Always available, if false functionality is protected
and is controlled by one or more of the underlying
parameters.
ExtAuth [1],
-- True = Requires external authentication.
HoldAg [2],
-- True = Requires data-card holder agreement.
OrigAg [3]
-- True = Can only be done by originator of data element.
}
CompressMethodData ::= Set of CodedData
```

A.7 "PatientHealthcardSecurity"数据集

```
PatientHealthcardSecurity ::= SET
{
PatCardHolderVer [0] SEQUENCE,
{
VerificationMethod [0] CodedData,
VerificationData [1] BIT STRING
}
DevClassAuthenticateData [1] SEQUENCE,
{
AuthenticationMethod [0] CodedData,
DevAuthenticationKey [1] BIT STRING
}
PatEncryptionData [2] SEQUENCE,
{
PatEncAlgorithmID [0] RefPointer,
-- This points to the algorithm table.
PatEncKeyID [1] RefPointer -- This points to the key table.
}
PatSignatureFunctData [3] SEQUENCE,
{
PatSignAlgorithmID [0] RefPointer,
-- This points to the algorithm table.
PatSignKeyID [1] RefPointer -- This points to the key table.
}
HcpAuthenticateData [4] SEQUENCE
{
HcpAuthentMethod [0] CodedData,
HcpIntKeys [1] SEQUENCE,
```

```
{
HcpIntKey [0] BIT STRING,
}
HcpNatKeys [2] SEQUENCE
{
HcpNatKey [0] BIT STRING
}
}
}
HcpKeyID ::= OCTET
AlgorithmTable ::= Sequence of AlgorithmID
AlgorithmID ::= String
KeyTable ::= Sequence of Key
Key ::= String
```

参 考 文 献

[1] GB/T 4880.2—2000 语种名称代码 第2部分:3字母代码(eqv ISO 639-2:1998)

[2] GB/T 7408—2005 数据元和交换格式 信息交换 日期和时间表示法(ISO 8601:2000,IDT)

[3] GB/T 18794.2—2002 信息技术 开放系统互连 开放系统安全框架 第2部分:鉴别框架(ISO/IEC 10181-2:1996,IDT)

[4] EN 1387:1996 Machine readable cards—Health care applications—Cards: General characteristics(will be replaced by ISO 20301)

[5] ISO 639-1:2002 Codes for the representation of names of languages—Part 1: Alpha-2 code

[6] ISO 4217:2001 Codes for the representation of currencies and funds

[7] ISO/IEC 5218:2004 Information technology—Codes for the representation of human sexes

[8] ISO 6093:1985 Information processing—Representation of numerical values in character strings for information interchange

[9] ISO/IEC 6523-1:1998 Information technology—Structure for the identification of organizations and organization parts—Part 1: Identification of organization identification schemes

[10] ISO/IEC 8824-1:2002 Information technology—Abstract Syntax Notation One (ASN.1): Specification of basic notation

[11] ISO 8859-1:1998 Information technology—8-bit single-byte coded graphic character sets—Part 1: Latin alphabet No. 1

[12] ISO 8908:1993 Banking and related financial services—Vocabulary and data elements (Withdrawn 2001-01)

[13] ISO/IEC 9594-8:2001 Information technology—Open Systems Interconnection—The Directory: Public-key and attribute certificate frameworks

[14] CCITT Numbering plan for the international telephone service

ICS 35.240.80
L 67

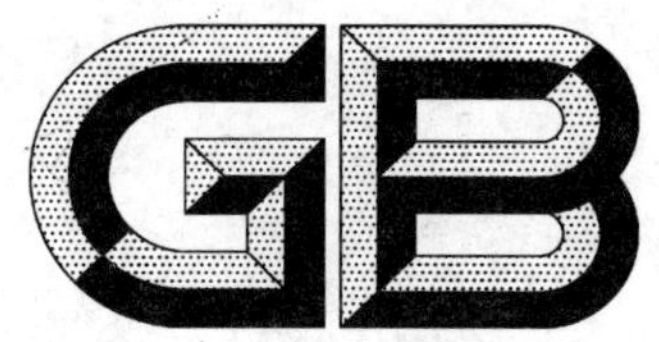

中华人民共和国国家标准

GB/T 21715.3—2008/ISO 21549-3:2004

健康信息学　患者健康卡数据　第3部分:有限临床数据

Health informatics—Patient healthcard data—Part 3: Limited clinical data

(ISO 21549-3:2004,IDT)

2008-04-11 发布　　　　2008-09-01 实施

中华人民共和国国家质量监督检验检疫总局
中国国家标准化管理委员会　发布

前　言

GB/T 21715《健康信息学　患者健康卡数据》分为8个部分：

——第1部分：总体结构；

——第2部分：通用对象；

——第3部分：有限临床数据；

——第4部分：扩展临床数据；

——第5部分：标识数据；

——第6部分：管理数据；

——第7部分：电子处方(用药数据)；

——第8部分：链接。

将来还可能增加新的部分。

本部分为GB/T 21715中的第3部分。

本部分等同采用国际标准ISO 21549-3:2004《健康信息学　健康卡数据　第3部分：有限临床数据》。

本部分与ISO 21549-3:2004的主要差别为：

——对适用范围进行了略微补充；

——根据附录A补充了表3中遗漏条目。

本部分的附录A为规范性附录。

本部分由中国标准化研究院提出。

本部分由中国标准化研究院归口。

本部分起草单位：中国标准化研究院、解放军总医院。

本部分主要起草人：陈煌、任冠华、董连续、徐成华、刘碧松。

引　言

随着人口流动的增加，社区医疗和家庭保健需求日益增多，对高质量流动治疗服务需求也不断增长，便携式信息系统和存储器也随之得以迅速发展并投入使用。这些设备可实现从身份识别到患者便携式监控系统等一系列功能。

这些设备的功能是携带可识别的个人信息，并与其他系统之间进行传递；因此，在工作期间，它们可能与许多功能和性能有很大差异的不同技术系统一起共享信息。

保健管理越来越依靠类似自动化的识别系统。例如，患者可通过使用便携式可读计算机设备，对处方进行自动处理，并实现在不同地点之间的数据交换。医疗保险公司和保健提供方越来越多地涉及跨区域治疗中。在这种情况下，理赔可能需要在很多不同的保健系统之间自动交换数据。

可远程访问数据库及其支撑系统的出现带动了"保健受益人"识别设备的发展和使用，这些设备能执行安全功能并且能经由网络向远程系统传送数字签名。

随着使用日常保健服务中数据卡的日益增多，有必要对数据格式进行标准化以实现数据交换。

数据卡携带的与人相关的数据可分成3种主要类型：标识数据、管理数据和临床数据。需要特别指出的是，实际使用的健康数据卡必须包含设备本身的标识数据及其携带数据所涉及的个人标识数据，管理数据和临床数据是可选的。

设备数据包括：

——设备本身的标识数据；

——设备功能和性能的标识数据。

标识数据可包括：

——设备持有者的唯一标识或者该设备所携带数据相关的人的唯一标识。

管理数据可包括：

——个人相关的补充数据；

——保健资金的标识，表明其是有支付的还是自付的，以及它们的关系，即保险公司，保险合同和保险单或者保险费的类型；

——保健服务所必需的其他数据(不同于临床数据)。

临床数据可包括：

——提供健康信息和健康事件信息的数据项；

——保健提供者对它们的评价和标注；

——已计划的、要求的或者已经执行的临床行为。

因为数据卡本质上是给明确的查询提供具体的答复，同时有必要通过消除冗余来优化使用存储空间，所以在定义健康数据卡数据结构时使用了高层次的对象建模技术(OMT)。

本部分使用UML、纯文本和ASN.1描述并定义了患者持有的健康数据卡使用或引用的有限临床数据对象。

本部分虽然使用并且引用了GB/T 21715.2—2008定义的通用对象，但没有对其进行描述或定义。

健康信息学　患者健康卡数据
第3部分:有限临床数据

1　范围

本部分使用UML、纯文本和抽象语法记法1(ASN.1)描述并定义了患者持有的健康数据卡使用或引用的有限临床数据对象。

本部分规定了数据对象“有限临床数据”中所包含数据的基本结构,但是没有规定或者给出存储在设备中强制性特定数据集。比较典型的是,有限临床数据中的数据对象所包含的数据是为了用于急诊服务,但并非提供急诊所需的所有信息。

本部分适用于记录或者传送患者健康卡的数据,这些数据可存放于符合GB/T 14916中ID-1卡物理尺寸规定的卡中。

下列服务的详细功能和机制不属于本部分的范围(即使它的结构允许使用其他地方规定的合适数据对象):

——自由文本数据的编码;

——可能由数据卡用户按照他们的具体应用所规定的安全功能和相关服务,例如,保密性保护,数据完整性保护,以及与这些功能相关的个人和设备的鉴别;

——依赖于某些数据卡类型的访问控制服务,例如微处理器卡;

——初始化和发布过程(表明个人数据卡工作周期的开始,并且使数据卡为后续通信中给它传递符合本部分要求的数据做准备)。

因此,下列主题超出了本部分的范围:

——用于特定类型数据卡的实际功能的物理或者逻辑解决方案;

——如何处理在两个系统接口间的消息;

——数据卡外部的数据所使用的格式,以及在数据卡或其他地方用以清晰表达这类数据的方式。

2　规范性引用文件

下列文件中的条款通过本部分的引用而成为本部分的条款。凡是注日期的引用文件,其随后所有的修改单(不包括勘误的内容)或修订版均不适用于本部分,然而,鼓励根据本部分达成协议的各方研究是否可使用这些文件的最新版本。凡是不注日期的引用文件,其最新版本适用于本部分。

GB/T 2659—2000　世界各国和地区名称代码(eqv ISO 3166-1:1997)

GB/T 9387.2—1995　信息处理系统　开放系统互连　基本参考模型　第2部分:安全体系结构(idt ISO 7498-2-1989)

GB/T 14916　识别卡　物理特性(GB/T 14916-2006,ISO/IEC 7810:2003,IDT)

GB/T 21715.2—2008　健康信息学　患者健康卡数据　第2部分:通用对象(ISO 21549-2:2004,IDT)

3　术语和定义

下列术语和定义适用于本部分。

3.1

保密性　confidentiality

这一性质使信息不泄露给非授权的个人、实体或进程,不为其所用。

[GB/T 9387.2—1995]

3.2

数据完整性　data integrity

这一性质表明数据没有遭受以非授权方式所做的篡改或破坏。

[GB/T 9387.2—1995]

3.3

数据对象　data object

自然分组并且可标识为一个完整实体的数据集合。

3.4

数据原发鉴别　data origin authentication

确认接收到的数据的来源是所要求的。

[GB/T 9387.2—1995]

3.5

健康卡持有者　healthcard holder

持有健康数据卡的个人,该卡中包含了标识此人为主的相关记录。

3.6

健康数据卡　healthcare data card

用于健康领域且符合 GB/T 14916 的机器可读卡。

3.7

链接　linkage

对两个或两个以上实体或部分进行连接。

注:链接可以是实物的、电气的或关系的。

3.8

记录　record

所采集数据的集合。

3.9

被记录人　record person

与一条可标识记录对应的个人,该记录包含与该人相关的数据。

3.10

安全性　security

保密性、完整性和可用性的组合

4　符号和缩略语

下列缩略语适用于本部分。

ASN.1	抽象语法记法 1	Abstract syntax notation, version 1
EN	欧洲标准	European Standard
HCP	保健受益人	Healthcare person
IEC	国际电工委员会	International Electrotechnical Commission
ISO	国际标准化组织	International Organization for Standardization
UML	统一建模语言	unified modelling language
UTC	协调世界时间	coordinated universal time

5　健康数据卡的基本数据对象模型——患者健康卡数据对象结构

本标准设计了一组能灵活地存储临床数据、并允许增加特定应用的基本数据对象。通过有效利用存储空间的方式，实现已存储数据的通用附加特性。

基本数据对象由基于面向对象模型的类结构组成，该模型的 UML 类框图如图 1 所示。

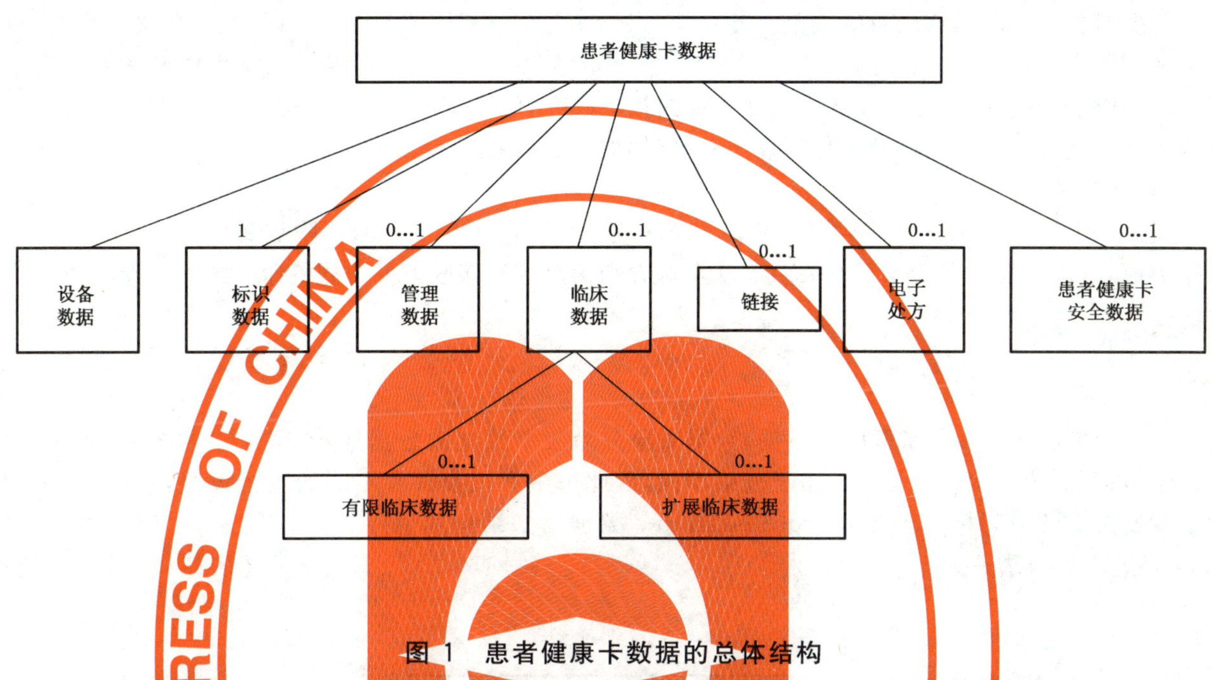

图 1　患者健康卡数据的总体结构

该面向对象的结构的内容在下面描述，也可能需要用到本部分没有定义的其他数据对象。

注 1：本部分只适用于包含健康数据的健康卡。本标准没有定义包含财务和保健赔偿数据的数据对象。

注 2：在保持特定语境标记时有可能需要获取数据对象并重新组合它们，在保持互操作性时也可能需要定义新的对象。

除具有用简单的构筑模块建立起复杂的聚合数据对象的能力外，本标准还允许在某些对象之间建立起关联，以便使信息可以共享。例如，该特征主要使一套附加属性可以用来为若干个所存储的信息对象提供服务。

6　供引用的基本数据对象

6.1　概述

本标准已经定义了一系列普遍有用的数据类型，虽然这些定义本身没有内在的值，但是本标准可以用其来定义其他对象。可以在与其他有关的信息对象相关联的情况下对这些对象进行相应操作来“附加值”。这些对象在 GB/T 21715.2—2008 中已经给出了正式的定义。

6.2　代码型数据

代码值的含义是由其对应的编码方案来决定的。本部分的一般原则是：当这些代码作为参数时，除非在本部分里做了特别规定，否则不强制要求使用特定的编码方案。例如，GB/T 2659—2000 对国家代码的使用。

某个特定的编码方案一旦在本方案中确定，就不再允许使用其他任何编码方案。但对任何未按上述形式引用的编码方案，将来都可对其进行独立于本标准其他部分的修改调整。

数据对象“CodedData”（代码型数据）应按照 GB/T 21715.2—2008 的定义来构建。

6.3　设备和数据安全属性

用于健康领域的数据卡中存储的数据对个人来说可能非常敏感。因此，本部分使用了在 GB/T 21715.2—2008 中定义的一系列安全属性。实际数据内容（值）和使用这些数据元素的机制不在本部分的范围内。需强调的是,如果数据卡中没有实施合适的安全功能和安全机制,则安全属性将不能满足特定的安全需求。

"访问"权限由与各离散数据项相关的特定个体来决定。该权限由应用程序开发者定义,并且由自动化系统(如健康数据卡)来控制。这种权利可以在应用层定义,因而提供了应用和潜在的国家专一性。

数据对象"SecurityService"(安全服务)用来存储实现这些安全功能和机制所需的数据。这些数据能附加在单个数据元上,从而当数据对象在不同形式的数据卡间传送时,能够保持源作者的安全需求。因此,这种机制能够保证数据在从主动媒介传向被动媒介,然后再返回主动媒介的过程中重建出原始的安全需求。这种能力还允许准确复制数据卡,例如失败后的重建。

6.4 附加属性

按照 GB/T 21715.2—2008 中的定义,数据对象"AccessoryAttribute"(附加属性)应由一组有序的数据组成,这组数据对于记录下有关对信息发送方和信息到达接收方的方式的审计跟踪是至关重要的。

7 有限临床数据

7.1 概述

LimitedClinicalData(有限临床数据)数据对象分为三个独立的数据集:有限急诊数据集、血型和输血记录数据集、免疫接种数据集。由于分组不同,因此每个数据集都有不同的安全设置,包括附加属性中条款所决定的访问权限。"LimitedClinicalData"数据集的结构和说明见图 2 和表 1。该数据对象的 ASN.1 定义见附录 A。

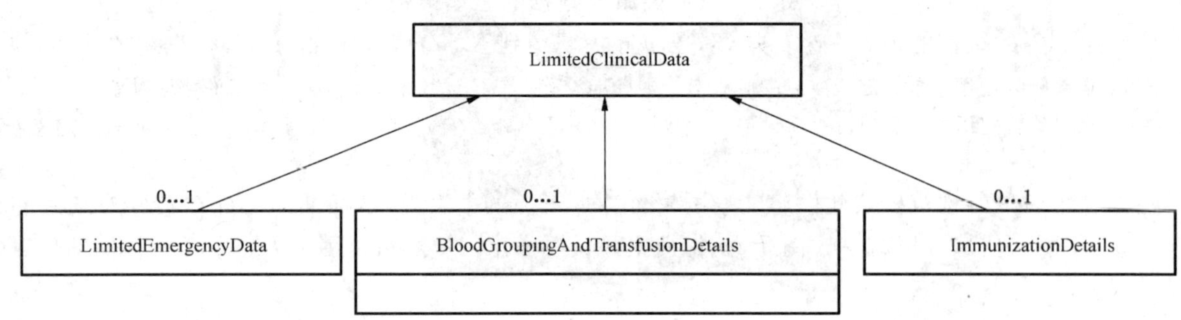

图 2 "**LimitedClinicalData**"的结构

表 1 患者数据集的各类数据说明

对象	名称	数据类型	可出现频次	说明
LimitedEmergencyData	有限急诊数据	类	0...1	本类保存了被记录人的急诊记录
ImmunizationDetails	免疫接种细目	类	0...1	本类保存了被记录人的免疫接种记录
BloodGroupingAndTransfusionDetails	血型和输血细目	类	0...1	本类保存了被记录人的血型和被记录人所接受的任何血制品的记录

7.2 有限急诊数据集

"LimitedEmergencyData"(有限急诊数据)对象由组成"EmergencyDataBitMap"(急诊数据位映射)的一组数据和可选元素"AccessoryAttributes"(附加属性)两部分组成。其中,"EmergencyDataBitMap"是一个布尔型序列,状态"true"表示被记录人的现有状况,或者,在药物治疗的情况下表示被记录人可能正在采用这种药物治疗。该对象除了传送患者携带的警示卡和“MedicAlert”(药物禁忌)的数据通信外,还表达了国际急诊记录草案所定义的绝大多数固定临床数据集。“LimitedEmergencyData”的结构和组成见图3和表2。

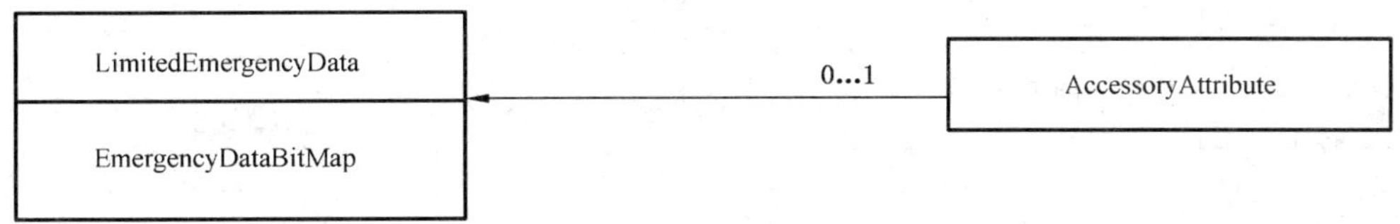

图3 “LimitedEmergencyData”的结构

表2 “LimitedEmergencyData”的说明

对象及其属性	名称	数据类型	可出现频次	长度	说明
EmergencyDataBitMap	急诊数据位映射	布尔	1	5	布尔型序列
AccessoryAttributes	附加属性	类	0...1	—	一种包含专门用来决定鉴别和授权的数据的类

7.3 免疫接种细目

数据对象“ImmunizationDetails”(免疫接种细目)中包含的免疫接种记录用来提供“被记录人”所接受过的免疫接种记录,并且该记录应被人为地同其他代码型临床数据分开,以便使免疫接种记录处于不同的安全状态。在一般情况下,这种类型的信息和“LimitedEmergencyData”具有相同级别的安全状态。“ImmunizationDetails”的结构和组成见图4和表3。

注:在ISO 21549-3:2004中图4和附录A中都定义了“ImmunizationEmergencyCategory”(紧急接种种类),但对应的说明在表3中被遗漏了。因此本部分在制定过程中对表3补充进了“ImmunizationEmergencyCategory”一栏。

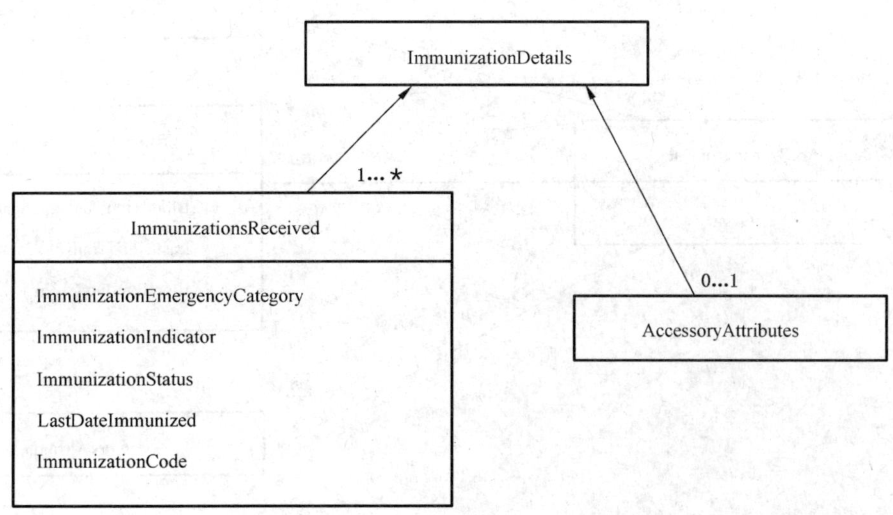

图4 “ImmunizationDetails”的结构

表 3 “**ImmunizationDetails**”的说明

对象及其属性	名 称	数据类型	可出现频次	长 度	说 明
ImmunizationsReceived	接受过的免疫接种	类	1	—	
ImmunizationEmergencyCategory	紧急接种种类	类	0...1	—	
ImmunizationIndicator	免疫接种指示符	枚举	1	1	无(0),一次或多次(1),未知(2),过敏(4)
ImmunizationStatus	免疫接种状态	枚举	1	1	未指明(0),第一剂(1),第二剂(2),第三剂(3),接种完成(4),强化(5)
LastDateImmunized	最近免疫接种日期	日期	0...1	8	
ImmunizationCode	免疫接种代码	代码型数据	1	—	免疫接种的实际代码型数据含义
AccessoryAttributes	附加属性	类	0...1	—	一种包含专门用来决定鉴别和授权的数据的类

7.4 血型检验和输血记录

为了能像对急诊和免疫接种记录一样,赋予血型检验和输血记录不同的安全属性,要求将它们设置成与患者数据集其余部分分离的数据对象。该数据对象用来提供“被记录人”的血型记录以及用来携带被记录人已接受的任何血制品的相关数据。数据对象“BloodGroupingAndTransfusionData”(血型检验和输血数据)的结构和组成见图 5 和表 4。

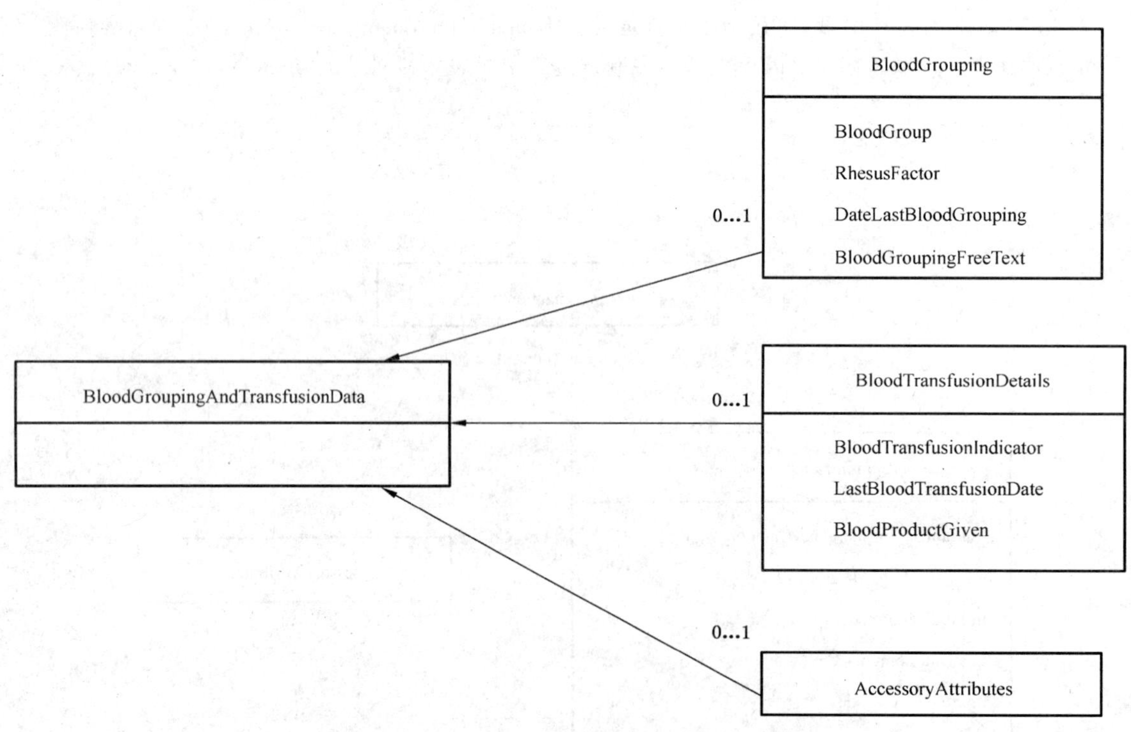

图 5 “**BloodGroupingAndTransfusionData**”的结构

表 4 "BloodGroupingAndTransfusionData"的说明

对象及其属性	名称	数据类型	可出现频次	长度	说明
BloodGrouping	血型检验	类	0…1	—	保存被记录人血型的相关数据
BloodGroup	血型	字符串	1	2	记录血型的数据
RhesusFactor	Rh 因子	字符串	1	1	记录 Rh 因子的数据
DateLastBloodGrouping	最近的血型检验日期	日期	0…1	8	最近一次血型检验的日期
BloodGroupingFreeText	血型检验自由文本	字符串	0…1	30	描述血型检验的自由文本
TransfusionData	输血数据	类	0…1	—	保存被记录人接受到的血制品的相关数据
LastBloodTransfusion-Date	最近的输血日期	日期	0…1	8	最近一次输血的日期
BloodProductGiven	所用的血制品	代码型数据	1	—	用"代码型数据"的结构来记录获得的血液制品的类型
AccessoryAttributes	附加属性	类	0…1	—	一种包含专门用来决定鉴别和授权的数据的类

附 录 A
（规范性附录）
ASN.1 数据定义

A.1 “LimitedEmergencyData”数据对象

```
LimitedEmergencyData ::=SET
{EmergencyDataBitMap ::=[0]SEQUENCE OF BOOLEANS
{
Asthma [0],
HeartDisease [1],
CardiovascularDisease [2],
EpilepsyFits [3],
NeurologicalDisorder [4],
CoagulationDisorder [5],
Diabetes [6],
Glaucoma [7],
DialysisTreatment [8],
TransplantedOrgan [9],
MissingOrgan [10],
RemovableProsthesis [11],
PacemakerInSitu [12],
SlowAcetylator [13],
TakingAntipsychoticMedication [14],
TakingAnticonvulsants [15],
TakingAntiarrythmics [16],
TakingBloodPressureDrugs [17],
TakingAnticoagulants [18],
TakingAntidiabeticAgents [19],
TakingAntihistamines [20],
ReceivedStreptokinase [21],
AllergicToAnalgesics [22],
AllergicToAnimalHair [23],
AllergicToAntibiotics [24],
AllergicToCitrusFruits [25],
AllergicToHouseDust [26],
AllergicToEggs [27],
AllergicToFish/Shellfish [28],
AllergicToIodine [29],
AllergicToMilk [30],
AllergicToNuts [31],
AllergicToPollens [32],
```

```
AllergicToOtherAgent [33],
OtherData [34]
-- Boolean set to true indicates that more information is
-- contained within extended clinical data.
}
AccessoryAttributes [1] OPTIONAL
}
```

A.2 "ImmunizationDetails"数据对象

```
ImmunizationDetails ::= SET
{ImmunizationsReceived [0] SET OF Immunization
Immunization ::= SET
{ImmunizationEmergencyCategory [0]
ImmunizationIndicator [1] ENUMERATED
-- Never(0), one or more(1), unknown(2), adverse
reaction(4)
ImmunizationStatus [2] ENUMERATED
-- Unspecified(0), first dose(1), second dose(2), third
dose(3), completed course(4), booster(5)
LastDateImmunized [3] Date OPTIONAL,
ImmunizationCode [4] CodedData,
}
AccessoryAttributes [1] OPTIONAL
}
```

A.3 "BloodGroupingAndTransfusionData"数据对象

```
BloodGroupingAndTransfusionData ::= SET
{BloodGrouping [0],
{BloodGroup [0] ENUMERATED,
--"O"=0,"A"=1,"B"=2,"AB"=3
RhesusFactor [1] ENUMERATED
--"0"=+ve,"1"=-ve
DateLastBloodGrouping [2] UTC time,
BloodGroupingFreeText [3] OCTET STRING (SIZE(1-30))
}
{BloodTransfusionData [1],
{BloodTransfusionIndicator [0] ENUMERATED,
-- 0=Never,1=Once,2=More than once
LastBloodTransfusionDate [1] UTC Time,
BloodProductGiven [2] CodedData
}
AccessoryAttributes [2] OPTIONAL
}
```

参 考 文 献

[1] GB/T 18794.2—2002 信息技术 开放系统互连 开放系统安全框架 第2部分:鉴别框架(ISO/IEC 10181-2:1996,IDT)

[2] ISO 6093:1985 Information processing—Representation of numerical values in character strings for information interchange

[3] ISO/IEC 6523-1:1998 Information technology—Structure for the identification of organizations and organization parts—Part 1: Identification of organization identification schemes

[4] ISO/IEC 8824-1:2002 Information technology—Abstract Syntax Notation One (ASN. 1): Specification of basic notation

[5] ISO/IEC 8825-1:2002 Information technology—ASN. 1 encoding rules: Specification of Basic Encoding Rules (BER), Canonical Encoding Rules (CER) and Distinguished Encoding Rules (DER)—Part 1

[6] ISO 8859-1:1998 Information processing—8-bit single-byte coded graphic character sets—Part 1: Latin alphabet No. 1

[7] ISO/IEC 9594-8:1998 Information technology—Open Systems Interconnection—The Directory: Public-key and attribute certificate frameworks

[8] ISO/IEC 9798-1:1997 Information technology—Security techniques—Entity authentication—Part 1: General

ICS 35.240.80
C 07

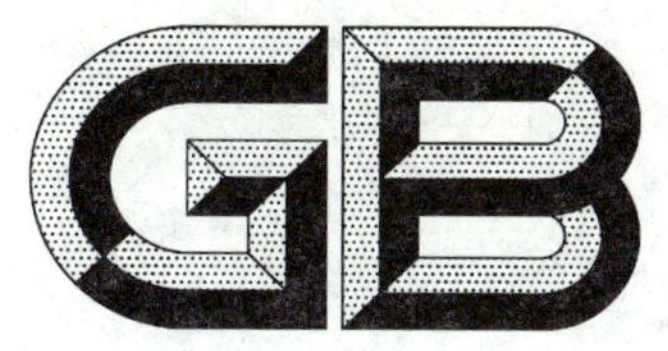

中华人民共和国国家标准化指导性技术文件

GB/Z 21716.1—2008

健康信息学　公钥基础设施(PKI)
第1部分:数字证书服务综述

Health informatics—Public Key Infrastructure (PKI)—
Part 1: Overview of digital certificate services

2008-04-11 发布

中华人民共和国国家质量监督检验检疫总局
中国国家标准化管理委员会　发布

前　言

GB/Z 21716《健康信息学　公钥基础设施(PKI)》分为3个部分:

——第1部分:数字证书服务综述;

——第2部分:证书轮廓;

——第3部分:认证机构的策略管理。

本部分为GB/Z 21716的第1部分。

本部分是参照ISO 17090-1(DIS)《健康信息学　公钥基础设施(PKI) 第1部分:数字证书服务综述》而制定的。

本部分对ISO 17090-1(DIS)中的一些错误地方进行了改正,具体如下:

——原文在3.2.4中的注中指出要参见“数据原发鉴别”和“对等实体鉴别”,但是在原文中没有出现“对等实体鉴别”这个术语,因此本部分在3.2.28中增加了术语“对等实体鉴别”。

——原文在5.3的最后一段中指出“使用数字证书的剧本详见附录B。”但是本部分没有附录B,根据上下文内容判断应改为“使用数字证书的剧本详见附录A。”

——原文在8.3的第三段的最后一句话中指出“在这些情况中,按照IETF/RFC 3281和本指导性技术文件第2部分的6.3.3的第5条以及7.1.5的规定,……”,但是第2部分没有7.1.5,根据上下文内容判断应改为“在这些情况中,按照IETF/RFC 3281和本指导性技术文件第2部分的6.3.3的第5条以及7.2.5的规定,……”。

——原文在8.3的第六段的最后一句话中指出“因此,在本指导性技术文件第2部分的4.1中对PKC身份证书类型给出了称为HCRole的扩展。”但是根据上下文内容判断应改为“因此,在本指导性技术文件第2部分的5.1中对PKC身份证书类型给出了称为HCRole的扩展。”

——在原文中,参考文献3、8、9、17、18、20、21、23-30并没有标出引用位置,因此根据专家意见将其删除。

本部分的附录A为资料性附录。

本部分由中国标准化研究院提出。

本部分由中国标准化研究院归口。

本部分起草单位:中国标准化研究院,中国人民解放军总医院,中国人民武装警察部队指挥学院。

本部分主要起草人:任冠华、陈煌、董连续、刘碧松、尹岭、韵力宇。

引　言

为了降低费用和成本，卫生行业正面临着从纸质处理向自动化电子处理转变的挑战。新的医疗保健模式增加了对专业医疗保健提供者之间和突破传统机构界限来共享患者信息的需求。

一般来说，每个公民的健康信息都可以通过电子邮件、远程数据库访问、电子数据交换以及其他应用来进行交换。互联网提供了经济且便于访问的信息交换方式，但它也是一个不安全的媒介，这就要求采取一定的措施来保护信息的私密性和保密性。未经授权的访问，无论是有意的还是无意的，都会增加对健康信息安全的威胁。医疗保健系统有必要使用可靠信息安全服务来降低未经授权访问的风险。

卫生行业如何以一种经济实用的方式来对互联网中传输的数据进行适当的保护？针对这个问题，目前人们正在尝试利用公钥基础设施(PKI)和数字证书技术来应对这一挑战。

正确配置数字证书要求将技术、策略和管理过程绑定在一起，利用“公钥密码算法”来保护信息，利用“证书”来确认个人或实体的身份，从而实现在不安全的环境中对敏感数据的安全交换。在卫生领域中，这种技术使用鉴别、加密和数字签名等方法来保证对个人健康记录的安全访问和传输，以满足临床和管理方面的需要。通过数字证书配置所提供的服务(包括加密、信息完整性和数字签名)能够解决很多安全问题。为此，世界上许多组织已经开始使用数字证书。比较典型的一种情况就是将数字证书与一个公认的信息安全标准联合使用。

如果在不同组织或不同辖区之间(如为同一个患者提供服务的医院和社区医生之间)需要交换健康信息，则数字证书技术及其支撑策略、程序、操作的互操作性是最重要的。

实现不同数字证书实施之间的互操作性需要建立一个信任框架。在这个框架下，负责保护个人信息权利的各方要依赖于具体的策略和操作，甚至还要依赖于由其他已有机构发行的数字证书的有效性。

许多国家正在采用数字证书来支持国内的安全通信。如果标准的制定活动仅仅局限于国家内部，则不同国家之间的认证机构(CA)和注册机构(RA)在策略和程序上将产生不一致甚至矛盾的地方。

数字证书有很多方面并不专门用于医疗保健，它们目前仍处于发展阶段。此外，一些重要的标准化工作以及立法支持工作也正在进行当中。另一方面，很多国家的医疗保健提供者正在使用或准备使用数字证书。因此，本指导性技术文件的目的是为这些迅速发展的国际应用提供指导。

本指导性技术文件描述了一般性技术、操作以及策略方面的需求，以便能够使用数字证书来保护健康信息在领域内部、不同领域之间以及不同辖区之间进行交换。本指导性技术文件的最终目的是要建立一个能够实现全球互操作的平台。本指导性技术文件主要支持使用数字证书的跨国通信，但也为配置国家性或区域性的医疗保健数字证书提供指导。互联网作为传输媒介正越来越多地被用于在医疗保健组织间传递健康数据，它也是实现跨国通信的唯一选择。

本指导性技术文件的三个部分作为一个整体定义了在卫生行业中如何使用数字证书提供安全服务，包括鉴别、保密性、数据完整性以及支持数字签名质量的技术能力。

本指导性技术文件第1部分规定了卫生领域中使用数字证书的基本概念，并给出了使用数字证书进行健康信息安全通信所需的互操作方案。

本指导性技术文件第2部分给出了基于国际标准X.509的数字证书的健康专用轮廓以及用于不同证书类型的IETF/RFC 3280中规定的医疗保健轮廓。

本指导性技术文件第3部分用于解决与实施和使用医疗保健数字证书相关的管理问题，规定了证书策略(CP)的结构和最低要求以及关联认证操作声明的结构。该部分以IETF/RFC 3647的相关建议为基础，确定了在健康信息跨国通信的安全策略中所需的原则，还规定了健康方面所需的最低级别的安全性。

健康信息学 公钥基础设施(PKI) 第1部分:数字证书服务综述

1 范围

本部分定义了医疗保健数字证书的基本概念,给出了使用数字证书进行健康信息安全通信所需的互操作方案。本部分还给出了进行健康信息通信的主要利益相关方以及使用数字证书进行健康信息通信所需的主要安全服务。

本部分简述了配置医疗保健数字证书所需的公钥密码算法和基本构件,并进一步介绍了不同类型的数字证书(包括标识证书、用于可依赖方的关联属性证书、自签名认证机构(CA)证书)以及CA等级体系与桥接结构。

本部分适用于健康信息安全人员、专门从事健康信息应用软件的设计者和开发者的使用。

2 规范性引用文件

下列文件中的条款通过GB/Z 21716的本部分的引用而成为本部分的条款。凡是注日期的引用文件,其随后所有的修改单(不包括勘误的内容)或修订版均不适用于本部分,然而,鼓励根据本部分达成协议的各方研究是否可使用这些文件的最新版本。凡是不注日期的引用文件,其最新版本适用于本部分。

GB/Z 21716.2—2008 健康信息学 公钥基础设施(PKI) 第2部分:证书轮廓

GB/Z 21716.3—2008 健康信息学 公钥基础设施(PKI) 第3部分:认证机构的策略管理

3 术语和定义

下列术语和定义适用于本部分。

3.1 医疗保健语境术语

3.1.1

应用 application

作为私有加密密钥持有方的、可标识的计算机运行软件程序。

注1:在本语境中,应用可以是医疗保健信息系统中使用的任一软件程序。它也包括那些在治疗或诊断中不直接使用的应用。

注2:在一定管辖范围内,可以包括正规医疗设备软件程序。

3.1.2

设备 device

作为私有加密密钥持有方的、可标识的计算机控制仪器或器械。

注1:设备包括能够满足上述定义的正规医疗设备。

注2:在本语境中,设备指健康信息系统中使用的任一设备。它也包括那些在治疗或诊断中不直接使用的设备。

3.1.3

医疗保健参与者 healthcare actor

参与与健康相关的通信并对安全服务所用数字证书有需求的正规健康专业人员、非正规健康专业人员、受委托医疗保健提供者、支持组织雇员、患者/消费者、医疗保健组织、设备或应用。

3.1.4

医疗保健组织　healthcare organization

主要行为与健康服务或健康促进相关的官方注册组织。

示例：医院、医疗保健网站提供者和医疗保健研究院所。

注1：一般认为，医疗保健组织对其行为负有法律责任，但是不需要在卫生领域中注册具体的角色。

注2：按X.501所述，组织内部的一个部门称为一个组织单元。

3.1.5

非正规健康专业人员　non-regulated health professional

由医疗保健组织雇佣的、但不是正规健康专业人员的个人。

示例：负责安排预约的医疗接待员或帮助进行患者护理的护工。

注：当然，即使雇员没有被独立于雇主的组织对其专业能力进行的权威认定，也并不意味着这些雇员在提供服务方面是不专业的。

3.1.6

患者　patient

消费者　consumer

健康相关服务的接受者和健康信息系统中的参与者。

3.1.7

隐私权　privacy

防止因不正当或非法收集和使用个人数据而对个人的私生活或私事进行侵犯。

[GB/T 5271.8—2001]

3.1.8

正规健康专业人员　regulated health professional

由国家认证组织授权其具有提供特定健康服务资格的个人。

示例：内科医生、注册护士和药剂师。

注1：在不同的国家，针对不同的专业，注册或授权组织的类型是不同的。国家认证组织包括本地或区域政府机构、独立的专业协会和其他正式的国家公证处。它们的领域可能相互独立，也可能存在着交叉。

注2：在本定义中，国家认证组织并不一定是指国家控制的专业注册系统，它应是为了便于国际交流而建立的一个公认的健康专业注册组织的全国性目录。

3.1.9

受委托医疗保健提供者　sponsored healthcare provider

在其操作范围内并不是一个健康专业人员、但由医疗保健组织支持并在社区中开展活动的健康服务提供者。

示例：负责特殊群体中毒品和酒精教育的工作官员，发展中国家的健康援助人员。

3.1.10

支持组织　supporting organization

向医疗保健组织提供服务的经过官方注册的组织，但它不提供健康服务。

示例：健康基金组织（如保险机构、药品和其他物品的供应商）。

3.1.11

支持组织雇员　supporting organization employee

医疗保健组织或支持组织雇佣的个人。

示例：病历打字员、医疗保险索赔裁决人和药品订单登记办事员。

3.2　安全服务术语

3.2.1

访问控制　access control

一种保证手段，即数据处理系统的资源只能由被授权实体按授权方式进行访问。

[GB/T 5271.8—2001]

3.2.2

可确认性　accountability

可核查性

这样一种性质，它确保对一个实体的操作可以唯一地追踪到该实体。

[GB/T 9387.2—1995]

3.2.3

非对称密码算法　asymmetric cryptographic algorithm

在执行加密或与之相应的解密中用于加密和解密的密钥是不相同的算法。

[GB/T 18794.1—2002]

3.2.4

鉴别　authentication

通过将标识符与其鉴别码进行安全关联来可靠识别安全主体的过程。

注：也可参见“数据原发鉴别”和“对等实体鉴别”。

3.2.5

授权　authorization

授予权限，包括允许基于访问权的访问。

[GB/T 9387.2—1995]

3.2.6

可用性　availability

根据授权实体的请求可被访问与使用。

[GB/T 9387.2—1995]

3.2.7

密文　ciphertext

经加密处理而产生的数据，其语义内容是不可用的。

[GB/T 9387.2—1995]

3.2.8

保密性　confidentiality

机密性

这一性质使信息不泄漏给非授权的个人、实体或进程，不为其所用。

[GB/T 9387.2—1995]

3.2.9

密码学　cryptography

这门学科包含了对数据进行变换的原理、手段和方法，其目的是掩藏数据的内容，防止对它作了篡改而不被识破或非授权使用。

[GB/T 9387.2—1995]

3.2.10

密码算法　cryptographic algorithm

加密算法

密码　cipher

一种数据传输方法，用于隐藏其信息内容，防止被漏检修改和/或未经授权的使用。

3.2.11

数据完整性　data integrity

这一性质表明数据没有遭受以非授权方式所作的篡改或破坏。

[GB/T 9387.2—1995]

3.2.12

数据原发鉴别　data origin authentication

确认接受到的数据的来源是所要求的。

[GB/T 9387.2—1995]

3.2.13

解密　decipherment

解密处理　decryption

从密文中获取对应的原始数据的过程。

[GB/T 5271.8—2001]

注：可将密文再次加密，这种情况下单次解密不会产生原始明文。

3.2.14

数字签名　digital signature

附加在数据单元上的一些数据，或是对数据单元所作的密码变换(见3.2.9)，这种数据或变换使数据单元的接受者能够确认数据单元来源和数据单元的完整性，并保护数据，防止被人(例如接收者)进行伪造。

[GB/T 9387.2—1995]

3.2.15

加密　encipherment

加密处理　encryption

对数据进行密码变换(见3.2.9)以产生密文。

[GB/T 9387.2—1995]

3.2.16

标识　identification

以使数据处理系统能够识别实体的测试性能。

3.2.17

标识符　identifier

在用相应的鉴别码进行进一步确认之前，用于说明身份的信息片段。

[ENV 13608-1]

3.2.18

完整性　integrity

证明在传输过程中没有以任何方式对消息内容进行有意或偶然的改变。

[GB/T 9387.2—1995]

3.2.19

密钥　key

控制加密和解密操作的一序列符号。

[GB/T 9387.2—1995]

3.2.20

密钥管理　key management

在一种安全策略指导下密钥的产生、存储、分配、删除、归档及应用。

[GB/T 9387.2—1995]

3.2.21

抗抵赖　non-repudiation

提供可被任一方验证的数据完整性和来源(都是不可更改的)证据的服务。

[ASTM,19]

3.2.22

私有密钥 private key

私钥

在非对称密码算法中使用的并且其拥有者是受限制(通常只能由一个实体拥有)的密钥。

[GB/T 18794.1—2002]

3.2.23

公共密钥 public key

公钥

在非对称密码算法中使用的并且可以被公开的密钥。

[GB/T 18794.1—2002]

3.2.24

角色 role

与一项任务相关的行为集合。

3.2.25

安全性 security

可用性、保密性、完整性和可确认性的组合。

[ENV 13608-1]

3.2.26

安全策略 security policy

为保障计算机安全所采取的行动计划或方针。

[GB/T 5271.8—2001]

3.2.27

安全服务 security service

由参与通信的开放系统的层所提供的服务,它确保该系统或数据传送具有足够的安全性。

[GB/T 9387.2—1995]

3.2.28

对等实体鉴别 peer-entity authentication

确认有关的对等实体是所需的实体。

[GB/T 9387.2—1995]

3.3 公钥基础设施相关术语

3.3.1

属性机构 attribute authority;AA

通过发布属性证书来分配权限的机构。

3.3.2

属性证书 attribute certificate

由属性机构进行数字签名的数据结构,它将某些属性值与其持有者的标识绑定在一起。

3.3.3

授权机构证书 authority certificate

发给认证机构或属性机构的证书。

3.3.4

证书 certificate

公钥证书。

3.3.5

证书分发　certificate distribution

向安全主体发布和传输证书的行为。

3.3.6

证书扩展　certificate extension

X.509证书的扩展域(简称为扩展),提供了将附加属性与用户或公钥关联起来和进行证书层次结构管理的方法。

注:证书扩展可以是必要的(即如果使用证书的系统遇到一个不能识别的必要扩展时,则必须拒绝该证书。),也可以是非必要的(即如果使用证书的系统不能识别扩展,则可以将其忽略)。

3.3.7

证书生成　certificate generation

创建证书的行为。

3.3.8

证书管理　certificate management

与证书相关的程序,即证书生成、证书分发、证书归档和撤销。

3.3.9

证书轮廓　certificate profile

关于证书类型的结构和许可内容的规定。

3.3.10

证书撤销　certificate revocation

即使证书没有过期,但由于证书不再可信,导致对证书与其持有方(或安全主体持有者)之间所有可靠链接进行删除的行为。

3.3.11

证书持有方　certificate holder

有效证书主体的实体。

3.3.12

证书验证　certificate verification

验证证书是否可信。

3.3.13

认证　certification

第三方作出保证数据处理系统的全部或部分符合安全要求的过程。

[GB/T 5271.8—2001]

3.3.14

认证机构　certification authority;CA

证书机构

证书认证机构

证书发行方　certificate issuer

负责创建和分配证书,受用户信任的权威机构。用户可以选择该机构为其创建密钥。

注1:术语"CA"中的机构并不特指政府机构,它只是说明该机构是可信任的。

注2:"证书发行方"可能是一个更合适的术语,但广泛使用的是"CA"。

[GB/T 16264.8—2005]

3.3.15

证书策略　certificate policy;CP

指定的一组规则,用于指出证书对具有通用安全需求的特定应用组和/或类的适用性。

[IETF/RFC 3647]

3.3.16

认证操作声明　certification practices statement;CPS

认证机构在发行证书方面的操作声明。

[IETF/RFC 3647]

3.3.17

公钥证书　public key certificate;PKC

将身份与公钥绑定的 X.509 公钥证书。在客户端证明它拥有 PKC 中公钥对应的私钥后,可以使用身份来支持基于身份的访问控制决策。

[IETF/RFC 3280]

3.3.18

公钥基础设施　public key infrastructure;PKI

在密钥持有方和可依赖方二者的关系中使用的基础设施。它允许可依赖方将与密钥持有方相关的证书用于一个以上的应用,其中该应用使用依赖于公钥的安全服务。PKI 包括认证机构、证书数据结构、可依赖方获得证书撤销状态的当前信息的方法、认证策略和验证认证操作的方法。

3.3.19

资质证书　qualified certificate

主要目的是在公共抗抵赖服务中标识某人具有高级担保的证书。

注:决定一个证书是否应被认为是涉及法规的"资格证书"的有效机制不在本部分规定范围之内。

3.3.20

注册机构　registration authority;RA

负责标识和鉴别证书主体的实体,但其不签名或发行证书(即 RA 受委托代表 CA 执行特定的任务)。

[IETF/RFC 3647]

3.3.21

可依赖方　relying party

证书的接收方,它依靠证书和/或通过该证书验证的数字签名进行活动。

[IETF/RFC 3647]

3.3.22

第三方　third party

数据发送方和数据接收方之外的另一参与方。它被要求实施通信协议部分的安全功能。

3.3.23

可信第三方　trusted third party;TTP

对于安全协议而言被认为是可信第三方。

注:本术语被用于许多 ISO/IEC 国际标准和其他主要描述 CA 服务的文献中。然而,该定义是比较宽泛的,它包括诸如时戳和由第三方保存的契据之类的服务。

[ENV 13608-1]

4　缩略语

下列缩略语适用于本部分。

AA	属性机构	attribute authority
CA	认证机构	certification authority
CP	证书策略	certificate policy
CPS	认证操作声明	certification practice statement
CRL	证书撤销列表	certificate revocation list
ECG	心电图	electrocardiogram
EHR	电子健康记录	electronic health record
PKC	公钥证书	public key certificate
PKI	公钥基础设施	public key infrastructure
RA	注册机构	registration authority
TTP	可信第三方	trusted third party

5 医疗保健语境

5.1 医疗保健证书持有方和可依赖方

为了便于描述数字证书需求，特对如下的参与者类别进行说明。但这并不意味着其他的类别和定义不适用于其他的语境。

此处关注的是健康通信中直接涉及并要求用于安全服务的PKI证书的医疗保健参与者。医疗保健参与者的定义见3.1。表1给出了医疗保健参与者类别。

表1 医疗保健参与者类别

个人	正规健康专业人员
	非正规健康专业人员
	患者/消费者
	受委托医疗保健提供者
	支持组织雇员
组织	医疗保健组织
	支持组织
其他实体	设备
	正规医疗服务
	应用

除了上述参与者外，大规模配置数字证书要求CA和RA必须是整个系统的一部分，并且这些组织应根据自身的权限成为重要的证书持有者。

一些医疗保健工作者与多个医疗保健组织有关。卫生行业中的一个基本要求就是通过一致性收费和证书多样性来避免重复或冗余注册。

在医疗保健语境中，RA的职能是把参与者标识为一个有效的、执行给定角色的健康专业人员，或把消费者标识为对其信息具有所有权的个人。对于医生工作的支持人员(医疗接待员、收费员、文件管理员等)也需要一种注册方法。这些个人与诸如国家、省/市/自治区卫生行政部门负责的医院之类的机构无关。

5.2 参与者示例

5.2.1 正规健康专业人员

正规健康专业人员的例子如内科医生、牙医、注册护士和药剂师。不同的国家官方规定/认可的健康专业分类不同。在将来的国际标准化工作，一项重要的任务是创建一个关于健康专业分类的全球映射,但是对于本指导性技术文件的目的而言,需假设只有非常宽泛的分类才能被国际认可。在本指导性技术文件第2部分中提出的数据结构允许同时使用一种宽泛的国际分类和一种更详细的、国家级或是地区级的分类,因为在某些国家,正规健康专业人员是由地方部门进行管理的。

5.2.2 非正规健康专业人员

非正规健康专业人员是由医疗保健组织雇佣的、不是正规健康专业人员的个人,它包括医疗秘书、档案助理、抄录员(即根据口述录音记录的人)、收费员和助理护士等。对于本部分,安全服务证书中包括雇员与医疗保健组织之间的关系是很重要的。对于健康专业人员,数字证书结构中包括其与健康专业人员注册机构的关系很重要,但其与诸如医生之间可能的雇佣关系或从属关系也很重要。

医疗保健雇员的角色或职业有许多类,本部分不提供分类方案。

注:雇员没有就其专业能力向雇主之外的组织进行注册并不意味着雇员在服务时不是专业人员。

5.2.3 患者/消费者

在大多数情况中,接受健康服务的个人称为患者,但在某些情形下,对于健康人而言,当考虑到其与医疗保健提供者之间的契约关系时,称其为健康服务的消费者更合适。在本语境中,只有当消费者也是健康信息系统的直接用户时才认为其是患者。

5.2.4 受委托医疗保健提供者

按照权限,医疗保健提供者中的某些类型人员不是正规的,但他们为社区提供服务,并由已注册的医疗保健组织对其专业角色进行认证和委托。例如,某些国家的助产士(由产科医生或其他医生保证)、不同类型的理疗医生、参与残疾人和老年人社区护理的各类人员(由全科医生或医院保证)。

5.2.5 支持组织雇员

支持组织雇员是指为支持组织工作的、且不是正规或非正规健康专业人员的个人。

5.2.6 医疗保健组织

主要参与健康服务或健康促进相关的官方注册组织。例如医疗保健提供者、医疗保健资助团体(保险公司或政府公共卫生资助部门)和医疗保健研究院所。

5.2.7 支持组织

支持组织为医疗保健组织提供服务,但不直接提供健康服务。

5.2.8 设备

设备是指诸如ECG设备、实验室自动化设备和为患者测量各种生理学参数的各种便携式诊断设备之类的装置。它也包括诸如电子邮件服务器、网络服务器和应用服务器之类的计算机设备。

5.2.9 应用

应用是指在单个机器和/或互联网中运行的计算机软件程序。在医疗保健语境中,依赖于数字证书的应用可能包括临床管理集成系统,EHR应用,急诊信息系统,影像系统,处方及药品管理系统。

5.3 医疗保健数字证书的适用性

本指导性技术文件既适用于一个辖区内的卫生行业,也适用于不同辖区之间的卫生行业。本指导性技术文件试图覆盖公共(政府)卫生机构、私营和公共医疗保健提供者(医院、社区健康以及全科医生的医疗活动)。本指导性技术文件还适用于医疗保险组织、健康教育机构以及与健康相关的活动(如家庭护理)。

本指导性技术文件的主要目的是为健康专业人员、医疗保健组织以及保险公司能够安全地交换健康信息确立一个框架,同时还试图为消费者提供安全访问自己健康信息的能力。在交易中使用CA和RA,可使医疗保健提供者、保险公司和消费者进行安全的信息交换,即使信息的完整性受损,也能很快地被发现。

在卫生领域中,数字证书适用于下列情况:

a) 安全电子邮件。

b) 利用数字证书,社区健康专业人员对医院信息系统中患者信息的访问请求。

c) 利用数字证书,医院信息系统内部的访问请求。其中系统应包括患者管理、临床管理、病理、医学影像、饮食以及其他相关的信息系统。

d) 账单应用:要求具有抗抵赖性、消息完整性、保密性和对患者、健康服务提供者和医疗保险公司的鉴别以及(在某些管辖权限中)防止欺骗。

e) 远程影像应用:要求将影像与患者身份进行可靠绑定,同时也要求对健康专业人员进行鉴别。

f) 远程访问控制应用:对验证真实性、保密性和完整性有特殊要求。

g) 电子处方应用:要求数字证书提供的所有安全服务对处方是否源自特定健康专业人员(源鉴别)以及是否为该患者开具的处方进行核查。为了保证在传输过程中没有错误,要求数字证书能提供完整性服务;为了保证审计能力,要求数字证书能提供抗抵赖服务。

h) 患者同意数字签名的文档。

i) 跨国界或跨辖区的转录服务。

j) 符合本地策略的其他系统。

本地策略可以排除一个或多个依赖于数字证书或以其他的方式使用数字证书的上述应用。

使用数字证书的剧本详见附录 A。

6 医疗保健应用中的安全服务需求

6.1 医疗保健特征

制定本指导性技术文件的原因是因为卫生行业对安全有特定的需求,需要进行特殊说明。医疗保健的具体特征如下:

a) 健康信息可重复使用,且其存在的时间同其所对应的个人的寿命一样长,甚至更长。这就要求能够长期保存数字签名以及一种能满足这种要求的时戳技术。

b) 健康消费者和健康服务提供者都对健康信息的使用非常重视。除非患者本人明确同意,否则其健康信息只有用于健康目的,而不能用于其他目的(如匿名患者数据用于培训和计划编制)。

c) 具有提高健康服务消费者对健康系统管理其信息能力的信心的需求。

d) 具有使健康专业人员和组织履行健康策略语境中安全义务的需求。

e) 具有确保使用数字证书的健康专业人员、贸易伙伴和可依赖方对保证患者信息的私密性和安全性具有信心的需求。

随着越来越多地使用电子信息系统代替纸质文件来存储个人健康信息,卫生领域中的安全性问题也变得越来越显著。卫生行业的首要关注点是保护患者的隐私和安全。特别是对于跨辖区传输的健康信息流,该关注点还要求符合相关的隐私法律法规。如果信息系统将由健康专业人员和患者/消费者使用,则它应是可信赖的。因此,对于健康信息系统而言,满足私密性和安全性的需求是非常严格的。

6.2 卫生领域中的数字证书技术需求

6.2.1 概要

在健康信息与通信系统中,需要处理的大多数安全威胁是未授权访问,这些访问是通过窃取合法证书持有者的私钥后,假冒证书持有者的身份进行的。这样的未授权访问会导致健康信息被篡改、丢失或被复制。与安全标准(如 GB/T 19716)结合使用的数字证书能够有效降低这种未授权访问的风险。

数字证书提供了包含鉴别、完整性、保密性和数字签名等所有服务的策略、程序和技术的唯一组合。在医疗保健语境中,使用数字签名能使互不相识的医疗保健提供者和消费者运用电子手段,并通过信任链来安全放心地进行通信。

数字证书能够提供卫生行业特需的安全服务。这些服务及其在卫生行业中的应用将在下面进行详细描述。

6.2.2 鉴别

医疗保健是一项多学科联合的工作。当健康专业人员查阅包含个人健康信息的患者记录、会诊报告和其他文档时，需要依赖于其他医疗保健提供者的判断。当访问和更新这些文档和记录时，必须将包含在内的信息与其作者可靠关联起来。

非常重要的一点是既要使健康专业人员能够访问各种临床设备中敏感的个人健康信息，也要能防止未经授权的人访问或改变这些信息。对鉴别的进一步讨论见7.4。

6.2.3 完整性

当个人健康信息用于急救时，维护信息的完整性就成为了一个关乎生死的问题。尤其是对于某些类型的个人健康信息(如麻醉药品处方)完整性，应对其可能被破坏的情况给予高度关注。

6.2.4 保密性

在一般应用中，个人健康信息通常被认为是最机密的信息。与电子商务中传输的信息不同，个人健康信息的保密性是不能用金钱来衡量的，患者的隐私权一旦被取消，就不能再恢复。

6.2.5 数字签名

在审讯听证会、医疗渎职诉讼、专业人员纪律听证会和其他法庭或准法庭中，由于可将电子签名文档作为证据提交，因此在卫生领域中使用的数字签名以及用于确认其完整性的策略和操作最终会引起人们的高度关注。

即使证书已过期或已被撤销，仍可对医疗保健文档中的数字签名进行验证。在时戳到期前，该服务可以使用安全时戳技术来实现(参见IETF/RFC 3161)。因此建议使用IETF/RFC 3126作为长期的签名格式。

数字证书也支持基于授权和角色的访问控制服务(见6.2.6)。这些服务在医疗保健中非常重要，因为许多特殊性和情况要求根据所涉及的健康专业人员的角色和情形，来对个人健康信息的不同部分采用不同的访问级别。

6.2.6 授权

在医疗保健中，有必要只对那些为患者/消费者提供医疗保健的实体、或是已获得患者亲自同意的实体授予对个人健康信息访问的权利。

6.2.7 访问控制

在医疗保健中，有必要适当采取一些手段，来确保被授权实体只能根据授权目的/功能、以授权的方式访问数据处理系统的资源，这是因为未授权访问造成的后果可能是无法补救的。

当与合适的安全标准联合使用时，数字证书就能够明显降低未经授权而泄漏患者健康信息的风险。

本指导性技术文件的目的是定义数字证书发行和使用的通用元素，这些元素保证传输健康信息的信任链可以按照需求进行扩展，甚至可以超越辖区或国界。

6.3 分离加密和鉴别

将签名从加密功能中分离出来是卫生行业的一个特殊需求。之所以这样做的原因是因为在急救或其他特殊情况下，当了解患者的急救或特殊情况记录的健康专业人员不在场或无法联系时，被授权的健康专业人员需要访问这些消息。在健康信息安全性方面，一种通用的做法是鉴别时使用个人身份证书，加密时使用组织单元证书。

本指导性技术文件推荐在鉴别和加密(确保保密性)中使用独立的证书和关联密钥。本指导性技术文件使用独立的证书建立身份，使用与主体鉴别密钥关联在一起的关联密钥管理访问控制。

6.4 医疗保健数字证书安全管理框架

对于支持健康相关信息的安全传输和在国内或辖区内、甚至跨国界或跨辖区的数据访问的数字证书安全基础设施，需要通用安全管理策略框架的支持。为了对基础设施操作安全有一定的保障作用，需要制定用于对其进行管理的操作规范。

规定信息安全管理操作规范的标准已经存在并被普遍接受。GB/T 19716—2005、GB/T 19715.1和COBIT规范规定了安全风险标识以及适当控制风险管理的应用。

由数字证书配置提供的安全服务可以向签名者和验证者保证较弱的安全管理不会减弱电子签名的作用。上述标准中的操作规范对这些安全服务的约束作用很小甚至没有。

本指导性技术文件将引用GB/T 19716—2005来解决IETF/RFC 3647中提出的安全问题。

6.5 医疗保健数字证书发行和使用的策略需求

医疗保健数字证书发布和使用的策略需求和相关操作见本指导性技术文件第3部分。

7 公钥密码算法

7.1 对称密码算法与非对称密码算法

利用对称密码算法，可以使用密钥将纯文本加密为不可读的密文。这样的加密信息可以使用相同的密钥通过逆向密码算法对其进行解密。这种类型的密码系统广泛用于保证保密性，并称为对称密钥或密钥。

公钥密码算法是由Whitfield Diffie和Martin Hellman于1976年首先提出的。这种方法使用两种不同的密钥：一个是公钥，另一个是私钥。具有公钥的任何人都能够对消息进行加密，但不能对其解密；只有具有私钥的人才能够对消息进行解密。单独根据公钥的信息是不可能推导出私钥的，因此公钥可以公布而不需要考虑其保密性。

RSA密码系统是非对称的。以三个发明者（Rivest、Shamir和Adelman）命名的RSA非对称算法使用广泛，它可以单独使用，也可以与其他对称密码系统联合使用。在这种混合系统中，非对称算法用于保护对称密码系统的密钥。

保证通信完整性可以实现对可依赖方的鉴别。通过实现这种鉴别以及实现授权和访问控制，非对称密码系统能够增加对称密码系统或虚拟专用网的价值。

某些公钥算法（如RSA算法）能用来恢复消息，因此适用于使用上述密码算法进行保密性保护的情况。这种算法也适用于相反的情况——即使用公钥对私钥加密的文本进行解密。这种原理不适用于保密性保护但可用于鉴别。只有私钥的持有者才能使用相应的私钥生成一个能够解密的密码。拥有私钥的某人可以利用这种特性来鉴别消息源。

7.2 数字证书

数字证书是一种软件数据结构，它将实体公钥、一个或多个与实体身份或实体公钥相关的属性以及其他信息绑定在一起，其中这些信息是按照GB/T 16264.8发布的CA私钥进行加密的，无法进行修改。一个标识实体的识别名是一个与身份相关的属性。

实体可以是一个人、一个组织单元、一个应用、一个服务器或一个硬件设备。数字证书的目的是提供某种级别的保密性。该级别的保密性中，公钥属于被标识的实体，并且该实体拥有对应的私钥。

保密性的级别是由对数字证书进行签名的CA利用其自身的私钥来实现的。通过对数字证书进行签名，CA对数字证书中包含的信息承担责任，并为证书持有者提供某种级别的鉴别。

CA发行证书，维护证书目录及其公钥，宣布证书作废并保证所有相关的可依赖方能够及时收到证书作废的通知。本指导性技术文件第3部分规定了证书的管理过程，也规定了RA的角色以及对RA角色执行者的相关约束。

7.3 数字签名

数字签名是指数据单元的附加数据或密码转换，它使数据单元的接收方可以检验数据单元的来源和完整性，避免被伪造，如符合GB/T 9387.2的接收方。

数字签名是通过使用发送方的私钥对即将发送的消息进行数学运算而生成的。因为私钥和公钥是配对的两个密钥，公钥绑定在数字证书的身份上，所以使用公钥提前验证发送方的身份是否具有某个级别的保密性是不可能的。保密性的级别是由对数字证书进行签名的CA利用其自身的私钥来实现的。通过对数字证书进行签名，CA将对数字证书中包含的信息承担责任，并为证书持有者提供某种级别的鉴别。

所实现的保密性级别取决于CA的策略和操作以及可依赖方的密钥管理。

除提供鉴别发送方的保密性级别外,使用数字签名还能提供通信完整性的保密性级别。因为如果在源和目的地使用相同的方法生成数字签名,则可以获得相同的散列值。

7.4 保护私钥

证书并不是把密钥与身份绑定在一起,它只是将密钥与实体的识别名绑定在一起。实现私钥和实体的绑定需要采取特殊的步骤,从而确保只有指定的实体才能使用该私钥。因此在卫生行业内,合格的私钥管理对于合理配置数字证书很重要。如果私钥遭到泄密,则相关的数字证书将无法保护使用该公钥/私钥对进行通信和存储的信息。而且如果CA的私钥遭到泄密,则该CA所辖范围的安全性也将不复存在。

私钥保护要求将管理过程和技术方法联合起来使用。不管选择什么技术,密钥保护都应按照符合GB/T 19716—2005的一个完整的信息安全管理框架内进行管理。

硬件令牌可以用来保护私钥,这时私钥被存储在可以执行密码计算的令牌中,而证书持有者通过使用密码、密码短语或生物测定可以对其进行访问。这是一种比较安全的私钥保护方法,因为在这种方法中,在令牌中可以植入复杂的鉴别算法,而且计算机没有与网络连接,所以无法通过互联网对其进行访问。特定类型的智能卡完全可以替代这种硬件令牌,也可以使用USB(Universal Serial Bus,通用串行总线)密钥或类似的硬件令牌。其中USB密钥或类似的硬件令牌只存储私钥,而加密逻辑存储在计算机中。

私钥也可以存储在软盘中,但这样做不太安全。私钥还可以存储在计算机工作站的硬盘中,这样做更不安全。因为这样做就有可能通过计算机工作站所连接的互联网对私钥进行访问。

为了访问存储在上述某个设备中的私钥,要求对证书持有者、其他设备或应用进行鉴别。这种鉴别在大多数情况下是利用密码、密码短语或生物测定进行的。鉴别有多种类型,其中大多数都是基于诸如个人地址、所掌握的知识、信息或所有物,例如要求在你所拥有的物理设备(如令牌)上使用(你所知道的)密码。建议使用一种以上类型的鉴别,即众所周知的双重鉴别,这样可以大大增加私钥的安全性。

本指导性技术文件给出了对多层安全的需求,说明了更高级的安全性需要用硬件令牌来保护私钥。对私钥管理的规定详见本指导性技术文件第3部分的7.6.2和7.6.3。

使用不安全的媒介(如互联网,此时发送方和接收方可以没有预先联系,也没有个人接触)进行跨辖区或跨国界传输个人健康信息意味着需要有鉴别相关方的方法,以确保传输和存储的信息能够保持完整性,同时保证信息在传输过程中没有被篡改,任一参与方不能对已发送或已接收信息的行为进行否认。这是对卫生行业中数字证书提供的安全服务的业务要求。

8 配置数字证书

8.1 必备组件

8.1.1 概要

PKI是由下述组件组成的基础设施。

8.1.2 CP

CP是一个已命名的规则集合,它指出证书对特定医疗保健社区的适用性和(或)具有通用安全需求的应用类。专门用于满足健康信息需求的、基于CP的证书,支持诸如授权、访问控制和信息完整性的服务。第6章中说明的健康信息系统的具体需求意味着数字证书用于卫生领域时需要进行专门规定。

8.1.3 CPS

CPS是关于CA通过发行证书来实施CP的操作说明。例如,当接收到卫生机构的请求时,CPS指出为向健康专业人员发行证书而要采取的行动。

8.1.4 **CA**

CA是一个值得信赖的实体，它验证证书持有者的身份，并给证书持有者分配一个“识别名”。CA也通过对数据进行签名来验证被标识证书持有者信息的正确性，此时也验证了名称或身份与公钥之间的绑定关系。这种绑定关系构成了证书持有者的数字签名。由于这些功能在本地层面上可以很好地执行，所以其中某些功能可以由RA完成(见8.1.5)，如身份的验证和识别名的分配。

私钥可以存储在主体的计算机、软盘或诸如智能卡之类的其他媒介中。对密钥的访问通常是由证书持有者通过输入密码短语进行的。

本指导性技术文件认为卫生机构可以以不同的方式获得认证服务。某些认证服务是由其自身提供的，其他认证服务可由经过认证的私营组织进行。根据证书发行的目的，可以有多种认证。证书持有者也可以有多种证书。

根据国家对医疗保健数字证书的组织方法，CA可以有若干个级别来向不同级别的实体(如组织内部的证书持有者、卫生行业整体或国内任何人)提供证书。

CA应是一个公证处，该组织按照合理的管理和程序来提供所需的信任等级。这些管理和程序至少应符合GB/T 19716—2005(或与其等效的标准)，如果可能的话，还应符合某个公认的数字证书担保方案，并适用于其操作权限。

8.1.5 **RA**

RA是一个建立证书持有者的身份、并向CA注册其认证需求的实体。RA也可以对存储在属性证书中的信息进行验证，从而获得证书持有者的角色、级别或就业状况。在这种情况中，验证诸如就业状况之类的属性的RA(如政府医疗机构)与验证健康专业人员的操作资质的RA(如健康专业人员注册委员会)有可能不同。

健康专业人员角色的标识可以由下列团体执行：

——国家、省/市/自治区卫生机构(包括相关的医院和健康组织)；

——医疗或健康专业人员注册委员会；

——医疗或健康专业人员团体，如培养外科医生、精神病医生、护士的院校；

——国立或私立医疗保险组织。

数字证书的用户可以信赖上述验证健康专业人员资格证书的一个或多个团体。注册程序参见本指导性技术文件第3部分的6.1、7.2.1.2、7.3.1.2、7.3.2.2、7.3.3.2和7.3.4.2。

8.2 **使用资质证书建立标识**

资质证书是一种在数字签名服务中用于标识某人具有高级担保资质的证书类型。资质证书同电子签名的法律认同密切相关。本部分预先为使用资质证书作好准备，以对不断增加的、支持电子签名的健康和其他服务提供者的国家立法需求以及签名者和验证者的需求作出响应，从而使电子签名能被法律认同。

IETF已经认识到了对资质证书的需求，并制定了IETF/RFC 3739。该标准提出了资质证书的证书轮廓，其目的在于定义一个独立于本地法律需求的通用语法。IETF使用资质证书轮廓来描述目的为对个人进行可靠标识的证书的格式。本部分使用IETF资质证书轮廓作为支持资质证书的框架。在本指导性技术文件的第2部分对资质证书轮廓进行了详细说明。

在医疗保健语境中，可以使用资质证书来对医疗保健提供者或消费者进行标识，从而使其具有在验证其电子签名时所必需的信用级别。本部分建议将资质证书用于正规健康专业人员和非正规健康专业人员。

8.3 **使用身份证书建立专业和角色**

本指导性技术文件认为在患者/消费者的眼中并不是所有的医生都是一样的。患者/消费者可以去找不同的医生来处理不同的健康问题。HIV/AIDS、传染病、精神健康都是一种需要人们分别处理的健康问题。因此，通常是根据健康专业人员的专业(如外科医生)和角色(如市中心综合医院急救部门的值班医生)来确定健康专业人员访问患者/消费者健康记录的具体部分。

首先需要重点关注的是，实体身份和公钥间的绑定与授权信息不具有相同的生存期，更不要说基本的医疗执照。例如，某人是一个行医40年的合格医生，但他可能只与某个医院签署了几个月的咨询医生合同。如果在PKC扩展中给出授权信息，则会导致缩短PKC的有效生存期。其次，PKC签发方对于授权信息通常不具有权威性。在这种情况中，PKC签发方尽管能够验证所涉及的人是一个医生，但很难对其在特定医院中担当的精神病咨询医生的角色进行验证。因此，PKC签发方还需要从权威部门获取授权信息，同时还可能由于某些信息无效而导致PKC生存期的缩短，造成需要增加宣告PKC无效、并发布一个替代品的管理行为。因此，常见的方法是把授权信息从PKC中分离出来。这就需要在软件产业中更广泛地实施属性证书规范(参见IETF/RFC 3281)。

IETF属性证书规范规定了如何使用公钥来验证数字签名或加密密钥管理操作，并指出并不是所有的请求和公开决策都是基于身份的。这样的访问控制决策也可以是基于规则、基于角色和基于等级的，因此还需要其他信息。例如，在访问控制决策中，作为特定类型专家的健康专业人员的信息比其身份更重要。在这些情况中，按照IETF/RFC 3281和本指导性技术文件第2部分的6.3.3的第5条以及7.2.5的规定，支持这样的决策授权信息可以编入到PKC扩展部分或一个独立的属性证书中。

本指导性技术文件建议PKC应将证明身份作为其主要目的。在X.509证书中提供的证书持有者身份信息可以用来作为制定“是否为了某种目的而对服务器提出的请求的响应信息进行公开”的决策依据。X.509 PKC将客户端身份和公钥进行绑定。在证书持有者证明其有与PKC中包含的公钥相对应的私钥后，其身份可被用来支持基于身份的决策，以对请求和信息公开进行管理(见IETF/RFC 3281)。

作为包含主要身份证书中专业人员角色的各种属性的替代模型，负责分配这些角色的其他组织可以批准主要的CA，并发行一个使用与主要身份证书相同的密钥，但包括一个或若干个附加属性的二级密钥。

身份一旦得到证明，则可使用属性证书来管理信息。在这些信息中，与PKC绑定的信息比其他信息变化更快或更短暂。为此，本部分对属性证书进行了规定。然而，这种方法也存在许多难点。属性证书的使用仍在不断发展并需要在软件行业中得到更广泛的实施。而且，健康专业人员的专业信息(如精神病学、儿科学、泌尿学)也具有一定的寿命。此外，还需要一定的容量来记录患者/消费者角色信息。因此，在本指导性技术文件第2部分的5.1中对PKC身份证书类型给出了称为HCRole的扩展。

数字证书也可用于对诸如SAML(安全声明标记语言)之类的标准的安全声明进行签名。这样的安全声明包括对健康专业人员的专业和角色的声明。

8.4 使用属性证书进行授权和访问控制

IETF属性证书规范认为PKC中对授权信息的定位是不合适的。本部分认为人们希望身份证书可以具有多种用途，并减少保存在身份证书中的信息。本部分建议将次要角色、团体资格、安全许可保存在附加的属性证书中。

应注意的是授权信息明显不同于PKC中包含的健康角色或许可证信息。角色或许可证隐含着授权级别，但不一定是授权信息本身。本部分规定使用属性证书来支持传输基于角色的医疗保健提供者的信息。

在PKC发行的身份证书中隐含着一个角色，该证书在许多情况中并没有包括足够的信息来制定访问控制决策。例如，当代表外科医生院校的RA为医生发行PKC时，则表明该医生是一位外科医生。但通常这并不能表明授权该医生在其被聘为特殊医院急救部门的临时代理医生时可以接收患者到医院。

这些详细的授权信息更适合由与健康专业人员的公钥绑定在一起的属性证书来提供。一个健康专业人员可以有多个属性证书来体现其多个角色。一般来说这样的属性证书比身份证书寿命短。

IETF属性证书也规定，要以一种与PKC相类似的方式来保护授权信息，而属性证书可以提供这种保护。属性证书只是一个数字签名(或鉴定)属性集，具有与PKC相类似的结构。属性证书与PKC的主要区别是属性证书不包括公钥。它包括对与属性证书拥有者相关的团体资格、角色、安全许可和其他访问控制信息进行规定的属性。

对符合 IETF/RFC 3281 的属性证书中数据元素的规定见本指导性技术文件第 2 部分。因为目前属性证书规范仍处于不断完善的过程中，所以在本指导性技术文件的最新版本中对健康属性证书类型进行了更详细的规定。

涉及医疗保健文档签名的剧本参见附录 A.4.16。

9 互操作性要求

9.1 概述

本指导性技术文件尝试采用和增加 IETF 和其他现有的安全标准来支持跨国界或跨辖区的健康信息安全电子传输。互联网正逐渐成为支持这种传输的工具。

本指导性技术文件的目的之一是支持跨国界、跨区域和跨组织的健康信息安全传输，所以本指导性技术文件必须以互联网为基础来将其全球效果最大化。为此，本指导性技术文件将 IETF/RFC 3647 作为本指导性技术文件的组织框架，并可根据需要参考其他相关的 IETF/RFC。

通过参与国之间的相互承认机制可以实现跨国界的健康信息安全传输，每个国家应利用合适的复审策略、操作和程序来鉴定 CA。

医疗保健数字证书的发行和使用管理需要进一步的研究，但其不在本指导性技术文件讨论范围之内。本指导性技术文件建议跨国界的互操作性应通过一系列国家间的双边或多边协议来实现，这些协议应以本指导性技术文件第 3 部分中规定的最低需求为基础。最后，可依赖方需要 CA 制定程序以根据需要使基础设施具有所要求的担保级别。

9.2 配置跨辖区的医疗保健数字证书的选项

9.2.1 概述

以跨辖区(包括跨国界)为目的的数字证书配置存在的主要问题是信任。信任是许多参与方的办事方式，主要依赖于政策、操作，更深入地说，还要依赖由一个已建立的权威机构发行给证书持有者的数字证书的有效性。下面对配置医疗保健数字证书体系结构的选项进行说明。

9.2.2 选项 1——CA 的单层次体系

从技术角度看，本选项是最容易的。然而建立只有一个集中式 CA 的、全世界范围的保数字证书配置是不可能的。尽管在本剧本中注册是可以向下授权的，但是其管理方案仍不可行。

9.2.3 选项 2——可依赖方的信任管理

在本选项中，可依赖方的职责是决定是否信任所关注的发行 CA。本选项有内在缺陷，因为它要求信任决策完全由可依赖方决定，这样在某些情况中就可能让不能够作出正确决定的可依赖方承担不恰当的责任。

9.2.4 选项 3——交叉识别

交叉识别是一种互操作方案。利用该方案，一个数字证书域内的可依赖方可以使用另一个数字证书域内的授权信息来对后者域内的主体进行鉴别，反之亦然。比较典型的是，这样的授权信息可以从后者域范围内的正式许可或授权过程中产生，也可以从由代表可依赖方域的典型 CA 执行的正式审计过程中产生。从技术上来说，这种信息可以作为被可依赖方访问的证书域的值进行存储。

与交叉认证相比，是否信任国外数字证书域的责任在于应用或服务的可依赖方或持有者，而不是可依赖方直接信任的 CA。这种情况中不涉及两个域之间的合同或协议。

在交叉识别方案中，详细的 CP 或 CPS 的映射不是必需的。相反，根据正在使用的可依赖方决定是否为了某个目的而接受国外证书，这主要取决于证书是否是由一个值得信任的国外 CA 发行的。

如果 CA 已由一个正式的许可/鉴定组织进行过许可/鉴定或由一个值得信任的独立方进行过审计，则可认为该 CA 值得信任。而且，可依赖方应能够根据国外的 CP 或 CPS 中规定的政策单方面作出非正式判断。因此，本过程相对于交叉认证而言比较简单，特别是在政策和法律协调方面。本过程也可进行内部调整。

然而,交叉识别从程序上没有交叉认证严格,这样就给可依赖方增加了潜在的负担,而可依赖方可能并不清楚接受证书的整个后果(见参考文献 16)。

总结:在交叉识别中,是否信任国外证书的决策主要取决于可依赖方而不是 CA。

9.2.5 选项 4——交叉认证

交叉认证使认证机构之间在信任决策方面达成一致。而技术协议强化了这种一致性并提供了互操作性。本模型的实现比选项 1、选项 2 或选项 3 更难,但对用户而言更容易理解,因此也更容易获得用户的支持。这就意味着最终用户可以不需要承担作出信任决策的责任,因为它可以由最终用户的 CA 域中的 CA 来承担。

交叉认证是一种双向方式,它通过由两个典型 CA 执行复杂的程序把两个域(整体或部分)合并成一个更大的域。对于分级 CA,典型 CA 通常是指根 CA。然而,交叉认证也可以在任意两个 CA 之间进行。在后一种情况中,每个域只包括一个 CA 以及它的用户。为了实现交叉认证,要在应用层、策略层和技术层上相互兼容。此时,对于交叉认证涉及的 CA 域中的可依赖方,信息的传输是透明的,CA 对信任决策负责。

交叉认证的过程要求每个典型 CA 策略的详细映射,这样做的结果将使包含在集体域中的每个 CA 域呈几何级数增长。这种增长是可测量的。但这种情况也存在一种风险,即第三个 CA(CA-3)可以利用第二个 CA(CA-2)进行交叉认证,但会发现第一个 CA(CA-1)的策略不合适。在与这种情况相类似的情况中,CA-3 不能排斥 CA-1。因此,对于相对封闭的医疗保健模型以及开放但有界限的系统,交叉认证更适用。如果两个域属于两个相互工作关系比较密切的工作语境,则交叉认证最合适。例如,两个域(如电子邮件和财务应用)使用同一个应用和服务集(见参考文献 16)。

总结:在交叉认证中,是否信任国外证书的决策取决于 CA。

9.2.6 选项 5——桥 CA

桥 CA 模型依赖于潜在的 CA 域团体中的所有 CA。这些域在通用的最小标准集方面达成了一致。这些最小标准并入到他们自己的 CP 和 CPS 中。在桥 CA 和交叉认证之间的不同之处是:对于单个 CA,除了具有共享的最小标准外,还可以具有自己的本地需求。对于桥证书,那些不在本地 CA 域中的可依赖方并不要求这些本地需求。当 CA 具有相当数量的共同需求、并准备允许进行某些本地调整(如在同一个国家的州或省的卫生部门之间交叉认证的情况中)时,本模型是最好的工作模式。

在本模型中,组织可以建立自己的 CA,然后决定该 CA 是否加入到一个桥 CA 中。

总结:在桥 CA 模型中,是否信任国外证书的决策取决于 CA 而不是可依赖方。

9.3 选项的用法

本部分认为不同辖区间的管理方案和政策存在着不同之处。因此,上述任一选项都是可以接受的。不管选择哪个选项,在其应用中使用本部分都是有利的。

为了便于使用,本指导性技术文件的第 2 部分规定了用于桥证书的框架以及用于 CA 的审计情况和审计人员鉴定的 CA 证书领域,这些都将有助于交叉识别。

附 录 A
（资料性附录）
使用医疗保健数字证书的剧本

A.1 简介

下述一组高级业务案例或“剧本”描述了支持具有广泛代表性的卫生行业的数字证书解决方案的核心业务和技术需求。

下面首先描述了与基本隐私和安全原则相关的一般需求和卫生行业的基本需求。每个剧本都给出了如下内容：

——对要求安全、私密电子通信的剧本或医疗保健情况的描述；

——通过数字证书解决方案实现的业务和技术需求。

A.2 剧本说明

A.3中描述的医疗保健剧本对医疗保健中如何使用数字证书进行了说明。每一个剧本都是：

——由策略驱动：剧本旨在说明数字证书如何满足卫生行业的需求来实现国际、国内和本地的需求，从而确保为个人和社区提供的健康信息用于其本来的目的。

——可跨健康环境进行应用：对于分散在世界各地的各种医疗保健和需要积极配合提供无缝医疗保健的各种个人和组织而言，确保数字证书的所有实施都可以在不同的医疗保健环境（包括医院、社区服务、公共部门和私营部门）中进行操作是至关重要的。

——独立于技术：开发医疗保健行业数字证书标准的一个主要目的是在不考虑供应商、硬件、运行的操作系统或应用的情况下，确保在提供者、消费者、保险公司和其他相关方之间能够安全传递信息。

——满足当前和新生的隐私要求：如果要使电子健康应用被广泛使用，则必须使提供者和患者对其信任。为了实现这种信任就必须解决隐私和安全问题。

——简单易用：数字证书的安全服务不应妨碍授权给医疗保健组织或专业人员的职能。如果安全系统的日常运作过于烦琐，医生将会设法不使用它，或不完全遵守管理程序。如果出现这种情况，则会产生破坏安全的重大风险。

A.3 医疗保健剧本中的服务示例

表A.1给出了健康服务和剧本。

表A.1 健康服务和剧本

服务	剧本序列号															
	1	2	3	4	5	6	7	8	9	10	11	12	13	14	15	16
鉴别	×		×	×	×	×	×	×	×	×	×	×	×	×	×	
保密性	×		×			×	×	×	×	×	×		×			
完整性		×		×	×		×	×						×		
数字签名		×		×	×			×			×	×	×	×	×	×

关键剧本

1——急救部门对记录的访问；
2——临时服务（急救援助）；
3——招收新成员；
4——远程影像；
5——自动发给医生的结果报告；
6——带有医生消息的结果报告；
7——医患间讨论治疗方案；
8——患者护理注册总结；
9——患者向药剂师咨询；
10——医患间的消息交流；
11——远程访问临床信息系统；
12——急救访问；
13——远程转录；
14——电子处方；
15——鉴别医嘱；
16——医疗保健数字签名的潜在应用。

A.4 剧本描述

A.4.1 急救部门对记录的访问

剧 本 描 述：来自另一国的患者被送入到急救部门(ED)。患者无法连贯回答问题，其病史也无法可靠地获得。他/她的钱包内有医疗保险卡，通过该卡可获得确切的身份。

没有数字证书：根据医疗保险卡中的信息，在场的ED医生尝试向医疗保险提供者进行国际呼叫。由于时差，要求医生在行政部门开始工作时再打电话回来。医生对病人的症状进行处理。此时是否会造成患者治疗措施的不连续性就不得而知了。

具有数字证书：根据医疗保险卡中的信息，在场的ED医生通过互联网访问患者的医疗保险提供者网站，提交确认其当前角色为ED医生的数字证书。医疗保险提供者的网络服务通过验证电子签名和检查数字证书没有过期或没有被撤销来确认电子令牌。因为令牌有效且符合现行标准，所以医疗保险提供者的网络服务接受该令牌，从而获得患者的健康信息也是理所当然的。审计记录访问文件包括创建日期、时间、主治医生的全名和行医执照号码以及ED设施的标识。医生了解了患者的病史、过敏史以及产生不良反应的药物(患者最近在处方中做了修改)。患者经过治疗后，ED医生发送一个有数字签名的、加密的ED访问医疗保险提供者记录的副本，医疗保险提供者将该副本放入到患者的电子健康记录中，以说明患者的症状以及对患者的诊断、治疗和处理。

A.4.2 临时服务(急救援助)

剧 本 描 述：大地震给大城市市区造成了极大的破坏。当地医院和诊所本身也被破坏，并且造成大量的人员伤亡。国家的医疗资源无力应对这种情况，需要接受国际提供的援助。

没有数字证书：无法立即核实提供医疗帮助的专业人员的资格证和执业许可证，也不能保证先前提供的援助在事后被确定。

具有数字证书：通过查看健康专业人员附带的数字证书，可以马上对他们提供的援助进行确认。因为援助信息已经利用那些提供帮助的人员的私钥进行了数字签名，因此无法否定援助信息。

A.4.3 成员登记

剧 本 描 述：在去另一国家停留6至12个月的准备中，一家之主要对医疗保险进行安排。

准成员Charles先生希望参加医疗保险计划。他访问包含成员报名表的保险公司主页，填写完表格后将其发送到登记部门的邮箱。表格经确认后将进行医学审查。医学审查指安排准成员进行体检，并通过邮件通知准成员。该准成员接受体检，医生根据体检结果确定其是否可以将其接受为成员。医生通报医学审查的结果并将该信息传送到成员登记部门。成员登记部门发给Charles先生一份合同，遵照合同每月要从其账户中扣除保险费用。成员登记部门接受新成员并将获得其照片身份健康卡的说明。作为成员登记过程的一部分，该准成员必须出示其驾驶证或其他经过公认的照片身份。在Charles先生收到他的新照片身份健康卡的同时，也会收到从医疗保险计划中下载数字证书的说明。

没有数字证书：新成员无法向医生可靠表明自己的身份，医生也无法向患者表明自己的身份。尽管在二者之间有许多对发送的消息进行加密的其他方法，但这些方法不可能同时实现可靠性和保密性。

具有数字证书：使用新发行的数字证书，Charles先生能够通过web访问成员服务，包括他自己的部分个人健康数据，并能够同他的医生交换安全电子邮件。数字签名证书也使

Charles 先生具有了直接授权其他提供者(比如在外出旅行找了另一个医疗保健提供者)访问其健康记录的能力。

A.4.4 远程影像

剧本描述:远程影像内科专家在计算机上观看血管造影片系列并创建一个分析报告来对其进行解释。专家的工作负担很繁重(每天 10～15 个病例),他们更愿意在家进行工作。在家中,医生通过互联网访问影像传输服务器,使用自己的数字证书证明自己,然后下载图像。当在自己的工作站上观看图像时,医生还通过互联网访问医疗机构的临床信息系统来查看患者的其他医疗信息。医生有信心认为图像是正确的,因为应用具有一个完整性校验功能(通过使用验证消息完整性的散列算法而实现的)。医生把他/她在图像中看到的结果写入到医学影像报告中,并选择远程对其报告进行电子签名。

没有数字证书:医生无法让医院用与数字证书相同的信任级别来对他/她进行鉴别。就医院而言,这意味着如果他们接受了就存在把图像下载给一个骗子的风险因素。通过电子传输医生的意见和结果也面临着同样的风险。医生也不能保证所下载的图像没有遇到传输错误或被蓄意篡改。

具有数字证书:医生通过鉴别来使医院认为他/她具有法院可接受的信任级别。医生可以相信下载的图像是正确的,他/她将不会根据一个错误的图像作出结论。医院也可以根据医生的数字签名来验证其发送的报告。

A.4.5 自动发给医生的结果报告

剧本描述:星期二,患者去实验室抽血。当结果出来后系统会自动生成一个消息给医生,告诉他/她结果已出来了。星期三,医生使用他/她的健康工作证 ID 和密码登录到医疗机构的网站,查看等待处理的信息,并将其放入到自己的公文箱中。他/她找到关于"胆固醇检查"主题的消息。该消息告诉医生:患者的胆固醇值是 220,可将该患者归为中等风险类中。医生同患者讨论检查结果,建议患者与脂肪管理组联系,了解如何通过饮食和锻炼来降低胆固醇。医生还建议患者在 6 个月内再进行一次胆固醇检查并去医院看病。患者要求医生把结果加入到患者在互联网上的电子病历中。患者网址包括若干个关于补充资料的链接。一个链接指向关于胆固醇检查本身的信息,第二个链接指向脂肪管理组预约安排功能,另一个链接指向根据当前临床报告制定的个人饮食建议,这是通过分析患者的各种数据(如年龄)而制定的。饮食建议包含对行为变化支持方案的链接,该方案帮助患者在接下来的 6 个月里创建和跟踪他/她的饮食情况。

没有数字证书:实验室不能确定医生是否已接收到消息。无法保证消息是否被阅读或修改。

具有数字证书:数字签名可以向医生确保消息确实来自于实验室,给患者处理胆固醇问题的链接也是有效的。消息的数字签名确认消息将证明医生确实已收到了消息。

A.4.6 带有医生消息的结果报告

剧本描述:在例行的医生手术访问中,医生为他/她的患者预约了血细胞计数(CBC)检查。在向患者询问过他/她的选择后,医生在定制界面上选择了一个选项框,该选项框指出医生在查看结果后要对结果进行评论,然后将带有评论的结果通过互联网发给患者。返回的结果中大部分是正常的,只有一个结果稍高。医生知道这对患者无关紧要,因此他/她针对那个结果写了一个便笺,并把它附到结果记录中。

当天晚些时候,患者的电子信箱收到一个通知,告诉其有一个来自于医生的消息正在一个安全网站上等待阅览。他/她点击内置的 URL,输入自己的病历号和密码,浏览实验室的结果和来自于医生的消息。网站已自动确定这是 CBC 结果,并给出了健康百科全书中业余人士对 CBC 及其结果进行描述的那部分内容的链接。

没有数字证书：在没有能力来鉴别电子邮件是否来自于实验室或医生，或确保电子邮件是以安全加密的形式传输的情况下，患者通过邮局接收结果，注意到一个结果值偏高，然后打电话给医生以进一步了解情况。此时医生正为另一个患者诊治，不能打扰，而验血的患者正好有一个重要会议需要参加，因此无法对话。最终他们联系上了，但是患者焦虑了许多天，医生也打了许多次电话给患者。

具有数字证书：结果以一种经过验证的和安全的方式快速传送给患者。患者能够阅读电子邮件中医生对结果的解释，并可以访问网站了解更多的信息，这样患者不需要与医生进行电话交流就可以很快地消除焦虑。

A.4.7 医患间讨论治疗方案

剧本描述：参加了医疗保险计划的成员对他/她的治疗方案有疑问。他/她登录医生的网站，使用可信赖的数字证书通过鉴别，然后填写信息表，点击“发送”来开始对话：

C大夫，您好

昨天你告诉我要更换伤口的包扎，但是我记不起你要我多长时间更换一次。你说只要正常就不需要更换，但是我不记得你是否说过每个星期更换一次还是其他什么。另外，我忘了问你伤疤得多长时间可以没有？

在两个小时内，呼叫中心的咨询护士查阅了患者的消息，并确定它并不紧急，应由患者原来的护理组成员来对该消息作出响应。不久后，在患者原来的护理医生的计算机屏幕上出现了患者的消息，他/她给患者发送一个响应消息，并对消息进行数字签名。第二天早上，患者再次登录医生的网站，阅读该信息：

XXX，你好

在接下来的几周中，只有当包扎变得潮湿时才需要马上更换，否则只需要4～5天更换一次即可。然后，我们将再见一次面，决定下一步该怎么做。至于疤痕，我想你将会留下一点疤痕，但它不会太大——只是一条很小的线状疤痕。

没有数字证书：没有可靠的认证技术就意味着医生工作的医疗保健组织不能够验证 XXX（患者的名字）就是发送电子邮件的那个人，它有可能是要求免费咨询的其他人。患者也不能够确定来自于医生的答复是否就是来自于医生，也不能够确定交换的信息是否被中途截取并被第三方阅读过。

具有数字证书：医疗保险组织和医生能够相信他们是同某一医疗保险计划的一个已知和有效的成员进行安全通信。患者也能相信医生已经处理了请求，并且也确实是医生给其作出了答复。

A.4.8 患者护理注册总结

剧本描述：糖尿病的风险注册系统汇总了来自于医疗保健组织的各种临床信息系统中关于糖尿病患者的临床数据。嵌入到注册系统中的临床指南能够生成关于患者的病情、病史、可能产生的危险和下一步治疗措施的总结报告。这个总结报告经医生审查后通过组织网站提交给患者。患者使用医疗保健组织 CA 发行的数字证书对网址进行鉴别。当患者浏览总结报告时，嵌入在报告中的超文本链接可以使患者很容易地浏览到相关的培训信息（如培训课程表、检验说明和患者培训等），并向临床医生提出约见请求或发送一个消息。该系统可以保证患者能够阅读报告。

没有数字证书：对于患者，没有足够的信心相信这个网站就是真正的糖尿病风险注册系统的网站，也无法相信同注册系统的通信是保密的。对于注册系统，也不能确定患者已访问了网站并接收到信息。

具有数字证书：数字证书能够使患者和注册系统相互进行鉴别以及进行保密通信，注册系统能确定患者已访问了网站并接收到信息。

A.4.9 患者向药剂师咨询

剧 本 描 述：一位医疗保险计划成员的七岁女儿患有哮喘。儿科医生最近为她开了色甘酸钠，但是该成员无法判断吸氧器什么时候是空的，什么时候是满的。他/她到医疗保健组织的网站上寻找这方面的资料，但是仍然感到困惑，因此向在线的药剂师发送一个询问，咨询如何能知道吸氧器是空的。

在线的药剂师通过对医疗保健数字证书目录（该成员的数字证书存储的地方）具有访问权的电子邮件发送一个加密信息，该信息使用专门为这类问题设计的模板生成，并且信息中附有个人电话和电话号码以便进一步咨询。

没有数字证书：对于药剂师，无法鉴别医疗保险计划成员是否达到所要求的信任级别。也许可以发送一个安全消息，但无法进行鉴别。

具有数字证书：药剂师可以对成员进行鉴别并发送一个加密信息。成员也能够相信信息是来自于药剂师。

A.4.10 不针对具体诊断的医患间的消息交流

剧 本 描 述：患者得了皮疹来看皮肤科医生，医生为患者开了一剂护肤面霜。皮肤科大夫告诉患者如果皮疹在三个星期内仍然没有消去，患者就必须告诉医生，以便医生为患者开另一种不同的药物。

三个星期后，皮疹看上去仍然和以前一样多，因此患者登录医疗组的网址，使用医疗保健数字证书来对自己进行鉴别。患者向医生发送一个安全的、非正式的消息：

我已经使用护肤面霜三个星期了，但是不见任何好转，我现在该怎么办？

医生开了一个新处方，告诉患者可以到药房购买或在线定购新的护肤面霜。

当患者在安全的网站上看到来自于皮肤科医生的消息时，他/她只需要简单点击在线药房区，定购护肤面霜，并让药房将其送到患者的家中。

没有数字证书：医生不能鉴别患者是否具有足够高级别的信任度，从而不能通过电子邮件给出治疗疾病的建议。

具有数字证书：医生和患者能够对对方及药剂师进行鉴别。保密消息能够进行交换，并可以向药剂师定购新类型的护肤面霜。所有参与方都相信他们发送过自称已发送的消息。

A.4.11 远程访问临床信息系统

剧 本 描 述：医生接入到单位临床信息系统的结果管理功能。他/她使用系统功能来：

——审查检验结果；

——通过自动生成信件或电子邮件向患者通报他们的结果，包括医生的个人意见；

——安排更多的检验；

——制定新的药物治疗；

——改变药物剂量。

通过电话、信件或单位的保密网站为患者所建新邮箱的电子邮件来通知患者。

系统将浏览过的检验标记为：

——已签署（已阅）；

——已通知患者；

——如何通知；

——如何见效。

没有数字证书：不能鉴别医生的身份具有可接受的信任级别，这样将使上述交换不能进行。

具有数字证书：这些行为和消息的源及接收的抗抵赖性、完整性和保密性是由使用组织的数字证书的临床信息系统和网址提供的。

A.4.12 急救访问

剧 本 描 述：ED医生对陷于半昏迷状态的患者进行治疗。患者思维混乱，无法解释所发生的事情。尽管造成这种情况的潜在原因有很多，但很可能是由于滥用药物的交互作用或并发症，或是由于治疗精神紊乱的药物造成的。当患者有生命危险时，了解治疗史(包括可能使用的娱乐性毒品)以及所有的治疗药物非常重要。例如在北美，在常规治疗中不能看到美沙酮处方，因为美沙酮是受州法律保护的药物滥用计划中的一部分。医生利用"特例"程序，使自己能够访问患者所有的处方和药物信息(包括受限制的信息)。该系统采用数字证书鉴别和医生数字证书的内容来创建一个受限制数据急救访问的记录。

ED医生看到患者有服用可卡因和冰毒的历史，并曾服用过锂。他/她按照所推荐的协议，确保以最快捷的方式进行诊断和治疗。为了IT安全部门和/或安全委员会进行跟踪调查，应创建一个完整的急救访问日志报告。

没有数字证书：按照患者文件中的安全级别，非治疗医生无法访问数据。这种情况可能造成生命危险。如果医生不需要数字证书就能够访问记录，则以访问医生的身份访问记录时不可能具有任何级别的保密性。

具有数字证书：医生可以使用自己的数字证书使自己通过系统的鉴别，从而获得所需的患者信息。而且，对于未授权患者的访问，将留下审计索引，用于今后的调查。

A.4.13 远程转录

剧 本 描 述：通过与美国维吉尼亚的ABC转录服务处电话联系，医生口述一份关于一名患者的会诊记录，其中转录服务处与患者目前就诊的加拿大医院有协议。口述录音可以由印度的转包医疗转录员访问和转录，然后该转录员将其提交给ABC转录服务处的安全网站。当服务处的QA(质量评价)审查员对口述录音文档进行访问、审查和批准后，将该文档再次提交给公司的安全网站，并以可用的电子邮件通知Swanson医院的转录主管人。他/她将该文档提交到医院的安全网址，然后通知医生可以对文档进行查阅了。医生对文档进行访问、查阅和鉴定后，将该文档添加到患者的电子病历中。

没有数字证书：对于转录员、QA审查员或医生，是不可能将自己鉴别到进行互操作所需的信任级别。

具有数字证书：所有被授权方的鉴别和记录的保密性都能够得到保证。而且，以后没有人能够否认进行过通信。

A.4.14 电子处方

剧 本 描 述：预约结束后，医生为患者写了一个电子处方。电子处方系统验证所开的药品是否符合处方规则中患者不知道的药物过敏情况、是否与患者使用的其他药品有配伍禁忌、验证所开药品的数量是否在最佳操作准则内。医生对处方进行数字签名，然后使患者选择的药房能够看到该处方。药房拿到处方后，对医生的医疗资格证和数字签名进行验证，填写并将电子处方归档。在患者来到药房的时候，处方已经准备完毕，并正在等待患者来拿药。

没有数字证书：无法对医生进行鉴别，医生也可以在以后否认其发送过电子处方。

具有数字证书：药房可以验证医生的身份和资格证以及他/她开出的药方。医生在以后不能否认他/她开过电子处方。

A.4.15 鉴别医生医嘱

剧 本 描 述：患者来到医生的办公室，抱怨几个月一直上腹疼痛。患者认为是由于食物和抗酸药导致了疼痛，这种疼痛是慢性的，而且是周期性发作。经过初步检查后，医生怀疑是胃溃疡病，决定为病人安排门诊上消化道内窥镜检查。通过办公室的计算机，医生可以访问移动诊疗中心的日程安排申请，发现早上有一个合适的检查时间。然后，医生完成为患者进行内窥镜检查的预约申请并对其进行数字签名。

没有数字证书：诊疗中心不能够鉴别医生是否具有足够高的信任级别，因此医生需要打电话给诊疗中心进行预约，这需要相当长的时间。

具有数字证书：医生能够向诊疗中心证明自己并进行预约，诊疗中心也相信是该医生提出的预约，以后他/她将无法否认他/她没有进行过预约。

A.4.16 医疗保健数字签名的潜在应用

剧 本 描 述：下列不完全列表包括要求正规健康专业人员进行签名的文档类别。这种签名需求在立法和管理程序中进行了规定。

a) 用于以下情况的医疗证书：
   1) 所提供的医疗服务(医生或医院的收入、税收)；
   2) 工伤；
   3) 旷课；
   4) 事假(产假，家人生病请假)；
   5) 取消保险的疾病；
   6) 无知情同意能力(智障，如老年痴呆症)；
   7) 紧急医疗援助；
   8) 死亡；
   9) 出生。

b) 治疗处方：
   1) 药物；
   2) 物理疗法。

c) 用于以下情况的索赔申请文档：
   1) 药物；
   2) 矫形装置等。

d) 用于以下情况的体检证明：
   1) 事故；
   2) 保险；
   3) 工作申请；
   4) 对第三方、综合补助、收入支持的帮助；
   5) 残疾人的停车执照；
   6) 社会救济金；
   7) 进入疗养院或回家休息。

e) 对专家或医院护理和实验室药品的请求文档：
   1) 放射科；
   2) 临床实验室；
   3) 病理解剖；
   4) 治疗安排；
   5) 住院治疗：入院、延期、出院。

f) 收集符合临床知识库(肿瘤学等)规则的标准临床数据集。

下一步还有一些要求签名的文档分类，其中包括：

1） 健康卡的发行；

2） 门诊发票的接收；

3） 外科手术台运送证明；

4） 个人门诊医药发票；

5） 集体住院发票；

6） 门诊发票的声明；

7） 普通门诊康复服务声明；

8） 氧治疗康复声明；

9） 每月化验门诊声明；

10） 血液制品及衍生物的声明；

11） 声明表格的总结列表。

没有数字证书：如果这些文档的签名是法律或管理部门要求的，则由被授权人员打印并签署纸面文档，然后由邮局发送出去。

具有数字证书：在大多数情况中，对文档进行签名的健康专业人员的身份并不是决定因素，他/她的角色才是决定因素。可以使用通用的声明来对角色进行简单的定义，其中声明可以是长期有效的（如 X 是医生），也可以是短期有效的（如 X 是医学研究所 Y 的主治医生，X 是医学研究所 Y 的新成员，等等）

医生的角色被看作是一个属性，该属性具有独立于签名功能等的生存期。属性证书与角色证书是相同的。属性证书是由负责角色（如医生职称注册员，对该领域中应用的角色负责的医疗保健研究所）的组织发行的。

文档可附加一个或多个角色属性。发送者或作者使用自己的数字密钥对所有的文档和属性证书进行签名。在比利时，用于签名的公钥和私钥以及证书将发行给每一个国家公民。这项工作目前正在进行中。

可以有一个以上的签名证书和密钥的发行方，但是并不是每个角色都要求具有自己的签名证书。每个角色都要求具有自己的角色证书。因此角色是通过角色证书的附件而不是签名来表示的。签名的技术作用是将文档及附加的证书（完整性方面）绑定在一起，这对于标识/鉴别发送方/作者是必要的。

当遇到特殊的道德规则时，签名应用应对签名者提出警告。例如，一个医生可以是为患者治病的医生，在其他时间里也可以是另一名患者的保险医生（例如，当医生为保险公司工作时，在该医生通过人机界面请求询问其即将使用的医疗信息时，则不允许他/她同时作为治疗医生进行访问）。

参 考 文 献

[1] GB/T 5271.8—2001 信息技术 词汇 第8部分:安全(ISO/IEC 2382-8:1998,IDT)

[2] GB/T 9387.2—1995 信息处理系统 开放系统互连 基本参考模型 第2部分:安全体系结构(idt ISO 7498-2:1989)

[3] GB/T 16262.1—2006 信息技术 抽象语法记法一(ASN.1) 第1部分:基本记法规范(ISO/IEC 8824-1:2002,IDT)

[4] GB/T 16264.8—2005 信息技术 开放系统互连 目录 第8部分:公钥和属性证书框架(ISO/IEC 9594-8:2001,IDT)

[5] GB/T 18794.1—2002 信息技术 开放系统互连 开放系统安全框架 第1部分:概述(ISO/IEC 10181-1:1996,IDT)

[6] GB/T 19715.1—2005 信息技术 信息技术安全管理指南 第1部分:信息技术安全概念和模型(ISO/IEC TR 13335-1:1996,IDT)

[7] GB/T 19716—2005 信息技术 信息安全管理实用规则(ISO/IEC 17799:2000,MOD)

[8] ISO/IEC 14516 Information technology—Security techniques—Guidelines for the use and management of Trusted Third Party services

[9] ISO/IEC 15945 Information technology—Security techniques—Specification of TTP services to support the application digital signatures

[10] ENV 13608-1 Health informatics—Security for healthcare communication—Concepts and terminology

[11] IETF/RFC 3126 Electronic Signature Formats for long term electronic signatures

[12] IETF/RFC 3161 Internet X.509 Public Key Infrastructure Time—Stamp Protocol (TSP)

[13] IETF/RFC 3280 Internet X.509 Public Key Infrastructure Certificate and CRL Profile

[14] IETF/RFC 3281 An Internet Attribute Certificate Profile for Authorization

[15] IETF/RFC 3647 Internet X.509 Public Key Infrastructure Certificate Policy and Certification Practices Framework

[16] IETF/RFC 3739 Internet X.509 Public Key Infrastructure Qualified Certificates Profile

[17] ANKNEY, R, CertCo. Privilege Management Infrastructure, v0.4, August 24, 1999.

[18] APEC Telecommunications Working Group, Business Facilitation Steering Group, Electronic Authentication Task Group, PKI Interoperability Expert Group. Achieving PKI Interoperability, September, 1999.

[19] ASTM Draft Standard, Standard Guide for Model Certification Practice Statement for Healthcare. January 2000.

[20] BERND B, ROGER-FRANCE F. A Systemic Approach for Secure Health Information Systems, International Journal of Medical Informatics (2001), 51-78.

[21] Canadian Institute for Health Information. Model Digital Signature and Confidentiality Certificate Policies, June 30, 2001. http://secure.cihi.ca./cihiweb/dispPage.jsp? cw page=infostand pki e.

[22] COBIT (Control Objectives for Information and Related Technologies) specification produced by the Information Systems Audit and Control Foundation.

[23] DRUMMOND Group. The Healthkey Program, PKI in Healthcare: Recommendations and Guidelines for Community-based Testing, May 2000.

[24] EESSI European Electronic Signature Standardization Initiative (EESSI), Final Report of the EESSI Expert Team 20th July 1999.

[25] FEGHHI, J, FEGHHI, J. and WILLIAMS, P. Digital Certificates—Applied Internet Security, Addison-Wesley 1998.

[26] Government of Canada. Criteria for Cross Certification, 2000.

[27] KLEIN, G, LINDSTROM, V, NORR, A, RIBBEGARD, G. and TORLOF, P. Technical Aspects of PKI, January 2000.

[28] KLEIN, G, LINDSTROM, V, NORR, A, RIBBEGARD, G, SONNERGREN, E and TORLOF, P Infrastructure for Trust in Health Informatics, January 2000.

[29] Standards Australia. Strategies for the Implementation of a Public Key Authentication Framework (PKAF) in Australia SAA MP75.

[30] WILSON, S. Audit Based Public Key Infrastructure, Price Waterhouse Coopers White Paper, November 2000.

ICS 35.240.80
C 07

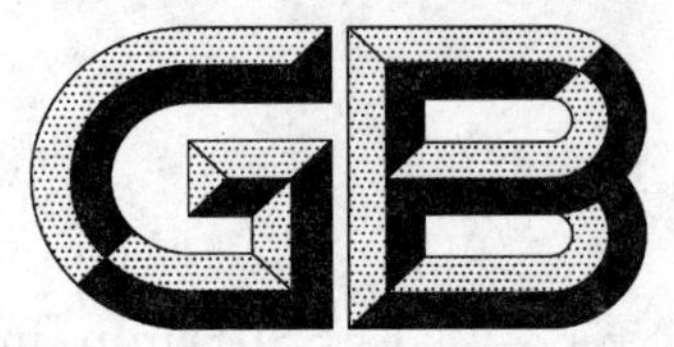

中华人民共和国国家标准化指导性技术文件

GB/Z 21716.2—2008

健康信息学　公钥基础设施（PKI）第2部分：证书轮廓

Health informatics—Public Key Infrastructure (PKI)—
Part 2: Certificate profile

2008-04-11 发布

中华人民共和国国家质量监督检验检疫总局
中国国家标准化管理委员会　发布

前　言

GB/Z 21716《健康信息学　公钥基础设施(PKI)》分为3个部分：

——第1部分：数字证书服务综述；

——第2部分：证书轮廓；

——第3部分：认证机构的策略管理。

本部分为GB/Z 21716的第2部分。

本部分参照ISO 17090-2(DIS)《健康信息学　公钥基础设施(PKI)　第2部分：证书轮廓》制定，其主要技术内容与ISO 17090-2(DIS)一致。相对原文而言，本部分仅进行了少量修改，包括：

——根据中国国情，将正文中示例包括的国家名称、单位名称等修改为中国的中文名称；

——不改变技术内容的编辑性修改。

本部分的附录A为资料性附录。

本部分由中国标准化研究院提出。

本部分由中国标准化研究院归口。

本部分起草单位：中国标准化研究院。

本部分主要起草人：董连续、任冠华、陈煌、刘碧松。

引　言

为了降低费用和成本，卫生行业正面临着从纸质处理向自动化电子处理转变的挑战。新的医疗保健模式增加了对专业医疗保健提供者之间和突破传统机构界限来共享患者信息的需求。

一般来说，每个公民的健康信息都可以通过电子邮件、远程数据库访问、电子数据交换以及其他应用来进行交换。互联网提供了经济且便于访问的信息交换方式，但它也是一个不安全的媒介，这就要求采取一定的措施来保护信息的私密性和保密性。未经授权的访问，无论是有意的还是无意的，都会增加对健康信息安全的威胁。医疗保健系统有必要使用可靠信息安全服务来降低未经授权访问的风险。

卫生行业如何以一种经济实用的方式来对互联网中传输的数据进行适当的保护？针对这个问题，目前人们正在尝试利用公钥基础设施(PKI)和数字证书技术来应对这一挑战。

正确配置数字证书要求将技术、策略和管理过程绑定在一起，利用“公钥密码算法”来保护信息，利用“证书”来确认个人或实体的身份，从而实现在不安全的环境中对敏感数据的安全交换。在卫生领域中，这种技术使用鉴别、加密和数字签名等方法来保证对个人健康记录的安全访问和传输，以满足临床和管理方面的需要。通过数字证书配置所提供的服务(包括加密、信息完整性和数字签名)能够解决很多安全问题。为此，世界上许多组织已经开始使用数字证书。比较典型的一种情况就是将数字证书与一个公认的信息安全标准联合使用。

如果在不同组织或不同辖区之间(如为同一个患者提供服务的医院和社区医生之间)需要交换健康信息，则数字证书技术及其支撑策略、程序、操作的互操作性是最重要的。

实现不同数字证书实施之间的互操作性需要建立一个信任框架。在这个框架下，负责保护个人信息权利的各方要依赖于具体的策略和操作，甚至还要依赖于由其他已有机构发行的数字证书的有效性。

许多国家正在采用数字证书来支持国内的安全通信。如果标准的制定活动仅仅局限于国家内部，则不同国家之间的认证机构(CA)和注册机构(RA)在策略和程序上将产生不一致甚至矛盾的地方。

数字证书有很多方面并不专门用于医疗保健，它们目前仍处于发展阶段。此外，一些重要的标准化工作以及立法支持工作也正在进行当中。另一方面，很多国家的医疗保健提供者正在使用或准备使用数字证书。因此，本指导性技术文件的目的是为这些迅速发展的国际应用提供指导。

本指导性技术文件描述了一般性技术、操作以及策略方面的需求，以便能够使用数字证书来保护健康信息在领域内部、不同领域之间以及不同辖区之间进行交换。本指导性技术文件的最终目的是要建立一个能够实现全球互操作的平台。本指导性技术文件主要支持使用数字证书的跨国通信，但也为配置国家性或区域性的医疗保健数字证书提供指导。互联网作为传输媒介正越来越多地被用于在医疗保健组织间传递健康数据，它也是实现跨国通信的唯一选择。

本指导性技术文件的三个部分作为一个整体定义了在卫生行业中如何使用数字证书提供安全服务，包括鉴别、保密性、数据完整性以及支持数字签名质量的技术能力。

本指导性技术文件第1部分规定了卫生领域中使用数字证书的基本概念，并给出了使用数字证书进行健康信息安全通信所需的互操作方案。

本指导性技术文件第2部分给出了基于国际标准X.509的数字证书的健康专用轮廓以及用于不同证书类型的IETF/RFC 3280中规定的医疗保健轮廓。

本指导性技术文件第3部分用于解决与实施和使用医疗保健数字证书相关的管理问题，规定了证书策略(CP)的结构和最低要求以及关联认证操作声明的结构。该部分以IETF/RFC 3647的相关建议为基础，确定了在健康信息跨国通信的安全策略中所需的原则，还规定了健康方面所需的最低级别的安全性。

健康信息学 公钥基础设施(PKI)
第2部分:证书轮廓

1 范围

本部分规定了在单独组织内部、不同组织之间和跨越管辖界限时医疗保健信息交换所需要的证书轮廓。本部分还详述了公钥基础设施(PKI)数字证书在医疗行业中形成的应用,并侧重描述了其中与证书轮廓相关的医疗保健问题。

2 规范性引用文件

下列文件中的条款通过GB/Z 21716的本部分的引用而成为本部分的条款。凡是注日期的引用文件,其随后所有的修改单(不包括勘误的内容)或修订版均不适用于本部分,然而,鼓励根据本部分达成协议的各方研究是否可使用这些文件的最新版本。凡是不注日期的引用文件,其最新版本适用于本部分。

GB/Z 21716.1—2008 健康信息学 公钥基础设施(PKI) 第1部分:数字证书服务综述

GB/Z 21716.3—2008 健康信息学 公钥基础设施(PKI) 第3部分:认证机构的策略管理

IETF/RFC 3280 Internet X.509 公钥基础设施证书和CRL轮廓

IETF/RFC 3281 针对机构的因特网属性证书轮廓

IETF/RFC 3739 Internet X.509 公钥基础设施合格证书轮廓

3 术语和定义

GB/Z 21716.1给出的术语和定义适用于本部分。

4 缩略语

下列缩略语适用于本部分。

AA	属性机构	attribute authority
AC	属性证书	attribute certificate
CA	认证机构	certification authority
CP	证书策略	certificate policy
CPS	认证操作声明	certification practice statement
CRL	证书撤销列表	certificate revocation list
PKC	公钥证书	public key certificate
PKI	公钥基础设施	public key infrastructure
RA	注册机构	registration authority
TTP	可信第三方	trusted third party

5 医疗保健证书策略

5.1 医疗保健证书类型

标识证书应发行给:

——个人(正规健康专业人员、非正规健康专业人员、受托医疗保健提供者、支持组织的雇员、患者/

消费者)；

——组织(医疗保健组织和支持组织)；

——设备；

——应用。

通过标识证书本身(证书的扩展部分)或关联的AC,应可以获取个人和组织的角色信息。不同种类的证书及其关联见图1。

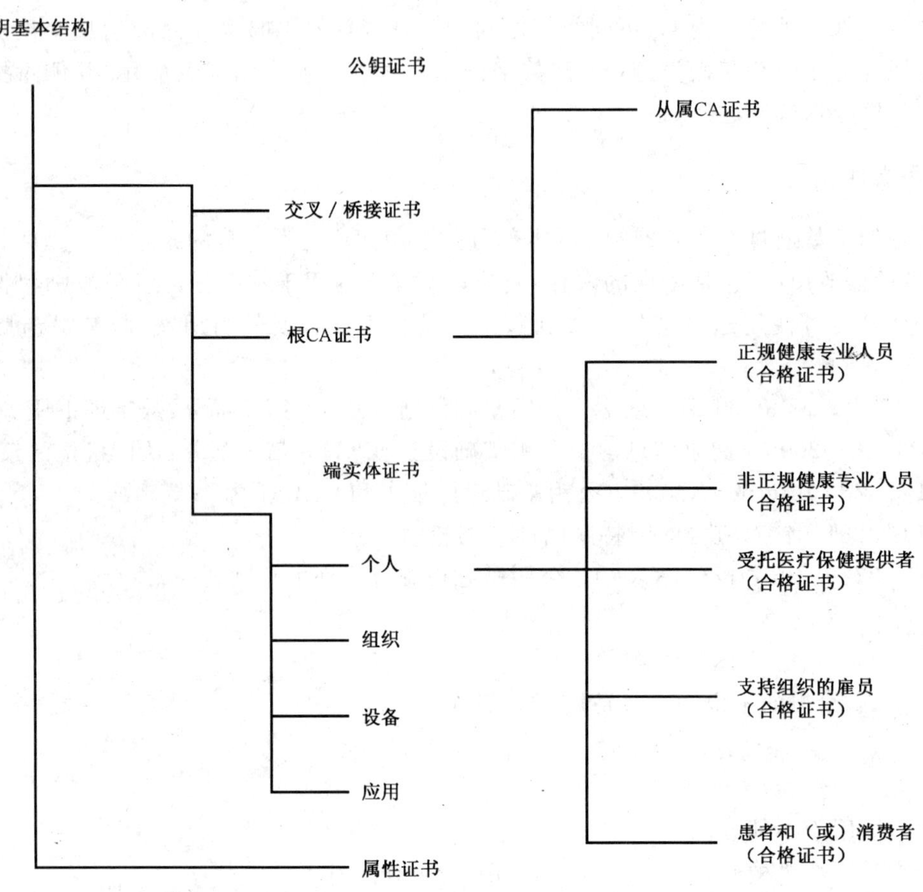

图1 医疗保健证书类型

5.2 CA证书

5.2.1 根CA证书

当证书的主体本身是一个CA时,使用根CA证书。根证书被自我签名,并用于医疗保健PKI发行证书给包括从属CA在内的依赖方。基本约束域指示一个证书是否是CA。

5.2.2 从属CA证书

从属CA证书是对CA发行的,该CA完全通过另外的高层CA认证,而高层CA可对低层CA或端实体发行证书。

5.3 交叉/桥接证书

在因特网环境中,期望跨界和跨辖区的医疗行业信任顶层CA是不可行的。替代方法是在每个医疗行业领域建立信任孤岛,这些"信任孤岛"是基于信任特定CA的专业、权限、位置或地区的。而后,每个"信任孤岛"的中枢根CA可以交叉地验证另外的根。在这些情形中,一组CA可以达成在其策略和相关规范声明中具体化的标准的最小集合。如果达成了标准的最小集合,依赖方可以接受自己本领域外的证书,这对于跨越国家和省份管理机构传输信息是非常有效的。

交叉/桥接证书是不同CA领域交叉验证的证书类型。这种证书支持公钥应用的大范围开展,例如医疗行业中安全电子邮件和其他需求。

5.4 端实体证书

端实体证书对包括个人、组织、应用或设备的实体发行。他们之所以被称为端实体,是因为没有依赖于此证书的更深一层的实体存在。

5.4.1 个人标识证书

个人标识证书是为证明目的而对个人发行的端实体证书的特定种类。人们公认以下五种类型的医疗保健参与者可作为其个人。

a) 正规健康专业人员

证书持有者是健康专业人员。他/她为了履行其职业范围内的工作,需要有关政府机构给予许可和注册。此类证书可以是资格证书。

b) 非正规健康专业人员

证书持有者是健康专业人员,但他/她不属于有关政府机构给予许可和注册的人员。此类证书可以是资格证书。

c) 受托医疗保健提供者

证书持有者是在医疗保健社区活动的个人,并且由一个受限医疗保健组织或专业人员主管。此类证书可以是资格证书。

d) 支持组织的雇员

证书持有者是一个受雇于某医疗保健组织或支持组织的个人。此类证书可以是资格证书。

e) 患者/消费者

证书持有者是可能接受、正在接受或已经接受正规或非正规健康专业人员服务的个人。此类证书可以是资格证书。

5.4.2 组织标识证书

与医疗行业密切相关的组织可以持有用于识别自身和加密目的的证书。根据IETF/RFC 2527的要求,在本部分中对组织单元的名称进行了规定。

5.4.3 设备标识证书

设备可以是计算机服务器、医疗设备,例如X光机、重症信号监视设备或需要单独识别和验证的假体设备。

5.4.4 应用证书

应用是需要单独识别和验证的计算机信息系统,例如医院的患者管理系统。

本部分主要是关于提供者的,但也认识到在医疗保健自行管理方面患者/消费者将更加需要数字证书可提供的安全服务。

5.4.5 AC

AC是属性的数字签名集合或证明集合。AC是类似于PKC的构造,主要区别是AC不包括公钥。AC可以包括特定组成员、角色、安全清除和其他有关AC持有者的信息,此类信息不可以用于访问控制。AC应符合IETF/RFC 3281(针对机构的因特网属性证书轮廓)的有关规定。

在医疗保健行业的环境中,AC可以充当传送机构信息的重要角色。机构信息完全不同于可包括在PKC中的关于医疗保健或执照的信息。角色和执照暗示机构水平,而其本身并非机构信息。应注意到对AC的详细规范仍在发展中,而且还应注意AC的详细规范需要在软件工业中更广泛地加以实现。

IETF/RFC 3281对AC语法进行了规定。

AC 采用下列组件：

version(版本号)用于区分 AC 的不同版本。如果 objectDigestInfo 呈现或 issuer 被标识等同于 baseCertificateID,则其版本应该是 V2。

Owner(拥有者)字段传递 AC 持有者的标识。此字段要求采用特定 PKC 的发行者名称和序列号,也可选择使用一般名称,但禁用对象摘要。通过一般名称本身识别持有者时,GeneralNames 的使用具有危险,此时公钥对名称的绑定不够充分,使得拥有者标识认证过程局限于 AC 的使用。此外,GeneralNames 的某些选项(例如:IPAddress)不适用于命名是角色而不是个人实体的 AC 持有者。一般名称的形式应该限制为被识别的名称、RFC 822 (电子邮件) 地址和(对角色名称的) 对象标识符。

issuer(发行方)字段传递发行证书的 AA 的标识。要求使用发行商名称和特定的 PKC 序列号,一般名称的使用随意。

signature (签名)标识了用于数字化签名于 AC 的加密算法。

serialNumber (序列号)是唯一在其提供方范围内标识 AC 的序列号。

attrCertValidityPeriod(属性证书有效期限)字段传递时间周期。在此周期内 AC 是有效的,并以 GeneralizedTime 格式表示。

此属性字段包含需验证的证书持有者的属性(如特权)。

issuerUniqueID(发行方唯一 ID)可用来标识 AC 的发行方,而用发行方的名称进行标识是不充分的。

扩展字段允许为 AC 附加新的字段。

GB/Z 21716.1 中 8.3 对医疗领域中 AC 的使用进行了详细的规定。

5.4.6 角色证书

用户 AC 可以包含对另一个具有附加特权 AC 的引用,从而提供了实现特权角色的有效机制。

很多具有授权需求的环境要求采用针对某些操作特征的基于角色的特权(典型情况是有关基于标识的特权)。这样申请方可以向验证方提交证明申请方特定角色的证据(例如,“管理者”或“购买者”)。据此,验证方也可以辨别出其优先程度或必须通过其他手段来发现的有关的声明角色,以便做出通过或失败的授权决定。

以下各项内容均是可行的:

——任何 AA 可以定义任何角色的编号;

——角色本身和角色的成份可以由不同 AA 分别进行定义和管理;

——为给定角色所设定的特权可以放置在一个或多个 AC 之中;

——也可以将角色的成份仅设定为一个与角色相关的特权子集;

——角色的成份可以被代表;

——可以为角色和成份设定任何适当的生命周期。

设定一个实体包含一个属性,该属性用于断言其实体具有的角色。这种证书具有指向另一个定义角色的 AC 的扩展段(即,角色证书规定作为持有者的角色,且包括设定该角色的特权的列表)。实体证书的发行方可以与角色证书的发行方无关,可以完全单独管理(终止、取消等等)这些设定。

不是所有 GeneralName (通用名称)均适用于角色名称。最好是选用对象标识符和可区分名。

6 一般证书要求

6.1 证书的符合性

以下要求适用于本部分所规定的全部证书:

a) 证书应属于 X.509 第 3 版规定的证书。

b) 证书应与 IETF/RFC 3280 相一致。仅在与有关 IETF/RFC 3280 的已知问题建议方案相结合的情况下,方允许偏离 IETF/RFC 3280。

c) 在个人标识方面,证书应符合 IETF/RFC 3739。仅在与已知问题建议方案相结合的情况下,方允许偏离 IETF/RFC 3739。

d) 签名字段应标明所采用的签名算法。

e) 证书公钥应根据所采用的算法决定最小密钥长度字段。密钥的大小应符合 GB/Z 21716.3 中 7.6.1.5 的规定。

f) 数字加密密钥的使用不应与抗抵赖和数字签名的使用相混合。(见 7.2.3)

以下内容描述了图 1 所标识的所有健康数字证书中的通用要素。这些要素是通用性的,使用它们可以构成不同种类的证书。

```
Certificate  ::=  SIGNED { SEQUENCE {
    version                    [0]   Version DEFAULT v1,
        serialNumber                 CertificateSerialNumber,
        signature                    AlgorithmIdentifier,
        issuer                       Name,
        validity                     Validity,
        subject                      Name,
        subjectPublicKeyInfo         SubjectPublicKeyInfo,
        issuerUniqueIdentifier  [1]  IMPLICIT UniqueIdentifier OPTIONAL,
        subjectUniqueIdentifier [2]  IMPLICIT UniqueIdentifier OPTIONAL
        extensions     [3]           Extensions MANDATORY
```

version(版本)是编码证书的版本。证书版本应是 v3。

6.2 各类证书的通用字段

a) serialNumber(序列号)是由 CA 为每个证书设定的一个整数,唯一标识每个证书。

相对特定 CA 发行的全部证书而言,每个 serialNumber 均是唯一的(即,发行商名称和序列号可标识唯一证书)。

b) signature(签名)包含 CA 为证书签名所使用的算法的算法标识符。

c) issuer(发行方)标识实体名称,该实体已签名并发行了证书。此字段应采用适当的 ISO 名称结构,并符合组织或组织单元中组织/角色的对象类别。

d) validity(有效性)是指时间间隔,在此段时间内,CA 授权包含在证书内的信息是有效的。对于正规健康专业人员来说,CA 应保证证书的有效期限不超过其专业执照的有效期限。为了达到这一目标,CA 应该规定证书的有效性不超过专业执照的周期,或者先于专业执照终止日期可靠确定执照的更新,如果专业执照未被更新,则取消或终止证书。

关于时间格式的注释:

可识别编码规则(DER)允许格式化 UTC 时间和 Generalized 时间的几种方法。所有使用相同格式使签名验证问题最小化的实现均是重要的。在年份大于或等于 2050 的情况下,应使用 Generalized 时间进行编码。为了保证对 UTC 时间编码进行一致地格式化,应使用"Z"格式对 UTC 时间进行编码,且不要忽略第二个字段,即使是"00"(即,格式应该是 YYMMDDHHMMSSZ)。在此种编码中,当 YY 大于或等于 50 时,则认为年字段 YY 等于 19YY;当 YY 小于 50 时,则认为 YY 等于 20YY。在采用 Generalized 时间时,应以"Z"格式对 UTC 时间进行编码,并应包括第二个字段(即,格式应是 YYYYMMDDHHMMSSZ)。

e) subject(主体)标识在主体公钥字段所发现的公钥相关联的实体的名称。

f) subjectPublicKeyInfo(主体公钥信息)用于携带公钥,并标识该公钥所采用的算法。

g) issuerUniqueIdentifier(发行方唯一标识符)是用于唯一标识发行方的选择性位串。

(IETF/RFC 3280 建议不使用该字段)。

h) subjectUniqueIdentifier(主体唯一标识符)是用于唯一标识主体的选择性位串。

(同意 IETF/RFC 3280 的规定,建议不使用该字段)。

i) extensions(扩展)应表示一个或多个扩展的 SEQUENCE(次序)。

通过 X.509 所定义的标准签名数据类型的方式将证书的签名附加给证书数据类型。

6.3 通用字段规范

6.3.1 概述

下列条款规定了对基本证书字段中信息内容的要求。对这些内容,IETF/RFC 3280 或 IETF/RFC 3279 未进行规定。

6.3.2 签名

建议在签名字段中包含下列其中的一项值:

a) md5WithRSAEncryption(1.2.840.113549.1.1.4);

b) sha1WithRSAEncryption(1.2.840.113549.1.1.5);

c) dsa-with-sha1(1.2.840.10040.4.3);

d) md2WithRSAEncryption(1.2.840.113549.1.1.2);

e) ecdsa-with-SHA1 (1.2.840.10045.4.1);

f) ecdsa-with-SHA224(1.2.840.10045.4.3.1);

g) ecdsa-with-SHA256(1.2.840.10045.4.3.2);

h) ecdsa-with-SHA384(1.2.840.10045.4.3.3);

i) ecdsa-with-SHA512(1.2.840.10045.4.3.4);

j) d-RSASSA-PSS(1.2.840.113549.1.1.10);

k) sha256WthRSAEncryption 1.2.840.113549.1.1.11;

l) sha384WithRSAEncryption 1.2.840.113549.1.1.12;

m) sha512WithRSAEncryption 1.2.840.113549.1.1.13。

6.3.3 有效性

有效日期应符合 IETF/RFC 3280 的规定。按照 GB/Z 21716.3—2008 中 7.6.3.2 的规定,本部分对健康证书有效期规定了适度的约束。

证书的 notBefore time(有效期起始时间) 表示一个确切的时间,从那时起 CA 将维护和出版关于证书状态的准确信息。

6.3.4 主体公钥信息

应标识算法标识符,例如:

a) *RSA*

pkcs-1 OBJECT IDENTIFIER ::={ iso(1) member-body(2) us(840) rsadsi(113549) pkcs(1) 1 }

rsaEncryption OBJECT IDENTIFIER ::= { pkcs-1 1}

b) *Diffie-Hellman*

支持 Diffie-Hellman OID 的轮廓是通过 ANSI X9.42 [X9.42] 定义的。

dhpublicnumber OBJECT IDENTIFIER ::={ iso(1) member-body(2) us(840) ansi-x942(10046) number-type(2) 1 }

c) *DSA*

本轮廓支持的 DSA OID 为：

id-dsa ID ∷={ iso(1) member-body(2) us(840) x9-57(10040)

x9cm(4) 1 }

d) *Elliptic Curve*

Ecdsa [1,2,840,10045,2,1]}

引用 GB/Z 21716-3—2008 中 7.6.1.5 对密钥大小的规定。

6.3.5 发行方名称字段

存储于发行方名称字段的发行方名称应采用以下规定的修正和约束，与符合对象类别 Organizational Role(组织角色)的适当 ISO 名称结构相一致，位于一个组织或一个组织单元后面。

6.4 条为各类证书规定了发行方名称字段的内容。

a) 国家名称：国家名称(countryName)应包括 ISO 双字符国家标识符。

示例：国家名称＝“CN”

在医疗保健领域必须能分辨出用来请求访问个人健康信息所提供的证书的起源国家，所以此字段是必备的。不同国家有不同保护客户/消费者隐私方面的法律和法规，分辨出请求起源的国家将有助于做出是否批准请求的决定。

b) 地点名称：地点名称(localityName)用来至少存储一个地点名称数据。本规范将规定地点名称的两层应用。顶层是指列入地理地点名称值后面的国家。在证书发行方名称内，可以省略高层地点名称，仅使用地理地点名称。

示例：地点名称＝“北京”

c) 组织名称：组织名称(organizationName)字段应包括组织注册名称的全称，组织名称是指端实体情况下的受托医疗保健组织和 CA 证书情况下的 CA 的组织名称。

示例：组织名称＝“北京市卫生局”

d) 组织单元名称：如果存在组织单元，组织单元名称(organizationalUnitName)用于存储特定组织下属的组织单元/科室。通过纳入多于一个的字段值，可以在若干层次中规定组织单元。在存在组织单元的情况下，应该以在 CA 范围内避免名称多义性的方法选择组织单元名称。

示例：组织单元名称＝“安贞医院放射科”

e) 通用名称：本字段用于描述被普遍认知的主体的名称。在为用户提交证书时，此字段通常与通用名称(commonName)主体一同通过标准化软件组件来使用。即使能够正确地知晓证书的发行方和证书的用途，它所表示的名称也应该是提示性的。在通用名称字段值内包括管理证书策略的名称属进一步的要求。这是对使用 OID 策略的附加引用。

示例：通用名称＝“患者健康信息策略”

6.3.6 主体名称字段

存储于主体名称字段的主体名称应采用以下定义的修正和约束，与符合对象类别 Organizational Role(组织角色)的适当 ISO 名称结构相一致，位于一个组织或一个组织单元后面。

医疗保健执行者的资格和头衔应反映在证书扩展(HCRole 字段)中。

6.4 条规定了每种证书类型的主体名称的内容。附加的建议和指南见 ISO TS 21091。

a) 国家名称：国家名称(countryName)应包含 ISO 双字符国家标识符。

示例：国家名称＝“CN”

此字段的配置应反映该国家的实际表达。

对于 CA、正规的和非正规的专业人员、负责医疗保健的提供方、支持组织雇员及组织来说，此字段均是必备的，因为在医疗保健领域分辨实体的起源国家是非常关键的，这种实体是由于访问个人健康信息的请求所提交的证书的主体。不同国家有着不同的保护客户/消费者政策方面的保密法律和法规，分辨请求来自哪个国家将辅助决定是否接受请求。

b) 地点名称：地点名称（localityName）用来至少存储一个地点名称数据。顶层为国家的两层地点名称被规定。其后是地理地点名称值。顶层要求列入由地理地点名称值随后的国家。在证书主体名称内，可以省略顶层地点名称，仅使用地理地点名称。

示例：地点名称＝"北京"

c) 组织名称：组织名称（organizationName）字段应包括组织注册名称的全称，组织名称是指端实体情况下的受托医疗保健组织和CA证书情况下的CA的组织名称。

示例：组织名称＝"北京安贞医院"

d) 组织/单元名称：如果存在组织单元名称（organization/UnitName）字段，则该字段用于存储特定组织下属的组织单元/科室名称。通过纳入多于一个的字段值，可以在若干层次中规定组织单元。在存在组织单元的情况下，组织单元名称的选择方法应采用避免名称的多义性的方法。

在某些区域医疗保健实现中，例如，在日本，组织单元用于存储医疗保健角色。因为某些卖方的路由器/防火墙可以访问组织单元，而这种方法可用来施加批准或约束访问的规则，故这种方法在虚拟专业网实现中是有益的。这种方法还可以使依赖方直接从证书中读取角色信息。在组织/单元名称字段存在的情况下，该字段可以用来存储健康角色。

示例：组织单元名称＝"北京安贞医院放射科"

示例：组织单元名称＝"认可的内科医师"

e) 通用名称：此字段用于描述名称，通过该名称其主体通常可以被辨别。

示例：通用名称＝"李国强"（人名）

对于作为证书主体的人和组织来说，此字段是必备的。在决定是否允许访问个人健康信息时，能够在健康系统中标识可以分辨某个人的通用信息是十分重要的。

f) 姓：此字段用于描述可用来分辨主体的姓。此字段可能存在。如果存在，它可以明显地标识主体，因为在医疗保健系统中可以分辨它。

示例：通用名称＝"李"

g) 名：此字段用于描述通常可用来分辨主体的名。此字段可能存在。由于在医疗保健系统内部可以分辨它，所以它可以明确地标识主体。

示例：名＝"国强"

h) e-mail：此字段的主要用途是记录主体的电子邮件地址。

示例：e-mail＝donglx@health.com.cn

IETF/RFC 3280 不赞成，但也允许在支持遗留实现的主体的可区分名中同时存在的电子邮件地址的属性。本指导性技术文件建议在主体名称字段不使用该电子邮件，而放在主体替换名称字段中使用。

6.4 对各种医疗保健证书类型的要求

6.4.1 发行方字段

对各种医疗保健证书类型的发行方字段要求见表1。

6.4.2 主体字段

对各种医疗保健证书类型的主体字段要求见表2。

表 1　对各种医疗保健证书类型的发行方字段要求

证书要素	CA 证书		标识证书						属性证书
	认证机构证书[b]	交叉/桥接证书	正规健康专业人员证书	非正规健康专业人员证书[c]	消费者证书	组织证书	设备证书	应用证书	
发行方字段[a]									
国家名称	必备的	必备的	必备的	必备的	必备的	必备的	必备的	必备的	可选的
地点名称	可选的	可选的	可选的	可选的	可选的	可选的	可选的	可选的	可选的
组织名称	必备的	必备的	必备的	必备的	必备的	必备的	必备的	必备的	可选的
组织单元名称	可选的	可选的	可选的	可选的	可选的	可选的	可选的	可选的	可选的
通用名称	必备的	必备的	必备的	必备的	必备的	必备的	必备的	必备的	不适用

[a] 本表引用在证书类型之间可以改变的发行方 ID 要素。

[b] 认证机构证书引用向端实体发行证书的要素。

[c] 非正规健康专业人员证书的值也适用于受托医疗保健提供者证书和支持医疗保健雇员证书。

表 2　对各种医疗保健证书类型的主体字段要求

证书要素	CA 证书		标识证书						属性证书
	认证机构证书[b]	交叉/桥接证书	正规健康专业人员证书	非正规健康专业人员证书[c]	消费者证书	组织证书	设备证书	应用证书	
主体字段[a]									
国家名称	必备的	必备的	必备的	必备的	可选的	必备的	可选的	可选的	可选的
地点名称	可选的	可选的	可选的	可选的	可选的	可选的	可选的	可选的	可选的
组织名称	必备的	必备的	可选的	可选的	可选的	必备的	可选的	可选的	可选的
组织单元名称	可选的	可选的	可选的	可选的	可选的	可选的	可选的	可选的	可选的
通用名称	必备的	必备的	必备的	必备的	必备的	必备的	可选的	可选的	可选的
名	不适用	不适用	可选的	可选的	可选的	不适用	不适用	不适用	可选的
姓	不适用	不适用	可选的	可选的	可选的	不适用	不适用	不适用	可选的
电子邮件	可选的	可选的	可选的	可选的	可选的	可选的	可选的	可选的	可选的

[a] 本表引用在证书类型之间可以改变的主体字段 ID 要素。

[b] 认证机构证书引用向端实体发行证书的要素。

[c] 非正规健康专业人员证书的值也适用于受托医疗保健提供者证书和支持医疗保健雇员证书。

7 证书扩展的使用

7.1 引言

关于在 X.509 第 3 版医疗保健证书中的实现应该具有证书扩展的一般要求如下。有关这些扩展的更详尽的信息见 IETF/RFC 3280 和 IETF/RFC 3739。

7.2 一般扩展

7.2.1 机构密钥标识符

此扩展应对用于验证证书签名的公钥进行标识。它使得区分由一个 CA 使用的独特的密钥可行(例如,当密钥更新发生时)。

仅使用 authorityKeyIdentifier(机构密钥标识符)扩展(字段)的密钥标识符。

这并不是严格的扩展。但如果使用,建议扩展应是必备的配置。

7.2.2 主体密钥标识符

此扩展用于标识在证书的 subjectPublicKeyInfo(主体公钥信息)字段保存的公钥。

IETF/RFC 3280 包括如何从公钥中导出密钥标识符(keyIdentifier)的指南。

对于信赖医疗保健链内所有端实体证书和所有 CA 证书来说,此扩展是必备的和非关键的。

7.2.3 密钥使用

keyUsage(密钥使用)扩展应标识证书中有关公钥的基本密钥使用。加密和数字签名的单独密钥对的使用是受阻止的,且数据加密(dataEncipherment)密钥的使用不应与抗抵赖或数字签名(digitalSignature)密钥的使用混合(见 6.1)。

此扩展是必备的。建议(按 IETF/RFC 3280 的规定)此扩展为关键扩展。

7.2.4 私钥使用期(privateKeyUsagePeriod)

建议不使用此扩展。

不存在此扩展时,缺省私钥使用期为证书的有效期。

7.2.5 证书策略

certificatePolicies(证书策略)扩展应包括 GB/Z 21716.3 规定的标准化证书 CA 策略的 objectidentifier(对象标识符)。

此扩展为必备的和非关键的。

7.2.6 主体替换名称

建议将 subjectAltName(主体替换名称)扩展表示在证书中。建议此扩展包含一项符合 RFC 822 的签署人电子邮件地址。如果此扩展包括目录名,则它应该以 UTF8 字符串开始,UTF8 字符串提供国际字符集的目的为支持主体可区别名。

此扩展为可选的和非关键的扩展。

7.2.7 基本约束

basicConstraints(基本约束)扩展含有一个布尔值,用于规定主体是否可作为 CA 活动,使用被认证的密钥签署数字证书。如此,也可对认证路径长度的约束进行规定。

CA 证书应包括 CA 值为"真"的基本约束扩展。

关于此扩展是否是关键的和可选的见表 3。

端实体证书(个体的正规健康专业人员、非正规医疗保健雇员、受托医疗保健提供者、支持医疗保健雇员、消费者、组织、应用和设备证书)不应将此扩展设定为"真"。

7.2.8 证书撤销列表分布点

IETF/RFC 3280 建议通过 CA 和应用支持 CRLDistributionPoints(证书撤销列表分布点)扩展。

对于依赖CRL分布点的医疗保健实现来说,此扩展应标识在数字证书目录中的相关CRL(或CA证书的ARL)地址,并应作为必备的和非关键的扩展。

7.2.9 扩展密钥使用

ExtKeyUsage(扩展密钥使用)字段指出已验证的公钥可以用做的一个或多个用途,而对基本用途的添加或替换在密钥使用扩展字段指出。

此扩展为可选的和非关键的扩展。

7.2.10 机构信息访问

authorityInfoAccess(机构信息访问)扩展指出如何访问发行CA证书OCSP的应答器。此字段不规定CRL的地址。此字段由一系列的访问方法和访问地址组成。在该序列中的每个入口描述关于CA附加信息的格式和地址。访问方法规定信息的类型和格式,访问地址规定信息的地址。

此扩展是可选的、非关键的扩展。

7.2.11 主体信息访问

subjectInfoAccess(主体信息访问)指出如何访问主体CA证书和服务,例如,时间戳。此扩展是可选的、非关键的扩展。

7.3 专用主体目录属性

7.3.1 医疗保健角色属性

医疗保健角色(hcRole)属性允许对正规的和非正规的健康专业角色数据进行编码。因为实现此编码可在健康角色的认证中提供国际化的互操作性,故建议实现。这将允许多种证书发行,并使类别表的排列与此字段相关。提议此字段设有扩展机制,以允许采用国家或区域健康角色编码模式。

因为证书持有者的医疗保健角色是构成证书持有者标识的整体的组成部分,所以在标识证书中需要此字段。一旦经过验证,按照GB/Z 21716.1中8.4的规定,更多的信息更适合放置在AC中。

本部分允许对包括专业人员标识在内的局部数据的断言,例如,注册编号、账单编号和患者标识符。见下述局部数据(REGIONAL-DATA)。

```
hcRole ATTRIBUTE  ::={
                                          WITH SYNTAX            HCActorData
    EQUALITY MATCHING RULE       hcActorMatch
    SUBSTRINGS MATCHING RULE     hcActorSubstringsMatch
    ID                           id-hcpki-at-healthcareactor}
```

对象标识符的赋值

本指导性技术文件给定如下值:

```
{iso (1) standard (0) hcpki (17090)}
    id-hcpki      OBJECT IDENTIFIER   ::=1.0.17090

id-hcpki-at OBJECT IDENTIFIER   ::={id-hcpki 0 }
    id-hcpki-at OBJECT IDENTIFIER   ::=1.0.17090.0

            id-hcpki-at-healthcareactor OBJECT IDENTIFIER   ::={id-hcpki-at 1}
    id-hcpki-at-healthcareactor OBJECT IDENTIFIER   ::=1.0.17090.0.1
```

```
id-hcpki-cd OBJECT IDENTIFIER   ::={id-hcpki 1}
    id-hcpki-cd OBJECT IDENTIFIER   ::=1.0.17090.1

id-hcpki-is OBJECT IDENTIFIER   ::={id-hcpki 2}
    id-hcpki-is OBJECT IDENTIFIER   ::=1.0.17090.2
```

数据类型的定义：

```
HCActorData     ::=SET OF HCActor

HCActor   ::=SEQUENCE {
      codedData   [0] CodedData OPTIONAL,
      RegionalHCActorData [1]
                              SEQUENCE OF RegionalData OPTIONAL }

CodedData   ::=SET {
      codingSchemeReference   [0] OBJECT IDENTIFIER,
---- Contains the ISO coding scheme Reference
---- or local coding scheme reference achieving ISO or national registration.
---- The ISO coding scheme OID is id-hcpki-is (defined above).
---- At least ONE of the following SHALL be present:
     codeDataValue [1] UTF8String OPTIONAL,
     codeDataFreeText [2] DirectoryString OPTIONAL }

RegionalData   ::=SEQUENCE {
    type   REGIONALDATA.&id({SupportedRegionalData}),
    value  REGIONALDATA.&Type({SupportedRegionalData}{@type})}
```

局部数据对象类别的定义：

```
REGIONALDATA   ::=CLASS {
                                   &Type,
                            &id OBJECT IDENTIFIER UNIQUE }
WITH SYNTAX {
        WITH SYNTAX&Type
                ID       &id }
```

所支持的局部数据对象类别集合的定义：

```
SupportedRegionalData REGIONALDATA   ::=
    {coded,
```

```
    ... -expect additional regional/national objects to be defined}
```

代码信息对象的定义：

```
coded  ::=REGIONAL-DATA {
    WITH SYNTAX  CodedRegionalData
                 ID  id-hcpki-cd}
CodedRegionalData  ::=SEQUENCE {
    country[0] PrintableString (SIZE (2)),
-- ISO 3166 code of country of issuing authority.
issuingAuthority[1] DirectoryString,
-- Identifier of issuing authority as Regional Entity.
-- Could be implemented as a true identifier or a
-- Directory lookup string (to be determined)
     hcMajorClassCode[2] CodedData,
     hcMinorClassCode[3] CodedData OPTIONAL
```

例如 ASTM E1986-98 数据用户角色名称作为用于本字段的代码。

建议 HcActor 取自适当的国家编码模式。

对于正规健康专业人员证书和非正规健康专业人员证书来说，此扩展是必备的和非关键的扩展。在所有其他情况下，是可选的和非关键的扩展。

7.3.2 主体目录属性

建议将此扩展在个体标识证书中表示。在这种证书中，此扩展可以包含 hcRole 属性（见 7.3.1）。另外，subjectDirectoryAttributes（主体目录属性）可以包括本指导性技术文件未规定的其他属性。

应将此扩展标记为非关键的扩展。由于此证书用于认证和指定角色的用途，所以对于正规健康专业人员证书和非正规健康专业人员证书来说，此扩展是必备的。对于其他证书类型来说，此扩展的使用是可选的。

7.4 资格证书声明扩展

建议在正规健康专业人员证书和非正规健康专业人员证书中包含一项 qcStatement（资格证书声明）。对于患者/消费者、受托医疗保健提供者、支持组织雇员的证书来说，可以包含一项 qcStatement 主体目录属性。在设备和应用证书中不应包含此 qcStatement 属性。有关的详细规定见 IETF/RFC 3739。

建议符合性应用能够支持 qcStatements 扩展。

此扩展是可选的和非关键的扩展。

7.5 对每种医疗行业证书类型的要求

7.5.1 扩展字段

对每种医疗行业证书类型的扩展字段要求见表 3。

表 3 对各种医疗行业证书类型扩展字段的要求

证书要素	CA 证书		标识证书						属性证书
	认证机构证书	交叉/桥接证书	正规健康专业人员证书	非正规健康专业人员证书[c]	消费者证书	组织证书	设备证书	应用证书	
一般扩展									
authorityKeyIdentifier[a] （机构密钥标识符）	必备的[a]	必备的[a]	必备的[a]	必备的[a]	必备的[a]	必备的[a]	必备的	必备的[a]	可选的
subjectKeyIdentifier （主体密钥标识符）	必备的	必备的	必备的	必备的	必备的	必备的	必备的	必备的	可选的
keyUsage （密钥使用）	必备的	必备的	必备的	必备的	必备的	必备的	必备的	必备的	可选的
privateKeyUsagePeriod （私钥使用期限）	缺省的	缺省的	可选的	可选的	可选的	可选的	可选的	可选的	可选的
certificatePolicies （证书策略）	必备的	必备的	必备的	必备的	必备的	必备的	必备的	必备的	可选的
subjectAltName （主体替代名称）	缺省的	缺省的	可选的	可选的	可选的	可选的	可选的	可选的	可选的
subjectDirectoryAttributes[b] （主体目录属性）	缺省的	缺省的	必备的[b]	必备的[b]	可选的	缺省的	缺省的	缺省的	可选的
basicConstraints （基本约束）	必备的、 非关键的	必备的、 非关键的	可选的	可选的	可选的	可选的	可选的	可选的	可选的
CRLDistributionPoints （CRL 分布点）	必备的	必备的	必备的	必备的	必备的	必备的	必备的	必备的	可选的
ExtKeyUsage （扩展密钥使用）	可选的	可选的	可选的	可选的	可选的	可选的	可选的	缺省的	可选的

表 3（续）

证书要素	CA 证书		标识证书						属性证书
	认证机构证书	交叉/桥接证书	正规健康专业人员证书	非正规健康专业人员证书[c]	消费者证书	组织证书	设备证书	应用证书	
其他扩展									
机构信息访问	可选的	可选的	可选的	可选的	可选的	可选的	可选的	可选的	可选的
qcStatements extension（Qc 声明扩展）	缺省的	缺省的	必备的[d]	必备的[d]	必备的[d]	缺省的	缺省的	缺省的	可选的
Hcrole[b]（Hc 角色）	缺省的	缺省的	必备的[b]	必备的[b]	可选的	可选的	可选的	缺省的	缺省的

[a] 建议此字段为必备的字段。

[b] 证书中正规健康专业人员和非正规健康专业人员的 Hc 角色的使用要求 subjectDirectoryAttributes 为必备的属性。

[c] 非正规健康专业人员证书的值也适用于受托医疗保健提供者证书和支持医疗保健雇员证书。

[d] 在使用资格证书对应的辖区内，"必备的"属性受法律支持。

附 录 A
（资料性附录）
证书轮廓示例

A.1 引言

为了说明各类证书的细节，特给出下列基本性详细示例。这些示例不是规范性的。其规范性代码和文本见本部分的正文。

A.2 示例1：消费者证书轮廓

注：以下示例仅仅是说明性的，并不试图声明英国国家健康服务（NHS）证书将来所采用的格式。

Bill Smith 的 NHS 编号为 368964278，证书发行日期为 2001 年 8 月 1 日，证书终止日期为 2006 年 8 月 1 日。

Version	(2-decimal code for version 3 certificates)
SerialNumber	(unique CA generated decimal number)
Signature	(sha-1WithRSAEncryption {1,2,840,113549,1,1,5})
Issuer	
countryName	(UK)
localityName	(London)
organizationName	(Dept. of Health)
organizationalUnit	(National Health Service)
commonName	(Patient Certificate v1)
serialNumber	{serialNumber of the issuer})
Validity	(validity period coded as UTCTime: not before 010801000000z not after 060801000000z)
Subject	
countryName	(UK)
localityName	(London)
organizationName	(NHS)
organizationalUnit	(Patient Registration)
commonName	(Smith,Bill)
surName	(Smith)
givenName	(William)
e-mail	(bSmith@uknet. com)
subjectPublicKeyInfo	
algorithm	(public RSA key,1024 bit {1,2,840,113549,1,1,1})
subjectPublicKey	(Subject's PUBLIC KEY)
Extensions	
authorityKeyIdentifier	(unique identifier of CA public key)

subjectKeyIdentifier (unique identifier of subject public key)
keyUsage (digitalSignature)
certificatePolicies
policyIdentifier OBJECT IDENTIFIER ::=*Policy-OID-for-Patient-Certificate-v1*
cRLDistributionPoints (http://crl. location. nhs. uk)
authorityInformationAccess (http:ocspserver. nhs. uk/OCSP_SERVER:5555)
subjectDirectoryAttributes
hcRole OBJECT IDENTIFIER ::=*id-hcpki-at-healthcareactor*
hcActorData SET OF {
codedData CodedData ::={
codingSchemeReference OBJECT IDENTIFIER ::=*id-hcpki*,
codeDataValue UTF8String ::=*the-code-for-patient*,
codeDataFreeText DirectoryString ::=*optional-data* }
regionalHCData Sequence of RegionalData ::={
type OBJECT IDENTIFIER ::=OID-for-this-regional-encoding,
country PrintableString (SIZE (2) ::=ISO-country-code-for-UK,
issuingAuthority DirectoryString ::=(c=UK,National Health Service,
ou=patients),
hcMajorClassCode CodedData ::={
codingSchemeReference OBJECT IDENTIFIER ::=
Coding-Scheme-for-Type-OID,
codeDataValue UTF8String ::=Type-OID-for-patient,
codeDataFreeText UTF8String ::="patient ID 368964278"} } }

A.3 示例2:非正规健康专业人员证书轮廓

注:以下示例仅仅是说明性的,并不试图声明加利福尼亚州将来发行健康证书所采用的格式。

Bill Smith 为被认可的医疗打字员(Certified Medical Transcriptionist ,CMT)。CMT 由医疗打字员美国协会发行。

Version (2-decimal code for version 3 certificates)
SerialNumber (unique CA generated decimal number)
Signature (sha-1WithRSAEncryption {1,2,840,113549,1,1,5})
Issuer
countryName (US)
localityName (California)
organizationName (Name-of-CA-for-California-Health-Care)
commonName (Name-of-CA-for-California-Health-Care)
Validity (validity period coded as UTCTime)
Subject
countryName (US)
localityName (California)
organizationName (CertHolderOrganization)
commonName (Smith,Betty)
surname (Smith)

givenName (Betty)

subjectPublicKeyInfo

algorithm (public RSA key,1024 bit {1,2,840,113549,1,1,1})

subjectPublicKey (Subject's PUBLIC KEY)

Extensions

authorityKeyIdentifier (unique identifier of CA public key)

subjectKeyIdentifier (unique identifier of subject public key)

keyUsage (digitalSignature or non-repudiation or keyEncipherment)

certificatePolicies (appropriate policy OID)

cRLDistributionPoints (CRL X. 500 entry location)

subjectDirectoryAttributes

(**hcRole** OBJECT IDENTIFIER ∷=id-hcpki-at-healthcareactor

hcActorData SET OF {

codedData CodedData ∷={

codingSchemeReference OBJECT IDENTIFIER ∷=*id-hcpki*,

地点名称 (加利福尼亚)

组织名称 (证书持有者组织)

通用名称 (Smith,Betty)

姓 (Smith)

名 (Betty)

主体公钥信息

算法 (公共 RSA 密钥,1024 位{1,2,840,113549,1,1,1})

主体公钥 (主体公钥)

扩展

机构公钥标识符 (CA 公钥唯一标识符)

主体公钥标识符 (主体公钥唯一标识符)

公钥使用 (数字签名或防抵赖或密钥加密术)

证书策略 (适当策略的 OID)

cRL 分布指针 (CRL X. 500 入口地址)

主体目录属性

codeDataValue UTF8String ∷=*the-code-for-transcriptionist-role*,

codeDataFreeText DirectoryString ∷=*optional-data*}

regionalHCData Sequence of RegionalData ∷={

type OBJECT IDENTIFIER ∷=OID-for-this-regional-encoding,

country PrintableString (SIZE (2) ∷=ISO-country-code-for-USA,

issuingAuthority DirectoryString ∷=(C=US,

OU=American Association of Medical Transcriptionists),

nameAsIssued DirectoryString ∷=(CN=Elizabeth Smith)

hcMajorClassCode CodedData ::={
codingSchemeReference OBJECT IDENTIFIER ::= ASTM-Coding-Scheme-for-Type,
codeDataValue UTF8String ::=ASTM-Type-OID-for-transcriptionist}
codeDataFreeText UTF8String ::="license number 1234567"} })

A.4 示例3:正规健康专业人员证书轮廓

注:以下示例仅仅是说明性的,并不试图声明加利福尼亚州将来发行健康证书所采用的格式。

John Stuart Woolley aka Tink Woolley 的执照由加利福尼亚州医疗执照委员会颁发,执照编号20A4073,执照状态码 17("01"为"活动和现行"),发行日期为 2000 年 3 月 22 日,截止日期为 2002 年 3 月 21 日。

Version (2-decimal code for version 3 certificates)
SerialNumber (unique number)
Signature (sha-1WithRSAEncryption {1,2,840,113549,1,1,5})
Issuer
countryName (US=United States of America)
localityName (California)
organizationName (Name-of-CA-for-California-Health-Care)
commonName (Name-of-CA-for-California-Health-Care)
Validity (validity period coded as UTCTime)
Subject
countryName (US=United States of America)
localityName (California)
organizationName (CertHolderOrganization)
commonName (Woolley,Tink)
surname (Woolley)
givenName (John Stuart)
subjectPublicKeyInfo
algorithm (public RSA key,1024 bit {1,2,840,113549,1,1,1})
subjectPublicKey (Subject's PUBLIC KEY)

Extensions

authorityKeyIdentifier (unique identifier of CA public key)
subjectKeyIdentifier (unique identifier of subject public key)
keyUsage (digitalSignature or non-repudiation or keyEncipherment)
certificatePolicies (appropriate policy OID)
cRLDistributionPoints (CRL X.500 entry location)
subjectDirectoryAttributes
(**hcRole** OBJECT IDENTIFIER ::=id-hcpki-at-healthcareactor
hcActorData SET OF {
codedData CodedData ::={

codingSchemeReference OBJECT IDENTIFIER ∷=*id-hcpki*,

codeDataValue UTF8String ∷=*the-code-for-physician-role*,

codeDataFreeText DirectoryString ∷=*optional-data*}

regionalHCData Sequence of RegionalData ∷={

type OBJECT IDENTIFIER ∷=OID-for-this-regional-encoding,

country PrintableString (SIZE (2) ∷=ISO-country-code-for-USA,

issuingAuthority DirectoryString ∷=(C=US,L=CA,OU=California Medical License Board),

nameAsIssued DirectoryString ∷=(CN=John Stuart Woolley)

hcMajorClassCode CodedData ∷={

codingSchemeReference OBJECT IDENTIFIER ∷=

ASTM-Coding-Scheme-for-Type-OID,

codeDataValue UTF8String ∷=ASTM-Type-OID-for-physician}

codeDataFreeText UTF8String ∷="license number 20A4073"}

hcMinorClassCode CodedData ∷={

codingSchemeReference OBJECT IDENTIFIER ∷=

ASTM-Coding-Scheme-for-License-Status-OID,

codeDataValue UTF8String ∷="*unrestricted*",

codeDataFreeText UTF8String ∷="unrestricted"} })

在上述示例中,应注意的是执照编号和执照状态属区域性的数据。对这种区域性数据可选择使用,是否纳入这种数据须留待 CA 发行时再行决定。

A.5 示例 4:受托医疗保健提供方证书轮廓

注:以下示例仅仅是说明性的,并不试图声明加利福尼亚州将来发行健康证书所采用的格式。

Julie LeClerk 为安大略省的助产士。

Version (2-decimal code for version 3 certificates)

SerialNumber (unique number)

Signature (sha-1WithRSAEncryption {1,2,840,113549,1,1,5})

Issuer

countryName	(CA=Canada)
localityName	(Ontario)
organizationName	(Name-of-CA-for-Ontario-Health-Care)
commonName	(Name-of-CA-for-Ontario-Health-Care)

Validity (validity period coded as UTCTime)

Subject

countryName	(CA=Canada)
localityName	(Ontario)
organizationName	(CertHolderOrganization)
commonName	(LeClerk,Julie)
surname	(LeClerk)
givenName	(Julie)

subjectPublicKeyInfo

algorithm	(public RSA key,1024 bit {1,2,840,113549,1,1,1})

subjectPublicKey (Subject's PUBLIC KEY)

Extensions

authorityKeyIdentifier (unique identifier of CA public key)
subjectKeyIdentifier (unique identifier of subject public key)
keyUsage (digitalSignature or non-repudiation or keyEncipherment)
certificatePolicies (appropriate policy OID)
cRLDistributionPoints (CRL X. 500 entry location)
subjectDirectoryAttributes

(**hcRole** OBJECT IDENTIFIER ::=id-hcpki-at-healthcareactor
hcActorData SET OF {
codedData CodedData ::={
codingSchemeReference OBJECT IDENTIFIER ::=*id-hcpki*,
codeDataValue UTF8String ::=*the-code-for-midwife-role*,
codeDataFreeText DirectoryString ::=*optional-data*}
regionalHCData Sequence of RegionalData ::={
type OBJECT IDENTIFIER ::=OID-for-this-regional-encoding,
country PrintableString (SIZE (2) ::=ISO-country-code-for-Canada,
issuingAuthority DirectoryString ::=(C=CA,OU=
Name-of-CA-for-Ontario-Health-Care),
hcMajorClassCode CodedData ::={
codingSchemeReference OBJECT IDENTIFIER ::=
ISO-Role-Coding-Scheme,
codeDataValue UTF8String ::=*the-code-for-midwife-role* }
codeDataFreeText UTF8String ::="*optional printable data*"} })

A.6 示例5：支持组织雇员证书轮廓

注：以下示例仅仅是说明性的，并不试图声明加利福尼亚州将来发行健康证书所采用的格式。

Sally R Jones 为账目管理员，受雇于美国健康系统。

Version (2-decimal code for version 3 certificates)
SerialNumber (unique number)
Signature (sha-1WithRSAEncryption {1,2,840,113549,1,1,5})
Issuer

countryName (US=United States of America)
localityName (California)
organizationName (Name-of-CA-for-California-Health-Care)
commonName (Name-of-CA-for-California-Health-Care)

Validity (validity period coded as UTCTime)
Subject

countryName (US=United States of America)

localityName (California)
organizationName (American Health Systems)
commonName (Jones,Sally R.)
surname (Jones)
givenName (Sally R.)

subjectPublicKeyInfo
algorithm (public RSA key,1024 bit {1,2,840,113549,1,1,1})
subjectPublicKey (Subject's PUBLIC KEY)

Extensions

authorityKeyIdentifier (unique identifier of CA public key)
subjectKeyIdentifier (unique identifier of subject public key)
keyUsage (digitalSignature or non-repudiation or keyEncipherment)
certificatePolicies (appropriate policy OID)
cRLDistributionPoints (CRL X. 500 entry location)
subjectDirectoryAttributes
(**hcRole** OBJECT IDENTIFIER ::=id-hcpki-at-healthcareactor
hcActorData SET OF {
codedData CodedData ::={
codingSchemeReference OBJECT IDENTIFIER ::=*id-hcpki*,
codeDataValue UTF8String ::=*the-code-for-file-clerk-role*,
codeDataFreeText DirectoryString ::=CN=Sally R. Jones}
regionalHCData Sequence of RegionalData ::={
type OBJECT IDENTIFIER ::=OID-for-this-regional-encoding,
country PrintableString (SIZE (2)) ::=ISO-country-code-for-USA,
issuingAuthority DirectoryString ::=(C=US,OU=American Health Systems),
hcMajorClassCode CodedData ::={
codingSchemeReference OBJECT IDENTIFIER ::=
ASTM-Coding-Scheme-for-Type,
codeDataValue UTF8String ::=ASTM-Type-OID-for-file-clerk} } })

应注意到,本示例不同于示例3(正规健康专业人员),它没有执照编号和执照状态编码。这是允许的,因为对这种区域性数据可选择使用,是否纳入这种数据须留待CA发行时再行决定。

A.7 示例6:组织证书轮廓

注:以下示例仅仅是说明性的,并不试图声明加利福尼亚州将来发行健康组织证书所采用的格式。

Version (2-decimal code for version 3 certificates)
SerialNumber (unique number)
Signature (sha-1WithRSAEncryption {1,2,840,113549,1,1,5})
Issuer
countryName (US=United States of America)

localityName	(California)
organizationName	(California Hospital Authority)
commonName	(Health Digital Certificate policy v01)
Validity	(validity period coded as UTCTime)
Subject	
countryName	(US=United States of America)
localityName	(Region=California)
organizationName	(Midtown Hospital)
subjectPublicKeyInfo	
algorithm	(public RSA key,1024 bit {1,2,840,113549,1,1,1})
subjectPublicKey	(Subject's PUBLIC KEY)
Extensions	
authorityKeyIdentifier	(unique identifier of CA public key)
subjectKeyIdentifier	(unique identifier of subject public key)
keyUsage	(digitalSignature or non-repudiation or keyEncipherment)
certificatePolicies	(appropriate policy OID)
cRLDistributionPoints	(CRL X. 500 entry location)

A.8 示例7:AC轮廓

注:以下示例仅仅是说明性的,并不试图声明加利福尼亚州将来发行健康证书所采用的格式。

Version	(3)
SerialNumber	(unique number)
Signature	(sha-1WithRSAEncryption {1,2,840,113549,1,1,5})
baseCertificateID	339393322281
entityName	Dr Benjamin Casey
Optional	
AttCertValidity	Period
Attributes	Surgeryrecordaccess,
Issuer	
countryName	(US=United States of America)
localityName	(California)
organizationName	(California Hospital Authority)
commonName	(CA-/ policy v01)
Validity	(validity period coded as UTCTime)
Subject	
countryName	(US=United States of America)
localityName	(Region=California)
organizationName	(Midtown Hospital)
commonName	(Midtown Secure Server 01)
subjectPublicKeyInfo	

algorithm	(public RSA key,1024 bit {1,2,840,113549,1,1,1})
subjectPublicKey	(Subject's PUBLIC KEY)

Extensions

authorityKeyIdentifier	(unique identifier of CA public key)
subjectKeyIdentifier	(unique identifier of subject public key)
keyUsage	(digitalSignature or non-repudiation or keyEncipherment)
certificatePolicies	(appropriate policy OID)
cRLDistributionPoints	(CRL X. 500 entry location)

A.9 示例 8：CA 证书轮廓

注：以下示例仅仅是说明性的，并不试图声明加利福尼亚州将来发行健康证书所采用的格式。

Version (2-decimal code for version 3 certificates)

SerialNumber (unique number)

Signature (sha-1WithRSAEncryption {1,2,840,113549,1,1,5})

Issuer

countryName	(US=United States of America)
localityName	(Ex. Region California)
organizationName	(Ex. California Hospitals Authority)
commonName	(Ex. CA-Health PKI US-CT/ policy v01)

Validity (validity period coded as UTCTime)

Subject

countryName	(US=United States of America)
localityName	(Ex. Region California)
organizationName	(Ex. El Cerrito Health Authority)
commonName	(Ex. CalifHA PKI US CT/ policy V. 03)

subjectPublicKeyInfo

algorithm	(public RSA key,1024 bit {1,2,840,113549,1,1,1})
subjectPublicKey	(Subject's PUBLIC KEY)

Extensions

authorityKeyIdentifier	(unique identifier of CA public key)
subjectKeyIdentifier	(unique identifier of subject public key)
keyUsage	(CRL and certificate signing)
certificatePolicies	(appropriate policy OID)
basicConstraints	(CA≐true)
cRLDistributionPoints	(CRL X. 500 entry location)

A.10 示例 9：桥接证书轮廓

注：以下示例仅仅是说明性的，并不试图声明加利福尼亚州将来发行健康证书所采用的格式。

Version (2-decimal code for version 3 certificates)

SerialNumber	(unique number)
Signature	(sha-1WithRSAEncryption {1,2,840,113549,1,1,5})
Issuer	
countryName	(US=United States of America)
localityName	(Region California)
organizationName	(California Hospitals Authority)
commonName	(CA-Health PKI US-CT/ policy v01)
Validity	(validity period coded as UTCTime)
Subject	
countryName	(US=United States of America)
localityName	(Region Washington)
organizationName	(Washington Health Authority)
commonName	(CalifHA PKI US CT/ policy V. 03)
subjectPublicKeyInfo	
algorithm	(public RSA key,1024 bit {1,2,840,113549,1,1,1})
subjectPublicKey	(Subject's PUBLIC KEY)
Extensions	
authorityKeyIdentifier	(unique identifier of CA public key)
subjectKeyIdentifier	(unique identifier of subject public key)
keyUsage	(CRL and certificate signing)
certificatePolicies	(appropriate policy OID)
basicConstraints	(CA=true)
cRLDistributionPoints	(CRL X. 500 entry location)

参 考 文 献

[1] GB/T 5271.8—2001 信息技术 词汇 第8部分:安全(ISO/IEC 2382-8:1998,IDT)

[2] GB/T 9387.2—1995 信息处理系统 开放系统互连 基本参考模型 第2部分:安全体系结构(idt ISO 7498-2:1989)

[3] GB/T 16262.1—2006 信息技术 抽象语法记法一(ASN.1) 第1部分:基本记法规范(ISO/IEC 8824-1:2002,IDT)

[4] GB/T 16264.8—2005 信息技术 开放系统互连 目录 第8部分:公钥和属性证书框架(ISO/IEC 9594-8:2001,IDT)

[5] GB/T 18794.1—2002 信息技术 开放系统互连 开放系统安全框架 第1部分:概述(ISO/IEC 10181-1:1996,IDT)

[6] GB/T 19715.1—2005 信息技术 信息技术安全管理指南 第1部分:信息技术安全概念和模型(ISO/IEC TR 13335-1:1996,IDT)

[7] ISO/IEC 14516, Information technology—Security techniques—Guidelines for the use and management of Trusted Third Party services

[8] ISO/IEC 15945, Information technology—Security techniques—Specification of TTP services to support the application digital signatures

[9] ISO/IEC 17799: 2005, Information technology—Code of practice for information security management

[10] ISO/TS 21091:2005 Health informatics—Directory services for security, communication and identification of professional and patients

[11] IETF/RFC 3280 Internet X.509 Public Key Infrastructure Certificate and CRL Profile

[12] IETF/RFC 3647 Internet X.509 Public Key Infrastructure Certificate Policy and Certification Practices Framework

[13] IETF/RFC 3739 Internet X.509 Public Key Infrastructure Qualified Certificates Profile

[14] ENV 13608-1 Health informatics—Security for healthcare communication—Concepts and terminology

[15] ANKNEY, R. CertCo. Privilege Management Infrastructure, v0.4, August 24, 1999.

[16] APEC Telecommunications Working Group. Business Facilitation Steering Group Electronic Authentication Task Group PKI Interoperability Expert Group, Achieving PKI Interoperability. September, 1999.

[17] ASTM Draft Standard. Standard Guide for Model Certification Practice Statement for Healthcare. January 2000.

[18] BERND, B. ROGER-FRANCE, F. A Systemic Approach for Secure Health Information Systems, International Journal of Medical Informatics (2001), pp. 51-78.

[19] Canadian Institute for Health Information. Model Digital Signature and Confidentiality Certificate Policies, June 30 2001. http://secure.cihi.ca./cihiweb/dispPage.jsp? cw_page=infostand_pki_e.

[20] DRUMMOND Group. The Healthkey Program, PKI in Healthcare: Recommendations and Guidelines for Community-based Testing, May 2000.

[21] EESSI European Electronic Signature Standardization Initiative (EESSI), Final Report of the EESSI Expert Team 20th July 1999.

[22] FEGHHI,J,FEGHHI,J and WILLIAMS,P. Digital Certificates-Applied Internet Security,Addison-Wesley 1998.

[23] Government of Canada. Criteria for Cross Certification,2000.

[24] KLEIN,G. ,LINDSTROM,V. ,NORR,A. ,RIBBEGARD,G. and TORLOF,P. Technical Aspects of PKI,January 2000.

[25] KLEIN,G. ,LINDSTROM,V. ,NORR,A. ,RIBBEGARD,G. ,SONNERGREN,E. and TORLOF,P. Infrastructure for Trust in Health Informatics,January 2000.

[26] Standards Australia. Strategies for the Implementation of a Public Key Authentication Framework (PKAF) in Australia SAA MP75.

[27] WILSON,S. Audit Based Public Key Infrastructure,Price Waterhouse Coopers White Paper,November 2000.

ICS 35.240.80
C 07

中华人民共和国国家标准化指导性技术文件

GB/Z 21716.3—2008

健康信息学 公钥基础设施(PKI) 第3部分:认证机构的策略管理

Health informatics—Public key infrastructure(PKI)— Part 3: Policy management of certification authority

2008-04-11 发布

中华人民共和国国家质量监督检验检疫总局
中国国家标准化管理委员会 发布

前　言

GB/Z 21716《健康信息学　公钥基础设施(PKI)》分为3个部分：

——第1部分：数字证书服务综述；

——第2部分：证书轮廓；

——第3部分：认证机构的策略管理。

本部分为GB/Z 21716的第3部分。

本部分是参照ISO 17090-3/DIS：2006《健康信息学　公钥基础设施(PKI)　第3部分：认证机构的策略管理》而制定的。

本部分由中国标准化研究院提出。

本部分由中国标准化研究院归口。

本部分起草单位：中国标准化研究院、中国人民解放军总医院、中国人民武装警察部队指挥学院。

本部分主要起草人：陈煌、任冠华、董连续、刘碧松、尹岭、韵力宇。

引　言

为了降低费用和成本，卫生行业正面临着从纸质处理向自动化电子处理转变的挑战。新的医疗保健模式增加了对专业医疗保健提供者之间和突破传统机构界限来共享患者信息的需求。

一般来说，每个公民的健康信息都可以通过电子邮件、远程数据库访问、电子数据交换以及其他应用来进行交换。互联网提供了经济且便于访问的信息交换方式，但它也是一个不安全的媒介，这就要求采取一定的措施来保护信息的保密性和保密性。未经授权的访问，无论是有意的还是无意的，都会增加对健康信息安全的威胁。医疗保健系统有必要使用可靠信息安全服务来降低未经授权访问的风险。

卫生行业如何以一种经济实用的方式来对互联网中传输的数据进行适当的保护？针对这个问题，目前人们正在尝试利用公钥基础设施(PKI)和数字证书技术来应对这一挑战。

正确配置数字证书要求将技术、策略和管理过程绑定在一起，利用“公钥密码算法”来保护信息，利用“证书”来确认个人或实体的身份，从而实现在不安全的环境中对敏感数据的安全交换。在卫生领域中，这种技术使用鉴别、加密和数字签名等方法来保证对个人健康记录的安全访问和传输，以满足临床和管理方面的需要。通过数字证书配置所提供的服务(包括加密、信息完整性和数字签名)能够解决很多安全问题。为此，世界上许多组织已经开始使用数字证书。比较典型的一种情况就是将数字证书与一个公认的信息安全标准联合使用。

如果健康应用需要在不同组织或不同辖区之间(如为同一个患者提供服务的医院和社区医生之间)交换信息，则数字证书技术及其支撑策略、程序、操作的互操作性是最重要的。

实现不同数字证书实施之间的互操作性需要建立一个信任框架。在这个框架下，负责保护个人信息权利的各方要依赖于具体的策略和操作，甚至还要依赖于由其他已有机构发行的数字证书的有效性。

许多国家正在采用数字证书来支持国内的安全通信。如果标准的制定活动仅仅局限于国家内部，则不同国家之间的认证机构(CA)和注册机构(RA)在策略和程序上将产生不一致甚至矛盾的地方。

数字证书有很多方面并不专门用于医疗保健，它们目前仍处于发展阶段。此外，一些重要的标准化工作以及立法支持工作也正在进行当中。另一方面，很多国家的医疗保健提供者正在使用或准备使用数字证书。因此，本指导性技术文件的目的是为这些迅速发展的国际应用提供指导。

本指导性技术文件描述了一般性技术、操作以及策略方面的需求，以便能够使用数字证书来保护健康信息在领域内部、不同领域之间以及不同辖区之间进行交换。本指导性技术文件的最终目的是要建立一个能够实现全球互操作的平台。本指导性技术文件主要支持使用数字证书的跨国通信，但也为配置国家性或区域性的医疗保健数字证书提供指导。互联网作为传输媒介正越来越多地被用于在医疗保健组织间传递健康数据，它也是实现跨国通信的唯一选择。

本指导性技术文件的三个部分作为一个整体定义了在卫生行业中如何使用数字证书提供安全服务，包括鉴别、保密性、数据完整性以及支持数字签名质量的技术能力。

本指导性技术文件第1部分规定了卫生领域中使用数字证书的基本概念，并给出了使用数字证书进行健康信息安全通信所需的互操作方案。

本指导性技术文件第2部分给出了基于国际标准X.509的数字证书的健康专用轮廓以及用于不同证书类型的IETF/RFC 3280中规定的医疗保健轮廓。

本指导性技术文件第3部分用于解决与实施和使用医疗保健数字证书相关的管理问题，规定了证书策略(CP)的结构和最低要求以及关联认证操作声明的结构。该部分以IETF/RFC 3647的相关建议为基础，确定了在健康跨国通信的安全策略中所需的原则，还规定了健康方面所需的最低级别的安全性。

健康信息学　公钥基础设施(PKI)
第3部分:认证机构的策略管理

1　范围

本部分为在医疗保健过程中包括配置使用数字证书在内的证书管理问题提供了指南。它规定了证书策略的结构和最低要求,包括认证实施声明的结构等。它还给出了为实现跨国界通信所需的医疗保健安全策略的基本原则,以及专门针对医疗保健方面的安全要求的最小级别。

2　规范性引用文件

下列文件中的条款通过GB/Z 21716—2008的本部分的引用而成为本部分的条款。凡是注日期的引用文件,其随后所有的修改单(不包括勘误的内容)或修订版均不适用于本部分,然而,鼓励根据本部分达成协议的各方研究是否可使用这些文件的最新版本。凡是不注日期的引用文件,其最新版本适用于本部分。

GB/T 19716—2005　信息技术　信息安全管理实用规则

GB/Z 21716.1—2008　健康信息学　公钥基础设施(PKI)　第1部分:数字证书服务综述

GB/Z 21716.2—2008　健康信息学　公钥基础设施(PKI)　第2部分:证书轮廓

IETF/RFC 3647:2003　Internet X.509公钥基础设施证书策略和认证实施框架

3　术语和定义

GB/Z 21716.1给出的术语和定义适用于本部分。

4　缩略语

下列缩略语适用于本部分。

AA　属性机构　attribute authority

CA　认证机构　certification authority

CP　证书策略　certificate policy

CPS　认证操作声明　certification practice statement

CRL　证书撤销列表　certificate revocation list

OID　对象标识符　object identifier

PKC　公钥证书　public key certificate

PKI　公钥基础设施　public key infrastructure

RA　注册机构　registration authority

TTP　可信第三方　trusted third party

5　在医疗保健语境中数字证书策略管理的要求

5.1　概述

在医疗保健语境中部署数字证书必须实现下列目标,以便有效保障个人健康信息通信的安全性:

a)　对于参与进行个人健康信息的电子交换过程中所有人员、机构、应用软件、设备等,必须与唯一的和容易区分的名称安全可靠地绑定。

b) 对于参与进行个人健康信息的电子交换过程中所有人员、机构、应用软件、设备等,必须有专业角色安全可靠地与之绑定。做这种绑定是为实现对这些健康信息进行基于角色的访问控制打下基础。

c) (可选的)对于参与进行个人健康信息的电子交换过程中所有人员、机构、应用软件、设备等,应有相应的属性安全可靠地与之绑定。做这种绑定是为了进一步保障健康信息的安全通信。

完成上述目标是为了保证个人健康信息的完整性和保密性,并达到信任的使用数字证书来安全地进行通信的目的。

为此,每个发行用于医疗保健方面数字证书的 CA 应该为之提出一套促进实现上述目标的公开策略,并按照这个声明策略进行操作。

5.2 高层的保证要求

用于健康应用软件所需的安全服务在 GB/Z 21716.1—2008 中第 6 章有相关规定。对于其中每个安全服务(鉴别、完整性、机密性、数字签名、授权、访问控制等),需要有一个高层的保证。

5.3 基础设施可用性的高层要求

急诊服务是一个全天候的任务,要求具有能不受正常工作时间限制地随时进行证书获取、证书撤销、验证撤销状态等能力。与电子商务不同,医疗保健对任何电子证书都提出了高可用性要求,这样才能确保个人健康信息通信的安全性。

5.4 高层的信任要求

与电子商务不同(此时买方和消费者常常是电子交换中仅有的参与方,以及由此产生安全性和完整性),存储或传输个人健康信息的医疗保健应用在交换患者的信息时还要求经过患者(包括普通公众)的授信。如果大家认为个人健康信息的电子交换是不安全的,则医疗保健提供者或者患者都不会在此方面提供合作。

5.5 互联网兼容性的要求

本部分的目的之一是定义医疗保健数字证书的基本元素以支持跨国家和区域界限安全传输医疗保健信息,它基于众多的互联网标准以便有效的跨越这些边界。

5.6 便于评估和比较 CP 的要求

GB/Z 21716.1—2008 的 9.2 中描述了使用数字证书来促进健康信息跨国的安全交换的相关步骤。如果医疗保健 CP 遵循统一的格式,则可以对不同来源的 CP 进行比较,这样就更进一步促进了上述步骤(如交叉识别和交叉认证)。

医疗保健 CP 是形成对 CA 信任的基础之一(受信任的 CA 支持一个或多个 CP 得到实施)。当信任标准超出本指导性技术文件的范围时,对医疗保健 CA 的信任的整个过程将通过格式一致性和本指导性技术文件所提出的最低标准而得到加速。

6 医疗保健 CP 和 CPS 的结构

6.1 CP 的一般要求

当一个 CA 签发了一个证书时,它给了可依赖方一个声明表示已经给专门的证书持有者绑定了一个专门的公共密钥。不同的证书在签发时经历了不同的操作和程序,并适用于不同的应用产品和/或目的。

CA 应负责对证书的签发、管理的各个方面,包括对注册过程的控制、证书中信息的确认以及对证书的制作、发放、撤销、暂停和更新等。CA 还应负责确保 CA 服务和执行操作的各个方面都与对应 CP 的需求、表示、被担保人以及 CA 的 CPS 一致。

签发用于医疗保健的电子证书的 CA 在他们所提供服务方面应有相应的政策和程序。这些政策和程序应包括:

a) 在证书签发前注册潜在的证书持有者，包括符合 GB/Z 21716.2—2008 第 6 章的证书持有者角色；
b) 在证书签发前鉴别潜在证书持有者的身份；
c) 证书签发出去后，对证书的持有者的个人信息保密；
d) 把证书分发给证书持有者和有关名录；
e) 接受关于可能出现的私有密钥协议的信息；
f) 发布证书撤销列表（发布的频率，如何以及何地发布）；
g) 其他的密钥管理问题，包括密钥长度、密钥产生过程、证书的预期使用期限、重设密钥等；
h) 与其他 CA 的交叉证明；
i) 安全控制和审计。

为了实现这些功能，本基础设施中各 CA 都需要提供为其证书持有者和可依赖方提供一些基础服务。这些 CA 服务要在其 CP 中列出。

数字证书包含一个或多个经过注册的 CP OID，它标识了证书在签发时所遵循的 CP，并可用于判断一个用于特定目标的证书是否可信。其中注册过程遵循相关 ISO/IEC 和 ITU 标准所规定的程序。注册 OID 的一方也需要发布 CP 供证书持有者和可依赖方进行检验。

因为在 PKC 中建立信任时 CP 的重要性，所以 CP 不仅能被证书持有者也能被可依赖方所理解和参考是基本的要求。因此，证书持有者和可依赖方在证书签发后应能完全而可靠的访问到其 CP。

符合本部分规定的所有 CP 应满足下列需求：

a) 每个符合本部分规定的电子证书签发时，应至少包含一个经注册的 CP OID，它标识了证书在签发时所遵循的 CP；
b) CP 的结构应符合 IETF/RFC 3647；
c) CP 应能被证书持有者和可依赖方访问到。

虽然 CP 和 CPS 文档的本质是描述和控制 CP 及其实施，但是许多数字证书持有者特别是消费者发现这些文档难以理解。这些证书持有者和其他可依赖方可以通过从访问 CP 元素的简要声明中受益，其中用于此目的所需的重点、公示和 PKI 公示声明模型在本部分的第 8 章给出。

6.2 CPS 的一般要求

CPS 是对准确实施所提供的服务、证书生命周期管理详细过程等细节的完整描述，它一般比相关的 CP 要详细得多。

符合本部分规定的所有 CPS 应满足下列需求：

a) CPS 应符合 IETF/RFC 3647；
b) 拥有单个 CPS 的 CA 可以支持多个 CP（用于不同的应用目的和/或被不同团体的可依赖方使用）；
c) 所带 CPS 不完全相同的 CA 可以支持相同的 CP；
d) 一个 CA 可以选择让其 CPS 对证书持有者或可依赖方是不可访问的，或者选择让其 CPS 只是部分可访问。

6.3 CP 和 CPS 间的关系

CP 声明了在一个证书中放置了何种担保（包括证书使用上的限制以及可靠性的限制范围等）。CPS 声明了 CA 是如何建立该担保的。CP 可广泛应用到不止一个机构上，而 CPS 只能应用于单个 CA。CP 作为一种媒介提供服务，它形成了普通互操作标准和普通行业范围（或者可能是全球范围）担保标准的基础。但单个具体的 CP 不能单独形成不同 CA 间互操作性的基础。

6.4 适用性

本部分适用于 CP 和 CPS 用在 GB/Z 21716.2—2008 第 4 章所规范的签发医疗保健证书的方面。

7 医疗保健 CP 的最小要求

7.1 一般要求

符合本部分规范的 CP 应满足本章中的以下所有要求。本章中各条标题下括号中的数字对应的是 IETF/RFC 3647 中的章条号。

7.2 发布和存储责任

7.2.1 存储库

(2.1)

保留在 RA 或 CA 存储库中关于证书持有者的信息应是：

a) 保持当前日期并更新日期(变化被验证的一天之内甚至更早，根据具体情况而定)；

b) 按照 GB/T 19716—2005 的规范，或经认可的授权，或执照许可规范进行管理。

7.2.2 证书信息的发布

(2.2)

所有发布用于卫生领域电子证书的 CA 应让他们的证书持有者和可依赖方获得下列内容：

a) 代表该 CA 或由该 CA 维护的有效网址的 URL，且该网址包含着该 CA 的证书策略；

b) 按照其证书策略来签发或更新每个证书；

c) 在该策略下每个证书的当前状态；

d) CA 进行合格认定或发布许可时所遵循的准则，其中这些认定或许可应用在不同的权限中。

被 CA 授权的代表电子签名的 CP 文件的电子拷贝应可由下列情况获得：

a) 放在所有可依赖方都可访问的网址上，或者

b) 通过电子邮件请求得到。

由于 CPS 详细描述了一个 CA 服务和密钥生命周期管理程序的具体实施，而且比 CP 更详细，因此它所包含的信息应保持更高的保密性以保证 CA 的安全。

7.2.3 发布的频率

(2.3)

每当信息被修改后，CA 就应发布信息。

7.2.4 对存储库的访问控制

(2.4)

已发布的信息(如政策、实践、证书)以及这些证书的当前状态应是只读的。

7.3 标识和鉴别

7.3.1 初始注册

7.3.1.1 名称类型

(3.1.1)

用于在该策略下所发布证书的主题名称应符合 GB/Z 21716.2。

7.3.1.2 名称应有含义

(3.1.2)

证书的有效使用需要有相关的特定名称显示在证书上且能被可依赖方所理解和使用。这些证书中所使用的名称应能标识出证书持有者以便他们能以有含义的方式被分配，见 7.3.1.3。

对于证书持有者是正规健康专业人员、非正规健康专业人员、受委托医疗保健提供者、支持组织雇员或患者/消费者的情况，其名称应符合 7.3.2 所鉴别的名称。

7.3.1.3 匿名或假名

(3.1.3)

名称应有含义的要求(见 7.3.1.2)，并不排除在发给患者/消费者的证书中使用假名。

7.3.1.4 对各种名称形式进行解释的规则

(3.1.4)

CP应有一个可对名称进行申请、辩论、决议的程序,以及应有一个协定以便能对当发起名称申请辩论时所用的名称形式进行解释。

7.3.1.5 名称的唯一性

(3.1.5)

证书中列出的主体识别名对于CA的不同证书持有者都应是无歧义的和唯一的。

如有必要,在识别名中(如IETF RFC 3280所述)包含识别名属性"序列号"可以用来保障唯一性。如有可能,建议该序列号是有含义的(如正规健康专业人员的执照号)。参见本部分的7.3.1.2。

7.3.1.6 商标的识别、鉴别和角色

(3.1.6)

CA不应在明知商标不属于证书的主题范围的情况下发布包含该商标的证书。

7.3.2 初始身份确认

7.3.2.1 私钥拥有权的证明方法

(3.2.1)

在CA没有生成密钥对的情况下,密钥持有者需要其对私钥的所有权进行证明(如通过密钥持有者提交证书签名请求(CSR)的方法)。也可要求密钥持有者定期对发自CA的质询进行签名。

7.3.2.2 组织身份的鉴别

(3.2.2)

医疗保健组织、支持组织或代表组织或设备利益的个人应通过提交与其国家、省/市/自治区相对应的文件来向RA证明其真实性和医疗保健角色。CA、RA以及(如果合适的话)AA应验证上述信息,以及进行该请求的代表的真实性,并授权该代表在活动时使用该组织的名称。

7.3.2.3 个人身份的鉴别

(3.2.3)

包括正规健康专业人员、非正规健康专业人员、受委托医疗保健提供者、支持组织雇员以及患者/消费者在内的个人应在发行证书前向RA鉴别其身份。本部分建议应提供与签发护照给个人时所需的相同证明以及实施与之一样严格的程序。

正规健康专业人员,为了鉴别他们的医疗保健执照、角色以及医疗专业(如果有的话),应向RA提供由相关专业协调或认可团体在其权限内为该人员建立的专业证书等证明。

非正规健康专业人员,为了确立其职业关系并鉴别其医疗保健角色,应向RA提供由其委托健康组织或委托(正规)健康专业人员给出的委托关系或雇佣关系的证明。

受委托医疗保健提供者,为了确立他们在其医疗保健社区中的活动以及鉴别其医疗保健角色,应向RA提供由其委托健康组织或委托(正规)健康专业人员给出的委托关系或雇佣关系的证明。

支持组织雇员,为了确立其职业关系并鉴别其医疗保健角色,应向RA提供由其支持健康组织给出的雇佣关系的证明。

7.3.2.4 未经验证的证书预订者信息

(3.2.4)

未经验证的证书预订者信息应符合IETF/RFC 3647:2003中3.2.4的规定。

7.3.2.5 授权机构的确认

(3.2.5)

授权机构的确认应符合IETF/RFC 3647:2003中3.2.5的规定。

7.3.2.6 互操作的标准

(3.2.6)

互操作的准则应符合 IETF/RFC 3647:2003 中 3.2.6 以及 GB/Z 21716.2 的规定。

7.3.3 重建密钥请求的标识和鉴别

7.3.3.1 日常重建密钥的标识和鉴别

(3.3.1)

7.3.3.1.1 CA 日常重建密钥

应基于在创建时原始记录所用的原始文件来实施 CA 证书的日常重建密钥或重新发布证书。

7.3.3.1.2 RA 日常重建密钥

应基于在创建原始记录时所用的原始文件来实施 RA 证书的日常重建密钥或重新发布证书。

7.3.3.1.3 证书持有者日常重建密钥

应通过重新引用在创建原始记录时所用的原始文件或记录(包括相信当前还未过期的有效密钥)来实施证书持有者信息的日常重建密钥或重新发布证书。

如果原始文件已失效或被废弃,可以使用其替代文件。

7.3.3.2 在撤销后重建密钥

(3.3.2)

7.3.3.2.1 在撤销后 CA 重建密钥

在证书被撤销后对信息重建密钥时,应要求再次提供用于最初给 CA 授权的原始信息。

7.3.3.2.2 在撤销后 RA 重建密钥

在证书被撤销后对信息重建密钥时,应要求再次提供用于最初给 RA 授权的原始信息。

7.3.3.2.3 在撤销后证书持有者重建密钥

进行证书持有者信息的日常重建密钥时,应提供原始记录被创建时的原始文件,或者引用所使用的原始记录。如果原始文件已失效或被遗弃,可以使用其替代文件。

7.3.4 用于撤销请求的标识和鉴别

(3.4)

7.3.4.1 CA

当一个 CA 按照医疗保健 CP 向另一个 CA 发出一个撤销请求时,该 CA 应:

a) 标识该证书;

b) 指明该证书被撤销的原因;

c) 用其私钥对该请求进行签名,加密该消息并将其发送给相关领域的 CA。

7.3.4.2 RA

当 RA 对于按照医疗保健 CP 签发的数字证书向证书权威机构发出一个撤销请求时,该 RA 应:

a) 对请求撤销的证书进行标识;

b) 指明该证书撤销的原因;

c) 用其私钥对该请求进行签名,加密该消息并将其发送给相关领域的 CA。

7.3.4.3 证书持有者

持有按医疗保健 CP 签发的数字证书的证书持有者,当向证书权威机构发出一个撤销请求时,该证书持有者应:

a) 对请求撤销的证书进行标识;

b) 指明该证书撤销的原因;

c) 向该相关领域 CA 安全地发送该撤销请求。

如果包含私钥的令牌出现丢失或被盗(并且该证书持有者因此而不能发起经过数字签名的撤销请求),该撤销请求应附有最初用于包含该证书的同等身份证据。

7.4 证书生命周期操作请求

7.4.1 证书申请

7.4.1.1 证书申请提交者

(4.1.1)

确定证书申请提交者的准则应按照IETF/RFC 3647:2003中的4.1.1的规定。

7.4.1.2 登记程序和职责

(4.1.2)

CA可以将标识和鉴别功能委派给一个RA,并由其负责。医疗保健组织RA的主要功能是在最初注册时验证证书持有者的身份及其医疗保健角色。RA应使用与CA相同的一套鉴别方法和规则。RA可以看做是单独授信、独立的特殊CA。

为了保证证书及其中包含的公钥的真实性和完整性,证书持有者应让可信的发起者来创建他们的证书。由于RA是替CA执行鉴别功能,所以应授信他们去遵循CA的证书持有者鉴别策略并将正确证书持有者信息传递给CA。同样,应授信RA以准确、及时的方式把证书撤销请求传递给CA。

建议RA独立负责地代理CA进行相关活动。RA应:

a) 如果RA实时履行其职责,则RA应保证其签名的私钥仅用于对证书请求、撤销请求以及证书持有者其他经鉴别的通信进行签名;

b) 向CA证明其已鉴别了证书持有者的身份;

c) 安全地传输和存储证书申请信息以及注册记录;

d) 按照7.3.4.2的规定(在适当的地方)发起撤销请求。

在配置了数字证书的卫生领域中的证书持有者,应接受证书并保证在证书申请中所表达信息的准确性,以及承认证书中所包含的所有信息都是正确的。

7.4.2 证书申请处理

7.4.2.1 执行标识和鉴别功能

(4.2.1)

执行标识和鉴别功能的准则应按照IETF/RFC 3647:2003中4.2.1的规定。

7.4.2.2 证书申请的批准或拒绝

(4.2.2)

批准或拒绝证书申请的准则应按照IETF/RFC 3647:2003中4.2.2的规定。

7.4.2.3 处理证书申请的时间

(4.2.3)

建议CA规定一个证书持有者在证书签发处理开始后必须完成其关键处理活动的最短时间期限。

7.4.3 证书签发

7.4.3.1 证书签发过程中CA的行为

(4.3.1)

证书重建密钥的程序应符合IETF/RFC 3647:2003中4.7的规定。

7.4.3.2 签发证书的CA给证书持有者的通知

(4.3.2)

当具有证书持有者识别名的证书被签发时,进行证书签发的CA应通知对应的每个证书持有者。

7.4.4 证书接受

7.4.4.1 构成证书接受的行为

(4.4.1)

在配置了数字证书的卫生领域中的证书持有者,应:

a) 阅读以简单语言清楚描述了证书持有者责任的CP或PKI公开文件；

b) 正式同意已签名的持有者协议中的相关义务。

7.4.4.2 CA的证书发布

(4.4.2)

规定见7.2.2。

7.4.4.3 CA给其他实体的签发证书通知

(4.4.3)

CA给其他实体的签发证书通知的准则应符合IETF/RFC 3647:2003中4.4.3的规定。

7.4.5 密钥对和证书的使用

7.4.5.1 证书持有者私钥和证书的使用

(4.5.1)

在配置了数字证书的卫生领域中的证书持有者，应：

a) 保护自己的私钥和密钥令牌(如果有的话)，并用合理的方法保护它们不被丢失、泄密、修改或非授权使用；

b) 尽各种可能去保护其私钥不被丢失、泄密或非授权使用；

c) 对于任何已出现的或怀疑出现的包括丢失、泄密在内的危及其私钥安全的情况，立即通知给CA和/或RA；

d) 在医疗保健组织中，对于证书信息、角色或状态的任何修改，都应通知RA和/或CA；

e) 使用符合CP的公钥对。

建议医疗保健数字证书的证书持有者还能证明其接受了适用于使用证书的健康信息功能的安全培训。

7.4.5.2 可依赖方公钥和证书的使用

(4.5.2)

只有在下列情况下，可依赖方才有权依赖于医疗保健证书：

a) 证书的使用目的适合于本策略；

b) 此种信赖是合理的，且在信赖时是忠实地以可依赖方所知的详情为依据的；

c) 可依赖方通过检查证书没有被撤销或被暂停来确认该证书当前的有效性；

d) 如果可能的话，可依赖方确认数字签名的当前有效性；

e) 对责任和担保的适当限制是众所周知的。

7.4.6 证书更新

(4.6)

签发方CA应确保证书更新的任何程序都与其CP相关的规定一致。

7.4.6.1 证书更新的环境

(4.6.1)

证书更新的具体环境应符合IETF/RFC 3647:2003中4.6.1的规定。

7.4.6.2 需要更新的相关方

(4.6.2)

确定需要更新准则的各相关方时应符合IETF/RFC 3647:2003中4.6.2的规定。

7.4.6.3 处理证书更新请求

(4.6.3)

处理证书更新请求的准则应符合IETF/RFC 3647:2003中4.6.3的规定。

7.4.6.4 通知证书更新对应的证书持有者

(4.6.4)

当更新带有证书持有者识别名的证书时，签发方CA应通知到每一个相关的证书持有者。

7.4.6.5 构成接受更新证书的行为

(4.6.5)

构成接受更新证书的行为应符合 7.4.4.1 中的规定。

7.4.6.6 CA 发布更新后的证书

(4.6.6)

规定见 7.2.2。

7.4.6.7 CA 给其他实体的发布更新的通知

(4.6.7)

规定见 7.4.4.3。

7.4.7 证书重建密钥

(4.7)

证书重建密钥的程序应符合 7.3.3 的规定。

7.4.8 证书修改

7.4.8.1 证书修改的环境

(4.8.1)

下列情况下，作为签发方的 CA 应修改证书：

a) 如果证书中的相关主题信息不再正确；

b) 如果证书持有者的组织关系改变，例如一个正规健康专业人员从某个特定的组织辞职；

c) 不管何种原因，只要证书持有者或者受委托医疗保健提供者的委托方提出请求。

如果意识到证书中的主题信息不正确，证书持有者、RA 以及委托方有责任通知 CA。

7.4.8.2 证书修改请求者

(4.8.2)

应由下列一方或多方来提出修改证书的请求：

a) 证书持有者，其中证书以该证书持有者的名称签发的；

b) 代表设备或应用一方实施证书的个人或组织；

c) 证书持有者是整个健康专业人员的健康专业人员注册组织或发照组织；

d) 受委托医疗保健提供者的委托方；

e) 签发方 CA 的工作人员；

f) 与签发方 CA 相关的 RA 的工作人员。

7.4.8.3 处理证书修改请求

(4.8.3)

处理证书修改请求的准则应符合 IETF/RFC 3647:2003 中 4.8.3 的规定。

7.4.8.4 通知证书持有者有关修改证书的事宜

(4.8.4)

通知证书持有者有关修改证书发布的事宜应符合 7.4.3.2 中的规定。

7.4.8.5 构成接受修改后的证书的行为

(4.8.5)

构成接受修改后的证书的有关行为应符合 7.4.4.1 中的规定。

7.4.8.6 公布由 CA 修改的证书

(4.8.6)

公布由 CA 修改的证书其准则应符合 7.4.4.2 中的规定。

7.4.8.7 CA 通知其他实体有关修改证书的事宜

(4.8.7)

CA 通知其他实体有关修改证书的事宜时应符合 7.4.4.3 中的规定。

7.4.9 证书撤销和暂停

(4.9)

RA 能有助于处理证书撤销请求。在一些健康数字证书的具体实施中,RA 可用来发起或鉴别证书撤销请求。在适当的情况下,他们应把鉴别好的请求传递给合适的 CA。RA 本身可以发起一个撤销请求(例如,假设一个正规健康专业人员因为行为不当而被暂停工作,此时 RA 正好是其一个健康专业注册组织或发照组织)。不管怎样,此时 RA 有责任去鉴别该报告。如果(通过应用与 CA 所用过的相同标准)RA 认为该报告是可信的,该 RA 应安全的向 CA 发送一个含有证书标识信息的消息,并(此项为可选行为)陈述撤销该证书的理由。

建议在证书中定义的 CRL 分布点的地址应符合本部分 GB/Z 21716.2—2008 中 7.2.8 的规定。

7.4.9.1 撤销的环境

(4.9.1)

针对下列情况,签发方 CA 应撤销证书:

a) 证书持有者、雇主(对于非正规健康专业人员或支持组织雇员而言)或委托方(对于受委托医疗保健提供者而言)没有在本策略、各可用 CPS 或其他协议、法规和对于证书有强制性的法律下履行好义务;

b) 得知或有理由怀疑私钥的安全受到威胁;

c) 证书中的相关主题信息不再正确;

d) 证书持有者的组织关系发生改变,例如一个正规健康专业人员从某个特定的组织辞职;

e) 由于不符合本策略和/或任何可用的 CPS,CA 认为该证书未被正确的签发;

f) 不管何种原因,只要证书持有者或者受委托医疗保健提供者的委托方提出了请求。

如果意识到证书中的主题信息不正确,证书持有者、RA 以及委托方有责任通知 CA。

7.4.9.2 请求撤销者

(4.9.2)

应由下列一方或多方来提出撤销证书的请求:

a) 证书持有者,其中证书以该证书持有者的名称签发的;

b) 代表设备或应用一方实施证书的个人或组织;

c) 受委托医疗保健提供者的委托方;

d) 签发方 CA 的工作人员;

e) 与签发方 CA 相关的 RA 的工作人员。

7.4.9.3 请求撤销的程序

(4.9.3)

按照 7.3.4 的要求 CA 收到一个撤销请求时,该 CA 应:

a) 确认该请求撤销的实体是该要求被撤销的证书中所列的证书持有者;

b) 如果请求者是该证书持有者的代理,则该请求者有足够的权力进行撤销请求;

c) 验证请求撤销的理由,如果证明理由真实,则撤销该证书。

7.4.9.4 撤销请求的期限

(4.9.4)

在收到证书撤销的请求后应立即采取行动以给出相关结果。

7.4.9.5 **CA必须处理撤销请求的时间期限**

(4.9.5)

在收到请求后CA应立即发起撤销证书的相关行动。

7.4.9.6 **为可依赖方检查撤销请求**

(4.9.6)

无论何时只要可依赖方使用其他实体的公钥，可依赖方都应检查该CRL。应至少每天检查一次该CRL以便了解撤销的情况。

7.4.9.7 **CRL的发布频率**

(4.9.7)

无论何时只要CRL发生改变，关于撤销的通知应（在发布的当天）及时迅速地发出并更新。

7.4.9.8 **CRL的最大有效期**

(4.9.8)

CRL最大有效期的准则应符合IETF/RFC 3647:2003中4.9.8的规定。

7.4.9.9 **检查在线撤销/状态的可用性**

(4.9.9)

CA应使它的撤销/状态检查服务（如CRL或OCSP）对于匹配其可依赖方的业务时间是可用的。

7.4.9.10 **对检查在线撤销的请求**

(4.9.10)

在线撤销的检查（如通过OCSP）将要求证书持有者建立与在线证书状态检查服务器之间的安全通信，其中该在线证书状态检查服务器具有对响应进行的签名的能力。它可以是CA。通过这种方式，CA的真实性将得到验证。也有可能使用确认的权威机构或外界供应的目录而不是签发方CA。

7.4.9.11 **其他公告撤销的有效形式**

(4.9.11)

当包含着证书持有者识别名的证书被撤销时，发行方CA应通知所有相应的证书持有者（应向代表设备或应用证书一方的负责人或组织发出通知）。

7.4.9.12 **鉴于密钥安全受到威胁时的特殊要求**

(4.9.12)

在CA签发密钥时受到安全威胁的情况下，CA应立即将情况通知给共同签发交叉证书或从属CA证书的相关方。

7.4.9.13 **暂停的环境**

(4.9.13)

在一个卫生领域CP中，CA应支持暂停功能。下列经过标识的环境将表明证书暂停是需要的：

a) 怀疑私钥的安全受到威胁，此时在调查过程中暂停将发生；

b) 有关于证书的未澄清的信息；

c) 证书持有者请求暂停；

d) 在本地医疗保健数字证书领域范围的其他决定性环境。

7.4.9.14 **请求暂停者**

(4.9.14)

在CA支持暂停的地方，证书的暂停应由下列一个或多个来提出请求：

a) 证书签发时使用的是其名称的证书持有者；

b) 代表设备或应用一方实施证书的个人或组织；

c) 受委托医疗保健提供者的委托方；

d) 签发方CA的工作人员；

e) 与签发方 CA 相关的 RA 的工作人员；

f) 可依赖方。

7.4.9.15 暂停证书的程序

(4.9.15)

按照 7.4.9.14 和 7.4.9.15 的要求 CA 收到一个撤销请求时，该 CA 应：

a) 确认该请求者的身份，此时暂停请求声称是来自证书持有者、代表设备或应用一方实施证书的个人或组织，或者受委托医疗保健提供者的委托方的；

b) 确认该请求者的身份，此时暂停请求声称是来自代表设备或应用一方实施证书的个人或组织；

c) 如果请求者是证书持有者的委托方身份，则确认请求者有足够的权力要求暂停；

d) 验证请求暂停的理由，如果证明理由真实，则暂停该证书。

7.4.9.16 暂停期限

(4.9.16)

证书的暂停期应限制在相关调查(如验证信息)所需的时间范围上。建议暂停期不超过 10 个工作日。

7.4.9.17 证书暂停的通知

(4.9.17)

当带有证书持有者识别名的证书被暂停时，签发方 CA 应通知到这些证书的所有持有者(通知应发给代表设备或应用证书一方的负责人或组织)。

7.4.10 证书状态服务

7.4.10.1 运行特征

(4.10.1)

运行特征的准则应符合 IETF/RFC 3647:2003 中 4.10.1 的规定。

7.4.10.2 服务的可用性

(4.10.2)

CA 应使它的状态检查服务对于匹配其可依赖方的业务时间是可用的。

7.4.10.3 操作特点

(4.10.3)

操作特点的准则应符合 IETF/RFC 3647:2003 中 4.10.3 的规定。

7.4.11 订阅的终止

(4.11)

订阅终止的准则应符合 IETF/RFC 3647:2003 中 4.10.11 的规定。

7.4.12 私钥的第三者保管

(4.12)

用于鉴别的私钥以及数字证书都不应由第三者保管，除非有法律的特殊要求。

7.5 物理控制

(5)

7.5.1 概述

物理、程序和人员上的安全控制应符合 GB/T 19716—2005(或其等效标准)的规定，或者符合经认可的规范或许可标准的规定。

7.5.2 物理控制

(5.1)

物理控制应符合 GB/T 19716—2005(或其等效标准)的规定。

7.5.3 过程控制

(5.2)

过程控制应符合 GB/T 19716—2005(或其等效标准)的规定。

7.5.4 人员控制

(5.3)

人员控制应符合 GB/T 19716—2005(或其等效标准)的规定。

7.5.5 安全审计日记记录程序

(5.4)

安全审计日记记录程序应符合 GB/T 19716—2005(或其等效标准)的规定。

7.5.6 记录归档

(5.5)

应按照 GB/T 19716—2005 的规定以及遵循当地法律、法规的要求对记录进行存档,并采取相应措施保存好这些存档记录。健康信息是可重用的信息,它存在的时间应该和要引用它的人寿命一样长(甚至比人的寿命更长)。这就特别要求对经过数字签名的记录要进行长期保存,而用于时间戳的重要角色以及长期的抗抵赖技术能支持实现这一点。

7.5.6.1 记录归档的类型

(5.5.1)

知道证书是如何以及为何产生的这在将来可能会很重要。卫生领域 RA 或它们的 CA 对于创建或撤销证书的请求应能对这些事件进行存档。

7.5.6.2 存档的保持时间

(5.5.2)

保存时间的准则应符合 IETF/RFC 3647:2003 中 5.5.2 的规定。健康信息是可重用的信息,它存在的时间应该和要引用它的人寿命一样长(甚至比人的寿命更长)。这就特别要求对经过数字签名的记录要进行长期保存。

7.5.7 密钥更换

(5.6)

为了使证书持有者能无缝的将一个公钥更换为另一个公钥,CA 应在更换日期前 30 天发布新的证书,并明确通知证书持有者从哪天开始他们将使用新证书。

7.5.8 安全威胁和灾难恢复

(5.7)

安全审计程序应符合 GB/T 19716—2005 的规定。

7.5.9 CA 终止

(5.8)

如果一个 CA 停止操作,则该 CA 应立即通知其证书持有者关于操作终止的情况,并安排发布最终的 CRL 以及保持该 CA 的密钥和信息。它也应通知所有与其一块进行交叉证明的 CA。

如果在较低担保级别下将一个 CA 的操作转移给另一 CA,则其操作将被转移的 CA 做签发的证书应通过该 CA 在转移之前所签发的 CRL 而被撤销。

如果一个 CA 终止,应进行相关安排以确保该 CA 的记录能被安全存档或处理。

7.6 技术方面的安全控制

(6)

7.6.1 密钥对的产生和安装

7.6.1.1 密钥对的产生

(6.1.1)

证书持有者的公/私钥对应由下列一方来产生:

a） CA；

b） 由CA指定的其他可信第三方；

c） 证书持有者依靠由CA认可的密钥管理功能或应用来产生。

如果密钥对由第三方产生，则应强制该第三方采用安全措施（如硬件令牌）来防止篡改密钥对以及对生成私钥产生安全威胁。

密钥的产生应以安全的方式来提供。

7.6.1.2 将私钥分发给证书持有者

（6.1.2）

如果私人才能解译的密钥不是由预期的证书持有者自己产生的，则它将既可以以符合IETF/RFC 2511标准规定的在线处理的形式分发给该证书持有者，也可以通过具有相同安全性的方式分发。CA或可信第三方的密钥产生实体在其交付原始私钥时应能够证明在此过程中没有该私钥的任何拷贝，除非保留拷贝是为了符合7.6.2.5规定的密钥备份的目的。

7.6.1.3 将公钥分发给证书发行方

（6.1.3）

如果公共可解译的密钥不是由CA产生的，则它将既可以以符合IETF/RFC 2511规定的在线处理的形式分发给该CA，也可以通过具有相同安全性的方式分发。

7.6.1.4 CA将公钥分发给可依赖方

（6.1.4）

由于公钥是与CA签发证书绑定在一起的，因此应让可依赖方能够通过访问证书存储库而得到公钥。

7.6.1.5 密钥长度

（6.1.5）

密钥所能达到的最小长度依赖于其所使用的算法。如使用RSA算法，CA证书的最小密钥长度应是2 048 bit。如使用其他算法，为提供同等的安全性用于CA证书的最小密钥长度也应是2 048 bit。如使用RSA算法或其等同技术，非CA证书的最小密钥长度应是1 024 bit。使用其他算法的非CA证书的最小密钥长度也应是1 024 bit以提供同等的安全性。

7.6.1.6 公钥参数的产生和质量检查

（6.1.6）

公钥参数应由CA或可信第三方密钥生成组织来产生。它应由审计组织这种角色来验证其运作系统的参数质量。

7.6.1.7 按照X.509 V3（密钥使用域）标准的密钥使用目的

（6.1.7）

鉴别和数字签名密钥应仅用于识别和/或抗抵赖的目的。用于加密的目的时应使用分开的密钥对。

7.6.2 私钥保护

（6.2）

7.6.2.1 概述

本部分建议应存在两个密钥对：一对用于加密以便CA能备份私钥，另一对为鉴别或数字签名密钥对以便使该密钥不能被第三者保存。

7.6.2.2 加密模块标准及控制

（6.2.1）

CA签发的密钥应达到US FIPS 140-2中level 2（或其等效标准）的要求。当一个医疗保健组织的CA并不交叉验证时（如一个小型医院），只要证书策略允许，那么满足level 2的要求就可以了。如果要活动国际组织间的信任，则该CA应达到level 3或更高的要求。

其他证书应达到 US FIPS 140-2 中 level 1(或其等效标准)或更高的要求。

加密模块工程控制应符合 GB/T 19716—2005(或其等效标准)的规定，或者符合其他经认可的规范或许可标准的规定。

7.6.2.3 私钥的(n out of m)多人控制

(6.2.2)

当证书持有者是医疗保健组织或支持组织时，私钥可以被分成由不同的人来控制的多个部分。

7.6.2.4 私钥的第三方保存

(6.2.3)

用于鉴别或数字签名的私钥应不能被第三方保存，除非法律上有特殊要求的。

7.6.2.5 私钥备份

(6.2.4)

建议证书持有者把私钥备份在可能的地方，例如把私钥存储在软件令牌中。

私有鉴别或数字签名密钥应在证书持有者的完全控制下被备份。应按照经过鉴别的程序来进行备份。应在不低于原始拷贝所需级别的保护下进行密钥的备份。

除非法律有特殊要求，CA 未经证书持有者事先同意不可将私有解密密钥泄露给任何其他相关方。除此以外，CA 可以提供密钥备份服务以用于加密数据的数据恢复。在这种情况下，因为非正规健康专业人员或支持组织雇员为了从事其作为雇员的业务而接收证书，所以为了数据恢复的目的，CA 可将私有解密密钥透露给非正规健康专业人员或支持组织雇员的雇主，这种安排应在证书发行之前得到认可。

7.6.2.6 私钥存档

(6.2.5)

当 CA 经过证书持有者同意后备份了一个私钥时，该私钥应保留一段时间，且该时间应至少和在 CA 权限范围内个人健康记录的托管保存时间一样长。

7.6.2.7 从加密模块中转出密钥以及密钥转入加密模块

(6.2.6)

如果私有解密密钥不是在实体的加密模块中生成的，则它应按照 IETF/RFC 2511 的规定(或经由同等安全的方式)加入到安全模块中。

7.6.2.8 在加密模块上的私钥存储

(6.2.7)

如果私有解密密钥不是在实体的加密模块中生成的，则它应按照 IETF/RFC 2511 的规定(或经由同等安全的方式)加入到安全模块中。

7.6.2.9 激活私钥的方法

(6.2.8)

对于在卫生领域 CP 下发行的数字证书，只有证书持有者才能激活私钥。证书持有者应被鉴别后提供给加密模块或提供给在激活私钥前保护私钥的应用。该鉴别可以通过密码、密码短语、个人身份号码或生物测定。当取消激活时，私钥应仅以加密的形式保留。

7.6.2.10 取消激活私钥的方法

(6.2.9)

当密钥取消激活时，它们应在内存被释放之前从内存中清除掉。而存储密钥的任何磁盘空间应在该空间被释放给操作系统前被重写。加密模块应在密钥的不活动预置期后自动取消激活该私钥。

7.6.2.11 销毁私钥的方法

(6.2.10)

当一个密钥不再使用时，在计算机内存以及共享磁盘空间中该密钥的所有备份应通过多次重写来安全销毁。私钥销毁的过程应在 CPS 或公开可见的文本中描述。

7.6.2.12 加密模块等级

(6.2.11)

CA 签发的密钥应达到 US FIPS 140-2 中 level 2(或其等效标准)的要求。

其他证书应达到 US FIPS 140-2 中 level 1(或其等效标准)的要求。

7.6.3 密钥管理的其他方面

(6.3)

7.6.3.1 公钥存档

(6.3.1)

应与可信第三方一起对公钥证书和 CRL 进行存档以便允许将来对签名进行验证。CA 应负责确保公钥证书和 CRL 已存档。

7.6.3.2 证书操作周期和密钥对使用周期

(6.3.2)

对于正规健康专业人员，CA 应确保证书的有效期不会超过专业执照的有效期。为了实现该目标，CA 应或者设置证书的有效期限不超过专业执照的有效期，或者准确地确认该专业执照在执照到期前已得到更新，如果该专业执照没有得到更新，则 CA 应撤销或暂停该证书。

非 CA 的公钥和私钥使用应不超过 3 年，过了该期限后应发行新的密钥对。属性证书可以有较短的有效期，具体依业务需求而定。

CA 公钥和私钥的使用应不超过 10 年，过了该期限后应发行新的密钥对。

7.6.3.3 CA 的私钥使用上的限制

CA 应确保其用于证书签发的私钥只能用于签发证书或签发证书撤销列表。CA 应确保签发给其工作人员的私钥只能用于访问和操作 CA 应用的唯一目的。

7.6.4 激活数据

(6.4)

激活数据(注：处于激活状态的数据)应是唯一的、不可预知的，并以安全的形式传递给证书持有者。

7.6.5 计算机安全控制

(6.5)

计算机安全控制应符合 GB/T 19716—2005(或其等效标准)的规定，或者符合其他经认可的规范或许可准则的规定，而且还应涵盖下列文件内容：

a) IETF/RFC 3647 中 6.5.1 指定的计算机安全技术要求；

b) IETF/RFC 3647 中 6.5.2 计算机安全级别。

7.6.6 生命周期技术控制

(6.6)

生命周期技术控制应符合 GB/T 19716—2005(或其等效标准)的规定，或者符合其他经认可的规范或许可准则的规定，而且还应涵盖下列文件内容：

a) IETF/RFC 3647 中 6.6.1 系统开发控制；

b) IETF/RFC 3647 中 6.6.2 安全管理控制；

c) IETF/RFC 3647 中 6.6.3 生命周期安全控制。

7.6.7 网络安全控制

(6.7)

网络安全控制应符合 GB/T 19716—2005(或其等效标准)的规定，或者符合其他经认可的规范或许可准则的规定。

7.6.8 时间戳

(6.8)

用于时间戳的准则应符合 IETF/RFC 3647:2003 中 6.8 的规定。

7.7 证书、CRL 和 OCSP 轮廓

(7)

证书、CRL 和 OCSP 轮廓(如果合适的话)应符合 GB/Z 21716.2—2008 的规定。

7.8 符合性审计

(8)

符合性审计是许多数字签名互操作模型的一个基本构件(例如可参见 GB/Z 21716.1—2008 的 9.2.4)。

7.8.1 CA 符合性审计的频率

(8.1)

CA 依照卫生领域 CP 发行的证书应使所有可依赖方都确信该证书完全符合该策略的要求。CA 符合性审计应由有资格的独立第三方以少于一年的时间为间隔实行。

7.8.2 审计员的身份/资格

(8.2)

审计员应是受到相关专业团体(如通过 ISO 9000 认证)承认并满足其扩展需求的有资格的信息系统审计员。审计员应拥有足够的数字证书经验。如果有该方面正式的认可团体,审查员应满足该团体的要求。

7.8.3 审计员与被审计方的关系

(8.3)

审计员应属于一个与 CA 分离的组织而完全独立于被审计方。审计员应不牵涉被审计方的任何经济利益。

7.8.4 审计所涵盖的主题

(8.4)

诸如证书持有者注册、证书注册、密钥安全威胁报告以及证书撤销等事件都应被审计。审计通常应涵盖审计与 CP 的符合性以及与关联 CPS 的符合性。

为了给 RA 的可信性提供担保并给雇员行为内部审计提供信息,每个 RA 的所有行为都应是可审计的。应为各事件生成符合相关策略的审计记录和审计跟踪。

7.8.5 其结果会造成缺陷的行为

(8.5)

7.8.5.1 概述

如果在一次审计中发现了不正规之处,CA 应对其进行纠正。如果 CA 对于此次审计并没有成功采取合适的措施,则该 CA 的主管团体可以:

a) 指出该不正规之处,但允许该 CA 继续运作直到下一次审计;或者

b) 允许该 CA 在撤销证书之前先不管问题的正确与否而继续运作最多 30 天;或者

c) 撤销该 CA 的证书。

考虑采取上述行动的任何决定时应以该不正规之处的严重性为基础。然而,该 CA 还不能被关闭,因为这导致各种服务的中断。

7.8.5.2 严重失败的归类

当 CA 的认可团体(此处这种认可处于涉及 CA 运作的权限范围内)判定一个 CA 不能遵守 CPS 的实质章节时,这种情况被归为一种严重失败。例如,某一 CA 的检测曾经削减了一些花费多的程序而导致其证书受到安全威胁则应将其归为一个严重失败。

在此之前如果CA在其权限范围内已经过认可，则建议立即取消该认可。

7.8.5.3 主要失败的归类

一个CA不能成功遵守CPS的重要元素(这些元素被认为时担保程序的一部分)时，应被归为主要失败。例如，某一CA的识别没有包含足够的业务连续性措施应被归为主要失败。

如果同时有更多的事件影响该CA或者该CA没能在几天内纠正该符合性问题，则应强制将该问题扩大为严重失败。

7.8.5.4 局部失败的归类

任何对CPS符合性的破坏(其中，这些CPS符合性被看做是担保程序的一部分，它虽然不会变成主要失败但已能影响该CA运作的完整性)应归为局部失败。例如，安全策略和程序的过期应被归为局部失败。

如果又发现更多的此类失败或者该CA没有在30日内纠正这些符合性问题，则应强制将该问题扩大为主要失败。

7.8.5.5 次要失败的归类

一些符合性的失败虽尚不能归为局部失败，但它对CA运作的完整性从整体上有一定的削弱作用，这样的失败应归为次要失败。例如，管理上的失误(如记账不正确)应归为次要失败。

如果发现了更多的本来失败或者该CA在下一次安排的审计之前还未纠正该符合性问题，则应强制将该问题扩大为局部失败。

7.8.6 审计结果的通信

(8.6)

应将所有CA和RA被审计员发现有缺陷的情况立即通知给各证书持有者和可信赖方。

7.9 其他业务和法律问题

(8)

7.9.1 费用

(9.1)

费用应符合IETF/RFC 3647:2003中9.1的规定。

7.9.2 金融责任

(9.2)

金融责任应符合IETF/RFC 3647:2003中9.2的规定。

7.9.3 业务信息的保密性

(9.3)

业务信息保密性应符合IETF/RFC 3647:2003中9.2的规定。

7.9.4 个人信息的保密性

(9.4)

7.9.4.1 保密性设计

(9.4.1)

保密性设计应符合IETF/RFC 3647:2003中9.4.1的规定。

7.9.4.2 经过保密性处理的信息

(9.4.2)

下列信息应进行保密性处理并维持其保密性：

a) 证书持有者的个人信息以及注册权威机构收集的用于标识目的的个人信息，但不包括证书本身(例如，个人标识、背景证明、家庭地址、详细联系方式)。其中一些信息经过证书持有者同意后可以包含在该证书持有者的目录列表中；

b) 私钥。

CA 应对与证书持有者的证书被撤销或暂停的根本原因相关的信息进行保密。

7.9.4.3 不应认为是私有的信息

(9.4.3)

下列信息不应被看做是私有的或者保密的信息：

a) 公钥；

b) 正规或非正规健康专业人员的角色；

c) 医疗保健专业。

7.9.4.4 保护保密信息的责任

(9.4.4)

保密信息应仅在证书持有者的明确同意下或在 CA 或 RA 所在国家的法律要求下才能发布。

7.9.4.5 通知和同意使用私有信息

(9.4.5)

通知或同意使用私有信息应符合 IETF/RFC 3647:2003 中 9.4.5 的规定。

7.9.4.6 按照法律或者管理程序公开信息

(9.4.6)

保密信息应只有在 CA 或 RA 所在国家的法律下根据合法法庭的命令要求才能公开。

7.9.4.7 其他发布信息的环境——在证书持有者的要求下公开

(9.4.7)

保密信息应根据经过鉴别的(带有证书持有者数字签名的)电子邮件或来自证书持有者手写的授权书的要求公开给由该证书持有者指定的一方。

在没有来自证书持有者手写授权书的情况下，保密信息只有根据在 CA 或 RA 所在国家的法律下根据合法法庭的命令要求才能公开。

7.9.5 知识产权

(9.5)

涉及知识产权时应符合 IETF/RFC 3647:2003 中 9.5 的规定。

7.9.6 表述和担保

(9.6)

7.9.6.1 概述

7.9.6.2 所列情况中的扩展责任是医疗保健的各领域中 CA 运作的整个策略的一部分。这些领域都服从于国家法规和国际协议。因此产生了对 CA 责任和 RA 责任的需求。属性机构责任(如果需要用上的话)应包含前面的责任或者进行明确的描述。

7.9.6.2 CA 的表述和担保

(9.6.1)

当一个发行方 CA 发布一个证书时，它要证明它已发行了一个证书给某个证书持有者，并且证书中所表述的信息经验证符合该 CA 的 CP。从证书持有者所访问的存储库中发布该证书时，应继续发布这样的证明。

CA 应给每个证书持有者提供关于该持有者在该 CP 下的权利和责任的通知书。该通知书可以是证书持有者协议的形式，且应包含该证书的使用说明、关于密钥保护和用于证书持有者与 CA 或 LRA 之间通信(包括服务交付中发生改变或策略发生改变的通信)程序的证书持有者责任。CA 应提醒证书持有者关于处理可疑密钥安全威胁、重新申请证书或密钥、取消服务以及解决争议的各项程序。

CA 发行用于卫生领域的数字证书时应承担且不限于以下责任：

a) CA 应对密钥分发过程中私钥所受到的安全威胁负责。

b) CA 应对带有相关数字签名的个人身份与其他认可信息之间的错误绑定负责，除非它能证实附上了带有证明文件的策略和过程以用于标识和鉴别。该责任应扩展到 CA 已知道或怀疑、或者应已经知道或怀疑该绑定是错误的情形。

c) CA 应对没有根据其撤销策略来撤销证书负责。

d) CA 应对以其撤销策略中没有指定过的理由而撤销证书负责。

7.9.6.3 RA 的表述和担保

(9.6.2)

用于卫生领域的 RA 注册潜在的证书持有者的责任应包括且不限于以下内容：

a) RA 应对带有相关数字签名的个人身份与其他认可信息之间的错误绑定负责，除非它能证实附上了带有证明文件的策略和过程以用于标识和鉴别。该责任应扩展到 RA 已知道或怀疑、或者应该已经知道或怀疑该绑定所产生的主题信息是错误的情形。

b) RA 应对没有根据其撤销策略来撤销证书负责。

c) RA 应对以其撤销策略中没有指定过的理由而撤销证书负责。

7.9.6.4 证书持有者的表述和担保

(9.6.3)

卫生领域 PKI 中的证书持有者应：

a) 确保在证书申请中表述的准确性，以及通过接受证书来承认该证书中的所有信息是真实的；

b) 保护他们的私钥和密钥令牌(如果有的话)，并采取所有合理的方法来保护它们不被遗失、泄密、篡改和未经授权的使用；

c) 尽可能防止对其私钥的遗失、泄密和非授权使用；

d) 对于任何实际的或可疑的遗失、泄密或其他对其私钥的安全威胁都立即通报给 CA 和/或 RA；

e) 对于证书信息、在医疗保健组织中的角色或状态发生了任何改变都通报给 CA 和/或 RA；

f) 使用符合 CP 的密钥对；

g) 通过签署证书持有者协议正式同意这些义务。

建议医疗保健 PKI 中的证书持有者也要证明其接受了适用于使用证书的健康信息功能的安全培训。

7.9.6.5 可依赖方的表述和担保

(9.6.4)

只有在下列情况下卫生领域 PKI 的可依赖方才有权力依赖于一个卫生领域的证书：

a) 该证书的使用目的正好是在本策略之下的；

b) 该依赖是合理的，且在依赖时所诚实依据的所有环境都要让可依赖方知晓；

c) 可依赖方通过检查该证书没有被撤销或暂停而确认了该证书当前的有效性；

d) 如果需要的话，可依赖方确认了数字签名当前的有效性；

e) 可用的义务和担保限制都得到认同。

7.9.7 担保的拒绝

(9.7)

担保的拒绝应符合 IETF/RFC 3647:2003 中 9.7 的规定。

7.9.8 责任限制

(9.8)

7.9.8.1 CA 的责任限制

用于卫生领域的 CA 发行数字证书的责任可在就 CA 而言的下列疏忽行为上受到限制：

a) 一个 CA 可以在证书持有者遗失私钥方面没有责任；

b) 一个 CA 可以在证书持有者生成的密钥方面没有责任，除非该持有者是完全按照一个医疗保健CP来生成该证书的；

c) 一个CA可以在私钥本身造成的安全威胁方面没有责任，除非能证明该密钥是在CA受到安全威胁的，或者在该密钥生成过程中没有附上策略和程序的证明文件，从而导致私钥更易受安全威胁或实际泄露的影响；

d) 一个CA可以在伪造的签名方面没有责任，除非是由于没有附上医疗保健CP的策略和程序的证明文件而导致的伪造，或者有迹象显示该CA同意了该伪造；

e) 一个CA可以在可依赖方所承受的以及由于CA没有完全符合本策略的条款所造成的直接伤害的程度上负有有限的责任。

7.9.8.2 RA的责任限制

用于卫生领域的RA注册潜在证书持有者的责任可限制在就RA而言的疏忽行为上。

7.9.8.3 证书持有者的责任限制

用于卫生领域的证书持有者的责任可限制在就证书持有者而言的疏忽行为上。

7.9.9 赔偿

(9.9)

赔偿(如果有的话)应符合IETF/RFC 3647:2003中9.9的规定。

7.9.10 期限和终止

(9.10)

期限和终止应符合IETF/RFC 3647:2003中9.10的规定。

7.9.11 个人通知及参与方之间的通信

(9.11)

个人通知及参与方之间的通信应符合IETF/RFC 3647:2003中9.11的规定。

7.9.12 修改

(9.12)

7.9.12.1 修改的程序

(9.12.1)

CP、CPS以及其他相关的修改应经过CA管理团体的同意。

7.9.12.2 通告机制和期限

(9.12.2)

在对CP进行任何改动之前，该CA的管理团体应通知所有与该CA进行直接交叉验证的CA并征求意见。

7.9.12.3 OID必须被修改的环境

(9.12.3)

OID必须被修改的环境应符合IETF/RFC 3647:2003中9.12.3的规定。

7.9.13 解决争议的程序

(9.13)

解决争议的程序应符合IETF/RFC 3647:2003中9.13的规定。

7.9.14 管理方面的法律

(9.14)

在卫生领域中配置数字证书应遵守本地法律以及国际法的要求并符合GB/T 19716—2005(或其等效标准)的规定，或者符合经认可的规范或许可的规定。

7.9.15 与适用法律的一致性

(9.15)

与适用法律的一致性应符合IETF/RFC 3647:2003中9.15的规定。

7.9.16 其他规定

(9.16)

7.9.16.1 总体协议

(9.16.1)

总体协议应符合 IETF/RFC 3647:2003 中 9.16.1 的规定。

7.9.16.2 指派

(9.16.2)

如果 CA 或 RA 与另一个组织合并，则新的组织应保持原有责任继续履行原来的协议。

7.9.16.3 分离

(9.16.3)

医疗保健 CP 应规定清楚该 CP 的某个章节是否应判定为不正确或无效的，而其他章节应仍然保持有效直至该 CP 被更新。

7.9.16.4 强制执行

(9.16.4)

强制执行方面应符合 IETF/RFC 3647:2003 中 9.16.4 的规定。

8 PKI 公开声明模型

8.1 概述

设计 PKI 公开声明模型是为了让发行证书的 CA 将之用于补偿公开文件以及 CP 和/或 CPS 所需强调或公开的要素的通告。一个 PKI 公开声明可帮助 CA 对调整请求和可依赖方的顾虑进行应答。尽管 CP 和 CPS 文件是描述和管理 CP 和证书实践的实质文件，然而很多数字证书持有者，特别是消费者，发现这些文件难以理解。

建议使用 PKI 公开声明。

表 1 给出了 PKI 公开声明的结构的例子，用以阐明应公开的信息。

8.2 PKI 公开声明的结构

PKI 公开声明应包含一个部分来标明各个声明类型。PKI 公开证明的各个部分包含了描述性的声明，这些声明可以包括有关 CP/CPS 章节的超链接。

表 1 PKI 公开声明模型

声明类型	声明描述	CP 要求
CA 联系信息	名称、地点以及 CA 的相关联系信息	无
CP 信息和注册	经注册的 CP 对象标识符(OID)	经注册的 CP 对象标识符(OID) CP 和 CPS 的发布(见 7.2.6)
证书的担保级别、确认过程和使用	描述 CA 所发行的证书的担保的级别，相应的确认程序以及证书使用方面的限制	证书使用方面的任何限制
依赖限制	依赖限制，如果有的话	证书使用方面的任何限制(例如，如果证书只能用在电子签名，则在证书方面的依赖限制支持抗抵赖)
证书持有者的职责	描述证书持有者的职责	证书持有者的职责根据 7.2.1.3 的定义

表 1（续）

声明类型	声明描述	CP 要求
可依赖方的职责	扩展到可依赖方有责任检查证书状态，并"适当地依赖"证书	可依赖方的职责根据 7.2.1.4 的定义
有限的授权以及责任的放弃/限制	责任的授权、放弃、限制各方面的摘要，以及任何合适的授权或保险程序	责任的限制(见 7.2.2)
适当的协议、CPS、证书	对适当的协议、CPS、CP 以及其他相关文件的标识和引用	被应用的有资格的 CP
保密性策略	对适当的保密性法律及策略的描述和引用	在本策略下 CA 被要求遵守国家保密性法规的要求
赔偿策略	对适当的赔偿策略的描述和引用	无
适当的法律、投诉和争议的解决	法律的选择声明，投诉程序和争议解决机制	投诉的程序和争议的解决，适当的法律系统
CA 审计	描述审计过程和审计机构	验证该 CA 是否与其 CP 一致
交叉验证	描述交叉验证以及与该 CA 进行交叉验证的其他 CA 的标识	管理交叉验证的相关策略
CA 和存储库执照以及信任标记	任何政府的执照、印章程序的摘要	无

参 考 文 献

[1] GB/T 5271.8—2001 信息技术 词汇 第8部分:安全(ISO/IEC 2382-8:1998,IDT)

[2] GB/T 9387.2—1995 信息处理系统 开放系统互连 基本参考模型 第2部分:安全体系结构(ISO 7498-2:1989,IDT)

[3] GB/T 16262.1—2006 信息技术 抽象语法记法一(ASN.1) 第1部分:基本记法规范(ISO/IEC 8824-1:2002,IDT)

[4] GB/T 16264.8—2005 信息技术 开放系统互连 目录 第8部分:公钥和属性证书框架(ISO/IEC 9594-8:2001,IDT)

[5] GB/T 18794.1—2002 信息技术 开放系统互连 开放系统安全框架 第1部分:概述(ISO/IEC 10181-1:1996,IDT)

[6] GB/T 19715.1—2005 信息技术 信息技术安全管理指南 第1部分:信息技术安全概念和模型(ISO/IEC TR 13335-1:1996,IDT)

[7] ISO/IEC 14516 Information technology—Security techniques—Guidelines for the use and management of Trusted Third Party services

[8] ISO/IEC 15945 Information technology—Security techniques—Specification of TTP services to support the application digital signatures

[9] IETF/RFC 2510 Internet X.509 Certificate Management Protocol

[10] IETF/RFC 2511 Internet X.509 Certificate Request Message Format

[11] IETF/RFC 3280 Internet X.509 Public Key Infrastructure Certificate and CRL Profile

[12] IETF/RFC 3739 Internet X.509 Public Key Infrastructure Qualified Certificates Profile

[13] U.S. government standard FIPS-140-2, level 1 and level 2

[14] ENV 13608-1 Health informatics—Security for healthcare communication—Concepts and terminology

[15] ANKNEY, R, CertCo. Privilege Management Infrastructure, v0.4, August 24, 1999.

[16] APEC Telecommunications Working Group. Business Facilitation Steering Group Electronic Authentication Task Group PKI Interoperability Expert Group, Achieving PKI Interoperability. September, 1999.

[17] ASTM Draft Standard. Standard Guide for Model Certification Practice Statement for Healthcare. January 2000.

[18] BERND, B, ROGER—FRANCE, F A Systemic Approach for Secure Health Information Systems, International Journal of Medical Informatics ,2001:51-78

[19] Canadian Institute for Health Information. Model Digital Signature and Confidentiality Certificate Policies, June 30 2001. http://secure.cihi.ca./cihiweb/dispPage.jsp?cw_page=infostand_pki_e.

[20] DRUMMOND Group. The Healthkey Program, PKI in Healthcare: Recommendations and Guidelines for Community—based Testing, May 2000.

[21] EESSI European Electronic Signature Standardization Initiative (EESSI). Final Report of the EESSI Expert Team 20th July 1999.

[22] FEGHHI, J, FEGHHI, J and WILLIAMS, P Digital Certificates—Applied Internet Secu-

rity, Addison—Wesley 1998.

[23] Government of Canada. Criteria for Cross Certification, 2000.

[24] KLEIN, G, LINDSTROM, V, NORR, A, RIBBEGARD, G and TORLOF, P Technical Aspects of PKI, January 2000.

[25] KLEIN, G, LINDSTROM, V, NORR, A, RIBBEGARD, G, SONNERGREN, E and TORLOF, P. Infrastructure for Trust in Health Informatics, January 2000.

[26] Standards Australia. Strategies for the Implementation of a Public Key Authentication Framework (PKAF) in Australia SAA MP75.

[27] WILSON, S. Audit Based Public Key Infrastructure, Price Waterhouse Coopers White Paper, November 2000.

ICS 27.140
K 55

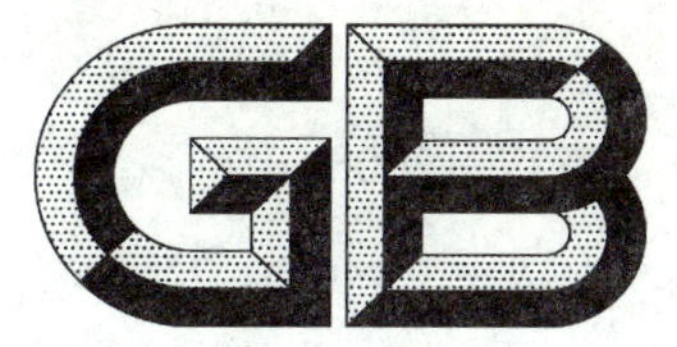

中华人民共和国国家标准

GB/T 21717—2008

小型水轮机型式参数及性能技术规定

Technical specification about the type parameter and performance of small hydraulic turbines

2008-05-04 发布　　2008-07-01 实施

中华人民共和国国家质量监督检验检疫总局
中国国家标准化管理委员会　发布

前　言

本标准由中华人民共和国水利部提出并归口。

本标准负责起草单位：水利部农村电气化研究所。

本标准参加起草单位：水利部杭州机械设计研究所。

本标准主要起草人：吕建平、俞剑锋、黄明、刘京和、谢亚琴、姚兆明、蒋新春、乐枚、宋盛义。

小型水轮机型式参数及性能技术规定

1 范围

本标准规定了小型水轮机的相关术语和定义、型式参数及性能保证、可靠性和产品质量保证，并对供货范围、检验与验收、制造厂应提供的技术文件等提出了要求。

本标准适用于机组功率在 500 kW 至 10 000 kW 之间，且转轮直径在 3.3 m 以下的小型水轮机。转轮直径或机组功率超过上述条件的水轮机按 GB/T 15468 规定执行。功率小于上述容量的水轮机可参照本标准执行。

注：当水轮机产品的性能、结构、运行方式和条件等不符合本标准时，按供需双方签订的合同条款或技术协议规定执行。

2 规范性引用文件

下列文件中的条款通过本标准的引用而成为本标准的条款。凡是注日期的引用文件，其随后所有的修改单(不包括勘误的内容)或修订版均不适用于本标准，然而，鼓励根据本标准达成协议的各方研究是否可使用这些文件的最新版本。凡是不注日期的引用文件，其最新版本适用于本标准。

GB/T 2900.45 电工术语 水电站水力机械设备

GB/T 3323 金属熔化焊焊接接头射线照相

GB/T 6402 钢锻材超声波检验方法

GB/T 7233 铸钢件超声探伤及质量评级方法

GB/T 8564 水轮发电机组安装技术规范

GB/T 10969 水轮机通流部件技术条件

GB 11120 L-TSA 汽轮机油

GB/T 11345 钢焊缝手工超声波探伤方法和探伤结果分级

GB/T 11805 水轮发电机组自动化元件(装置)及其系统基本技术条件

GB/T 15468—2006 水轮机基本技术条件

GB/T 15469 反击式水轮机空蚀评定

GB/T 19184 水斗式水轮机空蚀评定

DL/T 443 水轮发电机组设备出厂检验一般规定

DL/T 507 水轮发电机组起动试验规程

DL/T 710 水轮机运行规程

JB/T 1270 水轮机、水轮发电机大轴锻件技术条件

JB/T 6752 中小型水轮机转轮 静平衡试验规程

JB/T 8660 水电机组包装、运输和保管规范

JB/T 10384 中小型水轮机通流部件铸钢件

3 术语、定义和符号

GB/T 2900.45 确立的以及下列术语、定义和符号适用于本标准。

3.1

小型水轮机基本参数 parameters for small hydraulic turbines

反映水轮机性能和几何尺寸的特征值，主要包括：水头、流量、功率、转速、比转速、效率、转轮直径、

空化系数等。

3.2

水库水位　reservoir pool level

水库自由水面高出基面以上的高程。我国目前采用的绝对基面是黄海基面，是以黄海口某一海滨地点的特征海水面为零点。量的符号：Z_{PL}，单位为米(m)。

3.2.1

校核洪水位　maximum flood level

水库遇到校核洪水时，坝前达到的最高水位。量的符号：$Z_{FL.max}$。单位为米(m)。

3.2.2

设计洪水位　design flood level

水库遇到设计洪水时，坝前达到的最高水位。量的符号：$Z_{FL.d}$，单位为米(m)。

3.2.3

正常蓄水位　normal pool level

水库在正常运行的情况下，满足设计兴利要求应蓄到的最高水位。量的符号：$Z_{PL.n}$，单位为米(m)。

3.2.4

最低蓄水位　minimum pool level

水库在正常运行的情况下，允许水库消落的最低水位。量的符号：$Z_{PL.min}$，单位为米(m)。

3.3

水电站尾水位　tailwater level of plant

在尾水管出口断面处出现的自由水面高出基面以上的高程。量的符号：Z_{TL}，单位为米(m)。

3.3.1

最高尾水位　maximum tailwater level

在尾水管出口断面处出现的最高水位。量的符号：$Z_{TL.max}$，单位为米(m)。

3.3.2

最低尾水位　minimum tailwater level

在尾水管出口断面处出现的最低水位。量的符号：$Z_{TL.min}$，单位为米(m)。

3.3.3

设计尾水位　design tailwater level

用于确定水轮机安装高程的尾水管出口断面处出现的水位。量的符号：$Z_{TL.d}$，单位为米(m)。

3.4

水电站毛水头　gross head of plant

水电站上、下游水位在同一时刻的高程差。量的符号：H_g，单位为米(m)。

3.4.1

水电站最大毛水头　maximum gross head of plant

水电站上、下游水位在同一时刻各种组合下出现的最大水位高程差。量的符号：$H_{g.max}$，单位为米(m)。

3.4.2

水电站最小毛水头　minimum gross head of plant

水电站上、下游水位在同一时刻各种组合下出现的最小水位高程差。量的符号：$H_{g.min}$，单位为米(m)。

3.5

水轮机水头　turbine head

以水柱高度表示的在水轮机进口与出口测量断面的单位水体总能量差，即水轮机做功的有效水头。

量的符号：H，单位为米(m)。

3.5.1

最大水头　maximum head

水电站最大毛水头减去一台机空载运行时输水系统水头损失后的净水头。量的符号：H_{max}，单位为米(m)。

3.5.2

最小水头　minimum head

水电站最小毛水头减去在该水头下水轮机发出允许功率相应的输水系统损失后的净水头。量的符号：H_{min}，单位为米(m)。

3.5.3

加权平均水头　weighted average head

在水电站运行范围内，考虑输出功率和工作历时的水轮机水头的加权平均值。量的符号：H_w，单位为米(m)。

3.5.4

额定水头　rated head

水轮机在额定转速下，机组输出额定功率时所需的最小净水头。量的符号：H_r，单位为米(m)。

3.5.5

设计水头　design head

水轮机在最优效率点运行时的净水头。量的符号：H_d，单位为米(m)。

3.6

水轮机流量　turbine discharge

单位时间内通过水轮机进口测量断面的水的体积。量的符号：Q，单位为立方米每秒(m^3/s)。

3.6.1

单位流量　unit discharge

转轮直径 1 m 的水轮机在 1 m 水头下所通过的流量。量的符号：Q_{11}，单位为立方米每秒(m^3/s)。

3.6.2

水轮机空载流量　no-load discharge of turbine

水轮机在额定水头和额定转速下，机组输出功率为零时的流量。量的符号：Q_o，单位为立方米每秒(m^3/s)。

3.6.3

水轮机额定流量　rated power of turbine

水轮机在额定水头和额定转速下，输出额定功率时的流量。量的符号：Q_r，单位为立方米每秒(m^3/s)。

3.7

水轮机功率　turbine power

水轮机在单位时间内所做的功。量的符号：P，单位为千瓦(kW)。

3.7.1

水轮机输入功率　turbine input power

水轮机进口水流具有的水力功率。量的符号：P_{in}，单位为千瓦(kW)。

3.7.2

水轮机输出功率　turbine output power

水轮机轴输出的机械功率。量的符号：P_{out}，单位为千瓦(kW)。

3.7.3

额定功率　rated power

在额定水头和额定转速下，由设计或合同规定的铭牌功率。量的符号：P_r，单位为千瓦(kW)。

3.7.4

最优工况功率　optimum operating condition power

水轮机在最优工况运行时输出的功率。量的符号：P_{opt}，单位为千瓦(kW)。

3.8

水轮机转速　turbine speed

水轮机转轮的旋转速度，即在一分钟内所能完成的转数。量的符号：n，单位为转每分(r/min)。

3.8.1

单位转速　unit speed

转轮直径 1 m 的水轮机在 1 m 水头下的转速。量的符号：n_{11}，单位为转每分(r/min)。

3.8.2

额定转速　rated speed

设计时选定的稳态转速。量的符号：n_r，单位为转每分(r/min)。

3.8.3

飞逸转速　runaway speed

水轮机处于失控状态，轴端负荷为零时的稳态转速。量的符号：n_{run}，单位为转每分(r/min)。

3.9

水轮机比转速　turbine specific speed

在水头为 1 m，输出功率为 1 kW 时水轮机的转速。量的符号：n_s，单位为米千瓦(m·kW)。

3.9.1

额定比转速　rated specific speed

水轮机按额定工况计算得出的比转速。量的符号：n_{sr}，单位为米千瓦(m·kW)。

3.9.2

最优比转速　optimum specific speed

水轮机按最优工况计算得出的比转速。量的符号：$n_{s.opt}$，单位为米千瓦(m·kW)。

3.10

水轮机效率　turbine efficiency

水轮机输出功率与输入功率之比。量的符号：η，%。

3.10.1

额定效率　rated efficiency

水轮机在额定水头下，以额定转速运行，输出额定功率时的效率。量的符号：η_r，%。

3.10.2

最优效率　optimum efficiency

水轮机在运行范围内，效率的最高值。量的符号：η_{max}，%。

3.10.3

加权平均效率　weighted average efficiency

在规定的运行范围内，效率的加权平均值。量的符号：η_w，%。

3.11

水轮机转轮公称直径　turbine runner diameter

在转轮上指定部位测定的直径。作为水轮机的有代表性的尺寸。量的符号：D_1，单位为米(m)。

3.11.1

混流式水轮机转轮公称直径　francis turbine runner diameter

转轮叶片进水边正面和下环相交处的直径。量的符号：D_1，单位为米(m)。

3.11.2

轴流式、斜流式和贯流式水轮机转轮公称直径　axial, deriaz and tubular turbine runner diameter

与转轮叶片轴线相交处的转轮室内径。量的符号：D_1，单位为米(m)。

3.11.3

水斗式、斜击式水轮机转轮公称直径　Pelton, Turgo turbine runner diameter

转轮水斗和射流中心线相切处的直径。量的符号：D_1，单位为米(m)。

3.11.4

双击式水轮机转轮公称直径　crossflow turbine runner diameter

转轮叶片外缘直径。量的符号：D_1，单位为米(m)。

3.12

磨蚀　combined cavitation erosion and abrasion

水轮机在含沙水流中运转，通流部件表面由空蚀和泥沙磨损联合作用所造成的材料损失。

3.12.1

空化　cavitation

在流道中水流局部压力下降到临界压力(一般接近汽化压力)时，水中气核发展成长为气泡，是气泡的积聚、流动、分裂、溃灭过程的总称。

3.12.2

空蚀　cavitation erosion

由于空化造成的过流表面的材料损坏。

3.12.3

磨损　sand erosion

含沙水流对水轮机通流部件表面所造成的材料损失。

3.12.4

空化基准面　cavitation reference level

工程上确定空化系数所采用的基准面。对于立轴混流式水轮机为导叶中心线的高程；对于立轴轴流转桨式水轮机为转轮叶片轴线处的高程；对于立轴轴流定桨式水轮机为转轮叶片出水边外缘处的高程；对于立轴斜流转桨式水轮机为转轮叶片轴线与转轮叶片外缘交点处的高程；对于立轴斜流定桨式水轮机为转轮叶片出水边外缘处的高程；对于卧轴或斜轴反击式水轮机为转轮叶片最高点处的高程。

3.12.5

水轮机空化系数　cavitation coefficient of hydraulic turbine

表征水轮机空化发生条件和性能的无量纲系数。量的符号：σ。

3.12.6

临界空化系数　critical cavitation coefficient

在水轮机模型空化试验中用能量法确定的临界状态的空化系数。量的符号：σ_c。

3.12.7

水电站空化系数　plant cavitation coefficient

水轮机在电站运行条件下的空化系数。量的符号：$\sigma_p = k\sigma_c$。

3.12.8

允许吸出高度　permissible suction height

满足反击式水轮机空化要求所需的最大吸出高度。量的符号：H_p，单位为米(m)。

3.12.9

装机吸出高度　static suction height

水轮机规定的空化基准面至设计尾水位的高度。量的符号：H_s，单位为米(m)。

3.12.10

装机排出高度　static discharge height

立轴冲击式水轮机的装机排出高度为转轮节圆平面到最高尾水位的高度；卧轴冲击式水轮机的装机排出高度为转轮节圆直径最低点到最高尾水位的高度。量的符号：H_{sd}，单位为米(m)。

3.13

安装高程　setting elevation

水轮机安装时作为基准的某一水平面的海拔高程。立轴反击式水轮机，指导叶中心高程；立轴冲击式水轮机，指喷嘴中心高程；卧轴水轮机，指主轴中心高程。量的符号：Z，单位为米(m)。

3.14

轴向水推力　axial hydro-thrust

水流作用在转轮上的力在轴线方向分量之和。量的符号：F_{ah}，单位为牛(N)。

3.15

压力脉动　pressure fluctuation

在选定时间间隔 Δt 内液体压力相对于平均值的往复变化。单位为帕斯卡(Pa)。

3.15.1

压力脉动峰-峰值　peak-peak value of pressure fluctuation

流道中某特定测点时域压力脉动最大值与最小值的代数差。量的符号：ΔH，单位为帕斯卡(Pa)。

3.15.2

压力脉动相对值　relative value of pressure fluctuation

流道中某特定测点时域压力脉动的峰-峰值与该测量水头之比。量的符号：$\Delta H/H$，%。

3.16

综合特性曲线　hill diagram

绘在以单位转速和单位流量为纵横坐标系内，表示几何相似水轮机的性能(如导叶开度、转轮叶片转角、效率、空化系数等)的一组等值曲线。

3.17

运转特性曲线　performance curve

绘在以水头和输出功率为纵横坐标系内，表示在某一转轮直径和额定转速下，原型水轮机的性能(如效率、吸出高度、输出功率限制线等)的一组等值曲线。

3.18

水轮机性能保证　turbine performance guarantee

制造厂对水轮机的技术性能指标应达到的保证。

3.19

调节保证　regulating guarantee

根据水电站输水系统和机组的有关参数，水轮机在过渡过程中，对蜗壳内压力上升、尾水管内压力降低和转速上升所作出的保证。

3.20

水轮机附属设备　auxiliary equipment of turbine

水轮机的调速器、油压装置、进水主阀等设备。

4 型式及型号

4.1 型式

小型水轮机的型式分反击式和冲击式两大类。反击式水轮机分混流式、斜流式、轴流式、贯流式，其中斜流式、轴流式、贯流式水轮机又分定桨式和转桨式；冲击式水轮机分水斗式、斜击式、双击式。

小型水轮机的型式、主轴布置形式、引水室特征及代号规定见表1。

表1 小型水轮机型式、主轴布置形式、引水室特征及代号

水轮机型式			主轴布置形式		引水室特征	
型式		代号	形式	代号	特征	代号
混流式		HL	立轴	L	金属蜗壳	J
斜流式	斜流定桨式	XD			混凝土蜗壳	H
	斜流转桨式	XZ			明槽式	M
轴流式	轴流定桨式	ZD			有压明槽式	MY
	轴流转桨式	ZZ			灯泡式	P
贯流式	贯流定桨式	GD	卧轴	W	轴伸式	Z
	贯流转桨式	GZ			竖井式	S
水斗式		CJ			罐式	G
双击式		SJ			虹吸式	X
斜击式		XJ				

4.2 型号

小型水轮机型号是反映小型水轮机的型式、主轴布置形式、引水室特征、转轮型号及公称直径，并按规定的要求编写的一组代号。

小型水轮机型号由三部分代号组成，各部分之间用破折号隔开。第一部分为水轮机型式及转轮型号的代号，转轮型号的代号用"特征比转速(单位为m·kW)/转轮研制单位的编号或规定的代号"表示，如HL160/D46。对于已广泛应用的转轮可以不标"转轮研制单位的编号或规定的代号"，如HL110。第二部分为水轮机主轴布置形式和引水室特征代号。第三部分为水轮机转轮公称直径，其中水斗式与斜击式水轮机型号的第三部分为：转轮公称直径/(作用在转轮上的喷嘴数×射流直径)；双击式水轮机型号的第三部分为：转轮公称直径/转轮宽度。

水轮机型号三部分的排列顺序规定如下：

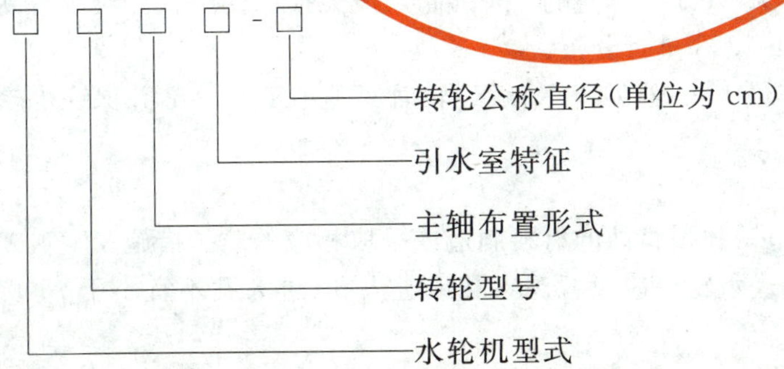

示例1：HL160/D46-LJ-100　表示混流式水轮机，转轮型号为160(比转速)/D46(转轮研制单位的编号)，立轴，金属蜗壳，转轮公称直径为100 cm。

示例2：HL110-WJ-60　表示混流式水轮机，转轮型号为110(比转速)，卧轴，金属蜗壳，转轮公称直径为60 cm。

示例3：CJ22-W-100/(1×10)　表示水斗式水轮机，转轮型号为22(比转速)，卧轴，转轮公称直径为100 cm，单喷嘴，喷嘴射流直径为 10 cm。

示例 4：ZD560-LH-200　表示轴流定桨式水轮机，转轮型号为 560(比转速)，立轴，混凝土蜗壳，转轮公称直径为 200 cm。

5　一般规定

5.1　水轮机的设计应根据水电站的特点和基本参数选择水轮机的型式、型号和主要参数，结构强度设计应留有安全余量，所有部件的工作应力不应超过规定的许用应力，保证水轮机安全、可靠、稳定运行。水轮机产品的转轮流道应与该型号的模型保持几何相似，该型号转轮模型应在合格的试验台经过模型试验，并有完整的试验资料。

5.2　水轮机效率修正

a)　原型反击式水轮机效率修正按合同规定进行。若合同未规定则由供需双方商定，除尺寸效应修正按 GB/T 15468—2006 附录 A 中的公式进行外，还应进行加工工艺和异形部件引起的效率修正；

b)　冲击式水轮机的效率应不低于其模型水轮机的效率。

5.3　水轮机通流部件应符合 GB/T 10969 的要求。

5.4　水轮机标准零部件应保证其通用性。主要配合件应能互换。

5.5　水轮机结构应便于拆装、维修。易损部件应便于检查、更换。水轮机应保证在不拆卸发电机转子、定子和水轮机转轮、主轴等部件的情况下能更换下列零部件：

a)　水轮机导轴承轴瓦、冷却器和主轴密封；

b)　反击式水轮机导水机构的传动部件；

c)　冲击式水轮机的喷嘴、喷针及折向器等。

5.6　立轴水轮机轴向间隙应保证在发电机顶转子时转动部分上抬所需的空间。

5.7　水轮机在各种运行工况，稀油润滑的导轴承巴氏合金瓦最高温度应不超过 70℃；卧式水轮机的径向推力轴承巴氏合金瓦最高温度应不超过 70℃。油的最高温度应不超过 65℃。

5.8　水轮机转轮应按 JB/T 6752 做静平衡试验。

5.9　水轮机过流部件的材质应具有良好的抗疲劳、抗空蚀、抗磨损及与水电站水质条件相适应的耐腐蚀性能。水轮机的转轮宜采用不锈钢材料制造，其他易空蚀、易磨损部件应采用抗空蚀、抗磨损的材料制造或采取必要的保护措施。如采用堆焊不锈钢防护措施时，加工后的不锈钢厚度应不小于 2 mm。

5.10　水轮机主要部件的材料及铸锻件应符合国家或行业有关标准。重要的铸钢件按 GB/T 7233 进行检测、锻钢件应按 GB/T 6402 进行检测。水轮机通流部件的铸钢件应符合 JB/T 10384 的规定。主轴锻件应符合 JB/T 1270 的规定。

5.11　水轮机主要部件的重要焊缝应按 GB/T 11345 进行 100%超声波无损探伤检查。对应力高的部件或有怀疑的部位应用射线探伤按 GB/T 3323 进行复核。

5.12　水轮机宜设置防飞逸设施，允许在最大飞逸转速下持续运转时间不小于 5 min，并保证水轮机部件不产生有害变形。

5.13　水轮机设备表面应有防护涂料层。

5.14　凡是与水接触的紧固件均应采用防锈和耐腐蚀的材料制造或采取相应的防护措施。

5.15　贯流式水轮机与立轴混流式、轴流式水轮机应设置观察孔或进人孔，进人孔不宜小于 ϕ500 mm，进人门的下侧应设验水阀。

5.16　水轮机及其附属设备需要进行耐压试验的部件，均应按 GB/T 15468 和 GB/T 8564 进行耐压试验。受压部件不应产生有害变形、裂缝和渗漏等异常现象。反击式水轮机的金属蜗壳和冲击式水轮机的配水管可根据合同要求进行水压试验。

5.17　立轴反击式水轮机的顶盖应设置可靠的排水设施。

5.18 反击式水轮机可根据需要设置紧急停机时的补气装置和减轻振动的补气装置。

5.19 反击式水轮机尾水管出口断面最高点的淹没深度应不小于300 mm。

5.20 立轴反击式水轮机的蜗壳进口段顶部应设置自动排、补气装置，卧轴反击式水轮机的蜗壳顶部宜设置自动排气装置。

6 性能保证

6.1 功率保证

水轮机以额定转速运行，在额定水头下的额定功率以及在最大水头、额定水头、最小水头和用户提出的其他水头下连续输出的其他功率，应达到与用户签订的合同中的规定值。

6.2 效率保证

水轮机在最大水头和最小水头范围内以额定转速运行，最高效率、额定效率以及用户提出的在各种水头下的不同工况点的模型和原型水轮机效率及加权平均效率，应达到与用户签订的合同中的规定值。加权因子由用户提出。

6.3 空化、空蚀和磨蚀保证

6.3.1 制造厂应对水轮机的空化系数作出保证。

6.3.2 在一般水质条件下，反击式水轮机的空蚀损坏保证应符合GB/T 15469的规定，水斗式水轮机的空蚀损坏保证应符合GB/T 19184的规定。用户应保留保证期内的运行记录，运行记录中至少应有水头、功率、运行时间和相应尾水位的数据。

6.3.3 当水中含沙量较大时，宜对水轮机的磨蚀损坏作出保证。其保证值可根据过机流速、泥沙含量、泥沙特性及电站运行条件等，由制造厂和用户商定。

6.4 稳定运行保证

6.4.1 水轮机稳定运行范围

6.4.1.1 水轮机在空载工况应稳定运行。

6.4.1.2 在最大水头和最小水头范围内，水轮机在表2所列功率范围内应稳定运行。

表2 水轮机在相应水头下稳定运行的功率范围

水轮机型式	相应水头下的机组最大保证功率/%
混流式	45～100
轴流定桨式	75～100
贯流定桨式	
轴流转桨式	35～100
贯流转桨式	
水斗式	25～100
斜击式	
双击式	

6.4.2 尾水管内压力脉动保证

原型水轮机在6.4.2条所规定的运行范围内，混流式水轮机尾水管内的压力脉动混频峰-峰值应不大于相应水头的3%～10%，低比转速取小值，高比转速取大值；原型水轮机尾水管进口下游侧压力脉动峰-峰值不应大于10 m水柱。

6.4.3 振动保证

6.4.3.1 在各种工况下，包括甩负荷，水轮机各部件不应产生共振和有害变形。

6.4.3.2 在各种正常运行工况下，立轴水轮机顶盖在垂直方向和水平方向允许的双幅振动值，以及卧式水轮机轴承在垂直方向允许的双幅振动值，应不大于表3中的规定。

表3　水轮机振动允许值

单位为毫米

<table>
<tr><td rowspan="3" colspan="2">项　目</td><td colspan="6">额定转速 n_r/(r/min)</td></tr>
<tr><td>$n_r<100$</td><td>$100\leqslant n_r<250$</td><td>$250\leqslant n_r<375$</td><td>$375\leqslant n_r<750$</td><td>$n_r=1\ 000$</td><td>$n_r=1\ 500$</td></tr>
<tr><td colspan="6">振动允许值(双振幅)</td></tr>
<tr><td rowspan="2">立轴水轮机</td><td>水平振动值</td><td>0.09</td><td>0.07</td><td>0.05</td><td>0.03</td><td>0.025</td><td>—</td></tr>
<tr><td>垂直振动值</td><td>0.11</td><td>0.09</td><td>0.06</td><td>0.03</td><td>0.025</td><td>—</td></tr>
<tr><td colspan="2">卧轴水轮机垂直振动值</td><td>0.11</td><td>0.09</td><td>0.07</td><td>0.05</td><td>0.03</td><td>0.025</td></tr>
<tr><td colspan="8">注：振动值系指机组在除过速运行以外的各种运行工况下的双振幅值。</td></tr>
</table>

6.4.3.3　主轴摆度应不大于GB/T 8564中所规定的允许值。

6.5　导叶和喷嘴的漏水量保证

6.5.1　在额定水头下，反击式水轮机锥形新导叶在全关时漏水量应不大于水轮机额定流量的0.4%；非锥形新导叶在全关时漏水量应不大于水轮机额定流量的0.3%。

6.5.2　水斗式、斜击式和双击式水轮机新喷嘴在全关时应不漏水。

6.6　噪声保证

对于额定转速750 r/min及以下的水轮机，在全部运行范围内，立轴水轮机在距机坑地板上方1 m处所测得的噪声应不超过85 dB(A)，在距尾水管进人门1 m处所测得的噪声应不超过90 dB(A)；卧轴水轮机在距主轴和尾水管1 m处所测得的噪声应不超过85 dB(A)。对于额定转速大于750 r/min的水轮机，允许噪声再提高5 dB(A)。

6.7　轴向最大水推力保证

水轮机轴向最大水推力应不超过按模型换算所得的数值。制造厂应对水轮机在各种运行工况下的最大正向水推力和最大反向水推力作出保证。

6.8　最大飞逸转速保证

6.8.1　混流式和定桨式水轮机应取最大水头和导叶最大开度下所产生的飞逸转速。

6.8.2　冲击式水轮机应取最大水头和喷嘴最大开度下产生的飞逸转速。

6.8.3　转桨式水轮机应取导叶与转轮叶片协联条件下，在运行水头范围内所产生的最大飞逸转速。在特殊情况下，经供需双方商定可按协联关系破坏情况下，在运行水头范围内所产生的最大飞逸转速。

6.9　调节保证

在任何工况机组甩全负荷或部分负荷时，蜗壳内压力升高值、尾水管内压力降低值和转速上升率不应超过与用户签订的合同中的规定。

7　可靠性保证

7.1　使用寿命：机组功率1 000 kW以下的水轮机在退役前可使用的年数应不少于25年；机组功率1 000 kW～5 000 kW的水轮机应不少于30年；机组功率5 000 kW～10 000 kW的水轮机应不少于35年。

7.2　大修间隔时间(指转轮和导叶吊出修理)：机组功率1 000 kW以下的水轮机应不少于3年；机组功率1 000 kW以上的水轮机应不少于4年。

7.3　水轮机无故障连续运行时间应不少于10 000 h。

8　产品质量保证

在用户遵守制造厂提出的保管、安装、使用和维护有关规定的条件下，水轮机产品质量的保证期为：

自水轮机投入商业运行之日起一年或从最后一批货物交货之日起两年，以先到期为准。在此期间如因制造质量而损坏或不能正常运行，制造厂应无偿为用户修理、更换或按合同承担直接经济责任。

9 自动化元件配置规定

9.1 制造厂提供的自动化元件应符合 GB/T 11805 规定。

9.2 水轮机的自动化元件配置应能满足机组的开机、正常运行、正常停机、事故停机和紧急停机的要求，设置必要的监测保护装置、信号发送装置和其他自动化元件。当机组出现不正常状况时应能及时发出信号或停机。

9.3 水轮机的自动化元件的配置应能满足电站自动控制系统安全可靠地实现以下基本功能：

a) 正常开机和停机；

b) 当运行中发生故障时及时发出信号警报，如瓦温或油温过高、油位不正常、顶盖水位过高、轴承冷却或主轴密封供水不正常、剪断销剪断等；

c) 当运行中发生事故时及时实现停机，并发出信号警报。

9.4 当发生下列情况之一时，应能使水轮机自动紧急停机：

a) 转速超过过速保护值；

b) 压油罐内油压低于事故低油压；

c) 轴承温度超过允许值；

d) 机组突然发生异常振动和摆动(当设有振动和摆动测量装置时)；

e) 其他紧急事故停机信号。

10 其他规定

10.1 水轮机供货范围

水轮机供货范围包括水轮机本体及附属的管路与配件、自动化元件、专用工具、备品备件等。水轮机本体包括从与伸缩节连接的法兰开始至尾水管及与发电机轴连接法兰之间的所有部件，超出范围由合同双方商定。

10.2 技术文件

10.2.1 制造厂应向用户提供下列技术文件：

a) 产品技术条件；

b) 产品安装、使用和维护说明书；

c) 图纸与其他资料。

10.2.2 产品技术条件的主要内容包括：

a) 适用范围；

b) 引用标准及文件；

c) 基本参数：

1) 水电站参数；

2) 水轮机基本参数；

d) 技术要求：

1) 性能保证；

2) 可靠性保证；

3) 产品质量保证；

4) 主要部件结构和材料说明；

5) 对配套设备调速器、进水阀以及发电机的要求；

6) 自动化元件的配置说明和自动化操作要求；

7） 水轮机模型综合特性曲线和原型运转特性曲线；

8） 大件控制尺寸、重量、运输尺寸；

9） 其他技术要求；

e） 供货范围与备品备件；

f） 资料与图纸；

g） 检验和验收；

h） 铭牌、包装、运输、保管。

10.2.3 产品安装、使用和维护说明书的主要内容包括：

a） 水轮机安装：

1） 安装前的准备工作；

2） 水轮机安装的装配符号说明；

3） 安装程序；

4） 安装技术要求；

b） 水轮机的充水、启动、停机、试验及试运行；

c） 水轮机的操作与维护；

d） 水轮机常见故障及处理方法。

10.2.4 图纸与其他资料。制造厂应向用户提交设备布置图、装配图、基础图和埋件图、单线图、油气水系统图、特性曲线及其他图、重要的计算结果、产品检查试验记录、主要部件的材料合格证明书、交货明细表等图纸资料。

10.2.5 交付时间和数量。技术文件交付时间和数量应在合同中规定，一般情况下，技术文件的数量为第一台机组供 6 套，以后各台机组供 3 套。另向水电站设计单位提供技施设计所需的图纸 2 套和计算机电子文本 1 套。

10.3 检验和验收

10.3.1 制造过程中检验和试验

水轮机在制造过程中主要的检验和试验项目如下：

a） 各主要部件的材料、几何尺寸、型线、加工精度、表面波浪度和粗糙度、以及互换性检查、试验；

b） 水轮机轴与发电机轴采用铰孔联接结构的轴线检查；

c） 转轮组装和静平衡试验；

d） 各受压部件的耐压试验、密封试验；

e） 重要焊缝的质量检查；

f） 按照 GB/T 10969 对全部通流部件进行验收；

g） 反击式水轮机导水机构预装及动作试验，导叶间隙检查；

h） 反击式水轮机金属蜗壳和冲击式水轮机的配水管的水压试验，可根据需要进行。

用户可以派代表参加检验和试验，也可以委派监造工程师参加。其他项目检查试验按合同规定执行。用户可以按合同规定委派监造工程师驻厂对产品设计、制造进度及质量进行全过程进行监造。

10.3.2 出厂检验

水轮机各主要部件出厂检验参照 DL/T 443 规定进行。除应提交材料出厂合格证明文件、材料化验单、强度试验报告外，还应提交验收证明书。验收单位可根据结构特点，对重点部位进行必要的复核检验。

10.3.3 试运行

水轮机及其附属设备在水电站工地安装、调试完毕投入运行之前应按 GB/T 8564、DL/T 507 和有关的规定进行试运行。试运行持续时间为 72 h。验收合格后由用户签署初步验收证书，开始商业运行。

10.3.4 验收试验

水轮机的水力性能验收试验按合同规定进行。

10.3.5 最终验收

水轮机质量保证期满，参数、性能等各项技术保证均达到要求后，由用户签署最终验收证明。

10.4 包装、运输

水轮机及其附属设备的包装运输应符合 JB/T 8660 的规定，并按设备的不同要求和运输方式采取防雨、防潮、防震、防冻等措施。

10.5 安装

10.5.1 水轮机的安装应符合 GB/T 8564 的要求和制造厂提供的产品安装、使用、维护说明书的规定。

10.5.2 第一次充水前必须彻底清除引水系统及水轮机过流部件中的杂物，严防异物对水轮机造成损害。

10.6 运行、维护

10.6.1 水轮机的运行、维护应符合 DL/T 710 等有关规程和制造厂提供的产品安装、使用、维护说明书的规定。

10.6.2 水轮机轴承及调速系统使用的油应符合 GB 11120 的规定。

ICS 27.140
K 55

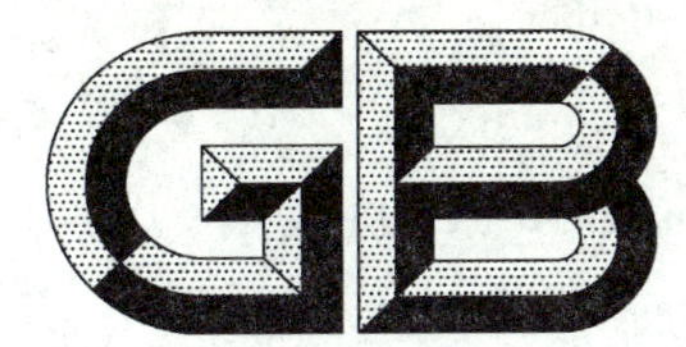

中华人民共和国国家标准

GB/T 21718—2008

小型水轮机基本技术条件

Fundamental technical requirements for small hydraulic turbines

2008-05-04 发布　　　　2008-07-01 实施

中华人民共和国国家质量监督检验检疫总局
中国国家标准化管理委员会　发布

前　言

本标准的附录A为规范性附录，附录B为资料性附录。

本标准由中华人民共和国水利部提出并归口。

本标准负责起草单位：水利部杭州机械设计研究所、杭州江河机电装备工程有限公司。

本标准参加起草单位：水利部农村电气化研究所、中国水利水电科学研究院。

本标准主要起草人：俞剑锋、吕建平、刘长陆、程文韬、陈康明、谢亚琴、王杨群、蒋新春、姚兆明、彭忠年、蒋学运。

小型水轮机基本技术条件

1 范围

本标准规定了小型水轮机产品的技术要求、主要部件结构和材料要求、设备供货范围、备品备件、技术文件和图纸资料、检验与验收、包装、运输及保管、安装、运行与维护的基本要求。

本标准适用于机组功率在500 kW～10 000 kW之间，转轮直径小于3.3 m的混流式、轴流式、斜流式、贯流式及冲击式水轮机。机组功率在100 kW～500 kW之间的水轮机可参照本标准执行。机组功率和转轮直径超过上述条件的水轮机按照GB/T 15468规定执行。

2 规范性引用文件

下列文件中的条款通过本标准的引用而成为本标准的条款。凡是注日期的引用文件，其随后所有的修改单(不包括勘误的内容)或修订版均不适用于本标准，然而，鼓励根据本标准达成协议的各方研究是否可使用这些文件的最新版本。凡是不注日期的引用文件，其最新版本适用于本标准。

GB/T 2900.45　电工术语　水电站水力机械设备

GB/T 8564　水轮发电机组安装技术规范

GB/T 10969　水轮机通流部件技术条件

GB 11120　L-TSA 汽轮机油

DL/T 507　水轮发电机组起动试验规程

DL/T 710　水轮机运行规程

DL/T 827　灯泡贯流式水轮发电机组启动试验规程

JB/T 1270　水轮机、水轮发电机大轴锻件技术条件

JB/T 6752　中小型水轮机转轮　静平衡试验规程

JB/T 8660　水电机组包装、运输和保管规范

JB/T 10384　中小型水轮机通流部件铸钢件

3 术语、定义和符号

GB/T 2900.45确立的以及附录A所列的术语、定义和符号适用于本标准。

4 技术要求

4.1 技术参数

4.1.1 选型原则

根据小型水电站基本参数和小型水轮机的运行特点，合理选择其型式，保证机组长期安全、稳定、可靠、高效地运行，以获得最佳经济效益。

4.1.2 小型水轮机产品技术参数

4.1.2.1 水电站参数

水电站参数包括：

a) 上、下游水位，又可分为：

——校核洪水位，单位为米(m)；

——设计洪水位，单位为米(m)；

——正常蓄水位，单位为米(m)；

——最低蓄水位(死水位),单位为米(m);
——最高尾水位(校核尾水位),单位为米(m);
——设计尾水位,单位为米(m);
——最低尾水位,单位为米(m);

b) 水电站水头,又可分为:
——水电站最大毛水头,单位为米(m);
——水电站最小毛水头,单位为米(m);
——水电站加权平均水头,单位为米(m);

c) 水电站引用流量,单位为立方米每秒(m^3/s);

d) 水电站单机功率和台数,单位为千瓦(kW);

e) 过机水质(包括含沙量、粒径、矿物成分、pH 值等);

f) 气象条件(包括气温、水温、相对湿度等);

g) 水电站设计地震烈度。

4.1.2.2 水轮机基本参数

水轮机基本参数包括:

a) 水轮机型式和型号;

b) 水轮机水头,又可分为:
——最大水头,单位为米(m);
——最小水头,单位为米(m);
——设计水头,单位为米(m);
——额定水头,单位为米(m);

c) 水轮机流量,又可分为:
——额定流量,单位为立方米每秒(m^3/s);
——空载流量,单位为立方米每秒(m^3/s);

d) 水轮机转速,又可分为:
——额定转速,单位为转每分(r/min);
——飞逸转速,单位为转每分(r/min);
——额定比转速,单位为米千瓦(m·kW);

e) 水轮机功率,又可分为:
——水轮机输入功率,单位为千瓦(kW);
——水轮机输出功率,单位为千瓦(kW);
——额定功率,单位为千瓦(kW);
——最优工况功率,单位为千瓦(kW);

f) 水轮机效率,又可分为:
——额定效率,%;
——加权平均效率,%;
——最优效率,%;

g) 水轮机主要外形尺寸,又可分为:
——转轮公称直径 D_1(或 D_2),单位为米(m);
——水斗式和斜击式水轮机转轮的节圆直径,单位为米(m);
——水斗式和斜击式水轮机转轮的喷嘴数;
——水斗式和斜击式水轮机转轮的射流直径,单位为毫米(mm);
——双击式水轮机转轮的射流直径,单位为毫米(mm);

——双击式水轮机转轮叶片外缘直径,单位为米(m);

h) 空化系数和吸出高度,又可分为:

——初生空化系数(σ_i);

——临界空化系数(σ_c);

——电站空化系数(σ_p);

——安装高程,单位为米(m);

——吸出高度(排出高度),单位为米(m)。

4.1.2.3 水轮机的总质量。

4.1.2.4 水轮机各大件的运输尺寸和质量。

4.1.2.5 水轮机部件的起吊控制高度尺寸和质量。

4.1.2.6 模型水轮机综合特性曲线图和原型水轮机运转特性曲线图。

4.2 技术保证

供方应对下列各项目作出保证:

——水轮机功率保证;

——水轮机效率保证;

——水轮机的空蚀和磨蚀保证;

——水轮机运行稳定性保证:包括水轮机的稳定运行范围、尾水管内压力脉动值保证、振动保证和摆度保证;

——水轮机的噪声保证;

——调节保证:包括机组最高瞬时转速上升值、蜗壳最高瞬时压力上升值和尾水管最低瞬时压力降低值;

——水轮机导叶(喷嘴)漏水量保证;

——水轮机的最大轴向水推力的保证;

——水轮机最大飞逸转速保证;

——水轮机可靠性保证;

——水轮机产品的质量保证期。

5 主要部件结构和材料要求

5.1 结构设计的一般要求

5.1.1 水轮机通流部件应符合 GB/T 10969 的要求。

5.1.2 水轮机的结构应便于装拆、维修,易损部件应便于检查、更换。

5.1.3 水轮机主轴的工作密封、接力器的密封件及活塞环、导水机构传动部件、转轮直径 ϕ2.5 m 以上的转桨式水轮机桨叶密封件及冲击式水轮机的喷管、折向器及转轮等部件宜在不拆卸发电机转子、定子和水轮机顶盖、主轴等主要部件的情况下更换。

5.1.4 水轮机主要结构部件在所有预期的工况下,应有足够的强度和刚度,其材料均应符合国家或行业有关标准。

5.1.5 水轮机主要部件铸、锻件材料应符合国家有关标准规定,并有出厂合格证书。水轮机通流部件铸钢件应符合 JB/T 10384 的规定。水轮机主轴锻件应符合 JB/T 1270 的规定。铸锻件的较大缺陷处理应征得需方同意。

5.1.6 主要部件的主要受力焊缝应进行 100%的无损探伤。

5.1.7 水轮机易空蚀(或磨蚀)部位宜采用抗空蚀性能良好的材料或必要的减少空蚀危害的措施。

5.1.8 水轮机转轮应按 JB/T 6752 的要求做静平衡试验。

5.1.9 反击式水轮机宜设置紧急停机的补气装置,轴流式水轮机应设置可靠的防抬机和止推装置。反击式水轮机宜采用尾水管自然补气或其他保证机组稳定运行的减振措施。

5.1.10 立轴反击式水轮机进水阀后的压力管道顶部应设置自动补气、排气装置，卧式反击式水轮机的蜗壳顶部应设置排气装置。

5.1.11 反击式水轮机顶盖应设置可靠的排水设施，并应有备用；排水所用的水位控制和信号装置应可靠。

5.1.12 反击式水轮机的导水机构应设置导叶破断保护装置和导叶最大开度限位装置。导叶保护装置能自动报警。

5.1.13 水轮机应有必要的防飞逸设施，水轮机允许飞逸转速持续时间应不小于 5 min 。

5.1.14 水轮机在各种工况运行时，其稀油导轴承金属轴瓦的温度最高不应超过 70℃。油温的最高温度不超过 65℃。

5.1.15 凡是与水接触或处于潮湿位置的紧固件或管道、阀门均应用防锈和耐腐蚀的材料制造。

5.1.16 水轮机自动控制系统应能安全可靠地实现以下基本功能：

a) 正常开机和停机；

b) 当运行中发生故障时，应及时发出相应信号；

c) 机组发生事故情况时，应能自动紧急停机并报警。

5.1.17 水轮机配备的仪表和备品备件参见附录 B。

5.1.18 水轮机及其辅助设备等承受水压、油压、气压的部件，应在厂内进行耐压试验，其水压试验压力按照下列标准执行：

当工作压力 p(包括升压)等于和小于 2.5 MPa 时，以工作压力的 1.5 倍进行压力试验。当工作压力 p 超过 2.5 MPa 时，其超过的部分取 1.25 倍，试验压力 p_s 按下式计算确定：

$$p_s = 2.5 \times 1.5 + (p - 2.5) \times 1.25 \quad (\text{MPa})$$

试压时间应持续稳压 15 min。受压部件不应产生有害变形、裂缝和渗漏等异常现象。

5.1.19 冷却器的试验压力为 2 倍工作压力，但不小于 0.4 MPa，保压 60 min 应无渗漏现象。

5.2 混流式、轴流式水轮机

5.2.1 转轮和转轮室

转轮应具有足够的强度和刚度，叶片数与模型相同，过流表面型线、波浪度和粗糙度均应符合 GB/T 10969的规定。

转轮应采用抗空蚀及抗磨蚀性能和焊接性能良好的材料，转轮叶片和转轮室的喉管部分宜采用不锈钢制造。根据水电站水质情况，混流式转轮可采用全不锈钢、铸钢或不锈钢叶片与合金钢上冠、下环组焊制造。

轴流转桨式水轮机转轮叶片的密封应为多层耐油耐压材料。转轮及转轮叶片宜采用专用工具吊装，不宜在叶片上开吊孔。

5.2.2 主轴

主轴应有足够的强度和刚度，能满足发电机传递最大功率的扭矩要求，在包括最大飞逸转速范围内的任一转速下运转，其振动、摆动和变形应不超过允许范围。

5.2.3 主轴密封

主轴工作密封应可靠、耐磨、结构简单，便于观察、检修。在主轴工作密封前宜设置检修密封，以便停机后在不关闭上、下游闸门情况下，可调整或更换工作密封。

5.2.4 轴承

轴承结构应安全可靠和便于检修，机组从最大飞逸转速惯性滑行直到停机的全部过程中，应能安全承受。此种停机一年之内不宜超过 3 次。

稀油润滑的轴承优先采用自润滑循环方式，运行时应保证不漏油，不甩油。对于高速机组，轴承的油槽应采取防甩油和密封措施，严防润滑油甩出和油雾逸出。

5.2.5 蜗壳

金属蜗壳的强度设计应在不考虑混凝土联合受力的条件下，保证能承受在最大水头下产生的最大压力(包括水锤压力)所产生的应力。水轮机的蜗壳与座环宜制作成整体运至水电站工地。

5.2.6 座环

座环应具有足够的强度与刚度，当蜗壳放空时应能承受置于其上面的结构物和机组旋转部分的全部重量，并能安全承受由蜗壳内最大水压力所产生的各种应力。

5.2.7 导水机构

顶盖和底环应具有足够的强度和刚度，在顶盖和底环对应导叶活动的范围的过流面宜设置不锈钢抗磨板。

混流式水轮机，在顶盖和底环与转轮止漏环对应处宜装不锈钢固定止漏环。

导水机构中所有轴套应采用自润滑材料制造。

导水机构应在工厂内进行预装，并做控制环行程与导叶开度关系的试验。导水叶全关时，立面间隙和端面间隙达到相关标准。

5.2.8 尾水管

立轴水轮机采用肘形或直锥形尾水管。尺寸较大的水轮机尾水管内宜设置进人门，进人门直径不宜小于 ϕ500 mm。尾水管内宜设置易于拆装的轻便检修平台。

卧轴反击式水轮机尾水管包括弯管段宜采用变截面的结构。

5.3 贯流式水轮机

5.3.1 转轮

贯流转桨式水轮机转轮的要求应与 5.2.1 轴流转桨式转轮相同。

5.3.2 转轮室

转桨式机组转轮室内表面应采用球面结构，定桨式机组转轮室也可采用圆筒结构，并具有足够的刚度。转轮室或尾水管适当位置开设进人门。

转轮室后应设置伸缩法兰，伸缩长度不小于 10 mm。

5.3.3 管型座

管型座应具有足够的强度和刚度，并设置管路、电缆通道。转轮直径 ϕ2.5 m 以上的贯流式水轮机应设有检修维护人员通行的竖井通道。

5.3.4 轴承

贯流式水轮机应设置导轴承和正、反推力轴承。导轴承负荷较大时应设有高压顶起装置。

轴承润滑系统采用高位油箱循环供油方式时，油箱容量应能保证供油泵故障时轴承继续安全运行 5 min 以上。

5.3.5 导水机构

导叶两端面及外导环内表面、内导环外表面应均为球型结构。导叶搭接后的间隙应符合 GB/T 10969的规定。

导叶连杆应为可调长度结构，其两端设球铰。导叶轴承、连杆轴承应采用具有自润滑性能的复合材料轴瓦，运行时不需加润滑油。

灯泡贯流式水轮机导叶保护装置不宜采用剪断销结构，应采用其他安全保护装置。

供方应提供导水机构整体吊装和翻身的专用工具。

5.3.6 灯泡贯流式水轮机宜设置重锤防飞逸保护装置。

5.3.7 主轴和主轴密封的要求与 5.2.2 和 5.2.3 要求相同。

5.3.8 贯流式机组采用增速器时，增速齿轮箱应符合相关标准。

5.4 水斗式、斜击式水轮机

5.4.1 转轮、喷嘴和喷针宜采用抗磨材料制造。转轮可采用整体铸造或铸焊结构，并应进行必要的热处理和探伤检查。水斗转轮设计应充分考虑水斗易产生疲劳因素，防止根部产生裂纹。

5.4.2 机组甩负荷时，折向器应能自动迅速折水，以抑制机组发生飞逸。

5.4.3 水斗式水轮机可根据需要设置反向制动喷嘴。

5.4.4 每个喷嘴均应有单独的操作接力器。各喷针应有单独的开度指示，折向器应有单独的开、关位置指示信号。

5.4.5 喷针执行机构如采用异步电机操作，应设置可靠的限位开关。电机应有防过载保护装置。

5.4.6 排出高度和通气高度应能满足水轮机安全稳定运行要求，以使其效率不受影响。

5.4.7 机壳应有足够的强度和刚度，有较好的抗振性能。

5.4.8 机壳尺寸和形状，应保证排水畅通，并应有必要的补气、隔音或消音措施。

5.4.9 在进水管的最低处应设有排水孔，在靠近喷针导流架附近的侧面宜开清污孔。

5.4.10 进水管应具有足够的刚度，尾水处宜设有稳水栅。在各种运行工况下的振动和偏移均应不超过允许范围，进水管和喷嘴应进行水压试验。

5.4.11 主轴、轴承的要求与5.2.2和5.2.4要求相同。

5.5 双击式水轮机

5.5.1 转轮应安全可靠，按疲劳强度进行设计，有足够的强度和刚度，不应产生裂纹。

5.5.2 在机架上应设有调整尾水管中水位的补气阀。

5.5.3 控制导水机构采用手、电动操作的，应设置可靠的限位开关。电机应有防过载保护装置。设有可靠的手、电动切换装置，保证在手动操作时电机应断电。

5.5.4 除排出高度应能满足水轮机安全稳定运行和效率不受影响外，尾水管出口断面还应有不小于300 mm的淹没深度。

5.5.5 主轴、轴承的要求与5.2.2和5.2.4要求相同。

6 供货范围和备品备件

6.1 水轮机本体

一般包括水轮机金属蜗壳、座环(管型座)、转轮、主轴、轴承、飞轮、转轮室、导水机构、机坑里衬、尾水管金属里衬、排水装置以及其他配套设备基础埋件和调整固定件等。冲击式水轮机应包括配水管、机壳、喷嘴、喷针及喷针移动机构、折向器等。

从电厂引水钢管末端至水轮机蜗壳进口的连接短管，凑合节及其法兰和连接螺栓、伸缩节、伸缩节连接法兰等，由供、需双方商定。

6.2 自动化元件和仪表

包括水轮机及其辅助设备在运行中需要监测的各种压力、真空、温度、流量、振动、摆度仪表和有关盘柜。油、气、水管路上为满足自动控制的各种差压信号计，液位信号计，示流信号器，温度信号器，行程信号器，各种液压、气压元件和合同规定的各种变送器。

机坑内各元件与设备的联接电缆，供至机坑端子箱。

自动化元件及仪表配置参见附录B，根据机组形式、尺寸、容量不同可以适当增减。

6.3 管路及其配件

成套设备中各单项设备之间所需的油管、气管、水管、水导滤水器、连接件和支架等，所有油、气、水管路应供应至水轮机机坑外1 m处。

6.4 安装和检修所需的专用工具、特殊工具

成套设备中应提供安装和检修所需的专用工具、特殊工具。

6.5 备品、备件

水轮机备品备件的项目和数量参见附录B，超出范围由供、需双方另行商定。

7 技术文件和图纸资料

供方应向需方提交技术文件和图纸资料。各种图纸资料交付时间在合同中规定，其数量一般为4套～6套。另向水电站设计单位提供水电站技施设计所需的图纸资料3套。水轮机图纸资料文件应包含下列内容：

a) 水轮机及其辅助设备布置图；

b) 蜗壳、尾水管的单线图，水轮机及其辅助设备的管路布置图、基础图和埋件图等；

c) 水轮机的总装图，主要部件的组装图；

d) 模型水轮机综合特性曲线和原型水轮机运转特性曲线图、导叶开度(或叶片转角、喷嘴开度)与接力器行程关系图；

e) 水轮机油、气、水的系统图，水轮机检测仪表配置图等；

f) 调节保证计算结果及其他重要计算结果等；

g) 产品技术条件，产品说明书；

h) 安装使用说明书，自动控制设备调试记录；

i) 产品检查及试验记录，主要部件的材料合格证明书，交货明细表等。

8 检验和验收

8.1 水轮机主要部件在制造过程中的检验和试验应包括下列项目：

a) 各主要部件的几何尺寸、加工精度、表面波浪度和表面粗糙度。叶片、导叶型线误差及通流部件验收按照GB/T 10969要求进行；

b) 水轮机轴与发电机轴的轴线检查；

c) 转轮的静平衡试验；

d) 各受压部件的耐压试验、密封试验；

e) 重要焊缝的质量检查及无损探伤。

8.2 水轮机各主要部件应提供出厂检验报告，对于重要部件的材料出厂合格证明文件、工厂材料理化检验、强度试验报告也应向需方提供有关文件。

8.3 水轮机及其辅助设备的厂内预装试验按合同或技术协议规定执行。

8.4 水轮机及其辅助设备在工地组装的部件按照GB/T 8564的要求并参照供方的有关规定进行，由供方负责技术指导。在工地安装、调试完毕投入运行之前应按照DL/T 507的要求进行试运行，灯泡贯流式水轮机的试运行按照DL/T 827的要求进行。试运行持续时间为72 h，试运行验收合格后由需方签署初步验收证书。

8.5 水轮机保证期满，各项技术保证均达到后，由需方签署最终验收证明。

9 铭牌、包装、运输及保管

9.1 铭牌

水轮机铭牌内容应包括：

a) 产品名称、型号、产品编号；

b) 最大水头、额定水头、最小水头；

c) 额定流量；

d) 额定功率和最大功率；

e) 额定转速和飞逸转速；

f) 供方名称、出厂年月等。

9.2 包装

9.2.1 水轮机及其辅助设备的包装运输应符合 JB/T 8660 的规定，并按设备的不同要求和运输方式采取防雨、防潮、防震、防霉、防冻、防盐雾等措施。

9.2.2 水轮机及其供货范围内的零部件、备件、备品，必须检验合格后才能装箱运输。

9.2.3 水轮机部件的包装尺寸和质量，应满足从供方到水电站的运输条件。

9.2.4 包装箱中应有产品出厂证明书、技术文件及图纸。装箱单开列的名称、数量应与箱内实物和图纸编号相符合。装箱单应采取密封防潮措施。

9.3 运输

供方每次发运的件数、箱数、编号、发运时间、车次等，应在发运的同时通知需方。设备运到工地后，开箱检查时，供、需双方的代表应共同参加，如发现有损坏、错发、缺件等问题，由需方代表通知供方查找原因并尽快采取补救措施。

9.4 保管

9.4.1 水轮机的各加工工件应妥善保管，不得随意叠放。

9.4.2 水轮机的各加工件运抵水电站工地拆箱后，必须遮盖，不得日晒雨淋。

9.4.3 橡胶、塑料、尼龙制品应防止直接受日光照射，并不得置于炉子或其他取暖设备附近 1.5 m 处的地方，还应防止油类对橡胶的污损。橡胶制品、填料等应存放在干燥通风的仓库内。

9.4.4 电子电气产品、自动化元件(装置)或仪表应存放在温度为－5℃～40℃，相对湿度不大于 90%，无酸、碱、盐及腐蚀性、爆炸性气体和强电磁场作用，不受灰尘、雨雪侵蚀的库房内。

9.4.5 供方从发货之日起至工地验收止，在正常的储运和吊装条件下应保证一年内不致因包装不善而引起产品的锈蚀、长霉、损坏和降低精度等。

10 安装、运行与维护

10.1 安装

水轮机的安装应符合 GB/T 8564 的要求和供方提供的产品安装、使用、维护说明书的规定。

10.2 运行与维护

10.2.1 水电站引水系统第一次充水前必须彻底清除引水系统及水轮机过流部件中的杂物，严防异物对水轮机造成损害。

10.2.2 水轮机的运行、维护应符合 DL/T 710 有关规程和供方提供的产品安装、使用、维护说明书的规定。

10.2.3 水轮机轴承及调速系统使用的油应符合 GB 11120 的规定。

附 录 A
（规范性附录）
术语、定义和符号

水轮机的术语、定义和符号见表 A.1。

表 A.1 术语、定义和符号

序号	名词术语	英文对应词	定 义	符号	单位
1	上、下游水位	the upper or lower water level	—	—	—
1.1	校核洪水位	maximum flood level	水库遇到校核洪水时，在坝前达到的最高水位	$Z_{FL\cdot max}$	m
1.2	设计洪水位	design flood level	水库遇到设计洪水时，在坝前达到的最高水位	$Z_{FL\cdot d}$	m
1.3	正常蓄水位	normal pool level	水库在正常运用情况下，为满足设计的兴利要求，应蓄到的最高水位	$Z_{PL\cdot n}$	m
1.4	最低蓄水位（死水位）	minimum pool level	水库在正常运用情况下，允许消落到的最低水位，也称死水位	$Z_{PL\cdot min}$	m
1.5	最高尾水位（校核尾水位）	maximum tail water level	在尾水管出口断面处可能出现的最高水位，也称校核尾水位	$Z_{TL\cdot max}$	m
1.6	设计尾水位	design tail water level	用于确定水轮机安装高程的尾水管出口断面处出现的水位	$Z_{TL\cdot d}$	m
1.7	最低尾水位	minimum tail water level	在尾水管出口断面出现的最低水位	$Z_{TL\cdot min}$	m
2	水电站水头	head of plant	—	—	—
2.1	水电站最大毛水头	maximum gross head of plant	水电站上、下游水位在同一时刻各种组合下出现的最大水位高程差	H_{gmax}	m
2.2	水电站最小毛水头	minimum gross head of plant	水电站上、下游水位在同一时刻各种组合下出现的最小水位高程差	H_{gmin}	m
2.3	水电站加权平均水头	weighted average head	在水电站运行范围内，考虑输出功率和工作历时的水轮机水头的加权平均值	H_w	m
3	水轮机水头	turbine head	—	—	—
3.1	净水头	net head	以水柱高度表示的在水轮机进口与出口测量断面的单位水体总能量差，即水轮机做功的有效水头	H	m
3.2	最大水头	maximum head	水电站最大毛水头减去一台机空载运行时引水系统所有水头损失后的水轮机水头	H_{max}	m
3.3	最小水头	minimum head	水电站最小毛水头减去水轮机发出允许功率相应的输水系统损失后的水轮机水头	H_{min}	m
3.4	设计水头	design head	水轮机在最优效率点运行时的净水头	H_d	m

表 A.1（续）

序号	名词术语	英文对应词	定 义	符号	单位
3.5	额定水头	rated head	水轮机在额定转速下，输出额定功率时所需的最小净水头	H_r	m
4	水轮机流量	turbine discharge	—	—	—
4.1	单位流量	unit discharge	转轮直径为 1 m 的水轮机，在 1 m 水头下通过的流量	Q_{11}	m^3/s
4.2	水轮机流量	turbine discharge	单位时间内通过水轮机进口测量断面的水的体积	Q	m^3/s
4.3	水轮机额定流量	rated discharge of turbine	水轮机在额定水头和额定转速下，输出额定功率时的流量	Q_r	m^3/s
4.4	水轮机空载流量	no-load discharge	水轮机在额定水头下和额定转速下，机组输出功率为零时的流量	Q_o	m^3/s
5	水轮机转速	turbine speed	—	—	—
5.1	单位转速	unit speed	转轮直径为 1 m 的水轮机，在 1 m 水头下的转速	n_{11}	r/min
5.2	额定转速	rated speed	设计时选定的稳态转速	n_r	r/min
5.3	飞逸转速	runaway speed	水轮机处于失控状态，轴端负荷为零时的最高转速	n_{run}	r/min
5.4	比转速	specific speed	在 1 m 水头下，输出功率为 1 kW 时水轮机的转速 $$n_s = \frac{n\sqrt{P}}{H^{5/4}}$$ 式中： n_s——水轮机比转速，单位为米千瓦（m·kW）； n——水轮机转速，单位为转每分钟（r/min）； P——水轮机输出功率，单位为千瓦（kW）； H——水轮机水头，单位为米（m）。	n_s	m·kW
5.5	额定比转速	rated specific speed	水轮机按额定工况计算得出的比转速	n_{sr}	m·kW
6	水轮机功率	turbine power	—	—	—
6.1	单位功率	unit power	转轮直径为 1 m 的水轮机，在 1 m 水头下输出的功率	P_{11}	kW
6.2	水轮机输入功率	turbine input power	水轮机进口水流所具有的水力功率	P_{in}	kW
6.3	水轮机输出功率	turbine output power	水轮机的主轴输出的机械功率	P_{out}	kW
6.4	水轮机额定功率	rated power	在额定水头和额定转速下，由设计或合同规定的铭牌功率	P_r	kW
6.5	最优工况功率	optimum operating condition power	水轮机在最优工况下运行时的输出功率	P_{opt}	kW
7	水轮机效率	turbine efficiency	—	—	—
7.1	效率	efficiency	水轮机输出功率与其输入功率之比	η	%

表 A.1（续）

序号	名词术语	英文对应词	定　义	符号	单位
7.2	额定效率	rated efficiency	水轮机在额定水头下，以额定转速运行，输出额定功率时的效率	η_r	%
7.3	加权平均效率	weighted average efficiency	在给定的运行范围内，效率的加权平均值。 计算公式如下： $\eta_W = \frac{(W_1\eta_1 + W_2\eta_2 + W_3\eta_3 + \cdots\cdots + W_n\eta_n)}{(W_1 + W_2 + W_3 + \cdots\cdots + W_n)} = \frac{\sum_{i=1}^{n} W_i\eta_i}{\sum_{i=1}^{n} W_i}$ 式中： η_i——根据水电站具体条件确定的不同水头与不同负荷下的水轮机效率； W_i——与各效率相对应的负荷历时或电能加权系数。	η_w	%
7.4	最优效率	optimum efficiency	水轮机在运行范围内效率的最高值	η_{max}	%
8	水轮机转轮公称直径	turbine runner diameter	—	—	—
8.1	混流式转轮公称直径	Francis turbine runner diameter	转轮叶片进水边正面与下环相交处的直径（要求 D_1 逐步向国际标准推荐：转轮叶片出水边正面与下环相交处的直径 D_2 过渡）	D_1	m
8.2	轴流式、斜流式和贯流式转轮公称直径	axial 、Deriaz and tubular turbine runner diameter	转轮叶片轴线与转轮室相交点处的内径	D_1	m
8.3	冲击式、斜击式转轮公称直径	Pelton、Turgo turbine runner diameter	转轮水斗和射流式中心线相切处的直径（即节圆直径）	D_1	m
8.4	双击式转轮公称直径	crossflow turbine runner diameter	转轮叶片外缘直径	D_1	m
9	空化、空蚀、磨损	capitation erosion and sand erosion	—	—	—
9.1	空化	cavitaton	在流道中水流局部压力下降到临界压力（一般接近汽化压力）时，水中气核成长为气泡。空化为气泡的积聚、流动、分裂、溃灭过程的总称（过去称作“气蚀”）	—	—
9.2	空蚀	cavitation erosion	由于空化造成的过流表面的材料损坏（过去称作“气蚀损坏”）	—	—
9.3	磨损	sand erosion	含沙水流对水轮机通流部件表面所造成的材料损失	—	—
9.4	磨蚀	combined erosion by sand and cavitation	在含沙水流条件下，水轮机通流部件表面由空蚀和泥沙磨损联合作用所造成的材料损失	—	—

表 A.1（续）

序号	名词术语	英文对应词	定义	符号	单位
9.5	水轮机空化系数	cavitation coefficient of hydraulic turbine	表征水轮机空化发生条件和性能的无量纲系数（过去称作“气蚀系数”）	σ	—
9.6	初生空化系数	incipient cavitation coefficient	转轮叶片开始出现空泡时的空化系数	σ_i	—
9.7	临界空化系数	critical cavitation coefficient	在水轮机模型空化试验中用能量法确定的临界状态的空化系数	σ_c	
9.8	电站空化系数	plant cavitation coefficient	水轮机水电站运行条件下的空化系数（过去称作“装置气蚀系数”或“电站装置气蚀系数”）	σ_p	
9.9	安装高程	setting elevation	水轮机安装时作为基准的某一水平面的海拔高程。立式反击式水轮机的基准为导叶中心高程；立式冲击式水轮机的基准为喷嘴中心高程；卧式水轮机的基准为主轴中心高程	Z	m
9.10	允许吸出高度	permissible suction height	满足反击式水轮机空化要求所需的最大吸出高度	H_p	m
9.11	装机吸出高度	static suction height	水轮机规定的空化基准面至设计尾水位的高度	H_S	m
9.12	装机排出高度	static discharge height	立轴冲击式水轮机装机排出高度为转轮节圆平面到设计最高尾水位的高度； 卧轴冲击式水轮机装机排出高度为转轮节圆直径最低点到设计最高尾水位的高度	H_d	m
10	水轮机试验	turbine test	—	—	—
10.1	模型试验	model test	为预测原型水轮机的性能利用模型进行的试验	—	—
10.2	模型验收试验	model acceptance test	由需方见证，为验证水轮机性能对其是否达到合同保证和有关标准，而进行的模型试验	—	—
10.3	模型水轮机综合特性曲线	turbine combined characteristic curve (hill diagram)	在以单位转速和单位流量为坐标轴，表示几何相似模型水轮机的性能（如效率、空化系数、压力脉动、导叶开度和转轮叶片转角等）的一组等值曲线，以及输出功率限制线	—	—
10.4	原型水轮机运转特性曲线	turbine performance curve	在以水头和输出功率为坐标轴，表示在某一转轮直径和额定转速下，原型水轮机的性能（如效率、吸出高度、导叶开度和转轮叶片转角等）的一组等值曲线，以及输出功率限制线	—	—
11	水轮机性能保证值	turbine performance guarantee value	供方对水轮机的技术性能指标应达到的保证限值	—	—

附　录　B
（资料性附录）
小型水轮机仪表配置及备品备件

B.1　小型水轮机配备的仪表参见表B.1。

表B.1　小型水轮机配备的仪表

序号	仪表名称	混流式	轴流式	贯流式	冲击式
1	水轮机进口压力表	√	√	√	√
2	活动导叶后转轮进口前压力表	△	△	△	—
3	上密封环后和下密封腔压力表	△	—	—	—
4	转轮顶部压力表	△	△	—	—
5	尾水管压力脉动监测表	△	△	△	—
6	尾水管真空压力表	√	√	√	—
7	机壳真空压力表	—	—	—	√
8	主轴密封水压力表	√	√	√	√
9	主轴密封水、轴承冷却水示流信号器	√	√	√	√
10	导轴承温度计	√	√	√	√
11	导轴承冷却水或导轴承润滑水压力表	√	√	√	√
12	轴承循环油示流信号器	—	—	√（外循环）	—
13	水轮机振动、摆度监测表	△	△	△	△
14	抬机数字显示记录表	—	△	—	—
注：符号“√”为供方必须提供的仪表；“—”为无此项目；“△”为供、需双方商定的仪表。					

B.2　小型混流式水轮机备品备件参见表B.2。

表B.2　小型混流式水轮机备品备件

序号	备品、备件名称	单位	数　量			备注
			1台～2台机	3台～4台机	5台以上	
1*	导叶上、中、下轴套	套	1/2	1	2	
2	导叶轴承密封圈	套	1	2	3	
3*	导叶连杆轴套	套	1/3	1/2	1	
4	导叶分半键	套	1/3	1/2	1	
5	导叶破断装置	套	1/2	1	2	
6	主轴工作密封件	套	1	2	3	
7*	主轴检修密封件	套	1	2	2	

表 B.2（续）

序号	备品、备件名称	单位	数量			备注
			1台～2台机	3台～4台机	5台以上	
8*	水导轴承瓦	套	1	1	2	
9*	推力轴承瓦	套	1	1	2	只对卧式机组
10*	接力器活塞环	套	1	1	2	
11	接力器密封圈	套	1	1	2	
12*	各类弹簧	套	1	1	2	
注：序号中带有“＊”标记的项目为选项，由供、需双方商定。						

B.3 小型轴流式、贯流式水轮机备品备件参见表 B.3。

表 B.3 小型轴流式、贯流式水轮机备品备件

序号	备品、备件名称	单位	数量			备注
			1台～2台机	3台～4台机	5台以上	
1*	导叶上、中、下轴套	套	1/2	1	2	
2	导叶轴承密封圈	套	1	2	3	
3*	导叶连杆轴套	套	1/3	1/2	1	
4	导叶分半键	套	1/3	1/2	1	
5	导叶破断装置	套	1/2	1	2	
6	主轴工作密封件	套	1	2	3	
7*	主轴检修密封件	套	1	2	2	
8*	水导轴承瓦	套	1	1	2	
9*	推力轴承瓦	套	1	1	2	只对贯流式机组
10*	接力器活塞环	套	1	1	2	
11	接力器密封圈	套	1	1	2	
12	转轮叶片密封圈	台套	1	1	2	
13*	受油器轴套	台套	1	1	2	
14*	受油器浮动瓦	台套	1	1	2	
15	抬机抗磨环	台套	1	1	2	
16	各类弹簧	套	1	1	2	
注：序号中带有“＊”标记的项目为选项，由供、需双方商定。						

B.4 小型水斗式、斜击式水轮机备品备件参见表B.4。

表 B.4 小型水斗式、斜击式水轮机备品备件

序号	备品、备件名称	单位	数量			备注
			1台～2台机	3台～4台机	5台以上	
1*	喷嘴口	套	1	1	2	
2*	喷针头	套	1	1	2	
3*	喷针杆轴套	套	1	1	2	
4*	折向器刀板	套	1	1	2	
5*	制动喷嘴操作阀	套	1	1	2	
6*	导轴瓦或滚动轴承	套	1	1	2	
7	各类接力器密封圈	套	1	2	3	
8	各类接力器活塞环	套	1	2	3	
9	各类密封件	套	1	2	3	
注：序号中带有“*”标记的项目为选项，由供、需双方商定。						

B.5 小型双击式水轮机备品备件参见表B.5。

表 B.5 小型双击式水轮机备品备件

序号	备品、备件名称	单位	数量			备注
			1台～2台机	3台～4台机	5台以上	
1*	导叶轴套	套	1/2	1	2	
2*	紧定套	套	1	1	2	
3*	滚动轴承	套	1	1	2	
4	导叶密封件	套	1	2	3	
5	主轴密封件	套	1	2	3	
6	密封件	套	1	2	3	
注：序号中带有“*”标记的项目为选项，由供、需双方商定。						

ICS 67.050
X 04

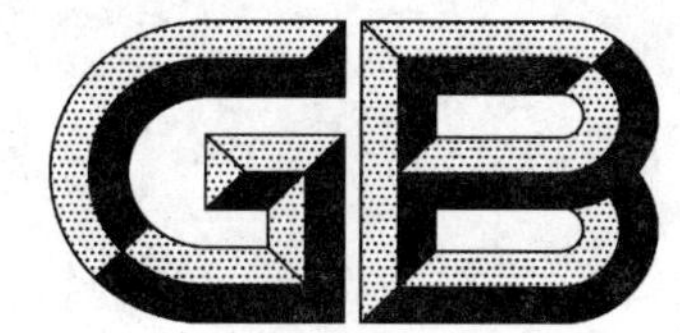

中华人民共和国国家标准

GB/T 21719—2008

稻谷整精米率检验法

Determination of head rice yield of paddy

2008-05-04 发布　　2008-08-01 实施

中华人民共和国国家质量监督检验检疫总局
中国国家标准化管理委员会　发布

前　言

本标准参考了 ISO 6646:2000《大米　稻谷和糙米潜在出米率的测定》的有关内容。

本标准由国家粮食局提出。

本标准由全国粮油标准化技术委员会归口。

本标准起草单位:湖北国家粮食质量监测中心、江西国家粮食质量监测中心、江苏国家粮食质量监测中心、安徽国家粮食质量监测中心、辽宁国家粮食质量监测中心、黑龙江国家粮食质量监测中心、四川国家粮食质量监测中心、广东国家粮食质量监测中心、湖南国家粮食质量监测中心。

本标准主要起草人:余敦年、熊宁、陈嘉东、章烜、刘荣、周红梅、黄伟、宋秀娟、刘继明、李毅、江友玉、王艳、倪姗姗、吴利利、赵坚。

稻谷整精米率检验法

1 范围

本标准规定了稻谷整精米率检验的术语和定义、原理、仪器、扦样、样品制备、测定步骤和结果计算。

本标准适用于收购、储存、销售、运输和加工的商品稻谷整精米率测定。

2 规范性引用文件

下列文件中的条款通过本标准的引用而成为本标准的条款。凡是注日期的引用文件,其随后所有的修改单(不包括勘误的内容)或修订版均不适用于本标准,然而,鼓励根据本标准达成协议的各方研究是否可使用这些文件的最新版本。凡是不注日期的引用文件,其最新版本适用于本标准。

GB 1354 大米

GB 5491 粮食、油料检验 扦样、分样法

GB/T 5494 粮食、油料检验 杂质、不完善粒检验法

GB/T 5497 粮食、油料检验 水分测定法

3 术语和定义

下列术语和定义适用于本标准。

3.1

净稻谷 clean paddy

除去杂质后的稻谷。

3.2

整精米 head rice

净稻谷经实验砻谷机脱壳成糙米,糙米经实验碾米机碾磨成加工精度为国家标准三级(按 GB 1354 执行)大米时,长度达到完整米粒平均长度四分之三及以上的米粒。

3.3

整精米率 head rice yield

整精米占净稻谷试样的质量分数。

3.4

整糙米 whole husked rice

完好无破损的糙米粒。

3.5

碎米 broken rice

在规定精度下,长度小于完整米粒平均长度四分之三的米粒。

3.6

碎米率 broken rice yield

碎米占全部精米的质量分数。

4 原理

净稻谷经实验砻谷机脱壳后得到糙米,将糙米用实验碾米机碾磨成加工精度为国家标准三级大米,除去糠粉后,分拣出整精米并称量,计算整精米占净稻谷试样的质量分数。

5 仪器及要求

5.1 天平：精确度 0.01 g。

5.2 分样器。

5.3 谷物选筛。

5.4 实验砻谷机：适合稻谷脱壳且不损伤糙米粒的小型实验室用砻谷机。

5.5 实验碾米机：适合糙米碾磨去除皮层和胚的小型实验室用碾米机。

5.6 实验砻谷机和实验碾米机须用稻谷整精米率标准样品进行测试，测试结果应符合整精米率标准样品定值的要求。

6 扦样

按 GB 5491 执行。

7 样品制备

7.1 实验室样品不应少于 1 kg。

7.2 按 GB 5491 和 GB/T 5494 规定的方法对实验室样品进行分样和除去杂质，得到净稻谷测试样品。

7.3 按 GB/T 5497 测定样品水分，样品水分含量范围为籼稻谷 12.5%～14.5%、粳稻谷 13.5%～15.5%。如果样品水分含量不在上述范围内，可在适当的室内温湿度条件下，将样品放置足够长的时间，使样品水分含量调节到规定的范围内。

8 测定步骤

8.1 仪器调整

整精米率检验前，应对实验砻谷机和实验碾米机进行调整，必要时应使用稻谷整精米率标准样品进行测试，测试结果应符合整精米率标准样品定值的要求。

8.2 实验砻谷机调整

用待测试样或相同粒型的稻谷经实验砻谷机脱壳，以调整实验砻谷机至最佳工作条件。不应出现以下情况：

——糙米皮层的损伤；

——在分离出的稻壳中出现糙米或稻谷；

——糙米中出现稻壳。

8.3 实验碾米机调整

用待测试样或相同粒型的稻谷制成的整糙米，经实验碾米机碾磨至规定加工精度，以调整实验碾米机至最佳工作条件。应达到以下要求：

——糙米碾磨后得到的精米加工精度均匀；

——试样用量 20 g 左右；

——碾磨时间不超过 1 min；时间可调整且调整精度高，制动迅速；

——精米碎米率≤6.0%。

8.4 最佳碾磨量和最佳碾磨时间的确定

根据实验碾米机的推荐样品量和碾磨时间，用待测试样或相同粒型的稻谷制成的糙米，进行不同碾磨量和碾磨时间的碾磨试验，以得到均匀的国家标准三级加工精度大米为判定标准，确定最佳碾磨量和最佳碾磨时间。

8.5 试样整精米率测定

根据实验碾米机的最佳碾磨量，从测试样品中称取一定量净稻谷试样（m_0），用经过调整的实验砻谷机脱壳，从糙米中拣出稻谷粒放入砻谷机中再次脱壳（或手工脱壳），直至全部脱净，将所得糙米全部置于经过调整的实验碾米机内，碾磨至最佳时间，使加工精度达到国家标准三级大米，除去糠粉后，分拣出整精米并称量(m)。

9 结果计算

按式(1)计算试样的整精米率：

$$H = \frac{m}{m_0} \times 100 \qquad \cdots\cdots(1)$$

式中：

H——整精米率，%；

m_0——稻谷试样质量，单位为克(g)；

m——整精米质量，单位为克(g)。

两次平行试验测定值的绝对差不应超过1.5%，取平均值作为检验结果。

ICS 03.100
A 10

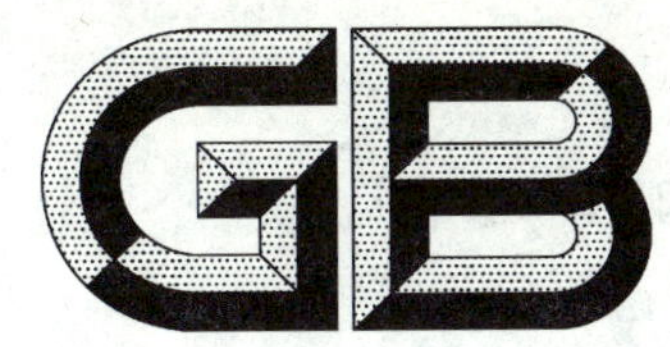

中华人民共和国国家标准

GB/T 21720—2008

农贸市场管理技术规范

Administrant & technical practice for markets of agricultural products

2008-05-04 发布 2008-10-01 实施

中华人民共和国国家质量监督检验检疫总局
中国国家标准化管理委员会 发布

前　言

本标准由中华人民共和国商务部提出并归口。

本标准起草单位：商务部市场体系建设司、全国城市农贸中心联合会。

本标准主要起草人：马增俊、胡剑萍、李党会、王兢、张捷、朱玉梅、侯仰标、徐月。

农贸市场管理技术规范

1 范围

本标准规定了农贸市场的经营环境要求、经营设施设备要求和经营管理要求。

本标准适用于申请开业和运营中的农贸市场。

2 规范性引用文件

下列文件中的条款通过本标准的引用而成为本标准的条款。凡是注日期的引用文件，其随后所有的修改单(不包括勘误的内容)或修订版均不适用于本标准，然而，鼓励根据本标准达成协议的各方研究是否可使用这些文件的最新版本。凡是不注日期的引用文件，其最新版本适用于本标准。

GB 14881 食品企业通用卫生规范

GB 19085 商业、服务业经营场所传染性疾病预防措施

GB 50016 建筑设计防火规范

GB 50222 建筑内部装修设计防火规范

3 术语和定义

下列术语和定义适用于本标准。

3.1

农贸市场 markets of agricultural products

以食用农产品现货零售交易为主，为买卖双方提供经常性的公开的固定的交易场地、配套设施和服务的零售场所。

4 经营环境要求

4.1 场门应清洁、美观，有明确、完整的名称标识。

4.2 市场的人流、物流、车流应畅通有序，厅棚内的安全通道不应堆放杂物。

4.3 市场的地面应硬化、干燥、防滑、易于冲洗、排水通畅。

4.4 交易厅(棚)内应通风，明亮。

4.5 市场内应按照果蔬类、鲜肉类、禽蛋类、粮油类、水产品、熟食品和调味品等大类分区，并明确标示。鲜、活、生、熟、干、湿商品应相对集中，分开陈列销售。

4.6 场内应设置标准摊位或商品柜台，商品摆放整齐、干净。

4.7 新建或改建的市场应符合本地区的商业网点规划要求。

5 经营设施设备要求

5.1 服务基础设施设备

应设立公告栏、服务办公室、投诉箱、投诉电话等公共服务设施，各类公共设施应有清晰的标识。

5.2 计量设施设备

5.2.1 计量器具应使用电子秤，应检定合格且未超过检定周期。

5.2.2 应专设检定合格的公用电子公平秤，便民复称。

5.3 食品展陈设施设备

5.3.1 鲜活水产品交易应配备蓄养池、宰杀操作台、废弃物回收桶等设施，水产摊位前须设置下水明沟。

5.3.2 冷藏(冻)产品应配备冷柜陈列,保持产品冷藏(冻)状态。

5.3.3 生鲜肉品应配备分割台,鼓励吊挂销售。

5.3.4 活禽交易区应封闭或半封闭,应有笼子,设有封闭集中宰杀间,产生垃圾及时处理。

5.3.5 直接入口的半成品、熟食品应有清洁、卫生外罩或覆盖物,不宜使用塑料布遮盖,出售散装食品应使用专用工具。

5.4 卫生安全设施设备

5.4.1 现场食品加工应设有加工间,加工环境和操作应符合 GB 14881 的要求。

5.4.2 设有带洗手池的卫生间,保持卫生清洁,卫生间设置应满足市场人流量的需要,有醒目的标识标志。

5.4.3 应设有防蝇、防鼠器具。

5.4.4 应有垃圾桶和垃圾收集、清运设施。

5.4.5 应有污水排放管道设施,排放标准符合当地环保部门要求。

5.5 检测设施设备

应配备农药残留快速检测设备和相关辅助设施。

5.6 消防设施设备

应符合 GB 50016 的要求,内部装修应符合 GB 50222 的要求。

6 经营管理要求

6.1 商品质量管理

6.1.1 应设立负责食品安全的管理部门或配备食品安全管理人员,建立食用农产品安全卫生质量责任制度,公示质量承诺。

6.1.2 应建立进货索票索证和抽样检测制度。市场应向经销商索取食品进货票证及食品安全的有效证明,对进入市场的产品进行质量抽检和监督管理,并有相应记录。

6.1.3 现场制作食品、散装食品及生鲜食品应符合国家食品卫生质量标准,远离污染源,不应销售过期、变质、失效等质量不合格商品。

6.1.4 应建立不合格商品退市制度,对有关行政主管部门公布的不合格食品,市场应当立即停止销售,监督退市,并记录在案。

6.2 经销商管理

6.2.1 应建立经销商协议准入制度,检查其合法经营资格,与入市经销商签订食品安全保证协议,明确食品经营的安全责任。

6.2.2 应建立经销商管理档案,如实记录经销商的身份信息、联系方式、经营产品和信用记录等信息,并及时更新。经销商退出市场后,其档案应至少保存二年。

6.2.3 经销商应亮照经营,在摊位显著位置明示营业执照、卫生许可证等相关证件。

6.2.4 经销商应建立商品进货台账和批量销售台账。详实记录交易食品的供货商、品名、产地来源、进货时间、规格、质量等级、数量等内容,以便产品溯源和召回。

6.2.5 应建立经销商的奖惩制度,定期对诚信经营等良好行为进行奖励,对缺斤短两、欺行霸市、销售不合格产品的行为及时处理。

6.3 交易服务管理

6.3.1 应建立消费者投诉举报制度,设立投诉点。处理投诉应制度化,责任到人,限定时间,对处理结果和投诉者满意度应进行详细记录。

6.3.2 应建立食品检测、卫生防疫、环境卫生工作制度,国家公告的传染性疾病爆发时期,市场管理应符合 GB 19085 的要求。

6.3.3 应建立价格管理制度,商品明码标价。

6.3.4 应有计量管理制度,定期检定计量器具。

6.3.5 应有消防管理制度,专人管理,定时安检。

6.4 人员管理

6.4.1 市场管理人员应具备当地劳动和社会保障部门要求的从业资格,培训上岗。

6.4.2 经营食品的从业人员应持有当地卫生主管部门出具的有效健康证明。

6.4.3 市场应建立培训制度,定期对管理人员和经销商进行食品安全、消防的相关培训。

ICS 03.100
A 10

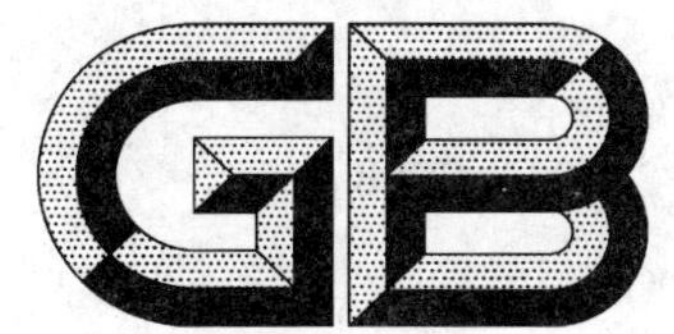

中华人民共和国国家标准

GB/T 21721—2008

农副产品销售现场危害管理规范

Hazard administration practice on sale locale of agricultural product

2008-05-04 发布　　2008-10-01 实施

中华人民共和国国家质量监督检验检疫总局
中国国家标准化管理委员会　发布

前　言

本标准由中华人民共和国商务部提出并归口。

本标准起草单位：商务部市场体系建设司、全国城市农贸中心联合会。

本标准主要起草人：马增俊、李党会、王兢、张捷、朱玉梅、侯仰标、徐月。

农副产品销售现场危害管理规范

1 范围

本标准规定了农副产品销售现场中经营环境、设备设施、器具材料、人员因素以及意外因素的危害管理。

本标准适用于运营中的农副产品销售现场，包括农副产品批发市场、农贸市场、超市等销售现场，活畜禽交易市场除外。

2 规范性引用文件

下列文件中的条款通过本标准的引用而成为本标准的条款。凡是注日期的引用文件，其随后所有的修改单(不包括勘误的内容)或修订版均不适用于本标准，然而，鼓励根据本标准达成协议的各方研究是否可使用这些文件的最新版本。凡是不注日期的引用文件，其最新版本适用于本标准。

GB 2760 食品添加剂使用卫生标准

GB 3095 环境空气质量标准

GB 5749 生活饮用水卫生标准

GB 8978 污水综合排放标准

GB 14881 食品企业通用卫生规范

GB/T 17217 城市公共厕所卫生标准

GB 19085 商业、服务业经营场所传染性疾病预防措施

GB 50016 建筑设计防火规范

GB 50222 建筑内部装修设计防火规范

3 术语和定义

下列术语和定义适用于本标准。

3.1

农副产品 agricultural product

包括粮油、蔬菜(含食用菌)、果品、畜禽肉、禽蛋、水产品、茶叶、调料等产品及其加工品。

3.2

销售现场 sale locale

进行农副产品现货交易的区域或场所。

3.3

危害 hazard

农副产品销售现场存在或潜在的对食品安全和人体健康有不良影响的生物、化学或物理因素。

4 经营环境的危害管理

4.1 有害气体、粉尘及固体垃圾废弃物的危害管理

4.1.1 销售现场周围不应有有害气体、放射性物质和其他扩散性污染源；若发现应立即停止交易，并及时通报当地环保部门处理，排除污染源后方可交易。对于农副产品自身产生的有刺激和有害气体，现场应配备相应数量的通风换气设备，空气质量应符合 GB 3095 的要求。

4.1.2 销售现场与外缘公路、道路应设隔离带，应在封闭的销售现场内进行交易。

4.1.3 销售现场不应有裸露的垃圾废弃物、流淌的油污等污染源；一经发现应及时清理、清洗，保持清洁。

4.2 水的危害管理

4.2.1 产品清洗加工用水应符合 GB 5749 的规定。

4.2.2 销售现场不应有淤积的污水，一经发现应及时清理、清洗。污水排放应符合 GB 8978 的规定。

4.3 病媒生物（主要有蟑螂、蚊、蝇、鼠）的危害管理

4.3.1 销售现场周围不应有虫害大量孳生的场所，一经发现，应集中消杀清理；现场外围鼠道和鼠活动地区应采取防控措施，如投放鼠药并标示、及时清除死鼠等。

4.3.2 销售现场与外界接口处应设置纱窗、门帘、挡鼠板，下水道出口处应安装反水弯、防鼠网；销售现场内应设置灭蚊灯、粘蟑纸、粘蝇条、粘鼠板、鼠夹等防控病媒生物危害的设施。

4.3.3 应制定病媒生物的预防与消杀计划，设专人进行巡检、维护和清理，并记录种类、地点、灭杀时间、灭杀方法、药剂、效果、操作人员等信息。

4.4 化学药剂的危害管理

4.4.1 销售现场使用保鲜剂等添加剂应符合 GB 2760 的要求。

4.4.2 销售现场应设专用橱柜或卫生消毒间，专人统一管理杀虫剂、清洗剂、消毒剂等化学药剂，单独存放，正确标识并警示其毒性和用法，做好出入库登记，严格管理使用。

4.4.3 应对化学药剂使用人员进行培训，确保化学品的正确、安全保管和使用。

4.4.4 应记录保鲜剂、杀虫剂等化学药剂的使用时间、地点、品名、剂量、使用方法以及人员等相关信息，并保存记录一年以上备查。

4.5 产品之间交叉污染的危害管理

4.5.1 应按农副产品大类、保鲜和卫生要求进行分区，同类型商品应在同一交易区内经营。蔬菜、果品、肉类、水产品、粮食、副食品等应分区；生熟食品应分区；冷（冻）藏农副产品和非冷（冻）藏农副产品应分区；待加工食品和直接入口食品应分区；有包装食品和无包装食品应分区。

4.5.2 经营鲜活水产品的区域与其他食品经营区域相互之间的距离不应小于 5 m 或设置有效的分隔设施，避免交叉污染。

4.5.3 现场加工食品应设封闭加工间，加工区和销售区应分隔，并符合 GB 14881 的要求。

5 设施设备及器具材料的危害管理

5.1 卫生、安全设施的危害管理

5.1.1 应配备与食品卫生要求相适应的给排水设施，定期对管道进行疏通、检修。

5.1.2 销售现场的卫生间应符合 GB/T 17217 的规定。卫生间应卫生清洁，无异味，上、下水管应通畅，冲洗设施齐全，保证清洗的用水。

5.1.3 销售现场周边应设置相应数量的有盖垃圾桶，设专人巡检收集垃圾，分类存放，及时清运，垃圾桶内容物不得外溢。

5.1.4 应配备消防安全设施，应符合 GB 50016 的要求，内部装修应符合 GB 50222 的要求。

5.2 贮存、陈列设施的危害管理

5.2.1 从事鲜活水产品交易的应配备蓄养池，水产摊位前须设置明沟，盖有下水井盖，并保持周边清洁卫生。

5.2.2 生鲜类产品应防止过度挤压，生鲜肉类交易应有相对独立闭合的交易场所，配备低温保鲜、胴体吊挂等设施设备。水产品和生鲜肉类操作台鼓励采用不锈钢材料，场地设施应每日冲洗，不存污水，保持清洁并定期消毒。

5.2.3 应具备与交易规模相适应的保鲜设施设备，易腐农副产品应在适宜条件下贮藏、陈列，冷藏温度宜在 0℃～5℃，冷冻温度宜在－18℃以下。

5.3 容器、工具、包装材料等的危害管理

5.3.1 容器、工具、包装材料等应符合国家相关卫生标准。

5.3.2 生、熟食品的加工工具及容器应分开使用并明确标识，使用后应及时洗净，设置台架定位存放，保持清洁、干燥并定期进行消毒。

5.3.3 散装的直接入口食品，应有清洁卫生外罩或覆盖物，使用的包装材料应清洁、无毒，防止食品污染。出售散装食品应使用专用工具。

6 人员因素的危害管理

6.1 人员健康的危害管理

6.1.1 从业人员及直接接触食品的管理人员应每年定期体检，持健康证上岗。

6.1.2 直接接触入口食品的从业人员有发热、腹泻、手外伤、皮肤湿疹、长疖子、皮肤伤口或感染、咽部炎症等有碍食品卫生病症的，应立即脱离工作岗位，待查明原因、排除有碍食品卫生的病症或治愈后（得到相关卫生部门的证明），方可重新上岗。

6.2 人员卫生的危害管理

6.2.1 从业人员应保持良好的个人卫生，直接接触入口食品的人员应穿戴清洁的工作服、工作帽、手套及口罩。

6.2.2 从业人员接触直接入口的食品时，应进行手部清洁（必要时应戴手套），并使用洁净的专用工具。

6.3 人员行为的危害管理

6.3.1 对现场从业人员及相关管理人员应定期进行食品卫生与安全知识的培训。

6.3.2 直接接触入口食品的从业人员离开加工和销售现场应换下工作装，并有监管制度，工作过程中手接触脏物、吸烟、如厕后、用餐后，应及时清洗，并有监督检查制度。

7 意外因素的危害管理

7.1 国家公告的传染性疾病传播时期和重大畜禽疫情时期，销售现场应按照 GB 19085 的要求进行管理。

7.2 销售现场应有断电应急措施，避免意外停电造成农副产品腐败变质。

7.3 应建立消防安全检查和监督制度，专人定期巡查消防设施设备的有效性，及时处理并记录，防控火灾的发生。

ICS 67.140.10
X 55

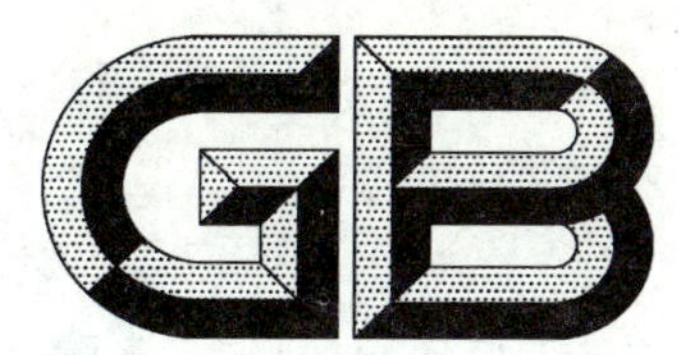

中华人民共和国国家标准化指导性技术文件

GB/Z 21722—2008

出口茶叶质量安全控制规范

Code on quality and safety control of tea for export

2008-05-04 发布　　2008-10-01 实施

中华人民共和国国家质量监督检验检疫总局
中国国家标准化管理委员会　发布

前　言

本指导性技术文件的附录A和附录B是规范性附录。

本指导性技术文件由中华人民共和国国家质量监督检验检疫总局提出并归口。

本指导性技术文件起草单位:国家质量监督检验检疫总局进出口食品安全局、中华人民共和国浙江出入境检验检疫局。

本指导性技术文件主要起草人:俞仁贤、刘全卫、唐光江、陈荔银、李飞、汪玲平、魏聪辉、毕克新、徐丽艳、刘环、张蓉、杨松、傅碧忠。

出口茶叶质量安全控制规范

1 范围

本指导性技术文件规定了出口茶叶在种植、采摘、加工、检验、监测、追溯、产品召回等环节涉及质量安全控制方面的技术要求。

本指导性技术文件适用于出口茶叶种植、采摘、加工、检验、监测、追溯、产品召回等环节的质量安全控制，包括直接介入出口茶叶生产链中一个或多个环节的组织以及出口茶叶的相关管理组织。

2 规范性引用文件

下列文件中的条款通过本指导性技术文件的引用而成为本指导性技术文件的条款。凡是注日期的引用文件，其随后所有的修改单(不包括勘误的内容)或修订版均不适用于本指导性技术文件，然而，鼓励根据本指导性技术文件达成协议的各方研究是否可使用这些文件的最新版本。凡是不注日期的引用文件，其最新版本适用于本指导性技术文件。

GB 5749 生活饮用水卫生标准

NY/T 5018—2001 无公害食品 茶叶生产技术规程

NY 5020 无公害食品 茶叶产地环境条件

SN/T 0911 进出口茶叶感官审评室条件

出口茶叶生产企业注册卫生规范(国家认监委国认注[2004]47 号)

3 术语和定义

下列术语和定义适用于本指导性技术文件。

3.1

茶园 tea plantation

具有一定面积的茶树种植园。

3.2

种植基地 plant base

由一个或多个茶园组成，内设相应管理机构的茶叶农业生产单元。

3.3

初加工 primary processing

通过对茶树上采摘下来的鲜叶和嫩芽按各茶类特定工序制成可以饮用的初制茶(毛茶)的过程。

3.4

精加工 refined processing

在初制茶的基础上再进行精细加工的过程。

3.5

拼配加工 blend processing

将两种以上具有一定共性的茶叶拼合在一起的作业。

3.6

半成品 semi-finished products

茶叶加工过程中，完成某一工序所得到的产品，此产品经随后的制造过程，可成为成品。

3.7

成品　finished products

经过加工并包装，完成标识的即将出厂的产品。

3.8

出口茶叶加工企业　establishments of tea for export

产品直接出口的茶叶生产、加工、包装企业。

3.9

茶叶加工企业　tea processing enterprise

从事茶叶加工，其产品最终作为出口茶原料的或直接出口的初、精制加工或其他加工形式的企业，包括出口茶叶加工企业。

4　总则

4.1　出口茶叶加工企业应建立出口茶叶种植基地。出口茶叶种植基地应接受出口茶叶加工企业的业务指导和监督。

4.2　出口茶叶加工企业应建立出口茶叶卫生质量管理体系，建立追溯管理制度。

4.3　茶叶加工企业应建立茶叶生产、加工和检验的记录制度，各种记录至少保存三年。

5　种植和采摘

5.1　茶园选址

5.1.1　茶园应选择在生态条件良好，远离污染源，并具有可持续生产能力的农业生产区域内。

5.1.2　茶园的大气环境、土壤、灌溉水应符合 NY 5020 规定的要求。

5.1.3　茶园与四周荒山陡坡、农作物的交界处应设置隔离沟或隔离带，确保不受临近林地、农田施肥和用药等作业的污染。

5.2　种植基地

5.2.1　提供出口茶叶原料的种植基地应有一定规模，可以由一个或多个同一区域内相近的茶园组成。

5.2.2　种植基地应建立安全用药等茶园管理制度，应设立负责基地茶园使用的种子(苗)、农药、肥料统一购买，统一供应，统一管理的农用物资管理部门。

5.2.3　种植基地或茶园应设有专门的农资保管场所，配有专用的农药喷洒用具及其他农用器具。

5.2.4　种植基地应配备具有茶学、植物保护等专业知识的植保员。

5.2.5　种植基地之间、基地与非基地之间、同一基地各地块(茶园)之间应设立标识牌加以区别。标识内容包括种植基地名称、地块号、面积、责任人、植保员等。

5.2.6　种植基地应定期监测茶园用水、土壤的农药残留和重金属元素含量。

5.3　植保员

5.3.1　植保员配备

种植基地应配备植保员，其人数应与茶树种植面积和茶叶生产规模相适应。

5.3.2　植保员职责

5.3.2.1　负责对茶树病虫害的防治以及肥料、农药的使用管理，并建立管理档案。

5.3.2.2　监管种植基地的环境卫生、观察周边农田、林地作业情况、关注作物生长和气温变化、掌握病虫害发生状况。

5.3.2.3　负责对种植栽培人员的病虫害防治知识培训。

5.3.2.4　负责对基地土壤污染状况的监测，茶树种植前扦取有代表性的土壤样本送实验室检测，确认未受违禁药物污染。

5.3.2.5　定期对灌溉、喷药用水进行违禁药物、重金属等污染物的监测。

5.3.2.6 对重大疫病疫情负责向有关主管部门报告，配合主管部门对种植基地农业化学品使用的调查。

5.4 种植要求

种植基地对各项农事活动应建立作业指导卡，并建立包括种植日志在内的农事档案，记录施肥、病虫害防治、采摘、除草、修剪等农事活动。

5.5 农业化学投入品管理

5.5.1 农药管理

5.5.1.1 种植基地应按照目标市场的标准要求合理选用农药，建立可选农药清单，清单内容应包括农药的商品名、通用名、英文名、安全间隔期、农药的作用及农药使用标准规范等。农药使用应符合我国及茶叶进口国的相应规定。

5.5.1.2 农药应由种植基地农用物资管理部门统一向有资质的农药销售商采购，所购农药应有农药的中文名称、生产企业名称、产品批号、生产日期、有效期、农药登记证号、农药生产许可证号或者农药生产批文号以及农药的有效成分、含量、重量、产品性能、毒性、用途、使用方法、注意事项等信息，分装农药应有分装单位信息。

5.5.1.3 首次采购的农药，若成分不明确，应对农药的安全性进行验证，确认合格后方可发放使用。

5.5.1.4 农药的发放应根据不同时期的病虫害发生情况，由植保员提出书面申请，种植基地农用物资管理部门审批后方可发放。

5.5.1.5 农药由植保员领取后按照农药合理使用准则中确定的稀释比例进行配制，并监督农药喷洒及器具清洗。

5.5.1.6 施药后剩余的农药由植保员负责退回基地农资管理部门，并做好记录。农药的废弃应符合国家相关规定。

5.5.1.7 农药喷洒完毕后，其包装物应收回并统一处理。

5.5.1.8 农药的采购、保管、发放应由农用物资管理部门统一负责，并由专人建立相关记录。

5.5.2 肥料管理要求

5.5.2.1 肥料应由农资管理部门统一向有资质的肥料销售商或生产厂家采购。

5.5.2.2 使用的化肥如存在成分不明确，应经过安全性评估后方可使用。

5.5.2.3 使用农家肥等有机肥料，施用前应经无害化处理。有机肥中污染物质允许含量应符合NY/T 5018—2001的规定。

5.5.2.4 可使用经农业部门登记注册的叶面肥。

5.5.2.5 肥料的采购、保管、发放应由农用物资管理部门统一负责，并由专人建立相关记录。

5.6 鲜叶采摘、运输、检验、标识

5.6.1 采摘

5.6.1.1 鲜叶应在适当的卫生条件下采摘，并严格遵守农药使用的安全期间隔规定。

5.6.1.2 鲜叶采摘应遵循因园制宜、采留结合的原则，适时采摘。

5.6.1.3 采茶机械应使用无铅汽油和机油，防止污染鲜叶、茶树和土壤。

5.6.2 检验与标识

5.6.2.1 应定期对鲜叶的农药残留、重金属进行检测、监控，检测、监控工作可根据不同要求由种植者、茶叶加工企业分别进行，但应确保每年至少一次的检测。

5.6.2.2 采下的鲜叶应按茶园地块号做好标识，并制作质量(身份)保证卡，随运输车辆送往茶叶初加工企业。质量(身份)保证卡上应标明茶园地块名称、采摘日期、采摘数量等内容。

5.6.3 运输

5.6.3.1 盛装鲜叶的容器应采用通风、无毒、无味、易清洁的材料制作。

5.6.3.2 鲜叶应及时运抵茶叶初加工企业,运输过程中应采取有效措施,防止变质和混入有毒、有害物质。

5.6.3.3 运输鲜叶的车辆应清洁、卫生、无异味,不能与有毒有害及易污染的物品混装、混运。

6 茶叶加工

6.1 加工环节

出口茶叶加工环节包括初加工、精加工、拼配加工及包装等。茶叶加工企业可以包括所有环节,也可以包括其中几个环节,还可以单独按环节设厂。提供出口茶叶原料的独立初加工企业的环境条件、厂区布局、生产车间、加工设备和设施、卫生设施与管理、加工过程的卫生控制、加工人员要求应符合附录A的规定。

6.2 原辅料的控制

6.2.1 各环节的茶叶原料应来自符合本指导性技术文件要求的前一环节生产或加工的产品。

6.2.2 茶叶加工企业应制定原辅料验收程序、质量要求、抽样及检验方法等,并有效实施。原辅料经检验合格后方可使用。

6.2.3 茶叶加工企业应建立原辅料合格供应商名单,建立合格供货商的评价及追踪制度,建立原辅料采购台账。

6.2.4 茶叶加工企业应要求原料供应商提供原料来源和相关卫生证明及质量(身份)保证卡;进口原料应有出入境检验检疫机构的合格证明。

6.2.5 茶叶加工企业应对原料茶的农药残留、重金属等项目实施监测,做好监测记录。对各供货商提供的不同品种、不同产地、不同季节的原料,采购前应进行农药残留、重金属检测,在确认其含量符合相关法规、标准之后方可采购。

6.2.6 茶叶原料应分类妥善储存,水分超过安全界限的应及时干燥,避免变质。需冷藏的原料,应按相关要求进行。

6.2.7 不合格原料应单独存放,并标识。

6.2.8 辅料和添加物应采用具有资质的生产厂家生产的产品,添加物的使用应符合我国及茶叶进口国的相应规定。

6.2.9 茶叶加工企业应收集、整理茶叶质量安全卫生信息,及时向种植基地和供货商反馈。

6.2.10 出口茶叶加工企业对所供原料的种植基地、加工环节进行安全卫生监督,确保出口茶叶原料符合安全卫生要求。

6.3 加工区域环境卫生要求

6.3.1 茶叶加工企业不得建在可能影响茶叶安全卫生的区域,周围无物理、化学、生物等污染源。厂区内不得兼营、生产、存放可能影响茶叶卫生的其他产品。

6.3.2 厂区应按工艺要求布局,生产区与生活区应隔离;清洁度不同的作业场所应隔离。茶叶加工厂各类清洁区划分见表1。清洁作业区和准清洁作业区的要求遵照附录B执行。

表1 茶叶加工企业各作业场所的清洁度区分

厂房设施	清洁度区分
• 原料仓库 • 材料仓库 • 原料处理场 • 萎凋或摊青等场所 • 外包装车间(打外包) • 成品仓库	一般作业区

表 1(续)

<table>
<tr><th>厂房设施</th><th colspan="2">清洁度区分</th></tr>
<tr><td>• 初加工场所(含发酵间)
• 精加工车间
• 拼配加工及成品包装车间
• 内包装材料仓库
• 缓冲间
• 半成品贮存场所</td><td>准清洁作业区</td><td rowspan="2">管制作业区</td></tr>
<tr><td>• 人工拣剔车间
• 小包装(含袋泡茶)车间</td><td>清洁作业区</td></tr>
<tr><td colspan="3">注：适用于提供出口原料的精加工企业和出口茶叶加工企业。</td></tr>
</table>

6.3.3 厂区应建有卫生的与生产能力相适应的原料、辅料、包装物料、成品等储存库房以及废料、垃圾暂存设施。

6.3.4 厂区应合理绿化，无裸露地表，道路应以水泥或其他坚硬材料铺设，路面平坦、无积水，保持清洁。

6.3.5 厂区排水畅通，垃圾及废弃物应集中存放，并及时清理出厂。

6.3.6 厂区卫生间应有冲水、洗手、防蝇、防虫、防鼠设施，墙壁、地面易于清洗并保持清洁。

6.3.7 厂区内禁止饲养禽畜及其他动物。

6.4 车间及设备设施

6.4.1 车间

6.4.1.1 车间布局合理，其面积、高度应与生产能力和设备安置相适应。不同清洁区应隔离，避免交叉污染。

6.4.1.2 车间内墙壁、屋顶应使用易清洁的浅色、无毒、不易脱落的材料修建。

6.4.1.3 车间地面应采用耐磨、防滑的坚固材料铺设，平坦无裂缝，易于清洁。需用水冲洗的车间，地面应有适当的排水斜度，防止积水。

6.4.1.4 车间门窗结构严密，清洁作业区、准清洁作业区的出入口及与外界相连的通风处应安装防鼠、防蝇虫设施。

6.4.2 卫生设施

6.4.2.1 车间应配有更衣室，其面积要与生产人数相适应，有适度照明及消毒杀菌装置，更衣室要保持清洁卫生，通风良好。

6.4.2.2 更衣室内配备足够数量的更衣柜，更衣柜应使用不发霉、易清洁的材料制成，个人衣物与工作服分别存放，保持清洁。

6.4.2.3 车间入口处及车间适当位置应设置洗手、消毒设施，其数量应与生产人员相匹配。清洁作业区的更衣室应设有鞋底清洁消毒设施或换鞋设施。

6.4.2.4 车间如有卫生间，应设于更衣及洗手消毒室之外，卫生间应便于清洗消毒，并保持清洁，设有洗手设施，门和窗不得直接开向车间，门能自动关闭，通风合理。

6.4.3 加工设备和设施

6.4.3.1 设备、设施应与生产能力相适应，布局应符合工艺和产品卫生要求。

6.4.3.2 设备、工器具和容器与茶叶的接触面应使用无毒、无味、易清洁的材料制作。

6.4.3.3 车间内应配置设备、工器具清洗(洁)消毒设施和保证产品卫生的其他设施。

6.4.3.4 各种炉灶门不得直接开向车间，燃料及残渣应设有专门存放处。

6.4.3.5 盛装茶叶或废弃物的容器应有明显的标识加以区别，不得混用。

6.4.4 其他设施

6.4.4.1 加工用水应符合 GB 5749 的要求。

6.4.4.2 车间排水系统合理、畅通并有防止污水倒流和有害动物侵入的装置。

6.4.4.3 有温(湿)度要求的工序和场所应安装温(湿)度显示装置,并按照产品工艺要求将温(湿)度控制在规定范围内。

6.4.4.4 加工、包装等场所应保持通风良好。应根据加工工艺配有相应的除尘、排烟和通风设施。

6.4.4.5 车间内应有充足的自然采光或照明设施。照明设施不宜安装在生产线或暴露产品的上方,否则应加装防护罩。

6.5 加工过程的卫生控制

6.5.1 加工过程卫生控制程序的建立与执行

6.5.1.1 茶叶加工企业应建立并执行加工过程的卫生标准操作程序(SSOP)。

6.5.1.2 茶叶加工企业应建立并执行对不合格品的控制程序,包括不合格品的标识、记录、评价、处置等。

6.5.1.3 茶叶加工企业应建立并执行加工设备、设施的维护程序。

6.5.1.4 茶叶加工企业应建立卫生检查计划,规定检查项目及频率,有效实施并做好记录。

6.5.2 车间设备设施的卫生控制

6.5.2.1 车间内各项设施应随时保持清洁及良好状态。

6.5.2.2 机械设备应定期检查维护,并保持清洁。设备维修后对相应区域要进行清洁,以免污染茶叶。

6.5.2.3 工器具应在班前班后进行有效清洁,必要时进行消毒。清洁消毒后的工器具应存放在指定区域,防止受污染。清扫、清洗和消毒用器具应放在专用场所妥善保管。

6.5.3 加工过程的卫生控制

6.5.3.1 茶叶加工过程应确定关键控制点,并有效监控。

6.5.3.2 同一车间不得同时加工两种不同茶类的茶叶。

6.5.3.3 车间内不得堆放与茶叶加工无关的其他物品。

6.5.3.4 加工过程中的在制品要按等级、规格存放并标识,在制品、半成品、成品不得与地面直接接触。落地茶及废弃物要分别盛放在指定地点并有明显标识的专用容器内,并及时处理。

6.5.3.5 茶叶加工中应采取有效措施除去混入茶叶中的金属或其他外来杂物。

6.5.3.6 不合格品应单独存放并标识,要及时分析产生的原因,采取有效措施加以纠正。

6.5.3.7 应设有有毒有害物品的专用储存场所,加锁并有专人保管。建立有毒有害物品清单,做好进出库及使用记录。

6.5.3.8 厂房内若发现有害生物,应追查其来源,并采取适当措施加以扑灭。

6.6 包装、储存、运输的卫生控制

6.6.1 包装

6.6.1.1 应根据产品特点,在专用的包装间内进行。

6.6.1.2 包装物料应符合相关卫生标准,不得含有有毒有害物质,并要牢固、清洁,无异味。茶叶内包装材料不得含有萤光物质,不得反复使用,不得直接接触地面。

6.6.1.3 包装物料应在通风、干燥的专用库内存放,并且保持清洁卫生。内、外包装物料应分别存放,并有防尘、防鼠、防虫害设施。

6.6.2 储存

6.6.2.1 不同茶叶品种及原料、半成品、成品和辅料分别设置贮存库,必要时应设置冷藏保鲜库。

6.6.2.2 仓库应配备足够的衬垫板,并使储存物品距离墙壁、地面分别在 30 cm、10 cm 以上,仓库应经常整理,堆垛不宜过高过密,便于抽样和货物进出。出入库要有记录。

6.6.2.3 仓库应保持干燥、通风和清洁,有防霉、防鼠、防虫设施。同一库内不得存放可能造成相互污染或者串味的其他产品。库内不得存储有毒有害物质或者其他易腐易燃品。

6.6.2.4 成品应专库存放，按批次堆放整齐，并加挂相应的标识牌。未经包装的产品不得进入成品库存放。

6.6.2.5 仓库内应配备温湿度计，注意温湿度调控。

6.6.3 **运输**

运输工具应清洁、干燥、无异味，符合卫生要求，并能防雨、防潮。不得与有毒有害及有异味的物品混装、混运。

6.7 **生产、质量管理人员**

6.7.1 **人员健康**

6.7.1.1 生产、质量管理人员经体检合格后方可上岗，每年至少进行一次健康检查。凡确认患有有碍食品卫生疾病的患者不得从事茶叶生产。

6.7.1.2 发现有碍食品卫生临床症状的生产人员，应及时调离生产岗位，康复后经批准方可重新上岗。

6.7.1.3 企业应建立员工健康档案。

6.7.2 **人员卫生**

6.7.2.1 员工进入车间，应穿戴好整洁的工作服、帽和鞋，并按规定洗手消毒。

6.7.2.2 生产人员应保持个人卫生，不得将与生产无关的物品带入车间，不准佩戴首饰、手表，不得化妆。

6.7.2.3 工作服及鞋帽不得穿戴出车间，应定期统一清洗、消毒。

6.7.2.4 加工场所内禁止饮食、吸烟、吐痰及其他可能对茶叶加工造成污染的行为。

6.7.2.5 与生产无关的人员不得进入生产场所，参观、来访者进入车间应遵守本指导性技术文件的要求。

6.7.3 **资格与培训**

6.7.3.1 企业应配备足够数量的、具备相应资格的专业人员从事卫生质量管理工作。

6.7.3.2 卫生质量管理人员应具备相关专业知识和食品卫生知识。

6.7.3.3 企业应制定年度培训计划，所有从事茶叶生产和卫生质量管理的人员均应经过培训方可上岗。

7 检验

7.1 **检验能力**

7.1.1 茶叶加工企业应设立与加工能力相适应的质量检验部门，并配备具有相应资格的检验人员。

7.1.2 检验室应配有能基本满足产品标准所规定检验项目的仪器设备和器具，并定期检定校准，加贴标识。企业自身无法检测的项目可委托具备相应资质的社会实验室承担。

7.1.3 茶叶审评室应符合 SN/T 0911 的要求。

7.1.4 检验机构应具备检验工作所需的标准资料，做好产品检验档案。

7.2 **检验环节**

7.2.1 **原料检验**

原料应进行检验，并验证原料的生产加工信息及追溯资料，以保证原料来自受控基地。

7.2.2 **半成品检验**

产品加工过程中，应对重要环节的半成品进行检验，防止茶叶加工过程不被污染。

7.2.3 **成品检验**

产品出厂前按规定的方法进行抽样，做好可追溯标识后分别送企业实验室或相关社会实验室进行成品检验，出具检验报告。

7.3 检验内容

7.3.1 茶叶加工企业应根据茶叶的原料来源、加工工艺、产品特点确定原料和成品的检验项目，对检验项目进行分析和评估，确定重点检验项目和监测监控项目。

7.3.2 检验内容主要包括感官品质、水分、灰分、碎茶、粉末、非茶类夹杂物和标签、包装等常规项目以及农药残留、重金属含量、放射性污染、微生物污染、、着色物、茶叶添加物等其他项目。

7.3.3 在某一时期某些国家或地区公认的在某种茶叶中含有毒有害物质或有可能被有毒有害物质污染时，应加作该物质的检验。

8 不合格品的处理

8.1 安全卫生项目（包括掺杂使假、恶性夹杂物或微生物、农药残留、重金属、放射性污染等有毒有害物质）不合格的产品，不准加工，不准出厂。

8.2 非安全卫生项目不合格的原料和产品，可以返工整理和加工。

9 追溯管理要求

9.1 追溯图

茶叶加工企业应建立有效运转的追溯管理体系。追溯管理体系见图1。

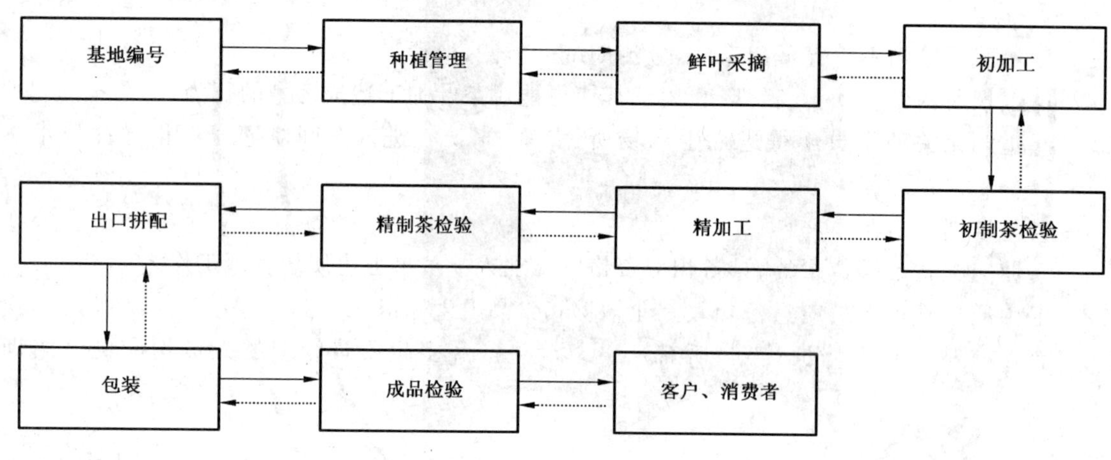

图1 追溯图

9.2 追溯要求

9.2.1 批号确定

9.2.1.1 种植基地和茶叶加工企业对交付的鲜叶、初加工产品、精加工产品应分别确定可以追溯的唯一性批号。

9.2.1.2 茶叶加工企业根据需要可以设立原料批号，原料批号与供货商的产品批号应一一对应，便于相互追溯。

9.2.1.3 出口茶叶加工企业应按其出口茶叶的品种、等级、规格分别确定茶叶出口批号，其批号应包含企业代号、生产年份及产品流水号等信息。

9.2.2 批号管理

9.2.2.1 原料批号记录管理

茶叶加工企业应做好原料采购记录，采购记录应包括供货商名称、原料批号、产地、品种、数量、质量等情况。

9.2.2.2 生产过程批号标识管理

茶叶加工企业应做好生产过程中在制品的标识管理。

9.2.2.3 **出厂批号记录管理**

茶叶加工企业应做好生产加工记录，详细记录原料批生产加工流向和每个出厂批的原料组成。同时做好产品出厂销售记录，详细记录出厂茶叶的名称、批号、数量、生产日期、发货时间、产品去向、收货人等。

9.2.2.4 **追溯记录保存**

用于追溯管理的所有记录应保存3年以上，以备检索。

9.2.2.5 **批号标识管理**

茶叶加工企业应在其产品的外包装和销售包装上标识生产批号。

9.2.2.6 **样品留存管理**

茶叶加工企业应做好每批出厂茶叶的样品留存工作，建立样品档案，样品留存时间不少于3年。

9.3 追溯实施

9.3.1 产品出现不合格时，茶叶加工企业应通过产品批号从成品到原料每一环节逐一进行追溯，通过追溯，分析不合格原因，并采取有效整改措施。

9.3.2 经追溯和原因分析，确认是原料原因，应追溯该原料批制成的其他产品批号，并通过检验确定其他产品是否合格。

9.3.3 事后发现某原料批农药残留或重金属等安全卫生项目不合格时，应通过原料批号、加工记录进行追溯，查清不合格原料批加工的产品批号，并实施进一步的检验验证，作出处理意见。

10 产品召回

10.1 各环节的茶叶加工企业应分别制定产品召回程序，并有效处理不合格产品，以保证出厂茶叶在出现严重质量安全卫生问题或可能危害消费者身体健康时能及时召回。

10.1.1 当出口茶叶出现严重的质量安全卫生问题时，出口茶叶加工企业应确认问题产品的标记及产品批号，对需要召回的应制定召回计划，回收问题产品。

10.1.2 茶叶加工企业应通过各种渠道和方式收集产品的顾客反馈信息和产品质量信息，根据反馈信息对产品质量进行调查鉴定，当出厂产品可能危害消费者身体健康或影响茶叶出口的，或其他需要召回的应及时作出召回决定，制定召回计划，回收问题产品。

10.2 对召回的产品，应分析问题产生原因。若是原料质量问题造成，应根据追溯管理要求，追踪到原料供应企业或茶叶种植基地，并对问题原料制成的其他产品进行鉴定，需要时应对相应产品实施召回，同时应通报问题原料的供应企业和有关管理部门。

附 录 A
（规范性附录）
茶叶初加工企业基本技术条件

A.1 环境条件

应选择地势干燥，交通方便的地方建厂。

应远离排放“三废”的工业企业，周围不得有粉尘、有害气体、放射性物质和其他扩散性污染源，离开经常喷洒农药的农田 100 m 以上，离开交通主干道 20 m 以上。

水源清洁、充足。茶叶加工用水应达到 GB 5749 的要求。

A.2 厂区

厂区内不能兼营、生产可能影响茶叶卫生的其他产品。应根据加工要求合理布局，生产区与生活区隔离。

厂区道路应铺设硬质路面，排水系统通畅，地面无积水，厂区应合理绿化。

厂房和设施的布局应与工艺流程和生产规模相适应。加工厂应有足够面积的辅料和成品仓库，并有防潮、防霉、防蝇、防虫和防鼠设施。

厂区的朝向应根据地理位置合理选择。锅炉房、厕所应处于加工车间的下风口。

A.3 加工车间

加工车间包括贮青间、加工间、包装间等，面积应与加工产品种类、数量相适应。采光良好，地面坚固、平整、光洁，便于清洁和清洗，有良好的排水系统。墙壁使用易清洁、浅色、不易脱落的材料装修。

车间应保持通风良好，贮青间应独立设置，晒青、萎凋等场所应有防止外来物污染的措施。

车间门、窗结构严密，并配有防鼠、防虫、防蝇设施。车间的排水口应有防止污水、鼠类、昆虫通过排水装置进入车间的措施。

杀青和干燥车间应安装排湿、排气设备。各种炉灶火门不得直接开向车间，燃料及残渣应设有专门存放处，有压锅炉另设锅炉间。

A.4 加工设备与设施

设备、设施的数量应与生产相适应，符合工艺和产品卫生的要求。加工设备的安装应尽量按照工艺流程布局，与屋顶、墙壁有适当距离，便于维护保养和清洁。

直接接触茶叶的设备和用具应用无毒、无异味、易清洁的材料制成。新设备使用前应清除表面的防锈油。每个茶季开始和结束，应对加工设备进行清洁和保养。

定期润滑零部件，每次加油应适量，不得外溢。

A.5 卫生设施与管理

车间进口处应设更衣室，配备足够数量的洗手、干手设备或用品。制定并明示更衣、洗手程序。

A.6 加工过程的卫生控制

建立卫生管理制度，规范加工人员班前班后个人清洁、环境清洁及加工过程良好操作的行为。

建立产品追溯制度，按照鲜叶进厂验收—生产加工—出厂检验的程序，做好各环节批次记录。鲜叶进厂批次号应对应种植基地的批次号，逐批加工，标识清楚，独立存放，避免交叉。

应按照工艺操作规程加工，加工设备、工具、容器应保持清洁，非茶叶加工用的物品不得放在车间内。防止茶叶加工中产生劣变或有毒有害物质的污染。

加工过程中，在制品应按等级、规格存放并适当标识。盛装废弃物的容器应有标识，不得与盛装茶叶的容器混用。

加工、包装、贮存过程中，避免茶叶与地面直接接触。禁止与有毒、有害、有异味、易污染物品接触。加工废弃物应妥善处理，不污染环境。

A.7 加工人员要求

加工人员上岗前要进行制茶技术和安全卫生知识的培训，掌握制茶的基本技能和卫生要求。

加工及有关人员应持有卫生部门颁发的健康证。

进入车间应着工作服、戴工作帽、洗手、换鞋。工作服、帽和鞋不得穿戴出车间。

加工人员应保持个人卫生，不得将与生产无关的个人用品和饰物带入车间。禁止在车间内饮食、吸烟、吐痰及其他可能对茶叶加工造成污染的行为。

附　录　B
（规范性附录）
不同清洁区的基本要求

B.1　清洁作业区

墙壁应使用易清洗的，无毒、浅色、防水、防霉、不易脱落的材料修建。天花板使用易清洁的无毒、无异味不易脱落的浅色材料装修。

出入口应装设能自动关闭的门或空气幕，车间门窗用浅色、平滑、易清洗、不透水的坚固材料制作，结构严密。有窗台的应高于地面 1 m 以上，且台面向内侧倾斜 45°。车间内有防鼠、防蝇虫设施。

入口处设置与其相连的更衣室，更衣室应独立隔间，面积与加工人员相适应，内设足够的更衣柜、鞋柜，备有可照全身的更衣镜。更衣室内照明及通风良好，并装有消毒设施。室内设有清洁鞋底的设施或换鞋设施。

工作服、帽、鞋宜采用浅色的面料制作，定期统一清洗、消毒。

入口处与更衣室相连的区域应设置独立隔间的洗手消毒室。备有液体清洁剂和消毒液，并在正上方标识有简明易懂的洗手消毒方法。

应配备空气调节设施或换气设施，保持通风良好，空气新鲜，温度适宜，并配有温湿度显示装置。

应有充足的自然采光或照明设施，光源应以不改变产品本色为宜，照明设施应加装防护罩。

B.2　准清洁作业区

见《出口茶叶生产企业注册卫生规范》的车间及设备设施。

ICS 79.060.20
B 70

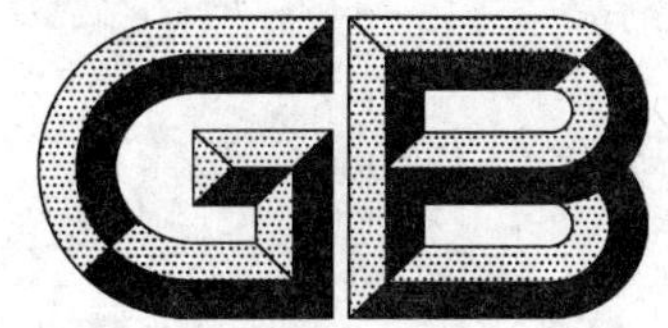

中华人民共和国国家标准

GB/T 21723—2008

麦(稻)秸秆刨花板

Wheat/rice-straw particleboard

2008-05-04 发布　　　　2008-07-15 实施

中华人民共和国国家质量监督检验检疫总局
中国国家标准化管理委员会　发布

前　言

本标准由国家林业局提出。

本标准由全国人造板标准化技术委员会归口。

本标准负责起草单位:南京林业大学。

本标准参加起草单位:中国林科院木材工业研究所、湖北基立环保板材有限公司、四川国栋建设股份有限公司、上海康拜环保科技有限公司、上海谷灵板业有限公司、江苏鼎元科技发展有限公司、江苏大盛板业有限公司、黑龙江晨光环保板材有限公司、山东同森木业有限公司。

本标准主要起草人:周定国、周晓燕、徐咏兰、于文吉、于文杰、王世林、程海龙、顾燕、何国建、夏定权、邹贵麟、李同军。

麦(稻)秸秆刨花板

1 范围

本标准规定了麦(稻)秸秆刨花板的术语和定义、分类、技术要求、统计计算和判定方法、测量及试验方法、检验规则、标志、包装、运输和贮存等。

本标准适用于用麦(稻)秸秆为原料，以异氰酸酯树脂为胶粘剂制成的麦(稻)秸秆刨花板。该产品适用于干燥条件下室内装修、家具制作和包装等。

本标准不适用于以脲醛树脂为胶粘剂的刨花板。

2 规范性引用文件

下列文件中的条款通过本标准的引用而成为本标准的条款。凡是注日期的引用文件，其随后所有的修改单(不包括勘误的内容)或修订版均不适用于本标准，然而，鼓励根据本标准达成协议的各方研究是否可使用这些文件的最新版本。凡是不注日期的引用文件，其最新版本适用于本标准。

GB/T 2828.1—2003 计数抽样检验程序 第1部分：按接收质量限(AQL)检索的逐批检验抽样计划(ISO 2859-1:1999,IDT)

GB/T 4897.1—2003 刨花板 第1部分：对所有板型的共同要求

GB/T 17657—1999 人造板及饰面人造板理化性能试验方法

GB/T 18259—2000 人造板及其表面装饰术语

GB/T 19367.1—2003 人造板 板的厚度、宽度及长度的测定

GB/T 19367.2—2003 人造板 板的垂直度和边缘直度的测定

3 术语和定义

GB/T 18259—2000确立的以及下列术语和定义适用于本标准。

3.1

麦(稻)秸秆刨花板 wheat/rice-straw particleboard

以麦(稻)秸秆为原料，以异氰酸酯(MDI)树脂为胶粘剂，通过粉碎、干燥、分选、施胶、成型、预压、热压、冷却、裁边和砂光等工序制成的板材。

3.2

均质结构麦(稻)秸秆刨花板 homogenous wheat/rice-straw particleboard

麦(稻)秸秆通过粉碎加工，所有的料均匀混合，施加异氰酸酯胶粘剂(或分别对施加胶粘剂的表层料和芯层料再均匀混合)后铺成板坯，经热压成型，且上下两个表面和芯层的料均匀一致的板材。

3.3

空心结构麦(稻)秸秆刨花板 hollow-core wheat/rice-straw particleboard

麦(稻)秸秆通过粉碎加工，施加异氰酸酯胶粘剂，采用挤压机压制而成的厚度方向呈空心结构的板材。

4 分类

4.1 按制造方法分：

——平压法麦(稻)秸秆刨花板；

——辊压法麦(稻)秸秆刨花板；

——挤压法麦(稻)秸秆刨花板。

4.2 按表面状态分：

——未砂光板；

——砂光板；

——装饰材料饰面板(装饰材料如涂料、装饰单板、浸渍胶膜纸、装饰层压板、薄膜等)。

4.3 按表面形状分：

——平压板；

——模压板。

4.4 按板的构成分：

——均质结构麦(稻)秸秆刨花板；

——三层结构麦(稻)秸秆刨花板；

——渐变结构麦(稻)秸秆刨花板；

——空心结构麦(稻)秸秆刨花板。

5 要求

5.1 规格尺寸及其偏差

5.1.1 幅面尺寸及其偏差

5.1.1.1 幅面尺寸

1 220 mm×2 440 mm；1 830 mm×2 440 mm。

注：经供需双方协议，可生产其他幅面尺寸的麦(稻)秸秆刨花板。

5.1.1.2 幅面尺寸偏差

长度和宽度尺寸偏差为 0 mm，+5 mm。

5.1.2 厚度尺寸及其偏差

5.1.2.1 厚度尺寸

基本厚度为 3 mm、6 mm、8 mm、10 mm、12 mm、14 mm、15 mm、16 mm、17 mm、18 mm、20 mm、22 mm、25 mm、30 mm、40 mm 等。

注：经供需双方协议，可生产其他厚度的麦(稻)秸秆刨花板。

5.1.2.2 厚度尺寸偏差

a) 砂光板的板内和板间厚度偏差为±0.3 mm。

b) 未砂光板的板内和板间厚度偏差为−0.1 mm，+1.9 mm。

5.1.3 对角线之差

对角线之差允许值按表 1 规定。

表 1 对角线之差允许值

单位为毫米

板长度	允许值
≤1 220	≤3
>1 220～1 830	≤4
>1 830～2 440	≤5
>2 440	≤6

5.1.4 边缘直度

边缘直度为 1.0 mm/m。

5.1.5 翘曲度

翘曲度为≤1.0%。

注：麦(稻)秸秆刨花板厚度≤10 mm 的不测。

5.2 外观质量

外观质量应符合表 2 规定。

表 2 外观质量

缺陷名称	要求
断痕、透裂	不允许
单个面积＞40 mm^2 的胶斑、石蜡斑、油污斑等污染点	不允许
边角残损	在基本尺寸内不允许
边部钝棱	不允许

5.3 理化性能

理化性能指标见表 3。

表 3 理化性能指标

性能	单位	基本厚度(t)范围/mm							
		$3<t\leqslant4$	$4<t\leqslant6$	$6<t\leqslant13$	$13<t\leqslant20$	$20<t\leqslant25$	$25<t\leqslant32$	$32<t\leqslant40$	＞40
含水率	%	4～13							
密度	g/cm^3	0.65～0.88							
板内平均密度偏差	%	±8.0							
静曲强度	MPa	≥14	≥15	≥14	≥13	≥11.5	≥10	≥8.5	≥7
弯曲弹性模量	MPa	≥1 800	≥1 950	≥1 800	≥1 600	≥1 500	≥1 350	≥1 200	≥1 050
内结合强度	MPa	≥0.45	≥0.45	≥0.40	≥0.35	≥0.30	≥0.25	≥0.20	≥0.20
表面结合强度	MPa	≥0.8							
2 h 吸水厚度膨胀率	%	≤6.0							
握螺钉力	N	板面≥1 100，板边≥700							
注：厚度小于 16 mm 的不测握螺钉力。									

6 测量及试验方法

6.1 规格尺寸测量

6.1.1 厚度、宽度和长度按 GB/T 19367.1—2003 规定进行。

6.1.2 对角线之差测量按 GB/T 4897.1—2003 中 7.1.1 和 7.1.4 规定进行。

6.1.3 边缘直度测量按 GB/T 19367.2—2003 中 4.2，5.2 和 6.2 规定进行。

6.1.4 翘曲度测量按 GB/T 4897.1—2003 中 7.1.1 和 7.1.5 规定进行。

6.2 外观质量检验

6.2.1 量具

钢板尺，精度 0.5 mm。

6.2.2 检验方法

一般通过目测和用量具测量外观缺陷。

6.3 理化性能检验

6.3.1 试件的取样及尺寸

按 GB/T 4897.1—2003 中 7.2 规定进行。

6.3.2 含水率测定

按 GB/T 17657—1999 中 4.3 规定进行。

6.3.3 密度测定

按 GB/T 17657—1999 中 4.2 规定进行。

6.3.4 板内平均密度偏差

密度测定按 GB/T 17657—1999 中 4.2 规定进行。

板内平均密度偏差计算按 GB/T 4897.1—2003 中 7.4.2 进行。

6.3.5 静曲强度、弯曲弹性模量测定

按 GB/T 17657—1999 中 4.9 规定进行。

6.3.6 内结合强度测定

按 GB/T 17657—1999 中 4.8 规定进行。

6.3.7 表面结合强度测定

按 GB/T 17657—1999 中 4.13 规定进行。

6.3.8 2 h 吸水厚度膨胀率

按 GB/T 17657—1999 中 4.5 规定进行。

6.3.9 握螺钉力测定

按 GB/T 17657—1999 中 4.10 规定进行。

7 结果计算和判定方法

7.1 结果计算

7.1.1 一张板的平均值是该板内 n 个试件测试值的算术平均值，按式(1)计算：

$$\overline{X}=\frac{1}{n}(X_1+X_2+\cdots+X_n)=\frac{1}{n}\sum_{i=1}^{n}X_i \qquad (1)$$

式中：

$\overline{X}$——平均值；

X_i——每个试件的测试值；

n——测试试件总个数。

7.1.2 找出一张板的几个试件中静曲强度、内结合强度、表面结合强度、握螺钉力最小值或吸水厚度膨胀率最大值。

7.2 判定方法

7.2.1 一张板的静曲强度、内结合强度、表面结合强度、握螺钉力的算术平均值 $\overline{X}$ 和任一试件的最小值 $X_{\min}$ 应满足式(2)、式(3)要求：

$$\overline{X}\geqslant S_u \qquad (2)$$

$$X_{\min}\geqslant 0.8S_u \qquad (3)$$

式中：

S_u——标准规定值。

7.2.2 一张板的吸水厚度膨胀率的算术平均值 $\overline{X}$ 和任一试件的最大值 $X_{\max}$ 应满足式(4)、式(5)要求：

$$\overline{X}\leqslant S_u \qquad (4)$$

$$X_{\max}\leqslant 1.2S_u \qquad (5)$$

式中：

S_u——标准规定值。

7.2.3 在检验多张板时，每张板应符合 7.2.1 和 7.2.2 规定。如不符合，则按 8.2.3 重新检验和判定。

7.2.4 对未作规定的其他性能指标，只按其算术平均值判定。

8 检验规则

8.1 检验分类

产品检验分出厂检验和型式检验。

8.1.1 出厂检验包括以下项目：

a) 外观质量；

b) 规格尺寸；

c) 理化性能：密度、含水率、吸水厚度膨胀率、内结合强度、静曲强度。

8.1.2 型式检验包括出厂检验的全部项目，并增加以下项目：

弯曲弹性模量、表面结合强度、握螺钉力。

8.1.3 有下列情况之一时，应进行型式检验：

a) 当原辅材料及生产工艺发生较大变化时；

b) 长期停产后恢复生产时；

c) 正常生产时，每年型式检验不少于四次；

d) 质量监督机构提出型式检验要求时。

8.2 抽样方案

8.2.1 外观质量检验

采用 GB/T 2828.1—2003 中的正常检验二次抽样方案，其检查水平为 Ⅰ，接收质量限 AQL=4.0，见表 4。按 5.2 规定对样本 n_1 进行检验。不合格品数 $d_1 \leqslant Ac_1$ 时接收，$d_1 \geqslant Re_1$ 时拒收，若 $Ac_1 < d_1 < Re_1$，则检验样本 n_2。前后两个样本中不合格品数 $d_1 + d_2 \leqslant Ac_2$ 时接收，$d_1 + d_2 \geqslant Re_2$ 时拒收。

表 4 外观质量抽样方案

单位为张

批量范围 N	样本大小		第一判定数		第二判定数	
	$n_1 = n_2$	$\sum n$	接收 Ac_1	拒收 Re_1	接收 Ac_2	拒收 Re_2
≤500	13	26	0	3	3	4
501～1 200	20	40	1	3	4	5
1 201～3 200	32	64	2	5	6	7
3 201～10 000	50	100	3	6	9	10
10 001～35 000	80	160	5	9	12	13
≥35 001	125	250	7	11	18	19

8.2.2 规格尺寸检验

规格尺寸检验采用 GB/T 2828.1—2003 中正常检验二次抽样方案，其检查水平为 S-4，接收质量限 AQL=4.0，见表 5。按 5.1 对样本 n_1 进行检验，不合格品数 $d_1 \leqslant Ac_1$ 时接收，$d_1 \geqslant Re_1$ 时拒收，若 $Ac_1 < d_1 < Re_1$，则检验样本 n_2。前后两个样本中不合格品数 $d_1 + d_2 \leqslant Ac_2$ 时接收；$d_1 + d_2 \geqslant Re_2$ 时拒收。

表 5 规格尺寸抽样方案

单位为张

批量范围 N	样本大小		第一判定数		第二判定数	
	$n_1 = n_2$	$\sum n$	接收 Ac_1	拒收 Re_1	接收 Ac_2	拒收 Re_2
≤280	8	16	0	2	1	2
281～500	8	16	0	2	1	2
501～1 200	13	26	0	3	3	4
1 201～3 200	20	40	1	3	4	5
3 201～10 000	20	40	1	3	4	5
10 001～35 000	32	64	2	5	6	7
≥35 001	50	100	3	6	9	10

8.2.3 理化性能检验

理化性能检验采用表6复检抽样方案。第一次抽取 n_1 张板，如检验结果中某项指标不合格，则第二次抽取 n_2 张板重新检验不合格项，第二次样本 n_2 的性能值（n_1 中不合格项）应全部符合标准要求，否则该批产品判为不合格。

表6 理化性能抽样方案

单位为张

批量范围 N	n_1	n_2
≤1 200	1	2
1 201～3 200	2	4
3 201～10 000	3	6
≥10 001	4	8

8.3 判定规则

成品入库或成批拨交时，应进行外观质量、规格尺寸、理化性能检验。样品应从拨交批中按8.2.1～8.2.3随机抽取。全部检验项目合格时，判定该批产品为合格批，否则为不合格。

8.4 成批拨交要求

如需方要求对拨交批麦（稻）秸秆刨花板进行检验时，应从到货之日起三个月内向供方提出，并请法定检验单位按本标准进行检验。

8.5 计量

麦（稻）秸秆刨花板以立方米（m^3）为计量单位（允许偏差不得计算在内）。成批拨交时，计量应精确至0.01 m^3，测算单张板时应精确至0.000 1 m^3。

9 标志、包装、运输和贮存

9.1 标志

产品应加盖标明规格、生产日期和检验员代号等的标志。

9.2 包装

产品应按不同类型、规格分别包装。每个包装应挂有注明产品名称、生产厂名、厂址、执行标准、商标、规格、数量、防潮以及盖有合格章等的标签。

9.3 运输和贮存

产品的运输和贮存过程中应注意防潮、防雨、防晒、防变形等。

ICS 67.080.20
X 26

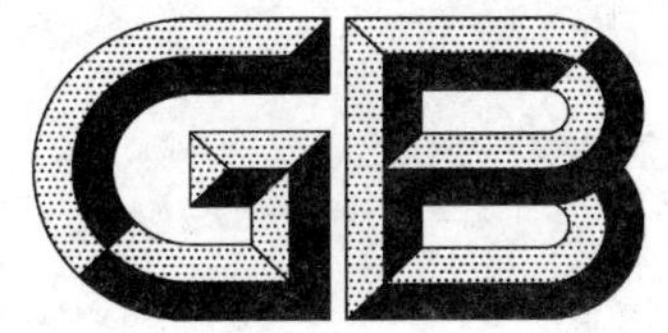

中华人民共和国国家标准化指导性技术文件

GB/Z 21724—2008

出口蔬菜质量安全控制规范

Code on quality and safety control of vegetable for export

2008-05-04 发布　　2008-10-01 实施

中华人民共和国国家质量监督检验检疫总局
中国国家标准化管理委员会　发布

前　言

本指导性技术文件参考采用了CAC/RCP 53—2003《新鲜水果与蔬菜卫生规范》。

本指导性技术文件由中华人民共和国国家质量监督检验检疫总局提出并归口。

本指导性技术文件起草单位:国家质量监督检验检疫总局进出口食品安全局。

本指导性技术文件主要起草人:朱春泗、张明玉、汤德良、张鑫、章红兵、李英强、白章红、王成、蔡宣红、毕克新、徐丽艳、刘环、杨松。

出口蔬菜质量安全控制规范

1 范围

本指导性技术文件规定了出口蔬菜种植、采收、加工、包装、储存运输、检验、追溯、产品召回、记录保持等涉及蔬菜质量安全的技术规范。

本指导性技术文件适用于各种类别的出口蔬菜企业在蔬菜基地种植、采收、加工、包装、储存运输、检验、追溯、产品招回、记录保持等方面的安全质量控制。

2 规范性引用文件

下列文件中的条款通过本指导性技术文件的引用而成为本指导性技术文件的条款。凡是注明日期的引用文件，其随后所有的修改单(不包括勘误的内容)或修订版均不适用于本指导性技术文件，然而，鼓励根据本指导性技术文件达成协议的各方研究是否可使用这些文件的最新版本。凡是不注明日期的引用文件，其最新版本适用于本指导性技术文件。

GB 4285 农药安全使用标准

GB 5749 生活饮用水卫生标准

GB 8321(所有部分) 农药合理使用准则

GB 14881 食品企业通用卫生规范

GB/T 15481 检测和校准实验室能力的通用要求

GB/T 18407.1—2001 农产品安全质量 无公害蔬菜产地环境要求

GB/T 19538 危害分析与关键控制点(HACCP)体系及其应用指南

CAC/RCP 1—1969(Rev. 4—2003) 食品卫生通则

出口食品生产企业卫生注册登记管理规定(2002 年第 20 号国家质量监督检验检疫总局令)

出口泡菜生产企业注册卫生规范(国家认证认可监督管理委员会国认注[2005]218 号文件)

出口速冻果蔬生产企业注册卫牛规范(国家认证认可监督管理委员会国认注[2003]51 号文件)

出口脱水果蔬生产企业注册卫生规范(国家认证认可监督管理委员会国认注[2003]51 号文件)

出口罐头生产企业注册卫生规范(国家认证认可监督管理委员会国认注[2003]51 号文件)

3 术语和定义

CAC/RCP 1—1969(Rev 4—2003)确立的以及下列术语和定义适用于本指导性技术文件。

3.1

农业化学品 agricultural chemicals

任何为生长作物(如新鲜蔬菜)的种植而投入的化学性原材料(如化学肥料、农药等)。

3.2

农业工人 agricultural worker

从事农作物(如蔬菜)种植、收获及包装的人员。

3.3

农药 agricultural chemicals

施用于农田作物和自然植物(如粮食、蔬菜、林木花卉等)、具备杀菌、杀虫、除草等作用的生物制成品或化学制品。

3.4

杀菌剂　bactericide

任何天然、合成或半合成的，能低浓度杀灭或抑制微生物生长而对寄主又很少或无损伤的物质。

3.5

出口蔬菜种植基地(种植基地)　vegetable farm for export

蔬菜出口企业为满足蔬菜原料的要求，用来种植、收获新鲜蔬菜，具有自我管理能力的蔬菜连片种植地。包括企业自行控制(管理)的蔬菜种植基地、出口企业与种植基地管理者签订有关蔬菜安全质量管理合同的种植基地。

3.6

植保员　technician of plant protection

具有农学、植物保护的基本知识，从事蔬菜种植过程病虫害防治、农药安全使用管理、对农业工人的技术培训等项工作的人员。

3.7

出口蔬菜　vegetable for export

按照加工方式划分的出口新鲜蔬菜、保鲜蔬菜、冷冻蔬菜(速冻、慢冻、调理蔬菜)、脱水蔬菜[真空冷冻干燥蔬菜(FD)、热风干燥蔬菜(AD)、风干蔬菜]、水煮蔬菜、腌渍蔬菜(原料性腌渍蔬菜、即食性腌渍蔬菜、泡菜)，以及用以上方式加工的食用菌类等产品。

4　原料安全控制

4.1　环境安全卫生

4.1.1　环境空气、灌溉水和土壤

应符合 GB/T 18407.1—2001 的规定要求。

有对蔬菜种植地区的大气、土壤和地表水、地下水的危害评估。若评估得出的结论为危害程度有可能影响作物的安全性，有控制措施可以将危害减少到可接受的水平。对土壤、水和空气的危害评估应有具备相应资格的实验室检测数据作为技术依据。

4.1.2　种植基地周围环境

4.1.2.1　种植基地四周具有足够安全的隔离措施，确保不受周围农田、果园、苗圃等农药使用的污染；不受上游不良地表水的污染。

4.1.2.2　种植基地四周有明显的标识，标识上的信息包括种植基地所在地理位置的名称、面积、种植品种、种植人、播种时间、植保员。

4.1.2.3　种植者应评估种植基地及相临场地以前的使用情况，以确定潜在的有害微生物、化学与物理危害状况，其他种类的污染(如农药、有害废物等)也应考虑在内。评估过程应关注以下内容：

——原料种植区与相邻的场地(如作物种植场、肥育场、动物养殖场、有害废物场、污水处理场、冶炼厂、采矿场等)以往与目前的使用情况，以确定包括粪便污染和有机废物污染在内的潜在微生物危害，以及有可能带入种植场地的潜在环境危害。

——家畜及野生动物接触原料种植区与水源情况，以确定对土壤、水的潜在粪便污染和对农作物污染的可能性。应审查现行的做法，以评估未加控制的动物粪便存积物接触农作物的现况。鉴于这一潜在的污染源，应避免在新鲜蔬菜种植区域受家畜和野生动物的干扰。

——粪肥渗漏、滤出或溢出，以及已污染的地表水泛滥污染田地的潜在因素。

4.1.2.4　若对以前的使用情况不能确定，或对种植基地及相邻场地的审查结论是存在潜在危害，或检

测结果污染物超标，那么，在采取纠正(控制)措施之前就不得使用该场地。

4.2 原料种植

4.2.1 农业化学品投入

4.2.1.1 化学肥料

统一向有资质的化学肥料销售商或生产厂家采购，化学肥料经过有效成分确认。

4.2.1.2 农药

出口蔬菜种植基地使用的农药应符合进口国以及中国有关部门的规定，不使用违禁药物。农药使用应符合 GB 4285、GB 8321 的要求，对农药使用安全性在操作方面给予合理保障，如按照规定的用药量、用药次数、用药方法和安全间隔期施药，防止用药不当造成蔬菜和环境污染等。如输入国有明确规定的，应符合输入国要求；建议其各类农药残留量不超过国际食品法典委员会规定的含量。

农药使用人员应注意以下事项：

——施用农药的农业工人应进行专业培训。

——有农药施用记录。记录应包括施药时间、施用药品名称、喷洒的蔬菜作物名称、所防治的病虫害名称、施用方法及次数，每亩施用量，收获记录，以证明施药与收获之间的间隔时间是恰当的。

——农药喷雾器应按需要予以校准，便于控制施用量。

——配农药应避免周围地段水土的污染；应保护操作人员免受潜在危害。

——喷雾器、配药桶及相关用具在用前和用后应彻底清洗，尤其是在用不同的农药喷洒不同的作物后更应彻底清洗，以避免污染蔬菜。

——所购农药应有标签或者说明书。超过有效期的农药应予废弃。应按需要检测验证农药有效成分，至少需要检测验证有害成分。

——农药应存放在安全、通风良好的地方，并予以妥善保管。废弃农药及废弃农药包装物品应远离生产区、生活区及已收获的蔬菜，并应以安全妥当的方式回收或处置，避免对生长期的蔬菜、居民或加工收购地点构成污染。

4.2.2 生产用水

4.2.2.1 在田间或室内使用水溶性化肥及配制农药所用的水，其微生物污染物含量不得对新鲜蔬菜安全造成不良影响。在接近收获的时间，在施肥、施药(如喷洒)时将新鲜蔬菜的食用部分直接暴露给水时应特别注意水质安全。

4.2.2.2 种植人应确定出口蔬菜种植基地使用的水源(城市用水、重复使用的灌溉用水、水井、明渠、水库、河流、湖泊等等)。应评估其微生物与化学质量及其对出口蔬菜种植基地的适宜性，并确定预防或减少污染(如来自畜牧、污水处理、人类居住等)的必要措施。

4.2.2.3 必要时，种植者应检测他们所使用水的微生物及化学污染物。检测的次数视水源及环境污染的风险状况而定。环境污染包括间歇性或临时性的污染(如大雨、水灾等)。若发现水源被污染，应采取正确的补救措施，保证该水源恢复到合格水平。

在下列情况下应特别注意水质：

——所采用的灌溉技术将新鲜蔬菜的食用部分直接暴露给水(如喷灌)，尤其是在接近收获的时间；

——所灌溉的蔬菜叶子及粗糙表面具备能存水等物理特性；

——所灌溉的蔬菜在包装前很少或不进行采收后水洗处理，如田间直接包装的产品。

4.2.3 粪肥和其他非商品肥料

在种植蔬菜过程中如使用粪肥、应设法限制有害微生物、化学及物理污染的可能性。受重金属或其他化学物质污染的粪肥和其他天然肥料，若其含量可能影响蔬菜的安全性，就不应使用。必要时，为减少有害微生物的污染，应考虑以下做法：

——采用合适的处理方法(如堆肥、巴氏消毒、热干燥等，以减少或消除粪肥及其他天然肥料中的病原微生物）。

——未加处理或部分处理的粪肥及其他天然肥料，只有在采取适当的纠正措施减少微生物污染时方可使用，例如，尽量减少粪肥及其他天然肥料与蔬菜之间的直接或间接的接触；尽量拉长施肥与新鲜蔬菜收获的间隔时间。

——尽量采购经过处理减少了微生物或化学污染程度的粪肥所生产的蔬菜原料。若有可能，应从原料产地供货人处索取能证明其产地、处理方法、所作的检测及其结果的相关单证。

——尽量减少来自相邻田地的粪肥及其他天然肥料的污染。如果证实有来自相邻田地污染的可能性，应采取切实的预防措施来减少这一风险。

——避免在蔬菜产区附近安排粪肥存放场。封闭好粪肥及其他天然肥料，防止由雨水径流和渗漏造成的交叉污染。

4.2.4　种植基地基础设施

4.2.4.1　办公、农资存放场所

有管理人员办公、农资存放、农药配制等场所，场所的位置应便于基地的管理，并能够保证存放农药等物资的安全性。

4.2.4.2　卫生清洁设施

具备适宜的人员卫生清洁设施。这些设施尽可能做到：

——靠近田地及室内设施，数量应足够人员使用。

——设计合理，清除废物时避免污染出口蔬菜种植基地、蔬菜或者水源。

——有充足的卫生洗手设备。在清洁条件下维修保养。

4.2.4.3　与种植和收获有关的设备

种植者与收获人员遵守设备生产厂家推荐的关于合理使用设备与维修的各种技术要求，并应采用以下卫生规范：

a）与新鲜蔬菜接触的设备或容器用由无毒材料制成。其构造应便于清洗、消毒及维修，以防止对蔬菜及制品的污染。

b）每台所使用的设备，处理不同类别的蔬菜，都应确定专门的卫生清洗与维修保养的要求。

c）盛放废物、下脚料、非食用品或危险物品的容器应醒目并易于辨认，以防止被用做收获容器或加工器具。部分器具或有关部位应由防渗透材料制造。若情况允许，放置危险物品的容器应带锁，以防止恶意或意外污染。

d）无法继续维持卫生状态的容器应作为废物处理。

e）设备、器具应按设计用途使用，保持完好状态，防止造成产品或人员损伤。

4.2.5　种植人员要求

4.2.5.1　人员健康卫生

怀疑患有或者携带疾病可能通过蔬菜作为传染途径的人员，不允许进入任何食品处理区。所有受影响的人员都应立即向管理部门报告病情及症状。

直接接触蔬菜的农业工人和加工人员应保持高度的个人卫生，并应在相关区域穿戴隔离衣与隔离靴。带刀伤或其他外伤的职工若允许继续工作，应用合适的防水敷料包扎伤口。

职工在处理蔬菜及制品时应洗手。职工中间休息、去卫生间、或接触任何可能受污染的物品，每次返回加工区域工作之前应重新洗手。加工过程中根据需要应定期洗手。

4.2.5.2　劳动保护

建立适当劳动保护措施，保证在收获过程中或收获后直接接触蔬菜的农业工人不会受到化学品污染或物理伤害；建立员工岗位伤害补偿制度。

外来人员在相关区域应穿隔离衣，并遵守该蔬菜种植基地的其他个人安全卫生规定。

4.2.5.3 **职责**

4.2.5.3.1 种植基地配备有与种植范围、规模相适应的植保员。

4.2.5.3.2 植保员应经过专门学习或技术培训，具有满足工作所需要的农学、植物保护的基本知识。

4.2.5.3.3 植保员负责基地病虫害防治、农药安全使用、制定作业指导书、管理农药、农药废弃包装物处理、记录的使用和保管，对农业工人的技术培训。

4.3 收获、存放与运输

4.3.1 防止交叉污染

原料种植生产及收获后操作期间，应采取有效措施防止交叉污染。为预防交叉污染的可能性，种植者、收获人员及他们的雇员应遵守下面所提出的建议：

a) 在收获期间，若出现有可能增加作物污染的因素，如不利的天气状况时，应考虑加强管理工作。

b) 收获期间，不适宜于人类食用的蔬菜应予以隔离。那些通过继续加工也无法使其安全的，应妥善处置，避免进入加工程序。

c) 农业工人不得用收获容器盛放其他物品(如午饭、工具、燃料等)。

d) 曾用于盛放潜在有害物质(如垃圾、粪肥等)的设施及容器未经充分清洗和消毒不得用于盛放新鲜蔬菜或蔬菜包装材料。

e) 在田间包装新鲜蔬菜时，应注意避免因粪肥或动物(人类)大便暴露而造成对包装材料及箱子的污染。

f) 运输车辆不得用于运输有害物质，除非事后对其充分清洗并对必要处进行消毒，以防止交叉污染。

g) 清洗材料与农药等有害物质应易于识别，并分别存放在安全的仓储设施内。

4.3.2 存放与运输安全

新鲜蔬菜的存放与运输应尽量减少有害微生物、化学及物理污染。可采取以下做法：

a) 存放场地尽量减少由玻璃、木头、塑料等物品造成潜在污染的机会。并避免有害生物的进入(虫、鼠、蚊蝇等)。

b) 运输车辆应能尽量减少对新鲜蔬菜的损伤，运输设施应由无毒、便于彻底清洗的材料制成。

c) 在存放与运输前，农业工人应尽可能除去新鲜蔬菜上的泥土。在本工序应注意尽量减少作物的物理损伤。

d) 运输过程应防止不安全产品的掺杂混入。企业应制定相应的运输安全控制程序，确保原料安全进入厂区加工。

5 生产加工

5.1 加工企业质量管理体系

5.1.1 加工企业符合《出口食品生产企业卫生注册登记管理规定》的要求，建立质量管理体系，并保持卫生质量体系的有效运行。应将安全卫生项目的控制作为质量管理体系的核心内容。

5.1.2 出口速冻蔬菜、低温冷冻干燥脱水蔬菜、即食蔬菜制品、水煮蔬菜、直接入口的食用菌产品加工企业，应符合 GB/T 19538 及其他要求，建立并实施 HACCP 体系。

5.1.3 质量管理体系文件应以不脱离并符合本企业实际状况为前提。在借鉴引用的同时，各种质量管理文件和记录应符合各企业实际需要并真实体现体系的运行。

5.2 加工环境和设施

5.2.1 冷冻蔬菜加工企业应符合《出口速冻果蔬生产企业注册卫生规范》。

5.2.2 脱水蔬菜加工企业应符合《出口脱水果蔬生产企业注册卫生规范》。

5.2.3 腌渍蔬菜、泡菜加工企业应符合《出口泡菜生产企业注册卫生规范》。

5.2.4 水煮蔬菜加工企业应符合《出口罐头生产企业注册卫生规范》。

5.2.5 各类蔬菜加工企业应符合 GB 14881 的规定。

另外：

a) 加工区域人员出入口或通道应分别设置。

b) 一切有温度要求的储存和加工场所，应根据需要安装自动温度显示、记录和打印装置。

c) 温度显示装置应醒目、及时校准，并避免采用易碎材料制作。

d) 以上食品卫生注册规范不能够满足其环境和设施要求的蔬菜类加工企业，可以参照检验检疫部门制定的规范性文件。

5.3 加工过程控制

应符合《出口食品生产企业卫生注册登记管理规定》。

另外：

a) 企业有加工设备设施的清洗程序，尤其是固定设备设施及不宜于水洗的设备设施。

b) 在加工过程中应按照生产工艺和安全卫生需要，设置清洁区和非清洁区，并防止人流、物流和气流的交叉污染。

c) 加工过程中产生的不合格品应隔离存放，有明显标志，并在质量管理人员的监督下处置。

d) 加工过程中需要更换水的环节，更换水的频率应足够高，以便预防有机物的累积，并防止交叉污染。

e) 在部分储存区域、加工区域和需要使用杀菌剂的环节，可以使用高效低毒的杀菌剂，以便将储存和加工过程中的交叉污染降至最低。但杀抗菌剂水平应得到监测和控制，以保证将其保持在有效浓度。并保证化学残留不超过危害人类健康的水平。

f) 部分产品在食用之前，消费者很可能不再进行水洗。所以用于最终漂洗的水应达到 GB 5749 的要求。

g) 在部分蔬菜品种加工的每一个加工工序(如保鲜蒜薹、蒜米、泡菜等)，从进入加工到运输销售，蔬菜均应保持持续低温，以便将微生物生长降至最低水平。

h) 各个工序之间半成品存留时间应尽可能缩短，避免产品中微生物孳生、物理变化和其他污染的发生。

i) 各食品添加剂的使用品种、使用浓度应符合我国和进口国有关规定。

5.4 包装、储存和运输

5.4.1 包装

应符合《出口食品生产企业卫生注册登记管理规定》。

另外：

a) 包装场地环境与包装间温度应符合产品要求。

b) 内外包装应分开存放；内包装材料应进行卫生检验合格后方可以使用。

c) 包装过程中应防止不清洁的操作和外包装污染产品。如冷库车辆不应进入内包装间。

d) 外包装适合长途运输。纸箱、竹筐、网袋、编织袋等包装容器要求大小一致、无虫蛀、霉变、完整、牢固、干燥、粘封紧密、结实、通风透气、内部无尖突物，外部平整无尖刺、纸箱无受潮，离层现象；疏木箱要求缝宽适度，无凸起的铁钉；草袋要求编织紧密；泡沫箱要求无破损，粘封紧密、不透气；真空包装用塑料袋应厚度适宜，气密性好，无漏气现象。木质包装应符合国家有关检疫法律法规的规定并加贴标识后方可使用。

5.4.2 储存

应符合《出口食品生产企业卫生注册登记管理规定》。

另外：

a) 保鲜仓库、冷库具备的温度显示装置应有多项控制措施，保证显示准确。

b) 干燥蔬菜产品存放库内要保持空气干燥和卫生。

c) 避免使用远离加工车间并易造成产品污染的冷库和仓库存放成品。

d) 避免使用不在本企业管理范围之内的冷库或仓库。

e) 需要进行冷冻条件下短期储存的产品,企业应具备符合卫生要求和温度要求的冷库与仓库。

f) 需要避光保存的产品,应设置必需的避光条件。

5.4.3 运输

应符合《出口食品生产企业卫生注册登记管理规定》。

另外:

a) 不同温度要求的蔬菜不可以混装运输。

b) 有温度要求的产品在运输过程中应确保温度恒定。

c) 企业应有专门人员负责监装货物,做好发货数量、温度、批次等记录。

d) 企业应建立防止产品出厂后被掺假、换货或者其他有可能危害产品安全的运输发货管理程序,确保产品出厂后安全。

5.5 生产管理人员

5.5.1 生产人员健康与卫生

应符合《出口食品生产企业卫生注册登记管理规定》。

5.5.2 生产、管理人员资格与培训

应符合《出口食品生产企业卫生注册登记管理规定》。

企业制定培训计划时应考虑的因素:

——不同加工工序工人拟承担的任务以及与这些任务相关的各类危害与控制。

——所加工产品的商品性质、对产品可造成生物污染的来源以及产品经受病原性微生物滋长的能力。

——员工的更换频率与工艺的改变。

——被培训人员人接受培训的能力。

6 产品检验监控

6.1 安全卫生项目的监控计划

6.1.1 出口蔬菜加工企业应根据企业产品需要,提出本企业的农药残留监控计划、微生物监控计划、有害生物监控计划。这些监控计划应是在风险分析基础上所制定且是动态的。

6.1.2 企业要对监控计划进行有效实施。

6.1.3 在加工企业各类监控计划实施过程中检出农残超标或者阳性结果,要及时报告属地检验检疫机构,以便于检验检疫机构制定或调整本地区的各类监控计划。同时要进行原因分析,提出纠偏措施。

6.1.4 做好相应监控、检测及纠偏记录。

6.1.5 经过产品检验或者监控检测不合格原料、半成品、成品,应按照企业规定的处理程序进行处置,至少保证不影响最终产品的安全。

6.2 检验能力

应符合《出口食品生产企业卫生注册登记管理规定》。

另外:

a) 实验室应配有能满足产品标准所规定检验项目的仪器、设备和器具。

b) 企业自身无法检测的项目可委托有资质的社会实验室承担检测,并制定详细的委托检测计划。

c) 企业自属实验室或委托实验室应定期对生产用水、食品接触面、原料、辅料、半成品、成品等进

行检验,并及时出具相关检验报告。

d) 企业实验室应参照 GB/T 15481,并定期参加检验检疫机构实验室或者进口国家相关实验室组织的检测能力验证。

6.3 检验人员

应符合《出口食品生产企业卫生注册登记管理规定》。

7 产品可追溯性

7.1 溯源图

加工企业建立有效运转的溯源管理系统。溯源管理系统参见图 1。

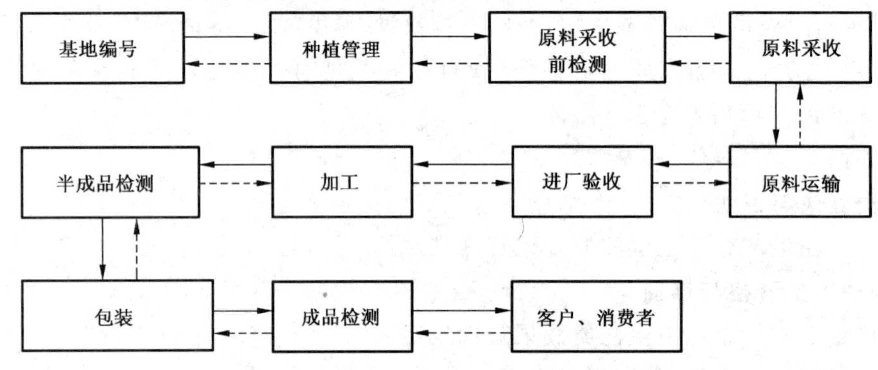

图 1 溯源管理系统

7.2 溯源内容

7.2.1 溯源系统包括蔬菜种植基地信息、收获、运输、进厂验收、加工、贮存、发运、采样检测、客户反馈等全部过程。一般使用原料进厂加工日期+基地编号+产品批次编号+客户编号,作为追溯标识,完成对整个过程的追溯。通过追溯标识可以从最终成品到新鲜原料的每一环节逐一进行反向追溯。通过追溯,分析查找种植、加工过程中的问题,采取有效的控制措施。每个企业的溯源系统有不同,其追溯标识应由企业自己确定,在保证溯源可靠的前提下,追溯标识编号力求简短,并在体系文件中予以说明。

7.2.2 溯源系统还应包括对蔬菜制品中使用的辅料、食品添加剂、内外包装物料等一切所需要的食品材料所进行的追溯。

8 产品召回

8.1 加工企业建立产品召回程序,以保证出厂产品出现安全卫生危害问题后能及时、完全地将其撤回。

8.2 对类似生产条件下生产的带有潜在安全卫生危害的产品进行评定或撤回,同时视情况发布有关信息通报。

8.3 召回的产品应改为人类消费以外的其他用途或销毁,如果确定产品是安全的或再加工之前,要在有效的监督之下进行妥善保管。

9 文件和记录

9.1 文件编制与记录格式设计应规范、适用,有助于对食品安全卫生控制体系的理解执行;便于现场记录人操作;便于被客户、官方机构、认证机构所认可。

9.2 文件和记录应及时发放、收集和归档,有专人和场所保管,宜于检索和保存。

文件与记录基本包括:

a) 种植基地所有农田作业资料,如:农药购入使用清单;有害生物控制记录;肥料使用记录;合同基地证明资料、环境与灌溉水检测资料、农药所用容器的清洗记录等。

b) 加工过程每批产品的相关资料，如：原料、辅料验收记录；关键控制点监控与纠偏记录；批次管理和产品出入库记录；车间消毒卫生管理记录、装运发货记录等。

c) 质量管理体系相关资料，如：加工用水检测记录；温度控制、人员健康检查记录；各个层次的质量体系文件；原料、半成品和成品检测报告和记录、安全卫生项目监控计划等。

9.3 企业各类文件和记录保留：记录的保留时间应根据产品需要而确定，一般需要超过产品保质期，以便于应要求进行产品召回和追溯调查；文件的保留时间可依据体系文件规定和更改需要而确定。

ICS 67.220.10
X 66

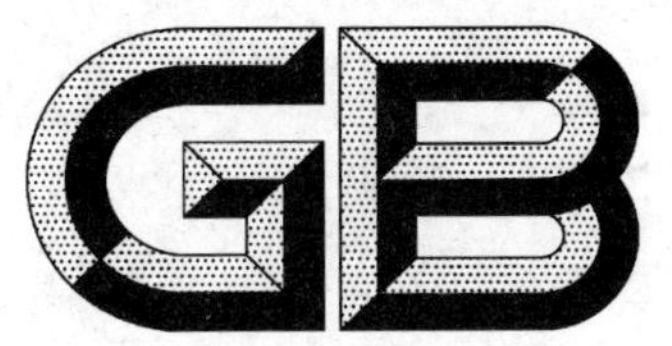

中华人民共和国国家标准

GB/T 21725—2008

天然香辛料　分类

Natural spices—Classification

2008-05-04 发布　　2008-10-01 实施

中华人民共和国国家质量监督检验检疫总局
中国国家标准化管理委员会　发布

前言

本标准由中华全国供销合作总社提出并归口。

本标准起草单位:中华全国供销合作总社南京野生植物综合利用研究院。

本标准主要起草人:陈仕荣、张卫明。

天然香辛料 分类

1 范围

本标准规定了天然香辛料的分类原则和分类编号，并给出了天然香辛料的分类表。

本标准适用于天然香辛料的生产、科研、教学、贸易、检验及其他有关领域。

2 术语和定义

下列术语和定义适用于本标准。

2.1

天然香辛料 natural spices

可直接使用的具有赋香、调香、调味功能的植物果实、种子、花、根、茎、叶、皮或全株等天然植物性产品。

2.2

浓香型天然香辛料 strong fragrance spices

以浓香为主要呈味特征，呈味成分多为芳香族化合物，无辛、辣等刺激性气味的天然香辛料产品。

2.3

辛辣型天然香辛料 pungent spices

以辛、辣味等强刺激性气味为主要呈味特征，呈味成分多为含硫或酰胺类化合物的天然香辛料产品。

2.4

淡香型天然香辛料 elegant spices

以平和淡香、香韵温和为主要呈味特征，无辛辣等刺激性气味的天然香辛料产品。

3 分类原则及分类编号

3.1 分类原则

依据天然香辛料呈味特征，将其分为浓香型天然香辛料、辛辣型天然香辛料和淡香型天然香辛料三大类，分别以字母“S”、“P”、“E”表示，写在序号前面。

3.2 分类编号

每一种天然香辛料编一个号，编号由香辛料产品的分类字母及按其通用名称中文笔划多寡顺序编排的阿拉伯数字组成。

4 天然香辛料分类编号表

4.1 浓香型天然香辛料分类编号表

按大类分别编制编号表，编号表把天然香辛料的中文名称、英文名称和植物学名编在一起，以便查阅。表1给出了浓香型天然香辛料分类编号。

表1 浓香型天然香辛料分类编号表

编号	中文名称	英文名称	植物学名
S1	丁香	clove	*Syziumaromaticum* Merr& Perry
S2	八角茴香	star anise	*Illicium verum* Hook. F.

表 1（续）

编号	中文名称	英文名称	植物学名
S3	小豆蔻	small cardamon	*Eletlaria cardamomum*(L.)malon
S4	小茴香	fennel	*Foeniculum vulgare* P. miller
S5	大清桂	vietnamese cassia	*Cinnamomum loureirii* Nees.
S6	牛至	oregano	*Origanum vulgare* L.
S7	龙蒿	tarragon	*Artemisia dracunculus* L.
S8	百里香	thyme	*Thymus vulgaris* L.
S9	阴香	indonesia cassia	*Cinnamomum burmannii* C. G. nees ex blume
S10	多香果	pimento allspice	*Pimenta dioica*(L.)merrill
S11	肉豆蔻	nutmeg	*Myristica fragrans* Hout
S12	芹菜籽	celery	*Apium graveolens* L.
S13	芫荽	coriander	*Coriandrum sativum* L.
S14	葛缕子	caraway	*Carrum carvi* L.
S15	莳萝	dill	*Anethum graveolens* L.
S16	香豆蔻	greater Indian cwidamom	*Amomum subulatum* Roxb
S17	桂皮	Chinese cassia	*Cinnamomum cassia* Nees.
S18	甜罗勒	sweet basil	*Ocimum basilicum* L.

4.2 辛辣型天然香辛料分类编号表

表 2 给出了辛辣型天然香辛料分类编号。

表 2 辛辣型天然香辛料分类编号表

编号	中文名称	英文名称	植物学名
P1	大蒜	garlic	*Allium sativum* L.
P2	大葱	welsh onion	*Allium fistulosum* L.
P3	小葱	chive	*Allium schoenopasum* L.
P4	白欧芥	white mustard	*Sinapis alba* L.
P5	白胡椒、黑胡椒	white pepper	*Piper nigrum* L.
P6	木姜子	litsea	*Litsea pungens* Hemsl
P7	花椒	Chinese prickly ash	*Zan thoxylum bungeanum* Maxim
P8	阿魏	asafoetida	*Ferula assa-foetida* L.
P9	姜	ginger	*Gingiber officinale* Roscoe
P10	洋葱	onion	*Allium cepa* L.
P11	香茅	west Indian lemongras	*Cymbopogon citrates*(DC.)Stapf
P12	砂仁	villosum	*Amomum villosum* Lour
P13	韭葱	winter leek	*Allium porrum* L.
P14	高良姜	greater galanga	*Alpinia galanga*(L.)Willd
P15	荜拨	long pepper	*Piper longum* L.
P16	黑芥子	black mustard	*Brassica nigra*(L.) W. D. J. Koch
P17	椒样薄荷	peppermint	*Mentha* x *piperita* L.
P18	辣椒	chilli ,capsicum	*Capsicum frutescens* L.
P19	辣根	horseradish	*Armoracia rusticana* P. Gaertn. B. Meyei et scherb
P20	薄荷	fieldmint	*Mentha arvensis* L.

4.3 淡香型天然香辛料分类编号表

表3给出了淡香型天然香辛料分类编号。

表3 淡香型天然香辛料分类编号表

编号	中文名称	英文名称	植物学名
E1	调料九里香	curry	*Murraya koenigii* (L.)C. sprengel
E2	山奈	kaempferia	*Kaempferia galanga* L.
E3	月桂叶	laurel	*Laurus nobilis* L.
E4	甘草	licorice	*Glycyrrhiza uralensis* Fisch
E5	石榴	pomegranate	*Punica granatum* L.
E6	甘牛至	sweet marijoram	*Organum majorana* L.
E7	香椿	Chinese mahogany	*Toona sinesis* (A. juss)roem
E8	芝麻	benne	*Sesamum indicum* L.
E9	芒果	mango	*Mangifera Indian* L.
E10	香旱芹	ajowan	*Trachyspermum ammi* (L.)sprague
E11	杨桃	carambola	*Averrhoa carambola* L.
E12	豆蔻	cambodian caidamom	*Amomum krervanh* Pierre ex gagnepain
E13	菖蒲	sweet flag	*Acorus calamus* L.
E14	枫茅	srilanka citronella	*Cymbopogon nardus* (L.)Rendle
E15	刺柏	juniper	*Juniperus communis* L.
E16	刺山柑	caper	*Capparis spinosa* L.
E17	细叶芹	charvil	*Anthriscus cereifolium*
E18	欧芹	parstey	*Petroselinum crispum* (P. mill)nyman ex A. W. hill
E19	罗晃子	tamarind	*Tamarindus indica* L.
E20	枯茗	cumin	*Cuminum cyminum* L.
E21	姜黄	turmeric	*Curcuma Longa* L.
E22	葫芦巴	fenugreek	*Trigonella foenum-graecum* L.
E23	草果	tsao-ko	*Amomum tsao-ko* Crevost et Lemaire
E24	香荚兰	vanilla	*Vanilla planifolia* Andr. syn. V. fragrans Ames
E25	迷迭香	rosemary	*Rosmarinus officinalis*
E26	留兰香	garden mint	*Mentha spicata* L.
E27	圆叶当归	angelia	*Angelica archangelica* L.
E28	蒙百里香	wild thyme	*Thymus serpyllum* L.
E29	罂粟	poppy	*Papaver somniferum* L.
E30	藏红花	saffron	*Crocus sativus* L.

ICS 67.140.10
X 55

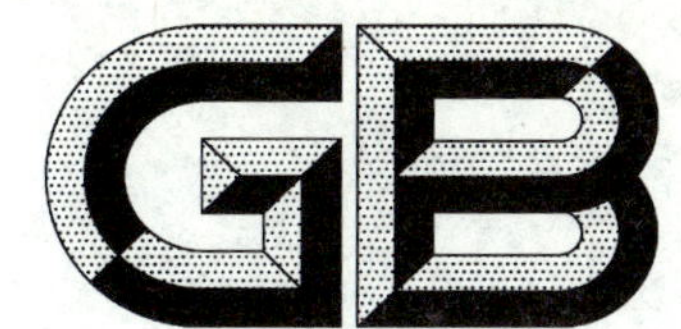

中华人民共和国国家标准

GB/T 21726—2008

黄茶

Yellow tea

2008-05-04 发布　　　　2008-10-01 实施

中华人民共和国国家质量监督检验检疫总局
中国国家标准化管理委员会　发布

前　言

本标准由中华全国供销合作总社提出并归口。

本标准起草单位:中华全国供销合作总社杭州茶叶研究院。

本标准主要起草人:翁昆、沈红、赵玉香。

黄　　茶

1　范围

本标准规定了黄茶的分类、要求、试验方法、检验规则、标志标签、包装、运输和贮存。

本标准适用于以茶树(*Camellia sinensis* L. O. kunts)的芽、叶、嫩茎为原料,经杀青、揉捻、闷黄、干燥等特定工艺制成的黄茶。

2　规范性引用文件

下列文件中的条款通过本标准的引用而成为本标准的条款。凡是注日期的引用文件,其随后所有的修改单(不包括勘误的内容)或修订版均不适用于本标准,然而,鼓励根据本标准达成协议的各方研究是否可使用这些文件的最新版本。凡是不注日期的引用文件,其最新版本适用于本标准。

GB/T 191　包装储运图示标志

GB 2762　食品中污染物限量

GB 2763　食品中农药最大残留限量

GB 7718　预包装食品标签通则

GB/T 8302　茶　取样

GB/T 8303　茶　磨碎试样的制备及其干物质含量测定

GB/T 8304　茶　水分测定

GB/T 8305　茶　水浸出物测定

GB/T 8306　茶　总灰分测定

GB/T 8307　茶　水溶性灰分和水不溶性灰分测定

GB/T 8308　茶　酸不溶性灰分测定

GB/T 8309　茶　水溶性灰分碱度测定

GB/T 8310　茶　粗纤维测定

GB/T 8311　茶　粉末和碎茶含量测定

SB/T 10035　茶叶销售包装通用技术条件

SB/T 10157　茶叶感官审评方法

定量包装商品计量监督管理办法　国家质量监督检验检疫总局(2005)第75号令

3　分类

根据鲜叶原料和加工要求的不同,黄茶产品分为芽型(单芽或一芽一叶初展)、芽叶型(一芽一叶、一芽二叶初展)和大叶型(一芽多叶)三种。

4　要求

4.1　基本要求

具有正常的色、香、味,不含有非茶类物质,无异味,无异嗅,无劣变。

4.2　感官品质

应符合表1的规定。

表 1 感官品质要求

种类	要求							
	外形				内质			
	形状	整碎	净度	色泽	香气	滋味	汤色	叶底
芽型	针型或雀舌型	匀齐	净	杏黄	清鲜	甘甜醇和	嫩黄明亮	肥嫩黄亮
芽叶型	自然型或条形、扁形	较匀齐	净	浅黄	清高	醇厚回甘	黄明亮	柔嫩黄亮
大叶型	叶大多梗、卷曲略松	尚匀	有梗片	褐黄	纯正	浓厚醇和	深黄明亮	尚软、黄尚亮

4.3 理化指标

应符合表 2 的规定。

表 2 理化指标

项目		指标		
		芽型	芽叶型	大叶型
水分(质量分数)/%	≤	7.0		
总灰分(质量分数)/%	≤	7.0		
碎末茶(质量分数)/%	≤	2.0	3.0	6.0
水浸出物(质量分数)/%	≥	32		
水溶性灰分(质量分数)/%	≥	45		
水溶性灰分碱度(以 KOH 计)(质量分数)/%		≥1.0[a];≤3.0[a]		
酸不溶性灰分(质量分数)/%	≤	1.0		
粗纤维(质量分数)/%	≤	16.5		
注：水浸出物、水溶性灰分、水溶性灰分碱度、酸不溶性灰分、粗纤维为参考指标。				
[a] 当以每 100 g 磨碎样品的毫克分子表示水溶性灰分碱度时，其限量为：最小值 17.8，最大值 53.6。				

4.4 卫生指标

4.4.1 污染物限量指标应符合 GB 2762 的规定。

4.4.2 农药残留限量指标应符合 GB 2763 的规定。

4.5 净含量

应符合《定量包装商品计量监督管理办法》的规定。

5 试验方法

5.1 取样按 GB/T 8302 的规定执行。

5.2 感官品质检验按 SB/T 10157 的规定执行。

5.3 试样的制备按 GB/T 8303 的规定执行。

5.4 水分检验按 GB/T 8304 的规定执行。

5.5 总灰分检验按 GB/T 8306 的规定执行。

5.6 碎末茶检验按 GB/T 8311 的规定执行。

5.7 水浸出物检验按 GB/T 8305 的规定执行。

5.8 水溶性灰分检验按 GB/T 8307 的规定执行。

5.9 水溶性灰分碱度检验按 GB/T 8309 的规定执行。

5.10 酸不溶性灰分检验按 GB/T 8308 的规定执行。

5.11 粗纤维检验按 GB/T 8310 的规定执行。

5.12 卫生指标检验按 GB 2762 和 GB 2763 的规定执行。

6 检验规则

6.1 取样

6.1.1 取样以“批”为单位，在生产和加工过程中形成的独立数量的产品为一个批次，同批产品的品质和规格应一致。

6.1.2 取样按 GB/T 8302 的规定执行。

6.2 检验分类

6.2.1 出厂检验

每批产品均应做出厂检验，经检验合格签发合格证后，方可出厂。出厂检验项目为感官品质、水分和净含量。

6.2.2 型式检验

型式检验项目为本标准第 4 章要求中的全部项目，检验周期每年一次。有下列情况之一时，应进行型式检验：

a) 如原料有较大改变，可能影响产品质量时；

b) 出厂检验结果与上一次型式检验结果有较大出入时；

c) 国家法定质量监督机构提出型式检验要求时。

6.3 判定规则

按第 4 章要求的项目，任一项不符合规定的产品均判为不合格产品。

6.4 复验

对检验结果有争议时，应对留存样或在同批产品中重新按 GB/T 8302 规定加倍取样进行不合格项目的复验，以复验结果为准。

7 标志标签、包装、运输和贮存

7.1 标志标签

产品的标志应符合 GB/T 191 的规定，标签应符合 GB 7718 的规定。

7.2 包装

包装应符合 SB/T 10035 的规定。

7.3 运输

运输工具应清洁、干燥、无异味、无污染。运输时应有防雨、防潮、防曝晒措施。严禁与有毒、有害、有异味、易污染的物品混装、混运。

7.4 贮存

产品应贮存于清洁、干燥、无异气味的专用仓库中，严禁与有毒、有害、有异味、易污染的物品混放。仓库周围应无异气污染。

ICS 67.140.10
X 04

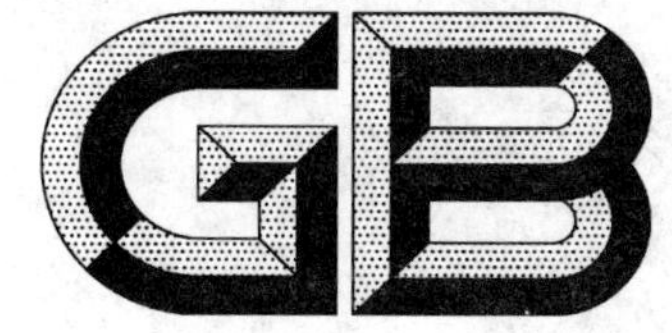

中华人民共和国国家标准

GB/T 21727—2008

固态速溶茶　儿茶素类含量的检测方法

Instant tea in solid form—Determination of catechins content

(ISO 14502-2:2005, Determination of substances characteristic of green and black tea—Part 2:Content of catechins in green tea—Method using high-performance liquid chromatography ,MOD)

2008-05-04 发布　　2008-10-01 实施

中华人民共和国国家质量监督检验检疫总局
中国国家标准化管理委员会　发布

前 言

本标准修改采用 ISO 14502-2:2005《高效液相色谱法测定绿茶中儿茶素》。本标准与 ISO 14502-2:2005的主要差异为:本标准采用了 ISO 14502-2:2005 中速溶茶儿茶素测定的有关部分,不包括ISO 14502-2:2005中茶叶儿茶素的测定部分;本标准结构上对 ISO 14502-2:2005 进行了适当的调整。

本标准由中华全国供销合作总社提出并归口。

本标准起草单位:中华全国供销合作总社杭州茶叶研究院。

本标准主要起草人:徐建峰、周卫龙、许凌。

固态速溶茶　儿茶素类含量的检测方法

1 范围

本标准规定了用高效液相色谱(HPLC)测定固态速溶茶中儿茶素类含量的方法。

本标准适用于固态速溶茶中儿茶素类含量的测定。

2 规范性引用文件

下列文件中的条款通过本标准的引用而成为本标准的条款。凡是注日期的引用文件,其随后所有的修改单(不包括勘误的内容)或修订版均不适用于本标准,然而,鼓励根据本标准达成协议的各方研究是否可使用这些文件的最新版本。凡是不注日期的引用文件,其最新版本适用于本标准。

GB/T 18798.1　固态速溶茶　取样(GB/T 18798.1—2002,eqv ISO 7516:1984)

GB/T 18798.3　固态速溶茶　水分测定(GB/T 18798.3—2002,eqv ISO 7513:1990)

3 原理

速溶茶用热的10%乙腈溶解。儿茶素类的测定用 C_{18} 柱、检测波长278 nm、梯度洗脱、HPLC分析,用儿茶素类标准物质外标法直接定量,也可采用儿茶素类与咖啡碱的相对校正因子 RRF_{Std}(ISO国际环试结果)(见7.2)来定量。

4 仪器

4.1　分析天平:感量0.000 1 g。

4.2　水浴。

4.3　离心机:转速3 500 r/min。

4.4　混匀器。

4.5　高效液相色谱仪(HPLC):包含梯度洗脱及检测器(检测波长278 nm)。

4.6　数据处理系统。

4.7　液相色谱柱:C_{18}(粒径5 μm,250 mm×4.6 mm)。

5 试剂

本标准所用水为重蒸馏水,除特殊规定外,所用试剂为分析纯。

5.1　乙腈:色谱纯。

5.2　甲醇。

5.3　乙酸。

5.4　甲醇水溶液(体积比):7+3。

5.5　乙二胺四乙酸(EDTA)溶液:10 mg/mL(现配)。

5.6　抗坏血酸溶液:10 mg/mL(现配)。

5.7　稳定溶液:分别将25 mLEDTA溶液(5.5)、25 mL抗坏血酸溶液(5.6)、50 mL乙腈(5.1)加入500 mL容量瓶中,用水定容至刻度,摇匀。

5.8　液相色谱流动相

5.8.1　流动相A:分别将90 mL乙腈(5.1)、20 mL乙酸(5.3)、2 mLEDTA(5.5)加入1 000 mL容量

瓶中,用水定容至刻度,摇匀。溶液需过 0.45 μm 膜。

5.8.2 流动相B:分别将 800 mL 乙腈(5.1)、20 mL 乙酸(5.3)、2 mLEDTA (5.5)加入 1 000 mL 容量瓶中,用水定容至刻度,摇匀。溶液需过 0.45 μm 膜。

5.9 标准储备溶液

5.9.1 咖啡碱储备溶液:2.00 mg/mL。

5.9.2 没食子酸(GA)储备溶液:0.100 mg/mL。

5.9.3 儿茶素类储备溶液:+C 1.00 mg/mL,+EC 1.00 mg/mL,+EGC 2.00 mg/mL,+EGCG 2.00 mg/mL,+ECG 2.00 mg/mL。

5.10 标准工作溶液:用稳定溶液(5.7)配制。

标准工作溶液的浓度:没食子酸 5 μg/mL~25 μg/mL、咖啡碱 50 μg/mL~150 μg/mL、+C 50 μg/mL~150 μg/mL、+EC 50 μg/mL~150 μg/mL、+EGC 100 μg/mL~300 μg/mL、+EGCG 100 μg/mL~400 μg/mL、+ECG 50 μg/mL~200 μg/mL。

6 操作方法

6.1 取样

按 GB/T 18798.1 的规定。

6.2 测定步骤

6.2.1 干物质含量测定

按 GB/T 18798.3 的规定。

6.2.2 供试液的制备

称取 0.5 g (精确到 0.000 1 g)均匀的速溶茶于 50 mL 容量瓶,加入≤60℃水溶解,加 5 mL 乙腈(5.1)并用水定容至刻度,摇匀。用移液管移取上述提取液 2 mL 至 10 mL 容量瓶中,用稳定溶液(5.7)定容至刻度,摇匀,过 0.45 μm 膜,待测。

6.2.3 色谱条件

流动相流速:1 mL/min。

柱温:35℃ 。

紫外检测器:λ=278 nm。

梯度条件: 100%A 相保持 10 min

↓

15 min 内由 100%A 相→68%A 相、32%B 相

↓

68%A 相、32%B 相保持 10 min

↓

100%A 相

6.2.4 测定

待流速和柱温稳定后,进行空白运行。准确吸取 10 μL 混合标准系列工作液注射入 HPLC。在相同的色谱条件下注射 10 μL 测试液。测试液以峰面积定量。

7 结果计算

7.1 计算方法

7.1.1 以儿茶素类标准物质定量,按式(1)计算:

$$\text{儿茶素含量}(\%) = \frac{A \times f_{\text{Std}} \times V \times d}{m_1 \times 10^6 \times m} \times 100 \quad \cdots\cdots(1)$$

式中：

A——所测样品中被测成分的峰面积；

f_{Std}——所测成分的校正因子(浓度/峰面积,浓度单位“μg/mL”)；

V——样品提取液的体积,单位为毫升(mL)；

d——稀释因子(通常为 2 mL 稀释成 10 mL,则其稀释因子为 5)；

m_1——样品称取量,单位为克(g)；

m——样品的干物质含量,%。

7.1.2 以咖啡碱标准物质定量,按式(2)计算：

$$儿茶素含量(\%) = \frac{A \times RRF_{Std} \times V \times d}{S_{Caf} \times m_1 \times 10^6 \times m} \times 100 \qquad \cdots\cdots(2)$$

式中：

RRF_{Std}——所测成分相对于咖啡碱的校正因子；

S_{Caf}——咖啡碱标准曲线的斜率(峰面积/浓度,浓度单位“μg/mL”)。

7.2 儿茶素类相对咖啡碱的校正因子表

见表 1。

表 1 儿茶素类相对咖啡碱的校正因子表

名称	GA	+EGC	+C	+EC	+EGCG	+ECG
RRF_{Std}	0.84	11.24	3.58	3.67	1.72	1.42

7.3 儿茶素类总量计算公式

见式(3)。

$$儿茶素类总量(\%) = EGC\ 含量 + C\ 含量 + EC\ 含量 + EGCG\ 含量 + ECG\ 含量 \qquad \cdots\cdots(3)$$

7.4 重复性

同一样品儿茶素类总量的两次测定值相对误差应≤10%,若测定值相对误差在此范围,则取两次测得值的算术平均值为结果,保留小数点后两位。

ICS 67.140.10
X 04

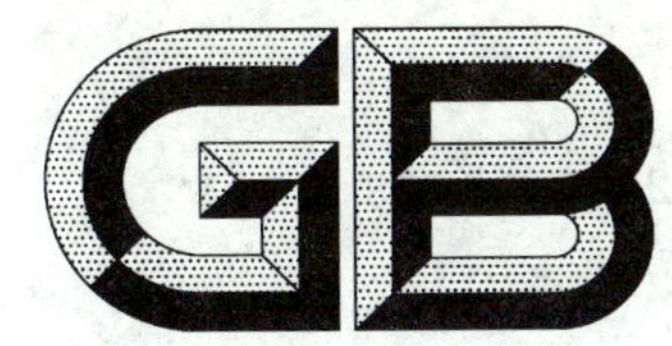

中华人民共和国国家标准

GB/T 21728—2008

砖茶含氟量的检测方法

Determination of fluoride content in brick tea

2008-05-04 发布　　2008-10-01 实施

中华人民共和国国家质量监督检验检疫总局
中国国家标准化管理委员会　发布

前　　言

本标准由中华全国供销合作总社提出并归口。

本标准起草单位：中华全国供销合作总社杭州茶叶研究院。

本标准主要起草人：周卫龙、徐建峰、翁昆。

砖茶含氟量的检测方法

1 范围

本标准规定了用离子选择电极检测砖茶中氟含量的方法。

本标准适用于砖茶成品及其原料含氟量的检测。

2 规范性引用文件

下列文件中的条款通过本标准的引用而成为本标准的条款。凡是注日期的引用文件，其随后所有的修改单(不包括勘误的内容)或修订版均不适用于本标准，然而，鼓励根据本标准达成协议的各方研究是否可使用这些文件的最新版本。凡是不注日期的引用文件，其最新版本适用于本标准。

GB/T 8302 茶 取样

GB/T 8303 茶 磨碎试样的制备及其干物质含量测定

3 术语和定义

下列术语和定义适用于本标准。

3.1

砖茶 brick tea

包括黑砖茶、茯砖茶、花砖茶、青砖茶、康砖茶、米砖茶、金尖茶、紧茶、沱茶等。

4 原理

氟离子选择电极的氟化镧单晶膜对氟离子产生选择性的对数响应，氟电极和饱和甘汞电极在被测试液中，电位差可随溶液中氟离子活度的变化而改变，电位变化规律符合能斯特(Nernst)方程式，见式(1)。

$$E = E^0 - \frac{2.303RT}{F}\lg c_{F^-} \qquad \cdots\cdots(1)$$

式中：

E——电池电动势，单位为毫伏(mV)；

E^0——在一定的实验条件下为一定值，单位为毫伏(mV)；

R——摩尔气体常数，8.314 41 J/(mol·K)；

T——热力学温度，单位为开(K)；

F——法拉第常数，96 486.70 C/mol；

c_{F^-}——氟离子浓度，单位为摩尔每升(mol/L)。

E 与 $\lg c_{F^-}$ 成线性关系。2.303 RT/F 为该直线的斜率(25℃时为 59.16)。与氟离子形成络合物的 Fe^{3+}、Al^{3+} 及 SiO_3^{2-} 等离子干扰测定，其他常见离子无影响，测量液的酸度为 pH5～6，用总离子强度调节缓冲液，消除干扰离子及酸度的影响。

5 仪器

5.1 氟电极：PF-1 型或其他型号。

5.2 酸度计：pHS-2 型或电位计。

5.3 磁力搅拌器。

5.4 饱和甘汞电极:232 型。

5.5 恒温水浴锅。

5.6 分析天平:感量 0.000 1 g。

6 试剂

本标准所用水为去离子水,除特殊规定外,所用试剂为分析纯。

6.1 1 mol/L 乙酸:取 3 mL 冰乙酸,加水稀释至 50 mL。

6.2 3 mol/L 乙酸钠溶液:称取 204 g 乙酸钠($CH_3COONa \cdot 3H_2O$),溶于 300 mL 水中,加 1 mol/L 乙酸(6.1)调节 pH 至 7.0,加水稀释至 500 mL。

6.3 0.75 mol/L 柠檬酸钠溶液:称取 110 g 柠檬酸钠($Na_3C_6H_5O_7 \cdot 2H_20$),溶于 300 mL 水中,加 14 mL高氯酸($HClO_4$),再加水稀释至 500 mL。

6.4 总离子强度调节缓冲液:3 mol/L 乙酸钠溶液(6.2)与 0.75 mol/L 柠檬酸钠(6.3)等体积混合,临用时配制。

6.5 氟标准溶液:先将氟化钠经 100℃干燥 4 h,冷却后精密称取 0.221 0 g,溶于水,移入 100 mL 容量瓶中,加水至刻度,混匀,置 4℃冰箱中保存。此溶液每毫升相当于 1.0 mg 氟。

6.6 氟标准工作液(10 μg/mL):吸取 10.0 mL 氟标准溶液(6.5),置于 100 mL 容量瓶中,加水稀释至刻度。如此反复稀释至此溶液每毫升相当于 10 μg 氟。

7 操作方法

7.1 取样

按 GB/T 8302 的规定。

7.2 试样制备

按 GB/T 8303 的规定。

7.3 测定步骤

7.3.1 称取 0.15 g(精确到 0.000 1 g)磨碎试样(7.2)于 100 mL 三角瓶中,加 20 mL 沸水,在沸水浴上煮提 30 min,取下冷却,用 25 mL 总离子强度调节缓冲液(6.4)将提取液转移至 50 mL 容量瓶中,加水定容、混匀,备用。同时做空白试验。

7.3.2 吸取 0.0, 1.0, 2.0, 5.0, 10.0 mL 氟标准工作液(6.6),分别置于 50 mL 容量瓶中,于各容量瓶中分别加入 25 mL 总离子强度调节缓冲液(6.4),加水至刻度,混匀,备用。

7.3.3 将氟电极和甘汞电极分别与测量仪器的负极与正极相连接。电极插入盛有水的 25 mL 塑料杯中,杯中放有套聚乙烯管的铁棒,在电磁搅拌中,读取平衡电位值,更换 2 次～3 次水,待电位值平衡后,即可进行样液与标准液的电位测定。

7.3.4 以电位差值为纵坐标,氟离子浓度的对数为横坐标,绘制标准曲线,根据样品电位值在曲线上求得含量。

8 结果表示

8.1 按式(2)计算试样中氟含量:

$$X = \frac{(A - A_0) \times V \times 1\,000}{m \times 1\,000} \qquad \cdots\cdots(2)$$

式中:

X——样品氟的含量,单位为毫克每千克(mg/kg);

A——测定用样液中氟的浓度,单位为毫克每升(mg/L);

A_0——空白液中氟的浓度,单位为毫克每升(mg/L);

V——样液总体积，单位为毫升(mL)；

m——样品质量，单位为克(g)。

8.2 重复性

同一样品氟含量的两次测定值相对误差应≤10%，若测定值相对误差在此范围，则取两次测得值的算术平均值为结果，保留整数位。

9 回收率

该方法添加氟 333.3 mg/kg～2 000.0 mg/kg 的回收率在 95.0%～99.3%之间，平均回收率为 97.2%，变异系数为 2.1%。

ICS 67.140.10
X 04

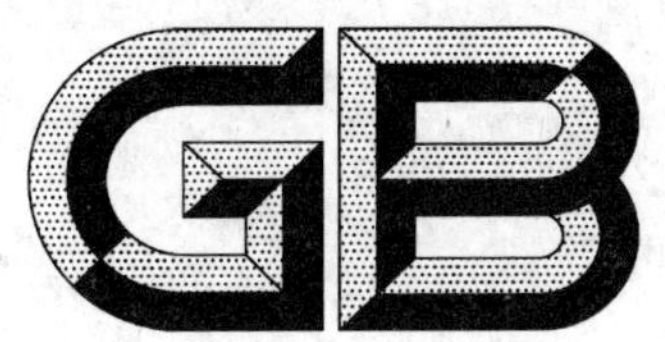

中华人民共和国国家标准

GB/T 21729—2008

茶叶中硒含量的检测方法

Determination of selenium content in tea

2008-05-04 发布　　2008-10-01 实施

中华人民共和国国家质量监督检验检疫总局
中国国家标准化管理委员会　发布

前言

本标准由中华全国供销合作总社提出并归口。

本标准起草单位:中华全国供销合作总社杭州茶叶研究院。

本标准主要起草人:周卫龙、徐建峰、沙海涛、许凌。

茶叶中硒含量的检测方法

1 范围

本标准规定了用原子荧光光度法检测茶叶中硒含量的方法。

本标准适用于茶叶中硒含量的测定。

2 规范性引用文件

下列文件中的条款通过本标准的引用而成为本标准的条款。凡是注日期的引用文件，其随后所有的修改单（不包括勘误的内容）或修订版均不适用于本标准，然而，鼓励根据本标准达成协议的各方研究是否可使用这些文件的最新版本。凡是不注日期的引用文件，其最新版本适用于本标准。

GB/T 8302 茶 取样

GB/T 8303 茶 磨碎试样的制备及其干物质含量测定

3 原理

茶叶试样经酸加热消化后，在 6 mol/L 盐酸介质中，将样品中的六价硒还原成四价硒，用硼氢化钾作为还原剂，将四价硒在盐酸介质中还原成硒化氢，并由载气带入原子化器中进行原子化，在硒空心阴极灯照射下，基态硒原子被激发至高能态，在去活化回到基态时，发射出特征波长的荧光，其荧光强度与硒含量成正比，与标准系列比较定量。

4 仪器

4.1 原子荧光光度计。

4.2 硒空心阴极灯。

4.3 电热板。

4.4 实验室常用设备。

5 试剂

本标准所用水为去离子水，除特殊规定外，所用试剂为分析纯。

5.1 硝酸（HNO_3）：优级纯。

5.2 高氯酸（$HClO_4$）：优级纯。

5.3 HNO_3+HClO_4 混合酸（体积比）：4＋1。

5.4 盐酸（HCl）：优级纯。

5.5 盐酸（6 mol/L）：盐酸（5.4）与水等体积混匀。

5.6 氢氧化钾。

5.7 硼氢化钾。

5.8 硼氢化钾溶液（8 g/L）：称取 8.0 g 硼氢化钾（5.7），溶于氢氧化钾溶液（5 g/L）中并定容至 1 000 mL，摇匀。

5.9 铁氰化钾溶液：100 g/L。

5.10 硒标准溶液

5.10.1 硒标准液：100 μg/mL。

5.10.2 硒标准工作液Ⅰ（10 μg/mL）：移取 100 μg/mL 硒标准液（5.10.1）1.0 mL，用水定容至 10 mL，摇匀。

5.10.3 硒标准工作液Ⅱ(0.5 μg/mL):移取 10 μg/mL 硒标准工作液(5.10.2)5.0 mL,用水定容至 100 mL,摇匀。

6 操作方法

6.1 取样

按 GB/T 8302 的规定。

6.2 试样制备

按 GB/T 8303 的规定。

6.3 测定步骤

6.3.1 样品前处理

准确称取磨碎样 0.5 g~1.0 g(精确到 0.000 1 g)于 100 mL 锥形瓶中,加 HNO_3+HClO_4 混合酸(5.3)10 mL,摇匀,放置 12 h。在低于 200℃电热板上加热分解,至高氯酸冒烟,体积 2 mL 左右时取下。加入 6 mol/L 的盐酸(5.5)10 mL,再加热至溶液变为清亮并伴有白烟出现,以完全将六价硒还原成四价硒。取下,转移至 25 mL 容量瓶中,加 2 mL 浓盐酸(5.4)、1 mL 铁氰化钾溶液(5.9),用水定容至刻度,混匀,放置 6 h 后待测。

6.3.2 标准溶液配制

分别取 0.0,0.5,1.5,2.5,5.0 mL 的 0.5 μg/mL 硒标准工作液(5.10.3)于 25 mL 容量瓶中,再分别加浓盐酸(5.4)2 mL、铁氰化钾溶液(5.9)1 mL,用水定容至刻度,混匀,相当于硒含量 0.0,10,30,50,100 ng/mL,放置 6 h 后测定,制作标准工作曲线。

6.4 测定

仪器条件:

负高压:	300 V;	灯电流:	80 mA;	原子化温度:	800℃;
炉高:	8 mm;	载气流速:	300 mL/min;	屏蔽气流速:	700 mL/min;
测量方式:	外标法;	读数方式:	峰面积;	延迟时间:	1 s;
读数时间:	15 s;	加液时间:	8 s;	进样体积:	2 mL。

按仪器操作规程,对样品溶液进行测定,根据标准工作曲线定量。

7 结果计算

7.1 按式(1)计算试样中硒含量:

$$X=\frac{c\times V}{m\times 1\,000} \qquad \cdots\cdots(1)$$

式中:

X——样品硒的含量,单位为毫克每千克(mg/kg);

c——测定用样液中硒的浓度,单位为微克每升(μg/L);

V——样液总体积,单位为毫升(mL);

m——样品质量,单位为克(g)。

7.2 重复性

同一样品硒含量的两次测定值相对误差应≤15%,若测定值相对误差在此范围,则取两次测得值的算术平均值为结果,保留有效数两位。

8 线性范围和检测限

该方法硒含量在 0 ng/mL~100 ng/mL 间成线性,相关系数>0.999。检测限 0.8 ng/mL。

ICS 67.160.20
X 51

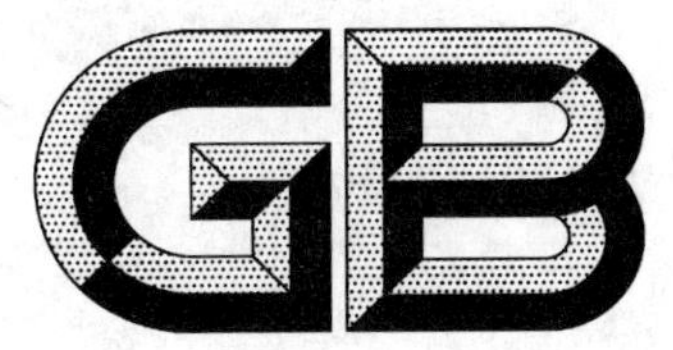

中华人民共和国国家标准

GB/T 21730—2008

浓 缩 橙 汁

Concentrated orange juice

2008-04-21 发布 2008-11-01 实施

中华人民共和国国家质量监督检验检疫总局
中国国家标准化管理委员会 发布

前 言

本标准的制定参考了食品法典委员会(CAC)CODEX STAN 247—2005《果汁和果肉饮料通用标准》和欧盟果蔬汁工业协会(A. I. J. N.)果汁评价标准的技术规格。

本标准的附录A为规范性附录。

本标准由中国轻工业联合会提出。

本标准由全国食品工业标准化技术委员会饮料分技术委员会归口。

本标准起草单位:中国食品发酵工业研究院、山东佳美食品工业有限公司、嘉吉贸易(上海)公司、北京汇源饮料食品集团有限公司。

本标准主要起草人:李惠宜、元晓梅、李明洲、毛辉、李晓斌、李绍振。

浓 缩 橙 汁

1 范围

本标准规定了浓缩橙汁的技术要求、试验方法和检验规则。

本标准适用于本标准第3章定义的浓缩橙汁。

2 规范性引用文件

下列文件中的条款通过本标准的引用而成为本标准的条款。凡是注日期的引用文件，其随后所有的修改单(不包括勘误的内容)或修订版均不适用于本标准，然而，鼓励根据本标准达成协议的各方研究是否可使用这些文件的最新版本。凡是不注日期的引用文件，其最新版本适用于本标准。

GB/T 6682 分析实验室用水规格和试验方法

GB/T 12143.1 饮料中可溶性固形物的测定方法 折光计法(GB/T 12143.1—1989，neq ISO 2173:1978)

GB/T 16771 橙、柑、桔汁及其饮料中果汁含量的测定

GB 17325 食品工业用浓缩果蔬汁(浆)卫生标准

3 术语和定义

下列术语和定义适用于本标准。

3.1

浓缩橙汁 concentrated orange juice

采用物理方法从橙果实榨取的汁液(浆)中除去一定比例的水分，加水复原后具有所榨取汁液(浆)应有特征的制品。

4 技术要求

4.1 感官要求

应符合表1的规定。

表1 感官要求

项 目	要 求
状 态	呈均匀汁液或浆液，允许有果肉沉淀
色 泽	橙黄色至橙红色
气味与滋味	复原后具有橙汁应有的香气及滋味，无异味
杂 质	无正常视力可见外来杂质

4.2 理化指标

应符合表2的规定。

表 2 理化指标

项　　目		指　　标
可溶性固形物(20℃,未校正酸度)/%	≥	20.0
蔗糖(复原后)/(g/kg)	≤	50.0
葡萄糖(复原后)/(g/kg)		20.0～35.0
果糖(复原后)/(g/kg)		20.0～35.0
葡萄糖(复原后)/果糖	≤	1.0
橙汁(复原后)/(g/100 g)		100

4.3 卫生指标

应符合 GB 17325 的规定。

4.4 果汁含量

按 GB/T 16771 规定方法测定。

5 试验方法

5.1 复原橙汁的制备

用符合 GB/T 6682 规定的三级水,将浓缩橙汁稀释至可溶性固形物含量为 11.2 %(20℃)的汁液。

5.2 感官检验

5.2.1 状态、色泽及杂质

取约 50 g 混合均匀的复原橙汁(5.1),置于 100 mL 无色透明的容器中,在光亮处,观察其状态、色泽及杂质。

5.2.2 气味与滋味

在室温下,取一定量混合均匀的复原橙汁(5.1),嗅其气味,品尝其滋味。

5.3 理化检验

5.3.1 可溶性固形物

取浓缩橙汁按 GB/T 12143.1 规定的方法测定。

5.3.2 蔗糖、葡萄糖和果糖

取复原橙汁(5.1)按附录 A 的方法测定。

5.3.3 橙汁

取复原橙汁(5.1)按 GB/T 16771 规定的方法检测。

5.4 卫生检验

卫生指标的检验按 GB 17325 的规定进行。

6 检验规则

6.1 批次的确定

由生产企业的质量管理部门按照其相应的规则确定产品的批次。

6.2 出厂检验

每批产品出厂时,应对感官要求、可溶性固形物、大肠菌群、霉菌和酵母进行检验。

6.3 型式检验

本标准技术要求中规定的所有项目均为型式检验项目。型式检验每半年进行一次,或当出现下列情况之一时进行检验:

——原料、工艺发生较大变化时;

——停产后重新恢复生产时；

——出厂检验结果与平常记录有较大差别时。

6.4 判定规则

除微生物指标外，检验项目如不符合本标准时，对不合格项目从该批次产品中加倍抽样复验。复验结果仍有一项不合格，判定该批产品为不合格品。微生物指标不符合本标准时，判定该批产品为不合格品，不得复检。

附　录　A
（规范性附录）
蔗糖、葡萄糖和果糖的测定（高效液相色谱法）

A.1　方法提要

取试样，用水定容，离心，过膜，用液相色谱示差折光检测器测定，外标峰面积法定量。

A.2　试剂和溶液

a）　水：GB/T 6682 规定的一级水。

b）　蔗糖、葡萄糖、果糖标准物质：纯度不低于 99%。

c）　蔗糖、葡萄糖、果糖混合标准溶液：分别称取 0.4 g 蔗糖、0.25 g 葡萄糖和 0.3 g 果糖标准物质，精确至 0.000 1 g，用水溶解后定容至 100 mL，摇匀，用 0.45 μm 滤膜过滤。

A.3　仪器和设备

a）　高效液相色谱仪，配有示差折光检测器；

b）　分析天平：感量±0.1 mg；

c）　离心机。

A.4　分析步骤

A.4.1　样液制备

准确称取 10 g 试样（精确至 0.000 1 g），移入 100 mL 容量瓶中，用水定容至刻度，摇匀。离心澄清，取上清液经 0.45 μm 滤膜过滤后备用。

A.4.2　测定

A.4.2.1　色谱参考条件

a）　色谱柱：以聚苯乙烯-二乙烯基苯共聚物为基质的钙离子型阳离子交换树脂柱或对等物。

b）　流动相：水。

c）　流速：0.5 mL/min。

d）　柱温：80℃。

e）　进样量：10 μL。

A.4.2.2　定量

待液相色谱仪达到指定条件后，进混合标准溶液和样液，根据保留时间定性，外标峰面积法定量。蔗糖、葡萄糖和果糖的参考保留时间分别为 11.3 min、13.6 min 和 17.0 min。

A.5　结果计算

结果按式（A.1）计算：

$$X = \frac{c \times V}{m} \times 1\ 000 \qquad \text{(A.1)}$$

式中：

X——试样中被测组分含量，单位为克每千克（g/kg）；

c——进入色谱柱的样液中被测组分的浓度，单位为克每毫升（g/mL）；

V——样品溶液定容体积，单位为毫升（mL）；

m——制备样液时称取的试样的质量，单位为克(g)。

A.6 允许差

取两次平行测定的平均值为计算结果，计算结果保留一位小数，在重复性条件下获得的两次独立测定结果的绝对差值不得超过算术平均值的5%。

ICS 67.160.20
X 51

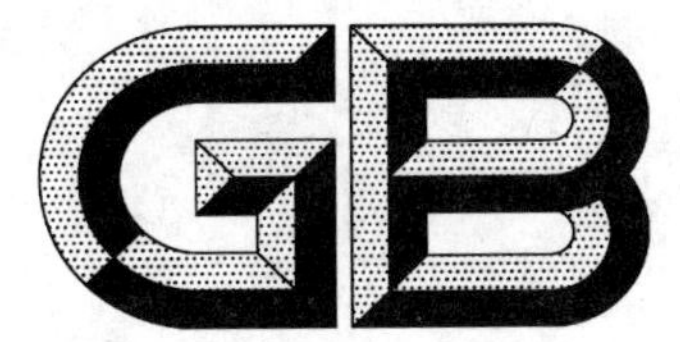

中华人民共和国国家标准

GB/T 21731—2008

橙汁及橙汁饮料

Orange juice and orange juice beverages

2008-04-21 发布　　2008-11-01 实施

中华人民共和国国家质量监督检验检疫总局
中国国家标准化管理委员会　发布

前　言

本标准的制定参考了食品法典委员会(CAC)CODEX STAN 247—2005《果汁和果肉饮料通用标准》和欧盟果蔬汁工业协会(A. I. J. N.)果汁评价标准的技术规格。

本标准由中国轻工业联合会提出。

本标准由全国食品工业标准化技术委员会饮料分技术委员会归口。

本标准起草单位:中国食品发酵工业研究院、山东佳美食品工业有限公司、统一企业(中国)投资有限公司昆山研发中心、康师傅饮品控股有限公司、北京汇源饮料食品集团有限公司。

本标准主要起草人:李惠宜、孙伟、元晓梅、李明洲、黄莹萍、陈冠荣、李绍振。

橙 汁 及 橙 汁 饮 料

1 范围

本标准规定了橙汁及橙汁饮料的产品分类、技术要求、试验方法、检验规则、标志、包装、运输和贮存。

本标准适用于预包装橙汁及橙汁饮料。

2 规范性引用文件

下列文件中的条款通过本标准的引用而成为本标准的条款。凡是注日期的引用文件，其随后所有的修改单(不包括勘误的内容)或修订版均不适用于本标准，然而，鼓励根据本标准达成协议的各方研究是否可使用这些文件的最新版本。凡是不注日期的引用文件，其最新版本适用于本标准。

GB 2760 食品添加剂使用卫生标准

GB 7718 预包装食品标签通则

GB/T 21730—2008 浓缩橙汁

GB/T 12143.1 软饮料中可溶性固形物的测定方法 折光计法(GB/T 12143.1—1989，neq ISO 2173:1978)

GB 13432 预包装特殊膳食用食品标签通则

GB 14880 食品营养强化剂使用卫生标准

GB/T 16771 橙、柑、桔汁及其饮料中果汁含量的测定

GB 19297 果、蔬汁饮料卫生标准

3 术语和定义

下列术语和定义适用于本标准。

3.1

橙汁 orange juice

采用物理方法以橙果实为原料加工制成的可发酵但未发酵的汁液，可以使用少量食糖或酸味剂调整风味。允许添加采用适当物理方法获得的柑橘汁以及橙、柑橘类果实的果肉或囊胞。

3.2

浓缩橙汁 concentrated orange juice

采用物理方法从橙汁(浆)中除去一定比例的水分，加水复原后具有橙汁(浆)应有特征的制品。

4 产品分类

4.1 橙汁

4.1.1 非复原橙汁

采用物理方法将橙果实加工制成的汁液。

4.1.2 复原橙汁

在浓缩橙汁中加入浓缩时失去的水分等成分，制成的具有橙汁的色泽、风味及可溶性固形物含量的制品。

4.2 橙汁饮料

在橙汁(浆)或浓缩橙汁(浆)中加入水、食糖和(或)甜味剂、酸味剂等调制而成的饮料，可以加入柑

橘类的囊胞，果汁(浆)含量(质量分数)不低于10%。

5 技术要求

5.1 感官要求

应符合表1的要求。

表1 感官要求

项 目	特 性
状 态	呈均匀液状，允许有果肉或囊胞沉淀
色 泽	具有橙汁应有之色泽，允许有轻微褐变
气味与滋味	具有橙汁应有的香气及滋味，无异味
杂 质	无可见外来杂质

5.2 理化指标

应符合表2的规定。

表2 理化指标

项 目		非复原橙汁	复原橙汁	橙汁饮料
可溶性固形物(20℃，未校正酸度)/%	≥	10.0	11.2	—
蔗糖/(g/kg)	≤	50.0		—
葡萄糖/(g/kg)		20.0～35.0		—
果糖/(g/kg)		20.0～35.0		—
葡萄糖/果糖	≤	1.0		—
果汁含量/(g/100 g)		100		≥10

5.3 食品添加剂和食品营养强化剂

使用量及使用范围应符合GB 2760和GB 14880的规定。

5.4 卫生指标

应符合GB 19297的规定。

5.5 其他要求

5.5.1 不得在橙汁中同时加入食糖和酸味剂。

5.5.2 橙汁加入的柑橘汁或果肉及囊胞的量，不得超过可溶性固形物量的10%。

6 试验方法

6.1 感官检验

6.1.1 状态、色泽和杂质

取约50 mL混合均匀的被测样品于无色透明的容器中，置于明亮处，迎光观察其状态、色泽及杂质。

6.1.2 气味和滋味

在室温下，取一定量混合均匀的被测样品，嗅其气味，品尝其滋味。

6.2 理化检验

6.2.1 可溶性固形物

按GB/T 12143.1规定的方法测定。

6.2.2 蔗糖、葡萄糖和果糖

按GB/T 21730—2008中附录A的方法测定。

6.2.3 **果汁含量**

按 GB/T 16771 规定的方法测定。

6.3 **卫生检验**

卫生指标的检验按 GB 19297 的规定进行。

7 检验规则

7.1 **批次的确定**

由生产企业的质量管理部门按照其相应的规则确定产品的批次。

7.2 **出厂检验**

每批产品出厂时，应对感官要求、可溶性固形物、大肠菌群等项进行检验。

7.3 **型式检验**

本标准的技术要求中规定的除果汁含量外所有项目为型式检验项目，果汁含量指标为不定期检验项目。型式检验每半年进行一次，或当出现下列情况之一时进行检验：

——原料、工艺、设备发生较大变化时；

——长期停产后重新恢复生产时；

——出厂检验结果与正常生产有较大差别时；

——国家质量监督检验机构提出要求时。

7.4 **判定规则**

除微生物指标外，检验项目如不符合本标准时，对不合格项目从该批次产品中加倍抽样复验。复验结果仍有一项不合格，判定该批产品为不合格品。微生物指标不符合本标准时，判定该批产品为不合格品，不得复检。

8 标志、包装、运输和贮存

8.1 标签应符合 GB 7718 和 GB 13432 的规定，并应符合下列规定：

——添加食糖的橙汁，应在标签标明“加糖”字样；

——橙汁饮料应标明橙汁含量。

8.2 包装材料和容器应符合相关标准的要求。

8.3 产品运输应避免日晒、雨淋，不得与有毒、有异味、易挥发、易腐蚀的物品混装运输。

8.4 产品应在清洁、干燥、通风避光、无虫害、无鼠害的仓库内贮存，需冷藏的产品，应符合产品标示的贮运条件。

ICS 67.160.20
X 51

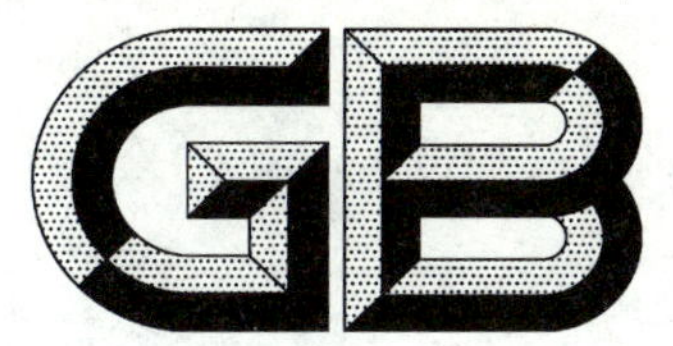

中华人民共和国国家标准

GB/T 21732—2008

含乳饮料

Milk beverages

2008-04-21 发布　　　　2008-11-01 实施

中华人民共和国国家质量监督检验检疫总局
中国国家标准化管理委员会　发布

前　言

本标准实施之日起，原行业标准 QB/T 1554—1992《乳酸菌饮料》废止。

本标准由中国轻工业联合会提出。

本标准由全国食品工业标准化技术委员会饮料分技术委员会归口。

本标准起草单位：中国饮料工业协会技术工作委员会、湖南太子奶集团生物科技有限责任公司、杭州娃哈哈集团有限公司、乐百氏（广东）食品饮料有限公司、西安银桥生物科技有限责任公司、重庆三高乳业有限责任公司、石家庄三鹿集团股份有限公司、大冢（中国）投资有限公司、内蒙古伊利实业集团股份有限公司、内蒙古蒙牛乳业（集团）股份有限公司、雀巢（中国）有限公司、维维食品饮料股份有限公司、山东兔八哥集团有限公司。

本标准主要起草人：盛延岭、翟鹏贵、屈争胜、刘树英、何涛、张贵海、李雪驼、李琴、刘卫星、邸雪枫、孙欣、罗波、李羽楠。

含 乳 饮 料

1 范围

本标准规定了含乳饮料的产品分类、技术要求、试验方法、检验规则、标志、包装、运输和贮存。

本标准适用于含乳饮料。

2 规范性引用文件

下列文件中的条款通过本标准的引用而成为本标准的条款。凡是注日期的引用文件,其随后所有的修改单(不包括勘误的内容)或修订版均不适用于本标准,然而,鼓励根据本标准达成协议的各方研究是否可使用这些文件的最新版本。凡是不注日期的引用文件,其最新版本适用于本标准。

GB 2760 食品添加剂使用卫生标准

GB/T 4789.35 食品卫生微生物学检验 乳酸菌饮料中乳酸菌检验

GB/T 5009.5 食品中蛋白质的测定

GB/T 5009.29 食品中山梨酸、苯甲酸的测定

GB/T 5009.46 乳与乳制品卫生标准的分析方法

GB 7718 预包装食品标签通则

GB 11673 含乳饮料卫生标准

GB 13432 预包装特殊膳食用食品标签通则

GB 14880 食品营养强化剂使用卫生标准

GB 16321 乳酸菌饮料卫生标准

3 术语和定义

下列术语和定义适用于本标准。

3.1

含乳饮料 milk beverage

以乳或乳制品为原料,加入水及适量辅料经配制或发酵而成的饮料制品。含乳饮料还可称为乳(奶)饮料、乳(奶)饮品。

4 产品分类

4.1 配制型含乳饮料

以乳或乳制品为原料,加入水,以及白砂糖和(或)甜味剂、酸味剂、果汁、茶、咖啡、植物提取液等的一种或几种调制而成的饮料。

4.2 发酵型含乳饮料

以乳或乳制品为原料,经乳酸菌等有益菌培养发酵制得的乳液中加入水,以及白砂糖和(或)甜味剂、酸味剂、果汁、茶、咖啡、植物提取液等的一种或几种调制而成的饮料,如乳酸菌乳饮料。根据其是否经过杀菌处理而区分为杀菌(非活菌)型和未杀菌(活菌)型。

发酵型含乳饮料还可称为酸乳(奶)饮料、酸乳(奶)饮品。

4.3 乳酸菌饮料

以乳或乳制品为原料,经乳酸菌发酵制得的乳液中加入水,以及白砂糖和(或)甜味剂、酸味剂、果汁、茶、咖啡、植物提取液等的一种或几种调制而成的饮料。根据其是否经过杀菌处理而区分为杀菌(非

活菌)型和未杀菌(活菌)型。

5 技术要求

5.1 感官指标

感官指标应符合表1的要求。

表1 感官指标

项目	要求
滋味和气味	特有的乳香滋味和气味或具有与加入辅料相符的滋味和气味;发酵产品具有特有的发酵芳香滋味和气味;无异味
色泽	均匀乳白色、乳黄色或带有添加辅料的相应色泽
组织状态	均匀细腻的乳浊液,无分层现象,允许有少量沉淀,无正常视力可见外来杂质

5.2 理化指标

理化指标应符合表2的规定。

表2 理化指标

项目		配制型含乳饮料	发酵型含乳饮料	乳酸菌饮料
蛋白质[a]/(g/100 g)	≥	1.0	1.0	0.7
苯甲酸[b]/(g/kg)	≤	—	0.03	0.03

a 含乳饮料中的蛋白质应为乳蛋白质。

b 属于发酵过程产生的苯甲酸;原辅料中带入的苯甲酸应按GB 2760执行。

5.3 乳酸菌指标

未杀菌(活菌)型发酵型含乳饮料及未杀菌(活菌)型乳酸菌饮料的乳酸菌活菌数指标应符合表3的规定。

表3 乳酸菌活菌数指标

检验时期	未杀菌(活菌)型 发酵型含乳饮料	未杀菌(活菌)型 乳酸菌饮料
出厂期	$\geqslant 1\times10^{6}$ CFU/mL	
销售期	按产品标签标注的乳酸菌活菌数执行	

5.4 卫生指标

配制型含乳饮料的卫生指标应符合GB 11673的规定;发酵型含乳饮料及乳酸菌饮料的卫生指标应符合GB 16321的规定。

5.5 食品添加剂和食品营养强化剂

应符合GB 2760和GB 14880的规定。

5.6 发酵菌种

应使用德氏乳杆菌保加利亚亚种(保加利亚乳杆菌)、嗜热链球菌等其他国家标准或法规批准使用的菌种。

6 试验方法

6.1 感官检验

取约50 mL混合均匀的被测样品于无色透明的容器中,置于明亮处,迎光观察其色泽和组织状态,并在室温下,嗅其气味,品尝其滋味。

6.2 理化检验

6.2.1 蛋白质

按 GB/T 5009.5 规定的方法测定。

6.2.2 苯甲酸

按 GB/T 5009.29 规定的方法测定。

6.3 卫生指标

按 GB 11673、GB 16321 及 GB/T 5009.46 规定的方法测定。

6.4 乳酸菌指标

按 GB/T 4789.35 规定的方法测定。

7 检验规则

7.1 取样方法和取样量

出厂检验时，每批随机抽取 12 个最小独立包装，6 个供感官指标、理化指标检验，2 个供微生物检验，另 4 个备用。型式检验时，每批随机抽取 12 个最小独立包装，6 个供感官指标、理化指标检验，2 个供微生物检验，另 4 个备用。

7.2 出厂检验

7.2.1 生产企业的质量管理部门按照其相应的规则确定产品的批次。

7.2.2 出厂检验项目包括：蛋白质、感官、乳酸菌数(活菌型产品)、菌落总数(非活菌型产品)、大肠菌群。

7.2.3 每批产品应进行出厂检验，检验合格后方可出厂。

7.3 型式检验

7.3.1 型式检验项目为技术要求的 5.1～5.4 内容。

7.3.2 型式检验每年进行一次，或当出现下列情况之一时：

——原料、工艺、设备有较大变化时；

——长期停产恢复生产时；

——出厂检验结果与正常生产有较大差异时；

——国家质量监督机构提出要求时。

7.4 未杀菌(活菌)型样品检验

应及时进行检验；不能及时检验时，应在 2℃～10℃的条件下贮存。

7.5 判定规则

菌落总数、大肠菌群、霉菌和酵母、致病菌指标不符合本标准时，判定该批产品为不合格品，不得复检。除上述微生物指标外，检验项目如不符合本标准时，对不合格项目从该批次产品中加倍抽样复检。复检结果仍有一项不合格，判定该批为不合格品。

8 标志、包装、运输和贮存

8.1 标签

8.1.1 产品标签应符合 GB 7718 和 GB 13432 和相关法规的规定；应标明蛋白质含量。

8.1.2 发酵型含乳饮料及乳酸菌饮料产品标签应标示未杀菌(活菌)型，或杀菌(非活菌)型。

8.1.3 未杀菌(活菌)型发酵型含乳饮料及未杀菌(活菌)型乳酸菌饮料产品应标明乳酸菌活菌数；应标示产品运输、贮存的温度。

8.2 包装

包装材料和容器应符合相关标准的要求。

8.3 运输

产品运输应避免日晒、雨淋，不得与有毒、有异味、易挥发、易腐蚀的物品混装运输。

8.4 贮存

产品应在清洁、干燥、通风避光、无虫害、无鼠害的仓库内贮存。

未杀菌(活菌)型产品应在2℃～10℃的低温条件下运输和贮存。

ICS 67.160.20
X 51

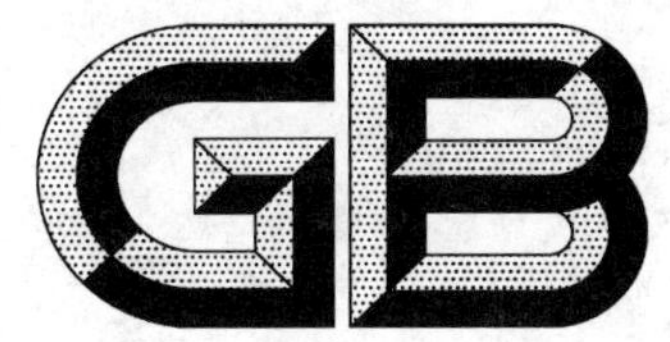

中华人民共和国国家标准

GB/T 21733—2008

茶 饮 料

Tea beverages

2008-04-21 发布　　2008-11-01 实施

中华人民共和国国家质量监督检验检疫总局
中国国家标准化管理委员会　发布

前 言

本标准实施之日起，原行业标准 QB/T 2499—2000《茶饮料》废止。

本标准的附录 A 为规范性附录。

本标准由中国轻工业联合会提出。

本标准由全国食品工业标准化技术委员会饮料分技术委员会归口。

本标准起草单位：中国饮料工业协会技术工作委员会、大闽食品（漳州）有限公司、康师傅饮品控股有限公司、深圳市深宝华城食品有限公司、统一企业（中国）投资有限公司、杭州娃哈哈集团有限公司。

本标准主要起草人：岳鹏翔、陈冠荣、钱晓军、戴裕益、翟鹏贵、李羽楠。

茶 饮 料

1 范围

本标准规定了茶饮料的产品分类、技术要求、试验方法、检验规则、标志、包装、运输和贮存。

本标准适用于以茶叶的水提取液或其浓缩液、茶粉等为主要原料,可以加入水、糖、酸味剂、食用香精、果汁、乳制品、植(谷)物的提取物等,经加工制成的液体饮料。

2 规范性引用文件

下列文件中的条款通过本标准的引用而成为本标准的条款。凡是注日期的引用文件,其随后所有的修改单(不包括勘误的内容)或修订版均不适用于本标准,然而,鼓励根据本标准达成协议的各方研究是否可使用这些文件的最新版本。凡是不注日期的引用文件,其最新版本适用于本标准。

GB 2760 食品添加剂使用卫生标准

GB 2763 食品中农药最大残留限量

GB/T 4789.21 食品卫生微生物学检验 冷冻饮品、饮料检验

GB/T 4789.26 食品卫生微生物学检验 罐头食品商业无菌的检验

GB/T 5009.5 食品中蛋白质的测定

GB/T 5009.11 食品中总砷及无机砷的测定

GB/T 5009.12 食品中铅的测定

GB/T 5009.13 食品中铜的测定

GB/T 5009.139 饮料中咖啡因的测定

GB/T 6682 分析实验室用水规格和试验方法

GB 7718 预包装食品标签通则

GB/T 10792 碳酸饮料(汽水)

GB 13432 预包装特殊膳食用食品标签通则

GB/T 13738.1 第一套红碎茶

GB/T 13738.2 第二套红碎茶

GB/T 13738.4 第四套红碎茶

GB/T 14456 绿茶

GB/T 16771 橙、柑、桔汁及其饮料中果汁含量的测定

GB 19296 茶饮料卫生标准

NY 659 茶叶中铬、镉、汞、砷及氟化物限量

3 术语和定义

下列术语和定义适用于本标准。

3.1

茶饮料 tea beverage

茶汤

以茶叶的水提取液或其浓缩液、茶粉等为原料,经加工制成的,保持原茶汁应有风味的液体饮料,可添加少量的食糖和(或)甜味剂。

3.2

复(混)合茶饮料 blended tea beverage

以茶叶和植(谷)物的水提取液或其浓缩液、干燥粉为原料，加工制成的，具有茶与植(谷)物混合风味的液体饮料。

3.3

果汁茶饮料和果味茶饮料 fruit juice tea beverage and fruit flavored tea beverage

以茶叶的水提取液或其浓缩液、茶粉等为原料，加入果汁、食糖和(或)甜味剂、食用果味香精等的一种或几种调制而成的液体饮料。

3.4

奶茶饮料和奶味茶饮料 milk tea beverage and flavored milk tea beverage

以茶叶的水提取液或其浓缩液、茶粉等为原料，加入乳或乳制品、食糖和(或)甜味剂、食用奶味香精等的一种或几种调制而成的液体饮料。

3.5

碳酸茶饮料 carbonated tea beverage

以茶叶的水提取液或其浓缩液、茶粉等为原料，加入二氧化碳气、食糖和(或)甜味剂、食用香精等调制而成的液体饮料。

3.6

其他调味茶饮料 other flavored tea beverage

以茶叶的水提取液或其浓缩液、茶粉等为原料，加入除果汁和乳之外其他可食用的配料、食糖和(或)甜味剂、食用酸味剂、食用香精等的一种或几种调制而成的液体饮料。

3.7

茶浓缩液 concentrated tea beverage

采用物理方法从茶叶水提取液中除去一定比例的水分经加工制成，加水复原后具有原茶汁应有风味的液态制品。

4 产品分类

4.1 按产品风味分为：茶饮料(茶汤)、调味茶饮料、复(混)合茶饮料、茶浓缩液。

4.1.1 茶饮料(茶汤)分为：红茶饮料、绿茶饮料、乌龙茶饮料、花茶饮料、其他茶饮料。

4.1.2 调味茶饮料分为：果汁茶饮料、果味茶饮料、奶茶饮料、奶味茶饮料、碳酸茶饮料、其他调味茶饮料。

5 技术要求

5.1 原辅材料

5.1.1 茶叶应符合 GB 2763、GB/T 13738.1、GB/T 13738.2、GB/T 13738.4、GB/T 14456 和 NY 659 等相关标准的规定。

5.1.2 不得使用茶多酚、咖啡因作为原料调制茶饮料。

5.2 感官指标

具有该产品应有的色泽、香气和滋味，允许有茶成分导致的混浊或沉淀，无正常视力可见的外来杂质。

5.3 理化指标

5.3.1 理化指标应符合表 1 的规定。

表 1 理化指标

<table>
<tr><th colspan="2" rowspan="2">项 目</th><th rowspan="2">茶饮料
(茶汤)</th><th colspan="6">调味茶饮料</th><th rowspan="2">复(混)合
茶饮料</th></tr>
<tr><th>果汁</th><th>果味</th><th>奶</th><th>奶味</th><th>碳酸</th><th>其他</th></tr>
<tr><td rowspan="5">茶多酚/(mg/kg)≥</td><td>红茶</td><td>300</td><td colspan="2" rowspan="5">200</td><td colspan="2" rowspan="5">200</td><td rowspan="5">100</td><td rowspan="5">150</td><td rowspan="5">150</td></tr>
<tr><td>绿茶</td><td>500</td></tr>
<tr><td>乌龙茶</td><td>400</td></tr>
<tr><td>花茶</td><td>300</td></tr>
<tr><td>其他茶</td><td>300</td></tr>
<tr><td rowspan="5">咖啡因/(mg/kg)≥</td><td>红茶</td><td>40</td><td colspan="2" rowspan="5">35</td><td colspan="2" rowspan="5">35</td><td rowspan="5">20</td><td rowspan="5">25</td><td rowspan="5">25</td></tr>
<tr><td>绿茶</td><td>60</td></tr>
<tr><td>乌龙茶</td><td>50</td></tr>
<tr><td>花茶</td><td>40</td></tr>
<tr><td>其他茶</td><td>40</td></tr>
<tr><td>果汁含量
(质量分数)/%</td><td colspan="2">—</td><td>≥5.0</td><td>—</td><td colspan="5">—</td></tr>
<tr><td>蛋白质含量
(质量分数)/%</td><td colspan="4">—</td><td>≥0.5</td><td>—</td><td colspan="3">—</td></tr>
<tr><td>二氧化碳气体含量
(20℃容积倍数)</td><td colspan="6">—</td><td>≥1.5</td><td colspan="2">—</td></tr>
<tr><td colspan="10">注:如果产品声称低咖啡因应按 5.3.4 执行。</td></tr>
</table>

5.3.2 茶浓缩液按标签标注的稀释倍数稀释后其中的茶多酚和咖啡因等含量应符合上述同类产品的规定。

5.3.3 低糖和无糖产品应按 GB 13432 等相关标准和规定执行。

5.3.4 低咖啡因产品,咖啡因的含量应不大于表 1 中规定的同类产品咖啡因最低含量的 50%。

5.4 食品添加剂

使用量和使用范围应符合 GB 2760 的规定。

5.5 卫生指标

应符合 GB 19296 的规定。

6 试验方法

6.1 感官检验

取约 50 mL 混合均匀的被测样品于无色透明的容器中,置于明亮处,迎光观察其色泽和澄清度,并在室温下,嗅其气味,品尝其滋味。

6.2 理化指标

6.2.1 茶多酚

按附录 A 的方法检测。

6.2.2 咖啡因

按 GB/T 5009.139 规定的方法检验。

6.2.3 二氧化碳气容量

按 GB/T 10792 规定的方法检验。

6.2.4 果汁含量

橙汁含量按 GB/T 16771 规定的方法检验。

6.2.5 蛋白质含量

按 GB/T 5009.5 规定的方法检验。

6.3 卫生检验

6.3.1 砷、铅和铜

分别按 GB/T 5009.11、GB/T 5009.12 和 GB/T 5009.13 规定的方法检验。

6.3.2 菌落总数、大肠菌群、霉菌、酵母和致病菌

按 GB/T 4789.21 规定的方法检验。

6.3.3 商业无菌

按 GB/T 4789.26 规定的方法检验。

7 检验规则

7.1 取样方法和取样量

出厂检验时,每批随机抽取 12 个最小独立包装,6 个供感官指标、理化指标检验,2 个供微生物检验,另 4 个备用。型式检验时,每批随机抽取 12 个最小独立包装,6 个供感官指标、理化指标检验,2 个供微生物检验,另 4 个备用。

7.2 出厂检验

生产企业的质量管理部门按照其相应的规则确定产品的批次;每批产品出厂时,应对感官特性、茶多酚、菌落总数、大肠菌群等项进行检验。

7.3 型式检验

本标准技术要求中规定的所有项目均为型式检验项目。型式检验每年进行一次,或当出现下列情况之一时进行检验:

——原料、工艺、设备发生较大变化时;

——长期停产后重新恢复生产时;

——出厂检验结果与正常生产有较大差别时;

——国家质量监督检验机构提出要求时。

7.4 判定规则

除微生物指标外,检验项目如不符合本标准时,对不合格项目从该批次产品中加倍抽样复验。复验结果仍有一项不合格,判定该批产品为不合格品。微生物指标不符合本标准时,判定该批产品为不合格品,不得复检。

8 标志、包装、运输和贮存

8.1 标签应符合 GB 7718 和 GB 13432 的规定,并应符合下列要求:

——果汁茶饮料应在标签上标识果汁含量;

——奶茶饮料应在标签上标识蛋白质含量;

——茶浓缩液应在标签上标明稀释倍数;

——符合 5.3.3 的茶饮料可声称“低糖”或“无糖”;

——符合 5.3.4 的茶饮料可声称“低咖啡因”。

8.2 包装材料和容器应符合相关标准的要求。

8.3 产品运输应避免日晒、雨淋,不得与有毒、有异味、易挥发、易腐蚀的物品混装运输。

8.4 产品应在清洁、干燥、通风避光、无虫害、无鼠害的仓库内贮存。

附 录 A
(规范性附录)
茶饮料中茶多酚的检测方法

A.1 方法提要

茶叶中的多酚类物质能与亚铁离子形成紫蓝色络合物,用分光光度计法测定其含量。

A.2 仪器和试剂

A.2.1 仪器

实验室常规仪器及下列各项。

A.2.1.1 分析天平(感量 0.001 g)。

A.2.1.2 分光光度计。

A.2.2 试剂

所用试剂均为分析纯(AR);试验用水应符合 GB/T 6682 中的三级水规格。

A.2.2.1 酒石酸亚铁溶液:称取硫酸亚铁 0.1 g 和酒石酸钾钠 0.5 g,用水溶解并定容至 100 mL(低温保存有效期 10 天)。

A.2.2.2 pH7.5 磷酸缓冲溶液。

A.2.2.2.1 23.87 g/L 磷酸氢二钠:称取磷酸二氢钠 23.87 g,加水溶解后定容至 1 L。

A.2.2.2.2 9.08 g/L 磷酸二氢钾:称取经 110℃ 烘干 2 h 的磷酸二氢钾 9.08 g,加水溶解后定容至 1 L。取上述磷酸氢二钠(A.2.2.2.1)85 mL 和磷酸二氢钾溶液(A.2.2.2.2)15 mL 混合均匀。

A.3 分析步骤

A.3.1 试液制备

A.3.1.1 较透明的样液(如果味茶饮料等)

将样液充分摇匀后,备用。

A.3.1.2 较浑浊的样液(如果汁茶饮料、奶茶饮料等)

称取充分混匀的样液 25.00 于 50 mL 容量瓶中,加入 95%乙醇 15 mL,充分摇匀,放置 15 min 后,用水定容至刻度。用慢速定量滤纸过滤,滤液备用。

A.3.1.3 含碳酸气的样液

量取充分混匀的样液 100.00 g 于 250 mL 烧杯中,称取其总质量,然后置于电炉上加热至沸,在微沸状态下加热 10 min,将二氧化碳气排除。冷却后,用水补足其原来的质量。摇匀后,备用。

A.3.2 测定

精确称取上述(A.3.1)制备的试液 1 g~5 g 于 25 mL 容量瓶中,加水 4 mL、酒石酸亚铁溶液(A.2.2.1)5 mL,充分摇匀,用 pH7.5 磷酸缓冲溶液(A.2.2.2)定容至刻度。用 10 mm 比色皿,在波长 540 nm 处,以试剂空白作参比,测定其吸光度(A_1)。同时称取等量的试液(A.3.1)于 25 mL 容量瓶中,加水 4 mL,用 pH7.5 磷酸缓冲溶液(A.2.2.2)定容至刻度测定其吸光度(A_2),以试剂空白作参比。

样品中茶多酚的含量按式(A.1)计算。

$$X=\frac{(A_1-A_2)\times 1.957\times 2\times K}{m}\times 1\,000 \qquad \text{(A.1)}$$

式中:

X——样品中茶多酚的含量,单位为毫克每千克(mg/kg);

A_1——试液显色后的吸光度；

A_2——试液底色的吸光度；

1.957——用 10 mm 比色皿，当吸光度等于 0.50 时，1 mL 茶汤中茶多酚的含量相当于 1.957 mg；

K——稀释倍数；

m——测定时称取试液的质量，单位为克(g)。

A.4 允许差

同一样品的两次平行测定结果之差，不得超过平均值的 5%。

ICS 91.120.25
P 15

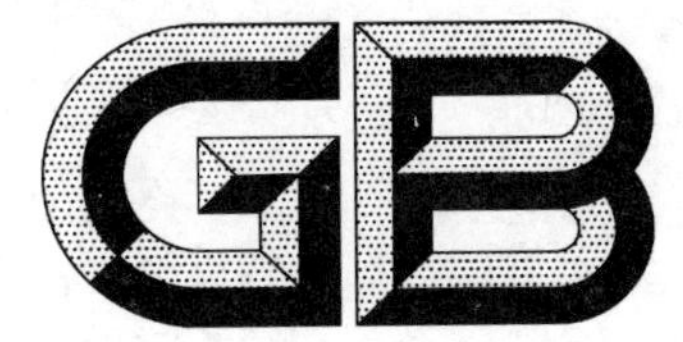

中华人民共和国国家标准

GB 21734—2008

地震应急避难场所　场址及配套设施

Emergency shelter for earthquake disasters—Site and its facilities

2008-05-07 发布　　2008-12-01 实施

中华人民共和国国家质量监督检验检疫总局
中国国家标准化管理委员会　发布

前　言

本标准第 5.1 条、第 5.2 条、第 5.3 条、第 6.1 条、第 6.2.1 条、第 6.2.2 条、第 6.3.1 条、第 6.3.4 条、第 6.3.5 条和第 7.2 条的技术内容为强制性，其余的为推荐性。

本标准由中国地震局提出。

本标准由全国地震标准化技术委员会(SAC/TC 225)归口。

本标准起草单位：北京市地震局、中国地震局工程力学研究所、山东省地震局、陕西省地震局。

本标准主要起草人：杨国宾、张敬军、宋伟、苗崇刚、孙柏涛、黎益仕、周长兴、李洋、都吉夔、范增节、侯建盛。

本标准首次发布。

引　言

为了应对地震突发事件，防御与减轻地震灾害，科学合理地建设地震应急避难场所，为居民提供应急避险空间，快速有序地疏散安置居民，制定本标准。

本标准所作的各项规定，是建立在“统一规划、平震结合、因地制宜、综合利用、就近疏散、安全与通达”的地震应急避难场所建设原则的基础上。

地震应急避难场所　场址及配套设施

1　范围

本标准规定了地震应急避难场所的分类、场址选择及设施配置的要求。

本标准适用于经城乡规划选定为地震应急避难场所的设计、建设或改造。

2　规范性引用文件

下列文件中的条款通过本标准的引用而成为本标准的条款。凡是注日期的引用文件，其随后所有的修改单(不包括勘误的内容)或修订版均不适用于本标准，然而，鼓励根据本标准达成协议的各方研究是否可使用这些文件的最新版本。凡是不注日期的引用文件，其最新版本适用于本标准。

GB 5749—2006　生活饮用水卫生标准

GB 18208.2—2001　地震现场工作　第2部分：建筑物安全鉴定

GB 18306—2001　中国地震动参数区划图

JGJ 50—2001　城市道路和建筑物无障碍设计规范

3　术语和定义

下列术语和定义适用于本标准。

3.1

地震应急避难场所　emergency shelter for earthquake disasters

为应对地震等突发事件，经规划、建设，具有应急避难生活服务设施，可供居民紧急疏散、临时生活的安全场所。

3.2

基本设施　basic facilities

为保障避难人员基本生活需求，而应设置的配套设施。包括：救灾帐篷、简易活动房屋，医疗救护和卫生防疫设施，应急供水设施，应急供电设施，应急排污设施，应急厕所，应急垃圾储运设施，应急通道，应急标志等。

3.3

一般设施　general facilities

为改善避难人员生活条件，在基本设施的基础上应增设的配套设施。包括：应急消防设施，应急物资储备设施，应急指挥管理设施等。

3.4

综合设施　comprehensive facilities

为提高避难人员的生活条件，在已有的基本设施、一般设施的基础上，应增设的配套设施。包括：应急停车场，应急停机坪，应急洗浴设施，应急通风设施，应急功能介绍设施等。

4　分类

地震应急避难场所分为以下三类：

——Ⅰ类地震应急避难场所：具备综合设施配置，可安置受助人员30 d以上；

——Ⅱ类地震应急避难场所：具备一般设施配置，可安置受助人员10 d～30 d；

——Ⅲ类地震应急避难场所：具备基本设施配置，可安置受助人员10 d以内。

5 场址要求

5.1 场址选择

下列场址可选作地震应急避难场所：

——公园(不包括动物园和公园内的文物古迹保护区域)；

——绿地；

——广场；

——体育场；

——室内公共的场、馆、所。

5.2 安全性要求

5.2.1 应避开地震断裂带，洪涝、山体滑坡、泥石流等自然灾害易发生地段。

5.2.2 应选择地势较为平坦空旷且地势略高，易于排水，适宜搭建帐篷的地形。

5.2.3 应选择有毒气体储放地、易燃易爆物或核放射物储放地、高压输变电线路等设施对人身安全可能产生影响的范围之外。

5.2.4 应选择在高层建筑物、高耸构筑物的垮塌范围距离之外。

5.2.5 选择室内公共的场、馆、所作为地震应急避难场所或作为地震应急避难场所配套设施用房的，应达到当地抗震设防要求，并在地震发生后依照 GB 18208.2—2001 进行建筑物的安全鉴定，鉴定合格后方可启用。

5.3 可通达性要求

应急避难场所应有方向不同的两条以上与外界相通的疏散道路。

5.4 面积要求

场址有效面积宜大于 2 000 m^2。

人均居住面积应大于 1.5 m^2。

6 设施配置

6.1 基本设施配置

6.1.1 应急篷宿区设施

应设置满足应急生活需要的帐篷、活动简易房等临时用房。

6.1.2 医疗救护与卫生防疫设施

应设有临时或固定的用于紧急处置的医疗救护与卫生防疫设施。

6.1.3 应急供水设施

可选择设置供水管网，供水车、蓄水池、水井、机井等两种以上供水设施，并根据所选设施和当地水质配置用于净化自然水体成为直接饮用水的净化设备。

每 100 人应至少设一个水龙头，每 250 人应至少设一处饮水处。生活饮用水水质应达到 GB 5749—2006 规定的要求。

6.1.4 应急供电设施

应设置保障照明、医疗、通讯用电的具有多路电网供电系统或太阳能供电系统，或配置可移动发电机应急供电设施。

供、发电设施应具备防触电、防雷击保护措施。

6.1.5 应急排污系统

应设置满足应急生活需要和避免造成环境污染的排放管线、简易污水处理设施。

应急排污系统应与市政管道相连接或设立独立排污系统。

6.1.6 应急厕所

应设置满足应急生活需要的暗坑式厕所或移动式厕所。

应急厕所之间距离应小于100 m,且位于应急避难场所下风向设置。距离篷宿区30 m～50 m。

暗坑式厕所应具备水冲能力,并附设或单独设置化粪池。

6.1.7 应急垃圾储运设施

应设置满足应急生活需要的可移动的垃圾、废弃物分类储运设施。

应急垃圾储运设施距离应急篷宿区应大于5 m,且位于应急避难场所下风向设置。

6.1.8 应急通道

篷宿区周边和场所内要按照防火、卫生防疫要求设置通道。

6.1.9 应急标志

地震应急避难场所及周边应设置避难场所标志、人员疏导标志和应急避难功能分区标志。

6.2 一般设施配置

在基本设施的基础上增加以下设施。

6.2.1 应急消防设施

应急期间应急篷宿区应配置灭火工具或器材设施。

6.2.2 应急物资储备设施

应根据避难场所容纳的人数和生活时间,在应急避难场所内或周边设置储备应急生活物资的设施。

应利用应急避难场所内或周边的饭店、商店、超市、药店、仓库等进行应急物资储备。

场所周边的应急物资储备设施与地震应急避难场所的距离应小于500 m。

6.2.3 应急指挥管理设施

应设置广播、图像监控、有线通信、无线通信等应急管理设施。

广播系统应覆盖地震应急避难场所。

图像监控范围应覆盖应急篷宿区和地震应急避难场所内的道路。

6.3 综合设施配置

在基本设施、一般设施的基础上增加以下设施。

6.3.1 应急停车场

应急避难场所附近应设置应急车辆停车场。

6.3.2 应急停机坪

应急避难场所内或周边应设置供直升机起降的应急停机坪。

应急停机坪地面应平坦硬质,周围无高大建(构)筑物,保证直升机有升空平行安全角度。

6.3.3 应急洗浴设施

应结合应急厕所设置,增加洗浴功能或设立可移动式洗浴设施。

6.3.4 应急通风设施

通风条件有限的室内地震应急避难场所,应增设通风设施。

6.3.5 功能介绍设施

应设置功能介绍图板,宜设置触摸屏、电子屏幕等设施。

7 其他要求

7.1 标志设置要求

场所周边主干道、路口应设置指示标志。

场所出入口应设置避难场所主标志。

场所内主要通道路口应设置应急设置的指示标志。

场所内各类配套设施应设置明显的标志。

7.2 抗震性能要求

地震应急避难场所内的建(构)筑物,以及利用周边建(构)筑作为配套设施用房的建筑,应达到GB 18306—2001规定的抗震设防要求。

7.3 篷宿区内分区要求

应急篷宿区应进行分区,每个应急篷宿分区不应超过1 000 m^2;每个应急篷宿区之间间距应有大于2 m的人行道。

7.4 无障碍要求

各类设施应考虑无障碍要求,按照JGJ 50—2001的规定设置。

7.5 功能介绍要求

入口处要设置标有文字说明的地震应急避难场所平面图和周边居民疏散路线图。

7.6 场址有效面积要求

应扣除场地内水域占地面积,大于7°的陡坡占地面积,文物古迹保护占地面积,以及建(构)筑物倒塌影响的面积。

参 考 文 献

［1］ 国际红十字会，编．人道主义宪章与赈灾救助标准．北京：中国对外翻译出版公司，2001-07．

［2］ GBJ 16—1987 建筑设计防火规范．

［3］ GB 50180—1993 城市居住区规划设计规范．

ICS 03.220.01
R 00

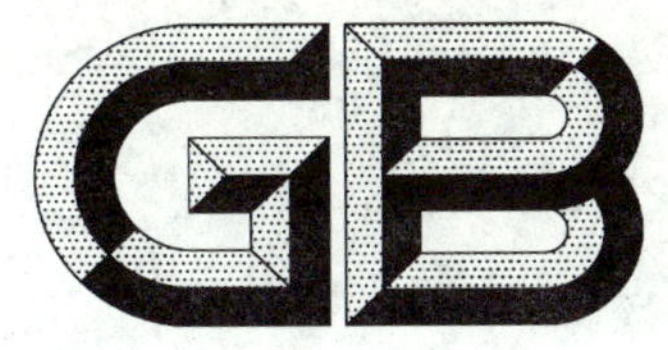

中华人民共和国国家标准

GB/T 21735—2008

肉与肉制品物流规范

Logistics code for meat and meat products

2008-05-07 发布　　2008-12-01 实施

中华人民共和国国家质量监督检验检疫总局
中国国家标准化管理委员会　发布

前　言

本标准由中国商业联合会提出。

本标准由全国物流标准化技术委员会归口。

本标准起草单位为：中国商业联合会商业标准中心、雨润集团、双汇集团、国内贸易工程设计研究院、山东凤祥集团、中国肉类协会。

本标准主要起草人：曹德胜、赵宁、王玉芬、田英刚、陈松、赵秀兰、周福明、邓富江。

肉与肉制品物流规范

1 范围

本标准规定了肉与肉制品在商业的物流环节及其与食品安全有关的技术要求。

本标准适用于肉与肉制品在商业物流环节全过程的质量控制。

2 规范性引用文件

下列文件中的条款通过本标准的引用而成为本标准的条款。凡是注日期的引用文件，其随后所有的修改单(不包括勘误的内容)或修订版均不适用于本标准，然而，鼓励根据本标准达成协议的各方研究是否可使用这些文件的最新版本。凡是不注日期的引用文件，其最新版本适用于本标准。

GB 2707 鲜(冻)畜肉卫生标准

GB 7718—2004 预包装食品标签通则

GB 9959.1 鲜、冻片猪肉

GB 9959.2 分割鲜、冻猪瘦肉

GB 9961 鲜、冻胴体羊肉

GB 16869 鲜、冻禽产品

GB/T 17238 鲜、冻分割牛肉

GB/T 18354—2006 物流术语

GB 18357 宣威火腿

GB 19088 原产地域产品 金华火腿

GB/T 20094 屠宰和肉类加工企业卫生管理规范

GB/T 20711 熏煮火腿

GB/T 20712 火腿肠

SB/T 10003 广式腊肠

SB/T 10004 中国火腿

SB/T 10278 中式香肠

SB/T 10279 熏煮香肠

SB/T 10281 肉松

SB/T 10282 肉干

SB/T 10283 肉脯

SB/T 10293 乳猪肉

SB/T 10294 腌猪肉

食品召回管理规定(2007年国家质量监督检验检疫总局令第98号)

3 术语和定义

GB/T 18354—2006 确立的以及下列术语和定义适用于本标准。

3.1

物流 logistics

物品从供应地向接收地的实体流动过程。根据实际需要，将运输、储存、装卸、搬运、包装、流通加工、配送、信息处理等基本功能实施有机结合。

[GB/T 18354—2006,2.2]

3.2

预冷 precooling

在下一道工序之前的冷却，或在运输及入库前，对产品进行的快速冷却。

3.3

召回 return

食品生产者按照规定程序，对由其生产原因造成的某一批次或类别的不安全食品，通过换货、退货、补充或修正消费说明等方式，及时消除或减少食品安全危害的活动。

3.4

门对门 door to door

食品是在不与外界空气直接接触或不在外界空间滞留的条件下，为食品的转送提供联接的方式。

3.5

暂存 storing

食品进入零售市场展示式冷藏柜前的短暂贮存。

3.6

冷藏链 cold chain

易腐食品从生产到消费的各个环节中，连续不间断地采用冷藏的方法保存食品的一个系统。

3.7

预包装食品 prepackaged foods

经预先定量包装，或装入(灌入)容器中，向消费者直接提供的食品。

[GB 7718—2004，3.1]

4 肉与肉制品物流的流程

4.1 肉的流程

4.1.1 冷却肉

生产厂宰杀的畜禽胴体经预冷(预冷间温度－20℃～0℃)⟶冷却后的胴体或分割肉(中心温度≈4℃)⟶冷藏暂存(冷藏间温度0℃～4℃)⟶冷藏运输(厢体温度0℃～4℃)(销售方提出需求量计划派送)⟶零售市场展示式冷藏柜(柜内温度0℃～4℃)⟶消费者。

└⟶不合格产品召回⟶生产厂。

4.1.2 冻肉

生产厂宰杀的畜禽胴体经预冷(预冷间温度－20℃～0℃)⟶冷却后的胴体或分割肉经冻结(冻结间温度≤－25℃，冻结的胴体中心温度≤－15℃)⟶冷藏(冷藏间温度≤－18℃)⟶冷藏运输(厢体温度≤－16℃)(销售方提出需求量计划派送)⟶零售市场冷藏库暂存(冷藏间温度≈－18℃)⟶展示式冷藏柜(柜内温度≤－16℃)⟶消费者。

└⟶不合格产品召回⟶生产厂。

4.2 肉制品的流程

4.2.1 低温肉制品

生产厂加工的产品⟶冷藏暂存(冷藏间温度0℃～4℃)⟶冷藏运输(厢体温度0℃～4℃)(销售方提出需求量计划派送)⟶零售市场展示式冷藏柜(柜内温度≈4℃)⟶消费者。

└⟶不合格产品召回⟶生产厂。

4.2.2 常温肉制品

生产厂加工的产品⟶常温暂存(≤25℃)⟶常温运输(≤25℃)(销售方提出需求量计划派送)⟶零售市场展示式冷藏柜(柜内温度≤25℃)⟶消费者。

└⟶不合格产品召回⟶生产厂。

5 肉与肉制品品质要求

5.1 肉类

5.1.1 猪肉:应符合 GB 9959.1、GB 9959.2 和 SB/T 10293 的要求。

5.1.2 牛肉:应符合 GB/T 17238 的要求。

5.1.3 羊肉:应符合 GB 9961 的要求。

5.1.4 禽肉:应符合 GB 16869 的要求。

5.1.5 肉类还应符合 GB 2707 等卫生标准。

5.2 肉制品

应符合 GB 18357、GB 19088、GB/T 20711、GB/T 20712、SB/T 10003、SB/T 10004、SB/T 10278、SB/T 10279、SB/T 10281、SB/T 10282、SB/T 10283、SB/T 10293、SB/T 10294 等标准的要求。

6 包装与标志

6.1 肉类

6.1.1 进入食品零售市场销售的肉类应进行分割预包装或设有可追溯的措施。

6.1.2 预包装标识应符合 GB 7718 的要求。

6.1.3 销售方式:

a) 冻肉应在≤16℃冷藏柜销售。

b) 冷却肉应在 0℃～4℃的冷藏柜内销售。

6.2 肉制品

6.2.1 进入食品零售市场销售的肉制品应预包装。

6.2.2 预包装标识应符合 GB 7718 的要求。

6.2.3 销售方式:

a) 低温肉制品应在 0℃～4℃的冷藏柜内销售。

b) 常温肉制品应在≤25℃的销售柜内销售。

6.3 肉与肉制品的预包装

应标明生产批次,肉制品预包装应有“QS”标识。

7 运输和储藏

7.1 运输设备

7.1.1 肉与肉制品的运输设备应是专用设备,每天用毕应进行清洗消毒。

7.1.2 运输中同肉与肉制品接触的器具应符合卫生要求,且利于清洗消毒。

7.1.3 运输的车辆或集装箱应具有降温和(或)保温功能。

7.1.3.1 运输冻肉的厢(箱)体内应能保持－16℃～－18℃。

7.1.3.2 运输冷却肉或低温肉制品的厢(箱)体内应保持 0℃～4℃。

7.2 储藏设备

7.2.1 各类储藏设备内表面与肉、肉制品接触的材料应符合卫生要求,并能满足清洗消毒的条件。

7.2.2 储藏设备应有降温和(或)保温功能。

7.2.2.1 储藏冻肉的设备应能保持－18℃及其以下的温度。

7.2.2.2 储藏冷却肉的设备应能保持 0℃～4℃的温度。

7.2.2.3 储藏常温肉制品的设备应具干燥、通风的功能。

7.2.3 冷藏设备应有除霜功能，温度遥测功能，温度自动控制功能。温度波动允许值为±2℃。

7.2.4 储藏设备内不能同时储藏有异味的其他食品（或产品）。

7.3 运输设备（车辆）

装卸肉与肉制品应采用“门对门”联接。肉与肉制品不应落地，不应滞留在常温条件。

8 配送、销售和召回

8.1 配送

8.1.1 供货方应根据客户的进货计划按物流要求实施配送。

8.1.2 生产厂送货或第三方物流配送应采用专用运输设备，定期回收、清洗、消毒。

8.2 销售

8.2.1 肉与肉制品应是来自符合 GB/T 20094 要求的企业的产品。

8.2.2 应配备适用于肉与肉制品销售温度要求的展示式冷藏柜。

8.2.3 在展示式冷藏柜内码放销售的肉或肉制品应遵守展示式冷藏柜冷藏的使用要求，非预包装的肉或肉制品不应在展示式冷藏柜内销售。

8.2.4 产品质量不合格的肉与肉制品应及时下架。

8.3 召回

应按《食品召回管理规定》执行。

ICS 25.200
J 36

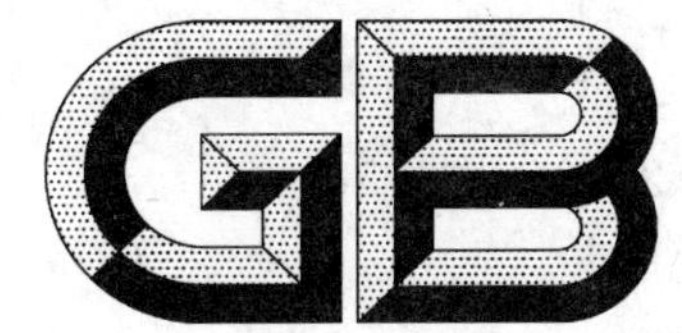

中华人民共和国国家标准

GB/T 21736—2008

节能热处理燃烧加热设备技术条件

Technical specifications of energy-saving combustion devices for heat treating

2008-05-07 发布　　2008-11-01 实施

中华人民共和国国家质量监督检验检疫总局
中国国家标准化管理委员会　发布

前　言

本标准的附录 A 为规范性附录。

本标准由中国机械工业联合会提出。

本标准由全国热处理标准化技术委员会(SAC/TC 75)归口。

本标准起草单位:北京机电研究所、中国热处理行业协会、中国机械工程学会热处理分会。

本标准主要起草人:樊东黎、徐跃明、贾洪艳。

节能热处理燃烧加热设备技术条件

1 范围

本标准规定了用于金属热处理加热的高效燃烧设备的必备技术条件。

本标准适用于气体和液体燃料为能源的高效热处理加热设备。

2 规范性引用文件

下列文件中的条款通过本标准的引用而成为本标准的条款。凡是注日期的引用文件，其随后所有的修改单(不包括勘误的内容)或修订版均不适用于本标准，然而，鼓励根据本标准达成协议的各方研究是否可使用这些文件的最新版本。凡是不注日期的引用文件，其最新版本适用于本标准。

GB/T 7232 金属热处理工艺术语

GB/T 9452 热处理炉有效加热区测定方法

GB/T 12603 金属热处理工艺分类及代号

GB/T 13324 热处理设备术语

GB 15735 金属热处理生产过程安全卫生要求

GB/T 17358 热处理生产电能消耗定额及其计算和测定方法

GB/Z 18718 热处理节能技术导则

GB/T 19944 热处理生产燃料消耗定额及其计算和测定方法

3 术语和定义

GB/T 7232、GB/T 13324、GB/Z 18718 确立的以及下列术语和定义适用于本标准。

3.1

一次能源 primary energy

直接从自然界获得，而且可以直接应用的燃料或动力。一般指煤炭、石油、天然气等化石燃料以及水力能。

3.2

二次能源 secondary energy

通常指一次能源经过加工制得，使用更方便、价值更高的能源，如汽油、柴油、煤气和电力等。

3.3

温室气体 greenhouse gases

太阳热辐射穿透大气，使地表温度升高。地表热能以长波方式向外辐射。此辐射又被大气中的二氧化碳和水蒸气吸收，使大部分长波辐射能被阻留在地表和下层大气，形成温室效应，造成全球性危害。大气中的二氧化碳和水蒸气被称为温室气体。

3.4

热值 calorific value

单位质量(或体积)的燃料完全燃烧时放出的热量，有高热值和低热值之分。高热值是燃料燃烧热和水蒸气冷凝热的总和(燃烧总热值)；低热值是燃烧总热量减去冷凝热的差数(只是燃料的燃烧值)。固体和液体燃料的热值以 kJ/kg 表示，气体燃料的热值以 kJ/m^3 表示。

3.5

燃料炉热利用系数 heat utilization coefficient

保留在炉膛内热量与所有输入炉内热量的比值(空炉测量或计算)。

3.6

炉子热效率 furnace calorific efficiency

加热工件的有效热量和所用燃料低热值的体积分数。

3.7

单位热耗指标 specific heat consumption

加热 1 kg 金属所需热量,一般以 kJ/kg 表示。

3.8

离炉烟气 exhaust fume

燃料炉排出炉外,带有大量热的燃烧气体产物。

4 燃料的选择

4.1 液体(重油、柴油)和气体(天然气、液化石油气)燃料从能源利用率角度比用电高。因地制宜,适当地提倡热处理炉用燃料加热从节能和降低生产成本考虑是可取的。

4.2 在所有燃料中用天然气最便宜和方便。天然气又是产生温室气体最少的燃料(见附录 A 表A.1)。在天然气供应充足的地区,热处理能源应优先选择天然气。

4.3 用煤直接燃烧加热对环境危害大,炉温不易控制,且不符合煤的综合利用原则,不提倡煤作为热处理能源。

4.4 用电比用燃料简便,温度容易控制,在水电、核电资源丰富,电价较便宜地区,用电作为热处理能源也是一种正确选择。

5 热处理炉型选择

5.1 根据各种炉型的炉底热强度指标计算燃料消耗(见附录 A 图 A.1 及表 A.2)作为选择燃烧加热炉的依据之一。

5.2 根据各种炉型的工件单位热耗指标(见附录 A 表 A.3、表 A.4、表 A.5)作为选择燃烧加热炉的依据之二。

6 节能热处理燃烧炉的必备条件

6.1 燃料炉的热效率必须保证在 30%以上。

6.2 燃料炉正常燃烧的空气过剩系数应控制在 1.05～1.20 范围(见附录 A 图 A.2、图 A.3 及表 A.5)。

6.3 燃料炉必须配备利用离炉烟气废热的空气预热器,空气预热温度应符合表 1 要求(见附录 A 图 A.4),其结构原理参见附录 A 图 A.5。

6.4 燃料炉开式燃烧器推荐用高速烧嘴见附录 A 图 A.6,以提高炉温均匀性。其炉温均匀性应达到 GB/T 9452 中热处理炉按保温精度分类及其技术要求的规定。

6.5 热处理燃料炉应采用轻质耐火绝热炉衬,以减少炉子蓄热和散热损失(见附录 A 图 A.9)。炉子外壁温升不应超过 50℃。

6.6 热处理燃料炉推荐采用配备蜂窝蓄热再生式空气预热的双向交替工作烧嘴和辐射管(见附录 A 表 A.6、图 A.7、图 A.8),力图使能源利用率达到 80%以上。

6.7 采用离炉烟气废热多次利用措施,除用于较低温度热处理设备外,尚可用于清洗、烘干等辅助工序,以及蒸汽锅炉、洗浴、烹饪等生活设施。

7 燃烧炉的环境保护、安全卫生要求

7.1 燃料的安全使用应满足 GB 15735 关于易燃易爆物注意事项和人员健康影响的规定。

7.2 提高燃料炉空气预热温度的节约燃料效果显著(见表 1 和附录 A 图 A.4)。但在提高温度的同时,必须采取有效措施(见附录 A 图 A.10～图 A.12),以保证离炉烟气中的 NO_x 不超过 GB 15735 规定的限量。

表 1 规定的空气预热温度和燃料节约效果

烟气温度/℃		800			1 000		1 200			
规定的最低空气预热温度/℃		300			400		500			
空气预热温度/℃		200	300	400	200	400	200	400	500	600
节约燃料体积分数(参考值)/%	发生炉煤气	9.0	12.5	14.0	10.5	18.8	12.50	22.0	25.1	28.2
	重油	7.7	11.5	15.3	9.2	18.2	11.10	21.8	25.8	29.8

附 录 A
(规范性附录)
燃料燃烧的各种指标

A.1 燃料燃烧的各种指标见表 A.1～表 A.6 及图 A.1～图 A.12。有关热处理工艺的分类的规定,应符合 GB/T 12603 的要求。有关电能消耗及燃料消耗的计算应符合 GB/T 17358 及 GB/T 19944 的要求。

表 A.1 各种燃料燃烧时排出的 CO_2 量

燃料	产生 41 900 kJ(10 000 kcal)热时的 CO_2 排出量/kg	以天然气作为 100 时的指数
天然气	2.11	100
液化气	2.43	115
煤油	2.81	133
A 型重油	2.95	140
C 型重油	2.98	141
煤	3.98	189

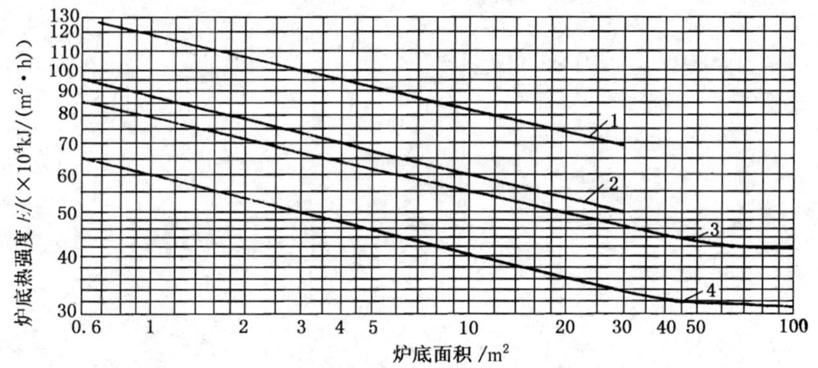

1——炉温 950℃燃煤热处理炉;

2——炉温 550℃～650℃燃煤热处理炉;

3——炉温 950℃燃油、燃煤气热处理炉;

4——炉温 550℃～650℃燃油、燃煤气热处理炉。

图 A.1 箱式及台车式炉炉底热强度指标

表 A.2　热处理炉的炉底热强度

炉　　型	炉底最大热强度/(kJ·m^{-2}·h^{-1})	炉底平均热强度/(kJ·m^{-2}·h^{-1})
箱式炉	8.37×10^5	5.86×10^5
台车式炉(<10 m^2)	8.37×10^5	5.86×10^5
台车式炉(10 m^2～30 m^2)	6.28×10^5	5.86×10^5
台车式炉(>30 m^2)	5.23×10^5	4.31×10^5
坑式炉	5.23×10^5	3.14×10^5
井式炉(高 4 m～20 m),<700℃	(1.00～1.67)×10^5	(0.500～0.837)×10^5
井式炉(高 4 m～20 m),700℃～1 000℃	(1.67～2.10)×10^5	(0.837～1.047)×10^5

注 1：根据炉底(或容积)最大热强度算出的燃料消耗能量最大炉子最大消耗量。

注 2：较小的炉子用上限,较大的炉子用下限。

注 3：井式炉为容积热强度[kJ/(m^3·h)]。

表 A.3　热处理燃料炉工件单位重量燃料消耗

热处理工艺	炉型	炉温/℃	工件单位燃料消耗[a]/(kJ m^{-3}·kg^{-1})	热效率[b]/%
正火及淬火	箱式炉	800～850	3 000～2 810	12～17
		860～880	3 500～4 350	
	推杆式炉	800～850	2 500～3 264	18～22
		860～880	3 000～3 810	
	辊底式炉	800～850	3 000～3 810	12～17
		860～880	3 500～4 350	
	转底式炉	800～850	2 500～3 264	18～25
		860～880	3 000～3 810	
	台车炉	850～880	3 500～4 350	10～18
	井式炉	850～880	3 000～3 810	12～17
退火[c]	箱式炉	850～870	3 000～4 350	10～12
	台车炉	850～870	3 500～4 898	8～15
	罩式炉	920～1 100	—	15～20
回火	箱式炉	450～650	1 500～2 177	12～17
	箱式炉	180～200	500～816	—
	推杆式炉	400～650	1 250～1 632	18～22
	辊底式炉	450～650	1 500～2 177	12～17
固体渗碳	箱式炉	900～920	8 000～9 251	12～18
	推杆式炉		7 500～8 707	15～22
	旋转罐式炉		7 500～8 707	15～20
气体渗碳	井式炉	900～950	5 000～6 530	18～20
	推杆式马弗炉		4 000～4 898	18～22
	推杆式无马弗炉		4 000～4 898	20～25

[a] 燃料用低落热值 Q_d=36 000 kJ/m^3 的天然气。

[b] 不预热空气。

[c] 退火时间小于 24 h。

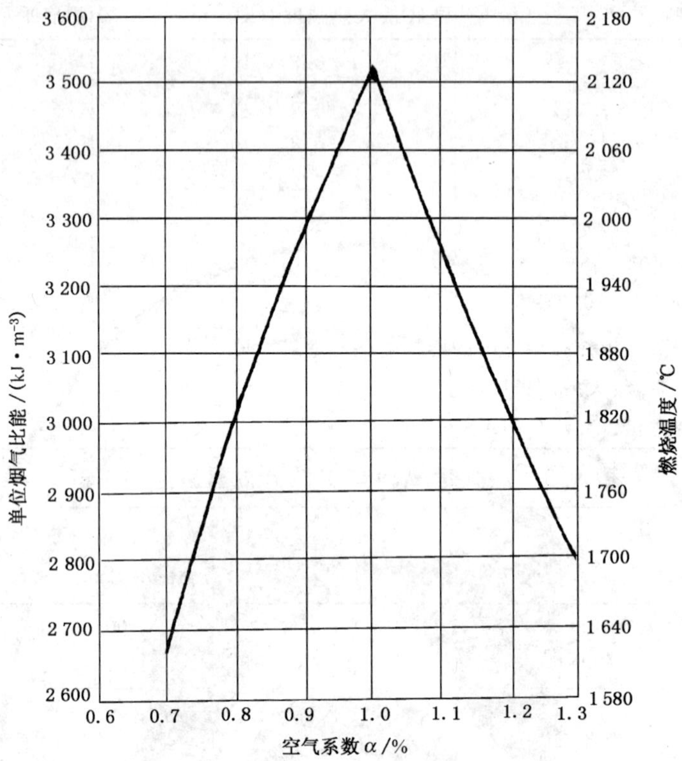

图 A.2 空气系数与燃烧温度的关系

表 A.4 热处理炉工件单位热消耗量

热处理工艺及炉子类型		加热温度/℃	工件单位热消耗量 q /(kJ·kg^{-1})
回火	箱式炉 输送带式炉	550	1 465～2 093 1 046～1 674
淬火、退火及正火	箱式炉 转底式炉 推杆式炉 输送带式炉 台车式炉 辊底式炉	800～925	2 093～4 186 2 093～3 348 3 140～4 186 2 512～3 767 3 358～4 186 2 093～3 140
渗碳	箱式炉 推杆式炉	900	5 023～6 279 4 186～5 023

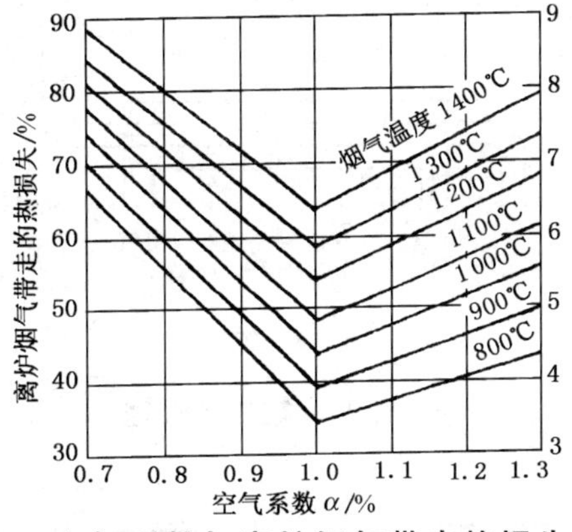

图 A.3 空气系数与离炉烟气带走热损失的关系

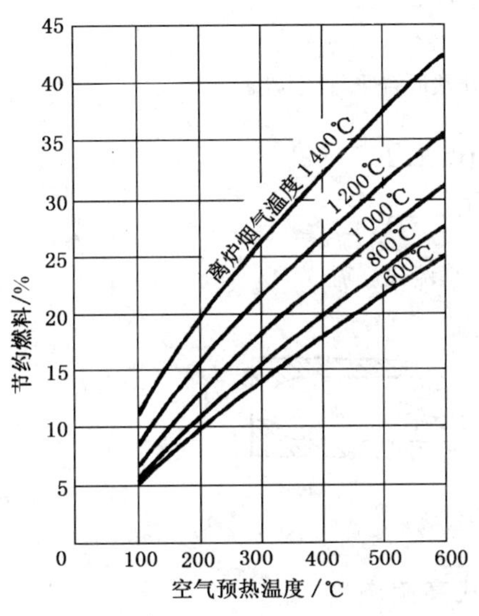

a) 燃料油 Q_d=40 200 kJ/m³

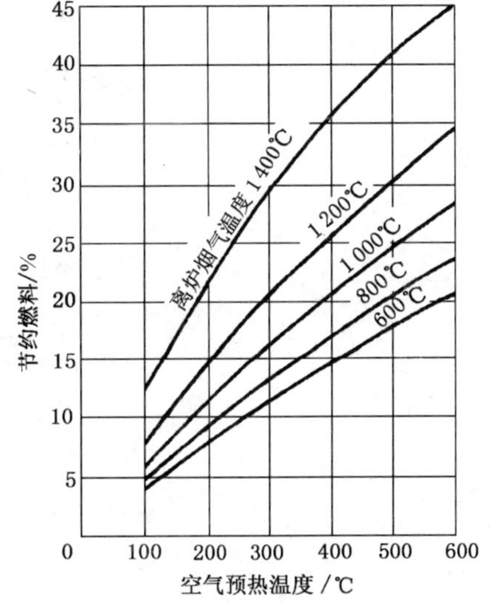

b) 发生炉煤气 Q_d=5 650 kJ/m³

图 A.4 空气预热温度与燃料节约率的关系

表 A.5 降低空气系数后的燃料节约率

离炉烟气温度/℃	原始空气系数 α/%	降低后的空气系数 α′/%			
		1.3	1.2	1.1	1.0
700	1.4	3.76	7.26	10.5	13.5
	1.3	—	3.65	7.01	10.1
	1.2	—	—	3.48	6.74
	1.1	—	—	—	3.38
900	1.4	5.94	11.27	16.0	20.2
	1.3	—	5.66	10.7	15.2
	1.2	—	—	5.29	10.1
	1.1	—	—	—	5.04
1 100	1.4	9.43	17.3	23.8	29.4
	1.3	—	8.67	15.9	22.1
	1.2	—	—	7.91	14.7
	1.1	—	—	—	7.36

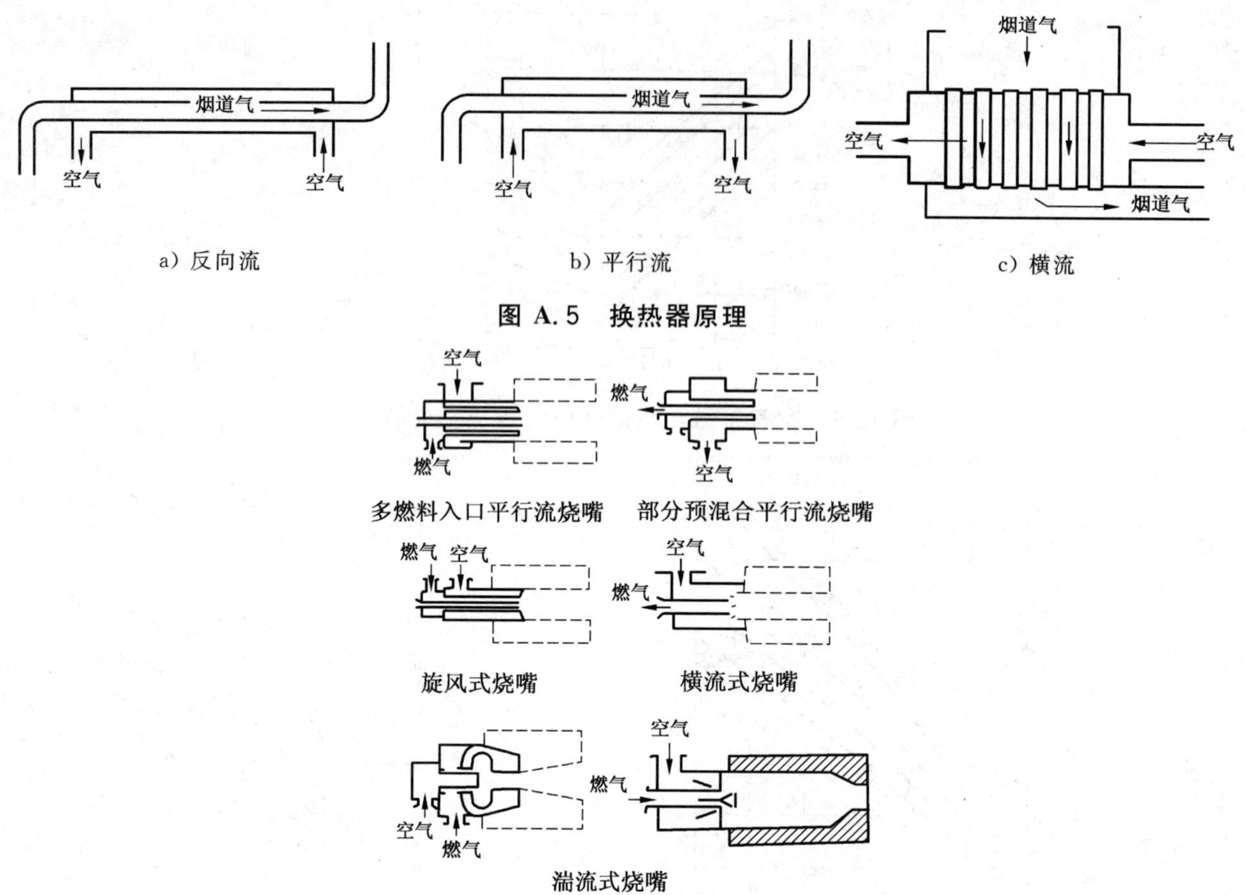

图 A.5 换热器原理

图 A.6 几种直燃式高速烧嘴

表 A.6 火焰辐射管类型及热工特性

名称	形状	表面负荷/(kJ/cm² · h)	热效率/%	特点	用途
直管型		12～21	40～50	结构简单,使用方便,热效率低	用于炉温 1 000℃以下的室式或连续式炉,垂直安装
套管型		12～21	60～75	结构复杂,内套管材要求高,造价高,热效率高	用于炉温 1 000℃以下的室式、井式或连续式炉,垂直安装
U 型		12～17	55～65	结构较简单,应用普遍,空气、煤气便于预热,效率较高	用于炉温 1 000℃以下的各种炉型,水平安装
W 型		12～15	65～65	用一个烧嘴得到较大的传热面积,热效率较高	一般用于炉温 900℃以下的各种立式炉、回转式炉等,水平安装

表 A.6（续）

名称	形状	表面负荷/（kJ/cm² · h）	热效率/%	特点	用途
O 型	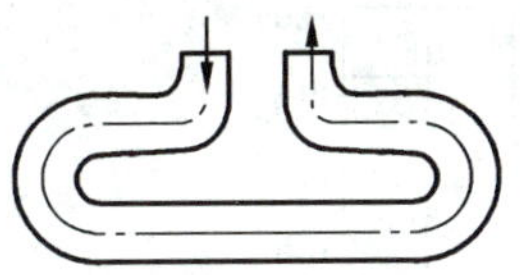	12～15	50～60	其结构随炉型而定。制造复杂，温度分布不均	用于炉温 900℃以下的罩式炉，水平安装
P 型	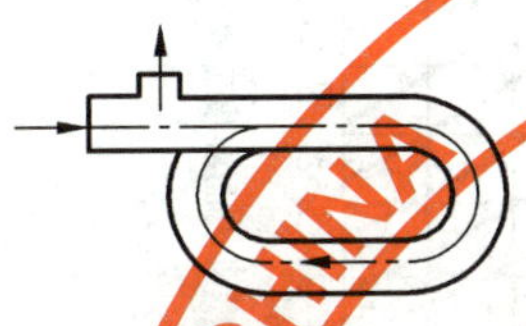	3～16	50～60	烟气再循环。结构复杂，制造困难，热应力大，寿命较低	同 U 型管，较少采用
三叉型	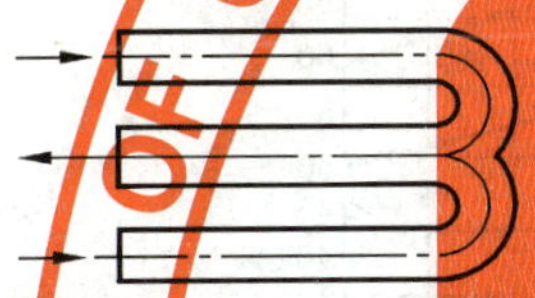	16～21	60～65	两个燃嘴共用一个排气管，燃烧能力强，温度分布较均匀，是新型的辐射管	同 U 型管，加热能力强

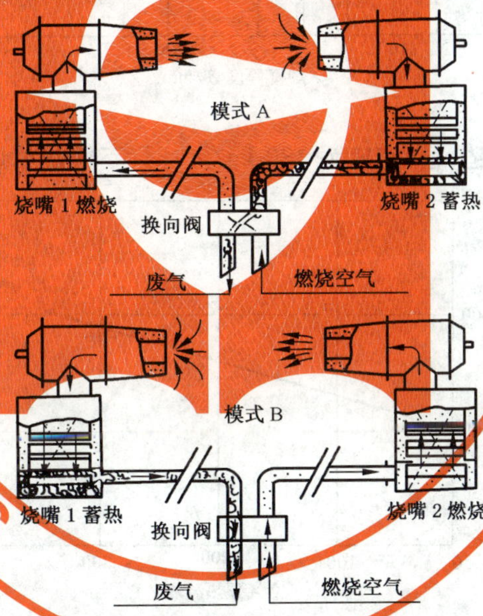

模式 A
烧嘴 1 燃烧
烧嘴 2 蓄热
换向阀
废气
燃烧空气
模式 B
烧嘴 1 蓄热
烧嘴 2 燃烧
换向阀
废气
燃烧空气

图 A.7　再生燃烧器燃烧过程示意图

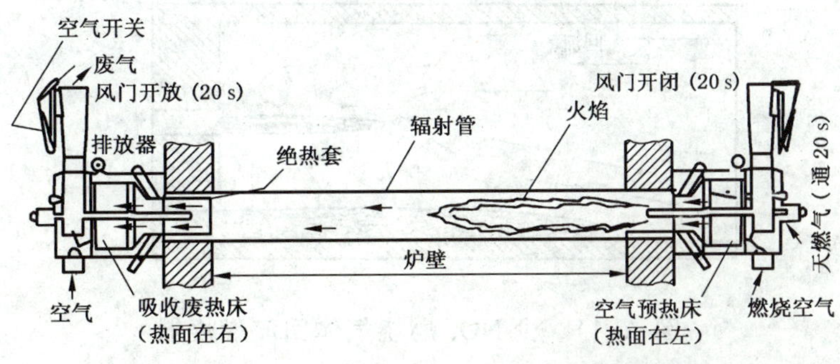

图 A.8　再生式双向交替燃烧辐射管

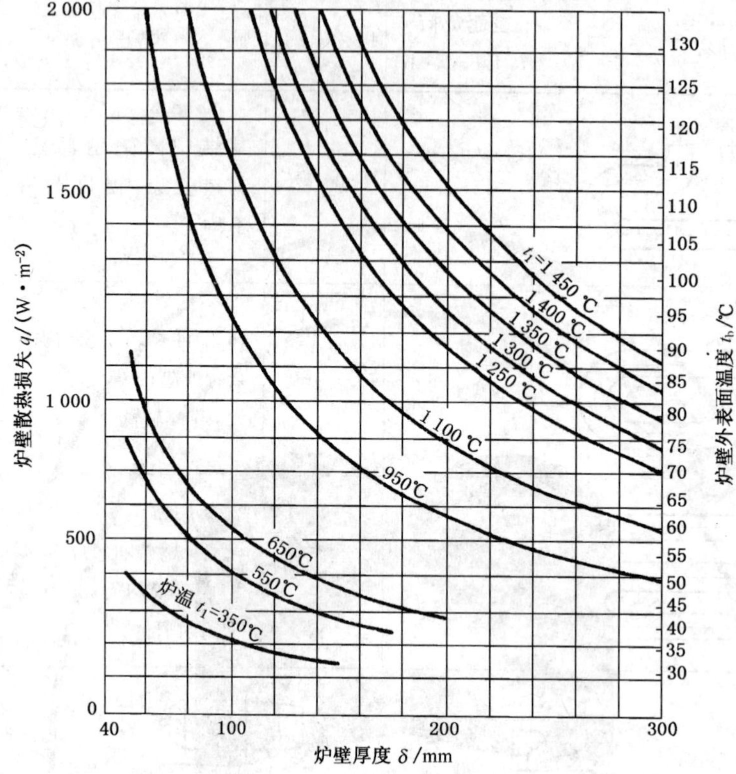

图 A.9　耐火纤维毡(毯)密度为 130 kg/m^3 时,不同炉衬厚度的 q 值和 t_b 值

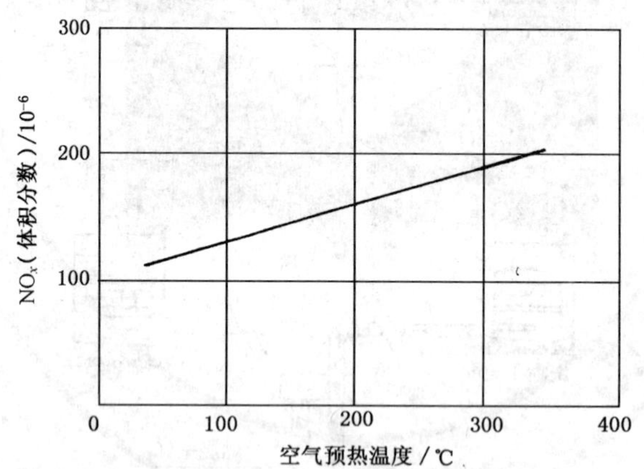

图 A.10　空气预热温度对离炉烟气中 NO_x 量的影响

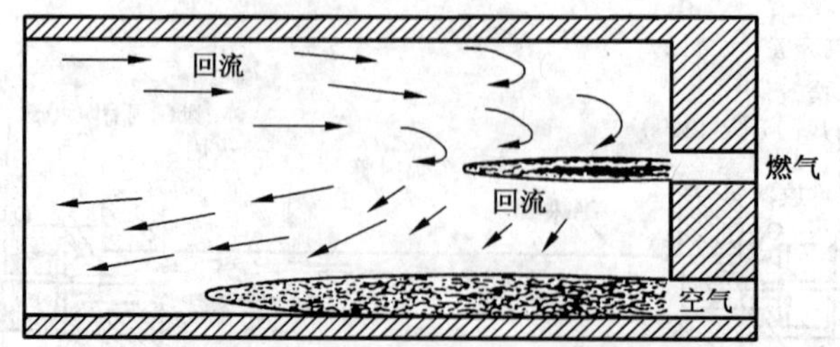

图 A.11　少 NO_x 燃烧气体回流燃烧器

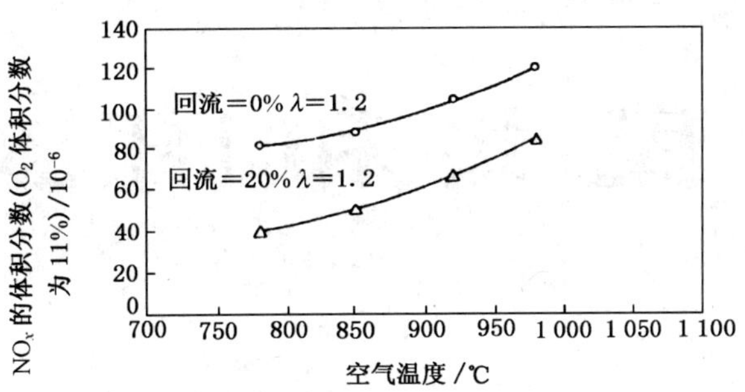

图 A.12 烟气再循环燃烧和 NO_x 含量的关系

ICS 97.020
A 12

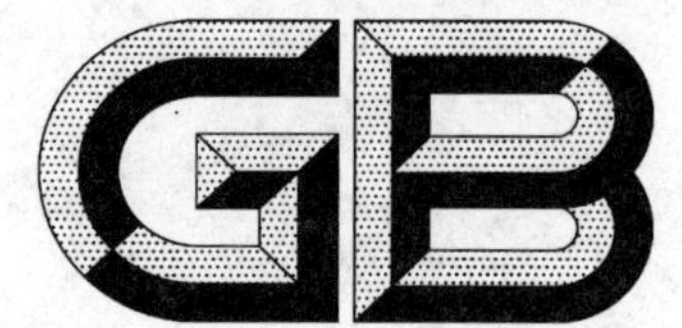

中华人民共和国国家标准

GB/T 21737—2008

为消费者提供商品和服务的购买信息

Purchase information on goods and services intended for consumers

(ISO/IEC GUIDE 14:2003, MOD)

2008-05-08 发布　　2008-12-01 实施

中华人民共和国国家质量监督检验检疫总局
中国国家标准化管理委员会　发布

前　言

本标准修改采用 ISO/IEC 指南 14:2003《为消费者提供商品和服务的购买信息》(英文版)。

本标准与 ISO/IEC 指南 14:2003 相比,存在如下少量技术性差异:

——用商品(goods)术语替代了产品(product)术语;删除了标签(label)术语;

——“4.6　引用标准和法律”中,将“没有国际标准或国际标准不适用,采用国家标准”修改为“没有国家标准或国家标准不适用,也可引用 ISO 或 IEC 标准”;

——附录“C.2　购买信息系统一般原则”中,将“使用的商品和服务特征能够通过国际、区域、国家标准,或其他被认可的独立验证体系验证”修改为“使用的商品或服务特征能够通过国家标准、行业标准,或国家承认的验证体系的验证”。

本标准的附录 A、附录 B、附录 C 为资料性附录。

本标准由全国服务标准化技术委员会(SAC/TC 264)提出并归口。

本标准起草单位:中国标准化研究院、中国纺织科学研究院、中国家用电器研究院、北京中轻联认证中心、中国消费者协会。

本标准主要起草人:曹俐莉、郑宇英、朱焰、高燕、陈剑、尹彦、林希。

引　言

本标准是有关消费者购买信息方面的标准之一。

本标准的主要目的，是为满足潜在购买者对于商品和服务购买信息需求提供建议。本标准也有助于构建购买信息系统的组织和监督执行机构。

本标准涉及向消费者提供商品和服务的相关方法，包括远程销售和通过电子媒介进行销售。

为消费者提供商品和服务的购买信息是商品和服务至关重要的组成部分。提高购买信息质量能够增强消费者在购买时作出合理选择的能力，从而有助于降低因不适当购买和签订合同所带来的风险，降低消费者不确定性和提高消费者满意程度。为消费者提供高质量的购买信息，也有助于商业组织或个人提高其商业信誉，减少因咨询和处理投诉所耗费的时间和成本。

为消费者提供商品和服务的购买信息

1 范围

本标准给出了提供商品和服务购买信息的方式、内容、格式和设计的原则和建议。

本标准也为购买信息系统的建立和购买信息机构的运作推荐了基本原则。

本标准适用于：

——商品和服务标准的起草者；

——商品和服务的设计者、生产者、技术文件编写者或从事这类信息起草的其他人员，尤其是购买信息机构的成员；

——其他机构如监督执行机构或消费者权益保护机构。

本标准不涉及合格评定或使用说明，也不涉及口头信息或电子信息的具体建议。

2 术语和定义

下列术语和定义适用于本标准。

2.1

商品 goods

除服务以外的进入流通领域的产品，分为软件、硬件和流程性材料。

2.2

服务 service

供方为满足客户需求，在供方与客户之间以及供方内部实施一系列活动的结果。

2.3

购买信息 purchase information

在购买前提供的商品或服务信息，以便消费者在知情基础上做出选择。

2.4

标记 marking

商品上用于识别其类型的符号、图形、警示、标识、标志或铭牌文，也可以包括简短的文字。

2.5

购买信息系统 purchase information system

告知消费者有关商品或服务信息的系统。

2.6

购买信息方案 purchase information scheme

购买信息系统的规则或其他相关格式。

2.7

购买信息机构 purchase information body

按照购买信息系统规则，设立的负责监督和管理该系统的组织。

2.8

使用说明 instructions for use

由商品生产者或服务提供者向使用者提供的信息，包括如何安全和有效使用商品或服务的所有必要信息。

2.9

信息材料　information material

用于向商品或服务的潜在购买者传递信息的载体。

2.10

损害　harm

对人身、财产或环境造成的伤害或损伤。

2.11

危险(源)　hazard

可能导致损害的潜在根源。

注：术语“危险(源)”可按产生损害的来源或可预料的损害性质来划分(例如：触电、碾压、切割危险、中毒、着火、溺水等危险)。

2.12

风险　risk

对损害的一种综合衡量，包括损害发生的概率和损害的严重程度。

2.13

残余风险　residual risk

在实施保护措施后还存在的风险。

[GB/T 20000.4—2003，定义 3.9]

2.14

保护措施　protective measure

降低风险的方法。

例如：保护措施包括固有的安全设计、安装保护装置、提供人工操作指南(如使用和安装信息)和培训等。

2.15

供方　supplier

提供商品或服务的组织或个人。

3　购买信息传递的方式

3.1　总则

本标准给出了向消费者传递购买信息的三种常用方法的简要说明：书面和印刷方式、电子方式及口头方式。下面一般性原则适用于所有信息传递方式：

——信息应简单、准确、及时更新和易懂；

——在任何时候都使用购买者能够理解的语言向购买者提供信息；

——解释与产品或服务相关的特定术语；

——术语和语言的使用不能含糊不清；

——图片、简图、符号、数值范围和表格是信息传递的有效方法，但这些信息不能含糊不清(见 5.3)；

——清晰地区分消费者购买信息和产品促销信息。

根据商品的特点，购买信息可以体现在商品自身上、包装上、随同文件上或上述形式的组合上。

对于要求在决定购买或签订合同之前获得更多关于特定商品或服务信息的消费者，宜明确告知获得信息的渠道。

3.2　书面和印刷信息

印刷样式和颜色的使用能够有效地区分购买信息和促销材料。字号要利于消费者在购买时阅读，并符合相应的国家标准的规定。

现有的购买信息方案通常是将两种信息传递方法结合起来：一种方法是在产品上附着简要说明，包含信息的一些基本要点；另一种方法是在目录、活页资料或其他信息材料上提供更多更广泛的信息。购买信息的完整性取决于消费者接受和使用以上两种类型信息的能力。每一种方法的内容表述均宜完整准确，而又与另一种方法相互呼应。

商品或服务随同文件的第一页上宜清晰地注明可获得购买信息的地点、性质和内容，可以提供商品图片。

关于投诉和赔偿的具体信息宜包含在购买合同当中。如果有关于投诉和赔偿方面的法律信息，宜在合同中注明。

3.3 电子信息

如能提供电子购买信息，宜在信息材料的第一页上予以说明。

特别注意在线提供商品和服务信息。这种信息传递方式能够为购买者获得大量信息提供便捷途径。这种方式可以包括商品或服务供方与购买者之间的信息互动，多种商品和服务信息组合以及电子付款方式等。以商品和服务清单的形式为顾客和咨询者提供信息是有效的信息传递手段。

电子信息是购买信息从一般性提供向系统化提供的重要手段(参见附录 A)。

3.4 口头信息

口头信息有助于商品和服务的销售者与购买者建立联系。使用口头方式提供信息时，要尊重消费者的隐私。在口头交换信息时提供信息清单将使双方获益。

4 购买信息提供的内容

4.1 概述

在决定购买或签订合同之前，宜为消费者提供充分的客观信息，以便消费者能够根据自身的需要评定商品或服务。

宜提供有关商品制造者或服务供方的信息，以便消费者追踪信息来源，寻求帮助或获得赔偿。

潜在购买者对信息感兴趣的程度不同，因此购买信息系统宜适时地在两个层面上提供信息。

信息的第一个层面是提供有关商品或服务关键特征的基本信息，所包含的内容见 4.2。

信息的第二个层面是提供更详细的信息，例如包含基本信息(信息第一个层面所包含的内容)、具体功能、或者商品或服务的限制条件等技术内容。

4.2 基本信息

通常，购买信息的内容应包括商品或服务的基本特征。

基本信息宜包括以下内容：

——商品或服务的身份识别；

——生产商品或组装商品的国家；

——制造商或供方的注册名称和完整地址；

——使用条件和使用限制；

——基本性能特征；

——商品特征，如容量、性能、原材料或尺寸；

——维护和清洁信息；

——备用部件或可替换部件，以及如何获得备用部件或可替换部件的信息；

——有关特定环境下使用的附加部件信息，如防护装置；

——安全因素，包括已知的风险和危险；

——保修单和保证书；

——投诉处理程序；

——残余风险；

——专业安装的需要；

——商品的价格，包括各种附加费用，如阶段性费用、服务费、预订费、联络费用；

——资源消耗，如使用所需要的能源；

——环境问题(参见 GB 20877—2007 和 GB/T 20000.5—2004)。

4.3 信息的表述

购买信息应：

——简明易懂；

——全面；

——与特定商品或服务相关；

——根据客观数据和规范要求提供准确、及时更新和可证实的信息；

——清晰地区别于广告和促销材料；

——包括基本信息，并对信息重要程度分类。

也可引用其他相关指南指南。

购买信息不应：

——造成误解或具有欺骗性；

——误导消费者。

4.4 合同

签订正式合同，应符合国家有关保护消费者的法律、法规规定。合同中宜包括撤销合同等条款。

当消费者要求赔偿时，或当合同撤销发生额外费用或经济损失时，上述要求尤为重要。

4.5 信息的客观性

为便于比较，信息内容宜基于已有的标准术语、客观数据、规范性文件或其他已被普遍接受的协议或惯例。宜为利益相关方提供可替代使用的协议或惯例，允许对性能特征进行复现，使性能特征具有可比性。

4.6 引用标准或法律

向公众公开与商品特征相关的技术性信息，对商品特征定义和验证方法的描述宜引用国家相关法律法规或国家标准；没有国家标准或国家标准不适用，也可引用国际标准。

宜注明所符合的相关标准，使消费者能够辨别哪些商品或服务特性是符合标准的。对与消费者相关的商品和服务特性及基本要求进行选择和分类过程，建议由标准化专业技术委员会或其他代表各利益相关方的组织(如购买信息机构，参见附录 B)负责。

5 购买信息的格式和设计

5.1 概述

采取适当的措施可以提高消费者对购买信息的判断力。消费者对一般格式和设计原则的熟悉，可以增强其对购买信息的认知度和信赖度。

GB 5296.1 就消费者购买信息设计和表述的原则和建议提供了补充指导。

5.2 基本原则

为易于理解、认知和比较，提供的购买信息应消除或尽可能减少消费者的误解。在涉及商品或服务的基本特征时，信息提供宜符合下列建议：

——采用多种方式，按不同的时间，或不同的繁简程度提供信息。

——除对提供的信息有特定要求或其他要求外，采用法定计量单位和标准样品提供数据信息。指出个别数据与市场主流数据之间的关系，例如，给出相关的其他商品或服务的个别性能数据的图表。

——采用分类或评级的方法提供复杂的技术信息或相关服务信息，或其他方法，如将一些单一的性能数据整合成简明图表。

——如果单一商品或服务属于特有的商品门类(或"商品族")或服务门类,宜指出这种从属关系。

5.3 简图、符号、图形、数值和表格的使用

图示是一种表述信息的重要的方法,包括:

——图表,如将数据填进表格进行总体描述,这种方法有助于提供更加透明的商品或服务购买信息;

——简图、表格或图形,将单个性能特征的实际值与市场相关性能特征的范围联系在一起。

若单一商品或服务是相似商品门类或服务门类的组成部分,则宜在商品门类或服务门类背景中介绍该商品或服务,以利于消费者选择和购买替代品。

符号和图形只有经过客观验证,能独立表意并被潜在消费者理解时才能使用。图形符号宜符合已发布的标准,例如 GB/T 16273.1、GB/T 10001.1、或者 IEC 60417 GB/T 5465.2。此外,应在商品使用说明中对符号、图形和标记进行解释,不能单独用图形来表示安全警示。GB 5296.1 提供了更为详细的指导。

5.4 语言和术语

应使用商品或服务销售地所在国简明易懂的语言提供购买信息。宜尽量减少技术术语的使用。所使用的语言宜确保使用说明易于理解。

5.5 可识别性和一致性

警示信息宜放在最适当的位置。

强调安全警示和任何其他有关安全的信息,建议使用较大的字号或不同的字体,或其他突出醒目的方法。可参考 GB 5296.1。

字体和字号宜清晰,尽可能地易于潜在购买者阅读,包括残障人或有特殊需求的人。

当使用颜色来表达安全信息时,有关颜色的选择宜参照 GB/T 2893.1。

购买信息需要在表达形式、编排格式和前后顺序方面一致,以帮助消费者进行识别和理解。

为购买者将来使用所保留的全部信息,宜以在商品正常使用中不被破坏的形式提供。

提供信息的材料宜适合于影印,以保证彩色页面复制到黑白页面上时不会丢失主要信息。

附　录　A
（资料性附录）
购买信息的一般性提供到系统化提供

本标准提供了一般性信息所需遵守的规则。购买信息概念可进一步发展，建立协调一致的购买信息系统，实现提供系统化的购买信息。包括所有商品或服务类型的信息系统的作用要比一个准确的，孤立的单一信息的作用大得多。

建立一个体系（参见附录B和附录C）可以依据法律法规、标准、有关组织所订立的规则等。其中，条理性和连贯性是需要着重考虑的因素。遵循以下三个层级的做法有助于购买信息的提供。

a) 层级Ⅰ：适用于所有信息提供方案的基本原则。

b) 层级Ⅱ：在考虑层级Ⅰ中基本规则的基础上，可以制定与特定商品类型（如家具类）或服务类型（如保险服务）相关的具体原则：

   1) 描述具体行业的商品或服务类型（见图A.1中的分类）；
   2) 选择一种商品和服务的基本特征作为一级信息；如果情况复杂，定义评级系统；
   3) 识别更深层的信息需求，可以按二级信息形式提供；
   4) 详述标准术语和定义，以及检测方法；
   5) 采用统一、适当的方法介绍一级信息；
   6) 根据需要进一步详述信息。

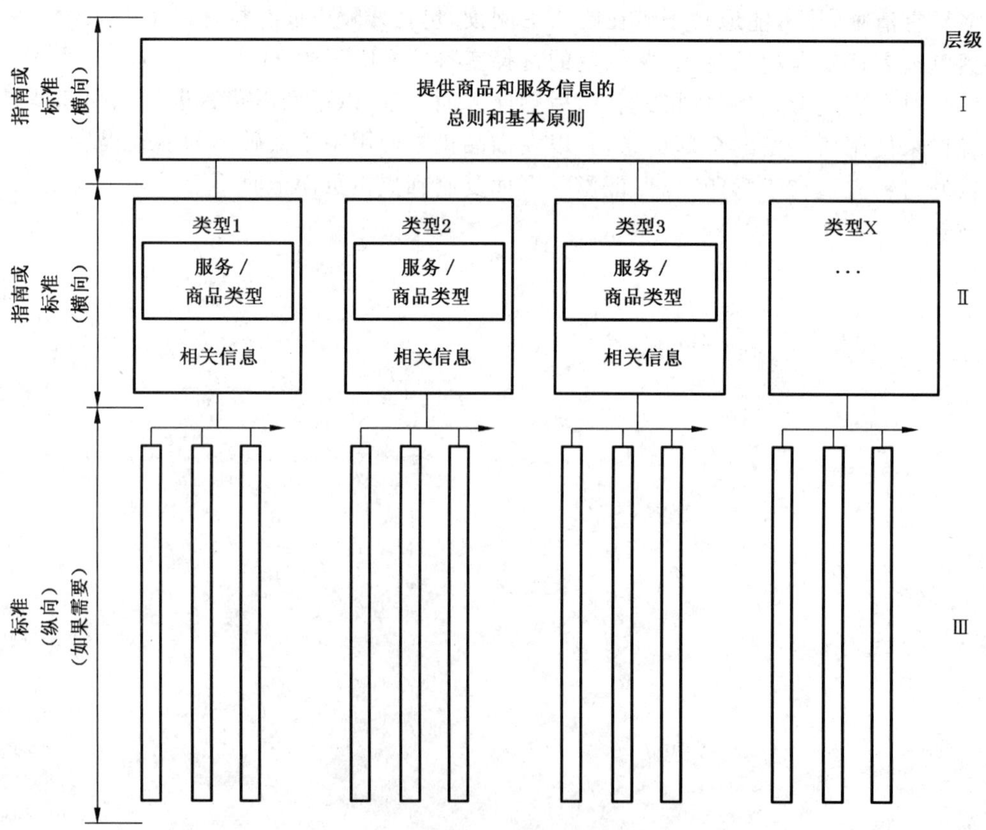

图 A.1

c) 层级Ⅲ:根据层级Ⅱ中所提供的一般规则为具体商品(如床和床垫)或服务(个人责任保险)制定信息提供方案:
   1) 选择单一商品或服务的基本性能特征;确定一级信息和二级信息;
   2) 定义性能特征;详述检测手段;
   3) 详述价值、数据、图表等信息的方法和格式;
   4) 必要时,参考二级信息;
   5) 根据需要进一步详述信息。

附 录 B
（资料性附录）
购买信息机构

购买信息机构是按照购买信息系统规则，负责监督和管理购买信息系统。

第5章中关于有益于向消费者提供购买信息的建议同样适用于购买信息机构。此外，对已建立的购买信息机构给出以下建议：

——能够自律并具备允许加入和参与的准则；

——规定参与者的权利和义务，规定不正确使用购买信息系统的处罚措施；

——建立投诉处理程序；

——致力于提供更多的购买信息和使用者信息；

——制定和分发书面的购买信息系统运作行为守则；

——明确指出购买信息系统所适用的部门或行业范围；

——识别和明确界定购买信息系统所适用的商品或服务；

——识别商品和服务系统所适用的市场；

——使商品和服务信息系统中的商品或服务易于被潜在购买者识别；

——确保所提供的信息可量化或可测量；

——建立检测系统，检测购买信息系统中所包含的商品或服务的每条信息；

——在提供信息之前，判定哪些商品或服务特征对购买决策影响最大；

——确定交流信息的方法；

——选择将要使用的信息类型；

——设计检查和评估购买信息系统性能的方法；

——设计向顾客提供介绍购买信息系统特点的实施方案。

附　录　C
（资料性附录）
购买信息系统

C.1　介绍

购买信息系统是一种商品的几个制造商或一种服务的几个供方，使用同一系统为消费者提供商品或服务信息。

通常，购买信息系统能够克服单个公司或单个服务供方提供购买信息的局限性，能够极大地提高购买信息的数量和质量，以及克服因来自多渠道、缺乏共性的信息所带来的局限性和问题。改善购买信息系统能够增加市场透明度，提高潜在购买者比较商品和服务供方的能力。

如果所有的参与者都遵守购买信息系统规则，则会增加购买信息系统的价值。购买信息系统具有的通用性越强，它给消费者带来的价值越大。最理想的状态是所有的消费者都基于一个单独的、通用的国际购买信息系统。同时，开发国家的或区域的购买信息系统则可以认为是朝着这一目标迈进的重要阶段。

现存购买信息系统的覆盖范围各不相同，表现在：

——孤立的、单一的商品或服务系统；

——系统是由各国的公司或团体开发的，或是为各国的公司或团体而开发的，由他们对某类商品或服务提供购买信息的连续性、一致性和可比性进行规范；

——系统属于根据自愿的或合法的协议成立的各国购买信息机构；

——系统由某个在几个国家经营某种商品或商品门类的跨国公司操作；

——系统由经营一系列商品的一组公司操作；

——系统依据相关法律法规或标准。

C.2　购买信息系统一般规则

第5章中关于有益于向消费者提供购买信息的建议同样适用于购买信息系统。

制定这些规则的目标是建立购买信息系统，该系统：

——能使消费者在购买时做出合理选择；

——清晰、简洁，能最大限度地降低消费者可能产生的误解；

——能够描述商品使用、重复利用和处理的方法，如适合，也可提供风险警示。

购买信息系统宜：

——由一个公司、一组公司或专业集团开发；

——予以公布，使所有的利益相关方都能进入；

——指明购买信息机构的责任和权利；

——易于理解；

——使用的商品或服务特征能够通过国家标准、行业标准，或国家承认的验证体系的验证，验证结果宜易于获得；

——根据现行法律和法规，酌情考虑允许使用者索赔的条件，以及索赔和投诉的程序。

C.3　单一类型购买信息系统的具体规则

建议此类规则含下列内容：

——设定发布和使用购买信息的条件，包括对商品或服务标明的数据与实际数据是否相符的验证程序，以及相关惩罚制度(如警告、暂停或其他处罚措施)。

——列出那些对消费者特别重要的商品或服务特征。这些特征的表述宜被消费者理解。

——规定基本特征的相关测试或测量方法。如果有相应的标准，则引用标准；如果没有相应的标准，参照一般惯例。具体的测试方法在整个周期内宜能再现和校验其基本特征。这些方法宜被所有的利益相关方接受。

——根据第5章规定制定术语，如有必要，结合相关标准定义图形符号体系，并使用术语和符号来表述测试或测量结果。

——设定信息的格式，包括版面设计和内容。6.1和6.2所列出的特征，以及6.3和6.4所涉及的术语和图形符号的体系予以考虑。除此之外，还可说明商品和服务使用和注意事项，如适合，注明可能出现的危险。

对于消费者在做出购买决定前要求的附加信息，宜做出适当安排。

参考文献

[1] ISO/IEC Guide 76, Development of service standards-recommendations for addressing consumer issues

[2] GB/T 2893.1—2004 图形符号 安全色和安全标志 第1部分:工作场所和公共区域中安全标志的设计原则(ISO 3864-1:2002,MOD)

[3] ISO 3864-2:2004, Graphical symbols—safety colours and safety signs—Part 2: Design principles for product safety labels

[4] GB/T 16273.1 设备用图形符号 通用符号(idt ISO 7000)

[5] GB/T 10001.1—2006 标志用公共信息图形符号 第1部分:通用符号(ISO 7001, Public information symbols,NEQ)

[6] GB/T 24020—2000 环境管理 环境标志和声明 通用原则(idt ISO 14020)

[7] GB/T 20000.5—2004 标准化工作指南 第5部分:产品标准中涉及环境的内容(ISO Guide 64,Guide for the inclusion of environmental aspects in product standards,NEQ)

[8] GB 5296.1 消费品使用说明 总则(ISO/IEC Guide 37,MOD)

[9] ISO/IEC Guide 50:2002,safety aspects—Guidelinges for child safety

[10] GB/T 20000.4—2003 标准化工作指南 第4部分:标准中涉及安全的内容(ISO/IEC Guide 51,Safey aspects—Guidelines for their inclusion in standard,MOD)

[11] ISO/IEC Guide 71,Guidelines for standards developers to address the needs of older persons and persons with disabilities

[12] GB/T 5465.2—1996 电器设备用图形符号(idt IEC 60417)

[13] GB 20877—2007/IEC Guide 109:2003 电工产品标准中引入环境因素的导则(IEC Guide 109:2003,IDT)

ICS 17.180.01
N 30

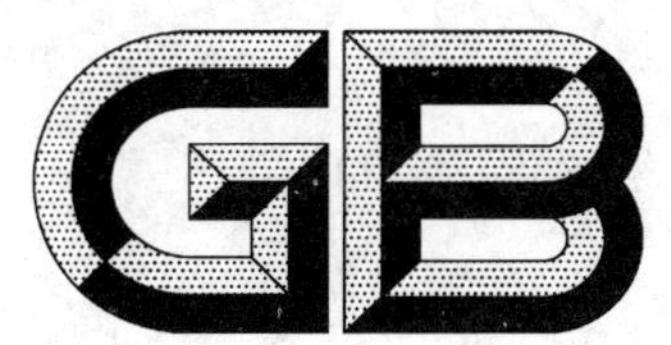

中华人民共和国国家标准化指导性技术文件

GB/Z 21738—2008

一维纳米材料的基本结构　高分辨透射电子显微镜检测方法

Fundamental structures of one dimensional nano-materials—High resolution transmission electron microscopy characterization

2008-05-08 发布

中华人民共和国国家质量监督检验检疫总局
中国国家标准化管理委员会 发布

前　言

本指导性技术文件由全国纳米技术标准化技术委员会纳米材料分技术委员会提出。

本指导性技术文件由全国纳米技术标准化技术委员会纳米材料分技术委员会归口。

本指导性技术文件起草单位:中国科学院物理研究所电子显微镜实验室。

本指导性技术文件主要起草人:李建奇。

一维纳米材料的基本结构　高分辨透射电子显微镜检测方法

1　范围

本指导性技术文件规定了采用高分辨透射电子显微镜检测纳米材料中一维或准一维纳米材料的原理，术语和定义，仪器和设备，样品制备，测量程序，结果表示以及试验报告等。

本指导性技术文件适用于测量一维或准一维纳米材料的基本结构(形貌、排列情况、大小线度的分布、晶化情况、生长取向关系)，元素组分，截面及界面原子排布等。

2　规范性引用文件

下列文件中的条款通过本指导性技术文件的引用而成为本指导性技术文件的条款。凡是注日期的引用文件，其随后所有的修改单(不包括勘误的内容)或修订版均不适用于本指导性技术文件，然而，鼓励根据本指导性技术文件达成协议的各方研究是否可使用这些文件的最新版本。凡是不注日期的引用文件，其最新版本适用于本指导性技术文件。

GB/T 19619　纳米材料术语

3　术语和定义

GB/T 19619 确立的以及下列术语和定义适用于本指导性技术文件。

3.1

一维纳米材料　one dimensional nano-material

纳米材料的形状为丝线状，通常包括纳米纤维、纳米管、纳米线、纳米带。

3.2

准一维纳米材料　quai-one dimensional nano-material

在两维方向上为纳米尺度，第三维方向为宏观尺度的新型纳米材料。

3.3

高分辨透射电子显微镜法　high resolution transmission electron microscopy

点分辨率可达原子层次的透射电子显微镜。在低倍图形模式可以对各种材料进行直接形貌观察，粒度分析。采用电子衍射分析及高分辨电子显微术可以对材料进行晶体结构研究。配合能谱仪可以对各种元素进行定性、定量及半定量的微区元素组分分析，是一种图像和能谱结合的综合表征手段。

4　原理

电子具有波动性，与物质相互作用时将发生衍射现象。物质的三维周期性分布可以用晶体点阵及其倒易点阵描述。晶体点阵的单胞基矢 $\boldsymbol{a},\boldsymbol{b},\boldsymbol{c}$ 和倒易点阵的单胞基矢 $\boldsymbol{a}^*,\boldsymbol{b}^*,\boldsymbol{c}^*$ 满足下列倒易关系，$\boldsymbol{a}\cdot\boldsymbol{a}^*=\boldsymbol{b}\cdot\boldsymbol{b}^*=\boldsymbol{c}\cdot\boldsymbol{c}^*=1,\boldsymbol{a}\cdot\boldsymbol{b}^*=\boldsymbol{a}^*\cdot\boldsymbol{b}=\boldsymbol{b}\cdot\boldsymbol{c}^*=\boldsymbol{b}^*\cdot\boldsymbol{c}=\boldsymbol{c}\cdot\boldsymbol{a}^*=\boldsymbol{c}^*\cdot\boldsymbol{a}=0$。当衍射矢量等于倒易矢量时电子波发生强衍射。根据上述基本原理制造的透射电子显微镜是研究物质微观结构的强有力工具之一[1]。它由电子光学系统、真空系统、供电控制系统和附加仪器系统四大部分组成。最主要的电子光学系统，分为照明系统，成像系统和照相系统三个部分。照明部分由电子枪和双聚光镜等组成。成像部分由物镜、中间镜和投影镜等组成。图 1a)、图 1b)示意地画出了采用三级放大的电子显微镜在成像模式和衍射模式下的光路图。它的成像原理和光学显微镜的成像原理一样(忽略电子在磁场中运动受到洛仑兹力所产生的旋转运动），遵循阿贝成像原理。照明系统产生的平行电子束，经晶体试样（电子波长远小于晶面间距或原子间距，可将晶体视为光栅）周期性势场的调制，在试样下表面形成透射束（零级衍射束）和各级衍射束。物镜的作用是将各级平行衍射束分别汇集在物镜后焦面上一点，得到由许多衍射斑点组成的衍射图谱，每个斑点含有照射区内相应的周期性晶体结构的信息。物镜后焦面相对于试样来说是它的倒易空间，其衍射振幅分布是样品透射函数的傅立叶变换。物镜后焦面处的各衍射极大又可视为次级光源，它们发出的次级波在像面（物面共轭面）上相互干涉迭加，得到反映物体真实结构的第一次放大像。这个过程，从数学上说，就是傅立叶逆变换过程。物镜以下各级透镜的作用，只不过是将后焦面上的衍射谱或物镜像面处的第一次放大像进一步放大。如果使中间镜物面与物镜后焦面重合，就得到放大的衍射谱；若中间镜物面与物镜像面重合，就得到放大的显微图像。

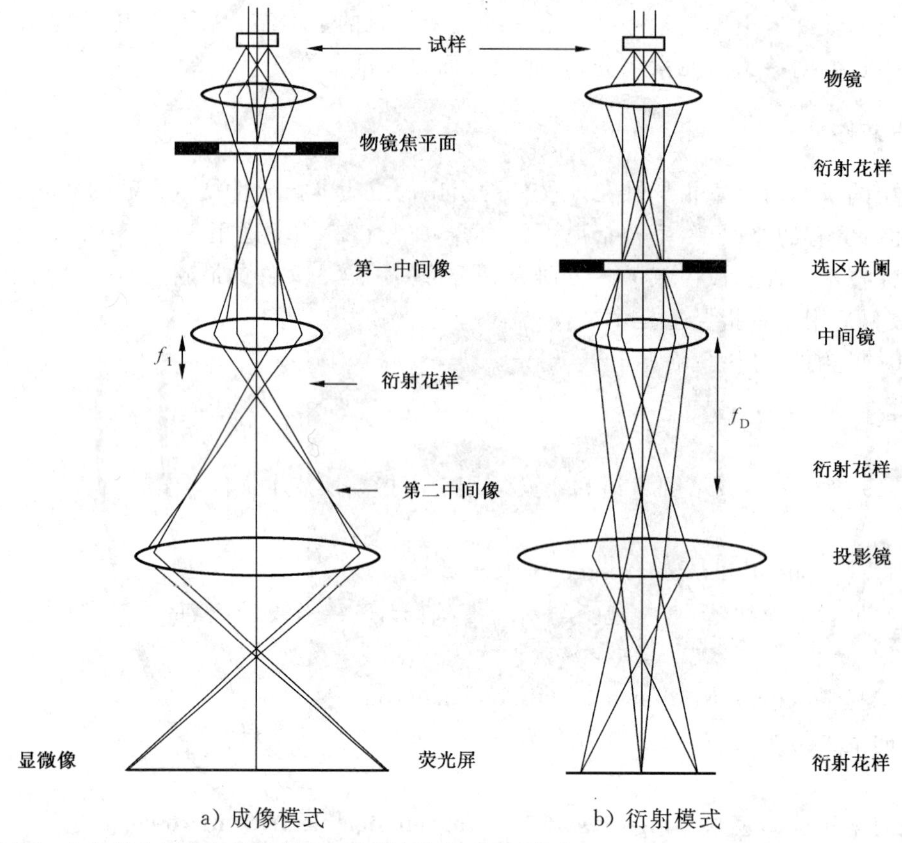

注：两个模式中，中间镜分别以物镜的后焦面和像平面作为物平面。

图 1　透射电子显微镜下两个基本模式光路图

4.1　电子衍射

平行入射电子束穿过晶体试样后，经过物镜的傅立叶逆变换作用，在倒易空间形成反映晶体周期结构的倒易点阵。每个倒易阵点到倒易原点的距离为 $1/d$（假设该倒易阵点对应的正空间晶面间距为 d）。倒易点阵是衍射波的方向与强度在空间的分布。电子衍射花样实际上是晶体的倒易点阵与 Ewald 球面相截部分在荧光屏上的投影，放大的二维倒易平面，其放大倍数也称为相机常数。

4.2　高分辨透射电子显微镜

高分辨电子显微方法是一种在原子尺度上直接观察材料微观结构的实验技术[2-3]。高分辨电子显微像是一种相位衬度像，它受到物镜球差、色差、物镜光栏、离焦量和光源相干性等因素的影响，其中最重要的是物镜球差和离焦量，它们的影响可以归结为一个相位衬度传递函数 $\exp(i\chi_1)$，$\chi_1=\frac{\pi}{2}c_s\lambda^3u^4+\pi\Delta f\lambda u^2$ 作用在物镜的后焦面上（c_s 为物镜的球差系数，Δf 为物镜的离焦量，λ 为电子波长）。相位衬度传递函数的作用相当于对样品的衍射信息进行了带通滤波。分辨率是高分辨电子显微镜的最重要的指标，点分辨率代表了电子显微镜能分辨的对应样品的真实结构的最小间距，通常可在 Scherzer 欠焦条件下获得；晶格分辨率反映衍射束之间的互相干涉情况，干涉条纹间距往往小于点分辨率。电子显微镜的分辨率极限是由光源的相干性决定的，对于场发射枪电子显微镜，分辨率极限也优于点分辨率。最新发展的球差校正电子显微镜，点分辨率可以优于 0.1 nm。

4.3 X 射线能谱

X 射线能谱(EDS)分析方法是电子显微学方法中最重要的分析技术之一[3]。原子内壳层电子被激发后，电子轨道内出现的空位被外壳层轨道的电子填入时部分多余能量以特征 X 射线的形式放出，如图 2 所示。这些特征 X 射线能谱按能量展开成谱，就称为 X 射线能量色散谱(EDS)方法，简称 X 射线能谱方法。特征 X 射线具有元素固有的特征能量，所以，将它们展开成谱后，根据其能量值就可以确定元素的种类。而且根据谱的强度分析可以确定其含量。一般说来，随着原子序数 Z 的增加，X 射线产生的几率(荧光产额)增大。因此在分析试样中的微量杂质元素时，X 射线能量色散谱(EDS)方法对重元素的分析特别有效。

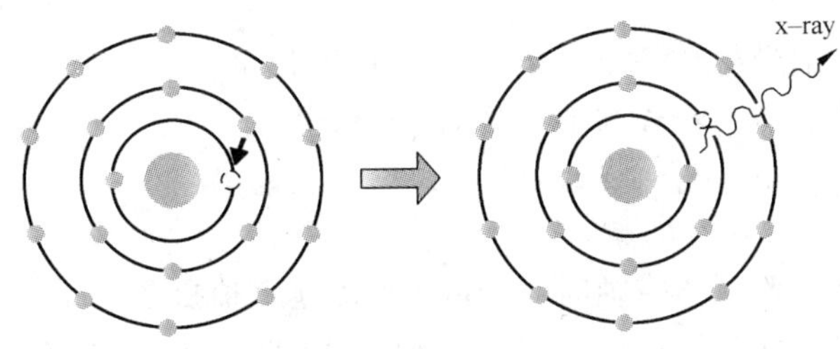

图 2　X 射线能量色散谱(EDS)信号产生示意图

5 仪器和设备

加速电压 200 kV 以上，点分辨率优于 0.23 nm，配备双倾台、低温台、EDS 成分分析附件、相关数据采集和分析软件的高分辨透射电子显微镜。

6 样品制备

6.1 用干检测一维纳米材料的基木结构的分散样品制备

样品在分散介质(乙醇或丙酮等液体)中室温超声分散后滴在有碳膜的透射电子显微镜微栅上。

6.2 用于检测纳米材料基本结构的截面样品制备

采用树脂(618 环氧树脂、Epon 812、G-1、G-2 等)包埋和超薄切片的方法制备纳米材料的截面样品。

包埋操作的基本程序：常规包埋在药用空心胶囊或特制的多孔橡胶模板中进行。把胶囊放在特制的支架上，置烤箱烘干。用牙签挑起组织块，放置胶囊底部或橡胶模板中，灌满包埋剂，放上标签，依据树脂的种类选择适当温度、时间，用烤箱或平板加热器加温，即可聚合硬化，形成包埋块。

使用超薄切片机超薄切片大致步骤：

a) 用手工对包埋块进行修整。

b) 根据仪器操作规程切片。

7 测量程序

7.1 仪器调试

一般观察在室温进行(对于部分温度敏感样品可使用低温样品台进行保护)。将样品放置于样品台上，放入观察室，将仪器调至最佳工作状态，样品调节到最佳观察高度。

7.2 一维纳米材料的基本结构分析

7.2.1 选用合适的放大倍数表征纳米材料的形貌、排列情况，并对其进行描述。

7.2.2 大小线度分布：随机地在不同观察区域，拍取多张图片，累计样本50个以上。统计计算线度（宽度、长度或长径比）分布，并作分布图，给出线度分布曲线。

7.2.3 利用电子衍射和高分辨图像分析纳米材料的晶化情况和晶体结构。

a) 电子衍射法

通过选区电子衍射、纳米束衍射方法分析纳米材料的晶化情况和基本晶体结构；晶化情况主要指晶态与非晶的比例和纳米材料个体为单晶还是多晶。对适度尺寸的颗粒应进行单个颗粒的电子衍射分析，准确确定材料的晶化情况和结构，给出电子衍射图。

b) 高分辨图像法

选择厚度满足高分辨图像拍摄条件的样品，记录系列高分辨图像。

7.2.4 利用电子衍射法和高分辨图像法确定生长方向。

a) 电子衍射法

对一维或准一维的纳米材料可通过电子衍射确定其生长方向。选取多个纳米材料个体，分别拍摄两个主要带轴的衍射花样与形貌像，确定其生长方向。

注：形貌像和衍射花样的相对转角必须经过校准。

b) 高分辨图像法

当样品旋转到一个主要晶体带轴时，选择满足高分辨拍摄条件的区域，记录高分辨图像，确定其生长方向。对厚的样品需采用树脂包埋和切片的方法制备纳米材料的截面样品。样品制备和实验步骤见6.2。

7.3 元素组分分析

选用合适的放大倍数，对所选样品做定性成分分析，给出定性能谱图。定量分析技术，可采用标样法或无标样法[4]。

7.4 横截面基本形貌观察

采用树脂包埋和生物切片的方法制备纳米材料的截面样品，寻找取向合适的研究区域。利用高分辨透射电子显微镜在适当倍率下拍摄体现纳米材料截面基本形貌的图像和反映微观结构的高分辨像。

7.5 界面结构分析

寻找取向合适的研究区域。利用高分辨透射电子显微镜在适当倍率下拍摄体反映界面微观结构的高分辨像。纳米材料的界面包括晶界、相界等。晶界为取向不同、结构相同的多个晶体的界面；相界是结构不同的两个晶体的界面。结合材料特征，确定界面种类。

拍摄时注意试样厚度（越薄越好）和离焦量变化（可以拍摄一组不同离焦量的照片），在最佳拍摄条件得到的图像可以真实反映材料的原子结构，但大部分情况下，需结合高分辨电子显微像计算机模拟，对图像进行正确的解释。

8 结果表示

可采用下列一种或几种方法表示。

8.1 纳米材料的形貌、排列情况的表达

采取图形和语言描述结合的方式。

8.2 大小线度分布

采用径度（宽度或长径比）和比例为坐标的图形表达，横坐标为径度，单位为纳米（nm）或长径比；纵坐标为百分率，单位为百分率（%）。

8.3 对纳米材料的晶化情况和晶体结构的表达

电子衍射法：给出标定的电子衍射图。

高分辨法:给出高分辨像。

8.4 **生长方向确定**

电子衍射法:给出图形和对应电子衍射斑点并标注生长方向。

高分辨法:给出高分辨图并标注生长方向。

8.5 纳米材料的元素组分

X射线能量色散谱(EDS)分析组分结果给出谱图。定量分析附表格,表格内容包括元素名称及质量分数。

8.6 **材料截面的大体形貌表达**

给出材料截面的大体形貌图形。

8.7 **材料界面结构的表达**

给出材料界面的高分辨图像。可进一步给出结构模型,计算机模拟结果,对图像进行正确的解释,但不作强制要求。

9 试验报告

试验报告应包括如下内容:

a) 与样品标识相关的所有信息;

b) 实验室和分析时间;

c) 所采用的分析方法,所参考的国家标准;

d) 分析结果和表达方式;

e) 测试过程中的任何不正常现象;

f) 本指导性技术文件未明确的操作或可操作性,可能对分析结果产生影响;

g) 测试条件(环境、主要参数,仪器型号、测试方法)。

参 考 文 献

[1] P E Champnese. Electron Diffraction in the Transmission Electron microscopy. Royal Microscopical Society Microscopy Handbooks,1996.

[2] David B. Williams,C Barry Carter. Transmission Electron Microscopy. Plenum Press,1996.

[3] 进藤大辅,平贺贤二.材料评价的高分辨电子显微方法.北京:冶金工业出版社,2002.

[4] 进藤大辅,及川哲夫.材料评价的分析电子显微方法.刘安生,译.北京:冶金工业出版社,2001.